U0168201

中国科学院大学本科生教材系列

材料科学基础 I

Foundations of Materials Science I

杨 军 编

科学出版社

北 京

内 容 简 介

本书包括材料的原子结构、材料的晶体结构、晶体中的缺陷、固体中的扩散和固体的形变五章内容,并在每一章附属的扩展阅读中介绍了材料科学发展的新技术、新领域、新方法和新成果。本书的特点是试图构筑一个相对自洽的知识体系,强调重要知识点的溯源和准确,对易于混淆和过往教材中模糊的地方予以澄清和阐释。

本书可作为高等学校材料科学与工程各专业本科生教材,也可供相关专业的研究生、教师和工程技术人员参考阅读。

图书在版编目(CIP)数据

材料科学基础. I /杨军编. —北京:科学出版社,2023.1
中国科学院大学本科生教材系列
ISBN 978-7-03-074245-2

Ⅰ.①材… Ⅱ.①杨… Ⅲ.①材料科学–高等学校–教材 Ⅳ.①TB3

中国版本图书馆 CIP 数据核字(2022)第 237903 号

责任编辑:陈雅娴 李丽娇 / 责任校对:杨 赛
责任印制:张 伟 / 封面设计:迷底书装

科 学 出 版 社 出版
北京东黄城根北街 16 号
邮政编码:100717
http://www.sciencep.com
北京中石油彩色印刷有限责任公司 印刷
科学出版社发行 各地新华书店经销
*
2023 年 1 月第 一 版 开本:787×1092 1/16
2023 年 8 月第二次印刷 印张:28 1/2
字数:726 000
定价:98.00 元
(如有印装质量问题,我社负责调换)

自 序

我于材料科学本是个门外汉，最初的专业是有机化工，在天津大学读硕士研究生时方向是流动沸腾传热。流动沸腾传热包含核沸腾项和对流传热项，文献上计算传热系数时一般将两个传热系数分别计算再进行加和，同时为了修正加和带来的误差，在核沸腾传热系数前引入一个抑制因子 S，在对流传热系数前引入一个两相流因子 F，但没有解释它们的物理意义或者至少在当时没有解释。我做的改进是将核沸腾传热通量与对流传热通量按照矢量加和进行处理，引入一个表征矢量的夹角 θ，通过简单变换即可将抑制因子表达成矢量夹角的函数。通过量纲分析，结合部分实验数据回归得到这一函数关系式，作图得到的 S 图像竟和 1966 年时引入的抑制因子几乎完全相同。当时我兴致勃勃地将论文投给《高校化学工程学报》并顺利发表，后来我改变流道形状和传热介质组成，又在《高校化学工程学报》和《化工学报》上发表了两篇论文。然而，我在毕业论文中关于矢量夹角的论述部分并未得到所有答辩专家的认可，毕业答辩虽然通过了，我仍希望能继续对这些内容进行探索。

攻读博士研究生时，我的研究方向是色谱分离。借着课题的便利，我将分子扩散通量和涡流扩散通量进行矢量加和来获得物质在色谱柱中的扩散通量，然后引入一个夹角，修正扩散通量对色谱过程主体流动通量的贡献，并以此解释为什么色谱的理论塔板并不随色谱柱长度呈正比例增加。这个工作也发表在《高校化学工程学报》上，我觉得很有意思，硕士毕业论文中的那个争议问题似乎得到了验证。2002 年初，我到新加坡念书，仍然想继续这个方向的研究，恰巧当时系里有位老师研究大规模色谱过程，我将自己的论文译成英文发给他看。他看后很感兴趣，让我给他讲解，当我用结结巴巴的英文介绍完毕，他只评论了一句："那不是一个矢量，而应该是一个张量。"(That is not a vector, but should be a tensor)。我大为惊讶，更坚定了选择他做导师的念头。但事与愿违，最终我的专业方向是生物分子指导燃料电池催化剂的合成。因为专业跨度太大，我从那时开始自学材料科学相关知识，包括晶体、晶面、X射线衍射、面心、体心、缺陷等。

2016 年即回国的第五个年头，中国科学院过程工程研究所的陈运法老师组织"材料科学基础"授课团队，我毫不犹豫地选择加入教学团队，并非因为对自己有多自信，而是真的喜欢教学，想借授课系统学习材料科学的知识。材料科学基础是材料科学与工程本科专业学生的专业必修课，也是物理、化学和生物本科专业学生主干课程中的重点课程，其课程性质属于学科基础课。在接下教学任务后，我几乎推掉了所有的科研活动，到书店查阅相关教科书，从网上下载能查到的所有课件等资料，在消化和吸收的基础上备课。我认为自己已经尽力了，但授课几年后再回头看，还是教授了一些错误或理解不充分的知识。在此，向我所教过的学生深表歉意，希望那些谬误没有为你们辉煌的学业生涯带来太多负面影响。

在教授这门课程四年以后，我决定自己编写教材。着手写才体会到编写教材的艰辛，各个章节起源、逻辑关系、遣词用句、起承转合，无不煞费苦心。我写得很慢，为描述一个知识点或理解一个概念，常常要查阅大量文献资料，两三个星期甚至一两个月都写不完一段话，故第一年和第二年都只是各完成了一个章节。到第三个年头时，中国科学院大学通过了教材立项，有出版日期的要求，我不得不加快进程，但仍然是在立项规定的日期前堪堪完成。由此我更能理解那些写出传世之作的作者所付出的努力和心血，在此对他们致以最诚挚的谢意和最崇高的敬意。

本书最大的特点就是"啰唆"，看似不厌其烦地"纠缠"于细节，实则是我学习的过程，细节的描述也反映思考的过程。我常回忆起自学时的艰涩，对深奥理论的无所适从，强忍着读到后文的应用部分时，才对前文的理论部分有所理解。其实就一般讲，思想的产生来源于实际，先要解决具体问题，得出一组特殊的模式，进而抽象、推广形成普遍的理论。但很多图书先讲理论后讲应用，使得一些读者在玄奥的理论面前望而却步，理论部分都没有读完，更无从谈起理解后面的应用。于是，我产生了先从具体问题谈起，再自然引出理论，最后讲抽象和推广的编写思路，并自始至终重视细节的阐述。这样读者接受起来相对容易，也给喜欢追问为什么的学生一些参考答案，使他们不至于再花很多时间在细节处，而可以专心学习更多内容。

本书的编写强调构筑完整的知识体系，梳理相关知识的发展脉络，兼顾内容的深度和广度，努力做到内容准确并可读性强。最重要的一点是，本书试图构筑一个相对自洽的知识体系，使有一定前修基础的学生无需借助大量参考书即可学习，而当必须借助其他参考书的知识来理解本书内容时，均有清晰的参考指向。在结构体系上，按照材料从微观到宏观的四个层次，即原子结构、原子结合键、原子的排列方式和晶体材料的显微组织来组织内容，注重知识先后顺序的逻辑性，尽可能使学习顺次展开，在学习前面的内容时无需穿插翻阅后面的内容。每个章节后有扩展阅读，结合课程中的相关内容，介绍当前材料领域的一些新现象、新原理、新技术和新应用等。

第 1 章介绍材料的原子结构，是材料科学较微观的层面，主要讲述原子微观组成、核外电子排布规则、化学键、键能曲线、分子轨道理论和能带理论等。需要注意的是，在多数材料科学的教科书中，这部分由薛定谔方程直接引出四个量子数，但薛定谔方程诞生时还没有确立电子自旋的概念，因此这样讲述可能会使学生感到困惑。本书采用约翰·格里宾所著的科学史《寻找薛定谔的猫》中的观点，求解薛定谔方程可以获得三个量子数，并且这三个量子数在玻尔理论中都有对应，薛定谔方程并没有给物理学带来新的概念，反而它的巨大成功一定程度上阻碍了人们对量子理论的深刻认识。第 1 章的扩展阅读是扫描隧道显微镜和纳米颗粒间的融合，前者介绍隧道效应及其在表面科学、催化机理、生命科学和信息科学的研究与发展方面带来的技术革命，后者介绍一个发生在纳米尺度上的新奇现象并探讨其背后的机制，以期为研究金属对合金性质的影响提供技术手段。

第 2 章介绍材料的晶体结构，首先回顾晶体学的发展历程，然后系统阐释晶体学基础知识，从学习晶体物质的特点、空间点阵、晶胞和晶系开始，逐步掌握和熟悉晶体中晶向及晶面表示方法、晶带和晶带定律、晶面间距、三种典型金属晶体的原子堆垛、致密度、配位数、四面体和八面体间隙，了解晶体投影及倒易点阵的定义、性质和应用。在本章最后讨论元素按晶体结构的分类、合金及典型的离子化合物和共价化合物的结构，并扼要介绍非晶体和准晶体物质的结构特征。这一章的细节处在点阵变换，大多数教材没有指明变换的适用范围或者边界，本书明确指出通过点阵变换来说明某个点阵不是新点阵时需要在同一晶系内进行，对称性不能改变，变换后成为另一晶系的点阵不能说明该点阵不是一个新点阵。例如，在一些教科书中，通过将底心六方(向垂直于 c 棱边的面添加阵点)、体心六方和面心六方点阵变换成简单正交、面心正交和体心正交点阵的方式说明这些点阵不是新点阵，这是不正确的，而是添加这些阵点后构成的点阵违背了六方晶系所具有的特定旋转对称特性。再如，底心立方点阵当然可以通过变换的方式说明它不是一个新点阵，但从晶系的特征上看，立方晶胞的 6 个面是等价面，具有完全相同的性质，而底心立方点阵则违背了这一性质，故不存在底心立方点阵。从相反的角度，体心立方和面心立方点阵分别可以用简单单斜和简单菱方点阵表示，这种表示方法实际是在寻找非初级晶胞(含两个或两个以上阵点的晶胞)的原胞，但如此获得的简单点阵和原来的点阵不属于同一个晶系，它们具有不同的对称元素，自然不能否定体心立方和面心立方点阵。

第 2 章另一个知识点是用四轴指数标记晶面时的附加条件，在很多教科书上都以“人为附加”一语带过。实际上这个附加条件具有严格的数学基础，本书从初等几何到矢量方法对这个附加条件给出三种证明途径，很好地解决了学生对这个知识点的困惑。这里感谢我的数学老师河北工业大学数学系的潘晓春老师，他提供了晶面指数四轴系统附加条件的余弦定理证明，尽管方法很烦琐；我的研究生徐琳琳为那个附加条件给出了初等几何证明；当然我也可以聊以自慰，我给出了矢量方法的证明过程。另外，为了使倒易点阵概念的引入不致太突兀，本书在讨论倒易点阵前添加了一些衍射的知识，从埃瓦尔德反射球入手衍生出倒易点阵及其需要满足的数学结构。感谢北京科技大学的本科生闫瑾，她在美国加利福尼亚大学伯克利分校访学期间不辞辛苦地为我搜集了大量英文原版教材的习题及解答；感谢那些在我授课过程中提出建设性问题甚至使我觉得难堪的同学，他们使我对课程的理解更加深刻。第 2 章扩展阅读的内容是高指数晶面材料和准晶，前者介绍高指数晶面的物理特征及其具有较高化学特性的内在原因，后者则简要描述了准晶的命名、发现和应用。

第 3 章讲述晶体中的缺陷，这是材料科学基础教学中占比很大的内容，因为缺陷的存在，固体材料的许多物理化学性能和基于完美晶体的预估出现一些偏差。处于缺陷处的质点容易受外部条件(如温度、载荷和辐照等)影响，变得十分活跃，其数量和分布对材料的性质有十分重要的影响。这一章先对晶体缺陷的认知历程进行回顾，然后介绍点缺陷，包括其概念、类型、平衡浓度、形成机制、运动及对材料物化性质的影响，之后进入重点内容——线缺陷(位错)的讨论，介绍位错类型和特征，伯氏矢量的定义、物理意义、特性和表示方法，位错运动、交割、应力场、生成和增殖机制，实际晶体中的位错及位错反应等，并在此基础上介绍金属材料的强化原理。为了内容的自洽，在介绍位错之前添加了一些材料力学和弹性力学的内容，使没有前修过这两门课程的读者能够凭借这些内容无障碍地进行后续学习。这部分内容庞杂，因此每小节都提供了大量的例子和练习，希望读者能够结合这些具体事例的分析较牢固地掌握知识。不同于很多教材中忽略的内容，本书也较为详细地介绍了刃型位错应力场和应变能公式的推导过程，以便和螺型位错进行更加系统的比较。特别地，第 3 章用了较多篇幅介绍位错运动的阻力(派-纳力)，从最初较为抽象的派尔斯-纳巴罗模型，到后来柯垂耳在 1953 年改进的物理模型以及在此基础上的推导都进行了详细阐述，目的是让读者了解位错曲折蜿蜒的发展历程和学习体会物理学家在处理复杂问题时的思路。第 3 章对缺陷内容的讲授次序也重新进行了梳理，力图使内容的编排更加具有逻辑性。这里对我已毕业的研究生徐琳琳、中国科学院大学第一届本科生贾祥丽和董亦楠表示诚挚的感谢，她们在国外帮我查阅了大量的原始文献资料，尤其是正在美国加利福尼亚大学伯克利分校念书的贾祥丽，她帮我下载甚至购买了许多派尔斯和柯垂耳关于位错的经典著作并扫描发送。没有这些帮助，即使不是闭门造车，恐怕我也会对这些内容的理解有较大偏差。

第 3 章的扩展阅读是介绍表面缺陷在催化中的作用，首先描述缺陷部位具有较高催化活性的原理，然后介绍天津大学陈亚楠教授的最新工作，他领导的小组通过极端条件下高温热震荡的方法在铂(Pt)纳米颗粒中制造刃型位错并将其用于析氢反应的研究，发现富含位错的 Pt 纳米颗粒与普通制备的 Pt 颗粒相比对电解水析氢反应具有更高的活性和稳定性。理论计算发现，颗粒中丰富的刃型位错带来局部应变效应，能够改善 Pt 原子的电子结构，在电解水时优化了含氢物种在其表面的吸附，从而提升了它们催化析氢反应的活性。而纳米尺度上的颗粒具有丰富的晶界，极大地阻碍了位错的运动，也使得这些富含位错的 Pt 纳米颗粒在催化反应中能保持高度的稳定性。

第 4 章是固体中的扩散，该章内容相对简单，主要包括稳态扩散和非稳态扩散概念、扩散第一定律和第二定律、扩散系数、几种特定条件下扩散方程的边界条件和解的特征、柯肯德尔效应、扩散驱动力及扩散机制、扩散激活能以及影响扩散的因素和原理等。第 4 章的主要知识点是基于物料衡算推导扩散方程，对俣野方法计算扩散系数的解读和达肯方程中对于摩尔密度不变假设的讨论。另外，需要注意的是，由于柯肯德尔效应揭示了质点在固体中的宏观扩散规律与微观机制的内在联系，因此在逻辑上，它应该在了解了固体扩散的微观机制后再进行讲述。本章进行了这样的调整，先介绍扩散的宏观现象，再讨论扩散的微观机制，然后引出互扩散时的柯德达尔效应并表述它对明确微观扩散机制的贡献。第 4 章扩展阅读的第一部分介绍柯肯德尔效应在制备中空纳米材料方面的应用，使读者看到事物的两面性，如宏观尺度常常以"恶魔"形象示人的柯肯德尔效应，到了微观尺度范围就以一副"天使"面孔出现，被用来制备很多有趣的纳米结构尤其是中空结构，在科学认知和催化、储能等领域发挥巨大应用。第二部分介绍另一个发生在纳米尺度上的新奇现象，即 Au 在 Ag_2S 纳米颗粒中由内向外的扩散现象。这一现象和本章所学的固体扩散知识有紧密的结合。例如，一种扩散机制是将 Au 内核和 Ag_2S 壳层看作一对扩散偶，由于单斜相的 Ag_2S 壳层与面心立方相的 Au 内核晶体结构差异较大，相界面处失配严重，界面质点(原子、离子)必然处于较高的能量状态，容易脱离各自化学键的束缚而迁移进入另一相。一定温度下，晶体中均存在平衡浓度的点缺陷，如空位等，这些点缺陷尤其空位可以协助质点迁移以换位的方式进行。但 Au 和 Ag_2S 构成的扩散偶中，Ag^+ 向 Au 中的迁移可能性较低，因为要保持局部电中性，Ag^+ 的迁移必然伴随着 S^{2-} 的迁移，这种状况不容易发生。因此，扩散偶中发生的迁移主要是 Au 原子在 Ag_2S 中以空位机制进行的扩散。

第 5 章是固体的形变，它的机理和微观机制对理解影响材料形变的各种因素，阻止和延缓形变的发生，强化材料以及指导材料塑性加工成型都有十分重要的理论和实际意义。第 5 章先简述固体材料的力学性质，给出应力-应变曲线，从而引出屈服强度和拉伸强度等力学概念以及描述固体试样形变过程的主要参数，然后着重讨论单晶体弹性和塑性形变的方式和规律，在此基础上简单讨论多晶体的塑性形变特点，并运用已经讲述的位错知识来理解金属或合金强化的基本原理。需要注意的是，尽管塑性形变是第 5 章的重点，但为了使知识体系更为完整，本章对材料的弹性形变和力学行为也作了较长篇幅的介绍。这一章内容比较繁杂，尤其使用映像规则判断滑移系启动时还涉及丰富的空间想象力。固体材料的形变和断裂与实际应用联系非常密切，学习时要关注概念的内涵和理解，不必太在意烦琐的数学过程，深刻地理解概念和现象背后的机制对将来的工程实践具有不可估量的意义。第 5 章的扩展阅读是金属硬化在原子水平上的最新见解，基于美国劳伦斯伯克利国家实验室的一位科学家瓦斯里·布拉托夫领导的科研小组依靠超级计算机进行的理论计算。他们对 7 个铝单晶在适当温度和压力下受单轴拉伸进行动力学模拟，并从中提取应力-应变响应曲线，发现金属的阶段性硬化是单轴应变下晶体旋转的直接结果。与文献中广泛报道的观点所不同的是，他们观察到，在金属硬化的所有阶段，位错行为的基本机制都是相同的。他们的模拟结果表明三级硬化不是材料的固有属性，而是标准单轴实验中试件共轴性约束的运动学结果，因此，他们认为在从一个硬化阶段到下一个硬化阶段的位错机制中寻求阶段硬化的解释没有意义。他们的观点仍需更多实验证据证实，但无疑这种模拟方法为探究晶体塑性的基本原理提供了技术支持。

　　时值完稿之际，感谢中国科学院大学教材出版中心资助，感谢"双一流"建设背景下材料专业本科生创新型人才培养模式的探索与实践项目(北京市教委)的支持。感谢中国科学院大学材料科学与光电技术学院刘向峰和陈广超两位副院长，感谢张艳萍老师提供了各种便利条件，感谢课题组的刘卉老师和陈东老师，感谢研究生刘丹叶、曾庆、杨牛娃和胡振亚，他们用娴熟的技巧帮我处理了大量图表并对内容做了精心校对。感谢我的妻子王立静及两个孩子杨仁孝和杨仁哲，在撰写这本教材的三年里，我几乎牺牲了每个本该陪伴他们的周末，本教材的如期完成离不开他们的理解和支持。

　　2019 年中秋时，我受师弟张育新的邀请到重庆大学做关于英文写作的讲座，在云层之上感怀自己半生飘零，一无所成，于是在半梦半醒之间，略带苦涩地写下一首诗：

七律·半生回望

身世浮尘一抹轻，云中半梦忆飘零。
曾经津冀逾寒暑，又涉南洋沐热风。
浅浴美加三季雪，再还坡镇越青冬。
南归北渡十年过，散落天河缀浩穹。

　　我曾有许多理想，想做侠客拯救处于弱势的人群，想测量未来三十年的温度变化……这些或虚无或现实的理想很多都不了了之。夭折自然是因我的懒惰，无它。这部教材还有另外半部(Ⅱ)，希望我能信守自己的承诺，如期完成，不要像我做过的许多事情一样中途夭折。希望我能信守编写教材的信念，用真实书写余下的人生。

杨　军
中国科学院过程工程研究所
中国科学院大学材料科学与光电技术学院
2022 年 2 月 18 日

目　　录

第1章 材料的原子结构

不同的材料具有不同的性能，同一种材料经过不同的加工处理也会有不同的性能，这些都可归结于材料内部结构的差异。从微观至宏观，结构大致可分为四个层次：原子结构、原子键合、原子的排列方式和晶体材料的显微组织，它们从不同侧面影响着材料的性能。原子结构的差异能够导致原子间结合方式的改变，进而影响原子在空间的排列方式，随之产生物理和化学性质各异的不同种物质。因此，首先简要复习原子结构知识，主要了解并掌握原子结构及元素周期表、原子间结合键及其对材料性能的影响、键能曲线及其基本应用。

1.1 历 史 回 顾

一般认为，物质由原子构成这一观点可以追溯到公元前 400 年的古希腊时期。的确，去世于公元前 370 年的德谟克利特(Democritus)曾提出宇宙万物是由世界上最微小的、坚硬的且不可分割的物质粒子构成的，他将这种粒子称为"原子"。他认为原子在性质上相同，但在形状大小上是多种多样的。万物之所以不同，就是由于万物本身的原子在数目、形状和排列上各有不同。他还认为原子总在不断运动，运动是原子本身所固有的性质。他写道："世界上除原子和真空外就是思想。"德谟克利特及后来的埃皮鸠里乌斯(Epicurius)和鲁克里提亚斯·卡拉斯(Lucretius Carus)大胆而有创造性的臆测比较深刻地说明了物质结构，肯定了运动是物质的属性，因而具有重要的意义。但原子论在很长时间里并未占据解释世界本质的主流，2000 多年来人们更乐意接受亚里士多德(Aristotle)的四元素说，即宇宙中任何东西都是由四种元素——火、土、空气和水组成的。

17 世纪，英国科学家罗伯特·波义耳(Robert Boyle)曾在其化学研究中使用原子观点，而比波义耳小 16 岁的伟大的牛顿在其物理和光学研究中也一直不忘原子观点。但是，原子概念真正成为科学的一部分是在 18 世纪后半叶，法国化学家安东尼-劳伦特·拉瓦锡(Antoine-Laurent de Lavoisier)在研究物质何以能够燃烧时判断出许多真元素，如氧、氮和氢等，它们不能分解为其他化学物质。拉瓦锡还认识到燃烧过程不过是空气中的氧与其他元素的简单化合过程。1808 年，英国化学和物理学家约翰·道尔顿(John Dalton)发表了《化学哲学新体系》一书，小心地将原子规则引入化学，提出了物质的原子论。其要点是：物质是由原子组成的，原子是每种化学元素的最小单元，本身不可分；同一种元素的所有原子是相同的，但不同种元素由不同种原子组成；原子不能产生，也不能消失，只会在化学反应中重新组合，以整数比结合形成新物质。道尔顿学术标志着原子理论体系真正建立，200 多年后成为写在教科书中的那种形式。

即便有如此多先驱性的工作，原子论在 19 世纪也没能被科学界很快接受。相反，由于缺乏直接的证据证实原子的存在，当时许多著名的物理学家如恩斯特·马赫(Ernst Mach)和威廉·奥斯特瓦尔德(Wilhelm Ostwald)都强烈反对原子假设，他们的反对甚至造成天才的物理学家、热力学和统计物理学的奠基人之———路德维希·爱德华·玻尔兹曼(Ludwig Edward Boltzmann)

因绝望而自杀。1905 年，就在玻尔兹曼自杀前几个月，当时仍籍籍无名的阿尔伯特·爱因斯坦(Albert Einstein)在《物理学年鉴》上发表了一篇解释布朗运动的论文。罗伯特·布朗(Robert Brown)是出生于苏格兰的英国植物学家，他发现当用显微镜观察浮在水面上的花粉时，看到花粉颗粒似乎在做不规则弹跳运动。爱因斯坦证明这种运动虽然是随机的，却遵循一定的统计规律，如果花粉受到玻尔兹曼所描述的那种在气体或液体中运动但看不见的微观粒子的不断冲击，其运动恰好就是这种形式。这是原子存在的强有力的证据，尽管仍是间接性的。这篇文章出现之后，科学界对原子真实性的怀疑就逐渐消失了，但对原子的结构特征仍然知之甚少。

真空管中灯丝通过电流时会产生辐射，称为阴极射线，对其是波还是粒子在 19 世纪末期有过较长时间的争论。1897 年，在亨利·卡文迪许(Henry Cavendish)实验室工作的约瑟夫·约翰·汤姆孙(Joseph John Thomson)依据运动着的带电粒子的电磁平衡特性设计了一个巧妙的实验。带电粒子的运动路径既可以用电场也可以用磁场使之弯曲，汤姆孙所设计的装置使这两种效应相互抵消，使得阴极射线从带负电的金属板(阴极)发出后沿直线运动打在探测屏上。这种技巧只能用在带电粒子上，因此汤姆孙证实阴极射线实际上是带负电的粒子，现在称为电子。他还通过电力和磁力的平衡计算出电荷与电子质量之比(e/m)。无论什么金属作阴极，结果总是一样，于是汤姆孙得出结论：电子是原子的一部分，虽然不同元素由不同的原子组成，但所有原子包含的电子总是一样的。1909 年，美国物理学家罗伯特·安德鲁·密立根(Robert Andrews Millikan)通过油滴实验精确测量出电子的电荷值为 1.602×10^{-19} C，再借助汤姆孙测得的荷质比，计算得到电子的质量为 9.109×10^{-28} g。

汤姆孙的发现否定了"原子不可再分"的传统观念。既然电子带负电，而原子是电中性的，从逻辑上便可直接得出原子中一定还存在与电子带相反电荷的物质。德国物理学家威廉·维恩(Wilhelm Wien)于 1898 年首先研究了这种带正电的射线，当时称为阳极射线，指出组成这种射线的粒子比电子重得多。汤姆孙在进行了阴极射线方面的工作之后，也用一系列实验对这种带正电的射线进行了电磁偏转测量。为解释中性原子中正负电荷分布的问题，汤姆孙把原子想象成葡萄干面包或类似西瓜的东西，正电荷均匀分布在整个原子球体内，电子像葡萄干或西瓜籽那样散于其中，每个电子带一点负电荷，维持整个原子的电中性。汤姆孙模型虽然很快被证实是错误的，但在揭示微小的原子仍然具有更加精细的结构这个方向上还是值得肯定的。

欧内斯特·卢瑟福(Ernest Rutherford)被誉为迈克尔·法拉第(Michael Faraday)之后最伟大的实验物理学家，在研究元素放射性时发现了两种射线，他将它们命名为 α 射线和 β 射线，都是高速运动的粒子。β 射线很快就被证实是电子，与阴极射线完全相同；α 射线则完全不同，它由两个质子和两个中子构成的，质量约为氢原子质量的 4 倍，电荷是电子电荷量的 2 倍，而且是正的。但在获得这些信息之前，卢瑟福就开始使用它们研究原子的内部结构了。1909 年，在卢瑟福的指导下，汉斯·盖革(Hans Geiger)和欧内斯特·马士登(Ernest Marsden)进行了用 α 射线轰击金箔的实验，发现了一些令人惊讶的实验结果。如图 1.1 所示，大多数 α 粒子能直接穿透金箔，而且不改变原来的前进方向，一小部分 α 粒子改变原来的运动路线，发生了偏转；奇怪的是，有极少部分 α 粒子反弹回去。每个 α 粒子的质量是电子质量的 7300 倍，并以接近光速的速度运动，所以这种反弹不可能是和电子相撞引发的；偏折或反弹应该来自金箔中带正电的物质，但如果汤姆孙的葡萄干面包或西瓜模型正确，α 粒子的反弹就不会发生，正电荷均匀分布的模型能让一个 α 粒子穿过，它就应该能让所有粒子穿过。针对令人惊讶的实验结果，卢瑟福找到了答案，即原子中的正电荷只能集中在很小的体积中，此体积比整个原子的体积要小得多；这种情况下，入射的 α 粒子才会偶尔和原子中正电荷小聚集体正面相撞而被弹回。只有这样设计才能圆满地解释实验结果：极少的 α 粒子被弹回，少数稍稍偏折，而大部分直接穿过不受影响。

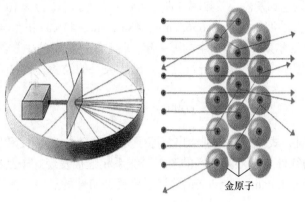

图 1.1　α 粒子轰击金箔实验示意图

　　在此基础上，卢瑟福于 1911 年提出了核式结构原子模型。在这个模型中，原子中的正电荷集中在很小的区域(后来实验证实原子直径约为 10^{-10} m，而核的直径只有 $10^{-16} \sim 10^{-14}$ m)，这个电荷电量正好与围绕其分布的电子云的负电荷相等；原子的质量主要来自正电荷部分，即原子核；原子中质量很小的电子则围绕着原子核做旋转运动，就像行星绕太阳运转一样。至此，原子内部的构造终于被正确构建，达成了原子结构现代理论的基础。但在经典电动力学框架内，卢瑟福模型有深刻的"危机"，它无法解释原子的稳定性，即电子为什么不因正负电荷相互吸引而落入带正电的原子核中。要抵消电子向原子核坍塌的办法是让电子绕核运动起来，如地球绕太阳旋转一样。转动中电子的速率可能保持不变，但运动方向一直在改变，所以电子速度是一直变化的，因为速度是由速率大小和运动方向合成得到的。电子速度的不断变化必然导致辐射能量，最终电子仍然应该沿着螺旋线型方向落入原子核。因此，即使引进轨道运动模型，仍然不能阻止卢瑟福模型中原子的坍塌。这一问题的探索引发了物理学深刻的革命，标志着量子理论年代的到来。

1.2　氢原子光谱

　　光谱学研究对理解原子结构和建立原子结构理论有极大的促进作用。现在知道，元素的光谱与该元素原子的电子激发能有关。如果在可见光的某个范围内，并且吸收某一部分光线，那它就显示剩下的那部分光线的颜色。如果该原子的电子激发能非常低，可以吸收任意的光线，该原子就是黑色的；如果该原子的电子激发能非常高，不能吸收任何光线，该原子就是白色的；如果该原子能吸收短波部分的光线，该原子就是红色或黄色的。人们早已发现，每种元素都有自己的特征谱线图，即使和该元素作用的光的强度或加热温度有所变化，谱线图也不发生改变。谱线的规律清楚地表明元素的原子仅发射和吸收特定频率的光。光谱学研究可追溯到 19 世纪早期，威廉·沃拉斯顿(William Wollaston)在研究来自太阳的光谱中发现有一些黑线，合理的解释是光线从很热的太阳表面发出后经过太阳气层中较冷的气团物质被吸收掉了特定频率的光。光谱技术为化学家鉴别物质成分和纯度提供了一种特别有用的方法，但直到尼尔斯·玻尔(Niels Bohr)的研究工作出现后才成为探索原子结构的工具。

氢原子是最简单的原子，只包含一个带正电的质子及核外一个带负电的电子，因此它的光谱也非常简单。氢原子在可见光区(400~700 nm)有四条颜色不同的谱线：H_α、H_β、H_γ和H_δ，分别呈现红色、青色、蓝紫色和紫色，其频率分别为$4.57 \times 10^{14}\ s^{-1}$、$6.17 \times 10^{14}\ s^{-1}$、$6.91 \times 10^{14}\ s^{-1}$和$7.31 \times 10^{14}\ s^{-1}$，相对应的波长分别是656.3 nm、486.1 nm、434.0 nm和410.2 nm。

1885年，也就是尼尔斯·玻尔出生的那一年，瑞士年近花甲的中学物理教师约翰·巴耳末(Johann Balmer)给出了一个符合氢原子可见光区谱线波长的经验公式：

$$\gamma(\mathrm{nm}) = \frac{364.6n^2}{n^2-4} \tag{1.1}$$

当$n = 3$、4、5和6时，式(1.1)就分别给出氢原子光谱中H_α、H_β、H_γ和H_δ四条谱线的波长。

后来，氢原子的红外与紫外光谱区的若干谱线系相继被发现。于是在1890年，瑞典物理学家约翰内斯·里德伯(Johannes Rydberg)总结了更具普遍性的氢原子光谱的频率公式：

$$\nu(\mathrm{s}^{-1}) = 3.289\times10^{15}\left(\frac{1}{n_1^2} - \frac{1}{n_2^2}\right) \tag{1.2}$$

式中，n_1和n_2为正整数且$n_1 < n_2$。当$n_1 = 2$时，即为可见光区的巴耳末系；$n_1 = 1$时为紫外光谱区的莱曼(Lyman)系；$n_1 = 3$和4时依次为红外光谱区帕邢(Paschen)系和布拉开(Brackett)系。

这些经验公式都早已被物理学家接受并写进了大学的教科书。经验和结果吻合得如此之好，说明这些公式背后有一些有意义的内容，其中到底蕴藏着什么，又是如何与物质的原子结构相关联，这些仍然是等待揭开的奥秘。

1.3　玻尔原子结构理论

如何解释原子的稳定性和氢原子光谱的实验事实与经验公式，经典物理学无能为力。在经典电磁理论框架内，原子应该是不稳定的，绕核不断变化速度旋转的电子将自动而且连续地辐射能量，最终电子会坍塌到原子核，并且发射的光谱应该是连续光谱而不是线状光谱。

1913年，丹麦物理学家玻尔接受了马克斯·普朗克(Max Planck)量子论和爱因斯坦光子论的观点，提出了新的原子结构理论。

普朗克是德国理论物理学家，他在1900年为黑体辐射谱找到一个完美的数学公式，为探寻这个公式背后的物理意义，他提出了量子论。普朗克认为在微观领域能量是不连续的，物质吸收或发射的能量总是一个最小能量单位的整数倍，这个最小的能量单位称为量子，与频率有关，并符合$E = h\nu$，式中h是个新常量，现在称为普朗克常量，其值是$6.626 \times 10^{-34}\ J\cdot s$。能量量子化是微观世界的重要特征，这一发现是物理学上的一次革命。

爱因斯坦1879年出生于德国乌尔姆市，他在瑞士求学并在那里完成了他早期最重要的研究工作，最后于1955年逝世于美国。1887年，德国物理学家海因里希·鲁道夫·赫兹(Heinrich Rudolf Hertz)发现光生电现象，即在高于某特定频率的电磁波照射下，某些物质内部的电子会被光子激发出来而形成电流。1905年，爱因斯坦在解释光电效应时提出光子论，认为一束光是由具有粒子特征的光子组成的，每个光子的能量E与光的频率ν成正比，即$E = h\nu$, h就是普朗克常量。在光电效应实验中,具有一定频率的入射光子与电子碰撞时,将能量传递给电子。光子频率越高,能量越大,电子获得的能量也就越大,发射出来的光电子能量也就越大。

1913 年,玻尔把能量量子化作为稳定原子的条件,建立了新的原子结构理论。其要点如下:

(1) 行星模型:玻尔假定,氢原子核外电子是处在一定的线性轨道上绕核运行的,正如太阳系的行星绕太阳运行一样,这点和卢瑟福模型并无二致。

(2) 轨道量子化(定态假设):围绕原子核运动的电子轨道半径不连续,只能是某些分立的数值(称为定态),且电子在这些分立轨道上绕核转动是稳定的,不产生电磁辐射。

(3) 能量量子化:电子在不同的轨道上运行时,原子处于不同的状态,具有不同的能量,所以原子的能量也是量子化的;结合牛顿第二定律和量子化条件,玻尔推导得出氢原子能级公式:

$$E(\text{eV}) = -\frac{2\pi^2 m e^4}{n^2 h^2} = -\frac{13.6}{n^2} \tag{1.3}$$

式中,e 为电子电荷;m 为电子质量;h 为普朗克常量;n 为轨道量子数,取整数。$n = 1$ 时,轨道能量为–13.6 eV,称为氢原子的基态,该状态时电子离核最近,原子能量最低;$n \geqslant 2$ 时的状态称为氢原子激发态。

(4) 跃迁规则:原子的能量变化(包括吸收或发射电磁辐射)只能在两定态之间以跃迁的方式进行。在正常情况下,原子中的电子尽可能处于离核最近的轨道上,这时原子的能量最低。当原子受到辐射、加热或者通电时,电子获得能量可以跃迁到离核较远的轨道上,即电子被激发到高能量的轨道上;处于激发态的电子不稳定,又会跃迁至离核较近、能量较低的轨道上,同时释放出光子。光的频率 ν 取决于离核较远的轨道能量(E_2)与离核较近的轨道能量(E_1)之差:

$$h\nu = E_2 - E_1 \tag{1.4}$$

玻尔理论成功地解释了氢原子的稳定性、氢原子光谱的产生和不连续性,甚至谱线位置都预测得很精准。但玻尔所做的不应该是对的,在他的理论中,轨道的想法来自经典物理,而能级的概念却来源于量子论。将经典理论和量子理论简单拼接并不能对原子结构进行深入认识,尽管在氢原子上成就非凡。现在看来,玻尔模型的缺陷是很明显的,电子并没有平面结构的固定轨道,而是符合统计规律,它也不能解释多电子原子的光谱,甚至解释氢原子光谱的精细结构也无能为力。玻尔有一种特别的天赋,受限于时代,他更像一个补锅匠而非一个完全的开拓者;他不关注完整理论,更善于拼接或融合已有的理论,使之至少与观察到的实验结果相一致。玻尔的这种工作方法在他后续的互补原理及哥本哈根量子力学诠释中都有明显的痕迹。然而,由于将量子理论与经典理论结合得如此优美以及轨道图像的直观明了,玻尔模型在各类科普、中学和大学的教科书上都占有一席之地,广受欢迎。与其说是玻尔理论开启了正确认识原子结构的大门,不如说这个模型提供了向真正的原子理论的一种过渡。人们可能更愿意在从优美的经典理论迈入神秘的量子世界时,先在玻尔模型处歇一下脚,呼吸一下,预备接受更加艰苦的长途跋涉。

1.4　微观粒子运动的基本特征

玻尔理论的局限在于仍将核外电子视为服从牛顿力学的粒子,而硬性给它们附加了量子化条件。要克服玻尔理论的缺陷，就必须摒弃牛顿力学，深刻认识微观粒子运动的基本特征，从而建立新的力学。

微观粒子由于其质量小、运动速度快，与宏观物体遵循的运动规律有很大区别。1923 年，法国贵族青年路易斯·德布罗意(Louis de Broglie)深入思考一个问题："如果光子具有粒子的特性，那么电子为什么不具备波的特性？"之后他提出微观粒子具有波粒二象性的假设，认为和光一样，实物粒子也可能具有波动性，即实物粒子具有波动-粒子二重性，并指出适用于光子的能量公式 $E = h\nu$ 也适用于实物粒子。他又根据爱因斯坦在狭义相对论中导出的两个描述光量子的方程推导出波长 λ 的公式：

$$\lambda = \frac{h}{mv} = \frac{h}{p} \tag{1.5}$$

式中，m 为实物粒子质量；v 为实物粒子运动速度；p 为动量。式(1.5)就是著名的德布罗意关系式，它的高明之处在于把微观粒子的粒子性和波动性统一起来，表明一个动量为 mv 的微观粒子的行为宛如波长为 λ/p 的波的行为。人们称这种与微观粒子相联系的波为德布罗意波或物质波。计算结果表明，宏观物体如垒球和枪弹的运动速度低，波长太短，约在 10^{-22} pm 量级甚至更低，很难觉察到，也无法测量，因此不必考虑宏观物体的波动性；然而，对于高速运动着的微观粒子，如电子，它的波长可达到 1200 pm，就必须探究其波动性。

德布罗意不仅从数学上指出物质波应该具有哪些行为，还对如何才能观察到物质波提出了建议。他预言一束电子通过一个非常小的孔时可能会产生衍射现象。这个预言在 1927 年被美国的克林顿·戴维孙(Clinton Davisson)和英国的乔治·汤姆孙(George Thomson，电子发现者约瑟夫·约翰·汤姆孙的儿子)两个小组分别独立证实，德布罗意因此获得 1929 年诺贝尔物理学奖。

微观粒子除了具有波粒二象性，还遵循不确定原理(uncertainty principle)，即对运动中的微观粒子，不能同时准确确定它的位置和动量。这一原理由德国物理学家沃纳·卡尔·海森伯(Werner Karl Heisenberg)在 1927 年提出，可以用一个形象的例子加以说明：如要观察一个物体，首先要看见它，即用光打到物体上面，然后再反射到人的眼睛或显微镜里。这种观察对宏观物体当然没有问题，但对微观粒子，如果光的波长比粒子的物理尺寸还要长，那么发生的就是衍射而非反射，换句话说，人们无法观察到尺寸小于光波长的物体。所以，要想确定微观粒子的位置，就要尽可能使用波长比较短的光，然而短波光频率高，其光子的能量就很高；能量高光子辐射到尺寸特别小的微观粒子上，不可避免地会干扰它们原来的运动状态，自然也就改变了它们的动量。不确定原理的关系式为 $\Delta x \cdot \Delta p \geqslant h/4\pi$，式中 Δx 为微观粒子位置(或坐标)的不确定度，Δp 为微观粒子动量的不确定度。该式表明，微观粒子位置的不确定度与其动量的不确定度的乘积大约等于普朗克常量的数量级，微观粒子位置的不确定度 Δx 越小，则其相应的动量的不确定度 Δp 就越大。例如，当原子中电子的运动速度为 10^6 m·s^{-1} 时，若要使其位置的测量精确到 10^{-10} m，利用不确定原理求得的电子速率的测量误差将达到 10^7 m·s^{-1}，比电子本身的运动速率还大。也就是说，电子的位置若能准确测定，其动量就不能被准确测定。不确定原理也很好地说明了玻尔理论的缺陷，在玻尔理论中，电子轨道和动量都是确定的，而在实际原子中，具有波动特性的电子并没有确定的轨道。

不确定原理是对电子或其他微观粒子波粒二象性的互补性描述。位置是粒子的重要属性——粒子能够精确定位，然而波没有精确的位置，但它们具有动量。对微观粒子波的特性了解得越多，对它们粒子属性相关的性质就了解得越少，反之亦然。用来检验粒子的实验只能用来检验粒子，用来检验波的实验只能用来检验波，没有实验能够同时表明微观粒子既像波又像粒子。

微观粒子所具有的波动性可以与粒子行为的统计规律联系在一起，以"概率波"或"概率密度"来描述。微观粒子的波动性实际上是大量微粒运动(或者单个粒子千万次运动)所表现出来的性质，是具有统计意义的概率波。在某个空间区域内波信号强度(衍射强度)大的地方粒子出现的机会多，信号强度小的地方粒子出现的机会少。从数学角度看，这里所说的机会就是概率，也就是说，在空间区域内任一点波信号强度与粒子出现的概率成正比。

1.5　原子结构的量子力学描述

微观粒子具有波的属性，要研究微观粒子的运动规律，就要寻找一个波函数，用该函数的图像与粒子的运动规律建立联系，这种波函数就是微观粒子运动的波函数 ψ，它是微观粒子波动方程的解。

对于微观粒子，其运动方程应满足三个条件：①方程中仅含有波函数 ψ 关于时间 t 的一阶导数，不能含有 t 的二阶及二阶以上导数，否则除了初始状态外，还需给定其他条件才能确定任何时刻的粒子运动状态；②波函数 ψ 要满足态叠加原理，即若 ψ_1 和 ψ_2 是方程的解，则 $\psi = c_1\psi_1 + c_2\psi_2$ 也是方程的解，这就要求 ψ 及 ψ 对时、空的导数应为线性，只能包含 ψ，ψ 对时间的一阶导数和对坐标各阶导数的一次项，不能含它们的平方项或开方项；③为使方程具有普遍意义，方程不能包含状态参量，如动量、动能等。1926 年，奥地利物理学家欧文·薛定谔(Erwin Schrödinger)根据微观粒子的波粒二象性，运用德布罗意关系式，联系光的波动方程，类比经典理论，建立起微观粒子运动方程，即薛定谔方程，它是一个二阶偏微分方程：

$$\frac{\partial^2\psi}{\partial x^2} + \frac{\partial^2\psi}{\partial y^2} + \frac{\partial^2\psi}{\partial z^2} + \frac{8\pi^2 m}{h^2}(E-V)\psi = 0 \tag{1.6}$$

式中，波函数 ψ 为坐标 x、y 和 z 的函数；E 为系统的总能量；V 为势能；m 为微观粒子的质量；h 为普朗克常量。

薛定谔方程是处理原子、分子中电子运动的基本方程，它的每个合理的解 ψ 都描述该电子运动的某一稳定状态，与这个解相应的 E 值就是粒子在此稳定状态下的能量。薛定谔方程在量子力学中的地位和牛顿运动定律在经典力学中的地位相当，它们都不是推导所得，正确性靠实验来证实。因薛定谔在发展原子理论方面的贡献，他与英国物理学家保罗·狄拉克(Paul Dirac)分享了 1933 年诺贝尔物理学奖。应该了解的是，尽管为量子力学发展做出了基础性的贡献，薛定谔本人的初衷却是恢复微观现象的经典解释。薛定谔方程使用物理上所通用的语言即微分方程和物理世界中非常熟悉的波的概念，但其背后的物理意义并不真实。必须承认，微观粒子世界与人们日常观察的世界是完全不同的，不能用日常生活中的图像去解释微观粒子的行为方式，在这个意义上，薛定谔方程作为确定微观粒子运动状态实用工具的巨大成功却曾经阻碍人们对这个工具如何和为什么有效作深入的思考。

薛定谔方程非常复杂，求解需要较深的数学基础，且不易有解析解，具体解法可参考各类量子力学教程，在这里只做简单讨论。一般方法是先进行坐标变换，将直角坐标变换为球坐标，这样波函数 $\psi(x,y,z)$ 可表示为 $\psi(r,\theta,\phi)$，其中 r 为球坐标系中任一点 P 到球坐标原点 O 的距离(电子离核的距离)，θ 为 z 轴与 OP 之间的夹角，ϕ 为 x 轴与 OP 在 xOy 平面上投影 OP' 之间的夹角。坐标变换后再用分离变量法转换成三个分别只含一个变量的常微分方程，三个方程的解分别表示为 $R(r)$、$\Theta(\theta)$ 和 $\Phi(\phi)$，它们的乘积即为 $\psi(r,\theta,\phi)$：

$$\psi(r,\theta,\phi) = R(r)\Theta(\theta)\Phi(\phi) \tag{1.7}$$

如果将相关角度变化的两个常微分方程的解相乘合并在一起：$Y(\theta,\phi) = \Theta(\theta)\Phi(\phi)$，则式(1.7)变为

$$\psi(r,\theta,\phi) = R(r)Y(\theta,\phi) \tag{1.8}$$

式中，$R(r)$ 为波函数 ψ 的径向部分；$Y(\theta,\phi)$ 为波函数 ψ 的角度部分。$R(r)$ 表明 θ 和 ϕ 一定时，波函数 ψ 随 r 的变化关系；而 $Y(\theta,\phi)$ 表明 r 一定时，波函数 ψ 随 θ 和 ϕ 的变化关系。

波函数 ψ 是原子处于定态时电子运动状态的数学描述。核外电子在原子核吸引作用下的球形空间中运动，要得到合理的波函数的解，需要满足一定的条件，如波函数是单值、有限和连续等边界条件，这样求解薛定谔方程时引进三个取分立值的参数，即量子数 n、l 和 m。要得到每个波函数 ψ 的合理解，必须限定一组 n、l 和 m 的允许值。它们是一套量子化的参数，只有 n、l 和 m 值的允许组合才能得到合理的波函数 $\psi_{n,l,m}$。在量子力学中，原子中单电子的波函数 $\psi_{n,l,m}$ 称为原子轨道函数，简称原子轨道。例如，$\psi_{1,0,0}$ 就是 1s 轨道，也可表示为 ψ_{1s}，$\psi_{2,0,0}$ 是 2s 轨道或 ψ_{2s}，$\psi_{2,1,0}$ 则是 $2p_z$ 轨道或 ψ_{2p_z}。量子力学中的轨道一词只是借用经典力学的术语，它不具有固定值，不再是玻尔原子模型中的平面固定轨道，而是指电子的一种空间运动状态，或者说是电子在核外运动的某个空间范围。

氢原子由于只有一个电子，常用来作为典型例子阐述量子数的意义。对处于基态的氢原子，也就是在 $n=1$，$l=0$ 和 $m=0$ 的条件下，即电子处于 1s 原子轨道的状态下，解径向部分和角度部分的常微分方程可得

$$R_{1,0}(r) = 2\sqrt{\frac{1}{a_0^3}}e^{-r/a_0}, \quad Y_{0,0}(\theta,\phi) = \sqrt{\frac{1}{4\pi}}$$

将两者相乘可得

$$\psi_{1,0,0} = \psi_{1s} = R_{1,0}(r) \cdot Y_{0,0}(\theta,\phi) = \sqrt{\frac{1}{\pi a_0^3}}e^{-r/a_0} \tag{1.9}$$

式中，$a_0 = 52.9$ pm，称为玻尔半径。式(1.9)表明氢原子 1s 轨道电子的波函数仅与电子距核的距离有关，而与角度无关。

【练习 1.1】 画出氢原子 1s 轨道的 $R(r)$ 和 $Y(\theta,\phi)$ 图像，以便更直观形象地了解原子中电子的运动状态。

1.6 量 子 数

求解薛定谔方程时，为了得到合理的波函数，引入三个只能取分立整数值的参数 n、l 和

m，分别称为主量子数、角量子数和磁量子数。它们的取值决定着波函数所描述的电子离核远近、电子能量和角动量以及原子轨道的形状和空间取向等。

1. 主量子数 n

能量是原子中电子最重要的量子化性质，而主量子数 n 是决定原子轨道能量的主要参数，对于氢原子和类氢离子则是唯一参数，取值为 1、2、3 等正整数。n 越大，表示电子距核的平均距离越大，能量越高。

2. 角量子数 l

原子轨道的角动量由角量子数 l 决定。在多电子原子中，原子轨道的能量不仅取决于主量子数 n，还受角量子数 l 的影响。角量子数 l 取值受主量子数 n 的限制，只能取 0 到 $(n-1)$ 的正整数，共 n 个值。当主量子数 n 确定时，角量子数 l 的不同取值代表同一电子层中不同状态的亚层。角量子数也反映了原子轨道的角度分布形状，具体可参见各类无机化学教材。对多电子原子而言，主量子数 n 相同而角量子数 l 不同时，l 越大，其能量越高。

3. 磁量子数 m

磁量子数 m 决定着轨道角动量在磁场方向的分量，其取值受角量子数 l 的限制，只能取从 $-l$ 到 $+l$ 的正整数，共 $(2l+1)$ 个值，即 $-l$、…、-1、0、$+1$、…、$+l$。

虽然近代原子模型已经摒弃轨道的概念，不存在电子按确定轨道一层一层排列的概念，而是采用概率密度来描述电子在核外空间的分布情况，但习惯上人们还是将核外电子按能量分组或按主量子数 n 分成壳层。例如，$n=1$、2、3、…分别称为第 1 层、第 2 层、第 3 层、…壳层，并用大写字母 K、L、M、…表示。对同一个 n 值(同一个壳层)，又按 l 值不同分成若干个亚壳层或次壳层，并用小写字母 s、p、d 和 f 等分别表示 $l=0$、1、2 和 3 等的亚壳层。于是，对于一个处于 $n=2$，$l=0$ 的电子，就称它处于 2s 态；处于 $n=2$，$l=1$ 的电子就是 2p 态。人们也常把状态说成"轨道"。例如，3d 轨道上的电子就是指 3d 态电子，即 $n=3$，$l=2$ 状态的电子。需要注意，这里的"轨道"不是经典概念里的轨道，而是指电子在核外空间的分布图像，也称电子云。

表 1.1 归纳了三个量子数 n、l 和 m 与原子轨道间的关系。

表 1.1　量子数与原子轨道

主量子数 n	主层符号	角量子数 l	亚层符号	亚层层数	磁量子数 m	原子轨道符号	亚层轨道数
1	K	0	1s	1	0	1s	1
2	L	0	2s	2	0	2s	1
		1	2p		0、±1	$2p_z$、$2p_x$、$2p_y$	3
3	M	0	3s	3	0	3s	1
		1	3p		0、±1	$3p_z$、$3p_x$、$3p_y$	3
		2	3d		0、±1、±2	$3d_{z^2}$、$3d_{xz}$、$3d_{yz}$、$3d_{xy}$、$3d_{x^2-y^2}$	5

续表

主量子数 n	主层符号	角量子数 l	亚层符号	亚层层数	磁量子数 m	原子轨道符号	亚层轨道数
4	N	0	4s	4	0	4s	1
		1	4p		0、±1	$4p_z$、$4p_x$、$4p_y$	3
		2	4d		0、±1、±2	$4d_{z^2}$、$4d_{xz}$、$4d_{yz}$、$4d_{xy}$、$4d_{x^2-y^2}$	5
		3	4f		0、±1、±2、±3	...	7

4. 自旋量子数 m_s

求解薛定谔方程时，引入三个量子数 n、l 和 m，分别表示轨道电子能量、角动量和形状方位，玻尔原子模型中也包含这些概念。但这三个量子数还不能解决原子光谱学的疑难问题——谱线的分裂，即"本该"是一条的，却分裂成紧靠在一起的多条。例如，氢原子光谱中 656.3 nm 这条红色谱线是由两条靠得很近的 656.272 nm 和 656.285 nm 谱线组成。这一现象无法用三个量子数进行解释，自然也无法用玻尔理论解释。20 世纪 30年代初，物理学家曾设想了几种可能的解释，最后事实证明奥地利物理学家沃尔夫冈·泡利(Wolfgang Pauli)的解释最合理，他引入第四个独立的量子数，就是后来确认的电子自旋量子数。电子自旋现象的发现过程比较曲折，1925 年美国的刚毕业的博士生拉尔夫·克罗尼格(Ralph Krönig)先提出这一概念，但由于泡利的强烈反对没有将其发表；几个月后，荷兰莱顿物理研究所的两个研究生乔治·乌伦贝克(George Uhlenbeck)和萨穆尔·古德斯密特(Samuel Goudsmit)提出同样的思想并很快将其发表，从而获取了该发现的优先权。

处于同一轨道上的电子自旋运动状态只有两种，分别用自旋量子数 m_s = +1/2 和−1/2 描述，它决定了电子自旋角动量在外磁场方向上的分量。正是由于电子具有自旋角动量，氢原子光谱在外磁场下发生微小的分裂，得到靠得很近的谱线。

引入电子自旋完美地解决了原子光谱的精细结构难题，自旋也是电子等基本粒子的内禀属性，和质量、电荷的概念是一样的。一个原子轨道可以用 n、l 和 m 三个量子数确定，但原子中每个电子的运动状态则必须用 n、l、m 和 m_s 四个量子数确定。四个量子数确定后，电子在核外空间的运动状态也就确定了。

1.7　多电子原子结构

原子中单个电子的运动状态由主量子数 n、角量子数 l、磁量子数 m 和自旋量子数 m_s 四个量子数确定，这四个量子数分别与电子壳层、电子亚壳层或能级、原子轨道和电子自旋相对应。对于多电子原子，其核外电子排布是依据一定规则，通过原子的电子层、电子亚层和原子轨道来实现的。

1.7.1　基态原子的核外电子排布规则

原子中的电子按一定规则排布在各个原子轨道上。人们根据原子光谱实验和量子力学理论，总结出三个排布原则，即能量最低原理(principle of the lowest energy)、泡利不相容原理(Pauli exclusion principle)和洪德规则(Hund's rule)。

1. 能量最低原理

电子在原子轨道中排布时总是优先占据能量低的轨道，使体系处于最低的能量状态。同一电子层中，原子轨道能量高低的顺序是 $ns<np<nd<nf$；形状相同的原子轨道的能量高低顺序是 $1s<2s<3s<4s\cdots$；没有外场情况下，电子层和形状相同的原子轨道的能量相等，如 $2p_x$、$2p_y$ 和 $2p_z$ 轨道的能量相等。

2. 泡利不相容原理

在同一原子轨道中不能容纳运动状态完全相同的电子，即同一原子轨道上不能容纳 4 个量子数完全相同的电子，也即一个原子中不可能有电子层、电子亚层、电子云伸展方向和自旋方向完全相同的两个电子。这一原理是泡利于 1925 年在德国汉堡大学任职时提出的，当时他 25 岁，还没有将第四个量子数命名为"自旋"。根据泡利不相容原理，如果原子中电子的 n、l 和 m 相同，那么第四个量子数 m_s 一定不同。以氢原子为例，它核外唯一的电子排布在能量最低的 1s 轨道上，其电子排布式表示为 $1s^1$，描述它的量子数为 $n=1$、$l=0$ 和 $m=0$，自旋量子数 m_s 可取 +1/2，也可取 –1/2。而氦原子核外有两个电子，电子排布式表示为 $1s^2$，两个电子的 n、l 和 m 相同，但其自旋量子数 m_s 不同，分别为 +1/2 和 –1/2。结合能量最低原理和泡利不相容原理，可得钠原子核外 11 个电子的排布及其所对应的量子数，如图 1.2 所示。由泡利不相容原理也可计算归纳出每个电子壳层中最多容纳的电子数，如表 1.2 所示。

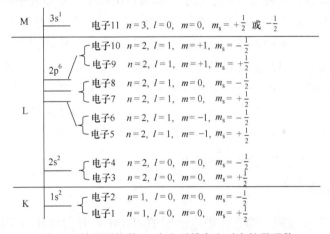

图 1.2　钠原子核外 11 个电子排布和对应的量子数

表 1.2　电子壳层最多容纳的电子数

壳层	亚层						最多容纳的电子数
	$l=0$ (s)	$l=1$ (p)	$l=2$ (d)	$l=3$ (f)	$l=4$ (g)	$l=5$ (h)	
$n=1$(K)	2						2
$n=2$(L)	2	6					8
$n=3$(M)	2	6	10				18
$n=4$(N)	2	6	10	14			32
$n=5$(O)	2	6	10	14	18		50
$n=6$(P)	2	6	10	14	18	22	72
合计							$2n^2$

注：2、6、10、14、…指亚层中能容纳的电子数。

3. 洪德规则

当电子排布在同一亚层或能级的不同轨道时，总是首先单独占一个轨道(分占不同的轨

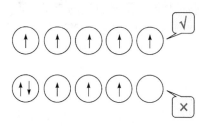

图 1.3　电子在同一能级不同轨道上的排布规则(洪德规则)

道)，而且自旋方向相同(n、l 和 m_s 相同，m 不同)。这一规则是德国物理学家弗里德里希·洪德(Friedrich Hund)于 1925 年根据大量光谱实验数据总结出来的，可由图 1.3 所示意。

此外，还有一条补充规则也常用来指导多电子原子核外电子的排布，即能量相同的等价原子轨道，在全充满(p^6、d^{10}、f^{14})、半充满(p^3、d^5、f^7)及全空(p^0、d^0、f^0)情况下，原子处于相对稳定的状态。例如，原子序数为 24 的铬原子核外电子排布式是 $1s^22s^22p^63s^23p^63d^54s^1$，而不是 $1s^22s^22p^63s^23p^63d^44s^2$。

1.7.2　能级交错现象

多电子原子结构复杂，描述其能量状态时，不仅要考虑核周围运动电子的动能，还要考虑核与电子间的吸引能以及电子间的排斥能。电子之间的相互排斥难以精确度量，相当于一个电子对其他电子产生了电荷屏蔽，能够削弱原子核对这些电子的吸引力。一般来讲，内层电子对外层电子的屏蔽作用较大，同层电子的屏蔽作用较小，外层电子对内层电子的屏蔽作用可以忽略。在多电子原子中，每个电子既被其余电子所屏蔽，也对其余电子产生屏蔽作用。在原子核附近出现概率较大的电子，可更多地避免被其余电子屏蔽，受到核的较强吸引而更加靠近核，这种进入原子内部空间的作用称为"钻穿效应"。钻穿效应的原理较为复杂，但其实质是电子具有波动性，即电子可在原子区域的任何位置上出现，也就是说，外层电子也会出现在离原子核较近处，只是概率较小而已。钻穿效应的直接结果是导致能级交错现象，也就是上一电子层的 d 能级的能量高于下一电子层 s 能级的能量，即 d 层和 s 层发生交错；电子层数增多时，f 层与 d 层和 s 层都会发生交错。

1.7.3　原子轨道能级图

根据核外电子排布规则，综合考虑电子间的相互作用并参考光谱实验数据和理论计算结果，不考虑外场和电子自旋影响，弗兰克·A·科顿(Frank A. Cotton)于 1962 年总结提出了原子轨道能量与原子序数的关系，如图 1.4 所示，图中横坐标为原子序数，纵坐标为轨道能量。

科顿原子轨道能级图概括了理论和实验的结果，定性地表明了原子序数改变时原子轨道能量的相对变化，它具有如下特点：

(1) 原子序数为 1 的氢原子,轨道能量只与主量子数 n 值有关。n 值相同时均为简并轨道(不同状态对应着相同能量的现象称为简并)。

(2) 反映出原子轨道的能量随原子序数的增加而降低。随原子序数的增加，核电荷变大，核对电子的吸引力也增强，使得各种轨道的能量都降低。

(3) 反映出随原子序数增加，原子轨道能量下降幅度不同，因此能级曲线产生相交现象。

例如，钾(K)和钙(Ca)的 3d 轨道能量大于 4s 轨道($E_{3d} > E_{4s}$)；而原子序数较小或较大时，$E_{3d} < E_{4s}$。

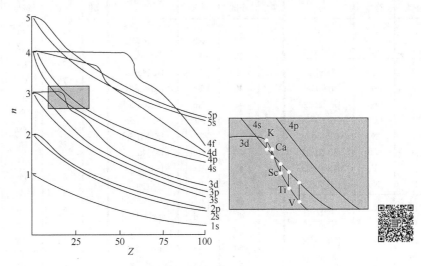

图 1.4　科顿原子轨道能级图

右框内是 $Z = 20$ 附近的原子能级次序放大图

1.7.4　基态原子的核外电子排布

根据多电子原子核外电子排布规则，考虑能级交错现象，可以归纳得出电子在原子轨道上的排布顺序，如图 1.5 所示。

进而可以写出原子的电子排布式。例如：

原子序数 $Z = 11$ 的钠原子，其电子排布式为：$1s^22s^22p^63s^1$ 或者[Ne]$3s^1$。

原子序数 $Z = 20$ 的钙原子，其电子排布式为：$1s^22s^22p^63s^23p^64s^2$ 或者[Ar]$4s^2$。其中，由于能级交错现象，最外层电子是排在 4s 轨道而不是 3d 轨道。

原子序数 $Z = 50$ 的锡原子，其电子排布式为：$1s^22s^22p^63s^23p^63d^{10}4s^24p^64d^{10}5s^25p^2$ 或者[Kr]$4d^{10}5s^25p^2$。

原子序数 $Z = 56$ 的钡原子，其电子排布式是 $1s^22s^22p^63s^23p^63d^{10}4s^24p^64d^{10}5s^25p^66s^2$ 或者[Xe]$6s^2$。

可见，原子序数较大的原子，适合用原子芯(原子的内壳层)表示法书写电子排布式，可以节约篇幅，避免电子排布式过长。另外，铜的原子序数是 29，它的原子排布式是 $1s^22s^22p^63s^23p^63d^{10}4s^1$ 或[Ar]$3d^{10}4s^1$，而不是 $1s^22s^22p^63s^23p^63d^94s^2$ 或者[Ar]$3d^94s^2$，这是因为 $3d^{10}$ 的全充满结构也是能量较低的相对稳定结构。表 1.3 列出了当前已经得到命名的 110 种元素原子的电子排布式，它是光谱实验结果，却充分体现了核外电子排布的一般规则和规律。

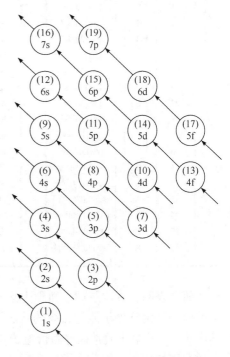

图 1.5　多电子原子中电子在原子轨道上的排布顺序

表 1.3　原子的核外电子排布

周期	原子序数	元素符号	电子结构	周期	原子序数	元素符号	电子结构	周期	原子序数	元素符号	电子结构
1	1	H	$1s^1$		37	Rb	$[Kr]5s^1$		73	Ta	$[Xe]4f^{14}5d^36s^2$
	2	He	$1s^2$		38	Sr	$[Kr]5s^2$		74	W	$[Xe]4f^{14}5d^46s^2$
2	3	Li	$[He]2s^1$		39	Y	$[Kr]4d^15s^2$		75	Re	$[Xe]4f^{14}5d^56s^2$
	4	Be	$[He]2s^2$		40	Zr	$[Kr]4d^25s^2$		76	Os	$[Xe]4f^{14}5d^66s^2$
	5	B	$[He]2s^22p^1$		41	Nb	$[Kr]4d^45s^1$		77	Ir	$[Xe]4f^{14}5d^76s^2$
	6	C	$[He]2s^22p^2$		42	Mo	$[Kr]4d^55s^1$		78	Pt	$[Xe]4f^{14}5d^96s^1$
	7	N	$[He]2s^22p^3$	5	43	Tc	$[Kr]4d^55s^2$	6	79	Au	$[Xe]4f^{14}5d^{10}6s^1$
	8	O	$[He]2s^22p^4$		44	Ru	$[Kr]4d^75s^1$		80	Hg	$[Xe]4f^{14}5d^{10}6s^2$
	9	F	$[He]2s^22p^5$		45	Rh	$[Kr]4d^85s^1$		81	Tl	$[Xe]4f^{14}5d^{10}6s^26p^1$
	10	Ne	$[He]2s^22p^6$		46	Pd	$[Kr]4d^{10}$		82	Pb	$[Xe]4f^{14}5d^{10}6s^26p^2$
3	11	Na	$[Ne]3s^1$		47	Ag	$[Kr]4d^{10}5s^1$		83	Bi	$[Xe]4f^{14}5d^{10}6s^26p^3$
	12	Mg	$[Ne]3s^2$		48	Cd	$[Kr]4d^{10}5s^2$		84	Po	$[Xe]4f^{14}5d^{10}6s^26p^4$
	13	Al	$[Ne]3s^23p^1$		49	In	$[Kr]4d^{10}5s^25p^1$		85	At	$[Xe]4f^{14}5d^{10}6s^26p^5$
	14	Si	$[Ne]3s^23p^2$		50	Sn	$[Kr]4d^{10}5s^25p^2$		86	Rn	$[Xe]4f^{14}5d^{10}6s^26p^6$
	15	P	$[Ne]3s^23p^3$		51	Sb	$[Kr]4d^{10}5s^25p^3$		87	Fr	$[Rn]7s^1$
	16	S	$[Ne]3s^23p^4$		52	Te	$[Kr]4d^{10}5s^25p^4$		88	Ra	$[Rn]7s^2$
	17	Cl	$[Ne]3s^23p^5$		53	I	$[Kr]4d^{10}5s^25p^5$		89	Ac	$[Rn]6d^17s^2$
	18	Ar	$[Ne]3s^23p^6$		54	Xe	$[Kr]4d^{10}5s^25p^6$		90	Th	$[Rn]6d^27s^2$
4	19	K	$[Ar]4s^1$		55	Cs	$[Xe]6s^1$		91	Pa	$[Rn]5f^26d^17s^2$
	20	Ca	$[Ar]4s^2$		56	Ba	$[Xe]6s^2$		92	U	$[Rn]5f^36d^17s^2$
	21	Sc	$[Ar]3d^14s^2$		57	La	$[Xe]5d^16s^2$		93	Np	$[Rn]5f^46d^17s^2$
	22	Ti	$[Ar]3d^24s^2$		58	Ce	$[Xe]4f^15d^16s^2$		94	Pu	$[Rn]5f^67s^2$
	23	V	$[Ar]3d^34s^2$		59	Pr	$[Xe]4f^36s^2$		95	Am	$[Rn]5f^77s^2$
	24	Cr	$[Ar]3d^54s^1$		60	Nd	$[Xe]4f^46s^2$		96	Cm	$[Rn]5f^76d^17s^2$
	25	Mn	$[Ar]3d^54s^2$		61	Pm	$[Xe]4f^56s^2$	7	97	Bk	$[Rn]5f^97s^2$
	26	Fe	$[Ar]3d^64s^2$		62	Sm	$[Xe]4f^66s^2$		98	Cf	$[Rn]5f^{10}7s^2$
	27	Co	$[Ar]3d^74s^2$		63	Eu	$[Xe]4f^76s^2$		99	Es	$[Rn]5f^{11}7s^2$
	28	Ni	$[Ar]3d^84s^2$	6	64	Gd	$[Xe]4f^75d^16s^2$		100	Fm	$[Rn]5f^{12}7s^2$
	29	Cu	$[Ar]3d^{10}4s^1$		65	Tb	$[Xe]4f^96s^2$		101	Md	$[Rn]5f^{13}7s^2$
	30	Zn	$[Ar]3d^{10}4s^2$		66	Dy	$[Xe]4f^{10}6s^2$		102	No	$[Rn]5f^{14}7s^2$
	31	Ga	$[Ar]3d^{10}4s^24p^1$		67	Ho	$[Xe]4f^{11}6s^2$		103	Lr	$[Rn]5f^{14}6d^17s^2$
	32	Ge	$[Ar]3d^{10}4s^24p^2$		68	Er	$[Xe]4f^{12}6s^2$		104	Rf	$[Rn]5f^{14}6d^27s^2$
	33	As	$[Ar]3d^{10}4s^24p^3$		69	Tm	$[Xe]4f^{13}6s^2$		105	Db	$[Rn]5f^{14}6d^37s^2$
	34	Se	$[Ar]3d^{10}4s^24p^4$		70	Yb	$[Xe]4f^{14}6s^2$		106	Sg	$[Rn]5f^{14}6d^47s^2$
	35	Br	$[Ar]3d^{10}4s^24p^5$		71	Lu	$[Xe]4f^{14}5d^16s^2$		107	Bh	$[Rn]5f^{14}6d^57s^2$
	36	Kr	$[Ar]3d^{10}4s^24p^6$		72	Hf	$[Xe]4f^{14}5d^26s^2$		108	Hs	$[Rn]5f^{14}6d^67s^2$
									109	Mt	$[Rn]5f^{14}6d^77s^2$
									110	Ds	$[Rn]5f^{14}6d^87s^2$

　　研究表明，在内层原子轨道上运动的电子因处于能量较低的状态而不活泼，而外层轨道上的电子则由于处于能量较高的状态而比较活泼，因此一般化学反应只涉及外层原子轨道上的电子，这些电子通常被称为价电子(参与化学反应的电子)。元素的化学性质与价电子的性质和数目密切相关，因此人们常只标注出元素的价电子排布。例如，铬原子处于基态时的电子排布式为 $1s^22s^22p^63s^23p^63d^54s^1$，其价电子排布式则可表示为 $3d^54s^1$。

1.8　元素周期表

无论东方还是西方，"元素"的概念并不新鲜，在古代就已经产生。从中国的"五行论"(以日常生活中的五种物质金、木、水、火、土元素作为构成宇宙万物及各种自然现象变化的基础)到古希腊的"四元素说"(宇宙中任何东西都是由四种元素——火、土、空气和水组成)，人们渴望的是化繁为简，能够认识并寻找决定大千世界的最基本的因素。近代化学的发展让一些真正的元素显现出来。例如，在"五行论"和"四元素说"中都占有一席之地的"水"，其实还可以分解为氢和氧。科学家于是把元素定义为通过化学手段不能再分的物质。到了 19世纪，人们已经发现了 63 种化学元素，但对这些元素性质缺乏规律性认识。1865 年，英国分析和工业化学家约翰·亚历山大·雷纳·纽兰兹(John Alexander Reina Newlands)把元素进行反复排列，发现每隔 7 种元素便出现性质相似的元素。他把这称为"八音律"，但这个想法当时未被人们接受，他也没有继续深入研究元素之间的规律。但他的重要发现还是在元素周期律确定后得到承认并因此于 1887 年获得英国皇家学会颁发的戴维奖章。

1869 年，俄国化学家德米特里·门捷列夫(Dmitri Mendeleev)以当时发现的 63 种元素为基础，发表了第一张具有里程碑意义的元素周期表，为零落散乱的化学帝国带来了第一部宪法。2018 年，联合国教科文组织将 2019 年定为国际化学元素周期表年(the International Year of the Periodic Table of Chemical Elements)，并认为它是"科学共同的语言"(A Common Language of Science)。图 1.6 是门捷列夫最初绘制的表格，里面记载的元素符号只有三处和现在不同：碘被标记为 J 而不是 I，铀被标记为 Ur 而不是 U，而 Di 这个元素并不存在，后来证明它是第 59号元素镨(Pr)与第 60 号元素钕(Nd)的混合物。这张表看上去可能会令人迷惑，需要把它顺时针旋转 90 度，再左右颠倒一下，才能找回熟悉的感觉。关于这一发现众说纷纭，流传比较广

```
                                    Ti = 50    Zr = 90    ? = 180.
                                    V = 51     Nb = 94    Ta = 182.
                                    Cr = 52    Mo = 96    W = 186.
                                    Mn = 55    Rh = 104,4 Pt = 197,4
                                    Fe = 56    Ru = 104,4 Ir = 198.
                              Ni = Co = 59     Pl = 106,6 Os = 199.
    H = 1                           Cu = 63,4  Ag = 108   Hg = 200.
              Be = 9,4   Mg = 24    Zn = 65,2  Cd = 112
              B = 11     Al = 27,4  ? = 68     Ur = 116   Au = 197?
              C = 12     Si = 28    ? = 70     Sn = 118
              N = 14     P = 31     As = 75    Sb = 122   Bi = 210?
              O = 16     S = 32     Se = 79,4  Te = 128?
              F = 19     Cl = 35,5  Br = 80    J = 127
    Li = 7  Na = 23      K = 39     Rb = 85,4  Cs = 133   Tl = 204.
                         Ca = 40    Sr = 87,6  Ba = 137   Pb = 207.
                         ? = 45     Ce = 92
                        ?Er = 56    La = 94
                        ?Yt = 60    Di = 95
                        ?In = 75,6  Th = 118?

                                        Д. Менделеев.
```

图 1.6　门捷列夫 1869 年绘制的元素周期表

的是那个著名的梦。门捷列夫在一夜梦见所有的元素纷纷落进相应的格子里，组成了一张表。这个故事甚至得到门捷列夫本人的认可，并称自己只在一处做了必要的修改。另一个说法则比较普通，门捷列夫把 63 种元素的名称、原子量和化学性质绘制在 63 张卡片上，日夜把玩，排列组合，终于参破了其中的规律。

发现过程为元素周期表带来一丝传奇色彩。门捷列夫的重要贡献是揭示了元素性质随原子量递增发生的周期性递变。例如，从锂(Li)到钾(K)，原子量从 7 增加到 39，门捷列夫的表中共有 15 种元素。其中锂虽然与铍(Be)紧邻，却与铍的性质相差较大，反而与间隔 7 个出现的钠(Na)及再隔 7 个出现的钾性质十分相似。与铍性质相似的元素则是铍之后间隔 7 个出现的镁(Mg)。当时人们对原子结构的知识比较缺乏，尚未深刻了解元素周期表的实质。随着人们对原子结构的深入研究，越来越深刻地理解了原子核外电子排布与元素分类及周期划分的本质联系，并绘制了多种形式的周期表。当前最为通用的是海因里希·维尔纳(Heinrich Werner)所倡导的版本，为长式周期表(图 1.7)，分为主表和附表，其中主表分为 7 个周期，18 列分成 A 族和 B 族；附表包含镧系和锕系元素。现在可以根据电子和原子核外排布规则和原子轨道能级图来简要讨论元素周期表。

化学元素周期表

I A																	0
1H 氢 1.0079	II A											III A	IV A	V A	VI A	VII A	2He 氦 4.0026
3Li 锂 6.941	4Be 铍 9.0122											5B 硼 10.811	6C 碳 12.011	7N 氮 14.007	8O 氧 15.999	9F 氟 18.998	10Ne 氖 20.17
11Na 钠 22.9898	12Mg 镁 24.305	III B	IV B	V B	VI B	VII B	VIII			I B	II B	13Al 铝 26.982	14Si 硅 28.085	15P 磷 30.974	16S 硫 32.06	17Cl 氯 35.453	18Ar 氩 39.94
19K 钾 39.098	20Ca 钙 40.08	21Sc 钪 44.956	22Ti 钛 49.7	23V 钒 50.9415	24Cr 铬 51.996	15Mn 锰 54.938	26Fe 铁 55.84	27Co 钴 58.9332	28Ni 镍 58.69	29Cu 铜 63.54	30Zn 锌 65.38	31Ga 镓 69.72	32Ge 锗 72.59	33As 砷 74.9216	34Se 硒 78.9	35Br 溴 79.904	36Kr 氪 83.8
37Rb 铷 85.467	38Sr 锶 87.62	39Y 钇 88.906	40Zr 锆 91.22	41Nb 铌 92.9064	42Mo 钼 95.94	43Tc 锝 99	44Ru 钌 101.07	45Rh 铑 102.906	46Pd 钯 106.42	47Ag 银 107.868	48Cd 镉 112.41	49In 铟 114.82	50Sn 锡 118.6	51Sb 锑 121.7	52Te 碲 127.6	53I 碘 126.905	54Xe 氙 131.3
55Cs 铯 132.905	56Ba 钡 137.33	57-71 La-Lu 镧系	72Hf 铪 178.4	73Ta 钽 180.947	74W 钨 183.8	75Re 铼 186.207	76Os 锇 190.2	77Ir 铱 192.2	77Pt 铂 195.08	79Au 金 196.967	80Hg 汞 200.5	81Tl 铊 204.3	82Pb 铅 207.2	83Bi 铋 208.98	84Po 钋 (209)	85At 砹 (201)	86Rn 氡 (222)
87Fr 钫 (223)	88Ra 镭 226.03	89-103 Ac-Lr 锕系	104Rf 𬬻 (261)	105Db 𬭊 (262)	106Sg 𬭳 (266)	107Bh 𬭛 (264)	108Hs 𬭶 (269)	109Mt 𫓱 (268)	110Ds 𫟼 (271)	111Rg 𬬭 (272)	112Cn 鿔 (285)	113Nh 鿭 (284)	114Fl 𫓧 (289)	115Mc 镆 (288)	116Lv 𬭁 (292)	117Ts 鿬	118Og 鿫

镧系	57La 镧 138.905	58Ce 铈 140.12	59Pr 镨 140.91	60Nd 钕 144.2	61Pm 钷 147	62Sm 钐 150.4	63Eu 铕 151.96	64Gd 钆 157.25	65Tb 铽 158.93	66Dy 镝 162.5	67Ho 钬 164.93	68Er 铒 167.2	69Tm 铥 168.934	70Yb 镱 173.0	71Lu 镥 174.96
锕系	89Ac 锕 (227)	90Tn 钍 232.03	91Pa 镤 231.03	92U 铀 238.02	93Np 镎 237.04	94Pu 钚 (244)	95Am 镅 (243)	96Cm 锔 (247)	97Bk 锫 (247)	98Cf 锎 (251)	99Es 锿 (254)	100Fm 镄 (257)	101Md 钔 (258)	102No 锘 (259)	103Lr 铹 (260)

图 1.7　目前最为通用的元素周期表

1.8.1 元素的周期

第一周期只有一个电子壳层($n = 1$)，一个轨道，即 1s 态，至多容纳两个电子，因此第一周期只有两种元素：H ($1s^1$)和 He ($1s^2$)。

第二周期有两个电子壳层($n = 2$)，可占据的轨道数为 1 (1s) + 1 (2s) + 3 (2p) = 5，可容纳的电子数为 10，外层轨道数为 4 个，故包含 8 种元素：从 Li ($1s^2 2s^1$)到 Ne ($1s^2 2s^2 2p^6$)。

第三周期有三个电子壳层($n = 3$)，可占据的轨道数应为 5 + 1 (3s) + 3 (3p) + 5 (3d) = 14 个，

但从科顿原子轨道能级图(图 1.4)和电子在核外排布顺序图(图 1.5)可知，对这一区域的原子，有 $E_{3d} > E_{4s}$，故第三壳层不包含 3d 态，因而总轨道数为 5 + 4 = 9，总电子数为 10 + 8 = 18，外层轨道数仍是 4 个，故第三周期也只有 8 种元素：从 Na ($1s^2 2s^2 2p^6 3s^1$) 到 Ar($1s^2 2s^2 2p^6 3s^2 3p^6$)。

以上三个周期是短周期，其特点是所有元素原子的电子轨道均为 s 或 p 轨道，因此也称为 sp 元素。

从第四周期开始，不仅包含 sp 元素，还包含 d 或 f 元素，即电子也填充在 d 或 f 轨道，因此第四到第七周期都称为长周期。其中第四 ($n = 4$) 和第五($n = 5$)周期元素原子外层有 1 个 ns 轨道、5 个($n - 1$)d 轨道和 3 个 np 轨道，至多可容纳 18 个电子，因此第四和第五周期各有 18 种元素；第六($n = 6$)和第七($n = 7$)周期元素原子外层各有 1 个 ns 轨道、7 个($n - 2$)f 轨道、5 个($n - 1$)d 轨道和 3 个 np 轨道，至多可容纳 32 个电子，因此这两个周期都应有 32 种元素。但是，第七周期中的元素尚未完全发现，称为不完全周期。

1.8.2　元素的族

维尔纳倡导的长式周期表版本中，从左至右共有 18 列，第 1、2、13、14、15、16 和 17 列为主族，用 A 表示，前面用罗马数字示意族序数，从 I A 到 Ⅶ A，共 7 个主族。族的划分与原子的价电子数目和排布密切相关。同族元素的价电子数目相同。主族元素的价电子全部排布在最外层的 ns 和 np 轨道。尽管同族元素的电子层数从上到下逐渐增加，但价电子排布完全相同。主族元素的族序数等于价电子数。例如，钠原子的价电子排布为 $3s^1$，钠元素属于 I A 族；氯原子的价电子排布为 $3s^2 3p^5$，氯元素属于 Ⅶ A 族。除氢元素原子外，其他稀有气体元素原子的最外层电子排布式均为 $ns^2 np^6$，呈现稳定结构，称为零族元素，也称为第八主族(Ⅷ A)。

长式周期表中第 3、4、5、6、7、11 和 12 列为副族，用 B 表示，分别称为 ⅢB、ⅣB、ⅤB、ⅥB、ⅦB、 I B 和 ⅡB。前五个副族的价电子数目对应族数。例如，钪(Sc)的价电子排布式为 $3d^1 4s^2$，价电子数为 3，对应的族为 ⅢB；锰(Mn)的价电子排布式为 $3d^5 4s^2$，价电子数为 7，对应的族为 ⅦB。而 I B 和 ⅡB 是根据 ns 轨道上有 1 个还是 2 个电子来划分的。周期表中第 8、9 和 10 列元素合在一起，称为Ⅷ族，价电子排布一般为($n - 1$)$d^{6\sim10} ns^{0\sim2}$。

1.8.3　元素的分区

将元素周期表中电子排布情况类似的元素集中在一起，可将周期表划分为五个区，以最后填入的电子的能级代号作为该区符号，如图 1.8 所示。

s 区：该区包括 I A 和 ⅡA 族元素，最后 1 个电子填充在 s 轨道上，价电子排布式为 $ns^{1\sim2}$，性质比较活泼。

p 区：该区包括 ⅢA～Ⅶ A 及零族元素，最后一个电子填充在 p 轨道上，价电子排布式为 $ns^2 np^{1\sim6}$。随着外层电子数目的增加，原子失去电子趋势转弱，得电子能力增强，非金属性增加。

d 区：该区包括 ⅢB～ⅦB 和Ⅷ族元素，最后一个电子填充在($n - 1$)轨道上，价电子排布式为($n - 1$)$d^{1\sim10} ns^{0\sim2}$。该区元素的差别主要体现在次外层的 d 轨道上，由于它们的 d 轨道未被电子充满(钯元素例外)，从而可以不同程度地参与化学键的形成。

ds 区：该区包括 I B 和 ⅡB 族元素，它们原子的次外层为充满电子的 d 轨道，最外层 s 轨道上有 1～2 个电子，族数对应于 s 轨道上的电子数。

f 区：该区包括镧系元素和锕系元素，它们原子的最后一个电子填充在 f 轨道上，价电子排布式为($n - 2$)$f^{0\sim14}$($n - 1$)$d^{0\sim2} ns^2$。

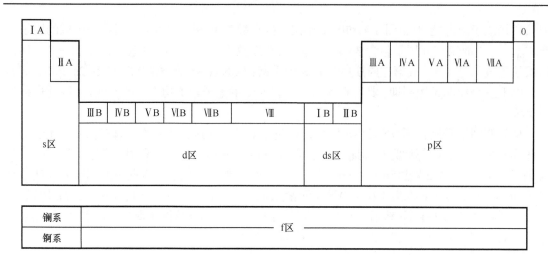

图 1.8　长式周期表中元素的分区

s 区和 p 区元素为主族元素，d 区、ds 区、f 区元素为过渡元素。人们也常把过渡元素和镧系元素划分开，将外层电子填充在 d 轨道上的元素称为过渡族元素，如第四周期从 Sc(原子序数 $Z = 21$)到 Cu(原子序数 $Z = 29$)、第五周期从 Y(原子序数 $Z = 39$)到 Ag(原子序数 $Z = 47$)和第六周期从 Hf(原子序数 $Z = 72$)到 Au(原子序数 $Z = 79$)；而将外层电子填充在 f 轨道上的元素称为镧系元素(也称稀土元素)，如第六周期从 La(原子序数 $Z = 57$)到 Lu(原子序数 $Z = 71$)的 15 种元素，将外层电子填充在 5f 轨道上的元素称为锕系元素，如第七周期从 Ac(原子序数 $Z = 89$)到 Lr(原子序数 $Z = 103$)的 15 种元素。另外，观察能级图(图 1.4)可以发现，过渡元素 E_{ns} 和 $E_{(n-1)d}$ 非常接近，即 ns 轨道和($n - 1$)d 轨道能量接近，镧系和锕系元素 E_{ns}、$E_{(n-1)d}$ 和 $E_{(n-2)f}$ 也非常接近，处于这些轨道上的电子都较易参与化学反应或成键，因此这些元素价态较多。也是由于 E_{6s}、E_{5d} 和 E_{4f} 相近，镧系元素的物理和化学性质都非常相似。

1.9　元素性质的周期性

元素原子本身的一些属性如原子半径、电离能、电子亲和能和电负性等称为原子参数，能够显著影响元素的物理和化学性质。原子参数分为两类：一类和自由原子性质相关联，如电离能和电子亲和能等只与气态原子本身相关，与其他原子无关；另一类参数指化合物中表征原子性质的参数，如原子半径和电负性。同一种原子在不同化学环境中后者会有差别。但相似之处是随着元素原子序数的增加，核外电子排布呈现周期性变化时，这些原子参数也呈现周期性变化。

1.9.1　原子半径

按照现在量子力学的观点，电子在核外并没有固定的轨道，而是遵照概率分布出现在核外各处，因此不存在传统意义上的原子半径。但为了研究方便，人们通常假定原子为球形，借助相邻原子的核间距来确定原子半径。根据原子的不同存在形式，元素的原子半径有金属半径、共价半径和范德华(van der Waals)半径三种。

顾名思义，金属单质晶体中，两个最近邻金属原子核间距的一半称为原子的金属半径；两个同种元素的原子以共价键方式结合时，其核间距的一半称为原子的共价半径；而在分子晶体中，分子间以范德华力结合，如稀有气体形成的单原子分子晶体，其中两个同种原子核间距一半就是范德华半径。

图 1.9 列出的原子半径数据中，金属为金属半径(配位数为 12)，稀有气体为范德华半径，其余为共价半径。从图 1.9 中可以发现如下规律：

(1) 同一周期，随原子序数增加原子半径逐渐减小，但过渡金属原子半径的变化不明显，ⅠB 和 ⅡB 元素的原子半径甚至略有增大，此后再逐渐减小。元素原子半径的变化受核与电子间引力及电子之间的斥力影响，随核电荷数增加，核对外层电子引力增强，而当增加的电子尚不足以完全屏蔽所增加的核电荷时，原子半径逐渐变小；在过渡区中，随着电子逐渐填入$(n-1)$d 亚层，对核的屏蔽作用增加，核对外层电子吸引力增加不多，因此原子半径变化不显著；而ⅠB 和 ⅡB 元素中，由于 d 轨道电子满充，对核的屏蔽效应显著，且外层电子间斥力增强，因此原子半径稍有增加。

(2) 同一族中，从上到下，外层电子构型相同，电子层数增加起主导作用，原子半径逐渐增大，这一趋势在主族元素尤为明显，而过渡区中由于电子结构的复杂，会出现不同周期原子半径比较接近的情况。

H 37																	He 122
Li 151	Be 111											B 88	C 77	N 70	O 66	F 64	Ne 160
Na 186	Mg 160											Al 143	Si 117	P 110	S 104	Cl 99	Ar 191
K 227	Ca 197	Sc 161	Ti 145	V 132	Cr 125	Mn 124	Fe 124	Co 125	Ni 125	Cu 128	Zn 133	Ga 122	Ge 122	As 121	Se 117	Br 114	Kr 198
Rb 248	Sr 215	Y 181	Zr 160	Nb 143	Mo 136	Tc 136	Ru 133	Rh 135	Pd 138	Ag 144	Cd 149	In 163	Sn 141	Sb 141	Te 137	I 133	Xe 217
Cs 265	Ba 217	Lu 173	Hf 159	Ta 143	W 137	Re 137	Os 134	Ir 136	Pt 136	Au 144	Hg 160	Tl 170	Pb 175	Bi 155	Po 153	At 145	Rn 222

图 1.9　元素的原子半径(pm)

1.9.2　电离能

基态气体原子失去电子成为带正电荷的气态阳离子必须克服核电荷对电子的引力而所需要的能量称为电离能，单位为 kJ·mol^{-1}。失去第一个电子成为带一个正电荷的阳离子需要的能量称为第一电离能，用 I_1 表示；带一个正电荷的阳离子继续失去第二个电子需要的能量称为第二电离能，用 I_2 表示。依此类推，还有 I_3、I_4 和 I_5 等。一般讲到电离能，若不加以注明都是指第一电离能，即 I_1。电离能可以用来衡量原子的稳定性，电离能越大的元素原子越稳定。电离能小的元素原子较易失去电子，呈现较强的金属性；而电离能较大的元素原子不易失去电子，金属性较弱。另外，原子逐步失去电子后，原子核对余下电子的束缚会越来越强，再失去电子会变得越来越困难，因此同一元素的各级电离能依次增大，即 $I_1<I_2<I_3<I_4<I_5\cdots$。

元素原子电离能的大小和原子的核电荷、原子半径及电子层结构有关，也随原子序数的增加呈现周期性变化，如图 1.10 中数据所示。同一周期中，元素的核电荷逐步增加，原子半径逐渐减小，原子核对电子的束缚增强，电离能逐渐增大。过渡区的元素由于原子半径减小缓慢，电离能仅略有增加。特殊地，由于 N、P、As、Be 和 Mg 的外层电子结构处于半满或全满状态，相对比较稳定，不易失去电子，故它们的电离能要高于排在它们后面的元素。同一族中，从上至下元素原子最外层电子数相同，核电荷增加不多，层数增多导致的原子半径增加是主导因素，致使核对外层电子的吸引力减弱，电子较易失去，电离能依次减小。

H 1312.0																	He 2372.3
Li 520.2	Be 899.5											B 800.6	C 1086.5	N 1402.3	O 1313.9	F 1681.0	Ne 2080.7
Na 495.8	Mg 737.7											Al 577.5	Si 786.5	P 1011.8	S 999.6	Cl 1251.2	Ar 1520.6
K 418.8	Ca 589.8	Sc 633.0	Ti 658.8	V 650.9	Cr 652.9	Mn 717.3	Fe 762.5	Co 760.4	Ni 737.1	Cu 745.5	Zn 906.4	Ga 578.8	Ge 762.2	As 944.4	Se 941.0	Br 1139.9	Kr 1350.8
Rb 403.0	Sr 549.5	Y 599.9	Zr 640.1	Nb 652.1	Mo 684.3	Tc 702.4	Ru 710.2	Rh 719.7	Pd 804.4	Ag 731.0	Cd 867.8	In 558.3	Sn 708.6	Sb 830.6	Te 869.3	I 1008.4	Xe 1170.4
Cs 375.7	Ba 502.9	Lu 523.5	Hf 659.0	Ta 728.4	W 758.8	Re 755.8	Os 814.2	Ir 865.2	Pt 864.4	Au 890.1	Hg 1007.1	Tl 589.4	Pb 715.6	Bi 703.0	Po 812.1	At 890.0	Rn 1037.1
Fr 392.0	Ra 509.3	Lr															

图 1.10　元素的第一电离能 I_1(kJ · mol⁻¹)

1.9.3　电子亲和能

元素的气态原子在基态时获得一个电子成为带一个负电荷的阴离子所放出的能量称为电子亲和能，又称电子亲和势，反映元素原子得到电子的难易程度。电子亲和能也有第一、第二之分，处于基态的元素气态原子得到一个电子形成带一个负电荷的气态阴离子时所释放的能量称为该元素的第一电子亲和能，用 E_1 表示。从带一个负电荷的气态阴离子再得到一个电子，成为带两个负电荷的气态阴离子所放出的能量称为第二电子亲和能，即 E_2，依此类推还有 E_3、E_4 等。一般不加说明是指第一电子亲和能。元素原子的 E_1 一般是负值，因为电子落入中性原子的核场里势能降低，体系能量减少。但是稀有气体原子和 II A 族原子最外电子轨道已全充满，要获得一个电子，环境必须对体系做功，需体系吸收能量才能实现，所以 E_1 为正值；N 原子的电子亲和能也是正值，这和它的外层 p 轨道电子半满填充有关，这一结构相对稳定，得电子困难，也需外界对系统做功。所有元素原子的 E_2 都为正值，因为阴离子本身是个负电场，对外加电子有排斥作用，要再获得电子时，环境也必须对体系做功。

电子亲和能也取决于原子的核电荷、原子半径和原子的电子层结构。目前已经知道的元素的电子亲和能数据较少，测定的准确性也较差，图 1.11 列出了几种主族元素的电子亲和能。一般来说，电子亲和能的代数值随原子半径的增大而减小，即在同一族中由上向下减小，而在同一周期中由左到右增大。但应该注意的是，ⅥA 和ⅦA 电子亲和能绝对值最大的并不是每族的第一种元素，而是第二种元素。这一反常现象可以解释为：第二周期的氧和氟的原子半径较小，电子密度大，电子间的排斥力强，以致当原子结合一个电子形成负离子时，放出的能量较小，而第二种元素硫和氯的半径较大，且同一层中有空的 d 轨道可容纳电子，电子的排斥力小，因此形成负离子时放出的能量最大。

H −72.7								He 48.2
Li −59.6	Be 48.2	B −26.7	C −121.9	N 6.75	O −141.0	F −328.0		Ne 115.8
Na −52.9	Mg 38.6	Al −42.5	Si −133.6	P −72.1	S −200.4	Cl −349.0		Ar 96.5
K −48.4	Ca 28.9	Ga −28.9	Ge −115.8	As −78.2	Se −195.0	Br −324.7		Kr 96.5
Rb −46.9	Sr 28.9	In −28.9	Sn −115.8	Sb −103.2	Te −190.2	I −295.1		Xe 77.2

图 1.11　主族元素的第一电子亲和能 $E_1(\text{kJ} \cdot \text{mol}^{-1})$

1.9.4　电负性

电子亲和能和电离能分别从一个侧面反映了原子得失电子的难易程度，但为了衡量化合物中原子间争夺电子的能力，需要对两者统一考虑，为此莱纳斯·卡尔·鲍林(Linus Carl Pauling)在 1932 年引入了电负性的概念。

电负性是元素原子在化合物中吸引电子的能力的标度。电负性不是孤立原子的性质，而是在周围原子影响下的化合物中原子的性质。元素的电负性越大，表示其原子在化合物中吸引电子的能力越强，反之，电负性数值越小，相应原子在化合物中吸引电子的能力越弱，又称为相对电负性，通常以希腊字母 χ 来表示。电负性综合考虑了电离能和电子亲和能，用来表示两个不同原子间形成化学键时吸引电子能力的相对强弱，是元素的原子在化合物中吸引共用电子的能力。电负性可以理解为元素的非金属性，但二者不完全等价。电负性强调共用电子对偏移方向，而非金属性侧重于电子的得失。

鲍林最早建立了电负性标度，他把氢的电负性指定为 2.2，从相关分子的键能数据出发进行计算，与氢的电负性对比，得到其他元素的电负性数值，目前仍被广泛使用。如图 1.12 所示，在同一周期内，从左至右，核电荷递增，原子半径递减，对电子的吸引能力渐强，因而电负性值递增；在同一族内，自上而下随原子半径的增加电负性数据逐渐减小(不适用于过渡金属元素)。非金属元素的电负性一般较大，在化学反应中容易接受电子产生阴离子。

【练习 1.2】　计算波长(λ)为 121.6 nm 的光子的能量，分别以焦耳(J)和电子伏特(eV)为单位。($1 \text{ nm} = 10^{-9} \text{ m}$；$1 \text{ eV} = 1.6 \times 10^{-19} \text{ J}$；$h = 6.626 \times 10^{-34} \text{J} \cdot \text{s}$)

【练习 1.3】　电子由钠(Na)原子向氯(Cl)原子转移导致产生钠阳离子(Na^+)和氯阴离子(Cl^-)。由于带相反电荷的阴阳离子间的库仑引力形成离子键：(1)比较原子(Na、Cl)和对应离子(Na^+、Cl^-)的电子结构；(2)找出和钠离子及氯离子电子结构相同的稀有气体原子。

H 2.2																	He —
Li 1.0	Be 1.6											B 2.0	C 2.6	N 3.0	O 3.4	F 4.0	Ne —
Na 0.9	Mg 1.3											Al 1.6	Si 1.9	P 2.2	S 2.6	Cl 3.2	Ar —
K 0.8	Ca 1.0	Sc 1.4	Ti 1.5	V 1.6	Cr 1.7	Mn 1.6	Fe 1.8	Co 1.9	Ni 1.9	Cu 1.9	Zn 1.7	Ga 1.8	Ge 2.0	As 2.2	Se 2.6	Br 3.0	Kr —
Rb 0.8	Sr 1.0	Y 1.2	Zr 1.3	Nb 1.6	Mo 2.2	Tc 2.1	Ru 2.2	Rh 2.3	Pd 2.2	Ag 1.9	Cd 1.7	In 1.8	Sn 2.0	Sb 2.1	Te 2.1	I 2.7	Xe 2.6
Cs 0.8	Ba 0.9	Lu 1.1~1.3	Hf 1.3	Ta 1.5	W 1.7	Re 1.9	Os 2.2	Ir 2.2	Pt 2.2	Au 2.4	Hg 1.9	Tl 1.8	Pb 1.8	Bi 1.9	Po 2.0	At 2.2	Rn —

图 1.12　元素的电负性 χ

【练习 1.4】　根据电子结构，分析钙(Ca)与溴(Br)元素原子形成化合物的可能性。

【练习 1.5】　写出下面元素的电子结构：(1) Fe，$Z = 26$；(2) Sm，$Z = 62$。

【练习 1.6】　写出 Fe 原子、二价铁离子(Fe^{2+})和三价铁离子(Fe^{3+})的电子结构。

【练习 1.7】　一个氢原子的电子从 $n = 3$ 的能级状态跃迁至 $n = 2$ 的能级状态，计算：(1)辐射光子的能量；(2)频率；(3)波长。

1.10　原子结合键

原子能够相互结合成分子或晶体，说明原子间存在着某种强烈的相互作用，而且这种相互作用将使体系的能量状态降低。化学上把这种原子间强烈的相互作用称为化学键，其本质是原子间的相互作用力。固体原子间存在两种力：引力和斥力。引力是一种长程力，来源于异类电荷间的库仑力。斥力有两个来源：其一为同类电荷间的库仑力；其二可由泡利不相容原理引起。根据泡利不相容原理，当两个原子相互接近时，电子云要产生重叠，如果原子轨道满充或电子自旋方向相同，系统总能量会升高，产生电子间的斥力。斥力是短程力，只有当原子间接近至电子云互相重叠时，排斥力才明显变大，并可能超过引力。

分析图 1.13 双原子模型，可以清晰了解原子间结合力及结合能。当两个原子相距无限远时，即 $r \to \infty$ 时，如图 1.13(a)所示，原子间的作用力 F 为 0，可以令此时的势能值 E 为参考值，取其为 0。当两个原子的距离逐渐靠近时，吸引力首先变为主要因素，且随 r 的减小，吸引力越来越强。$r > r_0$ 时吸引力大于排斥力；当两原子的距离小于 r_0 时，斥力成为主要的，此时斥力大于吸引力。当 $r = r_0$ 时，吸引力和斥力达到平衡，两原子便稳定在此相对位置上，这一距离 r_0 相当于原子间的平衡距离，称为原子间距。如果从能量的角度考量(量子力学和热力学通常喜欢这一观点)，相应的能量变化如图 1.13(b)所示，在总作用力等于零的平衡距离下，即 $r = r_0$ 处系统总能量最低，表明该距离下体系处于稳定状态。

图 1.13(b)中的曲线也称为键能曲线，表示当作用于原子上的力仅为引力或斥力时能量随位置的变化。键能曲线可以用来估算键能(E_0)、键长(两个成键原子的平均核间距离，r_0)、弹性模量(材料在弹性变形阶段，其应力和应变呈正比例关系，符合胡克定律，比例系数称为弹

性模量)和线膨胀系数(固体物质的温度每升高 1℃时单位长度的伸长量，称为线膨胀系数，表示材料膨胀或收缩的程度)等，施加应力、施加电磁场及改变温度都可以改变键能曲线的形状。

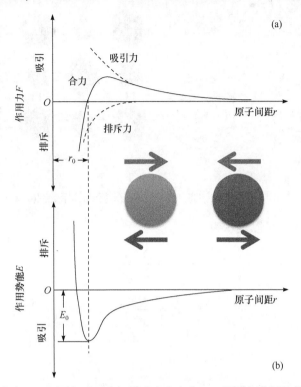

图 1.13　原子间结合力：(a)原子间吸引力、排斥力和合力；(b)原子间作用势能与原子间距的关系

【练习 1.8】　根据弹性模量和线膨胀系数的定义，试分析键能曲线形状如何反映弹性模量和线膨胀系数大小。

材料的许多性能在很大程度上取决于原子结合键。根据原子间作用方式的不同，化学键可以分为离子键、共价键、金属键、分子键和氢键，其中离子键、共价键和金属键结合力较强，合称为一次键；而分子键和氢键结合力较弱，成键本质和一次键不同，称为二次键。在工程材料中常见化学键主要有金属键、共价键、离子键和分子键四类。

1.10.1　离子键

离子键一般存在于由金属和非金属构成的化合物中，如元素周期表中位于同一周期两边的元素。金属元素特别是 ⅠA、ⅡA 族金属在满壳层外面有少数价电子，它们很容易逸出；另外，ⅥA、ⅦA 族的非金属原子的外壳层只缺少 1~2 个电子便成为稳定的电子结构。当这两类原子相遇时，金属原子的外层电子便容易转移至非金属原子的外壳层上，使两者都具有稳定的电子结构，从而降低体系的能量，金属原子和非金属原子分别形成阳离子和阴离子或正离子和负离子，它们依靠静电引力结合在一起，形成离子键。

离子键结合的典型例子是氯化钠(NaCl)，如图 1.14(a)和(b)所示，Na 原子失掉一个电子成为钠阳离子(Na^+)，Cl 原子得到一个电子成为氯阴离子(Cl^-)，Na^+ 和 Cl^- 由于静电引力相互靠拢，当它们接近到一定距离时，二者的电子云之间以及原子核之间将产生排斥力，当斥力和引力达到平衡时，正负离子处于相对稳定位置上，形成 NaCl 晶体[图 1.14(c)]。

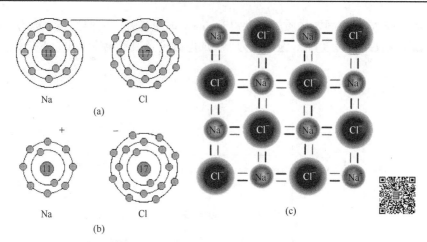

图 1.14　氯化钠离子键合[(a)和(b)]及晶体示意图(c)

离子间的引力和斥力可以表示为

$$F_a = -\frac{Z_1 Z_2 e^2}{4\pi\varepsilon_0 a^2} \tag{1.10}$$

$$F_r = -\frac{nb}{a^{n+1}} \tag{1.11}$$

合力可表示为

$$F_{net} = -\frac{Z_1 Z_2 e^2}{4\pi\varepsilon_0 a^2} - \frac{nb}{a^{n+1}} \tag{1.12}$$

式(1.10)和式(1.11)合称为玻恩-兰德公式(Born-Landé equation)，由德国物理学家马克斯·玻恩(Max Born)和阿尔弗雷德·兰德(Alfred Landé)于 1918 年提出。式中，Z_1、Z_2 为离子形成过程中得到或失去的电子数，得为正，失为负；e 为电荷量，1.60×10^{-19} C；a 为正负离子对之间的距离；ε_0 为电荷所在介质的介电常数，8.85×10^{-12} C$^2 \cdot$ N$^{-1} \cdot$ m^{-2}；n 与 b 为常数，n 也称为玻恩数(Born's number)，通常取 7~9，如对氯化钠取 9，b 需要计算。

由离子间作用力可计算离子键能，即

$$E_{net} = \int_\infty^0 F_{net} dx = -\int_0^\infty F_{net} dx = \frac{Z_1 Z_2 e^2}{4\pi\varepsilon_0 a} + \frac{b}{a^n} \tag{1.13}$$

离子键结合力非常强，结合能很高，所以离子晶体大多具有高熔点、高硬度、低的热膨胀系数；离子键本质是正负离子间的静电引力，没有方向性和饱和性，因此离子晶体的配位数(化合物中心原子周围的配位原子个数)一般也较高；由于不存在自由电子，离子晶体不能导电，但在熔融状态下可以依靠离子的定向运动来导电。

1.10.2　共价键

对于离子化比较困难的元素原子(如ⅣA、ⅤA 族元素)，相邻原子间可以共同组成一个新的电子轨道，两个原子通过共享电子以达到稳定的电子结构，形成的键为共价键，其本质是由于原子轨道重叠，原子核间电子概率密度增大，吸引原子核而成键。氢分子(H_2)是一个典型的例子，德国物理学家瓦尔特·海因里希·海特勒(Walter Heinrich Heitler)和弗里茨·沃尔夫冈·伦敦(Fritz Wolfgang London)的量子力学计算表明,当两个电子自旋方向相反的氢原子相互靠近时,随着核间距的减小,两个 1s 原子轨道发生重叠,核间形成一个概率密度较大的区域,两个氢原子核都被概率密度大的电子云吸引,系统能量降低。当核间距达到平衡距离,即引力与斥力相等的距离时,系统能量达到最低点。

　　元素周期表中同族元素的原子就是通过共价键形成分子或晶体,如ⅣA 族中的元素 C、Si 和 Ge 及ⅥA 族中的元素 Se 和 Te 等,此类元素的原子一般具有 3 个以上价电子,通过失去或得到电子而达到稳定电子结构需要的能量很高,不易离子化。当这些元素的原子结合时,相邻原子各给出一个电子作为二者共有,原子借共用电子对产生的力而结合。为了使原子的外层填满 8 个电子以满足原子稳定性的要求,电子必须由$(8-N)$个邻近原子所共有,N 为原子的价电子数,因而共价键结合具有饱和性。碳是ⅥA 族元素,故它有 $8-N=4$个共价键,每个碳原子具有 4 个最近邻原子,如图 1.15(a)所示。共价键形成时,除依赖电子配对外,还依赖于电子云的重叠,电子云重叠越大,结合能越大,结合力越强。原子的 s 轨道电子云呈球状对称,但其他轨道的电子云都有一定的方向性,如 p 轨道呈哑铃状,因此在形成共价键时,为使电子云达到最大限度的重叠,共价键需要有方向性。金刚石是共价键结合的典范,碳的四个价电子分别与其周围的四个碳原子的电子组成 4 个公用电子对,达到 8 个电子的稳定结构,各个电子对之间静电排斥,因而在空间以最大角度相互分开,互成 109.5°[图 1.15(b)],电子位于这些共价键处的概率要比位于原子核周围的其他地方高得多。

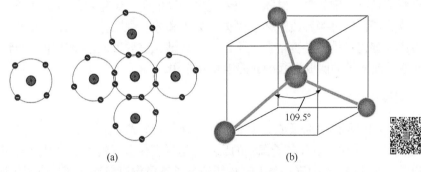

图 1.15　碳原子的共价结合(a)及其方向性(b)

　　共价键结合力很强,因此以共价键结合形成的材料具有高熔点和高硬度。例如,金刚石不仅莫氏硬度(表示矿物硬度的一种标准,用划痕深度来分级)高,熔点也高达 3750℃。另外,共价键具有饱和性和方向性,共价晶体中不允许改变原子相对位置,因而共价晶体的配位数不会很高,而且延展性和塑性比较差。要使电子运动及产生电流,也必须破坏共价键,这就要求施加高温或高电压,所以共价晶体的行为如同绝缘体而不是导体。许多陶瓷和聚合物材料完全或部分通过共价键结合,这就很好地解释了为什么玻璃掉到地上会破碎以及砖是良好的绝缘材料。

1.10.3　金属键

　　金属元素在周期表中约占五分之四的比例,其原子大多以金属键相结合。金属原子的结构特点是外层价电子较少(通常 s、p 价电子数少于 4),各原子间不易通过电子转移或共用电子达到 8 个电子的稳定结构。当金属原子互相靠近产生相互作用时,各金属原子都易失去最外

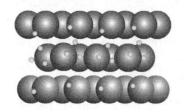

○ 自由电子

● 金属原子或金属阳离子

图 1.16　金属原子结合示意图

层电子而成为正离子,这些脱离了每个原子的电子为相互结合的集体原子所共有,成为自由的公有化的电子云(或称电子气)而在整个金属中运动,正离子与自由电子之间产生强烈的相互吸引称为金属键,金属原子正是依靠这种键结合在一起,形成金属晶体,如图 1.16 所示。不难理解,金属键没有方向性和饱和性,故而形成的金属晶体大多配位数很高,强度大;正离子之间改变相对位置不会破坏共有电子云与正离子之间的结合力,因此金属具有良好的塑性;将金属弯曲或外力作用下上下层相对滑动只是可能改变金属键方向,不会使键破坏,这就是金属具有良好的延展性,可以制备成各种有用的形状的原因。

同样,金属中金属正离子被另一种金属正离子替代时也不会破坏结合键,导致不同金属间有很好的溶解能力(或称固溶性,是调节金属性能的重要手段)。在外加电场的作用下金属内部的自由电子做定向移动形成电流,自由电子运动时与金属离子碰撞把能量从温度高的部分传到温度低的部分,从而使整块金属达到相同的温度,故金属具有良好的导电和导热性能。

1.10.4　二次键

有些原子或分子本身已经非常稳定,如稀有气体原子和 CH_4、CO_2、H_2 或 H_2O 等,它们或者本身原子具有稳定的电子结构,或者通过分享电子达到稳定的电子结构。然而,这些稳定的原子或分子仍然可凝聚成液体或固体,如水和冰,说明稳定的原子和分子之间仍然存在着某种力或者键,只是这种键本质上不同于一次键,它的形成不是靠电子的转移或共享,而是来源于原子或分子的偶极引起的弱静电相互作用。

1. 偶极和偶极矩

偶极(dipole)表示的是原子或分子的极性。分子中组成元素不同,其吸引电子的能力(电负性)各有差异,使得分子中有电子偏移的现象,这样就使分子产生了极性并且持续存在,称为固有偶极或永久偶极[图 1.17(a)]。有些原子或分子本身没有极性,如稀有气体原子和氢分子,它们的正负电荷中心是重合的,但由于核外电子运动具有概率特征,某一瞬时可在一个区域的分布比较集中,使正负电荷中心发生瞬时不重合现象,非极性原子或分子就产生了瞬时极性,这个过程持续时间很短,故称瞬时偶极[图 1.17(b)]。另外,非极性的原子或分子在电场中或者比较靠近其他极性分子的情况下,由于电子和原子核所带电荷性质的不同(电子负电、核正电),它们会发生偏移,产生极性,这种现象称为诱导偶极[图 1.17(c)]。

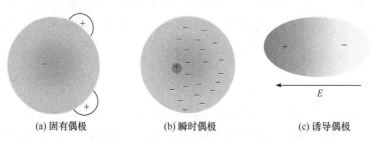

(a) 固有偶极　　　　　　(b) 瞬时偶极　　　　　　(c) 诱导偶极

图 1.17　原子或分子中偶极产生示意图

将电荷中心所带的电量乘以正负电荷中心之间的距离，就是通常定义的偶极矩，用 μ 表示，即

$$\mu = qd \tag{1.14}$$

式中，μ 为偶极矩，单位是德拜(D)；q 为电荷中心所带的电量，单位是库仑(C)；d 为正负电荷中心之间的距离，单位为米(m)。同样，偶极矩有永久偶极矩、瞬时偶极矩和诱导偶极矩之分。

针对一个分子，根据讨论对象的不同，偶极矩可以指键偶极矩，也可以是分子偶极矩。分子偶极矩可由键偶极矩经矢量加法后得到。实验测得的偶极矩可以用来判断分子的空间构型。例如，同属于 AB_2 型分子，二氧化碳(CO_2)的 $\mu = 0$，可以判断它是直线形的；硫化氢(H_2S)的 $\mu \neq 0$，可判断它是折线形的。偶极矩可以定量地表示极性大小，键偶极矩越大，表示键的极性越大；分子偶极矩越大，表示分子的极性越大。

2. 范德华力

由偶极矩引发的原子或分子间的相互作用称为范德华力，以 1910 年诺贝尔物理学奖获得者、荷兰物理学家约翰尼斯·迪德里克·范德华(Johannes Diderik van der Waals)的姓氏命名，是一种典型的二次键，它引起的原子或分子结合情况如图 1.18 所示。显然，这种仅靠偶极引发的弱静电相互作用使范德华力远低于三种已经讨论过的一次键，这也是为什么液氮很容易汽化(破坏范德华力)，但要使氮气分子继续拆分成单原子则需要很大的能量(破坏共价键)。范德华力有三个来源：①极性分子永久偶极矩之间的相互作用；②一个极性分子使另一个分子极化，产生诱导偶极矩并相互吸引；③分子中电子的运动产生瞬时偶极矩，它使临近分子瞬时极化，后者又反过来增强原来分子的瞬时偶极矩，这种相互耦合产生净的吸引作用。范德华力是材料结合键的重要组成部分，大部分气体都是依靠它才能聚集成为液态甚至固态，但金属中这种键不多。

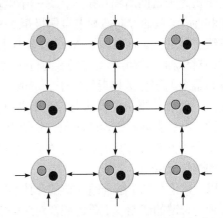

图 1.18　原子或分子间范德华力结合示意图

3. 氢键

如果以偶极引发的静电相互作用来定义二次键，氢键本质上和范德华力一样，只是氢原子起了关键作用。氢原子比较特殊，它只有一个电子，当氢原子与一个电负性很强的原子 X 以共价键结合形成分子时，共用电子对强烈偏向该原子，这样氢原子一侧实际上是一个裸露的原子核(质子)，没有任何核外电子作屏蔽。这时若与另一个分子中电负性大且半径较小的原子 Y(如 F、O 和 N 等)接近，裸露的氢原子核便会强烈吸引 Y 原子外层的电子对，形成氢键，作为 X 与 Y 之间的媒介，将两者以 X—H…Y 的形式结合在一起。

以水为例，如图 1.19 所示，水分子(H_2O)具有稳定的电子结构，但由于水分子中氧元素的电负性大，水分子具有明显的极性，氢可与另一个水分子中的氧原子相互吸引，在相邻水分

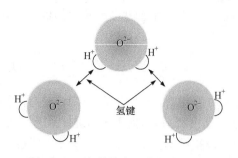

图 1.19　以氢键结合形成水的示意图

子的氧原子间起到桥梁的作用。因此，氢键的本质是强极性键(X—H)上的氢核与电负性很大的、含孤电子对并带有部分负电荷的原子 Y 之间的静电作用力。在以氢键结合的通用形式 X—H⋯Y 中，X 和 Y 可以是两种相同的元素，也可以是两种不同的元素。

氢键的键能定义为把 X—H⋯Y—H 分解成为 HX 和 HY 所需的能量，但氢键键长的定义有所不同：一种把 X—H⋯Y 整个结构称为氢键，因此氢键的键长就是指 X 与 Y 之间的距离，例如，F—H⋯F 的键长为 255 pm；另一种把 H⋯Y 称为氢键，这样 H⋯F 之间的距离 163 pm 才算是氢键的键长，选用氢键键长数据时应当注意这种差别。

氢键并不等同于范德华力，后者是分子与分子之间的力，前者则可以理解为氢原子与其他原子之间的力(氢原子只有一个电子，成键后电子偏向另一方，相当于氢外的轨道是空的，可以接受两个电子成稳定体系)。另外，氢键具有饱和性和方向性。由于氢原子小而 X 和 Y 原子比较大，所以 X—H 中的氢原子只能和一个 Y 原子结合形成氢键。不只是空间阻力，同时由于负离子之间的相互排斥，另一个电负性大的原子 Z 就难于再接近氢原子，这就是氢键的饱和性；氢键的方向性则来自偶极矩 X—H 与原子 Y 的相互作用，只有当 X—H⋯Y 在同一条直线上时最强，同时原子 Y 一般含有未共用电子对，在可能范围内氢键的方向和未共用电子对的对称轴一致(可参看各类《无机化学》教材中的价键理论内容)，这样可使原子 Y 中负电荷分布最多的部分最接近氢原子，形成的氢键最稳定。氢键不仅存在于分子间，在分子内也能形成。例如，当一个苯环上有两个羧基时，一个羟基中的氢与另一个羟基中的氧也可以形成氢键。由于受环状结构的限制，分子内氢键 X—H⋯Y 往往不能在同一直线上。分子内氢键分化了分子间相互作用，使每个分子更加独立保守，与周围分子间的相互作用变弱，因而使物质的熔沸点降低。

以上讨论总结了结合键的类型及其本质，不同键结合的强弱常用键能来表达，表 1.4 比较了各种结合键的键能、主要特征及对应的实例。可见，离子键键能最高，共价键键能次之，金属键键能再次，而范德华力最弱。因此，结合键不同导致形成的材料特性有明显差异，以离子键、共价键结合形成的材料熔点高、硬度高，而以范德华力结合形成的材料熔点低，硬度也低。

表 1.4　各类结合键的特征及实例

结合键类型	实例	键能/(kJ·mol^{-1})	主要特征
离子键	LiCl、NaCl、KCl、RbCl	586～1047	结合力强，无方向性，无饱和性，高配位数
共价键	金刚石、Si、Ge、Sn	63～712	有饱和性，有方向性，低配位数
金属键	Li、Na、K、Rb	113～350	无方向性，高配位数
范德华力	Ne、Ar、Kr、Xe、CO$_2$	<42	偶极诱导，结合力弱，无方向性
氢键	H$_2$O、冰、HF	25～40	结合键高于范德华力，有方向性和饱和性

1.10.5　混合键

实际材料中原子间单一结合键的情况并不多，除了前面提到的一些典型的例子，大部分材料内部原子结合键往往是各种键的混合，如ⅣA 族中 Si、Ge 和 Sn 元素，它们原子间的结合实际是共价键与金属键的混合。这是因为同一族中由上至下，元素的电负性逐渐降低，即失去电子的倾向逐渐增加，因此这些元素原子在共价结合的同时，电子有一定的概率或可能性脱离它们隶属的原子成为自由电子，意味着存在一定比例的金属键。石墨中碳原子间的结合键是一种典型的混合键，碳原子的三个价电子组成 sp^2 杂化轨道，分别与最近邻的三个碳原子形成三个共价键，在同一平面内互成 120°，使碳原子形成六角平面网状结构；第四个价电子未参与杂化，自由地在整个层内活动，具有金属键的特点，因此石墨是一种良导体，可用作电极材料；层与层之间以范德华力结合，结合力比较弱，所以石墨质地疏松，层与层之间可以滑动，并可插入其他物质，制成石墨插层化合物等。

　　一些过渡金属元素的原子由于电子结构相对稳定，如外层轨道电子半满的钼(Mo)，电子不能完全摆脱原子核的束缚，结合键中会出现少量共价键，这也是造成过渡金属具有高熔点的内在原因。特别的，对由双金属形成的金属间化合物(不同金属元素按一定比例组成的物质，是一种单质，不同于物理混合所得的合金)，尽管组成元素都是金属，但由于两者电负性的差异，有一定的离子化倾向，于是原子间形成金属键和离子键的混合键。

　　陶瓷材料是以离子键(如 Al_2O_3、MgO 等金属氧化物)和共价键(如 Si_3N_4、SiC 等)为主的结合键，所以陶瓷材料通常也是以这两种键合机制进行结合。化合物中离子键的比例取决于组成元素的电负性差，电负性相差越大，则离子键比例越高。对于 AB 型化合物，鲍林推荐以下公式确定其中离子键结合的相对值：

$$离子键结合(\%) = \left[1 - e^{-\frac{1}{4}(\chi_A - \chi_B)^2}\right] \times 100\% \tag{1.15}$$

式中，χ_A 和 χ_B 分别为化合物组成元素 A 和 B 的电负性数值。

　　【练习 1.9】　Mg^{2+} 和 S^{2-} 之间的吸引力为 1.49×10^{-8} N，且已知 S^{2-} 的半径为 0.184 nm，计算 Mg^{2+} 的半径。

　　【练习 1.10】　(1)利用离子半径的数据，计算 NaCl 中 Na^+ 和 Cl^- 间的库仑引力；(2)计算斥力；(3)假定 $n = 9$，计算离子键能。($r_{Na^+} = 0.098$ nm，$r_{Cl^-} = 0.181$ nm)

　　【练习 1.11】　计算化合物(1) MgO；(2) GaAs 中离子键结合的比例。电负性数值 $\chi_{Mg} = 1.31$，$\chi_O = 3.44$，$\chi_{Ga} = 1.81$，$\chi_{As} = 2.18$。

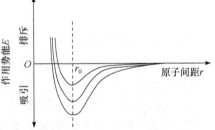

　　【练习 1.12】　根据右图键能曲线，分析哪条曲线属于金属，哪条曲线属于离子晶体，哪条曲线属于聚合物。

1.11　分子的电子结构

　　分子和晶体分别是由几个(至少两个)或大量原子组成，各原子的外层电子状态或多或少要受到其他原子的影响，影响的程度取决于原子间结合键的类型。以范德华力结合的分子，因结合力较弱，电子基本上占据各自的原子轨道；形成离子键时电子转移到相邻原子后处于后者的轨道上，仍属于单个原子。形成共价键和金属键时原子外层电子能级发生很大的变化：对分子来说，共价的电子能级分裂成两个或多个新的能级，形成所谓的分子轨道，发展出分子轨道理论；而对固体金属来说，形成金属键的价电子能级分裂成大量的、相距很近(能量差很小)的新能级，可以看作连成一片成为能带，最终形成能带理论。

1.11.1　分子轨道理论

　　价电子配对理论即价键理论比较直观简明地说明了共价键的形成，但是该理论把形成共价键的电子定域在两个原子之间，没有考虑整个分子的情况，因此不能解释某些分子的结构和性质。根据共价键理论，氧分子(O_2)中有一个σ键(原子轨道沿核间连线方向进行同号重叠形成的共价键)和一个π键(两原子轨道垂直核间连线并相互平行而进行同号重叠形成的共价键)，其电子全部成对，但经磁性实验测定，氧分子有两个未成对电子，自旋平行，表现出顺磁性；另外，又如 H_2^+ 和 He_2^+ 的形成以及 B_2H_6 等缺电子化合物的结构，也无法用价键理论进行解释。为了解释这些现象，逐渐产生了分子轨道的概念。早在 1929 年，现代计算化学的先驱、英国数学家约翰·爱德华·莱纳德-琼斯(John Edward Lennard-Jones)就贡献了第一篇关于分子轨道的文献，他引入原子轨道线性组合的方式来计算双原子分子的分子轨道。1932 年，美国化学家罗伯特·桑德森·马利肯(Robert Sanderson Mulliken，1966 年诺贝尔化学奖得主)和德国物理学家弗里德里希·洪德发展了这一概念，形成分子轨道理论，从分子的整体性来讨论分子的电子结构。到了 1933 年，分子轨道理论就已经被广泛接受，被认为是一个有效而且有用的理论。分子轨道理论与价键理论成为量子力学描述分子中电子结构的两大不同分支，但分子轨道理论比价键理论发展更为广泛，在解释配合物和芳香性物质的稳定以及药物设计等领域都得到了重要应用，它的理论要点如下：

　　(1) 分子中的电子不再局限在某个原子轨道上运动，而是在整个分子轨道中运动，运动状态用 ψ 表示，ψ 称为分子轨道。

　　(2) 分子轨道是原子轨道的线性组合，例如，两个原子轨道 ψ_a 和 ψ_b 可以组合成两个分子轨道 ψ_I 和 ψ_{II}：

$$\psi_I = C_1\psi_a + C_2\psi_b \tag{1.16}$$

$$\psi_{II} = C_1\psi_a - C_2\psi_b \tag{1.17}$$

式中，C_1 和 C_2 为常数，由量子化学计算确定。

　　组合形成的分子轨道与组合前原子轨道数目相等，但轨道能量不同。ψ_I 是能量低于原子轨道的成键分子轨道，由原子轨道同号重叠(波函数相加)形成，电子出现在核间区域概率密度大，对两个核产生强烈的吸引作用，形成的键强度大；ψ_{II} 是能量高于原子轨道的反键分子轨道，由原子轨道异号重叠(波函数相减)形成，在两个核之间出现节面(电子出现概率密度接近零的区域)，即电子在核间出现的概率密度很小，对成键不利。

　　(3) 根据原子轨道组合方式不同，可将分子轨道分为 σ 轨道与 π 轨道。

　　(i) s 轨道与 s 轨道线性组合，两个轨道相加成为成键轨道 σ，两者相减则成为反键轨道 σ*，如图 1.20 所示。若是 1s 轨道，则分子轨道分别为 σ_{1s}、σ_{1s}^*，若是 2s 轨道，则写为 σ_{2s}、σ_{2s}^*。图中可见，反键分子轨道在两核间有节面，而成键分子轨道则没有。

　　(ii) s 轨道与 p 轨道线性组合，两个轨道相加成为成键轨道 σ_{sp}，两者相减则成为反键轨道 σ_{sp}^*，如图 1.21 所示。同样，反键分子轨道两核间电子出现概率密度低(存在节面)，而成键分子轨道两核间电子出现概率密度则比较高。

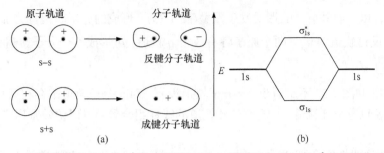

图 1.20　s-s 轨道重叠形成 σ_s 与 σ_s^* 分子轨道(a)和 s-s 轨道组合成 σ_s 与 σ_s^* 能量变化示意图(b)

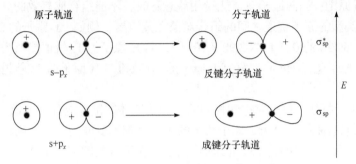

图 1.21　s-p 轨道重叠形成 σ_{sp} 与 σ_{sp}^* 分子轨道

(iii) p 轨道与 p 轨道线性组合, 有两种方式, 其一是"头碰头", 两个原子的 p_x 轨道重叠后, 形成一个成键轨道 σ_p 和一个反键轨道 σ_p^*, 如图 1.22 所示; 其二是两个原子的 p_y 或 p_z 轨

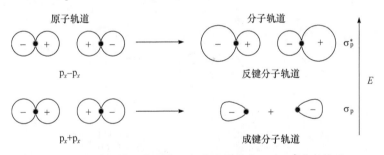

图 1.22　p-p 轨道"头碰头"方式重叠形成 σ_p 与 σ_p^* 分子轨道

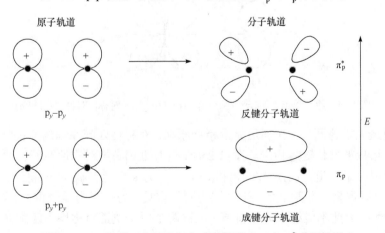

图 1.23　p-p 轨道"肩并肩"方式重叠形成 π_p 与 π_p^* 分子轨道

道垂直于键轴，以"肩并肩"的形式发生重叠(图 1.23)，形成的分子轨道称为 π 分子轨道，成键轨道为 π_p，反键轨道为 π_p^*。两个原子各有 3 个 p 轨道，可形成 6 个分子轨道，即 σ_{p_x}、$\sigma_{p_x}^*$、π_{p_y}、$\pi_{p_y}^*$、π_{p_z} 和 $\pi_{p_z}^*$。

比较图 1.22 和图 1.23 不难看出，σ 分子轨道没有，而 π 分子轨道则存在通过键轴的节面。此外，还存在 p 轨道与 d 轨道、d 轨道与 d 轨道的线性组合等，可以仿效画出它们组合后的分子轨道。

(4) 原子轨道线性组合要遵循能量相近原则、对称性匹配原则和轨道最大重叠原则。

(i) 能量相近原则：当两原子轨道能量相差悬殊时，不能组合成有效的分子轨道。这一原则对于选择不同类型的原子轨道之间的组合对象尤其重要，例如，F 原子的 2s 轨道能量和 2p 轨道能量分别为 -6.428×10^{-18} J 和 -2.98×10^{-18} J，而 H 原子的 1s 轨道能量为 -2.179×10^{-18} J，因此 H 原子与 F 原子生成 HF 时，只有 F 原子的 2p 轨道与 H 原子的 1s 轨道能量相近，可以组成分子轨道。

(ii) 对称性匹配原则：只有对称性相同的原子轨道才能组合成分子轨道。以 x 轴为键轴，将原子轨道同时绕键轴旋转 180°，原子轨道的正负号都不变或同时改变则称原子轨道对称性相同。如图 1.24 所示，图中(a)、(b)和(c)所示的原子轨道绕键轴旋转 180°后，在同一平面上 ψ 的数值和符号均不变化，这种对称称为 σ 对称；而图中(d)和(e)所示的原子轨道绕键轴旋转 180° 后，虽然 ψ 数值得到恢复，但符号相反，这也是一种对称，称为反对称，也称为 π 对称。符合这两种对称的原子轨道均可以"头对头"或"肩并肩"的方式组合成为成键或反键分子轨道。

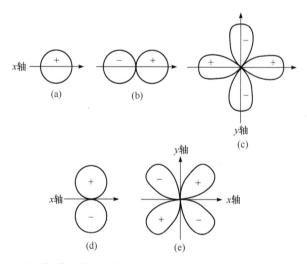

图 1.24　原子轨道对称[σ对称，(a)、(b)和(c)]与反对称[π对称，(d)和(e)]

(iii) 轨道最大重叠原则：在满足能量相近原则、对称性匹配原则的前提下，原子轨道重叠程度越大，形成的共价键越稳定。图 1.25(b)、(d)和(e)满足对称性匹配，原子轨道重叠程度大，均可组成分子轨道；而图 1.25(a)和(c)中，ψ_a 为 s 轨道，ψ_b 为 p_y 轨道，键轴为 x，看起来 ψ_a 和 ψ_b 可以重叠，但实际上一半区域为同号重叠，另一半为异号重叠，两者正好抵消，净成键效应为零，因此不能组成分子轨道，也称两个原子轨道对称性不匹配而不能组成分子轨道。

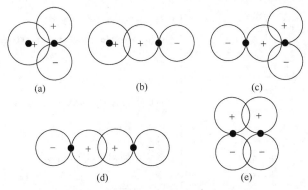

图 1.25　原子轨道重叠方向示意图

(a)和(c)重叠不能组成分子轨道，而(b)、(d)和(e)则可以

以上三条原则中，对称性匹配是首要的，它决定原子轨道能否组成分子轨道，其他两原则决定着轨道组合的效率。

(5) 电子在分子轨道中填充的原则也遵循能量最低原理、泡利不相容原理和洪德规则。

每种分子的每个分子轨道都有确定的能量，即有确定的能级，分子轨道能量可通过光谱分析实验确定。对于双原子分子，如果组成分子的原子 2s 和 2p 轨道能级相差较大，能级排列顺序为 $\sigma_{1s} < \sigma_{1s}^* < \sigma_{2s} < \sigma_{2s}^* < \sigma_{2p_x} < \pi_{2p_y} = \pi_{2p_z} < \pi_{2p_y}^* = \pi_{2p_z}^* < \pi_{2p_x}^*$；而当 2s 和 2p 原子轨道能级相差较小(一般在 10 eV 左右)时，就需要考虑 2s 和 2p 轨道间的相互作用(也可称为杂化，指若干不同类型能量相近的原子轨道重新组合成一组新的原子轨道)，以致造成 σ_{2p} 能级高于 π_{2p} 能级的颠倒现象，如图 1.26 所示。

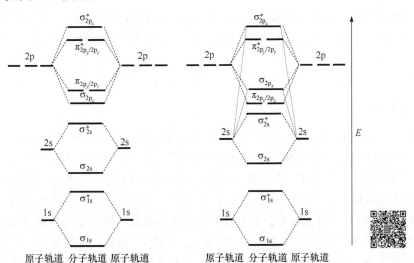

图 1.26　同核双原子分子轨道能级图

左侧 2s 和 2p 能级相差较大，右侧 2s 和 2p 能级相差较小

应用分子轨道理论能够很好地解释氧分子(O_2)的顺磁性(未成对电子磁场中顺着磁场方向排列的性质)。按照氧分子轨道能级顺序和电子在分子轨道中的填充规则，氧气分子轨道电子排布式为 $O_2[(\sigma_{1s})^2(\sigma_{1s}^*)^2(\sigma_{2s})^2(\sigma_{2s}^*)^2(\sigma_{2p_x})^2(\pi_{2p_y})^2(\pi_{2p_z})^2(\pi_{2p_y}^*)^1(\pi_{2p_z}^*)^1]$，在 $\pi_{2p_y}^*$ 和 $\pi_{2p_z}^*$ 轨道上有两个自旋平行的未成对电子，因此在磁场中表现出顺磁性。按价键理论和按分子轨道理论得到的氧分子结构式有所不同，如图 1.27 所示。

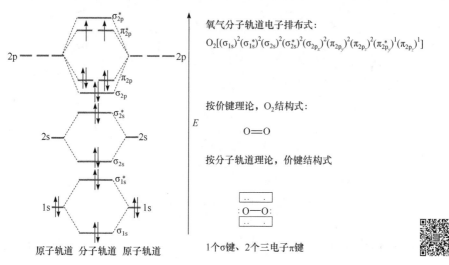

图1.27　氧分子的分子轨道能级图和对应的电子结构式

在分子轨道理论中，分子中的全部电子属于分子所有，电子进入成键分子轨道使系统能量降低，对成键有贡献；电子进入反键分子轨道则使系统能量升高，对成键起削弱或抵消作用。总之，成键轨道中电子多，则分子稳定，而如果反键轨道中电子多，分子就表现得不稳定。分子的稳定性可以通过键级来描述，键级越大，分子就越稳定。分子轨道理论把分子中处于成键轨道和处于反键轨道电子差数的一半定义为键级，即

$$键级 = \frac{1}{2}\left(处于成键轨道电子数 - 处于反键轨道电子数\right) \tag{1.18}$$

分子轨道理论比较全面地反映了分子中电子的各种运动状态，运用该理论可以说明共价键的形成，也可以解释分子或离子中单键和三电子键的形成，但在解释分子的几何构型时不够直观。分子轨道理论和价键理论都以量子力学原理为基础，在处理化学问题时各有优势，它们互为补充，相辅相成，为人们解释化学结构和某些化学现象提供了可靠的理论依据。

1.11.2　能带理论

能带理论(energy band theory)形成于20世纪30年代，是以分子轨道理论为基础，用来讨论固态晶体(包括金属、绝缘体和半导体)中电子状态及其运动的一种重要近似理论。能带理论把固态晶体看成一个大分子，其轨道由晶体中所有原子轨道组合而成。以锂(Li)为例讨论金属晶体中电子轨道情况。1个Li原子有1个1s和1个2s轨道，2个Li原子有2个1s轨道和2个2s轨道。根据分子轨道理论，2个原子相互作用时原子轨道要重叠并重新组合，形成成键分子轨道和反键分子轨道，轨道能量相应改变。晶体中包含原子数越多，相互作用组合后分子轨道也就越多。若有N个Li原子，其$2N$个原子轨道则可组合形成$2N$个分子轨道。当N数量庞大时，分子轨道是如此之多，以至于分子轨道之间的能级差变得很小，甚至很难分清(图1.28)，可以看作连成一片成为能带。因此，能带可看作延伸到整个晶体中的分子轨道。

Li原子的核外电子排布式是$1s^2 2s^1$，每个原子有3个电子，价电子数是1。N个Li原子有$3N$个电子，N个价电子，这些电子在能带中的填充情况与原子和简单分子的情况相似，仍需遵循能量最低原理与泡利不相容原理。由s、p、d和f等原子轨道分别重叠产生的能带中，最多容纳的电子数目，s带为$2N$个，p带为$6N$个，d带为$10N$个和f带为$14N$个等。由于每个Li原子只有1个价电子，故其2s带为半充满。由充满电子的原子轨道所形成的能量较低的能

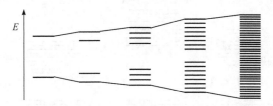

图 1.28　固态晶体中原子紧密结合形成的能带结构示意图

带称为满带，由未充满电子的原子轨道所形成的能量较高的能带称为导带。例如，金属 Li 中，1s 能带是满带，而 2s 能带是导带。在这两种能带之间还隔开一段能量，如图 1.29 所示。正如电子不能停留在 1s 和 2s 能级之间的位置一样，电子也不能进入 1s 能带和 2s 能带之间的能量空隙，所以这段能量空隙称为禁带，其大小称为禁带宽度。因为满带内部电子无法跃迁，故而金属的导电性是靠导带中的电子来体现的。

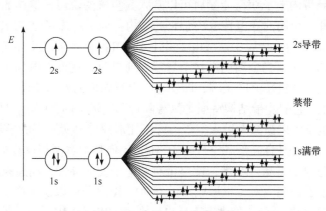

图 1.29　金属 Li 的能带结构

金属镁(Mg)的价电子层结构为 $3s^2$，它的 3s 能带应是满带，似乎镁应是一个不良导体。但其实不是这样，镁的导电性很好，这是因为金属的密堆积使原子间距离极为接近，形成的相邻能带之间的能量间隔非常小，甚至出现能带重叠现象。镁的 3s 和 3p 能带部分重叠(3p 能带为空带，即没有价电子填充的能带)，也就是说满带和空带重叠则成导带(图 1.30)。

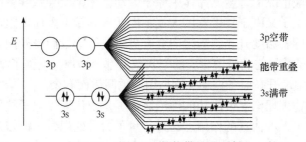

图 1.30　金属 Mg 的能带重叠现象

根据能带结构中禁带宽度和能带中电子填充状况，可把物质分为导体、绝缘体和半导体，如图 1.31 所示。

一般金属作为良好的导体，其导带是未充满的；绝缘体的禁带很宽，其能量间隔 ΔE 要超过 4.8×10^{-19} J(3 eV)，而半导体的禁带相对狭窄，能量间隔在 $1.6 \times 10^{-20} \sim 4.8 \times 10^{-19}$ J($0.1 \sim 3$ eV) 之间。例如，金刚石为绝缘体，其禁带宽度为 9.6×10^{-19} J(6 eV)，硅和锗为半导体，它们的禁带宽度分别是 1.7×10^{-19} J 和 9.3×10^{-20} J(大约分别相当于 1.1 eV 和 0.6 eV)。

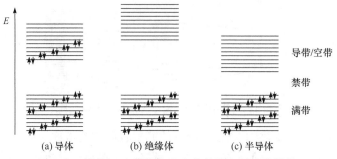

图 1.31　导体(a)、绝缘体(b)和半导体(c)的能带结构

能带理论是这样说明金属导电性的：满带内部电子即使获得能量也无法跃迁，而且电子往往不能从满带越过禁带进入导带，但导带没有被电子完全占据[图 1.31(a)]，能量较高的轨道还处于空置状态，导带内电子获得能量后可以跃入其空置的轨道，这样的电子在导体中担负着导电的作用。因此，金属的导电性取决于它的结构特征——具有导带(未被电子填满或虽是空带却与满带重叠)。显然，金属中这些电子并不定域在某两个或几个原子之间，而是活动在整个金属晶体范围内，所以当金属两端接上导线并通电时，在外加电场作用下，获得能量的导带电子将形成电流，从负端流向正端，即朝着与电场相反的方向流动。

绝缘体不能导电，它的能带结构特征是只有满带和空带[图 1.31(b)]，且禁带宽度大，一般电场条件下，满带电子难以被激发进入空带，即不能形成导电所必要的导带。

半导体的能带特征也只有满带和空带[图 1.31(c)]，但禁带宽度相对较窄，在合适的外加电场作用下，满带部分电子可跃入空带，使空带有了电子变成导带，而原来的满带则缺少了一些电子，或者说产生了一些空穴，也形成导带进而导电(电子可以跃入产生的空穴，看起来像是空穴向相反的方向运动一样)，称为空穴导电。在外加电场作用下，导带中的电子从外加电场负端向正端流动，而满带中的空穴则可接受靠近负端的电子，同时在该电子原来所处的位置产生新的空穴，相邻电子再向该新空穴移动而又形成新的空穴，依次类推，其结果是空穴从外加电场的正端向负端移动，与电子移动方向相反。半导体的导电性是导带中的电子传递(电子导电)和满带中的空穴传递(空穴导电)所构成的混合导电性。

温度升高时，一般情况下，金属晶体中原子振动会加剧，导致导带中电子运动受到的阻碍增强，而满带中的电子又由于禁带宽度太宽不能跃入导带，因而电阻增大，降低了导电性能。而在半导体中，随着温度升高，满带中会有更多获得能量而受到激发的电子进入已经形成的导带，导带中电子数目与满带中相应的空穴数目都会增加，增强了半导体材料导电性能，其结果足以抵消由于温度升高原子振动加剧所引起的阻碍而有余。

能带理论是固体物理理论上最成功的理论之一，是现代固体电子技术的理论基础，对于微电子技术的发展起了无可估量的作用。在进行量子力学处理时，能带理论认为不再是束缚在某个原子周围，而是在整个固体中运动，称之为共有化电子，并且忽略电子与电子间的相互作用，将多电子问题简化为单电子问题。能带理论在阐明电子在晶格中的运动规律、固体的导电机制、合金的某些性质和金属的结合能等方面取得了重大成就，相较简单的电子气模型更能定量地说明问题，但它毕竟也是一种近似理论，存在一定的局限性。例如，某些晶体的导电性不能用能带理论解释，即电子共有化模型和单电子近似不适用于这些晶体。多电子理论建立后，单电子能带论的结果常作为多电子理论的起点，解决复杂问题时，两种理论通常是相辅相成的。

1.12　小　　结

原子包括原子核和核外电子，原子核周围的电子运动服从量子力学规律，在核外排布遵循能量最低原理、泡利不相容原理、洪德规则和补充规则。原子核外电子排布与元素分类及周期划分存在本质联系，据此绘制出元素周期表，各个周期中元素的性质如原子半径、电离能、电子亲和能和电负性等呈现相同的周期变化规律。

原子间强烈的相互作用称为化学键，其本质是原子间的相互作用力。键能曲线表示当作用于原子上的力仅为引力或斥力时能量随位置的变化，可以用来估算键能、键长、材料的弹性模量和线膨胀系数等。化学键键能在很大程度上决定材料性能，根据原子间作用方式的不同，可以将化学键分为离子键、共价键、金属键、分子键和氢键，其中离子键、共价键和金属键结合力较强，合称为一次键，而分子键和氢键结合力较弱，成键本质和一次键不同，称为二次键。具体材料中的化学键类型取决于组成元素的类型及相对量，可能以单一的化学键结合，而更多的情况是以混合键结合。

分子轨道理论从分子的整体性来讨论分子结构，认为原子形成分子后，电子不再属于个别的原子轨道，而是属于整个分子的分子轨道；分子轨道由原子轨道组合而成，形成分子轨道时遵从能量近似原则、对称性一致(匹配)原则和最大重叠原则；电子在分子轨道中填充时同样服从能量最低原理、泡利不相容原理、洪德规则及补充规则。

能带理论是以分子轨道理论为基础，用来讨论固态晶体中电子状态及其运动的一种近似理论。能带理论把固态晶体看成一个大分子，其轨道由晶体中所有原子轨道组合而成。当晶体中原子数量庞大时，组合而成的分子轨道数量巨大，各分子轨道之间的能级差别非常小，从而可以看作连成一片成为能带。根据能带结构中禁带宽度和能带中电子填充情况，把物质分为导体、绝缘体和半导体。

扩展阅读 1.1　　隧道效应和扫描隧道显微镜

从经典物理学的角度，当一个粒子的动能 E 低于前方势垒的高度 U 时，它不可能越过此势垒，即透射系数等于零，粒子将完全被弹回。而按照量子力学的计算，在一般情况下，其透射系数不等于零，也就是说，粒子可以穿过比它能量更高的势垒，这个现象称为量子隧道效应(quantum tunneling effect)，来源于微观粒子的波动性。可以用一个形象的模型来进一步说明隧道效应：考虑两块中间有绝缘层(或真空)间隔的金属，然后用导线连接两块金属并施加一

个电压，这样电子将在金属中做定向运动，具有一定的动能，而绝缘层则是一个势垒。经典物理认为电子不能穿越绝缘层从一块金属到达另一块金属；但在量子力学中，根据隧道效应，电子能够穿越绝缘层(当然对厚度有要求)从一块金属到达另一块，产生电流(隧道电流)，它随绝缘层的厚度呈指数规律减小。

扫描隧道显微镜(scanning tunneling microscope, STM)的基本原理就是量子隧道效应。如图 1.32 所示，它将尖锐的金属针尖和被研究的物质表面作为两

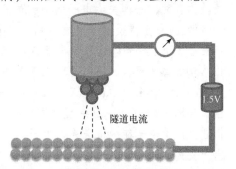

图 1.32　扫描隧道显微镜工作原理示意图

个电极，当针尖与样品表面的距离足够靠近时(一般小于 1 nm)，在外加电场作用下，电子从针尖穿过电极之间的绝缘层流向物质表面，产生隧穿电流。隧穿电流强度与电极间距离关系非常密切，如果距离减少 100 pm，电流强度将增加 1000 倍。因此，如果针尖在样品表面扫描和隧道电流能够得到控制(恒电流模式，表明针尖与被测表面的距离不再变化)，则探针在垂直于样品表面方向上的高低起伏变化就准确反映了样品表面的起伏，数据经计算机储存并处理，样品表面状态的三维构象就能在屏幕或记录纸上显示出来。伴随着三个技术难题获得解决，即维持只有几埃量级宽的缝隙稳定性技术、使探针在表面以亚埃的精度定位和扫描的压电传感技术及使样品从原理针尖到逼近针尖至 5 Å 以内而不损坏针尖和样品表面的技术，1981 年，IBM 公司位于瑞士苏黎世实验室的物理学家格尔德·宾宁(Gerd Binnig)和海因里希·罗雷尔(Heinrich Rohrer)共同研制成功了世界上第一台 STM，可供人们在线观察原子在物质表面的排列状态，获取与表面电子行为有关的物理和化学性质等。它超高的分辨率为表面科学、催化机理、生命科学和信息科学的研究和发展带来一次技术革命。为此，格尔德·宾宁、海因里希·罗雷尔与电子显微镜(electron microscope)的发明者恩斯特·奥古斯塔·弗里德里希·鲁斯卡(Ernst August Friedrich Ruska，德国物理学家)一起分享了 1986 年的诺贝尔物理学奖。格尔德·宾宁还于 1986 年与 IBM 公司在苏黎世研究实验室的克里斯托夫·格贝尔(Christoph Gerber)及斯坦福大学的卡尔文·奎特(Calvin Quate)合作发明了原子力显微镜(atomic force microscope，AFM)，它通过控制针尖尖端原子与样品表面原子间微弱排斥力的恒定来获取样品的表面形貌信息。

扩展阅读1.2　纳米颗粒间的融合

纳米颗粒间的融合可简单理解为分散的纳米颗粒通过某种作用或机制相互连接成为一个整体。一般来说，融合过程发生在由相同化学组分构成的纳米颗粒分散体系中，融合过程终止时形成的颗粒具有比较规则的形貌，如棒状、线状、树枝状或 2 维与 3 维阵列等，通常由于对体系进行淬火、干燥或超声处理时诱发。化学组分相异的纳米颗粒间融合的事例不多。1992 年，阿尼姆·亨雷恩(Arnim Henglein)、阿诺德·豪斯沃斯(Arnold Holzwarth)和保罗·马尔瓦尼(Paul Mulvaney)报道了一个新奇的现象(Henglein et al, 1992)，他们发现放置一段时间后，在银(Ag)和铅(Pb)混合的胶体体系中，部分 Ag 原子从 Ag 颗粒转移至 Pb 颗粒表面，在后者表面包覆形成一个很薄的壳层。这一现象可由电子的隧道效应进行解释：在 Ag 和 Pb 颗粒混合体系中，由于布朗运动(Brownian motion)的存在，Ag 与 Pb 纳米颗粒在某一瞬间充分靠近，这时元素原子电子亲和性的差异发挥作用，Ag 颗粒表面原子的电子由于量子隧道效应跃迁至 Pb 颗粒的表面，随即失去电子的 Ag 原子变成 Ag 离子被释放进溶液中，最终这个 Ag 离子又在 Pb 颗粒的表面捕获电子，被还原成 Ag 原子沉积在 Pb 颗粒的表面。杨军科研小组也在 2011 年报道了 Au 纳米颗粒与半导体 Ag_2S 纳米颗粒室温下在甲苯中的融合现象(Qu et al, 2011)，和 Ag/Pb 体系不同，他们发现在甲苯中，物理混合的 Au 颗粒(13 nm)和 Ag_2S 颗粒(15 nm)经放置 36 h 后，单独的 Au 和 Ag_2S 颗粒完全消失，取而代之的是出现 Ag_2S-Au 异质二聚体复合颗粒，如图 1.33 所示。这一现象同样可用电子遂穿现象解释：Au 和 Ag_2S 纳米颗粒因布朗运动相遇，由于电子能级的关系，电子从位于 Au 颗粒表面的原子轨道跃迁至 Ag_2S 颗粒表面，Au 原子变为阳离子释放进溶液并在 Ag_2S 颗粒表面捕获电子，重新还原为 Au 原子并沉积在 Ag_2S 颗粒表面，该过程不停地重复直到 Au 颗粒消失，得到最终 Ag_2S-Au 异质结构产物。

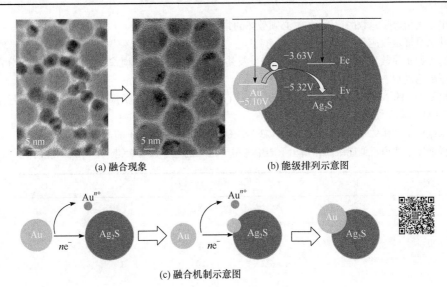

(a) 融合现象　　　　　　　　　　(b) 能级排列示意图

(c) 融合机制示意图

图 1.33　Au 和 Ag_2S 纳米颗粒室温下的融合现象

　　Au 和 Ag_2S 纳米颗粒之间的融合现象可以用来从其他半导体-Au 异质颗粒(如 CdSe-Au)表面移除 Au 组分，从而恢复被 Au 沉积而湮灭的半导体颗粒的荧光特性；也可以用来从含 Au 的合金颗粒(如金-铂合金)中萃取 Au 元素，为揭示合金中 Au 对其他金属的物理化学性能(如铂的催化性能)影响提供了一个有效的研究手段。

习　　题

1. 原子中一个核外电子的状态可用哪四个量子数来描述？简述它们的物理意义及可能取值。
2. 在多电子的原子中，核外电子的排布应遵循哪些原则？
3. 在元素周期表中，同一周期或同一主族元素原子结构有什么共同特点？从左到右或从上到下元素结构有什么区别？性质如何递变？
4. 锡的原子序数为 50，除了 4f 亚层之外其他内部电子亚层均已填满。试从原子结构角度确定锡的价电子数。
5. 铂的原子序数为 78，它在 5d 亚层中只有 9 个电子，并且在 5f 层中没有电子。Pt 的 6s 亚层中有几个电子？
6. 已知某元素原子序数为 32，根据原子的电子结构知识，试指出它属于哪个周期、哪个族，并判断其金属性强弱。
7. S 的化学行为有时像 6 价元素，而有时又像 4 价元素。试解释 S 出现这种行为的原因。
8. HF 的分子量较低，解释为什么 HF 的沸腾温度(19.4℃)比 HCl 的沸腾温度(−85℃)高。
9. MgO、SrO、BaO 都具有 NaCl 结构，为什么它们的熔点依次降低？结合元素周期表用概念给予分析。
10. 为什么 SiO_2 的熔点(1710℃)比 SiF_4(−77℃)高得多？
11. Cu 和 Au 的熔化热几乎相等，但弹性模量 E_{Cu} = 123 GPa，E_{Au} = 79 GPa，它们相差较大，为什么？
12. 说明材料中的结合键与材料性能的关系。
13. 比较石墨和金刚石的晶体结构、结合键和性能。
14. 为什么元素的性质随原子序数周期性变化？短周期元素和长周期元素的变化有什么不同？原因是什么？
15. 讨论各类固体中原子半径的意义及其影响因素。
16. 计算下列晶体的离子键与共价键的相对比例：NaF、CaO、ZnS。
17. 依据结合力的本质不同，晶体中的键合作用分为哪几类？其特点是什么？
18. 材料密度与结合键类型有关，分析讨论和比较金属、陶瓷材料和聚合物三者密度的差异及其原因。
19. 比较金属材料、陶瓷材料、高分子材料在结合键上的差别。
20. 已知硅(Si)的原子量为 28.09，若 100 g 的 Si 中有 5×10^{10} 个电子能自由运动，试计算：(1) 能自由运动的电子占价电子总数的比例。(2) 必须破坏的共价键的比例。

21. 什么是屏蔽效应和钻穿效应? 怎样解释同一主层中的能级分裂及不同主层中的能级交错现象?

22. 写出原子序数为 24 的元素的名称、符号及其基态原子的电子结构式, 并用四个量子数分别表示每个价电子的运动状态。

23. 已知 M^{2+} 的 3d 轨道中有 5 个电子, 试推出: (1) M 原子的核外电子排布; (2) M 原子的最外层和价电子数; (3) M 元素在周期表中的位置。

24. 根据原子结构的知识, 写出 17 号、23 号、80 号元素的基态原子的电子结构式。

25. 根据原子轨道近似能级图, 指出下表中各电子层中的电子数有无错误, 并说明理由。

元素	K	L	M	N	O	P
19	2	8	9			
22	2	10	8	2		
30	2	8	18	2		
33	2	8	20	3		
60	2	8	18	18	12	2

26. 说明下列各对原子中哪种原子的第一电离能高, 并说明理由。基态的气态原子或气态离子失去一个电子所需要的最小能量称为元素的电离能, 常用符号 I 表示。

$$S 与 P, \quad Al 与 Mg, \quad Sr 与 Rb, \quad Cu 与 Zn, \quad Cs 与 Am, \quad Rn 与 At$$

27. 什么是元素的电负性? 电负性在同周期、同族元素中各有怎样的变化规律?

28. 若磁量子数 m 的取值有所变化, 即 m 可取 0, 1, 2, …, l 共 $l+1$ 个值, 其余不变, 则周期表将排成什么形式? 按新周期表写出前 20 号元素中最活泼的碱金属元素、第一个稀有气体元素、第一个过渡元素的原子序数、元素符号及名称。

29. 已知某元素 A 与 Ar 在周期表中处于同一周期, 且原子核外相差 3 个电子。试回答: (1) 元素 A 在周期表中所处位置(周期、族)及元素符号; (2) A 原子核外每个不成对电子的运动状态(用量子数表示); (3) A 与硫相比, 哪个第一电离能大? 简述原因。

第 2 章　材料的晶体结构

能源、信息和材料是现代社会发展的三大支柱，而材料又是能源科学和信息技术的物质基础。构成材料的主体是固体物质，约 90%的元素单质和大部分无机化合物在常温下均为固体，因此需要对固体的结构与性质进行广泛深入的研究。

固体物质有晶体、非晶体和准晶体之分，自然界中的固体物质绝大部分是晶体，根据物质中结合键的类型，晶体可分为金属晶体、离子晶体、共价晶体和分子晶体。人们把晶体中原子(离子或分子)在三维空间的具体排列方式称为晶体结构，不同的固体材料具有不同的晶体结构，材料的性能也通常与其晶体结构有关，因此研究和调控材料的晶体结构，对材料的研发、制造和使用均具有重要的意义。本章首先回顾晶体学的发展历程，然后系统阐释晶体学基础知识，从学习晶体物质的特点、空间点阵、晶胞和晶系开始，逐步掌握和熟悉晶体中晶向及晶面表示方法、晶带和晶带定律、晶面间距、三种典型金属晶体的原子堆垛、致密度、配位数、四面体和八面体间隙，了解晶体投影及倒易点阵的定义、性质和应用。在本章最后，讨论元素按晶体结构的分类、合金以及典型的离子化合物和共价化合物的晶体结构，并扼要介绍非晶体和准晶体物质的结构特征。本章内容不仅是材料科学课程的要求，也是深入学习其他许多专业课程如固体物理、材料分析表征和材料加工技术等不可或缺的基础。

2.1　晶体学发展历程

晶体是其指内部质点(原子、离子或分子)在三维空间中呈有规则的排列，具有周期性结构的固体。周期性结构是指质点在空间排列上每隔一定距离便会重复出现。换句话说，在任一方向排在一条直线上的相邻质点之间的距离都相等，称这个距离为周期。质点在晶体中这种周期性排列的基本结构使其具有以下共同的特征：

(1) 晶体具有整齐、规则的几何外形。例如，食盐、石英、明矾等分别具有立方体、六角柱体和八面体的几何外形，这是晶体内质点规则排列在晶体外形上的直观表现。

(2) 晶体呈现各向异性。晶体的力学性质、光学性质、热和电的传导性质都表现出各向异性，即在晶体的不同方向上大小有差异。例如，石墨晶体在平行于石墨层方向上比垂直于石墨层方向上电导率大一万倍，云母片沿某一平面的方向容易撕成薄片等。这是由于在晶体内不同方向上质点排列的周期长短不同，而质点间距离的长短又能直接影响它们之间的相互作用，进而影响晶体的物理特性。

(3) 晶体具有固定的熔点。这也是由晶体质点的规则排列结构决定的，由于构成晶体的每个基本单元都是等同的，因此也都在同一温度下被微粒的热运动所瓦解。

晶体物质随处可见，如糖、食盐、冰、雪花和各种金属等。人们很早就对晶体物质的规则形状有所感知和描述，唐代诗人高骈在其诗作《对雪》中写到了雪花的六角形状，以"六出"称呼雪花：六出飞花入户时，坐看青竹变琼枝。如今好上高楼望，盖尽人间恶路岐。现在人们知道上述晶体的外在特征和宏观性能是由它们内部质点的微观结构决定的，但这一奥秘的揭开却经历了两个多世纪。1669 年，在解剖学、古生物学和地质科学方面均有建树的丹麦科学家尼古拉斯·斯登诺(Nicolas Steno)通过对石英断面的细致观测，总结出了晶体学的第一个定律——晶面夹角守恒定律。他发现从不同产地得到的石英晶体尽管大小形状千差万别，但构成晶体的三组晶面之间的夹角保持恒定，这一规律适用于各种晶体。在斯登诺工作的基础上，法国矿物学家、被誉为现代晶体学之父的勒内·茹斯特·阿羽依(René Just Haüy)，也叫阿贝·阿羽依(Abbé Haüy)，又于 1774 年总结出晶体学第二个定律，即有理指数定律。这一定律是指任意晶面在适当选择的三维坐标轴上的截距 (用选定的长度单位来量度)都是有理数，即整数的"比"。具体说来，先在晶体上选择三维坐标系，其坐标轴平行于三条晶棱。再选一个与三个坐标轴都相交的晶面，此晶面在三轴上的截距 a、b、c 取为沿各坐标轴的长度单位，则任别的晶面在三轴上的截距是 $a' = ma$，$b' = nb$，$c' = pc$。实验发现，m、n、p 是有理数。有理指数定律实际反映的是晶体中原子排列的周期性，也完全可以从理论上得到证明。特殊地，当以晶体单胞的三条棱为坐标轴，晶格常数为坐标轴的长度单位时，这三个比值(m、n 和 p)的倒数实际是该晶面法向方向余弦的比值，因此也就表示了晶面的方向，可以用来标记晶面。既然 m、n 和 p 为有理数，则可以同乘以某一因子，转化为三个互质的整数作为晶面指数。这一晶面标记法于 1839 年由英国矿物学家威廉·哈罗维斯·米勒(William Hallowes Miller)引进，得到的指数称为米勒指数(Miller indices)。阿羽依还在 1784 年通过观察方解石的不断解离提出了著名的晶胞学说，即每种晶体都有一个形状一定的最小的组成单元——晶胞；大块的晶体就是由许许多多个晶胞堆砌在一起而形成的。这是晶体学上第一次就晶体由外表到本质进行的猜想，然而一直到 19 世纪初，晶体学的研究还是主要停留在晶体形态学这一宏观层次。在晶面夹角守恒定律的启发下，晶体测角工作曾盛极一时，大量天然矿物和人工晶体的精确观测数据多获得于这个阶段，为进一步发现晶体外形的规律性(特别是关于晶体对称性的规律)创造了条件。

在晶体对称性的研究中，关于对称群的数学理论起了很大作用。在 1805~1809 年间，德国矿物学家克里斯蒂安·萨穆尔·魏斯(Christian Samuel Weiss)开始研究晶体外形的对称性，他甚至更早将晶面在坐标轴上截距的倒数转化为互质的整数用来标记晶面，他引入了晶带定律并尝试对晶系进行分类。之后，德国学者约翰·赫塞尔(Johann F. C. Hessel)于 1830 年和俄国学者艾利克斯·加多林(Alex V. Gadolin)于 1867 年分别独立地推导出晶体外形对称元素的一切可能组合方式(也就是晶体宏观对称类型)共有 32 种，称为 32 种点群，于是人们又按晶体对称元素的特征将晶体合理地分为高级、中级和低级三个晶族，共包含单斜、立方和六方等七个晶系。

到了 19 世纪 40 年代，德国晶体学家莫里斯·路德维希·弗兰肯海姆(Moritz Ludwig Frankenheim)和法国物理学家奥古斯塔·布拉维(Auguste Bravais)发展了前人的工作，奠定了晶体结构空间点阵理论的基础。弗兰肯海姆首次提出晶体内部结构应以点为单位，这些点在三维空间呈周期性重复排列。他于 1842 年推导出 15 种可能的空间点阵形式。其后，布拉维明确地提出了空间格子理论，认为晶体内物质微粒的质心分布在空间格子的平行六面体单位的顶角、面心或体心上，而这些平行六面体单位在三维空间呈现周期性的重复排列。布拉维于 1848 年指出，弗兰肯海姆的 15 种空间点阵形式中有两种实质上是相同的，从而确定了空间点阵的 14 种形式。关于晶体的微观对称性，德国数学家列伦哈德·松克(Leonhard Sohncke)在前人工作的基础上进行深入研究后，提出晶体全部可能的微观对称类型共有 230 种(称为 230 个空间群)。在 1885~1891 年间，俄国数学家、晶体学家伊维格拉夫·斯捷潘诺维奇·费德罗夫

(Evgraf Stepanovich Fedorov)和德国数学家阿瑟·莫里茨·申夫利斯(Arthur Moritz Schönflies)完成了 230 个空间群的严格推导工作。至此，几何晶体学理论差不多已经全部完成了。

几何晶体学虽然在 19 世纪末已成为系统的学说，但直到 1912 年以前它还仅是一种假说，尚未被科学实验所证实。几何晶体学理论的出发点是晶体内质点具有周期性结构这一根本性的假设，这一假设与晶体学外形测量获得的大量数据相吻合，为其合理性提供了一定的依据。但几何晶体学的抽象理论在当时并未引起物理学家和化学家的注意，他们当中很多人甚至对原子的概念尚存在抵触，更有不少人认为在晶体中原子、分子都是无规则地分布的。1895 年德国物理学家威廉·康拉德·伦琴(Wilhelm Conrad Röntgen)在研究阴极射线引起的荧光现象时意外发现了 X 射线，然而当时并没有人想要把 X 射线和晶体结构的研究联系起来。人们没有料到，在晶体学、物理学和化学这三个不同学科领域的接合部，一个新的重大突破正在酝酿并促进了现代晶体学的蓬勃发展。

X 射线强烈的穿透性能立刻引起了学界的高度重视，物理学家设计了一系列重要实验逐步探明了它的很多性质。但在十几年内对于它的本质是什么，是电磁波还是粒子流，物理学家一直争议不休。根据狭缝的衍射实验，量子力学和原子物理学的鼻祖式人物，德国物理学家阿诺德·索末菲(Arnold Sommerfeld)指出，X 射线如果是一种电磁波，它的波长应当在 1 Å 左右。X 射线这个波长非常重要，正好吻合晶体内部质点间距离的量级。虽然当时没有办法测定晶胞的形状和大小，以及原子在晶胞中的分布，但对晶体结构已可臆测。根据当时已知的原子量、分子量、阿伏伽德罗常量和晶体的密度，可以估算晶体中原子间距离为 1~2 Å。当马克斯·冯·劳厄(Max von Laue，德国物理学家)发现 X 射线的波长和晶体中原子间距二者数量级相同之后，他产生了一个非常重要的思想：如果 X 射线确实是一种电磁波，而晶体又确实如几何晶体学所揭示的具有空间点阵结构，那么，正如可见光通过光栅时要发生衍射现象一样，X 射线通过晶体时也将发生衍射现象，晶体可作为射线的天然的立体衍射光栅。劳厄的思想打开了现代晶体学研究的大门，与此同时，索末菲的一个博士研究生保罗·彼得·埃瓦尔德(Paul Peter Ewald，1888—1985，德国晶体学家)正在进行 X 射线在单晶中的散射研究，为光的双折射现象奠定了微观理论的基础，也对 X 射线衍射理论产生了重要影响。他们有过一次交流，对劳厄进行晶体的 X 射线衍射实验具有重要的促进作用。当时有两个杰出的年轻人瓦尔特·弗里德里克(Walter Friedrich)和保罗·柯尼平(Paul Knipping)，刚从伦琴指导下取得博士学位，正在索末菲处工作。他们自告奋勇地进行劳厄推测的衍射实验，在 1912 年最先以五水合硫酸铜晶体为光栅对 X 射线进行衍射。如图 2.1 所示，他们把一个硫酸铜晶片放置于 X 射线源和照相底片之间，经过多次失败，终于得到了第一张 X 射线衍射图谱(图 2.1 左上角插图)，初步证实了劳厄的预见。后来他们对辉锌矿、铜、氯化钠、黄铁矿、沸石和氯化亚铜等立方晶体进行实验，都得到了正面的结果，于是，晶体 X 射线衍射效应被发现了。这一发现一石三鸟，解决了三个重大问题并开辟了两个重要研究领域。第一，它证实了 X 射线是一种波长很短的电磁波，可以利用晶体来研究 X 射线的性质，从而建立了 X 射线光谱学；晶体的 X 射线衍射效应对原子结构理论的发展也起了有力的推动作用，1913 年莫塞莱定律(元素特征谱线的频率与原子序数的关系)的建立就是一例。第二，它雄辩地证实了几何晶体学提出的空间点阵假说，晶体内部质点如原子、离子或分子等确实是作规则的周期性排列，使这一假说发展成为科学理论。第三，使人们能够利用 X 射线晶体衍射效应来研究晶体的结构，根据衍射方向可确定晶胞的形式和大小，根据衍射强度可确定晶胞的内容(质点的分布位置)，这导致了一种在原子-分子水平上研究物质结构的重要实验方法——X 射线结构分析(X 射线晶体学)的诞生，其对化学各分支以及材料学、生物学等都产生了深远的影响，也给劳厄带来 1914 年的诺贝尔物理学奖。

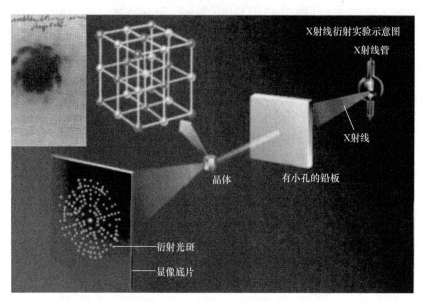

图 2.1　X 射线衍射示意图及劳厄首次获得的衍射斑点(左上角插图，内有劳厄签字)

在劳厄发现的基础上，英国的威廉·亨利·布拉格(William Henry Bragg)和威廉·劳伦斯·布拉格(William Lawrence Bragg)父子俩以及亨利·莫塞莱(Henry Gwyn Jeffreys Moseley)和查尔斯·高尔顿·达尔文(Charles Galton Darwin，博物学家达尔文的孙子)都为 X 射线晶体结构分析的建立做了大量工作，其中尤以布拉格父子的贡献最大。他们将重点放在利用 X 射线衍射来研究晶体中的原子排列，从而开辟了晶体结构分析这一重要领域。当时还未从剑桥大学毕业的小布拉格(威廉·劳伦斯·布拉格)将 X 射线通过晶体的衍射视为原子晶面的选择反射，若原子晶面的面间距离为 d，则可以根据相位关系推导出布拉格方程：$n\lambda = 2d\sin\theta$，其中 n 为整数，λ 为入射 X 射线波长，d 为晶面间距，θ 为入射 X 射线与反射晶面的夹角。布拉格方程虽然简单，却将衍射斑点与晶体中间距为 d 的晶面族联系在一起，给出的信息可以用来精确推演晶体内部结构。X 射线晶体结构分析不仅使布拉格父子共同获得 1915 年诺贝尔物理学奖，几十年来，也已经成为鉴定化合物结构的最可靠方法，为化学、材料学甚至生物学和医学研究都做出了卓越的贡献。

【练习 2.1】　常温下水是晶体吗？汞是晶体吗？液晶是晶体吗？

2.2　晶体结构和空间点阵

晶体结构是指晶体中的实际质点(原子、离子、分子或各种原子基团)的具体排列。这些质点能组成各种类型的排列，不同的实际质点即使排列相同仍属不同的晶体结构；相同实际质点的不同排列方式晶体结构也是不同。因此，存在的晶体结构可能有无限多种。

假定理想晶体中的实际质点都是固定不动的钢球，则晶体可被认为是由这些钢球遵循一定几何规律堆积而成。为研究方便，忽略构成晶体的实际质点的体积，将其抽象成为纯粹的几何点，并将质点排列的周期性抽象成只有数学意义的周期性的图形，称为空间点阵(space lattice)。空间点阵中每个点称为阵点(lattice point)或结点(node)，每个阵点的周围的环境和性质是完全相同的，即点阵的阵点或结点都是等同点。阵点不同于质点，后者代表晶体结构中具体的原子、离子、分子或各种原子基团。

点阵是对实际图形进行抽象化的产物，体现了晶体的平移对称性，用某个实际图形抽象出来的二维平面点阵对此加以说明。如图 2.2 所示，称从 O 点到 A 点的平移矢量 t 为点阵平移。原图作了点阵平移后，将可以完全恢复。需要注意的是，平移对称性只适用于无限大图形这种理想状况，有限图形的边框会导致图形不能完全恢复。从 O 点出发可以在不共线的两个方向求出最短平移矢量 a 和 b (从 O 到最近邻两个阵点的平移矢量)，称为基矢，而任意的 t 可以表示为

$$t = n_1 a + n_2 b \quad (n_1 、 n_2 \text{ 为整数}) \tag{2.1}$$

三维情况的平移矢量可以类似求出：

$$t = n_1 a + n_2 b + n_3 c \quad (n_1 、 n_2 、 n_3 \text{ 为整数}) \tag{2.2}$$

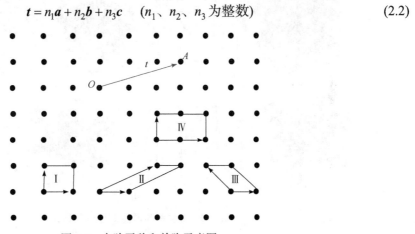

图 2.2　点阵平移和单胞示意图

仍以图 2.2 所示的平面点阵为例来引出晶胞的概念。两个基矢所确定的平行四边形称为晶胞，也称为单胞，如果扩展到三维情况，则是三个基矢所确定的平行六面体。需要指出，点阵原点的选择，基矢和相应晶胞的选择都存在任意性，不是唯一的，容许无限多选择。在图 2.2 所示的平面点阵中，由两个基矢确定的平行四边形Ⅰ、Ⅱ、Ⅲ和Ⅳ都是晶胞，都能反映实际图形的平移对称性和周期性，但Ⅰ、Ⅱ和Ⅲ都只含一个阵点，是最小的周期性单元，而Ⅳ则不是最小的周期性单元，它含有两个阵点。

晶体学中，将含有一个阵点的晶胞称为初级晶胞，或者原胞。但为了反映晶体的对称性，晶胞有时不是最小体积，其中包含的阵点数可大于 1，如图 2.2 中Ⅳ所示的晶胞，这种含有两个或两个以上阵点的晶胞称为非初级晶胞。后面经常提到的面心立方和体心立方等三维空间点阵的周期性单元都是非初级晶胞，因为它们包含的阵点数都在两个或两个以上。

应该注意，空间点阵和晶体结构有明确的区别。空间点阵是晶体中实际质点排列的几何学抽象，用以描述和分析晶体结构的周期性和对称性，它是由几何点在三维空间遵循周期性规则排列而成。后面将会学习到，由于各阵点的周围环境相同，它只有 14 种类型。晶体结构则是晶体中原子、离子、分子或各种原子基团等实际质点的具体排列情况，它们能组成各种类型的排列，因此实际存在的晶体结构是无限的。图 2.3(a)是金属中常见的密排六方晶体结构，但它不能看作一种空间点阵，这是因为位于晶胞内的原子与晶胞角上的原子有不同的周围环境，这样的晶体结构应属简单六方点阵。图 2.3(b)和(c)具有相似的晶体结构，但抽象出的空

间点阵却不同；而图 2.3(d)展示的几种物质尽管晶体结构完全不同，却具有相同的点阵类型，都是面心立方点阵。

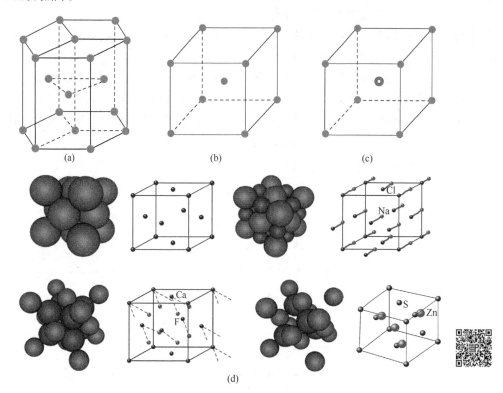

图 2.3　晶体结构和空间点阵的区别

2.3　晶体结构抽象为空间点阵

　　晶体的周期性结构使得人们可以把它抽象成"点阵"，进而可以使用数学上已经发展的方法来方便地进行研究。先从两个简单的例子说明如何将晶体结构抽象为点阵，然后引出结构基元的概念并总结空间点阵的基本规律。

　　图 2.4(a)和(b)两个图形均表现出周期性，即沿直线方向，每隔相同的距离，就会出现相同的图案。如果在图形中划出一个最小的重复单位(如阴影部分所示)，通过平移，将该单位沿直线向两端周期性重复排列，就构成了图 2.4 中(a)和(b)描述的图形。需要指出，最小重复单位的选择不是唯一的，例如对于图 2.4(a)，如图 2.4(c)中任何一个图案都可以作为最小的重复单位。虽然不唯一，但每一个最小重复单位均包含相同的内容[图 2.4(c)中的三种最小重复单位均可拼接出三个完整的小人]。

　　确定了最小的重复单位后，为了描述图形的周期性，可以不考虑重复单位中的具体内容，将其抽象为一个几何点。点的位置可以任意指定，可以在最小重复单位中间或边缘的任何位置，但一旦指定后，每个重复单位中的点的位置必须相同，如图 2.4(d)所示的两种情况。这样，无论点的位置如何选取，最后得到的一组点在空间取向以及相邻点的间距不会发生变化，图 2.4(e)便是几何抽象得到的结果，它反映了图 2.4(a)图形中重复周期的大小和规律。对图 2.4(b)也类似地进行抽象处理，可以得到完全相同的一组周期性排列的点。像这样的在一

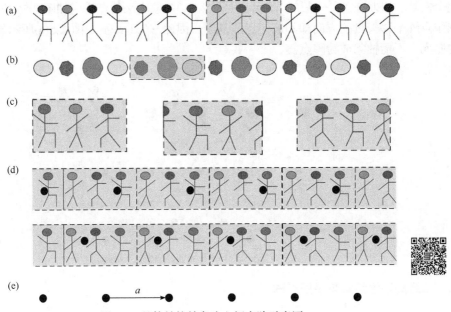

图 2.4　晶体结构抽象为空间点阵示意图

条直线上等距离分布的无限点集，称为直线点阵，点阵中 **a** 是单位平移矢量，或称基矢。

在晶体的微观图中，如果一个几何体能够不断地通过平移复制出整个的晶体，那么它就是结构基元。结构基元是晶体中重复排列的基本单位，也就是说它是晶体中周期性平移的最小原子集合，必须满足化学组成相同、空间结构相同、排列取向相同和周围环境相同的条件。把选取的结构基元缩小一下，抽象成一个几何点，于是晶体的周期结构就可用一系列的点来反映，这就是晶体的点阵。由此可见：

$$晶体结构 = 点阵 + 结构基元 \tag{2.3}$$

尽管实际晶体的大小有限，但从微观角度来看，原子数目仍然极多，而且处于内部的原子数目远远多于表面。所以，仍不妨将晶体看作无限重复的周期性结构，相应地，点阵也就包含无穷多个阵点了。

以图 2.4(a)和(b)中一维周期性图形为例，说明了如何从周期性结构中辨认结构基元，进而画出点阵。但在实际晶体中，并非每个原子或化学单元都能被看作结构基元，下面再以一个简单的一维周期性结构为例，辨识结构基元，画出点阵并在此基础上，将周期性结构扩展到二维和三维。

2.3.1　一维周期性结构与直线点阵

图 2.5(a)所示伸展的聚乙烯链由相互连接的—CH_2—构成，但结构基元是由—CH_2—CH_2—组成，而不是—CH_2—。这是因为深色和浅色的球虽然均表示—CH_2—，可它们各自的周围环境并不相同。图 2.5(a)右侧画出了两种 CH_2—CH_2—CH_2 片段，其组成和结构相同，但从空间位置关系来看，两者的取向不同，其中一个可由另一个通过旋转 180°而得，这表明相邻—CH_2—的周围环境不同，因而—CH_2—只是基本的化学组成，而不是结构基元。辨识出真正的结构基元，就可以将伸展的聚乙烯链抽象成一维直线点阵，如图 2.5(b)所示。另外，—CH_2—不是结构基元也可由点阵的性质加以判断。点阵具有平移对称性，即在任意方向上重复平移可以使点

阵完全恢复。如果—CH_2—是结构基元，则图 2.5(a)抽象出来的点阵应如图 2.5(c)所示，这样，沿图中点阵平移矢量的方向却不能使点阵复原，因此—CH_2—不是图 2.5(a)所示的聚乙烯链的结构基元，不能抽象成为阵点。

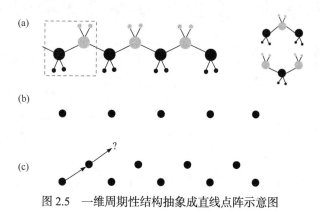

图 2.5　一维周期性结构抽象成直线点阵示意图

2.3.2　二维周期性结构与平面点阵

图 2.6(a)是 Cu 晶体内部一个截面的示意图，一个 Cu 原子组成一个结构基元，因此图 2.6(a)中的正方形和另外两个平行四边形阴影所包含的 Cu 原子都可以作为结构基元，将其抽象成为一个几何点，就能获得图 2.6(b)所示的并且也是唯一的平面点阵，其中也标出了平面点阵中沿两个不同方向的基矢(单位平移矢量)。

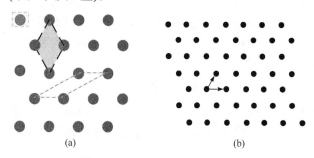

图 2.6　Cu 晶体内部的一个截面抽象成为平面点阵示意图

类似地，图 2.7(a)是 NaCl 晶面内部的一个截面，1 个 Na^+ 和 1 个 Cl^- 组成一个结构基元，如图中的矩形或正方形阴影部分所示(正方形内部有 1 个 Na^+ 或 Cl^-，顶角上的每个 Cl^- 或 Na^+ 只有 1/4 属于结构基元)，可抽象为一个阵点。阵点在结构基元中安放位置虽然随意，但必须保持一致，这样就得到了 NaCl 晶面内部一个截面的平面点阵[图 2.7(b)]。

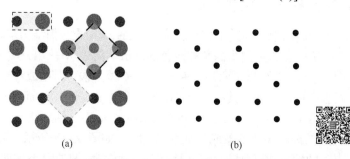

图 2.7　NaCl 晶体内部的一个截面抽象成为平面点阵示意图

图 2.8 所示是石墨晶体的一层，在图 2.8(a)、(b)和(c)中用阴影部分标出了 3 种选法，每种选法中结构基元均含有 2 个 C 原子，如图 2.8(c)中，六边形的每个角上只有 1/3 的 C 原子位于六边形之内，所以平均有 2 个 C 原子属于一个六边形。图 2.8(c)中的小黑点是抽象出的平面点阵，将其放置在石墨层上是为了便于和晶体结构示意图进行比较。为什么不能将石墨层的每个 C 原子都抽象成平面点阵的阵点呢？这可以从结构基元的选择要求来理解，结构基元的选择须满足化学组成、空间结构、排列取向和周围环境均相同的条件，但石墨晶体层中的相邻两个 C 原子周围环境有差异，例如，图 2.8(a)中阴影部分的两个 C 原子，它们和邻近 C 原子结合键的取向不一致。此外，结构基元的选择还可以从点阵的数学定义来理解。不难想象，若将所有结构基元沿某一方向平移到相邻或不相邻的另一个结构基元位置上，晶体不会有任何变化，或者说可以复原。相应地，若在抽象出的点阵中将所有阵点沿此方向平移到相邻或不相邻的另一个阵点位置上，点阵也不应当发生任何变化。因此，可以从数学角度给出点阵的定义：点阵是按连接其中任意两点的矢量将所有的点平移而能复原的一组无限多个点。假设石墨层上每个 C 原子都可以抽象成阵点,得到的是和图 2.8(a)类似的一组无限多个点[图 2.8(a)中插入的小黑点]，但这组点并不能构成点阵。例如，选择图 2.8(a)中的一个平移矢量 a，将所有"阵点"沿此方向平移，并不能使这组点复原。

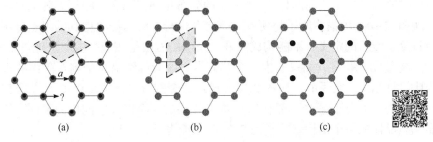

图 2.8 石墨晶体的一层抽象成为平面点阵示意图

2.3.3 三维周期性结构与空间点阵

图 2.9(a)、(b)和(c)所示是一些金属单质的晶体结构，依次称为简单立方、体心立方和面心

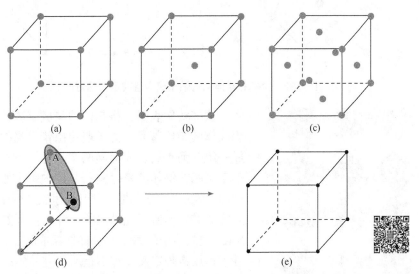

图 2.9 三维晶体结构抽象成为空间点阵示意图

立方。其中，属于体心立方的金属有 Li、Na、K、Cr、Mo 和 W 等，属于面心立方的金属有 Ni、Pd、Pt、Cu、Ag 和 Au 等，而属于简单立方的金属很少，目前已知的只有 Po。

在这些晶体结构中，每个原子都符合结构基元的定义和特性，本身就是一个结构基元，从而都可以被作为一个几何点。所以，最后抽象而成的空间点阵看上去与晶体结构一样，只是概念上有所不同。但对于化合物，如 CsCl 型晶体中 A、B 是不同的离子[图 2.9(d)]，不能都被抽象为几何点，否则，得到的将是错误的体心立方点阵。体心立方点阵虽然不会违反点阵的数学定义，但不是 CsCl 型晶体的点阵，因为若依体心立方点阵在 CsCl 晶体中按图 2.9(d)中箭头所指方向进行平移操作，A 与 B 位置将互换而不是使晶体结构复原。这类晶体中，结构基元应包含 A 和 B 各一个离子，正确的做法是按统一的取法(不止一种)把每一对离子 A-B 作为一个结构基元，抽象成为一个几何点并将放置位置保持一致，就得到正确的点阵——简单立方，如图 2.9(e)所示。同样，对于 NaCl 型晶体，A、B 离子也不能都被抽象成为点阵中的几何点，而是每个离子对 A-B 都按统一的方式构成一个结构基元，并抽象为一个几何点，最后将晶体结构抽象成为面心立方点阵。

如果称因为 CsCl 型和 NaCl 型晶体中都有 A、B 两种不同化学成分的离子，而不能都被抽象为几何点，则金刚石中的 C 原子能都被抽象为等同的几何点吗？假设可以这样做，得到的点阵中"阵点"看上去与晶体中 C 原子的分布相同。那么，根据点阵的数学定义来检验。例如，按图 2.10(a)中箭头所示将所有"阵点"进行平移，抽象得到的组点并不能复原，说明该组点违反了点阵的定义，不能构成点阵。正确的做法是按统一的取法把每个 C-C 原子对作为一个结构基元，并将其抽象成为一个几何点，就能得到描述金刚石晶体的正确点阵——面心立方[图 2.10(b)]。实际上，如图 2.10(a)所示，金刚石晶体中每个 C 原子虽然都是以正四面体的形式和周围 C 原子成键，但相邻 C 原子周围的 4 个键在空间取向不同，周围环境不同，因此金刚石晶体的每个结构基元是由 2 个 C 原子构成。

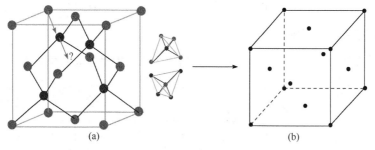

图 2.10　金刚石晶体结构抽象成为空间点阵示意图

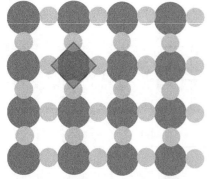

图 2.11　某晶体内部一个截面示意图

这些实例表明，将晶体抽象成点阵的关键是正确辨识晶体的结构基元，为了避免出错，当把一种晶体抽象成一组几何点后，应提问两个问题：①这组点符合点阵的定义吗？例如，将金刚石晶体中每个原子都抽象成所谓的"阵点"，得到的一组点就违反点阵定义，所以不是点阵。②它是所研究晶体的点阵吗？例如，将 CsCl 型、NaCl 型晶体中的每个原子都抽象成阵点，得到的一组点并不违反点阵定义，却不是所研究晶体的点阵。

【练习 2.2】　某晶体内部一个截面示意图如图 2.11

所示，找出其结构基元并回答图中黑框所围部分构不构成一个结构基元，为什么?

2.4　空间点阵基本规律

对应于一种晶体结构，只要辨识出其正确的结构基元，必定可以做出一个相应的空间点阵，其中各个阵点(或结点)在空间分布的周期性或重复规律，正好可以体现晶体中实际质点的周期性或重复规律。若用平行直线将空间点阵的各阵点连接起来，就得到一个由一系列平行叠置的平行六面体构成的三维空间格架，称为晶格，阵点就分布在这些平行六面体的角顶上[图 2.12(a)]。由于晶体中质点排列具有周期性，故可从晶格中任意选取一个只包含一个阵点的平行六面体作为基本单元[图 2.12(a)通过不同颜色给出了几种平行六面体选取方法]，通过重复堆垛得到空间点阵。这个平行六面体就是前面已经提及的初级晶胞，或称原胞，其大小和形状可由六面体 3 个棱边的长度 a、b 和 c 及它们相互之间的夹角 α、β 和 γ 表示，它们被称为点阵参数[图 2.12(b)]。

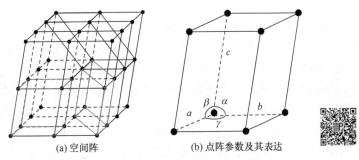

(a) 空间阵　　　　　　　　(b) 点阵参数及其表达

图 2.12　空间点阵和点阵参数及其表达

根据空间点阵的基本特性，任一从晶体结构抽象出的空间点阵均应具有如下共同规律。

(1) 分布在同一直线上的阵点构成一个行或列，每一行或列各自均有一最小重复周期，它等于行或列上两个相邻阵点间的距离，称为阵点间距(row-spacing)。在一个空间点阵中，可以有无穷多不同方向的行或列，但互相平行的行或列，其阵点间距必相等，而不互相平行的行或列，其阵点间距一般情况下不相等。

(2) 空间点阵中分布在同一平面上的阵点构成一个面网，单位面积内的阵点数称为面网密度。在一个空间点阵中，不同方向的面网有无穷多，但互相平行的面网，其面网密度必定相等，且任意两相邻面网间的垂直距离——面网间距(interplanar spacing)也必定相等。

2.5　晶系和布拉维点阵

如果仅按照晶胞 6 个点阵参数(a、b、c、α、β、γ)之间的关系和特点，而不考虑晶胞中质点的具体排列情况，可以将所有晶体分为 7 种类型或 7 个晶系，见表 2.1，表中的不等号 "≠" 表示不要求或不一定等于。理论上，6 个点阵参数之间的组合远大于表 2.1 所列出的情况，但不必纠结其他参数组合会不会导致 7 个晶系以外的可能。准确地说，晶系是根据数学上对称轴或倒转轴轴次的高低以及它们数目的多少来划分，这 7 个晶系分属 3 个晶族:高级晶族(立方)、中级晶族(菱方、四方和六方)和低级晶族(三斜、单斜和正交)，不同的点阵参数组合总能在这 7

个晶系中找到对应，具体感兴趣的读者可参考晶体学基础或固体物理学教程中的相关内容。

表 2.1　根据晶胞点阵参数差异划分的 7 个晶系

晶系	点阵参数间关系和特点	具体实例
三斜(triclinic)	$a \neq b \neq c,\ \alpha \neq \beta \neq \gamma \neq 90°$	$CuSO_4$
单斜(monoclinic)	$a \neq b \neq c,\ \alpha = \beta = 90° \neq \gamma$ $\alpha = \gamma = 90° \neq \beta$	$KClO_3$
正交(斜方，orthorhombic)	$a \neq b \neq c,\ \alpha = \beta = \gamma = 90°$	$HgCl_2$
四方(tetragonal)	$a = b \neq c,\ \alpha = \beta = \gamma = 90°$	SnO_2
立方(cubic)	$a = b = c,\ \alpha = \beta = \gamma = 90°$	$NaCl$
六方(hexagonal)	$a = b \neq c,\ \alpha = \beta = 90°,\ \gamma = 120°$	AgI
菱方(rhombohedral)	$a = b = c,\ \alpha = \beta = \gamma \neq 90°$	Al_2O_3

注：表中的"$\neq$"表示不要求或不一定等于。

那么这 7 个晶系中包含多少种空间点阵呢？这就取决于每种晶系可以包含多少种点阵，或者说有多少种可能的阵点分布方式。法国物理学家奥迪斯塔·布拉维已经于 1848 年用严格的数学方法证明空间点阵只能有 14 种，但区别数学方法，不妨这样考虑：空间点阵的阵点必须是等同点，而由于晶胞的 8 个角隅、6 个外表面的中心(面心)以及晶胞的中心(体心)都是等同点，故乍看起来应如图 2.13 所描述的，每个晶系都包括四种点阵，即简单点阵(P)、体心点阵(I)、底心点阵(C)和面心点阵(F)。这样 7 个晶系总的点阵类型应该是 28 种。然而，只要将这些点阵逐一画出，通过简单的变换就会发现，其中有些点阵是完全相同或等价的，真正不同的点阵如布拉维已经证明的那样，只有 14 种，包括：①简单三斜、②简单单斜、③底心单斜、④简单六方、⑤简单正交、⑥体心正交、⑦底心正交、⑧面心正交、⑨简单菱方、⑩简单四方、⑪体心四方、⑫简单立方、⑬面心立方和⑭体心立方点阵，它们的晶胞如图 2.14 所示。

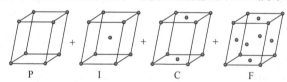

图 2.13　从阵点为等同点角度理解每个晶系应包含的点阵类型

【例题 2.1】　解释为什么底心三斜布拉维点阵不是一个新点阵。从图 2.15 可知，底心三斜布拉维点阵可以连成体积更小的简单三斜布拉维点阵，故它不是一个新点阵。

【例题 2.2】　解释为什么底心四方和面心四方布拉维点阵不是新点阵。从图 2.16 可以看出，底心四方点阵可以连成体积更小的简单四方点阵，而面心四方点阵则可以连成体积更小的体心四方点阵，故它们都不是新点阵。同样，可以用类似的方法判断其他晶系中没出现在 14 种布拉维点阵中的点阵是不是新点阵。

【例题 2.3】　解释为什么体心单斜和面心单斜布拉维点阵不是新点阵。由图 2.17 可以看出，2 个体心单斜和 2 个面心单斜都可以连成一个底心单斜点阵，因而不是新的点阵。单斜布拉维点阵中，体心和底心点阵虽然可以互相转换，但据群论分析的结果，底心单斜是正确的布拉维点阵选择，能够体现对称元素在晶胞中的相应方位。

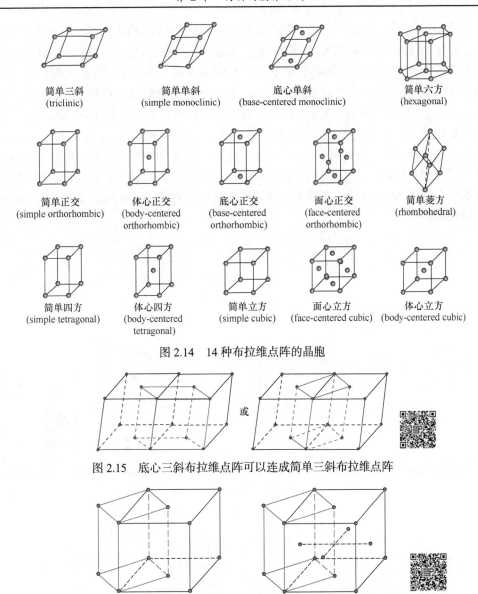

图 2.14 14 种布拉维点阵的晶胞

图 2.15 底心三斜布拉维点阵可以连成简单三斜布拉维点阵

图 2.16 底心四方和面心四方布拉维点阵可以分别连成简单四方和体心四方布拉维点阵

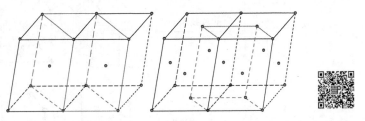

图 2.17 体心单斜和面心单斜布拉维点阵都可以连成底心单斜布拉维点阵

上面的例子说明一些点阵可以通过简单变换连成体积更小的简单点阵或其他更能体现对称元素的等价点阵,因而不是新点阵。但这样又带来一个问题,底心点阵似乎都可以连成体积更小的简单点阵(参考例题 2.1 和例题 2.2),为什么还会有底心单斜和底心正交点阵? 如图 2.18(a)和(b),底心单斜点阵经过类似例题 2.1 或例题 2.2 处理后变成了简单三斜点阵,而底心正交点阵经过类似处理后则变成了简单单斜点阵，已经和原来的点阵不属于同一个晶系。事实上，所有 14 种空间点阵都可以用简单点阵来描述，如图 2.18(c)和(d)所示的体心立方和面心立方点阵，分别可以用简单单斜和简单菱方点阵来表示，这种表示方法实际是在寻找非初级晶胞(含两个或两个以上阵点的晶胞)的原胞，但如此获得的简单点阵和原来的点阵不属于同一个晶系，它们具有不同的对称元素。因此需要指出，通过点阵变换来说明某个点阵不是新点阵时需要在同一晶系内进行，变换后成为另一晶系的点阵不能说明该点阵不是一个新点阵。例如，在一些教科书中，通过将底心六方(向垂直于 c 棱边的面添加阵点)、体心六方和面心六方点阵分别变换成简单正交、面心正交和体心正交点阵的方式说明这些点阵不是新点阵(变换的方式如图 2.19 所示)，这是不正确的，而是添加这些阵点后构成的点阵违背了六方晶系所特有的旋转对称特性。

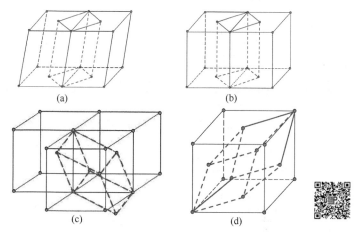

图 2.18　(a)底心单斜点阵可以连成简单三斜点阵；(b)底心正交点阵可以连成简单单斜点阵；体心立方(c)和面心立方点阵(d)可以分别用简单单斜和简单菱方点阵表示

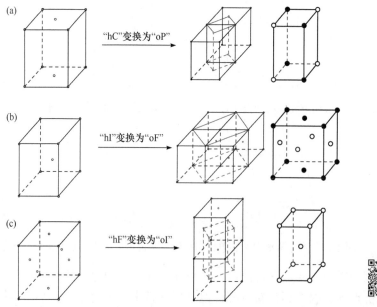

图 2.19　底心六方(a)、体心六方(b)和面心六方点阵(c)分别可以连成简单正交、面心正交和体心正交点阵

再如底心立方点阵,当然可以通过例题 2.1 或例题 2.2 的变换方式说明它不是一个新点阵,但从晶系的特征上看,立方晶胞的 6 个面是等价面,具有完全相同的性质,而底心立方点阵则违背了这一性质,故不存在底心立方点阵。布拉维点阵及它们的变换关系总结见表 2.2。

表 2.2　晶系和布拉维点阵

晶系	简单点阵(P)	底心点阵(C)	体心点阵(I)	面心点阵(F)
三斜	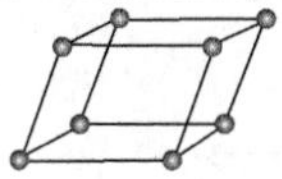 triclinic	C = P	I = P	F = P
单斜	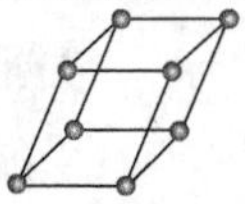 simple monoclinic	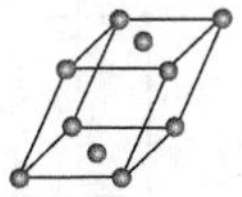 base-centered monoclinic	I = C	F = C
正交	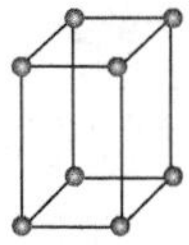 simple orthorhombic	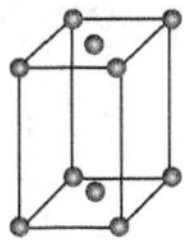 base-centered orthorhombic	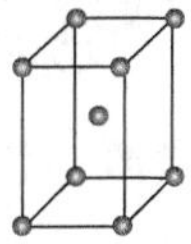 body-centered orthorhombic	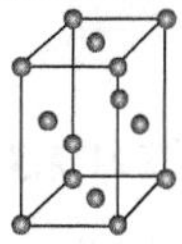 face-centered orthorhombic
四方	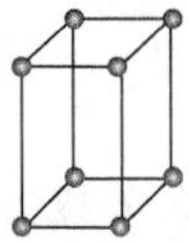 simple tetragonal	C = P	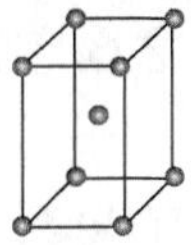 body-centered tetragonal	F = I
立方	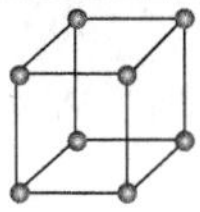 simple cubic	与本晶系对称不符	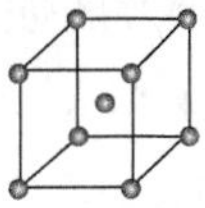 body-centered cubic	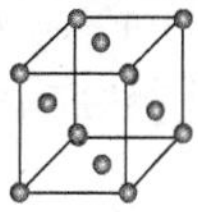 face-centered cubic
六方	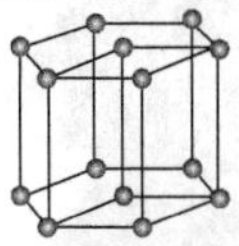 hexagonal	C = P	与本晶系对称不符	
菱方	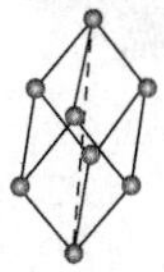 rhombohedral	C = P	与本晶系对称不符	

如图 2.20 所示,可以将 4 个简单四方点阵和 4 个体心四方点阵分别连成 1 个底心四方和1 个面心四方点阵,但转换后的点阵体积都比原来大,不再是最小重复单位;另外,原胞只含有一个阵点,体积要小于一些晶胞,但原胞不一定能反映点阵的对称性,会给研究晶体结构带来某些不便,因此,人们对晶胞的选取原则进行了总结,主要包括以下几条:

(1) 选取的平行六面体应反映出点阵的最高对称性。

(2) 平行六面体内的棱和角相等的数目应最多。

(3) 当平行六面体的棱边夹角存在直角时，直角数目应最多。

(4) 当满足上述条件的情况下，晶胞应具有最小的体积。

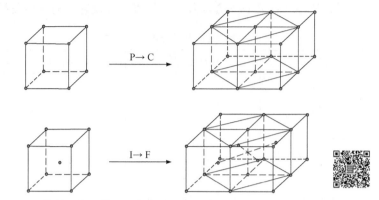

图 2.20　简单四方和体心四方点阵可以连成底心四方和面心四方点阵
后者体积均大于对应的前者，不符合晶胞选取原则

【练习 2.3】　如果每个阵点恰好代表一个原子，计算 14 种布拉维点阵包含的原子数并总结计算公式。

2.6　几种典型的金属晶体结构

工业上使用的金属约有 40 种，除少数具有复杂的晶体结构外，大多数金属具有比较简单且高度对称的晶体结构。常见的金属晶体结构有以下三类：

(1) 体心立方结构，示意图如图 2.21(a)所示，英文名 body-centered cubic，缩写为 BCC。属于此类结构的金属包括碱金属和难熔金属，如 V、Nb、Ta、Cr、Mo、W 及 α-Fe 等。

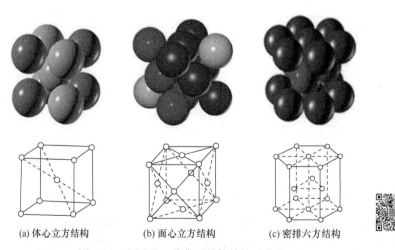

(a) 体心立方结构　　　(b) 面心立方结构　　　(c) 密排六方结构

图 2.21　金属的三种典型晶体结构示意图

(2) 面心立方结构，示意图如图 2.21(b)所示，英文名 face-centered cubic，缩写为 FCC。属于此类结构的金属包括 Al、贵金属(如 Ag、Pd、Pt 和 Au)、γ-Fe、Ni、Pb 及奥氏体不锈钢。

(3) 密排六方结构，示意图如图 2.21(c)所示，英文名 hexagonal close-packed，缩写为 HCP。

属于此类结构的金属包括α-Bi、α-Ti、α-Zr、α-Hf、α-Co、Mg、Zn 和 Cd 等，但它们晶胞 c 棱边和 a 棱边的长度比有微小差异，从 1.57 到 1.89 不等。

这些结构中前两种属于立方晶系，后一种属于六方晶系。此外，还有一种属于立方晶系，更加简单且高度对称的晶体结构，称为简单立方结构，英文名 simple cubic，缩写为 SC，其晶胞和原胞一致，金属钋(Po)是具有简单立方结构的唯一元素。不同的晶体结构具有不同的几何特征，下面对其进行简要分析。

2.6.1　晶胞中的原子数

晶胞中的原子数(n)可以从晶胞图示中直观看出，但由于晶体是由大量晶胞堆积而成，处于晶胞顶角或周面上的原子不会为一个晶胞所独有，只有在晶胞体内的原子才独属于这个晶胞。如图 2.22 所示，计算晶胞原子数时，要注意位于晶胞顶角的原子为相邻 8 个晶胞所共有，故属于一个晶胞的原子数是 1/8；位于棱上的原子属于相邻的 4 个晶胞，故属于一个晶胞的原子数是 1/4；位于晶胞周面上的原子为 2 个晶胞共有，故只有 1/2 个原子属于一个晶胞。这样，晶胞中原子数的计算可以总结为

$$n_{晶胞} = \frac{n_{顶角}}{8} + \frac{n_{棱边}}{4} + \frac{n_{面心}}{2} + n_{体心} \tag{2.4}$$

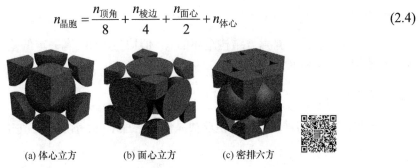

(a) 体心立方　　　　(b) 面心立方　　　　(c) 密排六方

图 2.22　金属的三种典型晶体结构晶胞中原子数示意图

不难知道，简单立方晶胞的原子数为 1，而体心立方、面心立方和密排六方三种典型晶体结构晶胞的原子数分别为 2、4 和 6。需要注意，密排六方为了反映点阵的六次旋转对称，选取六棱柱为晶胞，每个组成部分按式(2.4)计算为 2 个原子。

2.6.2　配位数

一个原子周围最近邻原子数称为配位数(coordination number)，用 CN 表示。例如，CN = 12 表示某晶体结构中原子的配位数是 12。体心立方结构中以体心原子为基准，很容易知道其 CN 为 8[图 2.23(a)]；面心立方结构不容易从一个晶胞直接判断，但连接相邻晶胞观察，可知其 CN 为 12[图 2.23(b)]。如图 2.23(c)所示，同样观察两个晶胞可知密排六方结构中原子的配位数也为 12，但经常地，如果偏离理想状况，c 轴方向的原子到底面原子的距离与底面上原子的距离并不相当，有微小差别。另外，对于简单立方晶体结构，观察晶胞易知其配位数为 6。

2.6.3　点阵常数

如果把金属原子看作大小相同、半径为 r 的硬质圆球，观察图 2.21 可知，面心立方和密排六方结构中每个原子和最近邻原子都互相接触(相切)，而体心立方结构中只有位于体心的原子与顶角处的 8 个原子相切，但顶角处的 8 个原子互不接触。这样，可以通过简单的几何关系获得原子半径 r 与晶胞晶格常数之间的关系，感兴趣的读者可自行推导。

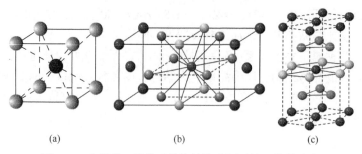

图 2.23　金属的三种典型晶体结构中原子的配位数示意图

简单立方：$r = \dfrac{1}{2}a$ 或 $a = 2r$

体心立方：$r = \dfrac{\sqrt{3}}{4}a$ 或 $a = \dfrac{4\sqrt{3}}{3}r$

面心立方：$r = \dfrac{\sqrt{2}}{4}a$ 或 $a = 2\sqrt{2}r$

密排六方：$r = \dfrac{1}{2}a$ 或 $a = 2r$，$\dfrac{c}{a} = 1.633$

应该指出，实际密排六方结构金属的 c/a 值均与 1.633 有一定偏差，说明将金属原子视作等径硬质钢球只是一种近似的假设。

2.6.4　致密度

致密度(ξ)又称为堆垛密度，是反映晶体紧密程度的一个系数。它的定义是

$$\xi = \frac{nv}{V} \tag{2.5}$$

式中，n 为晶胞中的原子数；v 为一个原子的体积；V 为晶胞体积。计算致密度时，同样假定金属原子为大小相同、半径为 r 的硬质圆球，根据已经获得的不同晶体结构中原子半径 r 与晶胞晶格常数之间的关系，不难算出晶体结构的致密度。以体心立方为例，$a = \left(4\sqrt{3}/3\right)r$，$n = 2$，可得

$$\xi = \frac{nv}{V} = \frac{2 \times \dfrac{4}{3}\pi r^3}{a^3} = 0.68$$

类似地，可算出简单立方晶体结构晶胞的致密度为 0.52，而面心立方和密排六方结构晶胞的致密度都是 0.74。

2.6.5　晶体结构中的间隙

通过对晶体致密度的分析可以知道，晶体中并非为原子完全填充，而是存在许多空隙。面心立方和密排六方结构的致密度都是 0.74，也仅说明在这些晶体中，有高达 74%的体积为原子所占据，仍然有 26%的体积是空隙。这是由于球体之间是刚性点接触堆积，球形原子不可能无空隙地填满整个空间，即使是最紧密堆积形式仍然有空隙存在，称为晶体结构的间隙。间隙中所能容纳的最大圆球半径称为间隙半径。晶体结构中间隙的数量、位置和每个间隙的大小等也

是晶体的一个重要特征，对于了解金属的性能、合金相结构、扩散、相变等问题很有用处。在体心立方、面心立方和密排六方三种典型的金属晶体中有两类重要的间隙，即如图 2.24 所示的四面体间隙(tetrahedral interstitial)和八面体间隙(octahedral interstitial)，下面分别进行讨论。

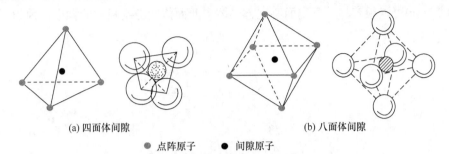

(a) 四面体间隙　　　　　　　(b) 八面体间隙

●点阵原子　　●间隙原子

图 2.24　两类重要的金属晶体中间隙示意图

1. 四面体间隙

1) 体心立方晶体

在图 2.25 中，两个相邻晶胞的体心原子 A 和 B，与相邻晶胞公共棱上的顶角原子 C 和 D 构成一个四面体间隙，如果以 O 点为原点建立三轴直角坐标系，则坐标为(1/2,1/4,1)的点 M 就是这个四面体间隙的中心。需要注意，由于 $AC = AD \neq CD$(或 $BC = BD \neq CD$)，这个四面体并非正四面体，稍有歪斜。显然，体心晶胞每个表面上都有 4 个与 M 等同的点，且这个间隙只有一半属于这个晶胞，故一个晶胞中四面体间隙数量为 $6 \times 4 \times 1/2 = 12$(个)，四面体间隙数与晶胞原子数之比为 $12/2 = 6$。设这个四面体间隙的间隙半径为 r_i(间隙中所能容纳的最大圆球半径)，晶胞原子半径为 r，由于间隙原子与四面体间隙的四个顶点原子同时相切，故有下面的关系式：

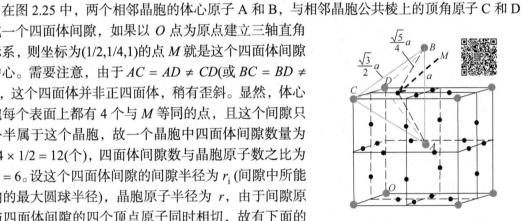

图 2.25　体心立方晶体中的四面体间隙

$$\left(r_i + r\right)^2 = \left(\frac{a}{4}\right)^2 + \left(\frac{a}{2}\right)^2 = \frac{5}{16}a^2$$

可得

$$r_i + r = \frac{\sqrt{5}}{4}a$$

又因为

$$r = \frac{\sqrt{3}}{4}a \Rightarrow a = \frac{4}{\sqrt{3}}r$$

所以

$$\frac{r_i}{r} = \frac{\frac{\sqrt{5}}{4}a}{r} - 1 = \frac{\frac{\sqrt{5}}{\sqrt{3}}r}{r} - 1 = \frac{\sqrt{5}}{\sqrt{3}} - 1 = 0.291$$

2) 面心立方晶体

如果用图 2.26(b)所示的三个平面将面心立方晶胞划分成 8 个小立方体，则每个立方体的中心就是一个四面体间隙的中心，这个四面体间隙的四个顶点为面心立方晶胞的三个面心原子和一个顶角原子，如图 2.26(a)所示。不难获知，每个四面体间隙的中心位于面心立方晶胞一条体对角线的 1/4 处(从中心临近的晶胞顶角原子开始计量)。显然，一个面心立方晶胞内有 8 个四面体间隙，间隙数与晶胞原子数之比为 8/4 = 2。面心立方晶胞的体对角线长度为 $\sqrt{3}a$，则观察图 2.26(a)可以很容易计算出面心立方晶体中四面体间隙半径 r_i 的大小，因为

$$r_i + r = \frac{\sqrt{3}}{4}a$$

而面心立方晶胞中

$$r = \frac{\sqrt{2}}{4}a \Rightarrow a = \frac{4}{\sqrt{2}}r$$

则可得

$$\frac{r_i}{r} = \frac{\frac{\sqrt{3}}{4}a}{r} - 1 = \frac{\sqrt{3}}{\sqrt{2}} - 1 = 0.225$$

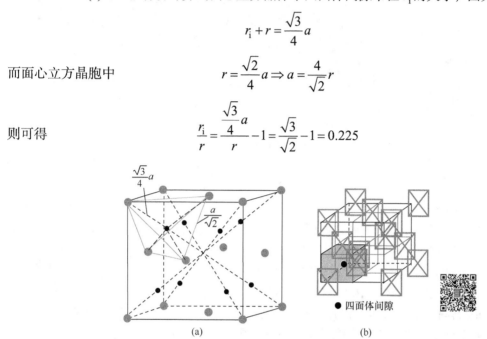

(a)　　　　　　　(b)

图 2.26　面心立方晶体中的四面体间隙

3) 密排六方晶体

图 2.27(a)是一个密排六方晶胞的俯视图，很容易观察到，以 A、B、C 和 I 为顶点构成一

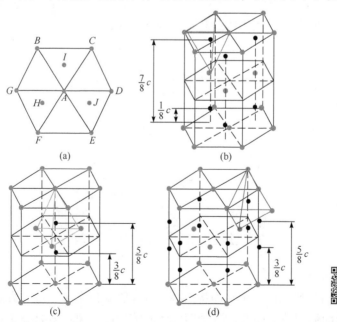

图 2.27　密排六方晶体中的四面体间隙

个正四面体，其中心就是四面体间隙的中心，如图 2.27(b)所示，如以底面中心为坐标原点，则该中心位于 c 轴的 7/8 处，这样的四面体间隙共有 3 个。由于上下对称关系，中心位于 c 轴 1/8 处的相同四面体间隙也有 3 个，因此，以三个晶胞表面原子和一个晶胞内原子为顶点的四面体间隙共有 6 个。

再观察图 2.27(a)，以 H、I、J 和 A 为顶点也构成一个四面体间隙，如图 2.27(c)所示，其中心就在 c 轴上，和原点的距离在图中有标记。同样，由于上下对称关系，还有 1 个四面体间隙，其中心位于 c 轴的 3/8 处，因此，以三个晶胞内原子和一个晶胞表面原子为顶点的四面体间隙共有 2 个。

由于晶体的周期性和对称性，密排六方晶胞的每条棱都是另一个晶胞的 c 轴，因此，晶胞每条棱上都有 2 个四面体间隙，其中心同样分别位于 c 轴的 5/8 和 3/8 处，但这些四面体间隙每个都只有 1/3 属于单个晶胞[图 2.27(d)]。因此，晶胞的 6 条棱对晶胞贡献的四面体间隙为 $6 \times 2 \times 1/3 = 4$。这样，可以计算得到密排六方结构晶体的四面体间隙总数为 $6 + 4 + 2$，共 12 个，四面体间隙数与晶胞原子数比值为 $12/6 = 2$。

密排六方结构中四面体间隙的大小仍以间隙半径 r_i 衡量，可以通过分析任意一个四面体间隙得到。例如，分析图 2.27(c)中以晶胞内部三个原子和一个上表面中心原子为顶点构成的四面体，则有

$$r_i + r = c - \frac{5}{8}c = \frac{3}{8}c = \frac{3}{8} \times 1.633a$$

$$= \frac{3}{8} \times 1.633 \times 2r = 1.225r$$

所以

$$\frac{r_i}{r} = 1.225 - 1 = 0.225$$

2. 八面体间隙

1) 体心立方晶体

体心立方晶体的八面体间隙中心在晶胞面心和棱的中点，分别如图 2.28(a)和(b)所示。位于面心的间隙有一半属于这个晶胞，而位于棱中点的间隙则只有 1/4 属于这个晶胞，所以一个体心立方晶胞中八面体间隙的数量是 $6 \times 1/2 + 12 \times 1/4 = 6$，八面体间隙数与晶胞原子数之比为 $6/2 = 3$。另外，需要注意，位于间隙中心的圆球只和与它相距 $a/2$ 的原子相切，和与它相距 $a/\sqrt{2}$ 的四个原子不相切，因此体心立方结构中的八面体间隙并不是正八面体。设间隙圆球的半径为 r_i，则有

$$r_i + r = \frac{a}{2}$$

而体心立方晶胞中

$$r = \frac{\sqrt{3}}{4}a$$

所以

$$\frac{r_i}{r} = \frac{\frac{a}{2}}{r} - 1 = \frac{\frac{a}{2}}{\frac{\sqrt{3}}{4}a} - 1 = 1.155 - 1 = 0.155$$

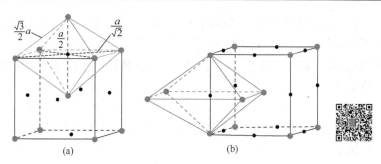

图 2.28　体心立方晶体中的八面体间隙

2) 面心立方晶体

和体心立方结构相似,面心立方晶胞棱的中点也是其八面体间隙中心,如图 2.29(a)所示,这样的间隙共有 12 个,但每个也只有 1/4 属于这个面心立方晶胞。此外,面心立方晶胞的 6 个面心原子可以连成一个边长为 $a/\sqrt{2}$ 的正八面体,其中心(晶胞体心位置)也是一个八面体间隙的中心,如图 2.29(b)所示。这样,一个面心立方晶胞中八面体间隙数量为 $12 \times 1/4 + 1 = 4$,八面体间隙数与晶胞原子数之比为 4/4 = 1。同样,假设能填入八面体间隙的最大圆球半径为 r_i,根据间隙圆球与八面体顶点原子相切的条件,则有

$$r_i + r = \frac{a}{2}$$

而面心立方晶胞中

$$r = \frac{\sqrt{2}}{4}a$$

所以

$$\frac{r_i}{r} = \frac{\frac{a}{2}}{r} - 1 = \frac{\frac{a}{2}}{\frac{\sqrt{2}}{4}a} - 1 = 1.414 - 1 = 0.414$$

3) 密排六方晶体

密排六方结构晶体中的八面体间隙不那么直观,如图 2.30 所示,其中一个八面体间隙可由三个 c 面(垂直于 c 轴的平面)上的原子、两个晶胞内原子及一个相邻晶胞内的原子连接而成。这个八面体有部分不属于这个晶胞,但同样地,相邻晶胞的八面体会有等量的部分补充进来,所以仍是一个完整的间隙。由于对称关系,在一个密排六方晶胞内,这样的八面体间隙共有

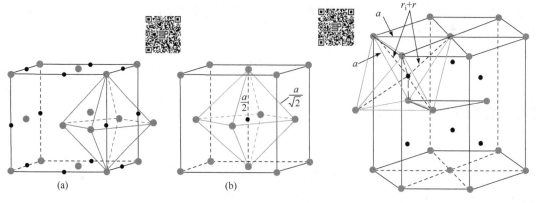

图 2.29　面心立方晶体中的八面体间隙　　　　图 2.30　密排六方晶体中的八面体间隙

6 个，因此八面体间隙数与密排六方晶胞原子数之比为 6/6 = 1。间隙大小 r_i/r 可根据间隙圆球与八面体顶点原子相切的条件，由图中的几何关系求得：

$$\left(r_i+r\right)^2+\left(r_i+r\right)^2=a^2$$

即

$$r_i+r=\frac{\sqrt{2}}{2}a$$

而密排六方晶胞中

$$a=2r$$

所以

$$\frac{r_i}{r}=\sqrt{2}-1=0.414$$

表 2.3 总结了体心立方、面心立方和密排六方三种典型金属晶体结构的几何特征。比较表中数据可知：

(1) FCC 和 HCP 都属于紧密结构，而 BCC 则是比较"开放"的结构，因为它的间隙较多(比较分配到单个晶胞原子上的间隙数)，因此，相同温度下间隙原子(如半径比较小的 H、B、C、N 和 O 等)在 BCC 晶体中的扩散速率比在 FCC 和 HCP 晶体都要高。

(2) FCC 和 HCP 金属中八面体间隙大于四面体间隙，故这些金属中间隙式元素的原子优先位于八面体间隙中。

(3) BCC 晶体中四面体间隙大于八面体间隙，因此间隙原子一般优先占据四面体间隙位置。但另一方面，BCC 中八面体间隙的不对称(并非正八面体)，使填入的间隙原子引起距它为 $a/2$ 的两个晶胞原子显著偏离平衡位置，而距它距离为 $a/\sqrt{2}$ 的 4 个晶胞原子则偏离平衡位置不大，因而总的点阵畸变并不严重。这样，使在有些 BCC 晶体中，间隙原子占据四面体间隙(如碳在钼金属中)，而在有些 BCC 晶体中则占据八面体间隙(如碳在 α-Fe 中)。

(4) FCC 和 HCP 中的八面体间隙远大于 BCC 中的八面体或四面体间隙，因而间隙式元素在 FCC 和 HCP 金属中溶解度往往比在 BCC 金属中大很多。

表 2.3　体心立方、面心立方和密排六方三种典型金属晶体结构的几何特征

晶体 类型 \ 晶体结构	原子数(m)	配位数(CN)	致密度(ξ)	四面体间隙			八面体间隙		
				间隙数量	间隙数/原子数	间隙大小(r_i/r)	间隙数量	间隙数/原子数	间隙大小(r_i/r)
BCC	2	8	0.68	12	6	0.291	6	3	0.155
FCC	4	12	0.74	8	2	0.225	4	1	0.414
HCP	6	12	0.74	12	2	0.225	6	1	0.414

2.6.6　晶体中原子的堆垛方式

表 2.3 中的数据还显示了一个明显规律，即虽然面心立方和密排六方是不同的晶体结构，它们却有着相同的配位数、致密度、间隙大小及间隙数与原子数比值，为了研究清楚这个问题，需要从晶体中原子的堆垛方式进行分析。

由于晶体排列的周期性，可以把三维晶体看成由二维的原子面一层层堆垛而成。如果将原子看成刚性硬球，它们在二维平面上各自占据平衡位置，形成最密排列时最为稳定。图 2.31(a)和(b)是两种刚性硬球在二维平面堆积方式的示意图，其中图 2.31(b)所示为大小相同的硬圆球(代表晶体中的质点)在二维的最密排方式，图中每个球周围有 6 个球与其相切，每个球周围有 6 个间隙，每个间隙周围有三个球。这种密排原子面又称六方最密排面，因为每个球周围 6 个球的中心可以连成一个正六边形。

(a) 二维正方堆积　　　　　　　　　　(b) 二维密排堆积

图 2.31　刚性硬球在二维平面堆积方式示意图

在一个平面上按最紧密排列，这样一个原子排列最紧密的平面通常称为密排面，把一个个密排面按最紧密方式堆积起来就是密堆积结构。不同的堆积方式可以得到不同的晶体结构，处于密堆积结构中的原子，因都处于各自的平衡位置，所以原子间结合能最低，晶体最稳定。

处于第一层的六方密堆积硬球，在中心的周围形成 6 个凹位，如图 2.32(a)所示。第二层对第一层来讲，最紧密的堆积方式是将球对准 1 位、3 位、5 位或对准 2 位、4 位、6 位，但由于空间限制，只能取一种方案，其情形都是一样的，不妨取 1 位、3 位、5 位，如图 2.32(b)所示。继续堆积到第三层，对第一、二层来讲，第三层有两种最紧密的堆积方式。第一种是将球对准第一层所在的位置[图 2.32(c)]，如果将第一层硬球标记成 A 层，第二层标记成 B 层，则第三层重复了 A 层，第四层重复了 B 层，其余类推，于是每两层形成一个周期，构成 ABAB… 的堆垛次序，即为密排六方结构，其前视图如图 2.32(d)所示。该结构中硬球表示的原子配位数是 12(同层 6，上下层各 3)。

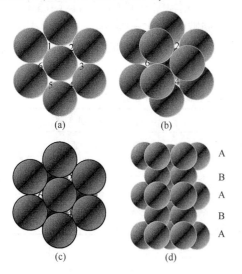

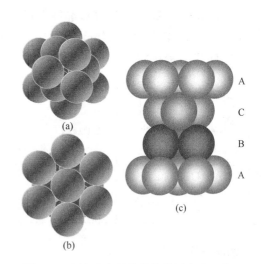

图 2.32　密排六方结构晶体堆垛方式示意图　　　　图 2.33　面心立方结构晶体堆垛方式示意图

第三层的另一种排列方式是将硬球中心对准第一层的 2 位、4 位、6 位，标记为 C 层，它不同于 A 和 B 两层的位置，如图 2.33(a)所示。这样，以最紧密堆积方式再排列第四层时便没有其他选择，只能重复第一层[图 2.33(b)]，依此类推，便得到 ABCABC… 的堆垛模式，每三层为一个周期，形成面心立方结构，其前视图如图 2.33(c)所示。该结构中硬球表示的原子配位数同样是 12，且也是同层 6，上下层各 3。通过将硬球设置成不同颜色，图 2.34 形象地解释了 ABCABC… 堆垛如何形成面心立方晶胞。

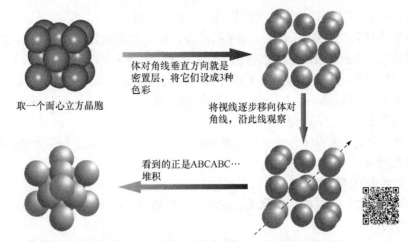

图 2.34　面心立方晶体分解成 ABCABC…堆垛模式示意图

以上两种堆积模式都是最紧密堆积，空间利用率为 74.05%，还有一种空间利用率稍低的堆积方式，即立方体心堆积：立方体 8 个顶点上的硬球互不相切，但均与体心位置上的硬球相切。配位数为 8，空间利用率为 68.02%。

【例题 2.4】　计算具有体心立方(BCC)结构的铁的密度，它的晶格常数为 0.2866 nm。

解　　　　　　　　　　　$a_0 = 0.2866\,\text{nm} = 2.866 \times 10^{-8}\,\text{cm}$

故单个晶胞体积　　　　　　$V = a_0^3 = 23.54 \times 10^{-24}\,\text{cm}^3$

对于 BCC 晶体，单个晶胞原子数 $n = 2$；原子摩尔质量 $M = 55.847\,\text{g/mol}$

阿伏伽德罗常量　　　　　　$N_\text{A} = 6.02 \times 10^{23}\,\text{mol}^{-1}$

所以 BCC 铁的密度　$\rho = \dfrac{nM}{N_\text{A}V} = \dfrac{2 \times 55.847}{6.02 \times 10^{23} \times 23.54 \times 10^{-24}} = 7.882\,\text{g/cm}^3$

【练习 2.4】　以体心立方、面心立方和密排六方点阵为例说明晶胞和原胞(结构基元)的异同。

【练习 2.5】　什么是点阵常数？各种晶系各有几个点阵常数？

【练习 2.6】　论证为什么有且仅有 14 种布拉维点阵。

2.7　晶面指数和晶向指数

在空间点阵中由任意一组结点构成的平面称为晶面(crystal plane)，而任意两个结点之间连线所指的方向称为晶向(crystal direction)。不同的晶面和晶向具有不同的原子排列和不同的取向。材料的许多性质和行为(如各种物理性质、力学行为、X 射线和电子衍射特性等)以及有关晶体的生长、变形和固态相变等问题都和晶面、晶向有密切关系。因此，为了研究和描述材料的性质和行为，首先要设法表征晶面和晶向。

2.7.1　晶面指数

晶面也可以理解为晶体点阵在任何方向上相互平行的一组结点平面，每个晶面上的结点在空间构成一个二维点阵。显然，同一取向上的晶面，不仅相互平行、间距相等，而且结点的分布也相同；不同取向的结点平面其特征一般有差异。

晶体学中经常用 (hkl) 来表示一组平行晶面，称为晶面指数。数字 h、k 和 l 是晶面在三个坐标轴(晶轴)上截距倒数的互质整数比。国际上通用的是米勒(Miller)指数，以纪念英国矿物学家威廉·哈罗维斯·米勒，基于图 2.35 中灰线标记的晶面，其确定步骤如下：

(1) 建立一组以晶轴 a、b、c 为坐标轴的坐标系，令坐标原点不在待确定晶面上，各轴上的坐标长度单位分别是晶胞边长 a、b、c。

(2) 求出待标晶面在 a、b、c 轴上的截距 x、y、z。如该晶面与某个坐标轴平行，则在该轴上的截距为 ∞。

(3) 取截距的倒数 $1/x$、$1/y$、$1/z$。

(4) 消除分数，将这些倒数化成互质的最小整数 h、k、l，如果是负数，则用在数字上方画线进行表示。

(5) 将 h、k、l 置于圆括号内，写成 (hkl)，则 (hkl) 就是待标晶面的晶面指数。

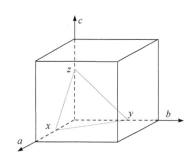

图 2.35　灰线标记晶面米勒指数确定方法

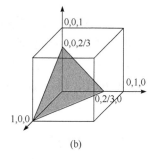

图 2.36　浅蓝色晶面的米勒指数标注

【例题 2.5】　用米勒指数标记下面晶胞中灰色所示的晶面。

解　(1) ①建立一组以晶轴 a、b、c 为坐标轴的坐标系；②确定交点坐标，X 轴：1/3、Y 轴：1、Z 轴：1/2；③取倒数 3、1、2；④消除分数 3、1、2；⑤置于圆括号内，得晶面的米勒指数(312)。

(2) 依同样的步骤，可得图 2.36(b)所示晶胞中灰色晶面的米勒指数为(233)，可自行验证。

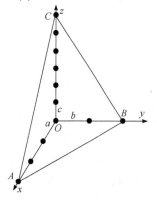

图 2.37　晶面 ABC 的米勒指数标注

【例题 2.6】　如图 2.37 所示，有一单斜晶系晶体的晶面 ABC 在 x、y、z 轴上的截距分别为 3a、2b、6c，求标注该晶面的米勒指数。

解　x、y、z 三晶轴的单位分别为 a、b、c，因此其截距系数分别为 3、2、6，其倒数为 1/3、1/2、1/6，则消除分数获得的互质整数比为 2：3：1，因此其晶面指数为(231)。

反之，给出一个晶面的米勒指数，就能够根据米勒指数的标记规则在晶胞内画出对应的晶面，如画出米勒指数 $(\bar{3}34)$ 和 $(1\bar{1}2)$ 对应的晶面，其过程为将给出的米勒指数先取倒数并做适当的化简(这个过程可为晶胞内作图带来一些方便)。例如：

$$(\bar{3}34) \xrightarrow{\text{取倒数}} \left(\frac{\bar{1}}{3}\frac{1}{3}\frac{1}{4}\right) \xrightarrow{\text{化简}} \left(\bar{1}1\frac{3}{4}\right)$$

$$\left(1\,\overline{1}\,2\right) \xrightarrow{\text{取倒数}} \left(1\,\overline{1}\,\frac{1}{2}\right)$$

从而画出两个米勒指数对应的晶面，如图 2.38(a)和(b)所示(图中 O 为选取的坐标原点，如果选取不当，会为画图带来一些不便)。

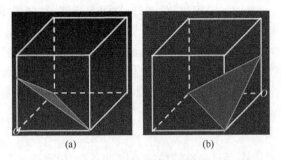

图 2.38　基于米勒指数画出相应的晶面

　　再看另一种情况，如图 2.39 所示一个体心点阵中过体心阵点的一个晶面，它和 y 轴及 z 轴平行，在 x 轴上的截距为 1/2。根据米勒指数的标注要求，该晶面的米勒指数为(100)，和平行于 y 轴及 z 轴且在 x 轴上截距为 1 的晶面米勒指数相同。实际上，所有相互平行的晶面在三个晶轴上的截距虽然不同，但它们是呈比例的，其倒数也仍然是呈比例的，经简化可以得到相应的最简整数。因此，所有相互平行的晶面，其晶面米勒指数都相同。由此可见，晶面米勒指数所代表的不仅是某一晶面，而且代表着一组相互平行的晶面。米勒指数的这一特性也使其仅能表示晶体外形上某一晶面的空间方位，而给不出在晶胞中的具体位置。因此，晶体学中针对相互平行且间距相等的晶面还有一种更加实用的指数表达方式，称为面网指数。面网指数和晶面指数表示方法相同，也是用(hkl)表示，但和米勒指数不同，它不要求 h、k 和 l 之间互质。去掉了这一要求，在选定坐标原点后，可以确定面网指数所表达的晶面在晶胞中的具体位置。

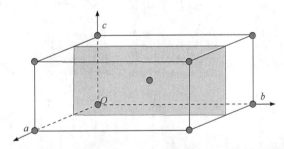

图 2.39　体心点阵中过体心阵点且和 y 轴及 z 轴平行的晶面

　　一组互相平行的面网(hkl)，其面间距用 d_{hkl} 表示。显然，当面网指数有公倍数 n 时，即($nh\ nk\ nl$)，它所指示的平行平面的面间距是 d_{hkl} 的 n 分之一，即有 $d_{nhnknl} = d_{hkl}/n$。如图 2.40 所示，$d_{020} = d_{010}/2$，$d_{030} = d_{010}/3$。

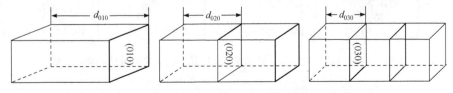

图 2.40　平行于(010)晶面的面网指数和晶面间距

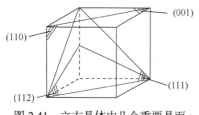

图 2.41　立方晶体中几个重要晶面
的米勒指数

需要强调指出，确定晶面指数时的参考坐标系通常是直角坐标系。坐标系可以平移(因而原点可置于任何位置)，但不能转动，否则在不同坐标系下定出的指数就无法相互比较；晶面指数和后面要讨论的晶向指数可为正数，也可为负数，但负号应写在数字上方，如 $(\bar{1}23)$ 、 $(21\bar{1})$ 等；晶面指数排列顺序必须严格按照 x 、 y 、 z 或 h 、 k 、 l 的顺序，不能颠倒，而且 h 、 k 、 l 三个数是互质的(米勒指数)，不能有公约数；晶面指数的数字之间是比例关系，因此它只能说明所指晶面具有的空间方位而不能确定其具体的空间位置。图 2.41 标注了立方晶体中几个重要晶面的米勒指数。

2.7.2　晶面族

在晶体中，具有等同条件而只是空间位向不同的各组晶面(这些晶面的原子排列情况和晶面间距等完全相同)可归并为一个晶面族，用 $\{hkl\}$ 表示。例如，立方晶体中一些晶面族所包括的等价晶面为：$\{100\} = (100) + (010) + (001)$ ，共三个等价面[图 2.42(a)标注的晶面或它们各自相对的三个晶面]；$\{110\} = (110) + (101) + (011) + (1\bar{1}0) + (\bar{1}01) + (0\bar{1}1)$ ，共六个等价面[图 2.42(b)]；$\{111\} = (111) + (1\bar{1}1) + (\bar{1}11) + (11\bar{1})$ ，共四个等价晶面[图 2.42(c)]。对于 $\{111\}$ ，在形式上还可以写出 $(\bar{1}\bar{1}\bar{1})$ 、 $(\bar{1}1\bar{1})$ 、 $(1\bar{1}\bar{1})$ 和 $(\bar{1}\bar{1}1)$ 这四个等价晶面，但如图 2.42(c)所示，它们分别和(111)、$(1\bar{1}1)$ 、 $(\bar{1}11)$ 及 $(11\bar{1})$ 是同一个晶面，并没有位向的差别，指数符号不同只是坐标原点选择的差异，所以 $\{111\}$ 晶面族包含的等价面是四个而不是八个。同理 $\{110\}$ 晶面族中也不需要再添加指数为 $(\bar{1}\bar{1}0)$ 、 $(\bar{1}0\bar{1})$ 、 $(0\bar{1}\bar{1})$ 、 $(1\bar{1}0)$ 、 $(10\bar{1})$ 和 $(01\bar{1})$ 的晶面，它们分别和(110)、(101)、(011)、$(\bar{1}10)$ 、 $(\bar{1}01)$ 及 $(0\bar{1}1)$ 是相同的晶面。

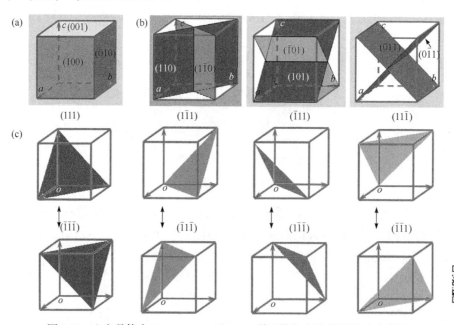

图 2.42　立方晶体中 $\{100\}$ 、 $\{110\}$ 和 $\{111\}$ 晶面族包含的等价晶面示意图

任意一个 {hkl} 晶面族所包含的晶面数可以通过式(2.6)计算：

$$N_{hkl} = \frac{4 \times 3!}{2^m n!} = \frac{24}{2^m n!} \tag{2.6}$$

式中，m 为晶面指数中零的个数；n 为相同指数的个数。例如，①h、k 和 l 三个数不相等，且都不等于 0，则此晶面族中包含的晶面数有 $3! \times 4 = 24$，如{123}；②h、k 和 l 有两个数字相等且都不为 0，则包含的晶面数有 $(3! \times 4)/2 = 12$，如{112}；③h、k 和 l 三个数相等且都不为零，则包含的晶面数有 $(3! \times 4)/3! = 4$，如{111}；④h、k 和 l 三个数中有一个为 0 且另两个数不相等，应再除以 2，则包含的晶面数有 $(3! \times 4)/2 = 12$，如{120}；⑤h、k 和 l 三个数中有一个为 0 且另外两个相等，则包含的晶面数有 $(3! \times 4)/(2 \times 2) = 6$，如(110)；⑥$h$、$k$ 和 l 三个数中有两个为 0，即 m 和 n 都是 2，应除以 $2^2 \times 2$，则包含的晶面数有 $(3! \times 4)/(2^2 \times 2) = 3$，如(100)。

【练习 2.7】　如图 2.43 所示，计算{112}和{123}晶面族包含的晶面数并写出它们的晶面指数。

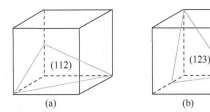

图 2.43　立方晶体中的米勒指数为(112)的晶面(a)和米勒指数为(123)的晶面(b)

从以上各例可以看出，立方晶体的等价晶面具有"类似的指数"，即指数的数字相同，只是符号(正负号)和排列次序不同。这样，只要根据两个(或多个)晶面的指数，就能判断它们是否为等价晶面。另一方面，给出一个晶面族符号 {hkl}，也很容易写出它所包括的全部等价晶面。但对于非立方晶系，由于对称性改变，晶面族中所包括的等价晶面数不能简单依据式(2.6)计算，也不容易写出。例如正交晶系，晶面(100)、(010)和(001)并不是等同晶面，不能以{100}族来包括。

2.7.3　晶向指数

空间点阵可以在任何方向上分解为相互平行的直线组，阵点(或结点)等距离地分布在直线上，位于一条直线上的结点(称为结点直线)构成一个晶向。根据空间点阵平移后可以恢复的特性，同一直线组中的各直线，其结点分布完全相同，故其中任何一条直线都可以作为直线组的代表。不同方向的直线组，其质点分布不尽相同。显而易见，任一方向上所有平行晶向可包含晶体中所有结点，任一结点也可以处于所有晶向上。

晶体学中不同晶向用晶向指数 [uvw] 来表示。和晶面指数类似，数字 u、v 和 w 也是一组互质的整数，是晶向矢量在参考坐标系 x、y 和 z 轴上的矢量分量经等比例化简而得，其确定步骤如下：

(1) 建立坐标系，以过原点的晶轴为坐标轴，以晶胞的点阵常数 a、b、c 分别为 x、y、z 坐标轴的长度单位。

(2) 在相互平行的结点直线中引出一条过原点的结点直线。

(3) 在该直线上选出距原点最近的结点，确定其坐标。

(4) 消除分数，把它们化为互质的最小整数，负数用上划线表示。

(5) 用方括号括起来，记为[uvw]。

【例题 2.7】 确定图 2.44(a)和(b)中结点直线的晶向指数。

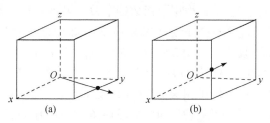

图 2.44 确定两图中结点直线的晶向指数

解 (1) ①建立坐标系，确立坐标轴及长度单位；②确定待标注的结点直线上距原点最近的结点坐标：1/2、1、0；③消除分数，化为互质的整数：1、2、0；④括进方括号，得到该结点直线的晶向指数为[120]。

(2) 依同样的步骤，最后得出图 2.44(b)中要标注的结点直线的晶向指数为[221]。

【例题 2.8】 绘出晶向指数为[100]、[$\bar{1}$10]、[231]和[3$\bar{2}$1]所对应的晶向。

解 所给晶向指数对应的晶向分别绘制在图 2.45(a)、(b)、(c)和(d)中。

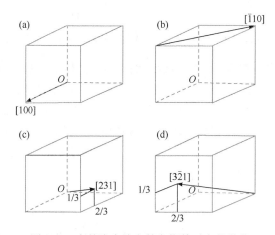

图 2.45 在晶胞中绘出晶向指数对应的晶向

例题 2.8 和例题 2.7 相反，需要由给定的晶向指数在晶胞中绘制结点直线，先要确定原点，然后根据晶向指数定出距离原点最近的结点，连接原点和结点就是所要绘制的晶向。有两点需要注意：一是原点选择要合适，虽然原点可以任意选择，但选择不当绘制晶向时比较麻烦；二是如果晶向指数中有数字大于 1，当然可以外延晶胞找寻结点再作图，但相对更简单的处理方式是将指数化为分数，这样就可以直接在晶胞中描绘。例如，晶向指数[231]可以化为[2/3 1 1/3]，[3$\bar{2}$1]也可以化为[1 $\bar{2}$/3 1/3]。

晶向指数表示所有相互平行、方向一致的晶向；当所指方向相反，则晶向指数的数字相同，但正负号相反。类似于晶面族的定义，晶体中因对称关系而等同的各组晶向(晶向上的结点分布完全相同)可归并为一个晶向族，用⟨uvw⟩表示，图 2.46(a)标出了立方晶体中几个重要晶向族的晶向指数。以后在讨论晶体的性质(或行为)时，若遇到晶面族或晶向族符号，就表示该性质(或行为)对于该晶面族中的任一晶面或该晶向族中的任一晶向都成立,因而没有必要再区分具体的晶面或晶向。

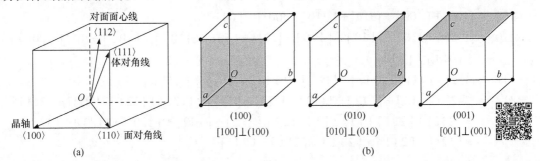

图 2.46　(a)立方晶体中几个重要晶向族；(b)立方晶体中具有相同指数晶面和晶向之间位向关系示意图

特别地,在立方晶系中晶面和晶向还有一个重要特征,即具有相同指数的晶向和晶面必定是相互垂直的,即 $[hkl] \perp (hkl)$,如图 2.46(b)所示的几个具有相同指数晶面和晶向之间的位向关系。下面给出两个一般性证明。

证法 1： 如图 2.47 所示,对于立方晶系,三个立方轴为：$\boldsymbol{a}=a\boldsymbol{x}$,$\boldsymbol{b}=a\boldsymbol{y}$,$\boldsymbol{c}=a\boldsymbol{z}$。根据晶面指数的定义,平面组 (hkl) 中距原点最近的平面 ABC 在三个晶轴上的截距分别是 $\frac{a}{h}$、$\frac{a}{k}$、$\frac{a}{l}$,则该平面法线方向的单位矢量 $\boldsymbol{n}$ 的方向余弦是 $\cos\alpha=\frac{dh}{a}$、$\cos\beta=\frac{dk}{a}$、$\cos\gamma=\frac{dl}{a}$,其中 α、β、γ 为平面法线与三轴交角,d 为原点到平面 ABC 的垂直距离。法线方向的单位矢量因此可得

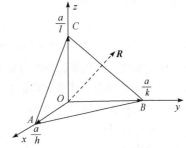

图 2.47　立方晶系具有相同指数的晶向和晶面之间关系的证明示意图

$$\boldsymbol{n}=\cos\alpha\,\boldsymbol{x}+\cos\beta\,\boldsymbol{y}+\cos\gamma\,\boldsymbol{z}=\frac{d}{a}(h\boldsymbol{x}+k\boldsymbol{y}+l\boldsymbol{z})$$

再由晶向指数的定义,$[hkl]$ 方向的方向矢量是 $\boldsymbol{R}=h\boldsymbol{a}+k\boldsymbol{b}+l\boldsymbol{c}=a(h\boldsymbol{x}+k\boldsymbol{y}+l\boldsymbol{z})$,显然,$\boldsymbol{R}\parallel\boldsymbol{n}$,所以晶向 $[hkl]$ 垂直于具有相同指数的晶面 (hkl)。

证法 2： 要证明晶向 $[hkl]$ 垂直于晶面 (hkl),只需证明晶向的方向矢量 $\boldsymbol{R}=ha\boldsymbol{x}+ka\boldsymbol{y}+la\boldsymbol{z}$ 垂直于平面 (hkl) 上的两个矢量,如图 2.47 中 $\boldsymbol{AB}$ 和 $\boldsymbol{BC}$：

$$\boldsymbol{AB}=\boldsymbol{OB}-\boldsymbol{OA}=\frac{a}{k}\boldsymbol{y}-\frac{a}{h}\boldsymbol{x}$$

$$\boldsymbol{BC}=\boldsymbol{OC}-\boldsymbol{OB}=\frac{a}{l}\boldsymbol{z}-\frac{a}{k}\boldsymbol{y}$$

显然有　$\boldsymbol{R}\cdot\boldsymbol{AB}=(ha\boldsymbol{x}+ka\boldsymbol{y}+la\boldsymbol{z})\cdot\left(\frac{a}{k}\boldsymbol{y}-\frac{a}{h}\boldsymbol{x}\right)=a^2-a^2=0$

同样　$\boldsymbol{R}\cdot\boldsymbol{BC}=(ha\boldsymbol{x}+ka\boldsymbol{y}+la\boldsymbol{z})\cdot\left(\frac{a}{l}\boldsymbol{z}-\frac{a}{k}\boldsymbol{y}\right)=a^2-a^2=0$

所以,立方晶体中指数为 $[hkl]$ 的晶向垂直于指数为 (hkl) 的晶面。

立方晶体晶向族中包含晶向的数目可以用式(2.6)进行计算,但应注意,和晶面不同,晶向是矢量,有方向性,同一条直线而方向不同时仍属于不同晶向。例如,立方晶体中 [111] 和 $[\bar{1}\bar{1}\bar{1}]$

是同一条直线，但方向相反，所以是两个晶向。用式(2.6)进行计算获得的数目需要乘以 2 才是晶向族中晶向的数目，如下面几个典型晶向族的例子：

$<100> = [100] + [\overline{1}00] + [010] + [0\overline{1}0] + [001] + [00\overline{1}]$

$<110> = [110] + [\overline{1}10] + [1\overline{1}0] + [\overline{1}\,\overline{1}0] + [101] + [\overline{1}01] + [10\overline{1}] + [\overline{1}0\overline{1}] + [011] + [0\overline{1}1]$
$\qquad\quad + [01\overline{1}] + [0\overline{1}\,\overline{1}]$

$<111> = [111] + [\overline{1}11] + [1\overline{1}1] + [11\overline{1}] + [\overline{1}\,\overline{1}\,\overline{1}] + [1\overline{1}\,\overline{1}] + [\overline{1}1\overline{1}] + [\overline{1}\,\overline{1}1]$

$<112> = [112] + [\overline{1}12] + [1\overline{1}2] + [11\overline{2}] + [121] + [\overline{1}21] + [1\overline{2}1] + [12\overline{1}] + [211] + [\overline{2}11]$
$\qquad\quad + [2\overline{1}1] + [21\overline{1}] + [\overline{1}\,\overline{1}2] + [1\overline{1}\,\overline{2}] + [\overline{1}1\overline{2}] + [\overline{1}\,\overline{1}\,\overline{2}] + [\overline{1}\,\overline{2}1] + [1\overline{2}\,\overline{1}] + [\overline{1}2\overline{1}]$
$\qquad\quad + [\overline{1}\,\overline{2}1] + [\overline{2}\,\overline{1}\,\overline{1}] + [2\overline{1}\,\overline{1}] + [\overline{2}1\overline{1}] + [\overline{2}\,\overline{1}1]$

2.7.4　六方晶系晶面指数表示

用三个指数表示晶面和晶向的方法原则上适用于任意晶系。例如，对于六方晶系，取 a、b 和 c 为晶轴，而 a 轴与 b 轴的夹角为 $120°$，c 轴与 a 轴和 b 轴相垂直，就可以标出相应的晶向和晶面指数，如图 2.48 所示。

但是，用三指数表示六方晶系的晶面和晶向有一个很大的缺点，即晶体学上等价的晶面和晶向不具有类似的指数。参考图 2.48，图中六棱柱的两个相邻表面(如已经添加标注的面)是晶体学上等价的晶面，但其米勒指数分别是 $(1\overline{1}0)$ 和 (100)。图中夹角为 $60°$ 的两个晶向 D_1 和 D_2 也是晶体学上的等价方向，但其晶向指数分别是 [100] 和 [110]。由于等价晶面或晶向不具有类似的指数，人们就无法从指数判断其等价性，也无法由晶面族或晶向族指数写出它们所包括的各种等价晶面或晶向，给晶体研究带来很大不便。为了克服这一缺点，或者为了使晶体学上等价的晶面或晶向具有类似的指数，对六方晶体来说，就要放弃常用的三指数表示，而改用四指数表示。

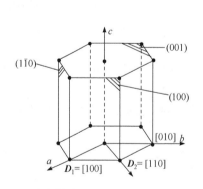

图 2.48　六方晶体中几个晶面和晶向的三指数标注

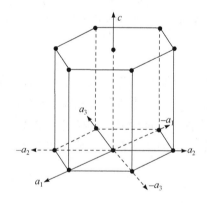

图 2.49　六方晶体的四轴坐标系统

四指数表示是基于 4 个坐标轴：a_1、a_2、a_3 和 c 轴，其中，a_1、a_2 和 c 轴就是六方晶体原胞的 a、b 和 c 轴，如图 2.49 所示；而由于矢量合成的关系，有 $a_3 = -(a_1 + a_2)$。下面分别讨论用四指数表示的晶面及晶向指数。

根据六方晶系的对称特点，a_1、a_2 和 a_3 轴之间的夹角均为 $120°$。六方晶系晶面四指数标注原理和方法同其他晶系中晶面三指数标注过程一样，步骤如下：①先找出该面在四个坐标轴上的截距长度(以晶胞的点阵常数 a、c 为单位长)；②求其倒数并化为互质的最小整数，即得到四指数表示，标记为 $(hkil)$，这样得到的晶面指数称为米勒-布拉维(Miller-Bravais)指数。

根据几何学可知，三维空间独立的坐标轴最多不超过三个。从图 2.49 所示的几何关系，确定了晶面在 a_1 和 a_2 轴上的截距，它在 a_3 轴上的截距也就随之而确定。由此可知，四指数表示中 h、k 和 i 三个指数也并不是相互独立的关系，其中只有两个是独立的。根据几何关系或向量分析，可确定它们之间存在一个等量关系，即 $i=-(h+k)$。下面给出几个证明方法。

证法 1 (余弦定理)：如图 2.50(a)所示，暂不考虑正负号，实际是要证明 OP 长度的倒数等于 OM 长度和 ON 长度的倒数和，即要证明：$1/p=1/m+1/n$。

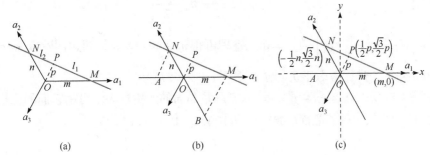

图 2.50　四指数表示中 h、k 和 i 三个指数等量关系示意图

基于余弦定理，有

$$l_1^2=m^2+p^2-2mp\cos60°=m^2+p^2-mp$$

$$l_2^2=n^2+p^2-2np\cos60°=n^2+p^2-np$$

$$(l_1+l_2)^2=l_1^2+2l_1l_2+l_2^2=m^2+n^2-2mn\cos120°=m^2+n^2+mn$$

所以　　　$m^2+p^2-mp+n^2+p^2-np+2\sqrt{m^2+n^2-mp}\cdot\sqrt{n^2+p^2-np}=m^2+n^2+mn$

上式化简后经过一些烦琐的推演可得到想要的关系式(读者可自行验证)，即 $1/p=1/m+1/n$，考虑到图 2.50(a)中坐标轴的方向，p 实际取负值，故可得 $1/p=-(1/m+1/n)$，根据指数的定义即可得证 $i=-(h+k)$。

证法 2 (几何法)：如图 2.50(b)所示，过 N 点作平行于 OP 的直线，交 a_1 轴于 A 点；过 M 点作平行于 OP 的直线，交 a_2 轴于 B 点，则根据相似三角形特性可得到

$$\frac{OP}{AN}=\frac{MP}{MN}\text{；}\quad\frac{OP}{BM}=\frac{NP}{MN}$$

所以　　　$$\frac{OP}{AN}+\frac{OP}{BM}=\frac{MP}{MN}+\frac{NP}{MN}=\frac{MP+NP}{MN}=1$$

也即 $\dfrac{1}{AN}+\dfrac{1}{BM}=\dfrac{1}{OP}$，又因 $\triangle AON$ 和 $\triangle BOM$ 均为等边三角形，故 $AN=ON=n$，$BM=OM=m$，而 $OP=p$，代入得到 $1/p=1/m+1/n$，同样考虑到坐标轴的方向和指数定义可得 $i=-(h+k)$。

证法 3 (向量法)：如图 2.50(c)所示，以 a_1 轴为 x 轴建立直角坐标系，则 M 点坐标为 $(m,0)$，N 点坐标为 $(-n/2,\sqrt{3}n/2)$，P 点坐标为 $(p/2,\sqrt{3}p/2)$，则

$$\boldsymbol{MP}=\left(\frac{p}{2}-m\right)\boldsymbol{x}+\frac{\sqrt{3}p}{2}\boldsymbol{y}$$

$$MN = \left(-\frac{n}{2} - m\right)x + \frac{\sqrt{3}n}{2}y$$

因 MP 和 MN 共线，则有

$$MP \cdot MN = \begin{vmatrix} \dfrac{p}{2} - m & \dfrac{\sqrt{3}p}{2} \\ -\dfrac{n}{2} - m & \dfrac{\sqrt{3}n}{2} \end{vmatrix} = 0$$

也即 $\left(\dfrac{p}{2} - m\right) \cdot \dfrac{\sqrt{3}n}{2} - \left(-\dfrac{n}{2} - m\right) \cdot \dfrac{\sqrt{3}p}{2} = 0$。整理可得 $np + pm = nm$，两边同除以 mnp，同样可得到 $1/p = 1/m + 1/n$，进而考虑正负号便可得到 $i = -(h+k)$。

由于存在 $i = -(h+k)$ 这一等量关系，六方晶系晶面的四指数表示可由它们的三指数表示直接导出，例如，图 2.51 中的晶面 $(100) \rightarrow (10\bar{1}0)$，$(1\bar{1}0) \rightarrow (1\bar{1}00)$。

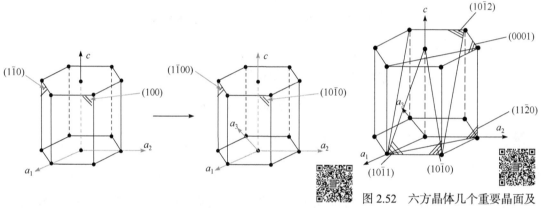

图 2.51   六方晶体晶面三指数表示转化为四指数表示   图 2.52   六方晶体几个重要晶面及其四指数表示

引入四指数后，晶体学上等价的晶面具有类似的指数。例如，$\{10\bar{1}0\} = (10\bar{1}0) + (1\bar{1}00) + (01\bar{1}0)$，$\{11\bar{2}0\} = (11\bar{2}0) + (1\bar{2}10) + (\bar{2}110)$。图 2.52 标出了六方晶系的几个重要晶面及它们的四指数表示。

2.7.5   六方晶系晶向指数表示

和其他晶系一样，六方晶系中的晶向当然可以用三指数 $[uvw]$ 表示，但不易根据指数判断是否为等价晶向，即是否属于一个晶向族。而和晶面指数一样，用四个指数如 $[uvtw]$ 来表示六方晶系的一个空间矢量时，需要添加一个约束条件。先看一个简单的例子，如图 2.53(a) 中的平面矢量 OP，平面采用 a_1 和 a_2 两轴系统时，有唯一表示，即 $[\bar{4}3]$。这个指数的确定用行走法比较简单，行走法是指从坐标原点出发，依次沿着各个坐标轴的方向(正向或反向)走和指数相应的步数，使达到该晶向上的另外一点。当使用 a_1、a_2 和 a_3 三轴体系时，有无限种行走方式获得这个平面矢量 OP，如 $[\bar{2}\bar{1}2]$、$[125]$、$[014]$ 和 $[\bar{3}\bar{2}1]$ 等。因此，为了使四指数唯一，附加一个约束条件是必要的。类于晶面指数的约束条件，四指数表示空间晶向时的约束条件是 $t = -(u+v)$，但需要说明这个约束条件是人为添加的，不像晶面指数中的约束条件是严格推导的，这是因为晶向指数表示中的数是由晶向在平面三个轴上的截距整理而来，没有取倒数，虽然三个数不全独立，但不是数学上的等量关系。加上这个约束条件，可使图 2.53(a)中的 **OP** 矢量在三轴体系中具有唯一的指数表示，即 $[\bar{5}27]$。需要注意的是，这样约束条件下标记出来的矢量和 **OP** 重合，却不能确定一定终止在 P 点，如图 2.53(b)所示。图 2.54 中标出了六方晶体中几个重要晶向及它们的四指数表示，它们是 $[2\bar{1}\bar{1}0]$、$[01\bar{1}0]$、$[0001]$ 和 $[\bar{1}011]$，这些晶向上的原子分布特征对材料性能有重要影响。

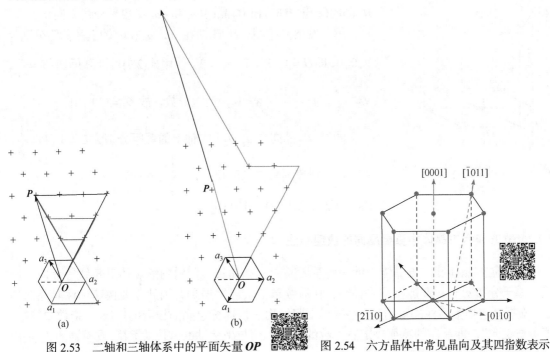

图 2.53　二轴和三轴体系中的平面矢量 **OP**　　　　图 2.54　六方晶体中常见晶向及其四指数表示

2.7.6　晶向指数变换

一般来讲，很难直接求出晶向的四指数 $[uvtw]$，即便使用行走法，也不能保证沿 a_1、a_2、a_3 和 c 轴分别走了 u、v、t 和 w 步后既要达到晶向上的另一点，又要满足条件 $t=-(u+v)$。比较可靠的标注四指数的方法是解析法，该法是先求出待标晶向在 a_1、a_2 和 c 轴三轴体系下的指数 U、V 和 W，然后按以下一组公式[式(2.7)]算出四指数 u、v、t 和 w。

$$\begin{cases} u=\dfrac{1}{3}(2U-V) \\[2mm] v=\dfrac{1}{3}(2V-U) \\[2mm] t=-(u+v)=-\dfrac{1}{3}(U+V) \\[2mm] w=W \end{cases} \tag{2.7}$$

证明： 假定有一晶向，它的三轴和四轴指数分别为 $[UVW]$ 和 $[uvtw]$。由于这两种指数均描述同一晶向，故

$$\boldsymbol{L}=u\boldsymbol{a}_1+v\boldsymbol{a}_2+t\boldsymbol{a}_3+w\boldsymbol{c}=U\boldsymbol{a}_1+V\boldsymbol{a}_2+W\boldsymbol{c}$$

令 $t=-(u+v)$，又因为 $\boldsymbol{a}_3=-(\boldsymbol{a}_1+\boldsymbol{a}_2)$，则有

$$ua_1 + va_2 + (u+v)(a_1 + a_2) + wc = Ua_1 + Va_2 + Wc$$

即 $(2u+v)a_1 + (u+2v)a_2 + wc = Ua_1 + Va_2 + Wc$，因此有 $U = (2u+v)$，$V = (u+2v)$，$W = w$，联解可得 $u = \dfrac{1}{3}(2U-V)$，$v = \dfrac{1}{3}(2V-U)$，而又有 $t = -(u+v) = -\dfrac{1}{3}(U+V)$，公式得证。

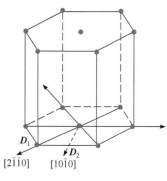

图 2.55　用四指数标注 D_1 晶向和 D_2 晶向

【例题 2.9】　如图 2.55 所示，用四指数标注六方晶体中 D_1 晶向(a_1 轴方向)和 D_2 晶向(a_1 和 $-a_3$ 交角平分线方向)。

解　观察晶胞图，D_1 晶向在 a_1、a_2 和 c 轴上的截距分别为 1、0、0，即 $U = 1$，$V = 1$，$W = 0$。使用式(2.7)可计算得到：$u = \dfrac{2}{3}$，$v = -\dfrac{1}{3}$，$t = -\dfrac{1}{3}$，$w = 0$，消除分数，故 $D_1 = [2\bar{1}\bar{1}0]$。

同样，D_2 晶向在 a_1、a_2 和 c 轴上的截距分别为 $U = 1$，$V = \dfrac{1}{2}$，$W = 0$，则根据式(2.7)可得：$u = \dfrac{1}{2}$，$v = 0$，$t = -\dfrac{1}{2}$，$w = 0$，消除分数，所以 $D_2 = [10\bar{1}0]$。

2.7.7　立方和六方晶体中重要晶向的快速标注

针对立方晶体和六方晶体中的一些重要晶向，如晶轴、面对角线和体对角线等晶向，因其上原子分布对材料性能有重要影响，在后续章节会经常遇到，因此需要快速标注其晶向指数。根据晶向指数标注的规则，一些教科书归纳出了快速标定晶向指数的口诀，"指数看特征，正负看走向"，即晶向的特征决定着指数的数值，而与坐标轴的方位关系(顺或逆轴的正向)决定相应于该轴指数的正负。

1. 立方晶体

立方晶体中各重要晶向及其特征如下：

⟨100⟩——晶轴，沿着 a 轴正向，则第一指数为 1，反之，如果逆着 a 轴正向，则相应的第一指数为 $\bar{1}$。

⟨110⟩——晶面内对角线，若面对角线在和 a 轴垂直的面内，则第一指数为 0，其余两个指数为 1 或 $\bar{1}$，取决于对角线和相应晶轴的位向关系。

⟨111⟩——体对角线，三个指数都是 1 或者 $\bar{1}$，和晶向与相应晶轴的位向关系，或与相应晶轴正向的夹角有关，锐角是 1，钝角是 $\bar{1}$。

⟨112⟩——顶点到对面面心的连线，如果对面是和 a 轴垂直的面(a 面)，则第一指数为 2 或 $\bar{2}$，其余两个指数为 1 或 $\bar{1}$，同样取决于和相应晶轴的位向关系。

2. 六方晶体

六方晶体中各重要晶向及其特征如下：

[0001]——c 轴。

⟨2$\bar{1}\bar{1}$0⟩——和 a_1、a_2 或 a_3 轴平行的晶向，和哪个轴的正向同向或相反平行，则相应的第一指数就是 2 或 $\bar{2}$，其余 3 个指数就是 $\bar{1}$、$\bar{1}$、0 或 1、1、0。

$\langle 10\bar{1}0 \rangle$——任意两个晶轴(不含 c 轴)交角的平分线，例如，$[10\bar{1}0]$ 是 a_1 轴正向和 a_3 轴反向交角的平分线；$[0\bar{1}10]$ 是 a_2 轴反向和 a_3 轴正向交角的平分线。

2.8 晶体内的密排面和密排方向

将单位面积或单位长度上的原子数定义为晶面原子密度或晶向原子密度。任意晶体的晶格中，不同晶面和不同晶向上原子的排列方式和排列密度一般是不一样的，都相同的称之为等价晶面或晶向。表 2.4 和表 2.5 总结了体心立方晶格和面心立方晶格中各主要晶面、晶向上的原子排列方式及排列密度。可见，在体心立方晶格中，原子密度最大的晶面为 {110}，称为密排面；原子密度最大的晶向为 $\langle 111 \rangle$，称为密排方向；而在面心立方晶格中，密排面和密排方向分别为 {111} 和 $\langle 110 \rangle$。密排面和密排方向的识别非常重要，晶体的很多重要性质都和密排面及密排方向上的原子排布密切相关。

表 2.4 体心立方和面心立方晶格主要晶面的原子排列方式和晶面原子密度

指数面	体心立方(BCC)		面心立方(FCC)	
	原子排列示意图	晶面原子密度 (原子数/面积)	原子排列示意图	晶面原子密度 (原子数/面积)
{100}		$\dfrac{4 \times \frac{1}{4}}{a^2} = \dfrac{1}{a^2}$		$\dfrac{4 \times \frac{1}{4} + 1}{a^2} = \dfrac{2}{a^2}$
{110}		$\dfrac{4 \times \frac{1}{4} + 1}{\sqrt{2}a^2} = \dfrac{1.4}{a^2}$		$\dfrac{4 \times \frac{1}{4} + 2 \times \frac{1}{2}}{\sqrt{2}a^2} = \dfrac{1.4}{a^2}$
{111}		$\dfrac{3 \times \frac{1}{6}}{\frac{\sqrt{3}}{2}a^2} = \dfrac{0.58}{a^2}$		$\dfrac{3 \times \frac{1}{6} + 3 \times \frac{1}{2}}{\frac{\sqrt{3}}{2}a^2} = \dfrac{2.3}{a^2}$

表 2.5 体心立方和面心立方晶格主要晶向的原子排列方式和晶向原子密度

指数面	体心立方(BCC)		面心立方(FCC)	
	原子排列示意图	晶向原子密度 (原子数/长度)	原子排列示意图	晶向原子密度 (原子数/长度)
{100}		$\dfrac{2 \times \frac{1}{2}}{a} = \dfrac{1}{a}$		$\dfrac{2 \times \frac{1}{2}}{a} = \dfrac{1}{a}$
{110}		$\dfrac{2 \times \frac{1}{2}}{\sqrt{2}a} = \dfrac{0.7}{a}$		$\dfrac{2 \times \frac{1}{2} + 1}{\sqrt{2}a} = \dfrac{1.4}{a}$

续表

指数面	体心立方(BCC)		面心立方(FCC)	
	原子排列示意图	晶向原子密度 (原子数/长度)	原子排列示意图	晶向原子密度 (原子数/长度)
{111}	$\sqrt{3}a$	$\dfrac{2\times\frac{1}{2}+1}{\sqrt{3}a}=\dfrac{1.15}{a}$	$\sqrt{3}a$	$\dfrac{2\times\frac{1}{2}}{\sqrt{3}a}=\dfrac{0.58}{a}$

【练习 2.8】 计算 Po 简单立方晶体(010)和(020)晶面的原子排列密度和面积分数,Po 晶体的晶格参数为 0.334 nm。

2.9　晶带和晶带定律

晶体中各个晶面相互之间不是孤立的,它们可以通过一定的方式连接起来,从而构成晶面间的某种组合,提炼它们的共性,能为晶体学研究带来很大方便。一种连接方式将相交于某一晶向直线或平行于此直线的晶面组合在一起,就是要引入的晶带的概念,如图 2.56(a)所示。晶带可以定义为空间点阵中平行于同一晶向直线(也称晶轴)的所有晶面,而当该晶轴通过坐标原点时称为晶带轴。

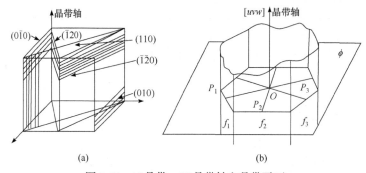

图 2.56　(a)晶带;(b)晶带轴和晶带平面

参考图 2.56(b),用一个不失一般的例子讨论晶带概念为晶体学研究带来的便利之处。图中过原点 O 作垂直于晶带内各平面 f_1、f_2、…的直线 OP_1、OP_2、…,显然这些直线都位于晶带轴的过 O 点的垂直平面上,此包含晶带内各晶面法线的平面 ϕ 称为晶带平面。这样,就可以通过研究一个平面内过原点的各直线间的关系来确定晶带中对应晶面的位向关系等特征。再进一步,通过后面将要学到的晶体投影方法,可以将晶带平面内的直线对应成投影图上的点,为晶体学研究带来更大的便利。

晶体是一个封闭的几何多面体,每个晶面与其他晶面相交,必有两个以上互不平行的晶轴。因此,晶体上任一晶面至少属于两个晶带,或者说平行于两个相交晶带的公共平面必为一可能的晶面,这一规律称为晶带定律(zone law),又称外斯定律(Weiss zone law),是由德国矿物学家克里斯蒂安·萨穆尔·外斯(Christian Samuel Weiss)于 1805~1809 年间所确定。例如,立方晶体的(100)晶面既属于[001]晶带,又属于[010]晶带,即任一晶面至少属于两个晶带。

晶带轴的晶向指数 [uvw] 称为晶带指数,它和属于该晶带的晶面的指数 (hkl) 之间存在以下关系:

$$hu + kv + lw = 0 \tag{2.8}$$

式(2.8)是晶带定律的数学描述，称为晶带方程，凡满足此关系的晶面都属于以[uvw]为晶带轴的晶带，故也常称此关系式为晶带定律。

晶带方程的证明过程很简单。已知三维空间的一般平面方程可描述为 $Ax + By + Cz + D = 0$，系数 A、B、C 决定该平面的方向，常数项 D 决定该平面距原点的距离。那么，过坐标原点且平行于 (hkl) 的平面方程可以表达为

$$hx + ky + lz = 0$$

因 (hkl) 晶面属于[uvw]晶带，故直线[uvw]上的任一点均满足平面方程，即用 u、v、w 替代 x、y、z，便得到上述的晶带方程。进而，如果 $hu + kv + lw = 0$，也可确认指数为[uvw]的晶向在指数为 (hkl) 的晶面上。

根据晶带定律可知，由任意两个互不平行的晶面就可决定一条晶带，而由任意两条晶带又可决定一个晶面；从而，由互不平行的 4 个任意已知晶面(其中每 3 个均不属于同一晶带)，或由任意 4 个已知晶轴(晶带轴，其中每 3 个均不共面)，即可导出此晶体上一切可能的晶面和晶轴，并算出相应的晶面和晶轴指数，这也是外斯对晶体学做出的最重要的贡献。

利用晶带方程可以解决一些晶体学的几何问题，如求晶带轴的晶向指数、两个晶向构成的晶面的晶面指数、3 个晶面同属于一个晶带的条件和 3 条晶向直线共面的条件等，下面分别讨论。

2.9.1　已知晶面确定晶向

已知两个不平行的晶面 $(h_1k_1l_1)$ 和 $(h_2k_2l_2)$，求晶带轴的晶向指数[uvw]。这个问题实际是求解两个晶带方程，两个方程、三个未知数原本无法得出具体解，但利用指数是最小互质整数的要求，可以得到

$$u : v : w = \begin{vmatrix} k_1 & l_1 \\ k_2 & l_2 \end{vmatrix} : \begin{vmatrix} l_1 & h_1 \\ l_2 & h_2 \end{vmatrix} : \begin{vmatrix} h_1 & k_1 \\ h_2 & k_2 \end{vmatrix}$$

即 $u = k_1l_2 - k_2l_1$，　$v = l_1h_2 - l_2h_1$，　$w = h_1k_2 - h_2k_1$。

【例题 2.10】　已知 $(h_1k_1l_1) = (100)$，$(h_2k_2l_2) = (110)$，求它们决定的晶轴指数[uvw]。

解　$u = k_1l_2 - k_2l_1 = 0$，$v = l_1h_2 - l_2h_1 = 0$，$w = h_1k_2 - h_2k_1 = 1$，所以，所求晶轴的指数[uvw] = [001]，如图 2.57 所示。

2.9.2　已知晶向确定晶面

已知两个不平行的晶向 $[u_1v_1w_1]$ 和 $[u_2v_2w_2]$，求两晶向所决定晶面的晶面指数 (hkl)。这个问题同样是求解两个晶带方程，可以得到

$$h : k : l = \begin{vmatrix} v_1 & w_1 \\ v_2 & w_2 \end{vmatrix} : \begin{vmatrix} w_1 & u_1 \\ w_2 & u_2 \end{vmatrix} : \begin{vmatrix} u_1 & v_1 \\ u_2 & v_2 \end{vmatrix}$$

即　$h = v_1w_2 - v_2w_1$，　　$k = w_1u_2 - w_2u_1$，　　$l = u_1v_2 - u_2v_1$。

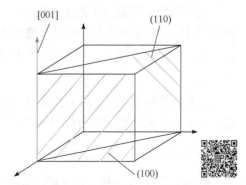

图 2.57　晶面(100)和(110)决定的晶轴[001]

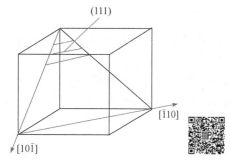

图 2.58　晶向 $[10\bar{1}]$ 和 $[\bar{1}10]$ 决定的晶面(111)

【例题 2.11】　已知 $[u_1v_1w_1]=[10\bar{1}]$，$[u_2v_2w_2]=[\bar{1}10]$，求这两个晶向所决定晶面的晶面指数 (hkl)。

解　$h=v_1w_2-v_2w_1=1$，$k=w_1u_2-w_2u_1=1$，$l=u_1v_2-u_2v_1=1$，所以，所求晶面的指数 $(hkl)=$　(111)，如图 2.58 所示。

2.9.3　三晶轴同面

已知三个晶轴 $[u_1v_1w_1]$、$[u_2v_2w_2]$ 和 $[u_3v_3w_3]$，若满足 $\begin{vmatrix} u_1 & v_1 & w_1 \\ u_2 & v_2 & w_2 \\ u_3 & v_3 & w_3 \end{vmatrix}=0$，则可判定三个晶轴同在一个晶面上。

2.9.4　三晶面同属一个晶带

已知三个晶面 $(h_1k_1l_1)$、$(h_2k_2l_2)$ 和 $(h_3k_3l_3)$，若满足 $\begin{vmatrix} h_1 & k_1 & l_1 \\ h_2 & k_2 & l_2 \\ h_3 & k_3 & l_3 \end{vmatrix}=0$，则可判定三个晶面同属于一个晶带。

晶带的概念在理论和实验中都有着广泛的应用。在进行晶体衍射分析时，晶体点阵中晶带轴为 $[uvw]$ 的晶面 (hkl) 在后面即将学习到的倒易点阵中成为一系列阵点，非常方便进行衍射图谱的讨论和数学解析。

2.10　晶　面　间　距

两相邻近平行晶面间的垂直距离称作晶面间距，用 d_{hkl} 表示。从原点作 (hkl) 晶面的法线，则法线被最近的 (hkl) 面所交截的距离即晶面间距。在实际晶体中，晶面间距能够影响相邻晶面上原子间的相互作用程度，从而对材料的物理和化学性质产生显著影响。

晶面指数不仅确定了晶面的位向，也确定了晶面间距。如图 2.59 所示，对于不同的晶面族 $\{hkl\}$，其晶面间距也不同。总体来讲，低指数晶面的面间距较大，高指数晶面的面间距较小；晶面间距越大，该晶面上的原子排列越密集；晶面间距越小，该晶面上的原子排列越稀疏。

由晶面指数的定义，可用数学方法求出晶面间距。如图 2.60 所示，设晶面 ABC 为距离原点 O 最近的晶面，则晶面 ABC 在三个晶轴上的截距分别为 a/h、b/k 和 c/l，因此该平面法线方向的方向余弦分别为：$\cos\alpha=\dfrac{dh}{a}$，$\cos\beta=\dfrac{dk}{b}$，$\cos\gamma=\dfrac{dl}{c}$，其中 α、β、γ 为平面法线与三轴的交角(并非晶格参数里的轴间夹角)，d 即晶面间距 d_{hkl}，故有

$$d_{hkl}^2\left[\left(\frac{h}{a}\right)^2 + \left(\frac{k}{b}\right)^2 + \left(\frac{l}{c}\right)^2\right] = \cos^2\alpha + \cos^2\beta + \cos^2\gamma = 1 \qquad (2.9)$$

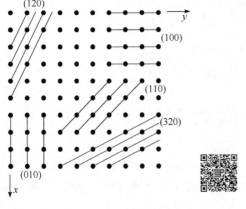

图 2.59　不同指数晶面的晶面间距和原子排列示意图

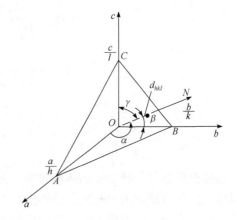

图 2.60　在直角坐标系计算晶面间距示意图

式(2.9)适用于三轴夹角互为 90° 的直角坐标系，进而考虑晶格参数间的关系，可以简化晶面间距的计算。例如：

立方晶系 $(a=b=c)$：　$d_{hkl} = \dfrac{a}{\sqrt{h^2+k^2+l^2}}$

正交晶系 $(a \neq b \neq c)$：　$d_{hkl} = \dfrac{1}{\sqrt{\left(\dfrac{h}{a}\right)^2 + \left(\dfrac{k}{b}\right)^2 + \left(\dfrac{l}{c}\right)^2}}$

正方晶系 $(a=b \neq c)$：　$d_{hkl} = \dfrac{a}{\sqrt{h^2+k^2+\left(\dfrac{l}{c/a}\right)^2}}$

对于其他晶系，因为 $\cos^2\alpha + \cos^2\beta + \cos^2\gamma \neq 1$，用这种方法不易求得其晶面间距，将在后面学习到倒易点阵时给出一个计算晶面间距的通解公式。另外还需注意，上述晶面间距计算公式仅适用于简单晶胞。对于复杂晶胞需要考虑晶面层数增加的影响，应根据情况对上述公式进行修正。例如，体心立方晶胞由于中心型原子的存在，(001)晶面之间多了一层同类晶面，可称为(002)面，其晶面间距应为简单晶胞 d_{001} 的一半，等于 $a/2$，由此也可看出具有较低指数的晶面之间间距较大。

对于立方晶体，还容易求得晶向长度 $L_{[uvw]}$、晶向夹角 θ、晶面夹角 φ(和晶面指数相同的法线向量的夹角)及晶向与晶面的夹角 λ(晶向与晶面法向量夹角的余角)；对于其他晶系，这些参数的求取可以借助矢量运算，略复杂，感兴趣的读者可尝试或参考晶体学方面的专著或教科书。

$$L_{[uvw]} = \sqrt{(ua)^2 + (va)^2 + (wa)^2} = a\sqrt{u^2+v^2+w^2}$$

$$\cos\theta = \frac{u_1 u_2 + v_1 v_2 + w_1 w_2}{\sqrt{u_1^2 + v_1^2 + w_1^2} \cdot \sqrt{u_2^2 + v_2^2 + w_2^2}}$$

$$\cos\varphi = \frac{h_1 h_2 + k_1 k_2 + l_1 l_2}{\sqrt{h_1^2 + k_1^2 + l_1^2} \cdot \sqrt{h_2^2 + k_2^2 + l_2^2}}$$

$$\sin\lambda = \frac{hu + kv + lw}{\sqrt{h^2 + k^2 + l^2} \cdot \sqrt{u^2 + v^2 + w^2}}$$

2.11　晶　体　投　影

晶体投影是另一种表示晶体取向的方法，称为图示法；与之对应，用晶面和晶向指数表示晶体取向的方法称为解析法。晶体投影顾名思义是依照一定的规则把三维空间中的晶体投影在二维平面上，用平面图形反映构成晶体立体形态和对称特点的线、面等几何元素及它们的位向关系。

2.11.1　晶体的球面投影

一个晶体的晶面方位除可用它自身在空间的位置表示外，还可用它的法线表示出来。设想以晶体的中心为球心，任意长为半径，绘一个球面包围晶体；然后从球心(注意并非每个晶面本身的中心，但可以认为所绘球面的半径远大于晶体尺寸，因而可以认为所有晶面都通过球心)引各自晶面的法线，延长后将各与球面相交于一点，这些点称为相应晶面的极点，如图 2.61(a)所示的晶面及各自的极点，而这个球面称为参考球。进而，如果把晶面沿着它的外沿扩大，将与参考球的球面相交，交线称为面痕或者迹线。由于假定各晶面都通过圆心，故面痕必为大圆，如图 2.61(b)两个晶面在球面上相应的面痕。如果是晶向，则使其延长线与参考球相交，所得的两个点(互称对跖点)称为迹点或出露点。晶体在参考球面的投影点，消除了晶面大小、远近等影响因素，面角方位及其之间的关系就得到凸显。很显然，经过投影处理后，图 2.61(b)中两个晶面的夹角 α 就等于晶面和参考球面交线大圆的夹角，也等于它们法线向量的夹角，进而演变成两个极点 P_1 和 P_2 之间弧长的测量。

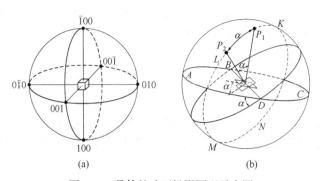

图 2.61　晶体的球面投影原理示意图

为确定极点在球面上的位置，以及测量各极点对应晶面间的夹角，需在参考球面上建立坐标网。如同描述地球上任一地点的方位可以使用经度和纬度一样，球面坐标也可以采取类似表达。如图 2.62 所示，取参考球的一直径 NS 作为南北极，过球心 O′ 且垂直于 NS 的大圆称为赤道，平行于赤道大圆的一系列等角距离平面与参考球交成纬线，通过 NS 轴的等角距离平面与球面交成经线，这种标有经纬坐标网的参考球称为刻度球，其面上某极点 M 的位置可用经度(φ)和纬度(ρ)精确表示。

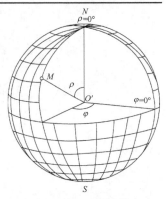

图 2.62　球面坐标及其表达

2.11.2　晶体的极射投影

在球面上测量弧长不是很方便，应投影到二维平面上来进行。将三维的晶体球面投影转换至二维平面上有多种方法，晶体学中多采用极射赤面投影。其基本原理是：以球的南北极为观测点，赤道面为投影面。连接南极与北半球的极点，连线与投影面的交点即为晶面的投影，如图 2.63(a)中的 S_3 点。投影图的边界大圆与参考球直径相等，称为基圆。位于南半球的极点应与北极连线[如图 2.63(a)中 S_2 点，若仍与南极连线，则投影点跑到基圆以外，如图中的 S_1 点]，所得投影点可另选符号，使之与北半球的投影点相区分。若将参考球比拟为地球，地球的南北两极选为视点，相当于将球面投影投射到地球的赤道平面上，故称为极射赤面投影。应该指出，投射平面并不只限于放在赤道面上，而是可以根据需要把它放到垂直于视点和参考球心连线的任何其他位置，从而得到一般称谓的极射投影。显然，变更视点位置只改变投影在平面上的放大倍数[图 2.63(b)]，并不影响所描述的晶面间的位向关系。

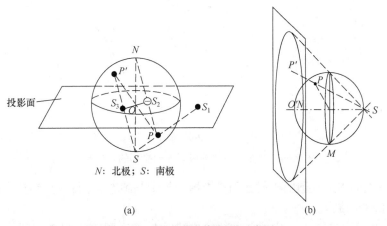

(a)　　　　　　　　　　(b)

图 2.63　极点的极射投影示意图

如果投影球面上的极点排列密集，接近连线形成圆弧，就需要对这些弧线进行分类并了解它们在赤平面上的投影性质。圆弧可分为两类，一类是大圆，即圆弧所在平面通过圆心，或者说此类圆弧构成的圆仍以刻度球半径为半径；另一类是小圆，其所在平面不经过球心，半径小于刻度球半径。小圆还可以细分为水平小圆、垂直小圆和任意小圆。这些圆弧在经过极射赤面投影后在赤平面上分别对应不同的形状，可以参照图 2.64 示意的情况，总结如下。

(1) 和赤道面垂直(或包含 NS 轴)的大圆在赤平面上的投影都是投影基圆的直径，即构成这个大圆的极点的赤平投影都在基圆的直径上。

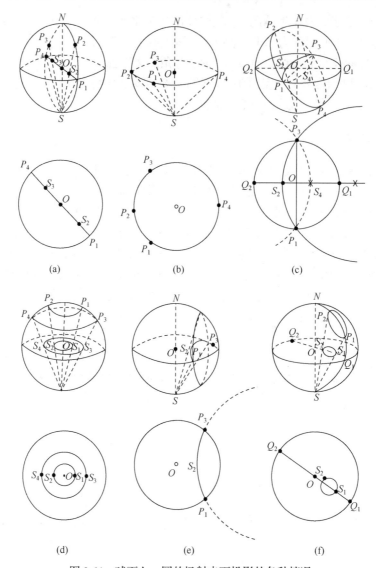

图 2.64　球面上一圆的极射赤面投影的各种情况

(2) 投影球面的赤道大圆的极射赤面投影即为投影基圆本身，即构成赤道大圆的极点的赤平投影都在基圆的圆周上。

(3) 与赤道面不垂直，有一定夹角(或与 NS 轴斜交)的大圆(称为倾斜大圆)，其极射赤面投影为半径很大的圆，且一部分圆弧位于投影基圆以外，通常只取位于投影基圆内的一段圆弧来表示此倾斜大圆的极射赤面投影，此段圆弧称为大圆弧，该圆弧的弦长和基圆直径相等。

(4) 和赤道面平行的小圆其极射赤面投影为与投影基圆同心的圆——同心圆。

(5) 与投影球的 NS 轴平行(或垂直于赤道面)的小圆，其极射赤面投影仍为圆，但其一部分位于投影基圆之外，通常只取位于投影基圆内的一段圆弧来表示此种小圆，并称此段圆弧为小圆弧。

(6) 投影球面上任意一小圆的极射赤面投影为不与投影基圆同心的圆——非同心圆。

投影球面上任意两点之间的大圆弧段的弧度，既是这两点所代表的两条晶向直线间的交角，也是它们所代表的两个平面间的交角。当投影球面上的点转换为赤道平面上投影点后，如何在极射赤面投影面上用两点间投影线段来度量投影球面上两点间的弧度是晶体从三维向二维投影的核心问题，这一问题可借助一种称为乌尔夫网的特殊尺规，用直接度量或作图的方法进行解决。

2.11.3　乌氏网

如图 2.65 所示，将视点置于赤道上，把图 2.62 所示的刻度球根据上述投射性质投射到二维平面上，得到的极射投影就是所谓的乌氏网，也称为乌尔夫网(Wulff net)，由俄罗斯晶体学家乔治·乌尔夫(George Wulff，1863—1925)最先发明并使用。更一般地，投射平面会置于投射点与球心连线垂直的基圆处，得到的乌氏网的网面就相当于刻度球的极射赤面投影。

需要注意，经线和纬线仅用以标注投影图上的刻度，使用时仍需以北极(或南极)为视点，这样圆周上的刻度表示方位角，而直径上的刻度表示极矩角。图 2.66 是一张缩小了的乌氏网，可以看出：视点投影在乌氏网的中心，四周为与视点和投影球连线垂直的大圆，即基圆；两个直径为两个相互垂直且垂直于投影面的大圆的投影，小圆弧则相当于球面上和投影面垂直的小圆的投影。具有这样构成的乌氏网可以作为球面坐标的量角规，它基圆上的刻度可以度量方位角 φ，旋转一周为 360°；它直径上的刻度可以用来度量极距角 ρ，从圆心为 $\rho = 0°$，至圆周为 $\rho = 90°$；它大圆弧上的刻度可以用来度量晶面的夹角。

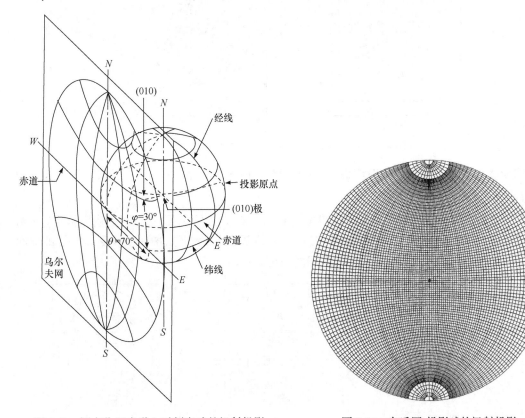

图 2.65　视点位于赤道上时刻度球的极射投影　　　　图 2.66　乌氏网-投影球的极射投影

利用乌氏网可方便读出任一极点的方位，并可测定投影面上任意两极点间的夹角，是研究晶体投影、晶体取向等问题的有力工具。在晶体学上利用乌氏网还可以做多种图解计算，如求晶体常数和晶面符号，根据晶带求可能晶面等。此外，乌氏网在晶体光学、岩石学(如岩质边坡稳定性分析)、构造地质等诸多领域也有广泛的应用，但在缺乏这些领域的实践和相应的专业知识时，理解这些应用有些困难，不在这里赘述，有兴趣的读者可参阅相关参考书。下面仅举出乌氏网的两个应用实例。

【例题 2.12】　根据晶体测量结果，已知一晶面 M 对应极点在球面上的方位角 φ 为 $40°$，极距角 ρ 为 $30°$，做出该晶面 M 的极射赤面投影。

解　如图 2.67(a)所示，取一张半透明纸覆于网上，描出基圆，用"×"标出网中心。在基圆上从 $\varphi = 0°$ 的点开始顺时针数角度至 $\varphi = 40°$，得到标记在图 2.67(a)中的一点，由此点与网中心点作连线，得到方位角为 φ 的大圆面的投影。显然，欲求的投影点必然在这条直线上，并距网中心(视点的投影点)的角距为 ρ。但是，乌氏网在这一方向并未绘出直径，因此保留中心点不动，转动透明纸，使纸上的中心与 $\varphi = 40°$ 的连线与网的横半径重合[图 2.67(b)]，利用横半径上的刻度，从网中心沿到 φ 的直线量得角度 $\rho = 30°$，这样就获得了晶面 M 在赤平面上的投影点。

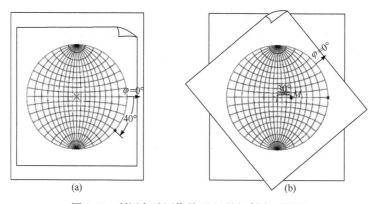

图 2.67　利用乌氏网作晶面 M 的极射赤面投影

【例题 2.13】　已知两晶面对应极点的球面坐标 $M(\rho_1, \varphi_1)$ 和 $P(\rho_2, \varphi_2)$，求这两个晶面的夹角。

解　如图 2.68(a)所示的两晶面球面投影示意图，M、P 为两晶面的球面投影点(极点)，OM 和 OP 为这两个晶面的法线，则两晶面的夹角就是晶面法线 OM 与 OP 的夹角 $\angle MOP$，即球面上过 M 点和 P 点的大圆上 M 点与 P 点之间的弧度。

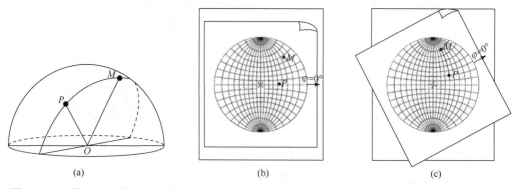

图 2.68　(a)晶面 M 和晶面 P 的球面投影示意图；(b)、(c)晶面 M 和 P 的极射赤面投影及其夹角计算

图 2.68(b)为根据球面坐标所绘出的晶面极点 M 和 P 在乌氏网上的投影点(方法可参照例题 2.12)。然后固定投影中心不动,旋转透明纸,使 M 和 P 点落在乌氏网的一条经线上[图 2.68(c)],在经线上读得 M 和 P 点的刻度,即为这两个晶面的夹角。

2.11.4　标准投影

如果将晶体中的重要晶面都投射在极射赤面投影图中,那么晶体结构中难以显示的晶体取向关系、晶带关系、晶面夹角关系等就都可以一目了然。在作晶体的极射赤面投影时,通常选择对称性明显的低指数晶面作为投射平面,将晶体中各个晶面的极点都投影到所选择的投影面上,这样构成的极射赤面投影称为标准投影,也称为极图。因此,(hkl) 标准投影就意味着投影面是 (hkl),或是此面在参考球面的极点落在投影中心。下面用实例描述标准投影的制作。

【例题 2.14】　制作立方晶体(001)标准极射赤面投影。

解　根据定义,(001)极射赤面投影是(001)晶面在参考球面的极点落在投影面中心时的参考球的投影。从立方晶体几个晶面的球面投影[图 2.69(a)]可以看出,以(001)在投影球面的极点为视点时,(100)极点位于投影图的南极,而(010)极点位于赤道的东端,如图 2.69(b)所示。

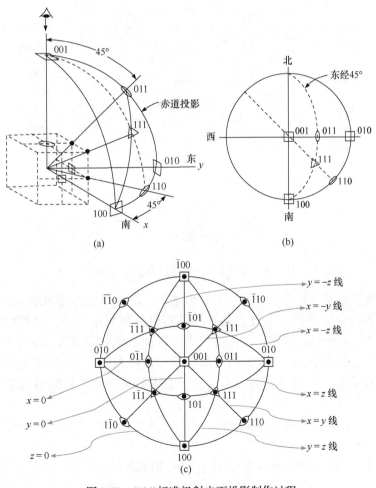

图 2.69　(001)标准极射赤面投影制作过程

再来分析图 2.69(a)中过原点、(100)极点和(011)极点的平面。由图 2.69(a)中的几何关系可以明显看出，该平面在球面上形成一条交线，而在图 2.69(b)的投影图上表现为东经 45°线；而且图 2.69(b)还清楚地表明，(011)极点落在这条东经线和赤道的交点上。仍由图 2.69(a)可见，(111)极点位于东经 45°线上，也必然位于过(001)和(110)极点的大圆上。这个大圆和投影面(001)垂直，在投影图上是一条直线，因此如图 2.69(b)所示，(111)极点落在该直线与东经 45°线的交点上。根据立方晶系的对称性，(001)投影图的其余部分很容易做出，其结果显示在图 2.69(c)中。

在测定晶体取向时，标准投影图很有用处，因为它能清晰表示晶体中所有重要的相对取向和对称关系。利用标准投影图可以不必经过计算，只通过图上作业就能找出晶面对应的极点在图中的位置，反之也能在定出投影图中所有极点的指数。图 2.70 是更加详细的(001)标准立方晶系投影图。

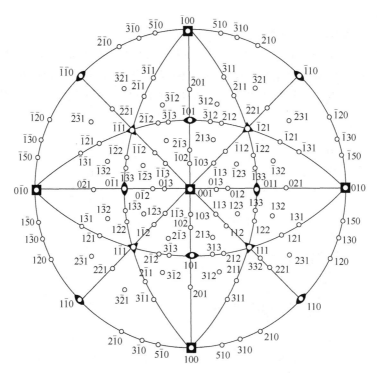

图 2.70　立方晶系(001)标准极射赤面投影

使用标准投影图要注意几个方面：①一般来说，晶体中的晶面很多，而标准极图只能标出一些低指数的重要晶面，不过正是这些低指数晶面集中反映了材料的物理及化学特性，在材料科学研究中基本够用；②标准投影中有时不标对称符号，而改用大小不等的圆点表示；③在立方晶系中，由于晶面间夹角与点阵常数无关，所以立方晶系的晶体皆可使用同一组标准投影图，但对于其他晶系，由于晶面间夹角受点阵常数改变的影响，不能通用。

【练习 2.9】　讨论一个晶面与赤道平面平行、斜交或垂直时，投影点与投影基圆圆心之间的距离关系。

【练习 2.10】　作立方体、四方柱(不计上下底面)的各晶面投影，讨论它们的关系。

2.12 倒 易 点 阵

回顾历史，人们利用 X 射线衍射研究晶体结构的过程可以用图 2.71 简单却形象地描述。当一束波长为 λ 的光入射到指数为 $(h_1k_1l_1)$ 的晶面上时，产生反射，反映在屏幕上是 A 点；当反射晶面的位向改变至 $(h_2k_2l_2)$ 时，屏幕上的反射点也发生变化，变成 B 点。显然，从入射光到反射屏幕上的点是一个实验观察过程，如同劳厄在弗里德里克和柯尼平协助下用 X 射线照射五水合硫酸铜晶体得到的衍射斑点。自然的，人们就想知道，如何从屏幕上的反射点 A、B 或衍射图谱推演晶面情况或晶体结构，这便形成了科学研究的过程。这一过程包括模型假设、简化、机理讨论和数学模型的建立及推演，从而达到对客观事物内在本质的认识。下面通过对布拉格衍射方程的讨论，引入本节将要学习的倒易点阵以及它对晶体学研究带来的便利。

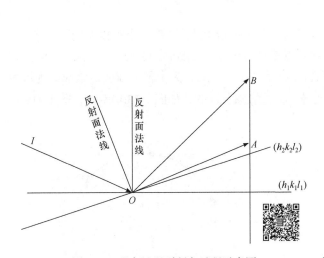

图 2.71 观察过程到研究过程示意图

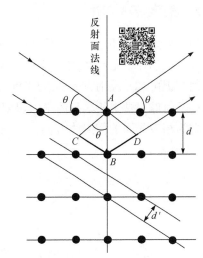

图 2.72 X 射线在晶体多个晶面上的衍射示意图

2.12.1 布拉格方程

将波长为 λ 的平行 X 光束以入射角为 θ 投射到具有多个平行晶面的晶体上，如图 2.72 所示，将在晶面间距为 d_{hkl} 的两层晶面上均发生发射。如果左边一束光经历波程 $BC + BD = n\lambda$，n 为包括零的整数，则两束光离开晶体后将具有相同的位相，相干结果可以达到衍射极大；反之，若 $BC + BD \neq n\lambda$，则离开晶体后它们的位相不同，不能相干得到衍射极大甚至相互抵消。由图 2.72 中的几何关系可知光程差需满足 $\Delta = BC + BD = n\lambda$，而 $BC + BD = 2d_{hkl}\sin\theta$，所以有

$$2d_{hkl}\sin\theta = n\lambda \tag{2.10}$$

此即布拉格方程。式中，n 为衍射级数；θ 为入射线或反射线与反射面的夹角，称为掠射角，由于它等于入射线与衍射线夹角的一半，故又称为半衍射角，把 2θ 称为衍射角。式(2.10)也可以表示成

$$2\left(\frac{d_{hkl}}{n}\right)\sin\theta = \lambda \tag{2.11}$$

因为 $d_{hkl}/n = d_{nhnknl}$，故可把 (hkl) 晶面的 n 级反射看成是与 (hkl) 晶面平行，但晶面间距缩小了 n 倍的 $(nh\, nk\, nl)$ 晶面的一级反射。令 $d = d_{hkl}/n$，则布拉格方程可以表示成更一般的形式，即

$$2d\sin\theta = \lambda \tag{2.12}$$

　　由于布拉格条件左边最大为 $2d$，因此对于波长 $\lambda \gg d$ 的光是不合适的。例如，可见光的波长就不满足布拉格条件。此外，由 $d = \dfrac{\lambda}{2\sin\theta} \geq \dfrac{\lambda}{2}$ 可知，只有晶面间距大于半波长的晶面才能产生衍射斑点，所以晶体中还存在大量晶面其间距不满足这个条件，并不能被 X 射线衍射所表征。

2.12.2　埃瓦尔德反射球

　　当入射条件(波长、方向)不变时，每个产生衍射的晶面组都对应着一个等腰矢量三角形，如图 2.73(a)所示。这些衍射矢量三角形的共同点是拥有公共边 S_0 和公共顶点 O (样品位置)。由几何知识可知，反射方向 S 的终点必落在以 O 为中心、以 $|S_0|$ 为半径的球上，该球称为埃瓦尔德反射球，是由德国晶体学家保罗·彼得·埃瓦尔德引进的，如图 2.73(b)所示，图中 OS 方向即为相应晶面的衍射线方向。

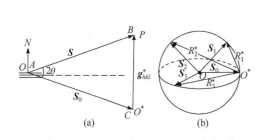

图 2.73　(a)衍射矢量三角形和(b)埃瓦尔德反射球

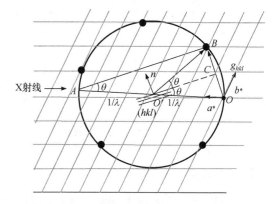

图 2.74　X 射线衍射埃瓦尔德图解法

　　将式(2.12)做如下变形：

$$\sin\theta = \frac{\lambda}{2d} = \frac{1}{d}\cdot\frac{\lambda}{2} = \frac{1/d}{2/\lambda} \tag{2.13}$$

针对式(2.13)，很容易以入射 X 射线波长的倒数 $1/\lambda$ 为半径构建埃瓦尔德反射球，如图 2.74 所示，球心位于试样 O' 点，X 射线沿球的直径方向入射，和晶面夹角为 θ。显然，球面上所有的点均满足布拉格方程要求的条件，从球心到任意一点的连线是衍射方向，衍射点的具体位置取决于 $1/d$ 值的大小，即矢量 OB 的长度。经过这样处理，便把晶体中能够衍射的每一组晶面都对应到埃瓦尔德反射球上的一个点，这些点可以构成另一个点阵，如果以 X 射线沿直径方向穿出反射球的交点 O 为原点，则原点 O 到这个点阵中每个阵点的矢量不仅和样品晶体的衍

射晶面垂直，而且长度等于样品晶体晶面间距的倒数。这个经埃瓦尔德反射球衍生出来的新点阵称为倒易点阵，对应的原样品晶体的点阵就称为正点阵。人们自然要思考，这个新点阵或倒易点阵具有怎样的数学结构，它和正点阵具有怎样的关系才能满足从新点阵的原点到任一阵点的矢量能够沿着正点阵对应晶面的法线方向，并且其长度能够等于正点阵中该晶面晶面间距的倒数。幸运的是，数学家和物理学家已经回答了这些问题，也就是接下来要讨论的主要内容。

2.12.3　倒易点阵的基矢

上面的讨论已经给出了对倒易点阵的基本要求，即从倒易点阵的原点(可任意选取)出发，可以引出一系列矢量，分别垂直于正点阵中各个晶面，且其长度等于对应晶面间距的倒数。根据这个要求，可以根据正点阵的基矢求出倒易点阵的基矢，从而确定出和正点阵对应的倒易点阵设。

设正点阵 S 中晶胞的基矢为 $\boldsymbol{a}$ 、$\boldsymbol{b}$ 和 $\boldsymbol{c}$ ，倒易点阵 S^* 的基矢为 $\boldsymbol{a}^*$ 、$\boldsymbol{b}^*$ 和 $\boldsymbol{c}^*$ ，如图 2.75 所示，按倒易点阵的要求，$\boldsymbol{a}^*$ 要和正点阵(100) 晶面垂直，即平行于(100)晶面的法线方向，因此有 $\boldsymbol{a}^* \parallel (\boldsymbol{b} \times \boldsymbol{c})$ ，且它的长度等于(100)晶面间距的倒数，即 $\left| \boldsymbol{a}^* \right| = 1 / d_{(100)}$ 。综合这些条件可以得到

$$\boldsymbol{a}^* = \frac{\boldsymbol{b} \times \boldsymbol{c}}{\left| \boldsymbol{b} \times \boldsymbol{c} \right|} \cdot \frac{1}{d_{(100)}}$$

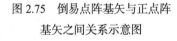

图 2.75　倒易点阵基矢与正点阵基矢之间关系示意图

而 $d_{(100)} = \boldsymbol{a} \cdot \dfrac{\boldsymbol{b} \times \boldsymbol{c}}{\left| \boldsymbol{b} \times \boldsymbol{c} \right|}$ ，代入上式可以得到 $\boldsymbol{a}^*$ ，同样可以获得 $\boldsymbol{b}^*$ 和 $\boldsymbol{c}^*$ ，因此倒易点阵基矢和正点阵基矢之间的关系可总结为

$$\left.\begin{array}{l} \boldsymbol{a}^* = \dfrac{\boldsymbol{b} \times \boldsymbol{c}}{\boldsymbol{a} \cdot (\boldsymbol{b} \times \boldsymbol{c})} = \dfrac{\boldsymbol{b} \times \boldsymbol{c}}{V} \\[3mm] \boldsymbol{b}^* = \dfrac{\boldsymbol{c} \times \boldsymbol{a}}{\boldsymbol{b} \cdot (\boldsymbol{c} \times \boldsymbol{a})} = \dfrac{\boldsymbol{c} \times \boldsymbol{a}}{V} \\[3mm] \boldsymbol{c}^* = \dfrac{\boldsymbol{a} \times \boldsymbol{b}}{\boldsymbol{c} \cdot (\boldsymbol{a} \times \boldsymbol{b})} = \dfrac{\boldsymbol{a} \times \boldsymbol{b}}{V} \end{array}\right\} \tag{2.14}$$

式(2.14)中，$V = \boldsymbol{a} \cdot (\boldsymbol{b} \times \boldsymbol{c}) = \boldsymbol{b} \cdot (\boldsymbol{c} \times \boldsymbol{a}) = \boldsymbol{c} \cdot (\boldsymbol{a} \times \boldsymbol{b})$ ，是正点阵中晶胞的体积。求得了倒易点阵的基矢，便可据此做出倒易晶胞。

2.12.4　倒易点阵的基本性质

根据倒易点阵基矢和正点阵之间的关系以及式(2.14)，可以推演出倒易点阵的一些基本性质，总结如下。

(1) 正点阵和倒易点阵基矢的点积同名为 1，不同名为 0，即

$$\left.\begin{array}{l} \boldsymbol{a} \cdot \boldsymbol{a}^* = \boldsymbol{a}^* \cdot \boldsymbol{a} = \boldsymbol{b} \cdot \boldsymbol{b}^* = \boldsymbol{b}^* \cdot \boldsymbol{b} = \boldsymbol{c} \cdot \boldsymbol{c}^* = \boldsymbol{c}^* \cdot \boldsymbol{c} = 1 \\[2mm] \boldsymbol{a} \cdot \boldsymbol{b}^* = \boldsymbol{a}^* \cdot \boldsymbol{b} = \boldsymbol{b} \cdot \boldsymbol{c}^* = \boldsymbol{b}^* \cdot \boldsymbol{c} = \boldsymbol{c} \cdot \boldsymbol{a}^* = \boldsymbol{a}^* \cdot \boldsymbol{c} = 0 \end{array}\right\} \tag{2.15}$$

从式(2.14)出发，式(2.15)的结论是显然的，很多教科书通过引进新基矢 a^*、b^* 和 c^*，然后用符合式(2.15)表达的关系来定义倒易点阵。如果以此为定义，则可反向推演出式(2.14)，读者可自行验证。

(2) 正点阵晶胞体积 V 和倒易点阵晶胞体积 V^* 之间互呈倒数关系，即

$$V^* = \frac{1}{V} \tag{2.16}$$

证明：

$$V^* = a^* \cdot \left(b^* \times c^*\right) = \frac{1}{V^3}\left\{(b \times c) \cdot \left[(c \times a) \times (a \times b)\right]\right\}$$

$$= \frac{1}{V^3}\left((b \times c) \cdot \left\{\left[(c \times a) \cdot b\right]b - \left[(c \times a) \cdot a\right]b\right\}\right)$$

$$= \frac{1}{V^3}\left[(b \times c) \cdot Va\right] = \frac{1}{V}$$

(3) 正点阵与倒易点阵的基矢互为倒易，即也存在如下关系：

$$\left. \begin{aligned} a &= \frac{b^* \times c^*}{a^* \cdot \left(b^* \times c^*\right)} = \frac{b^* \times c^*}{V^*} \\ b &= \frac{c^* \times a^*}{b^* \cdot \left(c^* \times a^*\right)} = \frac{c^* \times a^*}{V^*} \\ c &= \frac{a^* \times b^*}{c^* \cdot \left(a^* \times b^*\right)} = \frac{a^* \times b^*}{V^*} \end{aligned} \right\} \tag{2.17}$$

证明：

$$\frac{b^* \times c^*}{V^*} = V\left[\frac{c \times a}{V} \times \frac{a \times b}{V}\right]$$

$$= \frac{1}{V}\left\{\left[(c \times a) \cdot b\right]a - \left[(c \times a) \cdot a\right]b\right\} = a$$

其他同理可证。

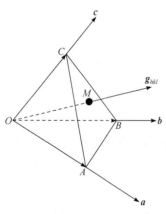

图 2.76　倒易矢量 g_{hkl} 与 (hkl) 晶面的关系示意图

(4) 任意倒易矢量 $g = ha^* + kb^* + lc^*$ 垂直于正点阵中的同指数，即 (hkl) 晶面。

证明：参考图 2.76，其中画出了正点阵的基矢 a、b、c、(hkl) 晶面($\triangle ABC$ 平面)和倒易矢量 $g = ha^* + kb^* + lc^*$，但未标记倒易基矢。只要证明倒易基矢 g 垂直于 $\triangle ABC$ 的各边，则可得出 g 垂直于 (hkl) 晶面。由图可见：

$$g \cdot AB = g \cdot (OB - OA)$$

$$= \left(ha^* + kb^* + lc^*\right) \cdot \left(\frac{b}{k} - \frac{a}{h}\right) = 0$$

故 $g \perp AB$，同理可证 g 也垂直于 BC 和 CA，所以倒易矢量 g 垂直于 (hkl) 晶面。

(5) 倒易矢量长度与正点阵中同指数晶面的晶面间距有倒数关系，即

$$|g| = 1/d_{(hkl)} \tag{2.18}$$

证明： 如图 2.76 所示，既然 $g \perp (hkl)$ 晶面，故 g 与 (hkl) 晶面的交点 M 到原点的距离 OM 就是 (hkl) 的晶面间距 $d_{(hkl)}$，但 OM 等于 OA 在 g 上的投影，所以

$$d_{(hkl)} = OM = OA \cdot \frac{g}{|g|} = \frac{1}{|g|} \frac{a}{h} \cdot \left(ha^* + kb^* + lc^* \right) = \frac{1}{|g|}$$

即 $|g| = \dfrac{1}{d_{(hkl)}}$。同样，正点阵中任意矢量 $(r = ua + vb + wc)$ 长度也对应倒易点阵中同指数倒易晶面 $(uvw)^*$ 间距的倒数，即 $|r| = \dfrac{1}{d_{uvw}^*}$。

(6) 若正点阵 S 的基矢 a、b、c 之间交角为 $a \wedge b = \gamma$、$b \wedge c = \alpha$、$c \wedge a = \beta$，而倒易点阵 S^* 的基矢 a^*、b^*、c^* 之间交角为 $a^* \wedge b^* = \gamma^*$、$b^* \wedge c^* = \alpha^*$、$c^* \wedge a^* = \beta^*$，则可根据式(2.14)得出倒易基矢的模，即

$$|a^*| = \frac{|b||c|\sin\alpha}{V}, \quad |b^*| = \frac{|c||a|\sin\beta}{V}, \quad |c^*| = \frac{|a||b|\sin\gamma}{V} \tag{2.19}$$

同理根据式(2.17)，也可用倒易点阵中的基矢模、相应基矢夹角和晶胞体积计算正点阵的基矢模长。

(7) 倒易点阵 S^* 中基矢夹角与正点阵 S 中相应的基矢夹角存在如下关系，即

$$\left. \begin{aligned} \cos\alpha^* &= \frac{\cos\beta \cdot \cos\gamma - \cos\alpha}{\sin\beta \cdot \sin\gamma} \\ \cos\beta^* &= \frac{\cos\gamma \cdot \cos\alpha - \cos\beta}{\sin\gamma \cdot \sin\alpha} \\ \cos\gamma^* &= \frac{\cos\alpha \cdot \cos\beta - \cos\gamma}{\sin\alpha \cdot \sin\beta} \end{aligned} \right\} \tag{2.20}$$

证明：

$$\cos\alpha^* = \frac{b^* \cdot c^*}{|b^*||c^*|} = \frac{(c \times a) \cdot (a \times b)}{|c \times a||a \times b|} = \frac{\begin{vmatrix} c \cdot a & c \cdot b \\ a \cdot a & a \cdot b \end{vmatrix}}{|c \times a||a \times b|}$$

$$= \frac{|c||a|\cos\beta \cdot |a||b|\cos\gamma - |c||b|\cos\alpha|a|^2}{|a|^2|b||c|\sin\beta \cdot \sin\gamma}$$

$$= \frac{|a|^2|b||c|\left(\cos\beta \cdot \cos\gamma - \cos\alpha \right)}{|a|^2|b||c|\sin\beta \cdot \sin\gamma} = \frac{\cos\beta \cdot \cos\gamma - \cos\alpha}{\sin\beta \cdot \sin\gamma}$$

其他等式同理可得。

【练习 2.11】 用正交晶系及单斜晶系为例说明倒易点阵和正点阵的关系。

2.12.5　倒易点阵的应用

倒易点阵在解析晶体 X 射线和电子衍射图谱及研究能带理论(布里渊区)方面有重要应用，读者可参看相关专业资料或教科书，这里仅讨论如何利用倒易点阵的性质导出许多具有普适性的晶体学关系式。

1) 推导晶带定律

平行于同一晶轴的晶面属于同一晶带，该晶轴称为晶带轴，通常用 $[uvw]$ 表示。点阵中晶带轴矢量可表示为：$r_{uvw} = ua + vb + wc$；该点阵中某一晶面 (hkl) 对应的倒易矢量可表示为：$r_{hkl}^* = ha^* + kb^* + lc^*$。因为 r_{hkl}^* 垂直于 (hkl) 晶面，故也垂直于晶带轴矢量 r_{uvw}，所以有：$r_{uvw} \cdot r_{hkl}^* = 0$，即：$(ua + vb + wc) \cdot (ha^* + kb^* + lc^*) = 0$，展开再根据式(2.15)就可以得到晶带定律，即：$hu + kv + lw = 0$。

2) 计算晶面间距

设晶面 (hkl) 的面间距为 $d_{(hkl)}$，该晶面对应的倒易矢量为 $r^* = ha^* + kb^* + lc^*$，则根据式(2.18)可得

$$\frac{1}{d_{(hkl)}} = \left| r^* \right|$$

因此

$$\frac{1}{d_{(hkl)}^2} = \left| r^* \right|^2 = r^* \cdot r^*$$

$$= \left(ha^* + kb^* + lc^* \right) \cdot \left(ha^* + kb^* + lc^* \right)$$

$$= h^2 \left(a^* \right)^2 + k^2 \left(b^* \right)^2 + l^2 \left(c^* \right)^2 + 2hka^* \cdot b^* + 2klb^* \cdot c^* + 2lhc^* \cdot a^*$$

而

$$\left(a^* \right)^2 = \frac{\left| b \times c \right|^2}{V^2} = \frac{\left| b \right|^2 \left| c \right|^2 \sin^2 \alpha}{V^2}, \quad \left(b^* \right)^2 = \frac{\left| c \right|^2 \left| a \right|^2 \sin^2 \beta}{V^2}, \quad \left(c^* \right)^2 = \frac{\left| a \right|^2 \left| b \right|^2 \sin^2 \gamma}{V^2}$$

$$a^* \cdot b^* = \frac{1}{V^2} \left[(b \times c) \cdot (c \times a) \right] = \frac{\left| a \right| \left| b \right| \left| c \right|^2}{V^2} (\cos \alpha \cos \beta - \cos \gamma)$$

$$b^* \cdot c^* = \frac{1}{V^2} \left[(c \times a) \cdot (a \times b) \right] = \frac{\left| b \right| \left| c \right| \left| a \right|^2}{V^2} (\cos \beta \cos \gamma - \cos \alpha)$$

$$c^* \cdot a^* = \frac{1}{V^2} \left[(a \times b) \cdot (b \times c) \right] = \frac{\left| c \right| \left| a \right| \left| b \right|^2}{V^2} (\cos \gamma \cos \alpha - \cos \beta)$$

上面几个式子中，V 为晶胞的体积，其一般计算公式可借助矢量运算推导如下：

$$V^2 = \left| (a \times b) \cdot c \right|^2 = \left| a \times b \right|^2 \left| c \right|^2 \cos^2 \left[(a \times b) \wedge c \right]$$

$$= \left| a \times b \right|^2 \left| c \right|^2 \left\{ 1 - \sin^2 \left[(a \times b) \wedge c \right] \right\} = \left| a \right|^2 \left| b \right|^2 \left| c \right|^2 \sin^2 \gamma - \left| (a \times b) \times c \right|^2$$

$$= \left| a \right|^2 \left| b \right|^2 \left| c \right|^2 \sin^2 \gamma - \left[c \times (a \times b) \right] \cdot \left[c \times (a \times b) \right]$$

$$= |\boldsymbol{a}|^2 |\boldsymbol{b}|^2 |\boldsymbol{c}|^2 \sin^2\gamma - \left[(\boldsymbol{c}\cdot\boldsymbol{b})\boldsymbol{a} - (\boldsymbol{c}\cdot\boldsymbol{a})\boldsymbol{b}\right] \cdot \left[(\boldsymbol{c}\cdot\boldsymbol{b})\boldsymbol{a} - (\boldsymbol{c}\cdot\boldsymbol{a})\boldsymbol{b}\right]$$

$$= |\boldsymbol{a}|^2 |\boldsymbol{b}|^2 |\boldsymbol{c}|^2 \sin^2\gamma - |\boldsymbol{a}|^2 |\boldsymbol{b}|^2 |\boldsymbol{c}|^2 \left(\cos^2\alpha + \cos^2\beta - 2\cos\alpha\cos\beta\cos\gamma\right)$$

$$= |\boldsymbol{a}|^2 |\boldsymbol{b}|^2 |\boldsymbol{c}|^2 \left(1 - \cos^2\alpha - \cos^2\beta - \cos^2\gamma + 2\cos\alpha\cos\beta\cos\gamma\right)$$

故

$$V = |\boldsymbol{a}||\boldsymbol{b}||\boldsymbol{c}|\sqrt{1 - \cos^2\alpha - \cos^2\beta - \cos^2\gamma + 2\cos\alpha\cos\beta\cos\gamma}$$

为简便计，用 a、b、c 分别代替晶胞三个基矢的模 $|\boldsymbol{a}|$、$|\boldsymbol{b}|$ 和 $|\boldsymbol{c}|$，将以上各式进行整理可得普适性的面间距计算公式，即

$$\frac{1}{d_{(hkl)}^2} = \frac{\dfrac{h}{a}\begin{vmatrix} h/a & \cos\gamma & \cos\beta \\ k/b & 1 & \cos\alpha \\ l/c & \cos\alpha & 1 \end{vmatrix} + \dfrac{k}{b}\begin{vmatrix} 1 & h/a & \cos\beta \\ \cos\gamma & k/b & \cos\alpha \\ \cos\beta & l/c & 1 \end{vmatrix} + \dfrac{l}{c}\begin{vmatrix} 1 & \cos\gamma & h/a \\ \cos\gamma & 1 & k/b \\ \cos\beta & \cos\alpha & l/c \end{vmatrix}}{\begin{vmatrix} 1 & \cos\gamma & \cos\beta \\ \cos\gamma & 1 & \cos\alpha \\ \cos\beta & \cos\alpha & 1 \end{vmatrix}} \tag{2.21}$$

由式(2.21)可以简化计算一些具有特殊点阵参数晶体的晶面间距，例如：

(1) 正交晶体：$\alpha = \beta = \gamma = 90°$，$a \neq b \neq c$，所以

$$d_{(hkl)} = 1 \Big/ \sqrt{\frac{h^2}{a^2} + \frac{k^2}{b^2} + \frac{l^2}{c^2}}$$

(2) 立方晶体：$\alpha = \beta = \gamma = 90°$，$a = b = c$，所以

$$d_{(hkl)} = \frac{a}{\sqrt{h^2 + k^2 + l^2}}$$

(3) 六方晶体：$\alpha = \beta = 90°$，$\gamma = 120°$，$a = b \neq c$，所以

$$d_{(hkl)} = 1 \Big/ \sqrt{\frac{4}{3}\left(\frac{h^2 + hk + k^2}{a^2}\right) + \frac{l^2}{c^2}}$$

(4) 四方晶体：$\alpha = \beta = \gamma = 90°$，$a = b \neq c$，所以

$$d_{(hkl)} = 1 \Big/ \sqrt{\left(\frac{h^2 + k^2}{a^2}\right) + \frac{l^2}{c^2}}$$

3) 计算晶面夹角

两个晶面 $(h_1k_1l_1)$ 和 $(h_2k_2l_2)$ 的夹角等于它们法线的夹角，由于每个正点阵晶面和其倒易矢量垂直，因此晶面夹角也等于它们对应的倒易矢量的夹角，设两个倒易矢量为

$$\boldsymbol{g}_1^* = h_1\boldsymbol{a}^* + k_1\boldsymbol{b}^* + l_1\boldsymbol{c}^*, \quad \boldsymbol{g}_2^* = h_2\boldsymbol{a}^* + k_2\boldsymbol{b}^* + l_2\boldsymbol{c}^*$$

则

$$\begin{aligned}
\cos\phi &= \frac{\boldsymbol{g}_1^* \cdot \boldsymbol{g}_2^*}{|\boldsymbol{g}_1^*||\boldsymbol{g}_2^*|} = d_1 d_2 \left[\left(h_1\boldsymbol{a}^* + k_1\boldsymbol{b}^* + l_1\boldsymbol{c}^*\right) \cdot \left(h_2\boldsymbol{a}^* + k_2\boldsymbol{b}^* + l_2\boldsymbol{c}^*\right)\right] \\
&= d_1 d_2 \left[\begin{array}{l} h_1 h_2 \left(\boldsymbol{a}^*\right)^2 + k_1 k_2 \left(\boldsymbol{b}^*\right)^2 + l_1 l_2 \left(\boldsymbol{c}^*\right)^2 + (h_1 k_2 + h_2 k_1)\boldsymbol{a}^* \cdot \boldsymbol{b}^* \\ \quad + (l_2 h_1 + l_1 h_2)\boldsymbol{c}^* \cdot \boldsymbol{a}^* + (k_1 l_2 + k_2 l_1)\boldsymbol{b}^* \cdot \boldsymbol{c}^* \end{array}\right]
\end{aligned} \tag{2.22}$$

式(2.22)中的 d_1 和 d_2 分别为晶面 $(h_1k_1l_1)$ 和 $(h_2k_2l_2)$ 的面间距,用推导式(2.21)时得到的各个关系式代入式(2.22),便可得到计算晶面夹角的一般公式,这里不再赘述。针对具有特定点阵的晶体,晶面夹角计算可适当简化,例如:

(1) 正交晶体: $\alpha = \beta = \gamma = 90°$,$a \neq b \neq c$,所以

$$\cos\phi = \frac{\frac{h_1h_2}{a^2} + \frac{k_1k_2}{b^2} + \frac{l_1l_2}{c^2}}{\sqrt{\left(\frac{h_1^2}{a^2} + \frac{k_1^2}{b^2} + \frac{l_1^2}{c^2}\right)\left(\frac{h_2^2}{a^2} + \frac{k_2^2}{b^2} + \frac{l_2^2}{c^2}\right)}}$$

(2) 立方晶体: $\alpha = \beta = \gamma = 90°$,$a = b = c$,所以

$$\cos\phi = \frac{h_1h_2 + k_1k_2 + l_1l_2}{\sqrt{\left(h_1^2 + k_1^2 + l_1^2\right)\left(h_2^2 + k_2^2 + l_2^2\right)}}$$

(3) 六方晶体: $\alpha = \beta = 90°$,$\gamma = 120°$,$a = b \neq c$,所以

$$\cos\phi = \frac{h_1h_2 + k_1k_2 + \frac{1}{2}(h_1k_2 + k_1h_2) + \frac{3}{4}\frac{a^2}{c^2}l_1l_2}{\sqrt{h_1^2 + k_1^2 + h_1k_1 + \frac{3}{4}\frac{a^2}{c^2}l_1^2}\sqrt{h_2^2 + k_2^2 + h_2k_2 + \frac{3}{4}\frac{a^2}{c^2}l_2^2}}$$

(4) 四方晶体: $\alpha = \beta = \gamma = 90°$,$a = b \neq c$,所以

$$\cos\phi = \frac{\frac{h_1h_2 + k_1k_2}{a^2} + \frac{l_1l_2}{c^2}}{\sqrt{\frac{h_1^2 + k_1^2}{a^2} + \frac{l_1^2}{c^2}}\sqrt{\frac{h_2^2 + k_2^2}{a^2} + \frac{l_2^2}{c^2}}}$$

2.12.6 复杂晶胞的倒易点阵

对于简单晶胞或原胞,选取晶胞的三条边为基矢,便可以确定出倒易基矢 a^*、b^* 和 c^*,然后根据给定的整数值 h、k、l,作出相应的倒易矢量 $g^* = ha^* + kb^* + lc^*$,该矢量的端点就是倒易点阵的阵点。但对于复杂晶胞,如体心立方或面心立方,如果仍选取晶胞的三条边为正点阵的基矢 a、b 和 c,根据式(2.14)同样能求得倒易点阵的基矢,并且无论对体心立方还是面心立方晶体,这些倒易基矢都相同,也和简单立方晶体的倒易基矢一样,但是得不到相同的倒易点阵。例如,简单立方晶体中沿 c 基矢方向距原点最近的晶面是 (001) 面,它对应着倒易点阵中的 $(0,0,1)$ 阵点;但体心立方和面心立方晶体中由于体心和面心阵点的存在,在 c^* 方向距离原点最近的晶面是 (002) 面,而不是 (001) 面,因此沿 c^* 方向出现的第一个阵点是 $(0,0,2)$,它距原点的距离是 $1/d_{(002)} = 2/a$,而不会出现 $(0,0,1)$ 这个阵点,再往下是 n 级衍射转换成的假想平面对应的 $(0,0,4)$、$(0,0,6)$ 等结点。再如,面心立方点阵的 $\langle110\rangle$ 方向,这个方向距离原点最近的晶面是 (220) 面而不是 (110),因此,在倒易点阵的 $\langle110\rangle^*$ 方向出现的第一个阵点是 $(2,2,0)$ 而不是 $(1,1,0)$。

已知倒易点阵中的每个阵点对应正点阵中一组平行的平面,而这组平行面需要包含正点阵的所有阵点。实际上,推导布拉格方程的示意图 2.72,衍射不能越过一些平面进行,而体

心立方晶体的 (001) 平行晶面族和面心立方晶体的 (110) 平行晶面族只能包含各自点阵的一半阵点，故它们在倒易点阵中没有对应的阵点；相比较，体心立方晶体的 (002) 平行晶面族和面心立方晶体的 (220) 平行晶面族都能包含各自点阵的所有阵点，所以这些晶面在倒易点阵中有相应的阵点。

晶面指数符合怎样条件的晶面族才会在晶体的倒易点阵中有对应的阵点，可以在数学上推演出来。参考图 2.77，假定坐标为 (x, y, z) 的 A 原子位于第 n 层 (hkl) 晶面上(以原点 O 所在的平面为 0 层)，则 OA 可用正点阵的基矢 $\boldsymbol{a}$、$\boldsymbol{b}$ 和 $\boldsymbol{c}$ 表示，即 $OA = x\boldsymbol{a} + y\boldsymbol{b} + z\boldsymbol{c}$。若作到倒易矢量 $\boldsymbol{g}^* = OH = h\boldsymbol{a}^* + k\boldsymbol{b}^* + l\boldsymbol{c}^*$ 与第 n 层 (hkl) 晶面交于 B 点，那么显然有 $|OB| = nd_{(hkl)}$，则根据图中所示的几何关系：

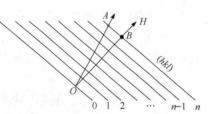

图 2.77 晶面族在晶体的倒易点阵中有对应阵点的条件

$$nd_{(hkl)} = OA \cdot \frac{\boldsymbol{g}^*}{|\boldsymbol{g}^*|}$$

$$= (x\boldsymbol{a} + y\boldsymbol{b} + z\boldsymbol{c}) \cdot \frac{\left(h\boldsymbol{a}^* + k\boldsymbol{b}^* + l\boldsymbol{c}^*\right)}{\dfrac{1}{d_{(hkl)}}}$$

$$= (hx + ky + lz)d_{(hkl)}$$

从而可以得到

$$hx + ky + lz = n \quad (n = 0, \pm 1, \pm 2, \cdots) \tag{2.23}$$

式(2.23)给出了晶面族在晶体的倒易点阵中有对应阵点的指数条件，即与晶面原子坐标满足这个条件的指数标记的晶面才会有对应的阵点出现在倒易点阵中。这样看体心立方点阵，由于正点阵中坐标为 $\left(\dfrac{1}{2}, \dfrac{1}{2}, \dfrac{1}{2}\right)$ 的体心阵点的存在，晶面指数需要满足 $(h + k + l) / 2 = n$ 这个条件才会有阵点出现在倒易点阵中，表明 $(h + k + l)$ 必须为偶数。因此，体心立方的倒易点阵中没有 (100) 晶面对应的阵点。再如面心立方点阵，由于坐标为 $\left(\dfrac{1}{2}, \dfrac{1}{2}, 0\right)$、$\left(\dfrac{1}{2}, 0, \dfrac{1}{2}\right)$ 和 $\left(0, \dfrac{1}{2}, \dfrac{1}{2}\right)$ 的面心点的存在，要求晶面指数满足 $(h + k) / 2 = n$，$(h + l) / 2 = n$ 和 $(k + l) / 2 = n$，即要求指数 h、k 和 l 同为奇数或同为偶数，这也是面心立方晶体 (110) 晶面在倒易点阵中不出现对应阵点的原因。

2.12.7 实际晶体的倒易点阵

有了上面的讨论基础，可以确定出一些实际晶体的倒易点阵。

(1) 简单立方点阵。

根据式(2.14)，可求得倒易基矢为

$$\boldsymbol{a}^* = \frac{\boldsymbol{b} \times \boldsymbol{c}}{V} = \frac{a^2}{a^3}\boldsymbol{i} = \frac{1}{a}\boldsymbol{i}$$

$$b^* = \frac{c \times a}{V} = \frac{1}{a} j$$

$$c^* = \frac{a \times b}{V} = \frac{1}{a} k$$

式中，a 为正点阵基矢的模；i、j 和 k 为正点阵基矢的单位矢量。可见倒易点阵的基矢 a^*、b^* 和 c^* 分别与正点阵的基矢 a、b 和 c 平行，长度分别为正点阵对应模长的倒数，故可得出结论：简单立方点阵的倒易点阵仍为简单立方，晶胞边长为 $1/a$。

(2) 体心立方点阵。

如图 2.78(a)所示，正点阵的基矢取体心立方晶体原胞的三条棱 a、b 和 c，根据体心点在三维空间的位置的坐标，用矢量表示，即

$$a = \frac{a}{2}(i + j - k)$$

$$b = \frac{a}{2}(-i + j + k)$$

$$c = \frac{a}{2}(i - j + k)$$

原胞体积

$$V = a \cdot (b \times c) = \frac{a^3}{2}$$

所以倒易点阵的基矢为

$$a^* = \frac{b \times c}{V} = \frac{\frac{a^2}{4}(2i + 2j)}{\frac{a^3}{2}} = \frac{1}{a}(i + j) = \frac{2/a}{2}(i + j)$$

$$b^* = \frac{c \times a}{V} = \frac{\frac{a^2}{4}(2j + 2k)}{\frac{a^3}{2}} = \frac{1}{a}(j + k) = \frac{2/a}{2}(j + k)$$

$$c^* = \frac{a \times b}{V} = \frac{\frac{a^2}{4}(2i + 2k)}{\frac{a^3}{2}} = \frac{1}{a}(i + k) = \frac{2/a}{2}(i + k)$$

再参考图 2.78(b)，面心立方晶体原胞的基矢可以表示为

$$a = \frac{a}{2}(i + j)$$

$$b = \frac{a}{2}(j + k)$$

$$c = \frac{a}{2}(i + k)$$

对比体心立方晶体倒易点阵的基矢和面心立方晶体原胞的基矢可知，体心立方晶体的倒易点

阵就是一个面心立方点阵[图 2.78(c)]，其立方晶胞的边长为 $2/a$。

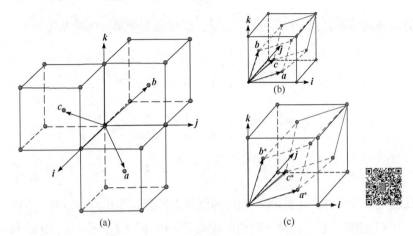

图 2.78　(a)体心立方晶体基矢；(b)面心立方晶体基矢；(c)体心立方晶体的倒易点阵

(3) 面心立方点阵。

如图 2.78(b)所示，正点阵的基矢取面心立方晶体原胞的三条棱 a、b 和 c，根据面心点在三维空间的位置的坐标，用矢量表示，即

$$a = \frac{a}{2}(i+j),\quad b = \frac{a}{2}(j+k),\quad c = \frac{a}{2}(i+k)$$

原胞体积 $V = a \cdot (b \times c) = a^3/4$，则可求得倒易矢量，即

$$a^* = \frac{b \times c}{V} = \frac{\frac{a^2}{4}(i+j-k)}{\frac{a^3}{4}} = \frac{1}{a}(i+j-k) = \frac{2/a}{2}(i+j-k)$$

$$b^* = \frac{c \times a}{V} = \frac{\frac{a^2}{4}(-i+j+k)}{\frac{a^3}{4}} = \frac{1}{a}(-i+j+k) = \frac{2/a}{2}(-i+j+k)$$

$$c^* = \frac{a \times b}{V} = \frac{\frac{a^2}{4}(i-j+k)}{\frac{a^3}{4}} = \frac{1}{a}(i-j+k) = \frac{2/a}{2}(i-j+k)$$

显然，面心立方晶体的倒易点阵是一个体心立方点阵，晶胞边长为 $2/a$。

(4) 简单六方点阵。

如图 2.79 所示，正点阵的基矢取简单六方晶体原胞的三条棱 a、b 和 c，则可根据阵点在空间位置的坐标用矢量表示，即

$$a = \frac{\sqrt{3}a}{2}i + \frac{a}{2}j = a\left(\frac{\sqrt{3}}{2}i + \frac{1}{2}j\right)$$

$$b = -\frac{\sqrt{3}a}{2}i + \frac{a}{2}j = a\left(-\frac{\sqrt{3}}{2}i + \frac{1}{2}j\right)$$

$$c = c\boldsymbol{k}$$

简单六方晶胞的体积 $V = (\boldsymbol{a} \times \boldsymbol{b}) \cdot \boldsymbol{c} = \dfrac{\sqrt{3}}{2} a^2 c$，则可求得倒易点阵的基矢为

$$\boldsymbol{a}^* = \frac{\boldsymbol{b} \times \boldsymbol{c}}{V} = \frac{1}{\sqrt{3}a}\boldsymbol{i} + \frac{1}{a}\boldsymbol{j} = \frac{2}{\sqrt{3}a}\left(\frac{1}{2}\boldsymbol{i} + \frac{\sqrt{3}}{2}\boldsymbol{j}\right)$$

$$\boldsymbol{b}^* = \frac{\boldsymbol{c} \times \boldsymbol{a}}{V} = -\frac{1}{\sqrt{3}a}\boldsymbol{i} + \frac{1}{a}\boldsymbol{j} = \frac{2}{\sqrt{3}a}\left(-\frac{1}{2}\boldsymbol{i} + \frac{\sqrt{3}}{2}\boldsymbol{j}\right)$$

$$\boldsymbol{c}^* = \frac{\boldsymbol{a} \times \boldsymbol{b}}{V} = \frac{1}{c}\boldsymbol{k}$$

由基矢比较可以看出，$\boldsymbol{a}^*$、$\boldsymbol{b}^*$ 和 $\boldsymbol{c}^*$ 确定的倒易点阵仍是简单六方点阵，点阵常数为 $2/\sqrt{3}a$ 和 $1/c$，在位向上相对于正点阵绕 c 轴相向转动了 $30°$，$\boldsymbol{a}^* \perp \boldsymbol{b}$，$\boldsymbol{b}^* \perp \boldsymbol{a}$，而 $\boldsymbol{a}^*$ 和 $\boldsymbol{b}^*$ 的夹角为 $60°$。

(5) 底心正交点阵。

如图 2.80(a)所示的底心正交点阵，选取的正点阵基矢为

$$\boldsymbol{a} = a\boldsymbol{i}, \quad \boldsymbol{b} = \frac{a}{2}\boldsymbol{i} + \frac{b}{2}\boldsymbol{j}, \quad \boldsymbol{c} = c\boldsymbol{k}$$

这个基矢实际上是基于点阵的原胞进行选取[图 2.80(b)]，原胞的体积 $V = \dfrac{abc}{2}$，因此倒易点阵基矢为

$$\boldsymbol{a}^* = \frac{\boldsymbol{b} \times \boldsymbol{c}}{V} = \frac{1}{a}\boldsymbol{i} - \frac{1}{b}\boldsymbol{j} = \left(\frac{\dfrac{2}{a}}{2}\boldsymbol{i} - \frac{\dfrac{2}{b}}{2}\boldsymbol{j}\right)$$

$$\boldsymbol{b}^* = \frac{\boldsymbol{c} \times \boldsymbol{a}}{V} = \frac{2}{b}\boldsymbol{j}$$

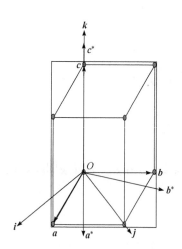

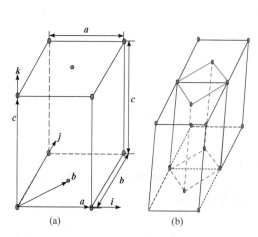

(a)　　　　(b)　　　　(c)

图 2.79　六方正点阵和其倒易点阵的基矢

图 2.80　底心正交点阵(a)及其原胞(b)和倒易点阵(c)

$$c^* = \frac{a \times b}{V} = \frac{1}{c}k$$

比较可得,这组基矢确定的仍是底心正交点阵,如图 2.80(c)所示,点阵常数为 $2/a$、$2/b$ 和 $1/c$。

(6) 证明点阵平面上的阵点密度(单位面积上的阵点数) $\sigma = d/V_c$,其中 V_c 为原胞的体积;d 为该点阵平面所属的平面族中相邻两点阵平面之间的距离。

证明: 考虑晶体点阵中相邻二平行点阵平面所构成的平行六面体,设该平行六面体中包含 n 个阵点,由于一个原胞只含有一个阵点,故这个平行六面体的体积为 $V = nV_c$,或者写成 $V = Ad$,其中 A 为所考虑的平行六面体底面的面积,d 为它的高,由此可得 $Ad = nV_c$,于是点阵平面上的阵点密度为

$$\sigma = \frac{n}{A} = \frac{d}{V_c}$$

(7) 证明面心立方点阵阵点密度最大的平面是 {111} 面,体心立方点阵阵点密度最大的平面是 {110} 面。

证明: 由已经获得的阵点密度和晶面间距的关系可知,面间距 d 较大的点阵平面具有较大的阵点密度。由倒易点阵矢量与晶面间距 d 的关系:

$$\left| g^*_{(hkl)} \right| = \frac{1}{d_{(hkl)}}$$

可知,倒易点阵矢量 $g^*_{(hkl)}$ 越短,与之垂直的点阵平面 (hkl) 阵点密度也就越大。而面心立方点阵的倒易点阵是体心立方点阵,其基矢为

$$a^* = \frac{1}{a}(i+j-k), \quad b^* = \frac{1}{a}(-i+j+k), \quad c^* = \frac{1}{a}(i-j+k)$$

都是最短的倒易点阵矢量,$|a^*| = |b^*| = |c^*|$,并都在立方晶胞的 ⟨111⟩ 方向,所以 {111} 平面有最大的阵点密度。

类似地,体心立方点阵的倒易点阵是面心立方点阵,其基矢为

$$a^* = \frac{1}{a}(i+j), \quad b^* = \frac{1}{a}(j+k), \quad c^* = \frac{1}{a}(i+k)$$

也都是最短的倒易点阵矢量,并都沿立方晶胞的 ⟨110⟩ 方向,故 {110} 平面是体心立方点阵阵点密度最大的平面。

【练习 2.12】 如图 2.81 所示,一个二维晶体点阵由边长 $AB = 4$,$AC = 3$,夹角 $BAC = \pi/3$ 的平行四边形 $ABCD$ 重复组成,试求倒易点阵的初基矢量。

【练习 2.13】 一个单胞的尺寸为 $a = 4$ Å,$b = 4$ Å,$c = 8$ Å,$\alpha = \beta = 90°$,$\gamma = 120°$,试求:①倒易点阵单胞基矢;②倒易点阵单胞体积;③(210)平面的面间距;④此类平面反射的布拉格角(已知 $\lambda = 1.54$ Å)。

【练习 2.14】 ①从体心立方结构铁的 (110) 平面来的 X 射线反射的布拉格角为 22°,X 射线波长 $\lambda = 1.54$ Å,试计算铁的立方晶胞边长;②从体心立方结构铁的 (111) 平面来的反射布拉格角是多少?③已知铁的原子量是 55.8,试计算铁的密度。

【练习 2.15】 试就图 2.82 所示的标注绘出立方二维晶格的倒易晶格。

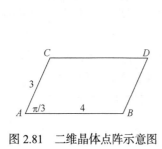

图 2.81　二维晶体点阵示意图

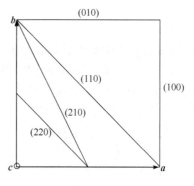

图 2.82　立方二维正晶格示意图

2.13　元素的晶体结构

按照原子核外电子排布可以将元素分类，从而为研究元素性质带来方便。类似地，按照物质的晶体结构，也可以在元素周期表上将元素划分为三大类，如图 2.83 所示。

图 2.83　元素按晶体结构分类示意图
按金属-非金属特性来划分 A、B 族，不是按电子填充特性

第一类包含大多数的金属元素，占元素周期表的三分之二。除少数例外，这些元素都具有典型的金属晶体结构，即体心立方、面心立方和密排六方结构，其特点是以金属键为主，原子排列致密，具有高配位数，易于导电、导热，不易断裂，有金属光泽和良好的延展性。

第三类主要是非金属和一些半导体元素，同样具有鲜明的特点。这类元素原子间结合以共价键为主，配位数符合 $8-N$ 规则，即每个原子具有 $8-N$ 个近邻原子，这里 N 是该元素所属的族数(注意是按金属-非金属特性划分的族)。显然，$8-N$ 规则有助于元素原子通过共价键达到最稳定的外层电子结构。典型的例子是ⅣB 族的碳、硅和锗等元素，它们都具有人们熟知的金刚石结构，如图 2.84(a)所示，图中碳原子位于面心立方点阵的阵点和四个不相邻的四面体间隙位置[图 2.84(b)]。这样，每个碳原子都有 4 个距离为 $\sqrt{3}a/4$ (a 为晶胞的棱长)的最近邻原子，配位数为 4，符合 $8-N$ 规则。

第二类主要包括ⅡB、ⅢB 族及ⅣB 族的一些元素，兼有第一类和第三类元素的某些特点。典型如锌(Zn)和镉(Cd)，虽然具有密排六方结构，但 c/a 比值较大，为 1.86，大于理想的 1.63，故并非严格的密排结构，每个原子只和同一个 (0001) 面的 6 个原子相接触，配位数为 6，故也符合 $8-N$ 规则 ($8-2=6$) 。虽然符合 $8-N$ 规则，但这些元素都只有 2 个价电子，不可能通过

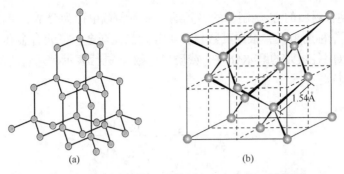

图 2.84　金刚石结构(a)及其面心立方点阵(b)示意图

形成共价键达到稳定结构。实际上，这些元素晶体都是金属，有第一类元素的金属特征。第二类其余的元素如铟、铊和铅等也都具有典型的金属晶体结构，只是点阵常数要比第一类元素大很多，这和它们原子的核电荷、原子半径及电子层结构有关，使原子不能完全电离。

2.14　元素的多晶型性

在元素周期表中，约有 40 多种元素并不只有一种晶体结构，而是随外界条件如温度和压力的变化，其晶体结构会从一种类型向另一种类型转变，这种性质称为物质的多晶型性。这种转变称为多晶型转变或同素异构转变，转变的产物称为同素异构体。作为一个典型的例子，如图 2.85 所示，铁在 912℃以下时呈体心立方结构，称为α-Fe；在 912～1394℃之间转变为面心立方结构，称为γ-Fe；而当温度超过 1394℃时，又变回为体心立方结构，称为δ-Fe；继续升高温度并伴随高压(150 kPa)，铁还可以具有密排六方结构，称为ε-Fe。另外一种金属锡在温度低于 18℃时为金刚石结构，称为α-Sn，也称为灰锡；当温度高于 18℃时转变为正方结构，称为β-Sn，又称为白锡。碳的多晶型性更是常见，如面心立方结构的金刚石和简单六方结构的石墨。同素异构现象在工业应用上具有重要意义，当物质晶型转变时，其物理特征和性能(如体积、强度、塑性、磁性和导电性等)都将发生改变，这也是金属能够通过热处理来改变性能的原因。

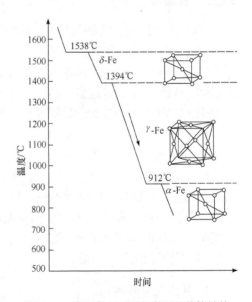

图 2.85　铁元素在不同温度下的晶体结构

2.15　合金的晶体结构

以上讨论的都是纯元素，本节简要介绍在工程实际中已经广泛应用的合金的晶体结构。

顾名思义，合金是由两种或两种以上的金属与金属或非金属经一定方法所合成的具有金属特性的物质，一般通过熔合成均匀液体和凝固而得，但很多采用湿化学法(有液相参加的、通过化学反应来制备材料的方法)制备的多元纳米金属颗粒也称为合金。组成合金的每种元素(包括金属和非金属)称为组元，根据其数目，可分为二元合金、三元合金和多元合金。

合金成分可以用各组元的摩尔分数 x_i 或质量分数 w_i 进行表示，两者之间可以通过下面的关系式进行互相换算：

$$x_i = \frac{\dfrac{w_i}{M_i / N_a}}{\displaystyle\sum_{j=1}^{n} \frac{w_j}{M_j / N_a}} = \frac{w_i / M_i}{\displaystyle\sum_{j=1}^{n} w_j / M_j}$$

$$w_i = \frac{x_i M_i / N_a}{\displaystyle\sum_{j=1}^{n} x_j M_j / N_a} = \frac{x_i M_i}{\displaystyle\sum_{j=1}^{n} x_j M_j}$$

式中，M_i 和 M_j 分别为 i 组元和 j 组元的摩尔质量；N_a 为阿伏伽德罗常量。合金在固态下可能呈单相(由成分、结构都相同的同一种晶粒构成)，也可能呈复相的混合物(由成分、结构互不相同的几种晶粒所构成)。这里主要讨论单相合金，按照晶体结构，将其分为固溶体和金属间化合物。

2.15.1 固溶体

一种组元(溶质，以 B 代替)溶解进另一种组元(溶剂，一般是金属，以 A 代替)所形成的均匀晶体称为固溶体，其特点是保持溶剂 A 的晶体结构或点阵类型不变。B 如果取代部分 A 原子形成固溶体称为置换式固溶体，如果是进入 A 组元点阵的间隙中形成固溶体则称为间隙式固溶体。B 溶入 A 的量越多，则称 A 溶解 B 的能力越强，但一般来说，固溶体都有一定的成分范围，B 在 A 中的最大含量即极限溶解度称为固溶度。

固溶体概念有三个基本要素：①晶体；②溶剂晶体的结构不因溶质的溶入而改变；③溶质原子与溶剂原子在原子尺度上随机混合。这些要素对理解固溶体非常重要，例如，通过熔体急冷而制成的 $Fe_{40}Ni_{40}B_{20}$、$Fe_{77}Si_{13}B_{10}$、Co_xZr_{1-x} 和 $Fe_{80}B_{20}$ 等物质，虽然它们也都在原子级别上实现了均匀混合，但由于不是晶体，可以称为非晶合金，却不能称为固溶体。需要指出，固溶体是材料科学基础课程最重要的概念之一，在学习相图和相平衡内容时会发现二元、三元相图中的单相区(液相除外)都是固溶体，而由于相图的多相区是单相之间平衡的产物，因此固溶体决定了相图的基本面貌。

1. 置换式固溶体

在置换式固溶体中，溶质原子占据了溶剂原子的位置，相当于在维持晶体结构不变的情况下置换掉一部分溶剂原子。若溶剂 A 能够被溶质 B 从纯 A 连续置换，直至形成纯 B，但晶体结构始终保持不变，则称 A-B 为连续固溶体，或者无限固溶体。Cu-Pt 体系是连续固溶体的一个典型例子。

具有相似特征的 A、B 原子容易形成固溶体，固溶度也较大，这一规律称为休姆-罗瑟里定则(Hume-Rothery rule)，是英国牛津大学的著名材料科学大师威廉·休姆-罗瑟里(William Hume-Rothery，1899—1968)前后花费 23 年总结出的经验规则，也称为"相似相溶"，其具体含义包括：

(1) 结构相似：A、B 的结构越相近(甚至相同)，不仅容易形成置换固溶体，且固溶度较大；若形成的是连续固溶体，则溶质和溶剂的结构必须相同。

(2) 尺寸相似：A、B 的原子半径相差越小，越易形成置换固溶体，且固溶度越大。这个很好理解，如果将纯 A 定义为溶剂的标准态，则向其中溶入 B，无论是处于置换位置还是间隙位置，都会引起体系状态的变化，即偏离标准态，这一变化必然伴随体系能量状态的变化，称为应变能。原子半径对固溶度的影响就主要体现在应变能上，原子半径相差较小的体系，溶质溶入引起的应变能也小，因此固溶度较大。一般，当原子半径的相对差别在 15%以上时，就比较不容易形成置换固溶体了。

(3) 电负性相似：电负性是反映原子吸引成键电子的能力，电负性越大，表示其原子吸引成键电子的能力越强，反之，相应原子吸引电子的能力越弱。形成置换固溶体时需要 A、B 原子有相近的电负性，因为当电负性差异较大的元素原子相遇时，倾向于形成化合物而不是固溶体。

(4) 原子价相似：原子价即组元的原子价电子数，等于它们在元素周期表中的族数。溶质与溶剂的原子价越接近，溶质在溶剂中的固溶度越大，这一规律主要针对 Cu、Ag、Au 等价电子数为 1 的金属为溶剂的固溶体，此时固溶体中的结合键主要是金属键。

根据置换固溶体的定义，溶质原子随机占据晶体中溶剂原子的位置，故溶质原子的分布应该是均匀且无序的，如图 2.86(a)所示。但实际上，溶质原子有时在微观上会呈现图 2.86(b)所示的偏聚分布和图 2.86(c)所示的短程有序分布，这种微观不均匀产生的原因是键的类型发生变化。一个混合体系的均匀程度受熵和内能影响，熵一般趋向于增加混乱度，使体系更加均匀，如此微观不均匀性的产生应是来自内能的影响，而体系内能的变化则反映在不同组分间结合，即成键类型变化引起的结合能改变上。为了具体表征键的类型变化所引起的内能改变，引入相互作用参数，即

$$\Omega = e_{AB} - \frac{e_{AA} + e_{BB}}{2}$$

式中，e_{AA}、e_{BB} 和 e_{AB} 分别为 A—A、B—B 与 A—B 之间的结合键能。由于一个 A—A 键和 B—B 键破坏导致形成 2 个 A—B 键，相当于每个 A—B 键形成破坏了 1/2 个 A—A 键和 1/2 个 B—B 键，这个破坏引起的体系能量变化就是相互作用参数 Ω 表示的含义。这样，图 2.86 所示三种状态就可以根据 Ω 的数值进行分类：$\Omega = 0$，无序分布，即 B 原子随机置换 A 原子，因为形成 A—B 键不会引起体系结合能变化；$\Omega > 0$，偏聚分布，即同类原子在一定程度上聚集，因为形成 A—B 键会导致体系结合能增加；$\Omega < 0$，短程有序分布，即异类原子在一定程度上聚集，因为形成 A—B 键会导致体系结合能降低。

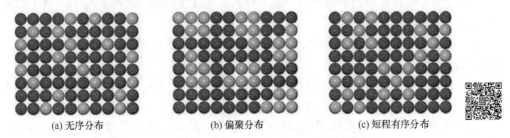

(a) 无序分布　　　　　(b) 偏聚分布　　　　　(c) 短程有序分布

图 2.86　置换固溶体中溶剂、溶质原子的微观状态

当温度较低时，熵的影响大为减弱，置换固溶体中溶质和溶剂原子的短程有序分布有可

能扩大范围，变得长程有序，即 A、B 原子在宏观尺度上作有序分布，如图 2.87(a)所示，这种固溶体称为有序固溶体或超结构。在有序固溶体中，各组元原子分别占据各自的布拉维点阵——称为分点阵，整个固溶体就是由各组元的分点阵组成的复杂点阵。

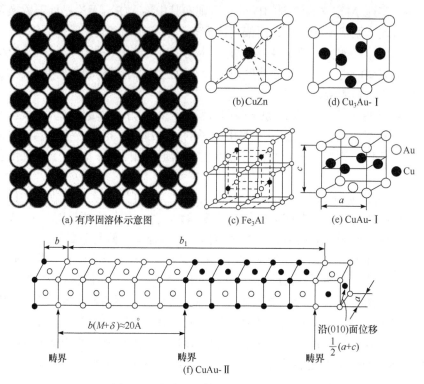

(a) 有序固溶体示意图　　　　(b)CuZn　　(c) Fe₃Al　　(d) Cu₃Au-I　　(e) CuAu-I　　(f) CuAu-II

图 2.87　有序固溶体示意图及主要类型

有序固溶体的主要类型包括 CuZn 型、Fe₃Al 型、Cu₃Au-I 型、CuAu-I 型和 CuAu-II 型等，它们的结构模型分别如图 2.87(b)、(c)、(d)、(e)和(f)所示。有序固溶体中溶质和溶剂原子呈明显的规律分布，例如 CuZn 型，Cu 原子占据晶胞的顶点，而 Zn 原子则占据体心，此时顶点和体心不再是等同点，因而 CuZn 合金此时就不再是体心立方点阵，而是由两个分别被 Cu 原子和 Zn 原子构成的简单立方分点阵相互穿插而成的复杂点阵，即超点阵。比较有趣的是，CuAu-II 型合金的基本单元由 10 个小晶胞组成[图 2.87(e)]，经过 5 个晶胞后，原子分布发生变化，每 5 个小晶胞称为一个反相畴，不同反相畴间为畴界。

影响置换固溶体有序化的因素很多，主要包括：

(1) 温度。低温时熵的影响减弱，原子分布的混乱度降低，因此温度小于某个临界值是固溶体有序化的必要条件。

(2) 相互作用参数 Ω 。$\Omega < 0$ 是有序化的必要条件，此时异种原子间结合能较低，有助于降低系统内能。

(3) 成分。只有当溶质原子和溶剂原子呈一定比例(1∶1 或 1∶3)时，才有可能形成有序固溶体。当原子比偏离上述特殊值时，固溶体中只有一部分呈有序状态。

(4) 冷速。虽然低温有助于固溶体有序化，但如果熔体冷却速度过快，有序化可能来不及进行，因为有序化是原子迁移的过程，而原子在固体中迁移一般速度较缓，需要较长时间。

2. 间隙式固溶体

　　溶质原子不占据溶剂原子的位置，而是填充在溶剂晶格的间隙中形成的固溶体称为间隙固溶体。此类固溶体保持着溶剂金属的晶格类型，仍然具备固溶体的三个特点。研究表明，当溶质元素的原子半径较小(如 H、C、N 和 B 等)，与溶剂元素的原子半径之比小于 0.59 时，易于形成间隙固溶体，而在直径大小差不多的元素之间易于形成置换固溶体。需要指出，间隙固溶体中溶质原子只能呈统计分布，形成无序固溶体。间隙原子溶入一般会引起溶剂点阵的畸变，即引起较大的应变能，故溶质原子在溶剂晶格间隙中填充到一定程度后就不能再继续填入，多余的溶质原子将以新相出现，因此间隙固溶体的溶解总是有限的，间隙固溶体也总是有限固溶体。间隙固溶体的固溶度主要取决于溶质原子半径与溶剂点阵间隙半径的差别，例如，以质量计，半径为 0.077 nm 的 C 在面心立方 γ-Fe(八面体间隙半径为 0.053 nm)中的固溶度为 2.11%，而在体心立方 α-Fe(八面体间隙半径为 0.019 nm)中的固溶度仅为 0.0218%。

　　【例题 2.15】　Fe-Mn-C 合金固溶体具有面心立方点阵结构，Fe、Mn 和 C 的摩尔分数分别为 0.822、0.119 和 0.059，点阵常数为 $a = 0.3642\ \text{nm}$，合金的密度 $\rho = 7.83\ \text{g}/\text{cm}^3$。已知 Fe、Mn 和 C 的原子量分别为 55.8、54.9 和 12，试通过计算确定 Mn、C 在 Fe 中各属于什么类型的原子。

　　解　固溶体中每个原子的加权平均质量为

$$\bar{M} = \frac{0.822 \times 55.8 + 0.119 \times 54.9 + 0.059 \times 12}{6.02 \times 10^{23}} = 8.822 \times 10^{-23}\ (\text{g})$$

则每个晶胞包含的原子数为

$$n = \frac{a^3 \rho}{\bar{M}} = \frac{\left(0.3642 \times 10^{-7}\right)^3 \times 7.83}{8.822 \times 10^{-23}} = 4.288$$

由于该固溶体为面心立方结构，每个晶胞包含的原子数为 4，所以每个晶胞应包含 0.288 个间隙原子，其摩尔分数为 $0.288 / 4.288 = 0.067$，与 C 在固溶体中的摩尔分数相接近，所以 C 为间隙原子，而 Mn 由于原子半径和 Fe 接近，为置换原子，整个固溶体称为置换-间隙固溶体。

　　无论是置换固溶体，还是间隙固溶体，溶质原子的溶入都会使溶剂晶格发生畸变，使其性能不同于原来的纯溶剂金属。当溶质元素的含量极少时，固溶体的性能与溶剂金属基本相同；随着溶质含量的升高，固溶体的性能和溶剂金属相比将发生明显改变。一般情况下，强度、硬度、电阻率会逐渐升高，而塑性、韧性和导电性则有所下降。通过溶入某种溶质元素形成固溶体而使金属的强度、硬度升高的现象称为固溶强化。由于强度、硬度提高的同时会造成塑性、韧性下降，故只有掌握好固溶体中溶质的含量，才可以在显著提高金属材料的强度、硬度的同时，使其仍保持相当的塑性和韧性。

　　【练习 2.16】　对于置换固溶体，如果溶质原子的半径小于溶剂原子，溶质溶入后固溶体的点阵常数如何变化? 而对于间隙固溶体，同样的问题，结论相同吗?

　　【练习 2.17】　体心立方结构 α-Fe 的四面体间隙半径为 0.29，而八面体间隙半径为 0.15，八面体间隙明显小于四面体间隙。当 C 作为溶质溶入体心立方结构的 α-Fe 时，C 为何不是进入 α-Fe 的四面体间隙，而是进入其八面体间隙?

2.15.2　金属间化合物

　　由两个或更多金属与金属(或非金属)组元按比例组成的，具有金属基本特性且不同于其任何组成元素的长程有序的晶体结构称为金属间化合物,也称为中间相。金属间化合物具有金属的基本特性,如金属光泽、导电性及导热性等。金属间化合物的晶体结构不同于其组元,为有序的超点阵结构,组元原子各占据点阵的固定阵点,各自组成自己的分点阵,最大限度地形成异类原子之间的结合。

金属间化合物可以是化合物,也可以是以化合物为基的固溶体。金属间化合物通常可用化合物的化学分子式表示。大多数金属间化合物中原子间的结合属于金属键与其他典型键(如离子键和共价键)相混合的一种方式。由于金属间化合物中各组元间的结合含有金属的结合方式,所以表示它们组成的化学分子式并不一定符合化合价规律,如 CuZn、AgZn 和 Cu_5Zn_8 等。

和固溶体一样,电负性、原子价和原子尺寸对金属间化合物的形成及晶体结构都有影响。据此可将金属间化合物分为正常价化合物、电子化合物和间隙化合物等几大类,下面分别进行简单讨论。

1. 正常价化合物

在元素周期表中,一些金属与电负性较强的ⅣA、ⅤA 及ⅥA 族的一些元素按照化学上的原子价规律所形成的金属间化合物称为正常价化合物。它们的成分可用分子式来表达,一般为 AB、A_2B(或 AB_2)、A_3B_2 型。例如,二价的 Mg 与四价的 Pb、Sn、Ge 和 Si 可形成分子式分别为 Mg_2Pb、Mg_2Sn、Mg_2Ge 和 Mg_2Si 的金属间化合物。

正常价化合物的晶体结构通常对应于具有同类分子式的离子化合物结构,如 NaCl 型、ZnS 型、CaF_2 型等。正常价化合物的稳定性与组元间电负性差有关,电负性差越小,形成的化合物越不稳定,越趋于金属键结合;相反,电负性差越大,化合物越稳定,越趋于离子键结合。如上例中由 Pb 到 Si 电负性逐渐增大,故上述四种正常价化合物中 Mg_2Si 最稳定,熔点为1102℃,是典型的离子化合物;而 Mg_2Pb 的熔点仅 550℃,且显示出典型的金属性质,其电阻值随温度升高而增大。

2. 电子化合物

电子化合物是威廉·休姆-罗瑟里在研究ⅠB 族金属(Ag、Au、Cu)与ⅡB、ⅢA、ⅣA 族元素(如 Zn、Ga、Ge)所形成的合金时首先发现的,后来又在 Fe-Al、Ni-Al、Co-Zn 等其他合金中发现,故又称为休姆-罗瑟里相。

这类化合物的特点是电子浓度是决定晶体结构的主要因素。凡具有相同的电子浓度,则化合物的晶体结构类型相同。电子浓度(也称为价电子浓度)是指合金中每个原子平均占有的价电子数,用 e/a 表示,对于由 1、2、…、m 组元形成的 m 元合金,电子浓度为

$$e/a = Z_1x_1 + Z_2x_2 + \cdots + Z_mx_m$$

式中,Z_i $(i=1,2,\cdots,m-1)$ 为组元 i 的原子价电子数;x_i 为组元 i 的原子分数。计算Ⅷ族元素时,其价电子数视为零,其他组元价电子数就等于在元素周期表中的族数。电子浓度为 21/12 的电子化合物称为 ε 相,具有密排六方结构;电子浓度为 21/13 的称为 γ 相,具有复杂立方结构;电子浓度为 21/14 的称为 β 相,一般具有体心立方结构,但有时也呈复杂立方结构或密排六方结构,原因在于除主要受电子浓度影响外,其晶体结构同时受尺寸因素等影响。表 2.6 列出一些典型的电子化合物及其晶体结构类型。

表 2.6　典型电子化合物及其晶体结构类型

电子浓度为 21/14(3/2)			电子浓度为 21/13	电子浓度为 21/12
体心立方结构	复杂立方结构	密排六方结构	γ-黄铜结构	密排六方结构
CuZn	Cu_5Si	Cu_3Ga	Cu_5Zn_8	$CuZn_3$
CuBe	Ag_3Al	Cu_5Ge	Cu_5Cd_8	$CuCd_3$
Cu_3Al	Au_3Al	AgZn	Cu_5Hg_8	Cu_3Sn
Cu_3Ga	$CoZn_3$	AgCd	Cu_9Al_4	Cu_3Si
Cu_3In		Ag_3Al	Cu_9Ga_4	$CuZn_3$

　　电子化合物虽然可用化学分子式表示，但不符合化合价规律，而且实际上其成分是在一定范围内变化，可视其为以化合物为基的固溶体，其电子浓度也在一定范围内变化。电子化合物中原子间的结合方式以金属键为主，故具有明显的金属特性。

　　3. 间隙化合物

　　一些化合物类型与组成元素的原子尺寸差别有关，当两种原子半径差很大的元素，如过渡金属(Fe、Cr、Mn、Co、Ti、V、W 等)与非金属(H、C、N、B 等)形成化合物时，倾向于形成间隙相或间隙化合物。

　　当溶质原子与溶剂原子的比值 $r_B/r_A < 0.59$ 时，形成具有简单晶体结构的合金，称为间隙相。由于 H 和 N 的原子半径分别仅为 0.046nm 和 0.071nm，数值很小，故它们与所有的过渡金属都满足半径比值条件，因此，过渡族金属氢化物和氮化物都为间隙相。间隙相分为 AB、A_2B、A_4B、AB_2 等几种类型，具有比较简单的晶体结构，如面心立方和密排六方。少数为体心立方或简单六方结构，但与组元的结构均不相同。这是因为在晶体中金属原子占据正常的位置，而非金属原子则规则地分布于晶格间隙中，这就构成一种新的晶体结构，间隙原子也参与了这个晶体结构的构建。非金属原子在间隙相中占据什么间隙位置，也主要取决于原子尺寸因素。当 $r_B/r_A < 0.414$ 时，通常可进入四面体间隙；当 $r_B/r_A > 0.414$ 时，则进入八面体间隙。常见的间隙相及其晶体结构列于表 2.7 中。

表 2.7　常见的间隙相及其晶体结构

分子式	金属原子排列类型	间隙相举例
AB	TaC、TiC、ZrC、VC、ZrN、VN、TiN、CrN、ZrH、TiH	面心立方
	TaH、NbH	体心立方
	WC、MoN	简单立方
A_2B	Ti_2H、Zr_2H、Fe_2N、Cr_2N、V_2N、W_2N、Mo_2C、V_2C	密排六方
A_4B	Fe_4N、Mn_4N	面心立方
AB_2	TiH_2、ThH_2、ZrH_2	面心立方

　　尽管间隙相可以用化学分子式表示，但其成分也是在一定范围内变化，也可视为以化合物为基的固溶体。特别是间隙相不仅可以溶解其组成元素，而且间隙相之间也可以相互溶解。

如果两种间隙相具有相同的晶体结构，且这两种间隙相中的金属原子半径差小于 15%，它们还可以形成无限固溶体，如 TiC-ZrC、TiC-VC、TiC-NbC 等。

溶质原子与溶剂原子的比值 $r_B/r_A>0.59$ 时，形成结构比较复杂的间隙化合物。通常过渡族金属 Cr、Mn、Fe、Co、Ni 与 C 元素所形成的碳化物都是间隙化合物。常见的间隙化合物有 M_3C 型(如 Fe_3C、Mn_3C)、M_7C_3 型(如 Cr_7C_3)、$M_{23}C_6$ 型(如 $Cr_{23}C_6$)和 M_6C 型(如 Fe_3W_3C、Fe_4W_2C)等。间隙化合物中的金属元素常被其他金属元素所置换而形成化合物为基的固溶体，如 $(Fe,Mn)_3C$ 和 $(Cr,Fe,Mo,W)_{23}C_6$ 等。

间隙化合物的晶体结构一般很复杂，如 $Cr_{23}C_6$ 属复杂立方结构，晶胞中共有 116 个原子，其中 92 个为 Cr 原子，24 个为 C 原子，而每个碳原子有 8 个相邻的金属 Cr 原子。这一大晶胞可以看成由 8 个亚胞交替排列组成，如图 2.88(a)所示。Fe_3C 是铁碳合金中的一个基本相，称为渗碳体。C 与 Fe 的原子半径之比为 0.63，其晶体结构如图 2.88(b)所示，为正交晶系，三个点阵常数不相等，晶胞中共有 16 个原子，其中 12 个 Fe 原子、4 个 C 原子，符合 Fe : C = 3 : 1 的关系。Fe_3C 中的 Fe 原子可以被 Mn、Cr、Mo、W 或 V 等金属原子所置换形成合金渗碳体；而 Fe_3C 中的 C 可被 B 置换，但不能被 N 置换。

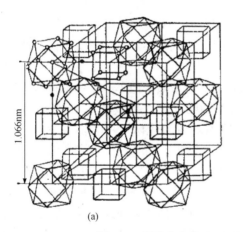
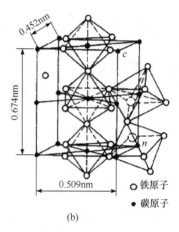

图 2.88　间隙化合物 $Cr_{23}C_6$(a)和 Fe_3C(b)结构示意图

间隙化合物中原子间结合键为共价键和金属键，其熔点和硬度均较高(但不如间隙相)，是钢中的主要强化相。还应指出，在钢中只有元素周期表中位于 Fe 左方的过渡族金属元素才能形成碳化物(包括间隙相和间隙化合物)，它们的 d 层电子越少，与碳的亲和力就越强，则形成的碳化物就越稳定。

金属间化合物由于原子键合和晶体结构的多样性，从而具有许多特殊的物理和化学性能，已日益受到人们的重视，不少金属间化合物已作为新的功能材料和耐热材料被开发应用，列举如下：

(1) 具有超导性质的金属间化合物，如 Nb_3Ge、Nb_3Al、Nb_3Sn、V_3Si 和 NbN 等。

(2) 具有特殊电学性质的金属间化合物，如 InTe-PbSe、GaAs-ZnSe 等，在半导体材料中有应用。

(3) 具有强磁性的金属间化合物，如稀土元素(Ce、La、Sm、Pr、Y 等)和 Co 形成的化合物，具有特别优异的永磁性能。

(4) 具有奇特吸释氢功能的金属间化合物(常称为贮氢材料)，如 $LaNi_5$、FeTi、R_2Mg_{17}

和 $R_2Ni_2Mg_{15}$ 等(R 代表稀土 La、Ce、Pr、Nd 或混合稀土，是一种很有前途的储能和换能材料。

(5) 具有优异耐热特性的金属间化合物，如 Ni_3Al、$NiAl$、$TiAl$、Ti_3Al、$FeAl$、Fe_3Al、$MoSi_2$、$NbRe_{12}$、$ZrBe_{12}$ 等，不仅具有很好的高温强度，而且在高温下具有较好的塑性。

(6) 耐蚀的金属间化合物，如某些金属的碳化物、硼化物、氮化物和氧化物等在浸蚀介质中仍很稳定，通过表面涂覆方法，可大大提高被涂覆件的耐蚀性能。

(7) 具有形状记忆效应、超弹性和消震性的金属间化合物，如 $TiNi$、$CuZn$、$CuSi$、$MnCu$、和 Cu_3Al 等已在工业上得到应用。

此外，LaB_4 等稀土金属硼化物所具有的热电子发射性，Zr_3Al 所具有的优良中子吸收性等在新型功能材料的应用中都显示了广阔的前景。

4. 拓扑密堆相

拓扑密堆相是由两种大小不同的金属原子所构成的一类金属间化合物，其中大小原子通过适当配合构成空间利用率和配位数都很高的复杂结构。由于这类结构具有拓扑特征，故称这些化合物为拓扑密堆相(topologically close-packed phase)，简称 TCP 相，以区别通常具有面心立方或密排六方等几何密堆结构的化合物。

等径原子最紧密堆垛的配位数只能是 12，致密度为 0.74。在这种紧密堆垛结构中存在四面体和八面体间隙，因此这种堆垛还不是最紧密的。拓扑密堆相是通过两种或更多种大小不同的原子堆垛排列，形成一种配位数高于 12，致密度大于 0.74 的密排结构。拓扑密堆相是由不规则的四面体填充空间的密堆结构，特点是晶体中的间隙完全由不规则的四面体间隙组成，没有八面体间隙，原子间距极短，相邻原子间的电子交互作用强烈，对称性较低，因此拓扑密堆相的熔点和硬度较高，脆性较大。

5. 以金属间化合物为基的固溶体

若不采用纯相金属，而是以金属间化合物为溶剂，再向其中溶入其他原子，如果其金属间化合物晶体结构仍能得到保持，则称这样的固溶体为以金属间化合物为基的固溶体。例如，$(Fe,Mn)_3C$ 就是以渗碳体为基的固溶体，其中 Fe_3C 金属间化合物的部分 Fe 原子被 Mn 原子置换，而置换后形成的 $(Fe,Mn)_3C$ 仍然保持渗碳体的晶体结构。

以金属间化合物为基的固溶体仍然满足作为固溶体的三个基本条件，即是晶体，溶剂晶体结构不变，原子在微观尺度上随机混合，但其与普通固溶体仍存在一些差别：①这种固溶体的溶剂由两种或更多种原子构成；②其晶体结构无疑更加复杂；③由于形成金属间化合物时体系已经有一些畸变，系统能量处于较高状态，因此溶解其他原子的能力减弱，固溶度较小。

2.16　离子晶体的结构

离子晶体通过离子键结合形成，其基本质点是正离子、负离子，它们之间以静电作用力(库仑力)相结合，按一定方式堆积起来。典型的金属元素与非金属元素的化合物都是离子晶体，它们在无机材料中占有重要地位，如陶瓷材料中的 Al_2O_3、TiO_2、尖晶石$(MgO \cdot Al_2O_3)$和锆钛酸铅[Pb(Zr$_x$Ti$_{1-x}$)O$_3$]等都可以归属于离子晶体。离子晶体一般具有硬度高、强度大、熔点和沸点较高、热膨胀系数小，但脆性大的特点。另外，由于离子键中不易产生自由电子，因此离子晶体大多是良好的绝缘体。在离子晶体中，通过离子键结合的各离子都有稳定的电子结构，能够牢固地束缚其外层电子，使其不被能量较低的可见光激发，因而不吸收可见光，故典型的离子晶体往往无色且不透明。离子晶体的这些特性在很大程度上取决于离子的性质及其排列方式，下面从离子晶体的一些重要参数入手，讨论这类化合物的结构特点和典型范例。

2.16.1　离子半径、配位数和离子堆积

离子半径是衡量离子大小的特征参数，是指从原子核中心到其最外层电子的平衡距离。离子半径反映了原子核对核外电子的吸引和核外电子之间相互排斥的协调效果，是决定离子晶体结构类型的一个重要几何因素。一般意义上的离子半径是指离子在晶体中的接触半径，即相邻正负离子中心间的直线距离等于正负离子半径之和。

正负离子的电子层结构都处于稳定状态，在不考虑相互间的极化作用时，它们的外层电子形成闭合壳层，电子云分布呈球面对称，因此在考虑离子半径时，可以把正负离子均视为带电的圆球。这样，在离子晶体中，正负离子间的平均距离 r_0 就等于球状正离子的半径 r^+ 与球状负离子的半径 r^- 之和，即

$$r_0 = r^+ + r^-$$

式中的 r_0 可以通过 X 射线衍射分析得到，但由于正负离子半径不等，如何找到两者的分界线从而获取 r^+ 和 r^- 仍是一个问题。实际中求取离子半径常用两种方法：一种是从球形离子间堆积的几何关系来推算，用这种方法所得的结果称为戈尔德施米特(Goldschmidt)离子半径，由挪威学者维克多·莫里茨·戈尔德施米特(Victor Moritz Goldschmidt，1888—1947)率先采用；另一种是考虑到核对外层电子的吸引等因素来计算离子半径的鲍林(Pauling)方法，由美国化学家莱纳斯·卡尔·鲍林(Linus Carl Pauling，1901—1994)提出，用这种方法所得的结果称为离子的晶体半径。虽然这两种离子半径的数值差距很小，但学界更倾向于接受鲍林的方法。

鲍林认为离子半径的大小主要由外层电子的分布决定，对具有相同电子层的离子来说，其离子半径与有效电荷成反比，因此离子半径为

$$r_1 = C_n / (Z - \sigma)$$

式中，r_1 为单价离子半径；C_n 为由外层电子主量子数 n 决定的常数；Z 为原子序数；σ 为屏蔽常数，与离子的电子构型有关，$(Z - \sigma)$ 表示有效电荷。

如果所考虑的离子不是单价而是多价，则可根据单价离子半径 r_1 用下式计算得到多价离子的晶体半径 r_v，即

$$r_v = r_1 V^{-\frac{2}{n-1}}$$

式中，V 为离子的价数；n 为玻恩指数，来自玻恩-朗德(Born-Landé)计算晶格能的公式，和离子的电子构型有关，意指两个离子最外电子层间的斥力与它们的平均尺寸成反比。表 2.8 列出了一些元素的戈尔德施米特和鲍林离子半径数据，但应该指出，离子半径的大小并不绝对，同一离子随着价态和配位环境的变化其半径会发生变化。

表 2.8　元素的戈尔德施米特和鲍林离子半径

离子	离子半径/nm		离子	离子半径/nm	
	戈尔德施米特	鲍林		戈尔德施米特	鲍林
Li^+	0.078	0.060	Br^-	0.196	0.195
Na^+	0.098	0.095	I^-	0.220	0.216
K^+	0.133	0.133	Cu^+	—	0.096
Rb^+	0.149	0.148	Ag^+	0.113	0.126
Cs^+	0.165	0.169	Au^+	—	0.137
Be^{2+}	0.034	0.031	Zn^{2+}	0.083	0.074
Mg^{2+}	0.078	0.065	Cd^{2+}	0.103	0.097
Ca^{2+}	0.106	0.099	Hg^{2+}	0.112	0.110
Sr^{2+}	0.127	0.113	Sc^{3+}	0.083	0.081
Ba^{2+}	0.143	0.135	Y^{3+}	0.106	0.093
B^{3+}	—	0.020	La^{3+}	0.122	0.115
Al^{3+}	0.057	0.050	Ce^{3+}	0.118	—
Ga^{3+}	0.062	0.062	Ce^{4+}	0.102	0.101
C^{4+}	0.020	0.015	Ti^{4+}	0.064	0.068
Si^{4+}	0.039	0.041	Zr^{4+}	0.087	0.080
Ge^{4+}	0.044	0.053	Hf^{4+}	0.084	—
Sn^{4+}	0.074	0.071	Th^{4+}	0.110	0.102
Pb^{4+}	0.084	0.084	V^{5+}	0.040	0.059
Pb^{2+}	0.132	0.121	Nb^{5+}	0.069	0.070
N^{5+}	0.015	0.011	Ta^{5+}	0.068	—
P^{5+}	0.035	0.034	Cr^{3+}	0.064	—
As^{5+}	—	0.047	Cr^{6+}	0.035	0.052
Sb^{5+}	—	0.062	Mo^{6+}	—	0.062
Bi^{5+}	—	0.074	W^{6+}	—	0.062
O^{2-}	0.132	0.140	U^{4+}	0.105	0.097
S^{2-}	0.174	0.184	Mn^{2+}	0.091	0.080
S^{6+}	0.034	0.029	Mn^{4+}	0.052	0.050
Se^{2-}	0.191	0.198	Mn^{7+}	—	0.046
Se^{6+}	0.035	0.042	Fe^{2+}	0.082	0.080
Te^{2-}	0.211	0.221	Fe^{3+}	0.067	—
F^-	0.133	0.136	Co^{2+}	0.082	0.072
Cl^-	0.181	0.181	Ni^{2+}	0.078	0.069

　　离子晶体中，与某一离子邻接的异号离子数目称为该离子的配位数。例如，在 NaCl 晶体中，Na^+ 与 6 个 Cl^- 邻接，故 Na^+ 的配位数是 6；同样 Cl^- 与 6 个 Na^+ 邻接，所以 Cl^- 的配位数也是 6。但要注意，正负离子的配位数不一定是相等的。阳离子一般处于阴离子紧密堆积的空隙中，其配位数一般为 4 或 6；如果阴离子不作紧密堆积，阳离子还可能出现其他的配位数。离子晶体保持结构稳定需要正负离子相互接触，仍以 NaCl 晶体为例对此进行解释。如图 2.89(a)

所示的 NaCl 晶体结构示意图，阴离子按正八面体堆积，则易于知道正负离子彼此都能相互接触的必要条件为 $r^+/r^- = 0.414$ [图 2.89(b)和(c)]。当 $r^+/r^- > 0.414$ 时，正负离子能保持密切接触，阴离子之间脱离接触[图 2.89(d)]，但由于正负离子之间的引力很大，阴离子间的斥力较小，系统能量较低，晶体结构仍能稳定。但当 $r^+/r^- < 0.414$ 时，阴离子虽然仍能密切接触，可是阳离子与阴离子要脱离接触[图 2.89(e)]，阴离子间的斥力很大，能量较高，造成结构不稳定，因此配位数一定时，r^+/r^- 有一个下限值。

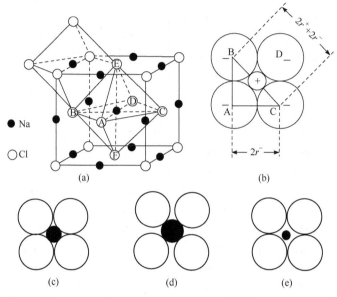

图 2.89 (a)NaCl 的晶体结构；(b)正八面体中正负离子的平面排列；(c)~(e)不同半径比时正负离子构型示意图

　　正负离子的配位数主要取决于正负离子的半径比，即 r^+/r^-，根据不同的半径比，正离子选取不同的配位数。表 2.9 列出了不同 r^+/r^- 时正离子配位数和相应的正负离子构型，从已知的离子半径和表 2.9 中的数据，可以推测配位数及离子晶体的结构类型。例如 NaCl，$r^+/r^- = 0.095/0.181 = 0.52$，故配位数为 6；再如 CsCl，$r^+/r^- = 0.169/0.181 = 0.93$，故配位数为 8。

表 2.9　离子半径比(r^+/r^-)、正离子配位数和相应的正负离子构型

r^+/r^-	正离子配位数	相应正负离子构型	实例
$0 < r^+/r^- < 0.155$	2	哑铃状	CO_2(干冰)
$0.155 \leqslant r^+/r < 0.225$	3	三角形	B_2O_3
$0.225 \leqslant r^+/r < 0.414$	4	四面体	SiO_2、CeO_2
$0.414 \leqslant r^+/r < 0.732$	6	八面体	$NaCl$、$MgCl_2$、TiO_2

续表

r^+/r^-	正离子配位数	相应正负离子构型	实例
$0.732 \leqslant r^+/r < 1$	8	立方体	ZrO_2、CaF_2、$CsCl$
$r^+/r^- \geqslant 1$	12	最密堆积	—

那么，正负离子是怎样堆积形成离子晶体呢？与负离子相比，失去最外层电子的正离子的半径一般较小，所以离子晶体通常看成由负离子堆积形成骨架，而正离子根据其自身大小，居留在相应的负离子间隙，或者称负离子配位多面体中。负离子配位多面体是指在离子晶体结构中，与一个正离子呈配位关系而邻接的各个负离子中心连线构成的多面体，不同形状的负离子配位多面体可参考表 2.9，即表中的相应正负离子构型。在离子晶体中，负离子像是等径圆球，以立方最密堆积(面心立方堆积)、六方最密堆积、体心立方堆积或四面体堆积等方式形成晶体构架，各种堆积导致的形状不同、数量不等的间隙用于容纳正离子。典型例子如 $CsCl$，其 Cl^- 以立方体心堆积方式构架，而 Cs^+ 则居留在体心的空隙位置。

2.16.2　离子晶体结构规则

1929 年鲍林通过对离子晶体特别是硅酸盐晶体的长期结构分析，在大量实验观察的基础上，依据离子半径并结合离子键理论，总结出了离子晶体中离子结合的基本规律，通常称为鲍林规则。此规则适用于以离子键结合的化合物和带有不明显共价键成分的离子晶体，不能描述主要是共价键的晶体。它虽然是一个经验性总结，但在理解和解析离子晶体的结构，特别是复杂离子晶体的结构时提供了许多方便。

1) 负离子配位多面体规则——鲍林第一规则

在离子晶体中，正离子的周围形成一个负离子配位多面体，正负离子间的平衡距离取决于离子半径之和，而正离子的配位数则取决于正负离子的半径比，与离子的化合价无关，这是鲍林第一规则。

鲍林第一规则将离子晶体结构视为由负离子配位多面体按一定方式连接而成，正离子则处于负离子多面体的中央，故配位多面体才是离子晶体的真正结构基元。例如，NaCl 晶体可以视作 Cl^- 作立方最密堆积，即视为由 Cl^- 构成配位多面体-八面体连接而成，Na^+ 占据全部的八面体间隙，其配位数为 6。如果将间隙位置是 Na^+ 的 Cl^- 八面体记作 $[NaCl_6]$，则 NaCl 晶格就可认为是由配位多面体 $[NaCl_6]$ 按一定方式连接而成。鲍林第一规则在处理复杂离子晶体时尤其有用，这类晶体通常难以直接用离子在晶胞中的位置来描述，但借助鲍林第一规则，将其视为一些配位多面体的连接结构，描述起来就相对容易许多。

2) 电价规则——鲍林第二规则

在一个稳定的离子晶体结构中，每个负离子的电价等于或接近等于与之相邻接的各正离子静电键强度的总和。这就是鲍林第二规则，也称为电价规则，这个规则结合下面的第三规则揭示了配位多面体是如何连接成离子晶格的。

设 Z^+ 为正离子电荷，n 为其配位数，则正离子静电键强度 S 定义为 $S = Z^+ / n$。在一个稳定的离子晶体中，每个负离子的电价 Z^- 等于或接近等于与之邻接的各正离子静电键强度 S 的总和，即

$$Z^- = \sum S_i = \sum (Z^+ / n)_i$$

式中，S_i 为第 i 种正离子的静电键强度。这个式子就是鲍林第二规则，也称为电价规则。这个规则揭示在一个离子晶体中，一个负离子必定同时被一定数量的负离子配位多面体所共有，下面用一个例子说明。

【例题 2.16】　用属于 NaCl 晶型的 MgO 为例讨论电价规则，即鲍林第二规则。

解　MgO 为 NaCl 型晶体，所以每个 Mg^{2+} 的配位数为 6，故可以计算一个 Mg^{2+} 的静电键强度 $S_i = Z^+ / n = 1/3$，则依据电价规则，与每个 O^{2-} 负离子相邻的 Mg^{2+} 正离子数目应该是 $m = 2 / (1/3) = 6$，所以可以判断每个 O^{2-} 负离子被 6 个氧八面体所共有。

再如 CaF_2(萤石)，Ca^{2+} 的配位数为 8，其静电键强度 $S_i = 2/8 = 1/4$，而 F^- 的电荷数为 1，所以需要其配位数为 4 来满足电价规则，因此可知每个 F^- 是四个 Ca-F 配位立方体的共有顶角，如图 2.90 所示。

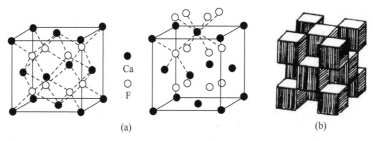

Ca
F

(a)　　　　　　　　　　　　(b)

图 2.90　萤石(CaF_2)晶体结构示意图

电价规则适用于一切离子晶体，许多情况下也可用于兼具离子键和共价键的晶体。利用电价规则可以帮助测算负离子隶属多面体的数目，进而推测负离子多面体之间的连接方式，有助于对复杂离子晶体的结构进行解析。

3) 负离子多面体共用顶点、棱和面的规则——鲍林第三规则

由鲍林第二规则可以知道一个顶点可以被多少个配位多面体共用，但没有指出反过来的情况，即两个配位多面体之间如何连接，是共用一个顶点，还是共用一条棱或者一个面。鲍林第三规则给出了这个问题的答案，它指出在一配位的结构中，配位多面体共用的棱，特别是共用面的存在会降低结构的稳定性，尤其是电价高、配位数低的离子，这个效应更显著。

这个规则有很容易理解的物理基础，处于两个配位多面体中央的正离子之间的库仑排斥会因距离接近而激增，而当两个配位多面体共用顶点增加，如从共用顶点到共用棱甚至面时，会导致两个多面体中心距离大幅缩短，如表 2.10 所列的一些情况，这种正离子显著靠近必然导致其间强烈的库仑斥力，使晶体结构稳定性大大降低。显而易见，四面体随着共顶到共棱和共面其中心靠近的幅度比八面体更大，因此，一些以配位四面体(如[SiO_4])只能采用共顶模式连接。

表 2.10　配位多面体共顶、共棱和共面时中心之间相对距离

相对距离	共顶	共棱	共面
四面体中心距离	1	0.53	0.33
八面体中心距离	1	0.71	0.58

4) 在含有一种以上正离子的晶体中，电价大、配位数小的正离子特别倾向于采用共顶连接——鲍林第四规则

这一规则实际上是鲍林第三规则的延伸，意思是如果在一个晶体结构中有多种阳离子存在，则高电价、低配位数阳离子参与的配位多面体趋于尽可能互不相连，它们中间由其他离子配位多面体隔开，至多也只可能以共顶方式相连。例如，在镁橄榄石 $Mg_2[SiO_4]$ 晶体结构中，具有高电价、低配位数的 Si^{4+} 构成的 $[SiO_4]$ 和低电价、高配位数的 Mg^{2+} 构成的 $[MgO_6]$ 两种负离子多面体，硅氧四面体将被镁氧八面体隔开而呈孤岛存在，而且 $[SiO_4]$ 和 $[MgO_6]$ 之间也是共顶或共棱相连的。在低电价、高配位数的负离子多面体较少时，$[SiO_4]$ 可用共顶模式连接成链状或层状，链与链或层与层之间仍被低电价、高配位数的负离子多面体隔开，以最大限度地保持晶体结构的稳定性。

5) 节约规则——鲍林第五规则

鲍林第五规则要求晶体中不同多面体组成类型的数量倾向于最小，意思是在同一晶体结构中，晶体化学性质相似的不同离子，将尽可能采取相同的配位方式，从而使本质不同的结构组元种类的数目尽可能少。这个规则很好理解，因为化学上相同的离子应具有类似的配位情况，而不同类型(不同形状和尺寸)的配位多面体很难堆积在一起形成均匀结构。

鲍林规则结合起来就可以初步推断离子晶体的可能结构。例如，在石榴石 $Ca_3Al_3Si_3O_{12}$ 的结构中，其中 Ca^{2+}、Al^{3+}、Si^{4+} 的配位数分别为 8、6、4，阴离子为 O^{2-}，按电价规则计算静电键强度 $S_{Ca—O} = 2/8 = 1/4$，$S_{Al—O} = 3/6 = 1/2$，$S_{Si—O} = 4/4 = 1$，O^{2-} 的电荷数为 2，根据鲍林第二规则，可以求得 O^{2-} 与哪些阳离子相连。一种配位方式是与一个硅、两个钙、一个铝，既满足电价规则，也符合节约规则。

2.16.3　典型离子晶体的结构

多数盐类、碱类(金属氢氧化物)及金属氧化物都形成离子晶体，结构多种多样，其中很多是重要的陶瓷材料，这里只主要讨论二元离子晶体。按不等径刚性球密堆理论，可把二元离子晶体归纳为三大类，包括七种基本结构类型：AB 类(包括 NaCl 型、CsCl 型、立方 ZnS 型和六方 ZnS 型)、AB_2 类(包括 CaF_2 型和 TiO_2 型)、A_2B_3 类(α-Al_2O_3 型)，在下面分别进行概述。

1. AB 类离子晶体

(1) NaCl 晶型：以 NaCl 的点阵结构为代表，如图 2.91(a)所示，可视为由负离子(Cl^-)为骨架构成面心立方点阵，负离子占据阵点位置，而正离子(Na^+)占据其全部八面体间隙。它属于

立方晶系，面心立方点阵，正负离子配位数均为 6。这种晶型结构也可看作分别由负离子和正离子构成的两个面心立方点阵穿插而成。在陶瓷材料中，MgO、CaO、FeO、NiO、BaO、SrO、CdO、CoO 和 MnO 等均属于此种晶型。

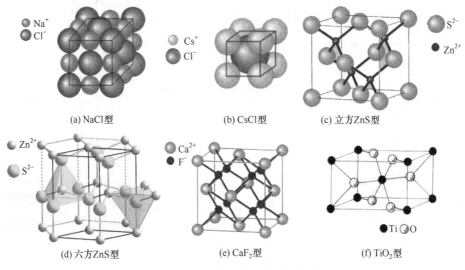

(a) NaCl型　　　　　　(b) CsCl型　　　　　　(c) 立方ZnS型

(d) 六方ZnS型　　　　　(e) CaF$_2$型　　　　　(f) TiO$_2$型

图 2.91　典型二元离子晶体的结构

(2) CsCl 晶型：以 CsCl 的点阵结构为代表，如图 2.91(b)所示，可视为由负离子(Cl^-)为骨架构成简单立方点阵，而正离子(Cs^+)占据其立方体中心空隙。它属于立方晶系，简单立方点阵，正负离子配位数均为 8。这种晶型结构同样可视作由正负离子构成的两个简单立方点阵穿插的结果。在陶瓷材料中，具有此种结构的化合物不多，CsBr 和 CsI 等属于此种晶体结构。

(3) 立方 ZnS(闪锌矿)晶型：以立方 ZnS 的点阵结构为代表，如图 2.91(c)所示，可视为由较大的负离子(S^{2-})为阵点构成面心立方点阵，而较小的正离子(Zn^{2+})占据四个不相邻的四面体间隙位置。它属于立方晶系，面心立方点阵，正负离子配位数均为 4。属于闪锌矿晶型的化合物还有 β-SiC、GaAs、AlP 和 InSb 等。

(4) 六方 ZnS(纤锌矿)晶型：以六方 ZnS 的点阵结构为代表，如图 2.91(d)所示，该类结构实际上是由负离子(S^{2-})和正离子(Zn^{2+})各自形成密排六方点阵穿插而成，其中一个点阵相对于另一个点阵沿 c 轴移动了三分之一的点阵矢量。这种晶型结构也可以视作正离子处在由负离子构筑的密排六方点阵的几个四面体间隙位置。它属于六方晶系，简单六方点阵，正负离子配位数均为 4。ZnO、SiC、BeO 和 AlN 等也属于此种晶型。

2. AB$_2$ 类离子晶体

(1) CaF$_2$(萤石)晶型：以 CaF$_2$ 的点阵结构为代表，如图 2.91(e)所示，可视作由正离子(Ca^{2+})为骨架构成面心立方点阵，正离子处在阵点位置，而 8 个负离子(F^-)则位于该晶胞的 8 个四面体间隙中心位置。这种晶型结构也可看作正离子(Ca^{2+})处在由负离子(F^-)构成的六面体中心位置。它属于立方晶系，面心立方点阵。正负离子的配位数分别为 8 和 4。陶瓷材料如 ZrO$_2$、ThO$_2$、CeO$_2$ 等，合金如 Mg$_2$Si、CuMgSb 等，还有重要的核材料 UO$_2$ 均属于此种结构晶体。

(2) TiO$_2$(金红石)晶型：以 TiO$_2$ 的点阵结构为代表，如图 2.91(f)所示。它属于四方晶系，简单四方点阵，Ti^{4+}位于阵点位置，体心的正离子属另一套点阵，而 O^{2-}则处在一些特殊位置上。这类结构也可视作由负离子(O^{2-})构成稍有变形的密排立方点阵，而正离子(Ti^{4+})则位于八面体间隙中，正负离子配位数分别为 6 和 3。CoO_2、GeO_2、MoO_2、VO_2、WO_2、NbO_2、MnO_2、SnO_2、PbO_2、MnF_2、CoF_2、FeF_2 和 MgF_2 等氧化物和氟化物属于此种晶型。

3. A_2B_3 类离子晶体

以 $\alpha\text{-}Al_2O_3$(刚玉)的点阵结构为代表，O^{2-}构成密排六方结构，其密排面 (0001) 的堆垛次序是 ABAB⋯，而 Al^{3+}位于该结构的八面体间隙中，其配位数为 6。由电价规则可知，每个 O^{2-}同时与 $2÷1/2 = 4$ 个 Al^{3+}构成离子键，故 Al^{3+}只占据了八面体间隙总数的三分之二(密排六方结构有 6 个八面体间隙)，其余三分之一间隙处于空置状态。判断空置间隙的位置还需满足一条原则，即同类离子(这里指 Al^{3+})必须要尽量远离。这样空置间隙的位置就必须如图 2.92 所示，或者称 Al^{3+}必须有 3 种不同的分布，即图中的 Al_D、Al_E 和 Al_F。如此，一个完整的晶胞结构就必须如图 2.92 所示由平行于(0001)的 13 层原子层组成，即 $O_AAl_DO_BAl_EO_AAl_FO_BAl_DO_AAl_EO_BAl_FO_A$。从图 2.92 还可以看出，在这个晶胞结构中 O^{2-}离子总数为：$2×(1×1/2+6×1/6)+2×(1+6×1/3)+3×3 = 18$ 个；Al^{3+}总数为：$6×2 = 12$ 个，因此符合化学式 Al_2O_3。刚玉硬度非常大，熔点高达 2050℃，这与 Al—O 键的牢固性有关，是高绝缘无线电陶瓷和高温耐火材料中的主要矿物。除了 Al_2O_3 外，化合物 Cr_2O_3、$\alpha\text{-}Fe_2O_3$、Ti_2O_3 和 V_2O_3 等也属于刚玉型离子晶体。

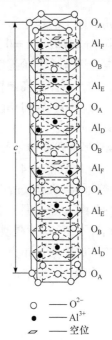

O —— O^{2-}
● —— Al^{3+}
▱ —— 空位

图 2.92　刚玉($\alpha\text{-}Al_2O_3$)结构示意图

2.17　共价晶体的结构

由同种非金属元素的原子或异种元素的原子以共价键结合而成的无限大分子称为共价晶体，其中按规则排列的质点是中性原子，原子间以共有电子对相结合，所以也称为原子晶体。共价晶体在无机材料中占有重要地位，工业上应用广泛，多被用作耐磨、耐熔或耐火材料和高温结构材料。

处在元素周期表中间位置的一些具有 3 个、4 个、5 个价电子的元素，获得和失去电子的能力相近，当这些元素的原子之间或与元素周期表中位置相近的其他元素原子形成分子或晶体时，以共用价电子的形式形成稳定的电子结构。共价键具有方向性和饱和性，共价晶体中原子的配位数通常小于离子晶体和金属晶体。由于原子之间相互结合的共价键非常强，要打断这些键而使晶体熔化必须消耗大量能量，因此原子晶体一般具有强度高、硬度高、脆性大、熔点高、沸点高和挥发性低等特征，结构也比较稳定。又由于相邻原子所共用的电子不能自由运动，故共价晶体的导电能力较差，也是热的不良导体。

典型的共价晶体有金刚石(单质型)、ZnS(AB 型)和 SiO_2 (AB_2型)三种，其中金刚石是最典型的共价晶体，其点阵结构如图 2.10 所示，在晶体中每个碳原子与四个相邻的碳原子以共价键结合形成四面体结构，配位数为 4；C—C 键的键长为 0.1544 nm，从四面体中心碳原子指向四顶角碳原子的键角为 109°28′。金刚石属于立方晶系，面心立方结构，每个阵点上有两个原子，其点阵参数为 $a = 0.3599\,\text{nm}$，致密度为 0.34。由于碳原子半径较小，共价键的强度很大，而且要破坏 4 个共价键需要很大能量，因此金刚石的硬度最大，熔点达 3570℃，是所有单质中最高的，可作为高硬切割材料和磨料以及钻井用的钻头，集成电路中散热片和高温半导体材料。与碳同一族的 Si、Ge、Sn(灰锡)，还有人工合成的立方氮化硼(BN)也是具有金刚石结构的共价晶体。

AB 型共价晶体主要有立方 ZnS 型和六方 ZnS 型两种，其结构可参见图 2.91(c)和(d)，Zn 和 S 的配位数都是 4。事实上，立方和六方 ZnS 晶体中的化学键主要成分不是离子键，而是具有极性的共价键，所以两种类型 ZnS 本身都属于共价晶体。其他如 AgI、铜的卤化物、金刚砂(SiC)等也都是具有 ZnS 型结构的共价晶体。

白硅石(SiO_2)是典型的 AB_2 型共价晶体，其结构如图 2.93 所示，在晶体中的硅原子与金刚石中的碳原子排布方式相同，只是在每两个相邻的硅原子中间有一个氧原子。硅的配位数为 4，氧的配位数为 2。

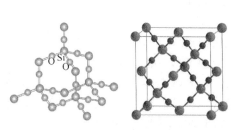
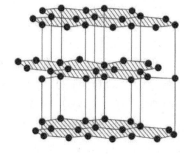

图 2.93　白硅石(SiO_2)共价晶体结构示意图　　　图 2.94　石墨晶体结构示意图

还有一类共价晶体以石墨为代表。石墨属于六方晶系，结构如图 2.94 所示，晶胞常数 $a = 0.2456\,\text{nm}$，$c = 0.6696\,\text{nm}$，配位数为 12，每个晶胞中原子数目为 4。在石墨结构中，层与层之间距离为 0.335 nm，而层内碳原子的最短距离为 0.142 nm，同一层的碳原子之间是共价键，而层间的碳原子以分子键相连接。石墨硬度低、易加工、熔点高、有润滑感、导电性能良好，可用于制作高温坩埚、发热体和碳电极，机械工业上可作润滑剂等。石墨和金刚石属于同质异构现象，即化学组成相同的物质，在不同的热力学条件下形成不同晶体的现象，这种现象对研究晶型转变、材料制备过程中工艺制度的确定具有重要的意义。

2.18　晶体结构中的原子半径

在将晶体结构抽象成空间点阵时，将晶体中的质点视作等径钢球，将其作密堆处理，以相切两刚性球的中心距(原子间距)的一半作为原子半径。但实际中原子半径并非固定不变，它除了受温度、压力等外界条件影响，还与结合键、配位数及外层电子结构等因素有密切关系。原子半径的变化对理解晶体的性能非常重要，尤其对有同质异构现象的晶体，它们在高温实现结构转变时关联的体积膨胀、点阵参数变化等都需要考虑原子大小随周围环境的改变。在第 1 章原子结构中已经知道，元素原子半径的变化受核与电子间引力及电子之间的斥力影响，随核电荷数增加，核对外层电子引力增强，而当增加的电子尚不足以完全屏蔽所增加的核电荷时，原子半径逐渐变小；在过渡区中，随着电子逐渐填入$(n-1)$d 亚层，对核的屏蔽作用增加，核对外层电子吸引力增加不多，因此原子半径变化不显著；而ⅠB和ⅡB族元素中，由于d轨道电子满充，对核的屏蔽效应显著，再加外层电子间斥力增强，因此原子半径稍有增加。

温度和压力对原子半径的影响是显然的，一般情况下给出的原子半径数值都是在常温常压下的数据，当温度发生改变时，原子热振动及晶体内部质点所处的势场都会发生变化，从而改变原子间距离，进而影响到原子半径的大小。例如，室温下 Ag 原子半径为 0.144429 nm，当温度升高 1℃时则变为 0.144432 nm。此外，实际原子并非刚体，其间也并非刚性接触，而是存在一定的可压缩性，故当压力改变时也会引起原子半径的变化。

结合键强弱能显著影响晶体中原子间的平衡距离。离子键与共价键是较强的结合键，故以离子键和共价键结合的原子间距相应较小；范德华键作用较弱，因此以范德华力结合的原子其间距较大。同一金属晶体当分别以金属键和离子键结合时，其原子半径与离子半径存在很大差异。例如，Fe 的原子半径为 0.124 nm，而 Fe^{2+} 和 Fe^{3+} 的离子半径分别为 0.083 nm 和 0.067 nm。碱金属与过渡族金属相比，由于自由电子少，金属键较弱，故其原子半径比离子半径大得很多。

配位数能反映晶体中原子的致密程度，进而也反映一个原子受周围原子的作用强度。当原子处于高配位状态时，周围原子的协同拉伸作用能在一定程度上增加其半径；反之，处于低配位状态的原子其半径会有一些缩小。为了便于对比原子的大小，戈尔德施米特根据原子半径随晶体中原子配位数的降低而减小的经验规律，把配位数为 12 的密排晶体的原子半径作为 1，计算了不同配位数时原子半径的相对值，结果列于表 2.11。

表 2.11　原子半径与配位数的关系

配位数	12	10	8	6	4	2	1
原子半径	1	0.986	0.97	0.96	0.88	0.81	0.72
减少百分数/%		1.4	3	4	12	19	28

当金属自高配位数的晶体结构向低配位数晶体结构发生同素异构转变时，随着致密度的降低，晶体会发生体积膨胀，但这时原子半径也会同时产生收缩，以求减少转变时的体积变化，维持系统的低能量状态。例如，由面心立方结构的γ-Fe 转变为体心立方结构的α-Fe，致密度从 0.74 降至 0.68，如果原子半径不变应产生约 9%的体积膨胀，但实际测出的体积膨胀只有 0.8%。

【例题 2.17】　(1)经 X 射线衍射测定，在 20℃时密排六方α-Ti 的点阵常数 $a = 0.295$ nm，$c = 0.468$ nm，在 882.5℃时α-Ti 转变为体心立方γ-Ti，其点阵常数 $a = 0.331$ nm。按晶体的刚球模型，若原子半径不变，当 Ti 从室温的密排六方转变为高温的体心立方时，其体积膨胀多少? (2)计算从α-Ti 转变为γ-Ti 时其实际体积膨胀。与(1)相比，说明其差别原因。

解　(1) 若转变前后 Ti 的原子半径不变，计算时按每个原子在晶胞中占据的体积为比较标准，已知α-Ti 晶胞中有 6 个原子，γ-Ti 晶胞中有 2 个原子。

对于α-Ti，$a_1 = 2r$，$c/a_1 = 1.633$；对于γ-Ti，$a_2 = \dfrac{4r}{\sqrt{3}}$，其中 a_1、c、a_2 为晶胞参数，r 为原子半径。故有

$$V_{\alpha\text{-Ti}} = \frac{1}{6}a_1^2 \cdot \frac{3\sqrt{3}}{2} \cdot c = 5.66r^3$$

$$V_{\gamma\text{-Ti}} = \frac{a_2^3}{2} = \frac{\left(4r/\sqrt{3}\right)^3}{2} = 6.16r^3$$

比较上面两个式子，可得转变后 Ti 的体积变化为

$$\frac{\Delta V}{V_{\alpha\text{-Ti}}} = \frac{V_{\gamma\text{-Ti}} - V_{\alpha\text{-Ti}}}{V_{\alpha\text{-Ti}}} = \frac{6.16r^3 - 5.66r^3}{5.66r^3} = 8.83\%$$

原子半径不发生变化时同构转变导致的体积变化也可以用致密度直接计算，即

$$\frac{\Delta V}{V_{\alpha\text{-Ti}}} = \frac{\dfrac{V}{\xi_{\gamma\text{-Ti}}} - \dfrac{V}{\xi_{\alpha\text{-Ti}}}}{\dfrac{V}{\xi_{\alpha\text{-Ti}}}} = \frac{\dfrac{1}{0.68} - \dfrac{1}{0.74}}{\dfrac{1}{0.74}} = 8.82\%$$

上式中的 V 为转变前后晶体中所有 Ti 原子体积和，如果 Ti 原子半径保持不变，则将其除以致密度可得晶体转变前后的体积。

(2) 根据提供的晶格参数进行计算，则有

$$V_{\alpha\text{-Ti}} = \frac{1}{6}a_1^2 \cdot \frac{3\sqrt{3}}{2} \cdot c = 0.0176\,\text{nm}^3$$

$$V_{\gamma\text{-Ti}} = \frac{a_2^3}{2} = \frac{(0.331)^3}{2} = 0.0181\,\text{nm}^3$$

所以

$$\frac{\Delta V}{V_{\alpha\text{-Ti}}} = \frac{V_{\gamma\text{-Ti}} - V_{\alpha\text{-Ti}}}{V_{\alpha\text{-Ti}}} = \frac{0.0181 - 0.0176}{0.0176} = 2.84\%$$

可以看到，晶体结构因温度变化发生转变导致的实际体积膨胀要远小于理论值，这是因为密排六方的配位数是 12，而体心立方的配位数是 8，当配位数降低时原子半径会变小，能够抵消一部分晶体结构变化带来的膨胀。原子半径的变化使晶体在结构转变时体积不发生太大的变化，对维持系统处于最低能量状态是有利的。

2.19　小　　结

自然界中的固体物质绝大部分是晶体，根据物质中结合键的类型，晶体可分为金属晶体、离子晶体、共价晶体和分子晶体。晶体中质点(原子、离子或分子)在三维空间的具体排列方式称为晶体结构，不同的固体材料具有不同的晶体结构，它们和材料的性能密切相关。

为便于学习和研究晶体，忽略构成晶体的实际质点的体积，将其抽象成为纯粹的几何点，并将质点排列的周期性抽象成只有数学意义的空间点阵。空间点阵中每个阵点都是等同点，它们不同于实际质点，后者代表晶体结构中具体的原子、离子、分子或各种原子基团。根据空间点阵的对称元素和参数特点，将晶体分为 7 个晶系，共包含 14 种布拉维点阵。通过点阵

变换证实某个点阵不是新点阵时，这些变换须保证在同一晶系内进行，点阵变换至另一晶系不能说明被变换的点阵不是新点阵。晶体中不同的晶面和晶向用米勒指数进行标记，但米勒指数只能表示出晶面和晶向在晶胞中的方位，不能表达它们的具体位置；注意使用四轴指数表达晶面和晶向时的附加条件，这个附加条件对晶面指数有严格的数学基础，但对晶向指数是人为规定。

金属晶体是本章重点内容，典型的金属晶体具有面心立方、体心立方和密排六方三种点阵结构。这些结构中原子处于密排状态，其中面心立方和密排六方为几何最密排布，拥有最高的配位数和致密度。具有体心立方、面心立方和密排六方点阵的晶体晶胞原子数分别为 2、4 和 6，四面体间隙数分别为 12、8 和 12，八面体间隙数分别为 6、4 和 6。利用质点刚性球密堆模型可以求出点阵常数和原子半径的关系并计算间隙半径。

需要理解和掌握晶带定律，并用晶带定律根据给定晶面求算晶带指数或反之根据给定不平行的晶带求取晶面指数。掌握立方晶系晶面间距、晶面夹角和晶向夹角计算公式；了解晶体投影的基本原理并掌握乌氏网基本功用；熟悉倒易点阵的性质及其和正点阵的关系，能根据给定的正点阵基矢求取倒易点阵，并理解正点阵晶面在倒易点阵有对应倒易阵点的条件。

元素按晶体结构可分为三类，第一类包含大多数的金属元素，具有典型的金属晶体结构，特点是以金属键为主，原子排列致密，具有高配位数；第三类主要是非金属和一些半导体元素，原子间结合以共价键为主，配位数符合 $8-N$ 规则；第二类主要包括 ⅡB、ⅢB 族及 ⅣB 族的一些元素，兼有第一类和第三类元素的某些特点。元素周期表中有 40 多种元素具有多晶型性，其晶体结构会因温度、压力等条件改变从一种类型向另一种类型转变。

合金是由两种或两种以上的金属与金属或非金属经一定方法所合成的具有金属特性的物质，可分为二元合金、三元合金和多元合金。按照晶体结构，单相合金可分为固溶体和金属间化合物。固溶体有置换固溶体和间隙固溶体之分，其概念包含三个基本要素，即：①晶体；②溶剂晶体的结构不因溶质的溶入而改变；③溶质原子与溶剂原子在原子尺度上随机混合。金属间化合物由两个或更多金属与金属(或非金属)组元按比例组成，具有金属基本特性，但晶体结构不同于其任何组成元素，分为正常价化合物、电子化合物和间隙化合物等几大类。

离子晶体以正负离子为基本质点，通过离子键结合，一般硬度高、强度大、熔点和沸点较高、热膨胀系数小，但脆性大。离子晶体大多是良好的绝缘体，不吸收可见光，这些特性取决于离子的性质及其排列方式。离子晶体通常由负离子堆积形成骨架，而正离子根据其自身大小，居留在相应的负离子间隙，或者称为负离子配位多面体中。离子晶体配位数则取决于正负离子的半径比，与离子的化合价无关，负离子配位多面体是离子晶体的真正结构基元。这些多面体连接成离子晶体时遵守鲍林第三规则，即共用棱，特别是面的存在会降低结构的稳定性。典型二元离子晶体可归纳为三大类，包括七种基本结构类型：AB 类(包括 NaCl 型、CsCl 型、立方 ZnS 型和六方 ZnS 型)、AB_2 类(包括 CaF_2 型和 TiO_2 型)和 A_2B_3 类(α-Al_2O_3 型)。

共价晶体由同种非金属元素的原子或异种元素的原子以共价键结合而成，其质点是中性原子，在无机材料中占有重要地位。共价晶体中原子的配位数通常小于离子晶体和金属晶体，一般具有强度高、硬度高、脆性大、熔点高、沸点高和挥发性低等特征，结构比较稳定但导电和导热能力较差。典型的共价晶体有金刚石(单质型)、ZnS(AB 型)和 SiO_2(AB₂ 型)三种。

原子半径在晶体中并非固定不变，受温度、压力、结合键、配位数及外层电子结构等因素影响。原子半径在晶体结构发生转变时发生的变化有助于减少结构转变时晶体体积的变化，对维持系统处于低能量状态，保持结构稳定非常重要。

扩展阅读 2.1　高指数晶面材料

　　元素周期表中的贵金属如 Pt、Pd、Rh、Ru、Ir、Os 甚至 Ag 和 Au 都是重要的催化原材料，在现代化工、能源转化和环境治理领域有着举足轻重的地位。但它们在地球上储量有限、提炼程序复杂、价格昂贵，因此，提升单位贵金属的催化活性、选择性和稳定性一直是学界关注的重大热点问题。

　　催化反应是典型的表面反应，关键是催化剂表面原子与反应物及产物分子的相互作用，这也是催化剂表面元素分布和原子排列模式能够深刻影响材料催化性能的主要因素。回到和本章相关的内容，晶体的空间点阵中由任意一组结点构成的平面称为晶面，可用米勒指数 (hkl) 表示，不同的晶面间距，一般也具有不同的原子分布，从而导致原子间不同的相互作用，所以即使对同一种催化材料，其裸露晶面不同，表现出的催化性能就有显著差异。

　　当将贵金属尺寸减小甚至纳米化来获得更大的比表面，提升单位催化剂的催化效率时，由于热力学的原因，得到的材料都倾向于暴露具有较低米勒指数的晶面，如 {100}、{110} 或者 {111}，形貌也多为相应的六面体、四面体或八面体。这些表面上原子排列致密，面密度较高，原子处于相对高配位状态，和反应物之间相互作用弱，因此活性有限。很自然的，人们想要制取能够使高指数晶面暴露的材料，这些晶面包含大量的台阶原子，配位数较少，易于和反应物发生相互作用，因而化学活性普遍高于低指数晶面。结合本章内容，高指数晶面的这些特征很容易理解，参考示意图 2.95 可知，低指数晶面原子排列致密，晶面间距大 [图 2.95(a)]，随着晶面指数的增大，间距缩小，晶面上原子分布变得稀疏[图 2.95(b)]；对于具有很高米勒指数的晶面，其面上原子分布变得非常稀疏，相邻晶面又足够靠近，使下一层甚至更多层平行晶面上的原子也开始暴露[图 2.95(c)]，并参与催化反应。这些不在同一晶面的原子就像楼梯的台阶，故称为台阶原子。这些处于台阶处的原子不仅配位数低，而且由于处于不同晶面上，它们之间的相互作用还可能改善电子结构，使之更利于催化反应的进行。

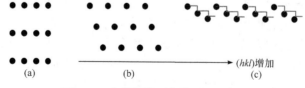

图 2.95　高指数晶面台阶原子示意图

　　厦门大学化学化工学院孙世刚教授领导的科研团队采用电化学方波电位方法首次制备出呈二十四面体形貌的 Pt 纳米晶(Tian et al, 2007)，通过高分辨透射电子显微镜表征，确定其暴露表面为 {730} 和 {520} 等高指数晶面，如图 2.96 所示。通过改变方波电位处理时间，他们还能够控制纳米晶体的粒径在 20～240 nm 的范围。他们测试了合成的 Pt 二十四面体对甲酸和乙醇小分子室温下电催化氧化活性，发现电流密度不仅为商业 Pt 催化剂的 2～4 倍，同时具有较高的化学和热稳定性，可耐高达 800℃ 的加热温度。进一步研究提出了纳米晶体高指数晶面形成的相关机理：方波电位导致 Pt 表面发生周期性氧化/还原反应(氧的反复吸脱附)，对于表面原子配位数较高的低指数晶面，氧倾向于侵入晶格，表面被扰乱；而对于表面原子配位数很低的高指数晶面，氧倾向于在表面吸附，表面不会被扰乱，即在氧化条件下，高指数晶面具有更高的稳定性是 Pt 二十四面体形成的根本原因。

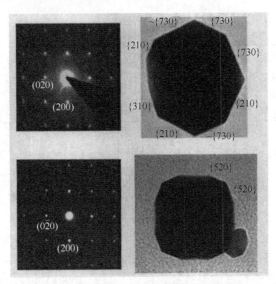

图 2.96 电化学方波电位法制备的具有高指数晶面的 Pt 二十四面体纳米晶

孙世刚教授的工作被英国皇家化学会的《化学世界》(*Chemistry World*)评为 2007 年度 40 项最重要进展之一和 2007 年度"中国高等学校十大科技进展"，并入选"2007 年度中国基础研究十大新闻"，引发了高指数晶面材料的制备、机理分析和性能表征热潮。近些年来，高指数晶面材料的发展有长足进展，不仅各种单一组分贵金属包括 Pt、Pd、Au 等得到深入研究，具有二元和多元组分的高指数晶面也都有大量报道。然而，到目前为止，所制备的具有高指数晶面的材料尺寸都较大，因而比表面积很小，而且形不成规模化生产，难以作为催化剂在实际中应用。但高指数晶面材料的制备丰富了纳米晶体表面结构控制生长的内涵，对深刻理解金属晶体生长规律和揭示纳米粒子表面原子排列与催化性能的关系具有重要意义，也是将模型催化剂基础研究推进到实际催化剂设计和研制过程的一个必不可少的环节。

扩展阅读 2.2 准晶

在讨论准晶之前，先来看晶体的旋转对称性。如图 2.97 所示，设想有一个晶体点阵具有旋转对称性，对称轴垂直于纸面，B 是 A 的最近邻点。绕通过 A 的转轴的任意对称操作，转过角度 θ，使 B 点转到 B' 点——B' 点必有一个阵点，又由于 A 和 B 两点等价，故以通过 B 点的轴顺时针转过 θ，使 A 点转到 A' 点——A' 点也必有一个阵点。由于 $B'A'//AB$，而且 AB 为该方向上最短平移周期，则有

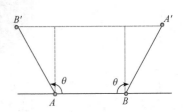

图 2.97 晶体旋转对称示意图

$$\overline{B'A'} = p\overline{AB} \quad (p \text{ 为整数})$$

再由图示的几何关系，可得

$$\overline{B'A'} = \overline{AB}\left[1 + 2\cos(\pi - \theta)\right] = \overline{AB}\left(1 - 2\cos\theta\right)$$

即 $p = 1 - 2\cos\theta$，$\cos\theta$ 的变化范围在 -1 到 1 之间，可以根据 $\cos\theta$ 的取值计算得到允许的整数 p 值，如表 2.12 所示。

表 2.12　旋转对称晶体允许的 p 取值

$\cos\theta$	1	1/2	0	-1/2	-1
$\theta/(°)$	0	60	90	120	180
p	-1	0	1	2	3
n	1	6	4	3	2

表 2.12 中 p 值为 -1、3、2、1 和 0 分别对应着晶体的 1 重、2 重、3 重、4 重和 6 重旋转对称性(表中的 n 值)。由于 p 没有其他取值的可能，故不可能存在 5 重或其他重的旋转对称性，否则将破坏晶体的长程有序结构。但是人们在实践中发现了具有 5 重或其他重旋转对称性的、类似晶体的物质，这种物质通常称为准晶，即准周期性晶体。

1982 年，在美国马里兰州盖瑟斯堡市国家标准与技术研究院工作的以色列科学家丹·舍特曼(Dan Shechtman)制备了 Al-Mn 合金样品并对其晶体特征进行了测试。舍特曼发现 Al-Mn 合金样品的衍射图案不同于以往看到的任何结果，如图 2.98(a)所示，它是亮点构成的同心圆，每个圆圈内有 10 个点。深入分析表明，不可能的对称性是存在的，这是一种具有 5 重旋转对称但并无平移周期性的合金像，即 20 面体准晶，这一准晶的拼图形式由两种不同的菱形组成[图 2.98(b)]。在经过反复研究确认后，1984 年底，舍特曼等以"一种长程有序但是不具有平移对称性的金属相"(Metallic phase with long-range orientational order and no translational symmetry)为题发表了他们的发现。这一结果在晶体学及相关的学术界立刻引起了很大震动。最初并不被人所接受，甚至饱受嘲讽，因为当时这种排列被认为在数学上是不可能。然而，科学家最终认识到，通过自身的排列，图案达到几乎重复但永远也不能重复时，固体中的原子可以得到这样的对称，变成"准晶体"，这种新的结构因为缺少空间周期性而不是晶体，但又不像非晶体。准晶展现了完美的长程有序，这个事实给晶体学界带来了巨大的冲击，它对长程有序与周期性等价的基本概念提出了挑战，舍特曼也因此获得 2011 年诺贝尔化学奖。

　　(a) 5 重对称电子衍射　　　　(b) 原子排列结构示意图

图 2.98　Al-Mn 合金中观察到的 5 重对称准晶结构

组成对形成准晶与否影响很大，例如，组成为 $Al_{70}Pd_{21}Mn_9$ 的合金是准晶体，而组成为 $Al_{60}Pd_{25}Mn_{15}$ 的合金却是晶体。尽管有关准晶体的组成与结构规律尚未完全阐明，它的发现在理论上已对经典晶体学产生很大冲击，以致国际晶体学联合会建议用呈现明确衍射图谱的固体(solids having an essentially discrete diffraction diagram)来代替原先的质点在微观空间呈现周期性结构的固体来作为晶体的定义。准晶体的实际应用也已得到深度发掘,例如,$Al_{65}Cu_{23}Fe_{12}$准晶体耐磨性能非常好,被开发成为高温电弧喷嘴的镀层。

　　准晶体在很大程度上仍然是个谜,因为人类还在困惑一个个原子如何能排出这样奇妙的远程结构。准晶体是结构科学中一个全新分支学科的基础,晶体上的数学技法在准晶体上行不通,不能很好地预测准晶体的特性。但这无碍准晶体的开发利用,如平底锅的不粘层、发动机的隔热层,以及回收废热用的热电材料等都已在使用准晶材料。准晶体高硬度、耐腐蚀、耐热等特点特别适合于作韧性基体材料中的强化相,镁合金中准晶的存在可制备出准晶相增强高性能镁合金及镁基复合材料等。准晶体化合物比由同类元素构成的晶体化合物更加坚固且难以分解,目前该类化合物大多为铝合金,广泛应用于需要坚固金属的工业领域,还有一些准晶体化合物十分"平滑",如聚四氟乙烯(Teflon),用于制造汽车活塞等。

　　当然,作为一个新兴领域,准晶的应用研究还较为薄弱,这是一个极具挑战又充满机遇的研究领域,需要广大科技工作者持续不断研究探索,开发更加丰富的材料制备途径和检测手段,以实现准晶领域的纵深发展和重大突破。

习　题

1. 简述布拉维点阵的基本特点。
2. 论证为什么有且仅有 14 种 Bravais 点阵。
3. 以体心立方、面心立方和六方点阵为例说明晶胞和原胞的异同。
4. 什么是点阵常数? 各种晶系各有几个点阵常数?
5. 写出立方晶系的 {123} 晶面族和 ⟨112⟩ 晶向族中的全部等价晶面和晶向的具体指数。
6. 在立方晶系的晶胞图中画出以下晶面和晶向: (102)、$(11\bar{2})$、$(\bar{2}1\bar{3})$、$[110]$、$[11\bar{1}]$、$[1\bar{2}0]$、$[\bar{3}21]$。
7. 写出六方晶系的 {$11\bar{2}0$}、{$10\bar{1}2$} 晶面族和 ⟨$2\bar{1}\bar{1}0$⟩、⟨$\bar{1}011$⟩ 晶向族中的各等价晶面及等价晶向的具体指数。
8. 在六方晶胞图中画出以下晶面和晶向: (0001)、$(01\bar{1}0)$、$(\bar{2}110)$、$(10\bar{1}2)$、$(\bar{1}012)$、$[0001]$、$[\bar{1}010]$、$[1\bar{2}10]$、$[01\bar{1}1]$、$[0\bar{1}11]$。
9. 根据面心立方和密排六方晶体的堆垛特点论证这两种晶体中的八面体和四面体间隙的尺寸必相同。
10. 用解析几何证明立方晶系的晶带轴 $[hkl]$ 方向垂直于 (hkl) 面。
11. 由六方晶系的三指数晶带方程导出四指数晶带方程。
12. 求出立方晶体中指数不大于 3 的低指数晶面的晶面距 d 和低指数晶向长度 L(以晶胞边长 a 为单位)。
13. 说明面心立方中 (111) 面间距最大,而体心立方中 (110) 面间距最大。
14. 求六方晶体中 $[0001]$、$[10\bar{1}0]$、$[11\bar{2}0]$ 和 $[10\bar{1}1]$ 等晶向的长度(以点阵常数 a 和 c 为单位)。
15. 在一个六方晶胞内画出 {$10\bar{1}2$} 所有晶面并进行标记。
16. 用解析法和图示法得出 (111) 晶面上 ⟨110⟩ 所有晶向。
17. 用米勒指数表示出体心立方、面心立方和密排六方结构中的原子密排面和原子密排方向,并分别计算这些晶面和晶向上的原子密度。
18. (1) 通过计算判断 $(\bar{1}10)$、(132)、(311) 晶面是否属于同一晶带; (2) 求 (211) 和 (110) 晶面的晶带轴,并列出五个属于该晶带的晶面的米勒指数。
19. 试求: (1) 立方晶系中 $[321]$ 与 $[401]$ 晶向之间的夹角; (2) 立方晶系中 (210) 与 (320) 晶面之间的夹角; (3) 立方晶系中 (111) 晶面与 $[11\bar{2}]$ 晶向之间的夹角。
20. 在立方晶系晶胞中画出下列晶面指数和晶向指数: (001) 与 $[\bar{2}10]$,(111) 与 $[11\bar{2}]$,$(1\bar{1}0)$ 与 $[111]$,$(\bar{3}22)$ 与 $[236]$,(257) 与 $[11\bar{1}]$,(123) 与 $[1\bar{2}1]$,(102),$(11\bar{2})$,$(\bar{2}1\bar{3})$,$[110]$,$[1\bar{2}0]$,$[\bar{3}21]$。
21. 证明等径圆球六方最密堆积的空隙率为 25.9%。
22. 金属镁原子作六方密堆积,测得它的密度为 1.74 g/cm^3,求它的晶胞体积。

23. 氟化锂(LiF)为 NaCl 型结构，测得其密度为 2.6 g/cm³，根据此数据计算晶胞参数。

24. 立方点阵的某一晶面(hkl)的面间距为 $Ma_0/\sqrt{17}$，其中 M 为正整数，a_0 为晶格常数。该晶面的面法线与 a 轴、b 轴、c 轴的夹角分别为 119.0°、43.3°和60.9°。据此确定晶面指数。

25. Cu 具有面心立方结构，其密度为 8.9 g/cm³，原子量为 63.5，求铜的原子半径。

26. 铜的密度为 8.9 g/cm³，铝为 2.7 g/m³，两者之比为 3.3，但两者的原子量之比为 63.5/27 = 2.35。两个比值不同说明了什么？提示：铜和铝都是面心立方结构。

27. 归纳总结 3 种典型金属结构(体心立方、面心立方和密排六方)的晶体学特点(配位数、每个晶胞中的原子数、点阵常数、致密度和最近的原子间距)。

28. 面心立方的 (111) 是排列最致密的晶面，而面心立方的 (110) 就没有那么致密。按此思路设想面心立方的 (92617) 晶面，对它上面的原子排列情况进行猜测。

29. (1) 每 1 mm³ 的固体钽中含有多少个原子？(2) 其原子堆积因子(致密度)是多少？(3) 钽属于哪种立方体结构？已知原子序数为 73，原子量为 180.95，原子半径为 0.1429 nm，离子半径为 0.068 nm，密度为 16.6 g/cm³。

30. 氧化镁与氯化钠具有相同的结构。已知镁离子半径 r_1 为 0.066 nm，氧离子半径 r_2 为 0.140 nm。镁的原子量为 24.31，氧的原子量为 16.00。(1)求氧化镁的晶格常数；(2)求氧化镁的密度。

31. 名词解释：(1)晶体；(2)等同点；(3)空间点阵；(4)结点；(5)晶体常数；(6)布拉维点阵；(7)晶胞；(8)晶带和晶带轴。

32. 面排列密度的定义：在平面上球体所占的面积分数。(1)画出 MgO(NaCl 型)晶体 (111)、(110) 和 (100) 晶面上的原子排布图；(2)计算这三个晶面的面排列密度。

33. 临界半径比的定义：紧密堆积的阴离子恰好互相接触，并与中心的阳离子也恰好接触的条件下，阳离子半径与阴离子半径之比，即每种配位体的阳、阴离子半径比的下限。计算下列配位的临界半径比：(1)立方体配位；(2)八面体配位；(3)四面体配位；(4)三角形配位。

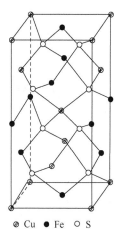

Ø Cu ● Fe ○ S

图 2.99　黄铜矿晶胞

34. 一个面心立方紧密堆积的金属晶体，其原子量为 M，密度为 8.94 g/cm³。试计算其晶格常数和原子间距。

35. 图 2.99 为黄铜矿的晶胞，计算：(1)晶胞中 Cu、Fe 和 S 原子的数目；(2)黄铜矿晶体的密度。已知晶胞参数：$a = 52.4$ pm，$c = 103.0$ pm；原子量：Cu 为 63.5，Fe 为 55.84，S 为 32.06。

36. CaCu$_x$ 合金可看作由图 2.100(a)和图(b)所示的两种原子层交替堆积排列而成：图(a)是由 Cu 和 Ca 共同组成的层，层中 Cu—Cu 之间用实线相连；图(b)是完全由 Cu 原子组成的层，Cu—Cu 之间也由实线相连。图中由虚线勾出的六角形表示由这两种层平行堆积时垂直于层的相对位置。图(c)是由图(a)和图(b)两种原子层交替堆积成 CaCu$_x$ 的晶体结构图。在这种结构中：同一层的 Ca—Cu 为 294 pm；相邻两层的 Ca—Cu 为 327 pm。(1)Ca 有几个 Cu 配位？(Ca 周围的 Cu 原子数，不一定要等距最近)Cu 的配位情况如何？(2)该晶体属于哪种晶系？计算晶胞参数。(3)计算该合金的密度(Ca 原子量为 40.1、Cu 原子量为 63.5)。(4) 计算 Ca、Cu 原子半径。

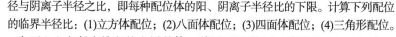
○ Ca
● Cu
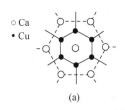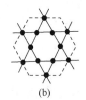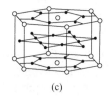
(a)　　　　(b)　　　　(c)
图 2.100　习题 36 图

37. 采用 Cu Kα(λ = 0.1542 nm)测得 Cr 的 X 射线衍射谱上 2θ = 44.4°、64.6°和 81.8°，若体心立方 Cr 的晶格常数 a = 0.2885nm，根据布拉格方程试求对应这些谱线的米勒指数。

38. 试证明理想密排六方结构的轴比 c/a = 1.633。

39. Cr 的晶格常数 a = 0.2884 nm，密度 ρ = 7.19 g/cm³，试确定 Cr 的晶体结构。

40. (1)按晶体的钢球模型，若球的直径不变，当 Fe 的晶体结构从面心立方(γ-Fe)转变为体心立方(α-Fe)时，计算其体积膨胀多少。(2)经 X 射线衍射测定在 912℃时，α-Fe 的 $a = 0.2892\,\text{nm}$，γ-Fe 的 $a = 0.3633\,\text{nm}$，计算从 γ-Fe 转变为 α-Fe 时其体积膨胀多少。与(1)相比，说明其差别原因。

41. (1)计算面心立方和体心立方晶体中四面体间隙和八面体间隙的大小(用原子半径 r 表示)。(2)指出溶解在 γ-Fe 中 C 原子所处位置，若此类位置全部被 C 原子占据，那么在此情况下 γ-Fe 能溶解 C 的质量分数为多少？(3)实际上 C 在 Fe 中最大的溶解质量分数是 2.11%，两者数值上有差异的原因是什么？

42. (1)根据下表确定哪种金属可作为溶质与钛形成溶解度较大的固溶体。(2)计算固溶体中此溶质原子分数为 10%时相应的质量分数。

金属	晶体结构	点阵常数(a/nm)
Ti	密排六方	0.295
Be	密排六方	0.228
Al	面心立方	0.404
V	体心立方	0.304
Cr	体心立方	0.288

43. MgO 具有 NaCl 型结构。Mg^{2+} 的离子半径为 0.078 nm，O^{2-} 的离子半径为 0.132 nm。试求 MgO 的密度 ρ 和致密度 ξ。

44. ZrO_2 固溶体中每六个 Zr^{4+} 同时有一个 Ca^{2+} 加入就可能形成一个立方体晶格 ZrO_2。若此阳离子形成面心立方结构，则 O^{2-} 位于四面体间隙位置。(1)100 个阳离子需要有多少个 O^{2-} 存在？(2)四面体间隙位置被占据的百分比为多少？

第 3 章　晶体中的缺陷

在第 2 章介绍晶体结构时，为了说明晶体内部质点在三维空间的周期性，默认质点在晶体材料中呈现完美有序的排列。然而，这种理想化的固体并不存在，即使在很低的温度(0 K)下，实际晶体中也不是所有质点都严格遵循具有周期性的规则排列。所有晶体材料中或多或少存在着一些区域，在这些区域中或穿过这些区域时，质点排列的周期性受到破坏，出现各种瑕疵，即更常称谓的晶体缺陷。这些区域并不影响晶体结构的基本特征，仅是晶体中比例很少的质点规则排列发生了变化。根据缺陷的空间几何构型或维度，可将晶体缺陷分为四大类。

(1) 点缺陷：和晶体或晶粒的尺度相比，偏离区域在三个空间方向上的尺度均很小(原子尺度)，也称零维缺陷，包括空位、间隙原子和异类原子等。

(2) 线缺陷：和晶体或晶粒的尺度相比，偏离区域在两个空间方向上的尺度很小，在另一个空间方向上的尺度很大，也称一维缺陷，如本章要着重讨论的位错。

(3) 面缺陷：和晶体或晶粒的尺度相比，偏离区域在一个空间方向上的尺度很小，在另两个空间方向上的尺度很大，也称二维缺陷，如晶界、相界和表面等。

(4) 体缺陷：偏离区域在三个空间方向上的尺度均很大，达到可以与晶体或晶粒的尺度相比拟，也称三维缺陷，如亚结构(镶嵌块)、沉淀相、空洞和气泡等。

因为缺陷的存在，固体材料的许多物理化学性能和基于完美晶体的预估出现一些偏差。处于缺陷处的质点，它们的状态容易受外部条件(如温度、载荷和辐照等)影响，变得十分活跃，其数量和分布对材料的性质有十分重要的影响。需要强调的是，缺陷带来的影响并非总是不利的，在很多情况下，材料的某些有用特性会因缺陷存在或通过控制引入缺陷数量而得到实现或强化，这将在后面的有关章节中给予适当解释。

本章先对晶体缺陷的认知历程进行回顾了解，然后介绍点缺陷，包括其概念、类型、平衡浓度、形成机制、运动及对材料物理化学性能的影响，之后进入本章的重点内容——线缺陷(位错)的讨论。位错是晶体中最重要的一种缺陷，对晶体的各种物理化学性能都有显著影响；这部分内容丰富，有许多较难理解的概念和属性，需要学习掌握位错的基本理论，特别是有关位错的类型和特征、伯氏矢量的定义、物理意义、特性和表示方法，位错的运动、交割、应力场、生成和增殖机制，实际晶体中的位错及位错反应等，并在此基础上了解金属材料的强化原理。另外也将在这一章简要总结常见面缺陷的结构类型和界面特征，并在最后对描述缺陷及材料结构的显微检测技术与方法进行简单介绍。

3.1　晶体缺陷的认知历程

准确地说，在讨论晶体的不完整性时通常是指晶体内部的瑕疵或缺陷，这是因为无限大的晶体是不存在的，而有限大小的晶体在边界上几个质点厚度内的点阵常数和键的结构无疑与内部存在差异，这种差异属于表面物理的研究范畴，不是要讨论的缺陷内容。

人们很早就注意到晶体的不完整性，对晶体缺陷的认知几乎和用光子衍射探索晶体结构的研究同步。1912 年，德国物理学家马克斯·冯·劳厄(Max von Laue)指导所做的 X 射线晶体衍射实验无可辩驳地证实了晶体中存在规则的周期性结构，从而把几何晶体学提出的空间点阵假说发展成为一种科学理论。但到了 1914 年，博物学家查尔斯·罗伯特·达尔文(Charles Robert Darwin)的孙子查尔斯·加尔顿·达尔文(Charles Galton Darwin)在对所谓的完整晶体进行 X 射线衍射研究时，便观察到了其衍射强度存在失常现象，怀疑晶体中具有不完整性。按照 X 射线衍射成像理论，在一个大而完整的晶体中，单色 X 射线衍射波应该有消光效应(因晶体中质点位置或种类不同而引起的某些方向上的衍射消失的现象)，因而衍射光束的强度应当非常弱，应与晶体的结构因子(晶体结构对衍射强度的影响因子，是晶胞散射 X 射线能力的一个量度，常用字母 F 表示)成正比，而衍射张角也应是弧秒的量级。然而大量晶体衍射的实验结果却表明，实际测到的衍射强度比理论值大一到两个数量级，且是与结构因子的平方而不是与结构因子成正比；衍射张角也较理论值大得多，能达到弧分的量级。为了解释实验结果，达尔文设想一块真实的晶体并不是通体完整，而是由一些小晶块拼凑而成。每个小晶块内质点按点阵整齐排列，衍射强度遵循结构因子定律，但小晶块与小晶块间存在取向差，破坏了晶体中不同深度区域中反射光束间的相干性，造成了反射强度和理论值的差异，也使得衍射张角要比完整晶体大一些。达尔文将这种结构称为镶嵌结构，它作为一种缺陷存在形式，首次给出了晶体中存在缺陷的信息，开启了晶体缺陷的科学研究大门。1934 年，英国物理学家/数学家杰弗瑞·英格拉姆·泰勒(Geoffrey Ingram Taylor)在计算两小角晶粒界面处位错造成的应力场时指出，高应力所在处就是当年达尔文所建议的镶嵌块的边界，第一次把镶嵌块结构与位错关联起来。

在镶嵌块结构的研究工作中，天才的英国物理学家威廉·亨利·布拉格(William Henry Bragg)做了很多卓有成效的工作，他设计了一个精巧的实验来计算存在位向不同的小晶块时晶体晶面反射 X 射线的效率，即反射强度 R 与入射强度 I 之比。这个不能简单按照平面镜的光学反射计算，因为单色 X 射线投射到晶体表面时，入射到每个小晶块的掠射角必须满足布拉格方程的条件，适合某一晶块的 X 射线入射，未必适合其他晶块。布拉格的实验方法简单却有效，他在一个小范围内使晶体转动，这个转动范围包含所有可能的反射，因此每个小晶块都有机会反射。仔细观察时有时无的反射，可以画出 $R(\theta)$-θ 曲线。假定晶体的反射量为 $R(\theta)$，而同一时间内的入射量为 I，则累计反射量为

$$\rho = \int_{\theta-\varepsilon}^{\theta+\varepsilon} \frac{R(\theta)\mathrm{d}\theta}{I} \tag{3.1}$$

式中，ε 为晶体转动幅度，它应保证晶体中所有不同取向的小晶块都能反射。布拉格发现同一种晶体的累计反射量是一致的，而且从 $R(\theta)$-θ 曲线来看，同一种晶体不同部位的曲线形式不一样，但曲线所包含的面积都相等，有力地证明了晶体中存在镶嵌块结构。

现在已经知道，晶体中微结构缺陷——镶嵌块等虽然非常常见，但不是晶体的固有属性，认识这一点经历了相当长的时间，直到 1934 年以后才被普遍接受。在这一年，德国晶体学家保罗·彼得·埃瓦尔德(Paul Peter Ewald)和冯·毛里求斯·雷宁格(von Mauritius Renninger)在化学成分为氯化钠(NaCl)的岩盐上做了一项极为细致的研究，他们用 X 射线探测它的累计反射量和衍射张角，结果发现在人工小心制备出来的页岩上不存在镶嵌块结构；但如果晶体经过琢磨，就可得出不同的结果，表明晶体中出现了镶嵌块结构，说明镶嵌块并非晶体的固有属性，而是和处理过程密切关联。

晶体中出现不完整性或缺陷，对晶体的物理性能，特别是力学性质的影响便自然进入人们的研究范畴。1921 年，英国物理化学家迈克尔·波朗依(Michael Polanyi)对固体断裂强度进行了理论估算，他得出一个粗略的值是固体断裂强度约为 $1000\ kg \cdot mm^{-2}$。1926 年，苏联物理学家雅科夫·弗仑克尔(Jacov Frenkel)在晶体点阵的基础上计算了金属晶体的屈服强度，他从理想完整晶体模型出发，假定材料发生塑性切变时，微观上对应着切变面两侧的两个最密排晶面(相邻间距最大的晶面)发生整体同步滑移，这样计算的结果是 $100 \sim 1000\ kg \cdot mm^{-2}$，和波朗依的估算在一个量级。波朗依的计算是从断裂产生表面能出发，适用于单晶或多晶体，也适用于非晶态物质，而弗仑克尔的计算模型只适用于原子排列整齐的晶体。

实验测定岩盐的断裂强度仅为 $0.4\ kg \cdot mm^{-2}$，和基于离子晶体模型预估的强度 $200\ kg \cdot mm^{-2}$ 存在巨大差距。苏联固体物理学家约飞(A. Φ. Jeffé)领导一个学派在岩盐断裂上做了大量研究工作，他们变换实验条件，借助各种表征手段，最后得出结论：岩盐强度之所以远低于理论值是因为它的表面有尖锐的微裂缝。当载荷加到岩盐试样上时，应力会在表面微裂缝处集中，裂缝的扩展使得晶体断裂，这样就降低了岩盐的强度。约飞的结论和被称为断裂力学之父的英国科学家阿兰·阿诺德·格里菲斯(Alan Arnold Griffith)于更早些时候(1921 年)在玻璃丝上的实验结果相符合。后者发现玻璃丝的实测断裂强度约为 $14\ kg \cdot mm^{-2}$，但和玻璃丝的直径有关系，玻璃丝越细，强度越高。这是因为细的玻璃丝表面积小，表面缺陷少，减少了应力在表面裂缝处集中的机会，因而强度得到提高。

固体表面上的裂缝固然对固体的断裂有重大影响，但固体内部缺陷起什么样的作用还需要进一步揭示。人们早就注意到，在做断裂实验时，由于载荷加载速度的差异，同一种材料会发生两种不同的断裂方式——构件未经明显的变形的脆性断裂和构件经历过显著塑性形变并且尺寸有明显变化的塑性断裂，但对晶体的塑性形变的机理并不了解，和晶体内部缺陷之间的关系也自然是不清楚。从 20 世纪初到 30 年代，许多科学工作者对晶体塑性形变的宏观规律作了广泛的观察和研究，并对其微观机理提出了各种设想和实验，发现了一些经验规律，为后面从理论上予以阐明奠定了坚实的基础。

早在 1864 年，法国工程师特雷斯卡(H. Tresca)便把塑性力学的理论运用到金属材料上，经过一系列的挤压实验研究了金属材料从弹性状态进入塑性状态的条件，在实验中观察到滑移现象。在进入 20 世纪的前一年，英国冶金学家詹姆斯·尤因(James Alfred Ewing)和沃尔特·罗森汉(Walter Rosenhain)观察到金属铅是通过晶粒内部晶面上的滑移进行变形的，这个发现对金属塑性变形的本质给出了第一个重要说明。

1913 年，英国物理学家贝文·布雷斯韦特·贝克(Bevan Braithwaite Baker)在钠与钾的单晶上发现"像鱼鳞状的花纹"，并在随后的讨论中，布拉格指出这种规则的花纹可能和晶体内部结构有关。1914 年，英国物理学家爱德华·安德雷德(Edward Neville da Costa Andrade)在汞、铅和锡等晶体上也观察到类似的花纹图案。现在已经清楚，这些图案是晶体的滑移线，鱼鳞状花纹是双滑移。约飞领导的学派采用光学方法也发现在岩盐晶体上负加载荷时产生内部滑移。另一方面，1927 年，弗仑克尔完成了金属晶体理论强度的估计工作，和实验对照却发现，单晶体上滑移开始所需的应力远低于理论值，两者根本不在一个量级上。到这个时候，各种晶体的实验数据已经积累得很丰富，理论估值也很合理，则问题便变得很明显了——缺少一个描述晶体内部缺陷的模型。显然，仅根据晶体表面裂缝发展出的理论远不足以解释所观察到的晶体塑性形变。

现在普遍接受的影响晶体力学性质的晶体缺陷模型是 1934 年由埃贡·奥罗万(Egon Orowan,

德裔美国物理学家)、波朗依和泰勒所提出的著名位错模型，它建立了现代位错理论的基础。但在这个模型提出之前，一些先驱性的研究工作不应该被忽视。1907 年意大利数学家维托·沃尔泰拉(Vito Volterra)等就在连续介质弹性力学中引入了位错的概念来处理不连续的应力场问题，只是他们当时称为"畸变"(distortion)，后来在 1927 年由英国著名数学家奥古斯都·爱德华·霍夫·洛夫(Augustus Edward Hough Love)改称为位错(dislocation)。

　　1923 年，波朗依和德国学者格奥尔·马星(Georg Masing)第一次企图用晶体中含有缺陷的模型来说明晶体的弹性形变，他们认为晶体被弹性弯曲时晶格会发生错排，用"拱门洞"模型来描述这种晶体形变，即像用砖来砌拱形门洞的样子。在位错理论建立的过程中，近代力学奠基人、德国物理学家路德维希·普朗特(Ludwig Prandtl)有过重要贡献。1928 年，他建立了一个晶体缺陷模型，设想把晶体分成上下两块，而在下半块有个周期性的场，像个瓦楞纸面[图 3.1(a)]。在这个模型中，上半块的某个原子被当作一个能来回滑动的特殊原子，它和上半块中的其他原子有弹性的联系。在小的应力下，这个特殊原子在下半块势谷里来回滑动；当应力较大时，它能带动其他原子跃过下面的势垒，进入邻近的势谷。普朗特的处理方式已经很接近正确的位错模型，他考虑了某一个特殊原子跳过势垒，但没有明确指出这个特殊原子就是晶体缺陷所在。1929 年，德国物理学家乌尔里希·德林格尔(Ulrich Dehlinger)也给出一个模型说明晶体存在局部点阵缺陷，他命名为 verhakung，一个德语词，有纠缠的意思。如图 3.1(b)所示，德林格尔模型的特点是晶体点阵局部存在失配，垂直于滑移面的晶面在位错附近呈弯曲状态，这一点在一些经过形变的晶体中似乎能得到支持。

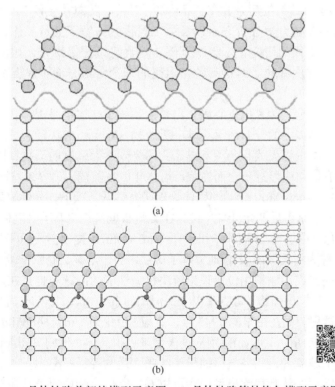

图 3.1　(a)晶体缺陷普朗特模型示意图；(b)晶体缺陷德林格尔模型示意图

　　奥罗万、波朗依和泰勒的位错理论认为切变在微观上并非一侧相对于另一侧的整体刚性滑移，而是通过位错的运动来实现的。一个位错从材料内部运动到了材料表面，就相当于其位错线扫过的区域整体沿着该位错线运动的方向滑移了一个单位距离(相邻两晶面间的距离)。这样，随着位错不断地从材料内部产生并运动至表面，就可以提供连续塑性形变所需的晶面间滑移了。与整体滑移所需的打断一个晶面上所有原子与相邻晶面原子之间的键相比，位错滑移仅需打断位错线附近少数原子之间的连键，因此所需的外加剪应力大大降低。他们三个人的模型在原则上是相同的，即缺陷是原子级别的失配范围，只局限于晶体的某一部位。他们的模型与德林格尔模型的不同之处在于后者垂直于滑移面的晶面要发生弯曲，而前者则不需要，这是符合事实的。泰勒还把沃尔泰拉弹性位错引入晶体位错，从而可以计算位错线周围的应力场。

奥罗万、波朗依和泰勒三个人的位错模型就是现在教科书上的刃型位错，他们的理论在当时并没有大的反响。到了 1939 年，荷兰物理学家约翰纳斯·马丁内斯·伯格斯(Johannes Martinus Burgers)引入了螺位错的概念，并且首次提出使用伯格斯矢量(也称伯氏矢量，当时称为位错强度矢量)来表征位错特性的重要意义，从而把位错概念加以普遍化，并发展了位错应力场的一般理论。比较有趣的是在位错理论发展形成过程中起重要作用的这几个人，他们都并非传统意义上的晶体学家，而是流体力学领域的著名学者。像在位错理论方面做出奠基性贡献的普朗特，只是发表了一篇关于位错理论的文章，就转而继续他的流体力学的研究，在风洞实验技术、机翼理论、湍流理论和边界层理论方面都有突出贡献。波朗依是个大度又博学的人，他的论文完成比奥罗万早几个月，但那时他已与奥罗万定期接触，了解后者的想法，因此自愿等待一段时间，以便同时提交论文，并约定在同一期德文《物理学杂志》(Zeitschrift Für Physik)并排发表。波朗依后来放弃了晶体塑性研究，转向社会科学的研究并成为一位哲学家。泰勒在单晶和多晶力学分析方面以及加工硬化方面做了大量工作，但 1934 年以后也看不到他在晶体学方面的研究了。奥罗万倒是一直坚持位错研究，在位错运动与其他位错的交互作用以及晶体内部粒子对运动位错阻碍的理论分析方面，提出了许多有重大影响的新思想。

位错的概念似乎是科学家挖空心思想出来的，关于晶体中是否存在位错当时没有明确证据，而且对位错在晶体中的分布情况更是一无所知，难免引起怀疑和责难。由于位错理论提出不久便遭遇第二次世界大战，各项基础研究均受到不同程度的影响，因此那段时间位错理论和实验观察没有取得明显进步。而在战后五六年，在英国物理学家/材料学家内维尔·弗朗西斯·莫特(Nevill Francis Mott)领导的固体物理研究学派带领下，晶体缺陷和金属强度的研究得到长足发展。战争结束后两年(1947 年)，在英国布里斯托召开了"固体强度会议"。会议上著名冶金学家艾伦·霍华德·柯垂耳(Alan Howard Cottrell)提出溶质原子与位错的交互作用，用碳、氮原子云(称为柯氏气团)定量地解释了 α-铁中由固溶碳、氮原子所引起的屈服点和应变时效等现象，第一次成功地利用位错理论解决机械性能的问题。也是在这一年，美国物理学家和发明家威廉·布拉德福德·肖克莱(William Bradford Shockley Jr.)描绘了面心立方晶体中形成扩展位错的过程。而在更早的 1945 年，威廉·劳伦斯·布拉格(William Lawrence Bragg，小布拉格)和约翰·奈(John F. Nye)使用泡筏模型来模拟晶体。他们灵巧地设计实验，材料是肥皂溶液和一根尖嘴玻璃管，用空气压缩机来吹制大量的等径肥皂泡。气泡的排列很清楚地显示了位错的结构特征。从肥皂泡模型中还可以看出空位、杂质原子、晶粒边界等缺陷，可以简单有效地研究位错间的交互作用。这一模型是形象思维在物理学研究中应用的鲜活例子。理论物理大师理查德·费曼(Richard P. Feynman)在他的《费曼物理学讲义》中特别把小布拉格泡筏模型的原始论文全文转载，希望学习物理学的学生能从中受益。

尽管已经有了明显的证据证实位错存在，位错也可以有合理的起源，但那时位错的增殖机制还是个关键问题。也是在 1947 年布里斯托的会议上，英国理论物理学家弗里德里克·查尔斯·弗兰克(Frederick Charles Frank)提出一个 "位错动力学增殖机制"，他用高速运动的位错在晶面上反射的机制来说明位错可以增殖。但这一增殖机制需要位错具有高能量，没能被听众接受。到了 1950 年，弗兰克和美国物理学家桑顿·瑞德(Thornton Read)共同提出一个Frank-Read 源(F-R 源)增殖机制，合理地解释了晶体中不断产生的位错和引起的大量滑移。据说 F-R 源一起提出的原因是：弗兰克参会期间偶遇瑞德，发现他们在差不多同一时间对位错增殖有相同的观点和思路，然后就此合写了一篇论文。1952 年，美国物理学家约翰·巴丁(John Bardeen)和威廉·康耶斯·赫林(William Conyers Herring)又提出一种由热运动攀移的位错增殖机制。差不多同时，英国矿物学家 L. J. 格里芬(L. J. Griffin)利用相衬显微技术在绿柱石晶体的天然表面观察到存在生长螺线，这是 1947 年弗兰克对螺型位错增殖做出的预测，为位错存在提供了有力的证据。

1947 年在位错理论发展史上算是个神奇的年份，除了在布里斯托隆重召开了 "固体强度会议"，这一年英国出生的南非物理学家弗兰克·雷金纳德·纳巴罗(Frank Reginald Nunes Nabarro)重新推导了德裔英国物理学家鲁道夫·恩斯特·派尔斯(Rudolf Ernst Peierls)在 1940 年得到的位错启动力公式。位错启动力是使位错开始滑移所需的剪应力，这个力在现在的教科书上常被称为派-纳力(Peierls-Nabarro stress)。这里面有一个不广为人知的小插曲。1939 年时，奥罗万考虑到位错中心原子位移所引起的非线性应力应变关系，设计了一个位错点阵模型，请派尔斯帮忙做数学分析，企图求出反抗位错运动的初始力，也就是使位错开始滑移所需的剪应力。派尔斯计算获得的结果和纳巴罗重新推导得到的计算公式相差一个系数 2，后者计算得到的临界切应力和实测值相近。派尔斯是个诚实谦恭的学者，他在 1967 年美国西雅图召开的 "位错动力学" 会议上透露了这段往事，并谦逊地说这个力应该称为奥-纳力(Orowan-Nabarro stress)。

到了 20 世纪 50 年代初期，以位错为研究对象的工作更加百卉千葩，新成果层出不穷。1952 年，美国人 F. H. 霍恩(F. H. Horn)在 SiC 的螺型位错露头点观察到浸蚀斑；次年 F. L. 沃格尔(F. L. Vogel)等在锗单晶中观察到规则的浸蚀斑行列，成功地验证了小角度晶界的位错理论，确证了这些浸蚀斑对应于刃型位错的露头点；1955 年，两个法国学者 G. 怀恩(G. Wyon)和保罗·拉孔布(Paul Lacombe)证明了铝中的位错提供了杂质的迁移条件，而且证明位错易腐蚀，而法国人皮埃尔·雅凯(Pierre A. Jacquet)则通过对 α-黄铜蚀坑的研究，揭示了位错的交互作用和小变形后的位错塞积。最令人激动的发现发生在 1956 年，英国物理学家彼得·伯恩哈德·赫希(Peter Bernhard Hirsch)应用电子显微镜透射过减薄到约 103 Å 的铝膜，直接观察到位错并清晰地看到了位错沿滑移面运动的像，也能明确地看到位错间的弹性相互作用、位错扩展等现象。这个实验全面证实了位错的存在，并被拍摄成电影广为宣传，为进一步发展塑性形变的位错理论奠定了牢固的基础。这一发现也使关于位错存在与否的争论尘埃落定，位错理论被广泛接受并最终发展成为现在能在教科书中看到的样子。

3.2　点　缺　陷

把实际晶体质点(原子、离子或分子等)排列中与其理想的点阵结构发生偏差的区域称为晶体缺陷，这些区域并不影响晶体结构的基本特征，仅是晶体中比例很少的质点规则排列发生了变化。点缺陷是一类典型的晶体缺陷，是指偏离区域在三个空间方向上均是原子尺度的一种缺陷，对晶体结构的干扰破坏仅波及几个原子间距范围，其数量与构成晶体的质点总数相比虽然微不足道，但对晶体的一些物理和化学性质有显著影响。

3.2.1　点缺陷的类型

点缺陷可分为结构点缺陷和化学点缺陷两种基本类型，前者破坏晶体结构的完整性，包括点阵空位和间隙原子；后者引起晶体化学成分的改变，包括代位杂质和间隙杂质，详细的分类可用图 3.2 概括表达。对于原子晶体，如果晶体中某阵点的原子缺失，则称为空位，它是晶体中最简单也是最重要的结构点缺陷，脱位原子一般进入其他空位或逐渐迁移至晶界或晶体表面，如图 3.2 中的 "2" 所示，这样的空位通常称为肖特基空位或肖特基缺陷，是以德国物理学家华特·赫尔曼·肖特基(Walter Hermann Schottky)的姓氏命名。还有一种这样的情况，脱位的原子不是迁移至晶界或表面，也不是占据其他空位，而是挤入晶体阵点的间隙，形成另一种类型的结构点缺陷——间隙原子，同时原来的结点位置也空缺了，产生一个空位，通常把这一对点缺陷(空位和间隙原子)称为弗仑克尔(Frenkel)缺陷，以纪念苏联物理学家雅科夫·弗仑克尔，如图 3.2 中的 "5" 所示。在金属中，一个自间隙原子会导致周围晶格发生很大的畸变，这是因为原子的体积要大于间隙位置的空间大小(可自行验证)。可以想象，要在排列规整的晶体阵点间隙中挤入一个同样大小的本身原子比较困难，因此一般原子晶体中弗仑克尔缺陷的数目比肖特基缺陷少得多。

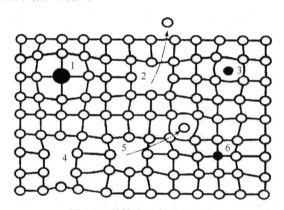

图 3.2　晶体中的各种点缺陷
1. 大的置换原子；2. 肖特基空位；3. 异类间隙原子；4. 复合空位；5. 弗仑克尔空位；6. 小的置换原子

对于合金而言，作为溶质的异类原子也可视作晶体的点缺陷，这是因为溶质原子的直径或化学电负性与基体原子不一样，它的引入必然导致周围基体的原子偏离正常状态，产生畸变。如果溶质原子的直径很小，则可能挤入基体晶格的间隙(图 3.2 中的 "3")；而如果溶质原子的直径与基体原子相当，则会置换基体晶格的某些阵点，如图 3.2 中的 "1" 和 "6" 所示。无论是溶质进入晶格间隙还是在阵点处置换基体原子，异质原子的引入除了破坏原有的原子间作用力平衡，迫使原子离开原有的平衡位置，导致晶格畸变外，还都会引起晶体化学成分的改变。

在实际晶体中，点缺陷的形式可能要更加复杂些。例如，空位不是单独存在，而是形成两个甚至多个空位相邻在一起，称为复合空位，如图 3.2 中的 "4" 所示。当复合在一起的空位增多时，晶体结构不稳定程度增加，容易沿某一方向向空位处坍塌；同样，间隙原子也未必都是单个原子，随着周围间隙中也挤入原子，有可能出现 m 个原子均匀地分布在 n 个原子位置的范围内($m>n$)，形成所谓的"挤塞子"。

　　【练习 3.1】　针对图 3.2 中的"1"和"6"，做如下思考：如果"1"中异质原子的直径比基体原子大 10%，而"6"中异质原子的直径比基体原子小 10%，那么两种异质原子引起的体系能量变化是否一样？如果都改成 1% 又如何？(提示：考虑学习过的键能曲线)

　　离子晶体也有相应的点缺陷，但考虑到缺陷的存在不能破坏正负电荷的平衡，情况要稍微复杂些。图 3.3 描绘了 AB 型离子晶体中两种常见的点缺陷，即肖特基缺陷和弗仑克尔缺陷。对于肖特基缺陷，在晶体中移去一个负离子的同时必须伴随同时移去一个正离子以维持电荷平衡；而弗仑克尔缺陷则是晶体中尺寸较小的离子(一般是正离子)挤入相邻同号离子的位置(两个离子同时占据一个间隙位置)，于是形成间隙离子和空位对，间隙离子的数量等于离子空位的数量。上面曾经提及在一般金属晶体中形成间隙原子即弗仑克尔缺陷比较困难，但这一结论不适用于离子晶体，后者需要考虑更加具体的情况。例如，对于正负离子尺寸差异较大、结构配位数较低的离子晶体，直径较小的离子移入相邻间隙引起晶体结构的畸变不大，难度大大降低，所以这类离子晶体中弗仑克尔缺陷成为一种较常见的点缺陷；而对于结构配位数高、排列比较密集的晶体，如氯化钠(NaCl)，仍然是肖特基缺陷占据主要地位，弗仑克尔缺陷则较难形成。

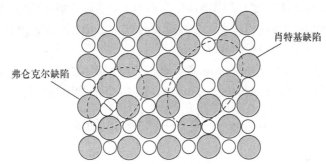

图 3.3　离子晶体中的肖特基缺陷和弗仑克尔缺陷

　　对于 AB 型离子晶体，无论是形成肖特基缺陷还是弗仑克尔缺陷都不会对正负离子的比例产生影响，即在没有其他缺陷存在的情况下，该晶体具有化学计量性。化学计量性是指离子晶体中正负离子的比例与其化学式完全相符的状态。例如，NaCl 中 Na^+ 与 Cl^- 的比例为精确的 1∶1，显然 NaCl 具有化学计量性。如果缺陷的形成导致离子化合物晶体中正负离子的比例与精确的比例有偏差，则称其具有非化学计量性。

　　非化学计量性可能会在某些由一种或多种具有两个或多个价态(或离子态)的元素组成的离子晶体中出现。例如，氧化亚铁(FeO)就属于这种离子晶体，因为铁具有二价 Fe^{2+} 和三价 Fe^{3+} 两种价态，每种铁离子的数目由温度和环境氧压所决定。在 FeO 中，Fe^{3+} 的形成会引入一个额外的正电荷，从而导致整个晶体的电中性失衡，因此需要形成某些缺陷结构以抵消该额外的正电荷。对应于每两个 Fe^{3+} 的产生，可以通过移去一个 Fe^{2+} 来维持晶体的整体电中性。如此，晶体中出现一个阳离子空位，如图 3.4 所示。此时由于少了一个阳离子，该晶体不再具有化学计量性，但将仍然保持电中性。这种现象在具有多个价态的金属氧化物中相当常见，而且，事实上，对于这类金属氧化物，其化学式通常写作 $M_{1-x}O$(其中 x 是某个小于单位 1 的可变小数)，以表明由于 M 不足而造成的非化学计量性。

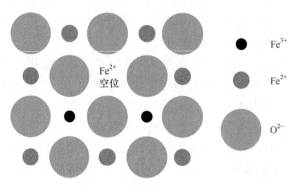

图 3.4　由两个 Fe^{3+} 的形成产生一个 Fe^{2+} 空位的示意图

通过掺杂也能在离子晶体中产生点缺陷。为了表示区别，把通过质点热运动产生的点缺陷称为禀性点缺陷(或内禀点缺陷)，而通过掺杂等手段产生的点缺陷称为非禀性点缺陷。例如，氯化钙($CaCl_2$)溶于氯化钾(KCl)晶体(后者具有 NaCl 结构)，由于钙离子是+2 价，而钾离子是+1 价，所以当一个钙离子取代一个钾离子的位置后，附近的另一个钾离子必须空出，否则晶体电中性无法保持；再如，氧化钙(CaO)溶入氧化锆(ZrO_2)时，由于是+2 价的钙离子取代+4 价的锆离子，附近也必然产生一个氧离子空位以满足晶体的电中性要求。

【例题 3.1】　在氧化镁(MgO)基固溶体中含有 0.2%(质量分数)的氧化锂(Li_2O)溶质，计算因 Li_2O 溶入而引起的空位数目相对离子总数的百分比，已知 Li、Mg 和 O 的摩尔质量分别是 $6.9 \ g \cdot mol^{-1}$，$24.3 \ g \cdot mol^{-1}$ 和 $16 \ g \cdot mol^{-1}$。

解　由于 Li 离子是+1 价的，而 Mg 离子是+2 价的，因此 Li_2O 的溶入能够导致 MgO 基体中氧离子空位的产生。假设物料总量为 100 g，则 Li_2O 的物质的量为

$$n_{Li_2O} = \frac{0.2}{2 \times 6.9 + 16} = 6.7 \times 10^{-3} (mol)$$

同理，MgO 的物质的量为

$$n_{MgO} = \frac{99.8}{24.3 + 16} = 2.48 (mol)$$

忽略 Li_2O 在总数方面的微小影响，则 100 g 固溶体中的离子总数目为 4.96 mol。

由于要满足电中性要求，故两个 Li^+ 对应一个 O^{2-}，而 100 g 固溶体中 Li^+ 的总数是 Li_2O 物质的量的 2 倍，即 $2 \times 6.7 \times 10^{-3}$ mol，所以氧离子空位 $N_{V,O}$ 相对离子总数 N_T 的百分比是

$$\frac{N_{V,O}}{N_T} = \frac{(2 \times 6.7 \times 10^{-3})/2}{4.96} = 1.35 \times 10^{-3}$$

由这个简单的例子不难发现，在离子晶体中掺入很少量的杂质就能导致很大数目的空位产生。

【练习 3.2】　当 CaO 溶入立方相 ZrO_2 中，随着溶入量的增加，以 ZrO_2 为基体的固溶体的密度会发生什么变化？背后的原因是什么？

3.2.2　点缺陷的产生及热力学分析

众所周知，构成晶体的质点并非处于静止状态，而是以其平衡位置为中心不停地振动，其平均动能取决于温度，约等于 $\frac{3}{2}kT$，其中 T 为温度，k 为玻尔兹曼常量(Boltzmann constant)。

但这只是众多质点振动能量的一个统计平均值，实际上，各个质点振动的动能并不相等，即使对单个质点而言，其振动能量也不是一个定值，而是一直处于变化之中。如此，在某一瞬间，总会有一些质点的能量高到足以克服周围质点的束缚而离开原来的平衡位置跃入相邻的空位形成肖特基缺陷，或者挤入临近的晶格间隙形成弗仑克尔缺陷。

人们或许会认为，没有任何缺陷的完美晶体在热力学上是最稳定的，质点热运动造成的点缺陷会降低晶体的稳定程度。然而事实并非如此，一个体系稳定与否或稳定的程度，可以用体系的吉布斯自由能变化来衡量。从凝聚态热力学公式 $\Delta G = \Delta H - T\Delta S$ 不难看出，在一个特定温度下，体系的自由能变化取决于自由焓与熵的综合结果，由于凝聚态的体积压力变化可以忽略，自由焓变化 ΔH 可以近似用体系内能变化 ΔU 来代替。一方面，点缺陷的存在导致点阵发生畸变，致使晶体的内能升高；另一方面，点缺陷的存在又使体系的混乱程度增加，即引起熵值增加，使自由能降低，而且简单分析可知，体系熵值增加随点缺陷数量的变化是非线性的。少量点缺陷的存在使体系的排列方式大大增加，导致其熵值快速增加，此后继续增加点缺陷数目反而使体系的熵值增加减缓。由于 ΔU 和 ΔS 对系统吉布斯自由能的变化起着相反的作用，其结果便导致 ΔG 的变化如图 3.5 所示，先随晶体中点缺陷数目的增多逐渐降低，而后又逐渐升高，图中 n 代表点缺陷数目，u 代表形成一个点缺陷带来的内能增加值。这样，在高于 0 K 的任何温度下，体系中便存在一个点缺陷浓度，在这个点缺陷浓度时体系的自由能变化最小，晶体的状态反而最稳定。这个浓度就称为该温度下晶体中点缺陷的平衡浓度，用 $\bar{C}_V$ 表示。也就是说，晶体中存在一定数目的点缺陷是热力学上的稳定状态；相反，没有这些点缺陷的完整晶体其自由能反而更高，稳定程度降低。

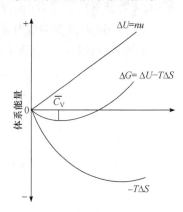

图 3.5　体系自由能随晶体中点缺陷数目变化示意图

在进行较严格的热力学分析之前，可以通过和化学反应速率类比猜一个平衡浓度的计算公式。禀性点缺陷和化学反应都可归结于原子热运动引起的激活过程，两种具有相似的本质。对于化学反应过程而言，只有能量比平均能量高出的部分足以克服反应活化能的那一部分原子或分子才能参与反应；而对于点缺陷形成而言，也只有能量比平均能量高出的部分达到或超过缺陷形成能那一部分质点(原子、分子或离子)才能形成点缺陷。所以点缺陷的平衡浓度与化学反应速率一样，应与温度呈指数关系，可用类似于化学反应动力学中阿伦尼乌斯方程的形式来表达。下面用热力学分析导出这一关系式。

把讨论主要限制在禀性点缺陷，首先分析金属晶体。假定在一定的压强 P 和温度 T 下，在含有 N 个质点的晶体中引入 n 个空位(或取走 n 个质点)，定义缺陷浓度：

$$C_V = \frac{n}{N} \tag{3.2}$$

再令 G_0 和 G 分别为完整晶体和含有 n 个空位的晶体的吉布斯自由能，H 为系统焓，S 为系统熵，包括振动熵 S_v 和排列熵 S_m。由于空位的引入，一方面由于弹性畸变引起晶体内能增加；另一方面又增加晶体中的混乱度，使熵增加。而熵的变化包括两部分：①空位改变它周围质点的振动引起振动熵变化(ΔS_v)；②空位在晶体点阵中的排列可有许多不同的几何组态，使排列熵增加(ΔS_m)。对于凝固态体系，系统自由焓 H 可近似用系统内能 U 代替，因此得到

$$\Delta G = G - G_0 = \Delta H - T\Delta S = \Delta U - T\left(\Delta S_v + \Delta S_m\right) \tag{3.3}$$

式中，ΔG、ΔH、ΔS 和 ΔU 分别为空位生成引起的系统吉布斯自由能、焓、熵和内能的变化。设 Δu 为一个空位的形成能，ΔS_v^0 为形成一个空位引起的振动熵变化，则有

$$\Delta U = n\Delta u = C_V N \Delta u \tag{3.4}$$

$$\Delta S_v = n\Delta S_v^0 = C_V N \Delta S_v^0 \tag{3.5}$$

而排列熵变 ΔS_m 可按玻尔兹曼公式计算，即

$$\Delta S_m = k \ln w = k \ln C_N^n = k \ln \frac{N!}{n!(N-n)!}$$

式中，k 为玻尔兹曼常量；w 为系统可能的状态数，即 n 个空位在 N 个质点位置上的分布状态，也即从 N 个质点位置中取出 n 个质点的组合数 C_N^n。

N 和 n 的数目一般都很大(远大于1)，此时可以利用数学上的斯特林公式(Stirling formula)：$\ln x! \approx x \ln x - x (x \gg 1)$，将上式展开：

$$\begin{aligned}
\Delta S_m &= k\left[N\ln N - N - n\ln n + n - (N-n)\ln(N-n) + (N-n)\right] \\
&= -Nk\left[\left(\frac{n}{N}\right)\ln\left(\frac{n}{N}\right) + \left(\frac{N-n}{N}\right)\ln\left(\frac{N-n}{N}\right)\right] \\
&= -Nk\left[C_V \ln C_V + (1-C_V)\ln(1-C_V)\right]
\end{aligned} \tag{3.6}$$

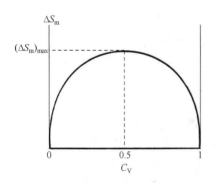

图 3.6　点缺陷导致的体系排列熵变化
　　　　与缺陷浓度的关系曲线

可根据式(3.6)做出 ΔS_m 与 C_V 之间的关系曲线，如图 3.6 所示。从图可以看出，当缺陷浓度 C_V 为 0.5 时，排列熵的增加 ΔS_m 达到最大，且曲线左右对称于直线 $C_V = 0.5$。值得注意的是，当 C_V 很小或很大时，曲线很陡，此时 C_V 的任何一个微小改变都能引起 ΔS_m 的巨大变化，这一点甚至可以用来解释为什么高纯度材料进一步提纯会变得相当困难。

将式(3.4)、式(3.5)和式(3.6)代入式(3.3)中，可得到

$$\Delta G = C_V N \Delta u + TNk\left[C_V \ln C_V + (1-C_V)\ln(1-C_V)\right] - TC_V N \Delta S_v^0$$

即

$$G = G_0 + C_V N \Delta u + TNk\left[C_V \ln C_V + (1-C_V)\ln(1-C_V)\right] - T\bar{C}_V N \Delta S_v^0 \tag{3.7}$$

按照定义，缺陷的浓度达到热力学平衡，即 $C_V = \bar{C}_V$ 时，体系的吉布斯自由能 G 应该达到最小。因此，只要令 $\mathrm{d}G/\mathrm{d}C_V = 0$，便可由式(3.7)解出 $\bar{C}_V$。由于实际晶体中缺陷浓度 $C_V \ll 1$，故可近似认为 ΔS_v^0 与 C_V 无关，以简化求导时的运算。因此，有

$$\frac{\mathrm{d}G}{\mathrm{d}C_V} = N\Delta u + TNk\left[\ln C_V + 1 - \ln(1-C_V) - 1\right] - TN\Delta S_v^0$$

令上式等于 0，以 $\bar{C}_V$ 取代式中的 C_V，可得

$$\ln \frac{\bar{C}_{\mathrm{V}}}{1-\bar{C}_{\mathrm{V}}} = \frac{T\Delta S_{\mathrm{v}}^0 - \Delta u}{kT} = -\frac{\Delta U - T\Delta S_{\mathrm{v}}}{RT}$$

式中，ΔU、ΔS_{v} 分别为 1 mol 缺陷时内能和振动熵的变化；摩尔气体常量 R 等于玻尔兹曼常量 k 乘以阿伏伽德罗常量。

因为 $\bar{C}_{\mathrm{V}} \ll 1$，则 $\ln\left[\bar{C}_{\mathrm{V}}/\left(1-\bar{C}_{\mathrm{V}}\right)\right] \approx \ln \bar{C}_{\mathrm{V}}$，所以

$$\bar{C}_{\mathrm{V}} = \exp\left(-\frac{\Delta U - T\Delta S_{\mathrm{v}}}{RT}\right)$$

或者

$$\begin{cases} \bar{C}_{\mathrm{V}} = \exp\left(-\dfrac{\Delta G}{RT}\right) \\ \bar{C}_{\mathrm{V}} = C_0 \exp\left(-\dfrac{\Delta U}{RT}\right), \ \ 其中 C_0 = \exp\left(\dfrac{\Delta S_{\mathrm{v}}}{R}\right) \end{cases} \tag{3.8}$$

如果忽略振动熵的变化，即式(3.8)中取 $C_0 = 1$，则可得热平衡时缺陷数量与晶体质点总数目之间的关系，即

$$\bar{n}_{\mathrm{V}} = N\exp\left(-\frac{\Delta U}{RT}\right) \tag{3.9}$$

式中，$\bar{n}_{\mathrm{V}}$ 为每立方厘米的空位数；N 为每立方厘米的质点数。

从式(3.8)可以得出如下结论：①晶体中空位在热力学上是稳定的，一定温度 T 对应一平衡浓度 $\bar{C}_{\mathrm{V}}$；②$\bar{C}_{\mathrm{V}}$ 与 T 呈指数关系，温度升高，空位浓度增大；③空位形成能 ΔU 越大，空位浓度便越小。

点缺陷(如空位)的热力学平衡浓度 $\bar{C}_{\mathrm{V}}$ 可以通过实验测定，因而根据式(3.8)，只要测出若干不同温度下的 $\bar{C}_{\mathrm{V}}$ 值，就可采用一些计算方法(如最小二乘法)比较准确地求出体系的 ΔG、ΔU(或 ΔH)和 ΔS_{v} 来。作为一个实例，实验测得在金(Au)中空位的生成焓 ΔH 约为 96.37 kJ · mol^{-1}，振动熵变化 ΔS_{v} 约为 19.27 kJ · mol^{-1} · K^{-1}，按式(3.8)可计算出 C_0 约为 10；这样，在 1000 K 时，可算出 $\bar{C}_{\mathrm{V}}$ 在 10^{-4} 的量级。由此可见，即使在很高的温度下，缺陷的热力学平衡浓度也是很低的，但需要注意，由于原子的微细尺寸，实际晶体中原子都有一个极大的数目，故点缺陷的绝对数值也相当可观。例如在 1000 K 时，1 mol 金中空位数目可近似达到 $6.02 \times 10^{23} \times 10^{-4} = 6.02 \times 10^{19}$ 个。

其次分析离子晶体，它的秉性点缺陷主要包括肖特基缺陷和弗仑克尔缺陷两种类型。对于肖特基缺陷，其阳离子和阴离子空位的平衡浓度可分别按上述的热力学方法计算，从而得到和式(3.8)类似的两个表达式：

$$\bar{C}_{[+]} = \exp\left(-\frac{\Delta G_{[+]}}{RT}\right), \ \ \bar{C}_{[-]} = \exp\left(-\frac{\Delta G_{[-]}}{RT}\right)$$

式中，$\bar{C}_{[+]}$ 和 $\bar{C}_{[-]}$ 分别为阳离子和阴离子空位的热力学平衡浓度；$\Delta G_{[+]}$ 和 $\Delta G_{[-]}$ 分别为阳离子和阴离子空位的摩尔生成自由能变化。由以上两式可得到：

$$\bar{C}_{[+]} \cdot \bar{C}_{[-]} = \exp\left(-\frac{\Delta G_{[+]} + \Delta G_{[-]}}{RT}\right) = \exp\left(-\frac{\Delta G_{\mathrm{S}}}{RT}\right) \tag{3.10}$$

式中，$\Delta G_S = \Delta G_{[+]} + \Delta G_{[-]}$，是肖特基缺陷(阴阳离子空位对)摩尔生成自由能变化。由于某种空位(或间隙原子)的平衡浓度从数学上讲就代表了该种空位(或间隙原子)出现的概率，故式 (3.10) 的右边就是 1 mol 阳离子空位和 1 mol 阴离子空位同时出现的概率，也就是形成 1 mol 肖特基缺陷的概率，或者说，肖特基缺陷的平衡浓度 $\overline{C}_S$ 为

$$\overline{C}_S = \overline{C}_{[+]} \cdot \overline{C}_{[-]} = \exp\left(-\frac{\Delta G_S}{RT}\right) \tag{3.11}$$

类似地，对于离子晶体中的弗仑克尔缺陷，可以得到

$$\overline{C}_F = \overline{C}_{[+]} \cdot \overline{C}_{i_+} = \exp\left(-\frac{\Delta G_{[+]} + \Delta G_{i_+}}{RT}\right) = \exp\left(-\frac{\Delta G_F}{RT}\right) \tag{3.12}$$

式中，$\overline{C}_{[+]}$ 和 $\overline{C}_{i_+}$ 分别为阳离子空位和间隙阳离子的平衡浓度；$\overline{C}_F$ 为弗仑克尔缺陷(阳离子空位和间隙阳离子空位对)的平衡浓度，也是同时形成阳离子空位和间隙阳离子空位对的概率；$\Delta G_{[+]}$、ΔG_{i_+} 和 ΔG_F 分别为阳离子空位、间隙阳离子和弗仑克尔缺陷的摩尔生成吉布斯自由能的变化。

值得指出的是，在导出式(3.11)时并未假定阳阴离子空位相同，即没有假定 $\overline{C}_{[+]} = \overline{C}_{[-]}$；同样，在式(3.12)中也没有假定 $\overline{C}_{[+]} = \overline{C}_{i_+}$。实际上，在一些复杂的离子晶体(如包含两种或两种以上价态的金属离子)中，阴阳离子空位或阳离子空位与间隙离子常常是不等的，如上面提到的非秉性点缺陷，但这两个式子仍然成立。

以上是点缺陷的热力学分析，还可以将点缺陷的形成看作一种化学反应过程，进而应用化学平衡动力学方法进行分析，得到相同的点缺陷平衡浓度计算公式且过程比较简洁。

对于肖特基缺陷，以氧化镁(MgO)为例，可以将阴阳离子空位对的形成看作发生了如下的可逆化学反应：

$$O \rightleftharpoons V''_{Mg} + V^{\bullet\bullet}_O$$

反应式中，V''_{Mg} 和 $V^{\bullet\bullet}_O$ 分别表示 Mg 阳离子空位和 O 阴离子空位，因为负离子构成晶体骨架，所以左侧用 O 代替 MgO。

当反应达到化学动力学平衡时，可获得平衡常数 K_S：

$$K_S = \frac{\left[V''_{Mg}\right]\left[V^{\bullet\bullet}_O\right]}{[O]} = \left[V''_{Mg}\right]\left[V^{\bullet\bullet}_O\right]$$

式中，$\left[V''_{Mg}\right]$、$\left[V^{\bullet\bullet}_O\right]$ 和 $[O]$ 分别为 Mg 阳离子空位、O 阴离子空位和 MgO 的活度(或浓度，空位浓度很低时)，又因空位浓度很低，MgO 的数目可认为反应前后没有变化，故 $[O]$ 为 1。

再由阿伦尼乌斯方程：$K_S = \left[V''_{Mg}\right]\left[V^{\bullet\bullet}_O\right] = K_0\exp\left(-\frac{\Delta G_S}{RT}\right)$，可得

$$\left[V''_{Mg}\right]\left[V^{\bullet\bullet}_O\right] = K_0\exp\left(-\frac{\Delta G_S}{RT}\right) \tag{3.13}$$

式(3.13)和式(3.11)具有类似的形式，但导出过程要简洁得多。

对于弗仑克尔缺陷，以溴化银(AgBr)晶体为例，可以将 Ag 阳离子空位和 Ag 间隙阳离子

对的形成看作发生了如下的可逆化学反应:

$$Ag_{Ag} \rightleftharpoons Ag_i^{\bullet} + V_{Ag}'$$

反应式中, $Ag_i^{\bullet}$ 和 V_{Ag}' 分别表示 Ag 间隙阳离子和 Ag 阳离子空位, 因弗仑克尔缺陷主要是针对尺寸较小的阳离子, 所以左侧用 Ag_{Ag} 来代替 AgBr。

当反应达到化学动力学平衡时, 可获得平衡常数 K_S:

$$K_S = \frac{\left[Ag_i^{\bullet}\right]\left[V_{Ag}'\right]}{\left[Ag_{Ag}\right]} = \left[Ag_i^{\bullet}\right]\left[V_{Ag}'\right]$$

式中, $\left[Ag_i^{\bullet}\right]$、$\left[V_{Ag}'\right]$ 和 $[Ag_{Ag}]$ 分别为 Ag 间隙阳离子、Ag 阳离子空位和 AgBr 的活度(或浓度, 空位和间隙离子浓度很低时), 又因空位和间隙离子浓度很低, AgBr 的数目同样可认为反应前后没有变化, 故 $[Ag_{Ag}]$ 为 1。

同样, 由阿伦尼乌斯方程: $K_S = \left[Ag_i^{\bullet}\right]\left[V_{Ag}'\right] = K_0 \exp\left(-\dfrac{\Delta G_F}{RT}\right)$, 可得

$$\left[Ag_i^{\bullet}\right]\left[V_{Ag}'\right] = K_0 \exp\left(-\frac{\Delta G_F}{RT}\right) \tag{3.14}$$

【例题 3.2 】　计算体心立方(BCC)铁晶体的空位数目, 其密度为 7.87 $g \cdot cm^{-3}$, 摩尔质量为 55.847 $g \cdot mol^{-1}$, 晶格参数为 2.866×10^{-8} cm。

解　先计算晶胞体积, 即

$$V = \left(2.866 \times 10^{-8}\right)^3 = 2.354 \times 10^{-23} \ (cm^3)$$

再根据密度 ρ 可以计算每个 BCC 晶胞中的铁原子数 n, 即

$$\rho = \frac{n \times 55.847}{2.354 \times 10^{-23} \times 6.02 \times 10^{23}} = 7.87 \ (g \cdot cm^{-3})$$
$$\Rightarrow n = 1.9970$$

理论上每个 BCC 晶胞含有 2 个铁原子, 每个晶胞中的空位数目是: $n_V = 2 - 1.9970 = 0.003$, 所以 1 cm^3 BCC 铁中空位数目是

$$\overline{n}_V = \frac{0.003}{2.354 \times 10^{-23}} = 1.27 \times 10^{20}$$

这个例子很形象地说明对于单个晶胞, 空位数目可忽略不计, 但对于实际晶体, 由于原子总数数目巨大, 仍能达到一个非常可观的绝对数量。

【例题 3.3 】　假定产生 1 mol 的空位需要 20000 cal 热量, (1)计算室温(25℃)下铜的平衡空位数目, 铜为面心立方(FCC)结构, 晶格参数为 0.36151 nm; (2)需要什么温度可使空位数目比室温下高 1000 倍?

解　(1) 根据单个 FCC 晶胞的晶格参数($a = 0.36151$ nm $= 3.6151 \times 10^{-8}$ cm)和所含原子数(4), 计算 1 cm^3 晶体中的原子数目, 即

$$N = \frac{4}{\left(3.6151 \times 10^{-8}\right)^3} = 8.47 \times 10^{22}$$

又由于, $R = 8.314$ $J \cdot mol^{-1} \cdot K^{-1} = 1.980$ $cal \cdot mol^{-1} \cdot K^{-1}$, 所以根据式(3.9), 室温下 1 cm^3 铜晶

体中平衡空位的数目为

$$\bar{n}_V = N \exp\left(-\frac{\Delta U}{RT}\right)$$

$$= 8.47 \times 10^{22} \times \exp\left(-\frac{20000}{1.980 \times 298}\right) = 1.611 \times 10^8$$

(2) 空位数目增加 1000 倍，即达到 $\bar{n}_V = 1.611 \times 10^{11}$，仍根据式(3.9)，有

$$1.611 \times 10^{11} = N \exp\left(-\frac{\Delta U}{RT}\right) = 8.47 \times 10^{22} \times \exp\left(-\frac{20000}{1.980 \times T}\right)$$

计算可得：$T = 375\,\mathrm{K}$，即 102℃。

这个例子说明缺陷的热平衡浓度受温度影响极大，温度小幅上升，便能导致缺陷数目快速增加。

【例题 3.4】 在 FCC 铁晶体中，碳原子可位于处于每条棱或晶胞中心的八面体间隙中心；而对于 BCC 铁晶体，碳原子进入四面体间隙，如中心坐标位于(1/4, 1/2, 0)的四面体间隙。FCC 铁的晶格参数为 0.3571 nm，BCC 铁的晶格参数为 0.2866 nm。假定碳原子的半径为 0.071 nm。(1)对于 FCC 和 BCC，间隙碳原子引起的哪种晶格变形较大？(2)如果填充全部间隙，碳原子所占的百分数为多少？

解 (1)这个问题实际上是比较 FCC 铁八面体间隙与 BCC 铁四面体间隙的大小，碳原子进入小的间隙将引起晶体较大的变形。假定铁原子半径为 R，间隙半径为 r，晶格参数为 a_0，则根据前一章学过的知识，对于 CC 晶体，有

$$R_{BCC} = \frac{\sqrt{3}}{4} a_0 = \frac{\sqrt{3}}{4} \times 0.2866 = 0.1241\,(\mathrm{nm})$$

又有 $\left(\frac{1}{2} a_0\right)^2 + \left(\frac{1}{4} a_0\right)^2 = \left(r_{BCC} + R_{BCC}\right)^2$，所以 $\left(r_{BCC} + R_{BCC}\right)^2 = 0.3125 a_0^2 = 0.02567\,\mathrm{nm}^2$，故

$$r_{BCC} = \sqrt{0.02567} - 0.1241 = 0.0361\,(\mathrm{nm})$$

对于 BCC 晶体，则有

$$R_{FCC} = \frac{\sqrt{2}}{4} a_0 = \frac{\sqrt{2}}{4} \times 0.3571 = 0.1263\,(\mathrm{nm})$$

又有 $2\left(r_{FCC} + R_{FCC}\right) = a_0$，可得

$$r_{FCC} = \frac{0.3571 - 2 \times 0.1263}{2} = 0.0522\,(\mathrm{nm})$$

比较可知，$r_{BCC} < r_{FCC} < r_{碳原子}$，因此碳原子填充入 BCC 晶体引起的形变较大，比较不容易，需要较高能量消耗。

(2) BCC 铁晶体的晶胞原子数为 2，四面体间隙数目为 12，如果为满填充，则碳原子所占的百分数为

$$\%\mathrm{C} = \frac{12\mathrm{C}_{原子}}{12\mathrm{C}_{原子} + 2\mathrm{Fe}_{原子}} \times 100\% = 86\%$$

FCC 铁晶体的晶胞原子数为 4，八面体间隙数目为 4，如果为满填充，则碳原子所占的百分数为

$$\%C = \frac{4C_{原子}}{4C_{原子} + 4Fe_{原子}} \times 100\% = 50\%$$

需要指出，上面的碳原子填充比例只是理论值，实际填入比例要远低于计算得到的数值，即使能量足够，碳原子也不可能同时填入晶体的每个间隙位置，否则引起的巨大形变足以破坏基体的晶体结构。

3.2.3　过饱和点缺陷的形成

晶体在每个高于 0 K 的温度下都对应一个点缺陷平衡浓度，在该点缺陷浓度下，晶体的吉布斯自由能最低，因而也是最稳定的状态。但出于应用或加工过程的需要，在有些情况下想要晶体中点缺陷的浓度高过其平衡值，这样的点缺陷就称为过饱和点缺陷或非平衡点缺陷。以下是常用的获得过饱和点缺陷的三种方式。

1) 高温淬火

从前面的讨论可知，晶体中的空位数量与温度呈指数关系，能够随温度升高而急剧增加。因此，如果将晶体加热到高温并保持足够的时间使之产生很高的空位浓度，然后进行淬火(急速冷却至低温)，则晶体中的空位来不及通过运动消失在晶体的表界面处，因而可以有效保留下来，使得晶体在低温状态下仍然保留了超过其平衡值的空位浓度，这些空位便称为淬火空位。

2) 辐照

当金属受到高能粒子如中子、质子、氘核、α粒子或电子等照射时，金属点阵上的大量原子有可能被撞击离开原来的位置而挤入点阵间隙中，从而形成空位和间隙原子对，也即弗仑克尔缺陷。当然，原本处于间隙中的原子也可能因撞击离位与晶体中原本存在的空位相遇而抵消，但最终仍会留下很多弗仑克尔缺陷。通常金属晶体中弗仑克尔缺陷的浓度极低，可以忽略不计，但辐照过后它却成为重要的点缺陷类型，在严重辐照区其浓度可达 10^{-4}，能够接近该金属在熔点附近的热平衡浓度。核反应堆中应用的材料都长期处于强辐照条件下，容易因间隙原子过多而导致结构畸变严重甚至脆化，因此反应堆用材料要特别注意过饱和缺陷的影响。

3) 冷加工

金属在室温下进行压力加工(冷加工)产生塑性形变时也会产生大量过饱和空位，其微观机制将在本章后面或后续章节内容中进行讨论。

【例题 3.5】　纯铁的空位形成能为 105 kJ·mol^{-1}，将纯铁加热到 850℃后急冷至室温(20℃)，假设高温下形成的空位能全部保留，试求过饱和空位浓度与室温平衡空位浓度的比值。

解　利用式(3.8)计算空位浓度，其中 $\Delta U = 105\,\text{kJ} \cdot \text{mol}^{-1}$，$R = 8.314\,\text{J} \cdot \text{mol}^{-1} \cdot \text{K}^{-1}$，假定空位过饱和浓度为 C_1，平衡浓度为 C_2，则可得

$$\frac{C_1}{C_2} = \frac{e^{\frac{\Delta U}{RT_1}}}{e^{\frac{\Delta U}{RT_2}}} = e^{\frac{\Delta U}{R}\left(\frac{1}{T_2} - \frac{1}{T_1}\right)} = 6.85 \times 10^{13}$$

式中，T_1 和 T_2 分别对应高温(850℃)和室温(20℃)，可见高温淬火对制造金属晶体中过饱和点缺陷非常有效。

3.2.4　点缺陷对晶体性质的影响

一般情况下，点缺陷主要影响晶体的物理性质，如电阻率、比容和比热容等，下面分类

简单说明。

(1) 电阻率：点缺陷最明显的是引起电阻率增加。晶体中的点缺陷破坏了质点排列的规律性，使电子在传导时散射增加，从而增加了电阻率。

(2) 比容：为了在晶体内部产生一个空位，需要将该处的原子移到晶体表面或相邻的间隙位置，导致晶体体积膨胀，比容或密度下降。

(3) 比热容：由于形成点缺陷需要向晶体提供附加的能量，因而引起附加比热容。

这些物理性质的变化也是研究晶体材料时测量空位浓度及其在不同条件下变化规律的依据。此外，点缺陷也影响晶体的力学性质，如晶体经过辐照或淬火，即使在室温时仍可能保留大量的非平衡空位，而这些过饱和空位往往分布并不均匀，而是沿一些特定的晶面聚集，形成空位片(图 3.7)，或与晶体中其他缺陷相互作用，改变材料的强度和韧性。

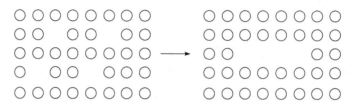

图 3.7　晶体中过饱和空位沿某一晶面聚集成空位片示意图

点缺陷和材料的一些加工过程密切相关。晶体中的点缺陷并不是静止不动，而是处于不断的运动状态。以空位为例，当空位周围质点的热振动动能超过缺陷形成激活能时，就可以脱离原来阵点位置而跃入空位。正是靠这一机制，晶体中空位发生不断的迁移，同时伴随其相邻原子的反向迁移，如图 3.8 所示。同样的，晶体中的间隙质点在获得足够的能量后也能在晶格的间隙中不断运动。空位和间隙质点的运动是晶体内部质点扩散的内在原因，而质点扩散是众多材料工艺加工的基础，如改变表面成分的化学热处理、成分均匀化处理、退火与正火、时效硬化处理、表面氧化及烧结过程等无一不与原子的扩散紧密相连，没有点缺陷便没有固体中原子的扩散，这些加工工艺也就无从谈起。而且，提高温度往往可以大幅提升这些加工工艺的效率，也正是基于点缺陷浓度随温度增加呈指数上升的规律。利用基于点缺陷的质点扩散过程，在纳米尺度上可以制备很多有趣且有用的中空材料，这些内容将在有关扩散的章节中进行讨论。

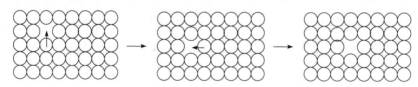

图 3.8　晶体中点缺陷(空位)运动过程示意图

点缺陷也能显著影响材料的化学特性。点缺陷如空位、间隙原子或代位异质原子等其周围的原子处于畸变状态，有应力存在，原子间距或被拉伸或被压缩，从而改变原子间的电子云重叠。电子结构的改变能够影响化学反应中的反应物、中间产物或最终产物在原子表面的吸脱附能力，进而改变材料的催化性能。利用高温淬火、等离子体加热或辐照效应在金属材料中制造过饱和缺陷调控其催化活性和稳定性的研究是当前催化研究领域的一个热点课题，吸引了大量杰出的学者参与其中，诞生了许多有意义和有价值的结果，对深化点缺陷的理论和应用都起到了良好的促进作用。

3.2.5 点缺陷浓度的实验测量

随着表征技术的进步，点缺陷的形貌已经可以用透射电子显微镜直接观察，其浓度及相关联的内能变化、振动熵变化和扩散激活能等都可以通过物理实验测定，下面仅介绍一个基于热膨胀的测定方法。

晶体在加热或冷却时体积都会发生变化，这种变化包括两部分，一是由质点(离子、原子或分子)间平均距离(或点阵常数)改变引起的体积变化，即通常所说的热膨胀；二是由点缺陷浓度变化引起的体积改变。若晶体的体积为 V，总体积变化为 ΔV，其中热膨胀和点缺陷引起的体积变化分别为 $(\Delta V)_l$ 和 $(\Delta V)_d$，则有

$$\frac{\Delta V}{V} = \frac{(\Delta V)_l}{V} + \frac{(\Delta V)_d}{V} \tag{3.15}$$

由于晶体体积随温度的变化通常很小，故

$$\frac{\Delta V}{V} = \frac{(l + \Delta l)^3 - l^3}{l^3} \approx 3\left(\frac{\Delta l}{l}\right) \tag{3.16}$$

假定晶体为立方体，式(3.16)中 l 为晶体的宏观尺寸，或称线度。

设晶体晶胞的参数为 a，类似地，可以写出热膨胀引起的体积变化，即

$$\frac{(\Delta V)_l}{V} = \frac{(a + \Delta a)^3 - a^3}{a^3} \approx 3\left(\frac{\Delta a}{a}\right) \tag{3.17}$$

现在需要确定点缺陷引起的体积变化。近似的，可以认为晶体中形成一个空位，就要增加一个原子体积，而形成一个间隙原子则要减少一个原子体积。因此，形成浓度为 $\bar{C}_V$ 的空位和浓度为 $\bar{C}_i$ 的间隙原子时，晶体的相对体积变化就是

$$\frac{(\Delta V)_d}{V} = \bar{C}_V - \bar{C}_i \tag{3.18}$$

将式(3.16)~式(3.18)代入式(3.15)，可得

$$\bar{C}_V - \bar{C}_i = 3\left(\frac{\Delta l}{l} - \frac{\Delta a}{a}\right) \tag{3.19}$$

式(3.19)中晶体宏观线度相对变化 $(\Delta l / l)$ 可由热膨胀实验测出，晶格常数的相对变化 $(\Delta a / a)$ 则可由 X 射线分析得到，因而就可以计算 $\bar{C}_V - \bar{C}_i$。若 $\bar{C}_V - \bar{C}_i > 0$，则晶体中的点缺陷以空位为主；若 $\bar{C}_V - \bar{C}_i < 0$，则主要点缺陷是间隙原子。对于一般的金属晶体，间隙原子可以忽略，$\bar{C}_V \gg \bar{C}_i$，故式(3.19)可以写成

$$\bar{C}_V = 3\left(\frac{\Delta l}{l} - \frac{\Delta a}{a}\right) \tag{3.20}$$

结合式(3.20)和式(3.8)，就可以求得相应的体系自由能、焓变和振动熵的变化。热膨胀实验原理比较简单，容易理解，但技术上并不容易实现。这是因为 $\bar{C}_V$ 很小，常在 10^{-4} 量级或以下，因此若要准确求取 $\bar{C}_V$，对 $(\Delta l / l)$ 和 $(\Delta a / a)$ 的测量精度都要求极高。而且，由于空位周围的原子会向着空位方向弛豫，而间隙原子周围的原子会向四周细微膨胀，增加一个空位或间隙原子并不意味着能够正好增加或减少一个原子体积，这些误差不容易测定，也

会影响缺陷浓度的测量精度。空位浓度的测量还包括比热容法、淬火法、淬火-退火法及正电子淹没法等方法，其中正电子淹没法是一项比较新的核物理实验技术，在 20 世纪 70 年代才开始较多地用于固体材料特别是固体缺陷的研究，它的基本原理比较复杂，但有测量精度高和可探测低浓度缺陷的特点，有兴趣了解的读者可参阅相关参考资料，这里不再赘述。

【例题 3.6】 温度由 T_1 升至 T_2，用 X 射线衍射方法测得点阵参数相对变化 $\Delta a/a = 0.0004\%$，对于边长为 l 的立方体测得 $\Delta l/l = 0.004\%$，不考虑间隙原子引起的体积改变，求 T_2 温度下的空位浓度 $\bar{C}_V$。

解 这个例子是式(3.20)的一个直接应用，代入具体数据，可得

$$\bar{C}_V = 3\left(\frac{\Delta l}{l} - \frac{\Delta a}{a}\right) = 3\times(0.004\% - 0.0004\%) = 1.08\times10^{-4}$$

即 T_2 温度下立方体中的空位浓度为 1.08×10^{-4}。

3.3　位　　错

位错是指晶体中的线缺陷，即在一维方向上偏离理想晶体中的周期性、规则性排列所产生的缺陷。位错区在一个方向上较长，可达几百至几万个原子的间距，但在另外两个方向上很短，仅有几个原子间距，因此宏观上看起来像一条线，微观上看却是一个细长的管状畸变区域。在缺陷的认知历程中提到，位错概念是在 1934 年出现的，其产生是对晶体塑性形变过程研究的结果，但这一理论经历了一个相对漫长的过程，直到 1956 年利用透射电子显微镜有了直接观察结果后才被人们完全接受。

位错是一类极为重要的晶体缺陷，它对材料的塑性形变、强度、断裂等力学性质起着决定性的作用，对固体的扩散和相变过程也有较大影响。在以下各节先简要回顾和位错有密切关系的应力和应变等基本知识，然后从解决晶体的实际强度远低于理论强度这一矛盾出发引入位错的理论，并学习其分类、几何特征、各种属性以及运动、交割和增殖等。

3.3.1　应力及其表示

当受到外力作用时，固体试样会将所受的力传递到它的各个部分，因而试样的一部分会对相邻的另一部分产生(或传递)作用力，这种力称为内力，作用在试样两部分的界面上，且符合牛顿第三定律。为消除试样横截面积的影响，对固体材料进行力学分析时需要引入应力的概念，作用在单位面积上的内力称为应力，类似于压强的概念(单位面积受到的压力)，单位为 Pa、MPa 或 GPa (1 GPa = 10^3 MPa = 10^9 Pa 或 N·m^{-2})。如果试样受到的作用力(内力)是沿其表面(界面)的外法线方向，则此力为拉力，它力图使该试样伸长，它所产生的应力就是拉应力[图 3.9(a)]；如果作用力(内力)和试样表面的外法线方向相反，则此力为压力，它试图使试样缩短，它所产生的应力就是压应力[图 3.9(b)]。拉应力和压应力都和作用面垂直，统称为正应力，一般以符号 σ 表示。如果作用力(内力)平行于试样的表面或界面，则称此力为剪力，单位面积上的剪力称为剪应力，一般以符号 τ 表示，它不引起试样体积的改变，而是力图改变试样的形状，如图 3.9(c)所示。

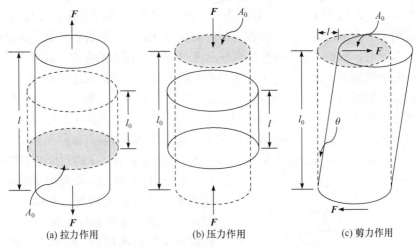

(a) 拉力作用   (b) 压力作用   (c) 剪力作用

图 3.9 试样在不同作用力下形状变化示意图

虚线为作用前形状，实线为作用后形状

由图 3.9 所示的拉伸、压缩或剪切计算得到的正应力或剪应力垂直或者平行于试样端面，但一般情况下，作用力(内力)和作用面(界面)之间既不垂直，也不平行，应力状态是应力作用的平面之取向的函数。例如，在图 3.10(a)中，柱形试样受到平行于其中心轴的拉力 F，垂直端面的面积为 A_0，则对应的拉应力为 $\sigma_0 = F/A_0$。考虑试样端面的几何因素，当试样端面的外法线方向与拉力方向的夹角为 θ 时，端面的面积就变成 $A_0/\cos\theta$ [图 3.10(b)]，加载在该端面上的应力也不再是单纯的拉应力，而是一种较为复杂的状态。针对图 3.10(b)的情况，可以在作用面上对拉力 F 进行矢量分解，得到垂直于该面的拉力成分和平行于该面的剪力成分，分别为 $F_N = F\cos\theta$ 和 $F_S = F\sin\theta$，如图 3.10(c)所示。根据应力的定义，可以得到用 σ_0 和 θ 表示的端面上正应力 σ 和剪应力 τ 的表达式，即

$$\sigma = \frac{F\cos\theta}{\dfrac{A_0}{\cos\theta}} = \frac{F}{A_0}\cos^2\theta = \sigma_0\cos^2\theta = \sigma_0\left(\frac{1+\cos 2\theta}{2}\right) \tag{3.21}$$

$$\tau = \frac{F\sin\theta}{\dfrac{A_0}{\cos\theta}} = \frac{F}{A_0}\sin\theta\cos\theta = \sigma_0\sin\theta\cos\theta = \sigma_0\left(\frac{\sin 2\theta}{2}\right) \tag{3.22}$$

当截面方向角 θ 在 $-90°$ 到 $90°$ 的范围内变化时，根据式(3.21)和式(3.22)可以计算出与之相对应的 σ 和 τ 值，进而以 σ 值为横轴、τ 值为纵轴作图，可以在平面坐标系上得到一个漂亮的圆，圆心位于水平坐标轴上，称为莫尔应力圆(Mohr stress circle)，是德国工程师克里斯蒂安·奥托·莫尔(Christian Otto Mohr，1835—1918)在 1882 年研究所得的结论，有兴趣的读者可以自行尝试作图。结合给出的截面方向角 θ，就能应用莫尔应力圆读取正应力 σ 和剪应力 τ，非常方便。

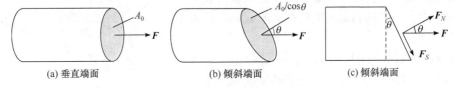

(a) 垂直端面   (b) 倾斜端面   (c) 倾斜端面

图 3.10 试样端面几何因素影响示意图

在工程实践中，人们不仅要知道试样中哪个部位(哪一点)应力最大，还要知道哪个平面上应

力最大，因为根据式(3.21)和式(3.22)，即使在同一点，不同方位的平面上所受应力也是不同的，通过某一点的所有平面上的应力分布就称为该点的应力状态，应力分析就是要确定试样某些点的应力状态。理论上，只要给定了通过试样一点 3 个正交平面上的应力，就可以求出通过该点的任何倾斜截面上的应力。因此，为了表示一点的应力状态，只需通过该点做一个无穷小的平行六面体，并标出相邻的三个互相垂直面上的应力即可，如图 3.11 所示。该单元体中，上表面的应力代表该面上部试样对下部试样的作用，下表面的应力代表该面下部试样对上部试样的作用；同样，单元体左、右表面上的应力分别代表该面左部试样对右部试样和右部试样对左部试样的作用，前、后面上的应力分别代表前部试样对后部试样和后部试样对前部试样的作用。

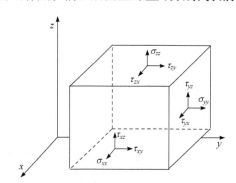

图 3.11　试样某点应力状态表示及标注示意图

在图 3.11 中，正应力用 σ 表示，并规定拉应力为正，压应力为负；剪应力用 τ 表示，并规定有使单元体顺时针旋转趋势的为正，逆时针则为负，这类标记方法称为工程记号。应力表示中第一个下标字母代表应力的作用面，第二个下标字母代表应力方向。例如，σ_{xx} 代表作用面为 x 面(x 面就是外法线方向平行 x 轴的平面，其余类推)且沿 x 轴方向的正应力，τ_{xy} 代表作用面为 x 面且沿 y 方向的剪应力。为简便记，三个正应力的符号也常写成 σ_x、σ_y 和 σ_z。如果采用张量标记法，则 x、y 和 z 轴分别用 x_1、x_2 和 x_3 表示，正应力和剪应力符号都用符号 σ 表示，并且下标也要做相应改变，用数字取代字母，统一成记号 σ_{ij}，前一个下标仍代表作用面，后一个下标仍是应力方向，如 σ_{11} 表示作用面为 x_1 面且沿 x_1 轴方向的正应力，σ_{12} 表示作用面为 x_1 面且沿 x_2 轴方向的剪应力等。

从以上讨论可知，在通过一点的三个相互垂直平面上有 9 个应力分量，即 σ_{xx}、τ_{xy}、τ_{xz}、τ_{yx}、σ_{yy}、τ_{yz}、τ_{zx}、τ_{zy} 和 σ_{zz}；如果用张量记号，则相应的应力分量分别是 σ_{11}、τ_{12}、τ_{13}、τ_{21}、σ_{22}、τ_{23}、τ_{31}、τ_{32} 和 σ_{33}。但这 9 个应力分量中，有 3 个是非独立的，因为在力学平衡的条件下，需要 $\tau_{xy} = \tau_{yx}$，$\tau_{xz} = \tau_{zx}$，$\tau_{yz} = \tau_{zy}$，6 个是独立的应力分量，对应于三维空间试样保持稳定时的 6 个自由度，即上下、前后、左右各个方向的受力平衡和围绕上下、前后和左右各轴的力矩平衡。下面证明，只要给定了这 6 个独立的应力分量，就可以求出通过该点的任何平面上的应力，该点的应力状态便能随之完全确定。讨论时根据方便，有时采用工程标记，有时采用张量标记，读者可根据自己的习惯自行转换。

如图 3.12 所示，坐标原点 O 是所讨论的点，通过该点的三个正交平面，即坐标平面 x_1x_2、x_2x_3 和 x_3x_1 上的 6 个独立应力分量已经给定，现在要求倾斜截面 ABC 上的应力。已知倾斜截面的法线 n 的方向余弦为 n_1、n_2 和 n_3。

假定倾斜截面上的总应力为 p，它沿着 x_1、x_2 和 x_3 轴的分量分别为 p_1、p_2 和 p_3。为了确定这些分量，需要利用单元体 $OABC$(四面体)的平衡条件：沿任何坐标轴方向的合力必须为 0。例如，在 x_1 轴方向，由

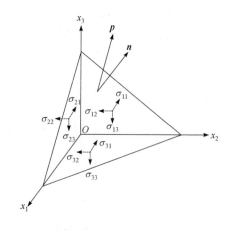

图 3.12　任意倾斜截面上应力计算示意图

$\sum F_1 = 0$ 可得

$$-\sigma_{11}\frac{\mathrm{d}x_2\mathrm{d}x_3}{2} - \sigma_{21}\frac{\mathrm{d}x_3\mathrm{d}x_1}{2} - \sigma_{31}\frac{\mathrm{d}x_1\mathrm{d}x_2}{2} + p_1A_0 = 0$$

所以 $p_1 = \sigma_{11}\dfrac{\mathrm{d}x_2\mathrm{d}x_3}{2A_0} + \sigma_{21}\dfrac{\mathrm{d}x_3\mathrm{d}x_1}{2A_0} + \sigma_{31}\dfrac{\mathrm{d}x_1\mathrm{d}x_2}{2A_0}$ ，式中 A_0 是 $\triangle ABC$ 的面积。

又因 $n_1 = \dfrac{\mathrm{d}x_2\mathrm{d}x_3}{2A_0}$ ， $n_2 = \dfrac{\mathrm{d}x_3\mathrm{d}x_1}{2A_0}$ ， $n_3 = \dfrac{\mathrm{d}x_1\mathrm{d}x_2}{2A_0}$ ，代入上式得到

$$p_1 = \sigma_{11}n_1 + \sigma_{12}n_2 + \sigma_{13}n_3 \tag{3.23a}$$

同理可以求得 p_2 和 p_3 ，即

$$p_2 = \sigma_{21}n_1 + \sigma_{22}n_2 + \sigma_{23}n_3 \tag{3.23b}$$

$$p_3 = \sigma_{31}n_1 + \sigma_{32}n_2 + \sigma_{33}n_3 \tag{3.23c}$$

或更一般地写成

$$p_i = \sum_{j=1}^{3}\sigma_{ij}n_j \tag{3.24}$$

式(3.24)还可以表达成矩阵形式或矢量形式，即

$$\begin{bmatrix} p_1 \\ p_2 \\ p_3 \end{bmatrix} = \begin{bmatrix} \sigma_{11} & \sigma_{12} & \sigma_{13} \\ \sigma_{21} & \sigma_{22} & \sigma_{23} \\ \sigma_{31} & \sigma_{32} & \sigma_{33} \end{bmatrix}\begin{bmatrix} n_1 \\ n_2 \\ n_3 \end{bmatrix} \tag{3.25}$$

或

$$\boldsymbol{p} = \boldsymbol{\sigma}\cdot\boldsymbol{n} \tag{3.26}$$

式(3.26)读作"向量 $\boldsymbol{p}$ 等于张量 $\boldsymbol{\sigma}$ 与向量 $\boldsymbol{n}$ 的并矢"，其和式(3.23)、式(3.24)及式(3.25)是等价关系。

3.3.2　应变及其表示

当受到外力时，固体试样不仅有可能发生整体位移，而且由于固体各部分之间的相互作用或内力传递，固体内部的质点间也必然发生相对位移，前者与固体形变无关，后者则决定了固体的形变程度。同样为了消除试样长度等几何因素的影响，引入应变的概念。对于图 3.9(a)和(b)所示的拉伸和压缩情况，应变的定义式如下：

$$\varepsilon = \frac{l_i - l_0}{l_0} = \frac{\Delta l}{l_0} \tag{3.27}$$

式中， l_0 为外力施加前试样的初始长度； l_i 为瞬时长度，常用 Δl 表示 $l_i - l_0$ ，其值为某一瞬间在初始长度基础上的伸长量(压缩量)或长度的变化。显然，应变 ε 是一个无量纲的量，应变的值与单位系统无关，但经常用米/米表示，有时候也用百分数表示，即将应变值乘以 100。如果试样被拉伸， ε 为正，而在压缩情况下， ε 为负，拉应变和压应变统称为正应变，对应正应力下的形变状态。

对于图 3.9(c)所示的纯剪切情况，剪切应变定义为应变角 θ 的正切值，即

$$\gamma = \tan \theta = \frac{l_i}{l_0} \approx \theta \tag{3.28}$$

式中，l_0 为剪力施加前试样的初始高度；l_i 为沿剪力方向的瞬时长度变化。弹性范围内，固体形变一般很小，故应变角的正切值 $\tan\theta$ 和应变角 θ 的值近似相等。剪切应变与正应变一样，同样是一个无量纲的量，表示剪切应力下固体试样的形变程度。

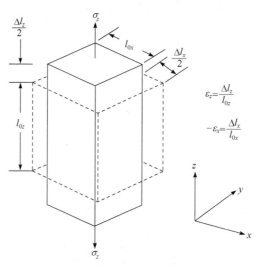

图 3.13　单轴拉伸应力作用下固体试样形变示意图
实线是拉伸后，虚线是拉伸前

给一个固体试样施加一个拉伸应力时，试样会发生伸长并在应力方向伴随着应变产生，如图 3.13 所示。对于一般固体试样，由于纵向(z 方向)伸长的发生，在垂直于外加拉伸应力的横向(x 和 y 方向)上会伴随着收缩，通过这些收缩可以确定横向的压缩应变，即 ε_x 和 ε_y。如果施加的拉伸应力是单轴的(只在 z 方向上)且材料各向同性，那么 $\varepsilon_x = \varepsilon_y$。这样，一个表达横向正应变与轴向正应变的绝对值比值的参数被定义出来，即

$$\nu = \left| \frac{\varepsilon_x}{\varepsilon_z} \right| = -\frac{\varepsilon_x}{\varepsilon_z} \tag{3.29}$$

由于几乎对于所有材料 ε_x 和 ε_z 都是异号的，因此，表达式中的负号就保证了 ν 为正值。这个参数由法国数学家西蒙·丹尼斯·泊松(Simeon Denis Poisson，1781—1840)提出，称为泊松比，在材料弹性形变阶段内是一个常数。如果假定试样形变过程中没有体积变化，可以得到泊松比的近似值为 0.5(读者可以自行尝试推演)，对于很多金属和合金材料，泊松比的值在 0.25～0.35 范围内，更加全面详细的泊松比数值可以参见各种材料手册或《材料力学》参考书。也有一些材料特别是高分子泡沫材料在纵向拉伸时会伴随着横向扩展，这些材料的泊松比为负值，称为拉胀材料。

应变由应力引起，表示一点的应力状态的单元体在各个应力分量的作用下将发生体积和形状的变化，即单元体各边的长度和夹角都要改变，从而产生正应变和剪应变。如此，对应于 9 个应力分量应该有 9 个应变分量，构成所谓的应变张量。

为了根据单元体各顶点的相对位移求出各应变分量，将相对位移分解为沿着坐标轴 x_1、x_2 和 x_3 方向的三个位移分量 u_1、u_2 和 u_3(这些位移当然是顶点坐标的函数)，并将单元体分别投影到三个坐标平面上。如图 3.14 所示是单元体在 x_1x_2 坐标平面上的投影，图中画出了单元体在形变前两条边长度 $\overline{AB} = \mathrm{d}x_1$，$\overline{AC} = \mathrm{d}x_2$；形变后，$B$ 点和 C 点相对于 A 点发生了位移，这些位移在 x_1x_2 平面上的投影分别为 $\overline{BB'}$ 和 $\overline{CC'}$。其中，$\overline{BB'}$ 沿 x_1 和 x_2 轴的分量分别为 $\overline{BB''}$ 和 $\overline{B''B'}$，$\overline{CC'}$ 的分量则为 $\overline{C''C'}$ 和 $\overline{CC''}$。因为弹性范围内形变一般很小，所以位移也是一个极小量，故可展开成泰勒级数而忽略高阶项，从而得到

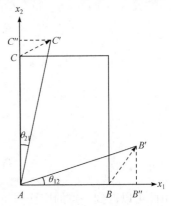

图 3.14　单轴拉伸应力作用下固体试样形变示意图
实线是拉伸后，虚线是拉伸前

$$\overline{BB''} = \left(\frac{\partial u_1}{\partial x_1}\right)\mathrm{d}x_1 , \quad \overline{B''B'} = \left(\frac{\partial u_2}{\partial x_1}\right)\mathrm{d}x_1$$

$$\overline{CC''} = \left(\frac{\partial u_2}{\partial x_2}\right)\mathrm{d}x_2 , \quad \overline{C''C'} = \left(\frac{\partial u_1}{\partial x_2}\right)\mathrm{d}x_2$$

于是，根据正应变和剪应变的定义可得到

$$\varepsilon_{11} = \frac{\overline{BB''}}{\overline{AB}} = \frac{\partial u_1}{\partial x_1} , \quad \varepsilon_{22} = \frac{\overline{CC''}}{\overline{AC}} = \frac{\partial u_2}{\partial x_2}$$

$$\gamma_{12} = \tan\theta_{12} + \tan\theta_{21} \approx \theta_{12} + \theta_{21} \approx \frac{\overline{B''B'}}{\overline{AB}} + \frac{\overline{C''C'}}{\overline{AC}} = \frac{\partial u_2}{\partial x_1} + \frac{\partial u_1}{\partial x_2}$$

式中 γ_{12} 就是单元体在 x_1x_2 平面上的剪应变(角变形)。进而，可根据单元体在 x_2x_3 面和 x_3x_1 面上的投影类似地得到

$$\varepsilon_{33} = \frac{\partial u_3}{\partial x_3} , \quad \gamma_{23} = \frac{\partial u_3}{\partial x_2} + \frac{\partial u_2}{\partial x_3} , \quad \gamma_{13} = \frac{\partial u_3}{\partial x_1} + \frac{\partial u_1}{\partial x_3}$$

将这些式子进行格式整理，规定

$$\varepsilon_{ij} = \frac{1}{2}\gamma_{ij} = \frac{1}{2}\left(\frac{\partial u_i}{\partial x_j} + \frac{\partial u_j}{\partial x_i}\right) \tag{3.30}$$

上面依规定所得的式(3.30)便是应变和位移关系的一般表达式，将其展开即可得到各个应变分量，即

$$\left.\begin{aligned}
&\varepsilon_{11} = \frac{\partial u_1}{\partial x_1}, \; \varepsilon_{22} = \frac{\partial u_2}{\partial x_2}, \; \varepsilon_{33} = \frac{\partial u_3}{\partial x_3} \\
&\varepsilon_{12} = \varepsilon_{21} = \frac{1}{2}\left(\frac{\partial u_2}{\partial x_1} + \frac{\partial u_1}{\partial x_2}\right) \\
&\varepsilon_{23} = \varepsilon_{32} = \frac{1}{2}\left(\frac{\partial u_3}{\partial x_2} + \frac{\partial u_2}{\partial x_3}\right) \\
&\varepsilon_{13} = \varepsilon_{31} = \frac{1}{2}\left(\frac{\partial u_3}{\partial x_1} + \frac{\partial u_1}{\partial x_3}\right)
\end{aligned}\right\} \tag{3.31}$$

当坐标系统为柱坐标时，相对应的各个应变分量可类似得到，忽略具体过程，只给出结果，如下：

$$\left.\begin{aligned}
&\varepsilon_{11} = \frac{\partial u_1}{\partial x_1}, \quad \varepsilon_{22} = \frac{u_1}{r} + \frac{1}{r}\frac{\partial u_2}{\partial x_2}, \quad \varepsilon_{33} = \frac{\partial u_3}{\partial x_3} \\
&\varepsilon_{12} = \varepsilon_{21} = \frac{1}{2}\left(\frac{\partial u_2}{\partial x_1} + \frac{1}{r}\frac{\partial u_1}{\partial x_2} - \frac{u_2}{r}\right) \\
&\varepsilon_{23} = \varepsilon_{32} = \frac{1}{2}\left(\frac{1}{r}\frac{\partial u_3}{\partial x_2} + \frac{\partial u_2}{\partial x_3}\right) \\
&\varepsilon_{13} = \varepsilon_{31} = \frac{1}{2}\left(\frac{\partial u_1}{\partial x_3} + \frac{\partial u_3}{\partial x_1}\right)
\end{aligned}\right\}
\tag{3.32}$$

由此可以得到一点的应变张量 $[\varepsilon]$，即

$$[\varepsilon] = \begin{bmatrix} \varepsilon_{11} & \varepsilon_{12} & \varepsilon_{13} \\ \varepsilon_{21} & \varepsilon_{22} & \varepsilon_{23} \\ \varepsilon_{31} & \varepsilon_{32} & \varepsilon_{33} \end{bmatrix} \tag{3.33}$$

如果单元体只承受正应变，设应变前单元体的边长为 a、b 和 c，则应变后边长变为 $(a + \varepsilon_{11})$、$(b + \varepsilon_{22})$ 和 $(c + \varepsilon_{33})$，则略去高微项，形变后单元体的体积为

$$V = abc(1 + \varepsilon_{11})(1 + \varepsilon_{22})(1 + \varepsilon_{33}) \approx abc(1 + \varepsilon_{11} + \varepsilon_{22} + \varepsilon_{33})$$

则单位体积的变化量——体积应变为

$$\vartheta = \frac{V - V_0}{V} = \varepsilon_{11} + \varepsilon_{22} + \varepsilon_{33} \tag{3.34}$$

由式(3.33)可知，体积应变是一个与坐标系选择无关的量。

3.3.3 固体的弹性能

固体试样形变或应变程度取决于所施加的应力大小，对多数金属来说，当处于较低的拉伸或压缩状态(弹性范围)时，应力和应变互成比例，其关系可用式(3.35)进行描述：

$$\sigma = E\varepsilon \tag{3.35}$$

这便是众所周知的胡克定律，以 17 世纪英国物理学家罗伯特·胡克(Robert Hooke, 1635—1703)的姓氏命名，是力学弹性理论中的一条基本定律，满足胡克定律的材料称为线弹性或胡克型材料。式(3.25)中的比例常数 E 称为弹性模量或杨氏模量，单位是 GPa，是衡量材料形变难易程度的一个常数。一般 E 越大的材料，越不容易发生形变。对大多数典型金属，E 的变化范围可从镁的 45 GPa 到钨的 407 GPa。陶瓷材料的弹性模量通常稍高于金属，变化范围为 70～500 GPa。高分子材料的弹性模量一般比较低，变化范围为 0.007～4 GPa。在原子尺度上，宏观的弹性应变表现为原子间距的细微变化及原子间键的拉伸或压缩。因此，弹性模量的大小反映分离或趋近相邻原子的阻力，也可作为一个参数度量原子之间的键合力。

可以预想，剪切应力也会引起材料的弹性行为，在弹性范围内，剪切应力和应变之间也互成比例，关系式如下：

$$\tau = G\gamma \tag{3.36}$$

式中，G 称为剪切模量，是剪切应力-应变曲线在弹性区域的斜率。剪切模量的单位也是 GPa，对于大多数金属，剪切模量小于弹性模量，约为 $0.4E$，并且对于各向同性材料，剪切模量、弹性模量及泊松比之间存在一个定量关系，如式(3.37)所示。如果一个模量已知，就可以利用测得的泊松比计算出另外一个模量。

$$E = 2G(1+\nu) \tag{3.37}$$

考虑到固体试样形变过程中一个方向的伸长会伴随着与它正交的方向收缩 ν 倍(ν 即泊松比)，故胡克定律应该表示为

$$\left.\begin{aligned}
\varepsilon_{11} &= \frac{\sigma_{11}}{E} - \frac{\nu}{E}(\sigma_{22}+\sigma_{33}) \\
\varepsilon_{22} &= \frac{\sigma_{22}}{E} - \frac{\nu}{E}(\sigma_{33}+\sigma_{11}) \\
\varepsilon_{33} &= \frac{\sigma_{33}}{E} - \frac{\nu}{E}(\sigma_{11}+\sigma_{22}) \\
\varepsilon_{12} &= \frac{\sigma_{12}}{2G}, \quad \varepsilon_{23} = \frac{\sigma_{23}}{2G}, \quad \varepsilon_{13} = \frac{\sigma_{13}}{2G}
\end{aligned}\right\} \tag{3.38}$$

下面讨论在弹性范围内有应变产生时固体试样的应变能，即材料在弹性形变过程中需要吸收的能量，这些知识对后面理解位错应变能时会非常有用。先考虑一个简单的情形，即应变只在一个方向上发生，如图 3.15(a)所示。在拉伸力 F 作用下，横截面积为 A_0 的固体试样沿拉伸方向伸长了 $\mathrm{d}l$，则所做的功可以表示为

$$\mathrm{d}W = F \cdot \mathrm{d}l$$

将应力和应变的表达式代入，可得

$$\mathrm{d}W = \sigma A_0 \mathrm{d}(\varepsilon l) = A_0 l \sigma \mathrm{d}\varepsilon$$

当应变达到 ε 时，拉伸力所做的功为

$$W = \int_0^\varepsilon A_0 l \sigma \mathrm{d}\varepsilon = A_0 l \int_0^\varepsilon \sigma \mathrm{d}\varepsilon = V \int_0^\varepsilon \sigma \mathrm{d}\varepsilon$$

式中 V 是固体试样形变前体积，而依据胡克定律 $\sigma = E\varepsilon$，代入上式可得

$$U = \frac{W}{V} = \int_0^\varepsilon E\varepsilon \mathrm{d}\varepsilon = \frac{1}{2}E\varepsilon^2 = \frac{1}{2}\sigma\varepsilon \tag{3.39}$$

式(3.39)即为弹性范围内固体试样应变能的计算公式。式中，U 为单位体积的固体试样产生 ε 应变时需要吸收的能量，单位为 $\mathrm{J \cdot m^{-3}}$，等同于 Pa，在应力-应变曲线上，该值表示处于弹性形变阶段曲线下方所围住的面积，如图 3.15(b)所示。

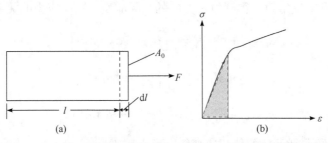

图 3.15 (a)固体试样的应变能计算示意图；(b)应力-应变曲线示意图

体积应变能也称为弹性能密度，对于应变发生在三维方向的固体试样，式(3.39)可以一般化为计算弹性能密度的公式，即

$$U = \frac{1}{2}\sigma_{ij}\varepsilon_{ij} \tag{3.40}$$

由式(3.40)可知，知道了固体试样的应力分布和应变状态，便可方便地计算其弹性能密度或体积应变能，进而对体积积分，便可获得固体试样的总应变能。

【例题 3.7】　对于各向同性材料，试证明剪切模量、弹性模量及泊松比之间的定量关系，即 $E = 2G(1+\nu)$。

证明： 先来获取体积应变能的一般表达式，为便于分析，取一微元平行六面体，并假设该微元体处于一般应力状态。由于微元体各表面的应力分量与微元体的位向有关，则可以通过旋转变换找到使在某一坐标系下微元体各面上仅有正应力而无剪应力，如图 3.16 所示。在三个方向正应力 σ_1、σ_2 和 σ_3 作用下，产生相应的应变 ε_1、ε_2 和 ε_3。但需要注意，由于某一方向发生形变时，其余方向也会受到影响，因此这一方向的应变并非由该方向的单一应力引起，而是三个方向应力的共同影响。

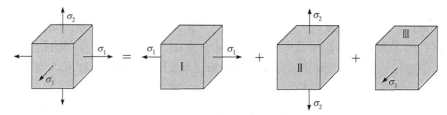

图 3.16　单元体应力叠加示意图

因处于弹性状态，可将该单元体视为三个单项应力状态的叠加，如图 3.16 右侧所示，则利用单向胡克定律结合泊松比，可以计算每一单向应力作用时产生的应变，总结在表 3.1 中。

表 3.1　单向应力作用时产生应变

条目	σ_1 单独作用	σ_2 单独作用	σ_3 单独作用
σ_1 方向上的应变	$\varepsilon_1' = \dfrac{\sigma_1}{E}$	$\varepsilon_1'' = -\nu\dfrac{\sigma_2}{E}$	$\varepsilon_1''' = -\nu\dfrac{\sigma_3}{E}$
σ_2 方向上的应变	$\varepsilon_2' = -\nu\dfrac{\sigma_1}{E}$	$\varepsilon_2'' = \dfrac{\sigma_2}{E}$	$\varepsilon_2''' = -\nu\dfrac{\sigma_3}{E}$
σ_3 方向上的应变	$\varepsilon_3' = -\nu\dfrac{\sigma_1}{E}$	$\varepsilon_3'' = -\nu\dfrac{\sigma_2}{E}$	$\varepsilon_3''' = \dfrac{\sigma_3}{E}$

应用叠加原理和胡克定律，得到每一方向的实际应变与三向应力的关系，即

$$\left.\begin{aligned}
\varepsilon_1 &= \varepsilon_1' + \varepsilon_1'' + \varepsilon_1''' = \frac{1}{E}\left[\sigma_1 - \nu(\sigma_2 + \sigma_3)\right] \\
\varepsilon_2 &= \varepsilon_2' + \varepsilon_2'' + \varepsilon_2''' = \frac{1}{E}\left[\sigma_2 - \nu(\sigma_1 + \sigma_3)\right] \\
\varepsilon_3 &= \varepsilon_3' + \varepsilon_3'' + \varepsilon_3''' = \frac{1}{E}\left[\sigma_3 - \nu(\sigma_1 + \sigma_2)\right]
\end{aligned}\right\} \tag{3.41}$$

则根据式(3.40)，可得微元体的体积应变能，即

$$U = \frac{1}{2}(\sigma_1\varepsilon_1 + \sigma_2\varepsilon_2 + \sigma_3\varepsilon_3) \tag{3.42}$$

将式(3.41)所示的关系代入式(3.42)，得到微元体体积应变能和三向应力的关系，即

$$U = \frac{1}{2E}\left[\sigma_1^2 + \sigma_2^2 + \sigma_3^2 - 2\nu(\sigma_1\sigma_2 + \sigma_2\sigma_3 + \sigma_3\sigma_1)\right] \tag{3.43}$$

接下来，为简单记但不失一般性，考虑一个只受剪切应力的二维微元体，即微元体的四个边只受剪切应力而无正应力，如图 3.17 所示，设剪应力的大小为τ，则此时单元体的应变能密度为

$$U = \frac{1}{2}\tau\gamma = \frac{\tau^2}{2G} \tag{3.44}$$

式中，γ为剪切应变，G为剪切模量。对于图 3.17 所示的二维单元体，考虑三角形①，显然$\boldsymbol{F}_1$和$\boldsymbol{F}_2$合成的力$\boldsymbol{F}$垂直于AB，且$F = \sqrt{2}F_1$。将$\boldsymbol{F}$和$\boldsymbol{F}_1$分别换算成作用在AB上的正应力和作用在AC上的剪应力，即$\sigma_1\overline{AB} = \sqrt{2}\tau\overline{AC}$，而$\overline{AB} = \sqrt{2}\overline{AC}$，所以$\sigma_1 = \tau$。再考虑三角形②，可得$\sigma_3 = -\tau$。对于二维微元体，$\sigma_2 = 0$，将这些关系代入式(3.43)中，可得

$$U = \frac{\tau^2(1+\nu)}{E} \tag{3.45}$$

结合式(3.44)和式(3.45)，便可得到所要证明的关系式，即$E = 2G(1+\nu)$。

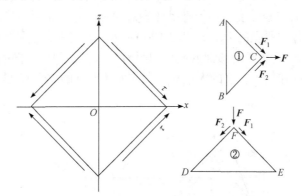

图 3.17 二维微元体应力受纯剪应力示意图

3.3.4 位错理论的引入

位错是晶体中一类极为重要的缺陷，对材料许多力学性能如强度和断裂等起着决定性的作用，但位错不像点缺陷(如空位和间隙原子)那样容易被人理解和接受，而是经历了一个相对漫长的过程，从深入研究晶体的塑性形变中才逐渐认识到位错的存在。位错设想的提出主要是晶体的塑性形变很难用完整或理性晶体的模型进行解释，其中一个最大的矛盾就是晶体实验测定的实际强度远低于基于理想晶体计算的理论值。当作用在晶体表面的剪应力达到一个临界值时，晶体发生塑性形变，产生滑移，这个临界值称为临界剪应力，即滑移面上沿滑移方向导致滑移的最小剪应力。滑移现象的宏观表现是在晶体表面出现滑移台阶，如图 3.18(a)所示，那么微观上该如何对滑移现象进行解释并计算临界剪应力呢？就当时人们对晶体中原子排列的理解，认为晶体中的原子都是规则地排列在各自的结点位置上，按照这一理想晶体

模型，晶体滑移时就必须如图 3.18(b)所示，滑移面上各个原子在剪应力作用下，同时克服相邻滑移面上原子的作用力前进一个原子间距，即滑移面上下的原子之间的键要同时断裂并重新组合，这一过程不断重复就能导致宏观观察到的滑移台阶。

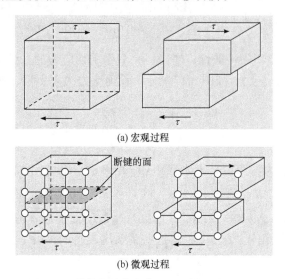

图 3.18　晶体在剪应力作用下塑性形变示意图

滑移面上晶体部分完成前进一个原子间距的过程所需的剪应力就相当于晶体的理论临界剪应力，也称理论抗剪屈服强度。那根据晶体理想模型，这一临界剪应力如何计算呢？为此需要分析晶体滑移过程中所受的力。如图 3.19(a)所示，针对一完整排列的晶体点阵，平行于滑移面的质点间距为 a，垂直于滑移面的质点间距为 b，τ 为沿滑移方向的外加剪切应力，τ' 为下部晶体对上部晶体的作用力，它的大小和方向与原子所处的位置密切相关。

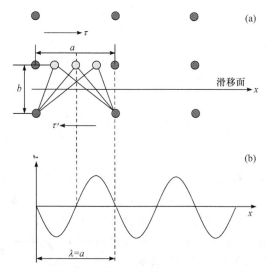

图 3.19　完整晶体滑移时滑移面上部原子受力和位置关系示意图

当滑移面上部晶体相对于下部晶体发生位移 x 时(滑移方向为 x 轴正向)，上部晶体受两个力，一个是在滑移面上沿着滑移方向的外加剪应力 τ，即引起晶体滑移的外力，另一个是下部晶体对上部晶体的作用力 τ'，它可以阻挠或帮助质点滑移，视质点的不同位置而定，但依据力的平衡，如果要维持晶体上下部相对位移 x，则需要 $\tau = \tau'$。显然，当 $x = na$（n 取自然数）时，各个质点处于平衡位置，晶体处于稳定状态；而当 $x = (2n+1)\dfrac{a}{2}$ 时，质点处在准平衡位，晶体处于亚稳状态。可以推断，当 $na < x < (2n+1)\dfrac{a}{2}$ 时，τ' 和 x 轴反向，对质点滑移起阻挠作用；当 $(2n+1)\dfrac{a}{2} < x < (n+1)a$ 时，τ' 和 x 轴同向，对质点滑移起推动作用。由此可见，τ' 是 x 的周期函数，从而维持晶体上下部位移 x 所需的外加剪应力 τ 也是 x 的周期函数。周期函数的形式有很多种，为便于讨论，可以假定这个周期函数是正弦函数，例如

$$\tau = \tau_{\mathrm{m}} \sin\left(\frac{2\pi x}{a}\right) \tag{3.46}$$

式中，a 为函数周期；τ_{m} 为正弦函数的振幅，其图像如图 3.19(b)所示。显然，要启动晶体滑移，τ 要大于 τ_{m}，即 τ_{m} 就是晶体所要达到的临界剪应力或晶体的理论强度。

为了确定 τ_{m} 的量级，分析位移很小即 $x \ll a$ 时的情况，此时一方面根据式(3.46)可以得到

$$\tau \approx \tau_{\mathrm{m}} \frac{2\pi x}{a} \tag{3.47}$$

另一方面，位移很小时固体形变在弹性范围，可以应用胡克定律处理应力-应变关系，故有

$$\tau = G\gamma = G\frac{x}{b} \tag{3.48}$$

式中，G 为剪切模量；x/b 为剪切应变，结合式(3.47)和式(3.48)可得

$$\tau_{\mathrm{m}} = G\frac{a}{2\pi b} \tag{3.49}$$

作为近似计算，令 $a \approx b$，故有

$$\tau_{\mathrm{m}} = \frac{G}{2\pi} \approx 0.1G \tag{3.50}$$

当然可以选用其他各种周期函数对 τ_{m} 进行理论估算，最终可以得到 τ_{m} 处于 $G/100$ 至 $G/30$ 这个范围，而实验测定的晶体强度(或实测临界剪应力)τ_{c} 一般为 $10^{-8} \sim 10^{-4}G$，比理论值至少低三个数量级。表 3.2 列举了几种金属临界剪应力的理论值和实测值，可以清楚辨识两者在量级上的巨大差异，这种差异迫使人们不得不放弃理想晶体的滑移模型，转而猜测晶体中一定存在某种缺陷，它不仅引起应力集中，而且缺陷区的固体质点偏离正常的点阵位置，处于不稳定状态，因而很容易运动。这样晶体的滑移过程就是首先发生在缺陷区域，然后不断扩大。

表 3.2　几种典型金属的理论和实测临界剪应力

金属	理论临界剪应力/MPa	实测临界剪应力/MPa	实验值/理论值
Al	3830	0.786	2.0×10^{-4}
Ag	3980	0.372	9.3×10^{-5}
Cu	6480	0.490	7.6×10^{-5}
α-Fe	11000	2.75	2.5×10^{-4}
Mg	2630	0.393	1.5×10^{-4}

经过长时间的研究接力，人们终于弄清楚这种局部缺陷和晶体塑性形变的关系，并最终形成了位错的概念，也是以下各节要主要讨论的内容。

3.3.5　位错的基本类型及特征

为了便于理解位错的基本特征，例如，它为什么是线性的，它存在于晶体的什么地方等，可以做一个设想，即晶体中存在一个滑移面，然后假定在剪应力作用下，晶体滑移面上部的一部分区域沿某一方向发生了一个原子间距的滑移，而另一部分维持不动，如图 3.20 所示，则在滑移面上已滑移区和未滑移区之间肯定存在一个边界，那么晶体在此边界处的质点排列有什么特征呢？显然，在边界处质点的相对位移不可能是从一个原子间距突然变为 0，因为这肯定会造成质点的重叠，参考原子结构章节中的键能曲线，这种"重叠"是不可能发生的，质点在离开平衡位置附近稍微靠近都会导致系统能量的巨大增加，质点"重叠"会使系统能量逼近无穷大。因此，已滑移区和未滑移区的边界不可能是一条几何上的"线"，而应该是一个过渡区，在此区域内，质点的相对位移从一个原子间距逐渐降至 0。这样在过渡区内质点排列就变得不规则，偏离原来完美的周期性，因而滑移面上下的质点就不可能再"对齐"，或者说必然出现"错配"。这种"错配"越接近过渡区中心会越严重，而随着远离中心则逐渐消失。这个出现质点错配的过渡区便是人们所说的位错，英文 dislocation，有混乱和脱位之意。过渡区的宽度肯定与晶体材料的组成和结构密切相关，如质点间距和质点间的键合等，但一般只有几个或十几个原子间距的宽度，而长度却能达到晶体的宏观尺度，在微观上像一个非常细长的管子，可是从宏观尺度上看就是一条线。

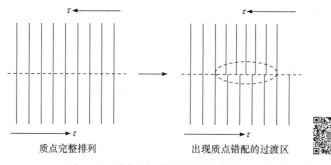

质点完整排列　　　　　　　　出现质点错配的过渡区

图 3.20　剪应力下位错形成示意图

根据晶体已滑移区和未滑移区的边界线(也称位错线)与滑移方向二者的相对位向，可将位错分为刃型位错、螺型位错和混合位错三种类型，在位错区它们的质点排列各有特点。

1. 刃型位错

假设有一简单立方晶体，如图 3.21(a)所示，其上半部分相对于下半部分沿着滑移面 *ABCD* 在剪应力作用下滑移了一个原子间距，滑移方向和图中的 *τ* 同向(如箭头所示)，与滑移面上已滑移区(左边)和未滑移区(右边)之间的边界线 *EF* 相垂直，这种滑移方向与边界线垂直的位错便称为刃型位错或简称为刃位错。滑移方向与边界线垂直这一刃位错特征更多或更普遍地说成是滑移方向与位错线垂直，这里需要注意，边界线和位错线是有区别的，边界线是已滑移区和未滑移区的边界，而位错线通常指位错区的中心线，两者不重合，一般有几个到十几个质点间距的距离，但宏观上看就是一条线，或者把已滑移区与未滑移区的边界交线理解成不是一条几何上的"线"，而是一个质点相对位移从一个原子间距逐渐降至 0 的过渡区，因此，在后面的描述中，不再区别边界线和位错线，将两者混在一起使用，但读者要明白其含义或差别。

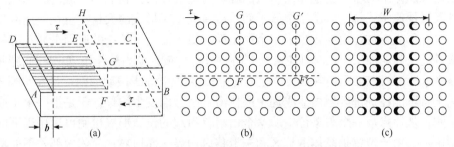

图 3.21　晶体局部滑移造成刃型位错示意图

图 3.21(b)和(c)分别是质点在垂直于位错线的平面上和平行于滑移面的平面上的投影(图中 $G'F'$ 和上面所说的边界线垂直，而 GF 和位错线垂直，后面不再进行区分)，图中过渡区内质点的位置是根据位移过渡的要求确定的，即从一个原子间距 b 逐渐过渡到 0，这个位置安排实际上是要求过渡区内滑移面上部晶体中和滑移面垂直的 n 列原子面与下部晶体的 $(n-1)$ 列原子面能够相容。图 3.21(c)标出了过渡区的宽度，在过渡区外质点没有滑移位移。

从图 3.21(b)和(c)可以看出，刃型位错的结构(过渡区内质点排列或质点组态)有一个特点，就是存在一个对称的半原子面，即图 3.21(a)中滑移面上半部分晶体中出现的多余的半原子面 $EFGH$，该半原子面中断于滑移面 $ABCD$ 上的 EF 处。由此可见，刃型位错也可看成是通过向完整晶体中插入半个原子面而形成的，就像一把刀砍入晶体，半原子面的边缘就是刃型位错线。位错线处，滑移面上下原子(或质点)错排最严重，晶格发生严重畸变，离开位错线越远，畸变越小，直至完全消失。

根据多余半原子面的位置，人们引入正负刃型位错的概念，通常把多余半原子面位于滑移面上方的位错称为正刃型位错，用符号"⊥"表示，而把多余半原子面位于滑移面下方的位错称为负刃型位错，用符号"⊤"表示，分别如图 3.22(a)和(b)所示，符号中水平短线代表滑移面，而竖直短线代表多余半原子面。显然，正刃型位错和负刃型位错并无本质区别，翻

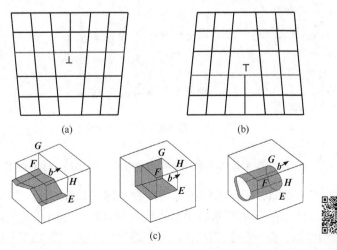

图 3.22　正刃型位错(a)、负刃型位错(b)和不同形状位错线刃型位错(c)示意图

转晶体便可导致正负互换，但在讨论位错性质特征时会带来便利。另外，多余半原子面和滑移面的交线并不要求一定是直线，故刃型位错的位错线也并非一定是直线，图 3.22(c)给出了不同形状的位错线。

那么实际晶体中刃型位错是如何引入的呢？可能的原因是在晶体形成的凝固或冷却过程中，各种因素使原子错排，多了半个原子面，或者高温时形成的大量空位在快速冷却时保留下来，并聚合形成空位片而导致少了半个原子面。更可能引入位错的原因是局部滑移，晶体在冷却或者经受其他加工工艺时难免会受到各种外应力或内应力的作用(如两相间膨胀系数的差异，晶格不匹配或温度不均匀都会产生内应力)，高温时原子振动加剧，又容易脱离其原来位置，完全有可能在局部区域内造成理想晶体沿某一晶面发生滑移，于是把一个半原子面挤入晶格中间，从而形成一个刃型位错。这个由滑移引起的位错形成机制也适用于下面即将讨论的螺型位错。由于位错是晶体滑移区和未滑移区边界，而边界在晶体内部是不能莫名消失或突然中断的，就好比两个国家的边界不能突然消失和中断一样，它们或者在晶体表面露头，或者终止于晶界和相界，或者与其他位错相交，或者自行在晶体内形成一个封闭环(位错环)，这是位错的一个重要特征，在后面还会多次提及。

2. 螺型位错

在刃型位错中，晶体发生局部滑移的方向与位错线垂直，除了这种滑移模式外，晶体还可以采用其他模式进行滑移。如图 3.23(a)所示，设想在简单立方晶体的右端施加一剪应力 τ，使其右端上下两部分晶体沿滑移面 ABCD 发生一个原子间距的局部滑移，此时左半部分晶体还未产生滑移，便会在滑移区和未滑移区出现一条边界线 bb'，和刃型位错不同，这条边界线平行于滑移方向。图 3.23(b)给出了边界线 bb' 两侧原子组态在滑移面上的投影图，显然，晶体中大部分原子仍保持正常位置，但在滑移一侧距边界线附件出现了一个区域，如图中 bb' 和 aa' 之间区域，约几个到十几个原子间距的宽度，其中存在质点错排或滑移面上下质点不吻合，质点的周期性排列遭到破坏，图中 ll' 是位错区的中心线，也即位错线。如果以位错线为轴，从 a 点开始，依次连接过渡区内各个质点，则其走向与一个右螺旋螺纹的前进方向一样，如图 3.23(c)所示，说明位错线附近的质点呈螺旋排列，故称其为螺型位错，常用符号 $ 表示。

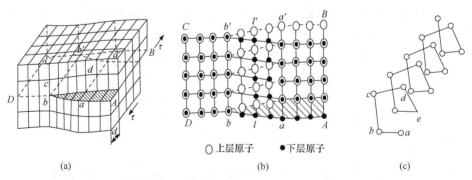

○上层原子　　●下层原子

(a)　　　　　　　　　　　　(b)　　　　　　　　　　　　(c)

图 3.23　螺型位错(a)和其位错线附近原子组态(b)、(c)示意图

和刃型位错分正负类似，螺型位错也分为两种，即左螺和右螺，依螺旋前进方向和旋转方向的关系而定，凡符合右手规则的(右手拇指代表螺旋前进方向，其余四指代表螺旋旋转方向)就称为右旋螺型位错，符合左手规则的则为左旋螺型位错。图 3.23 中描述的螺型位错就是右旋螺型位错；相反，如果施加的剪应力产生的局部滑移发生在右侧，便会形成左旋螺型位

错。应该指出，这种划分不仅是分析方便，左旋和右旋螺型位错也存在本质区别，无论晶体如何放置，也不能使两者互换，这一点和刃型位错不同。螺型位错还有一个特点，因为位错线与滑移方向平行，故螺型位错的位错线只能是直线。

3. 混合位错

晶体材料中的大多数位错都不是纯刃型或纯螺型的，而是两种类型位错的混合，称为混合位错。如图 3.24(a)所示，晶体在剪应力作用下，滑移从晶体的一角开始，然后逐渐扩大滑移范围，滑移区和未滑移区的交界线 AB 为曲线，在靠近 A 点处，位错线与滑移方向平行，为螺型位错；而在靠近 B 点处，位错线与滑移方向垂直，则为刃型位错；两点的中间部分是混合位错，位错线与滑移方向既不垂直也不平行，但位错线上每一点的滑移矢量都可以分解为平行于位错线的分量(螺型分量)和垂直于位错线的分量(刃型分量)，各分量的大小取决于位错线和滑移方向的夹角。混合位错的原子组态如图 3.24(b)所示，介于螺型位错和刃型位错之间。

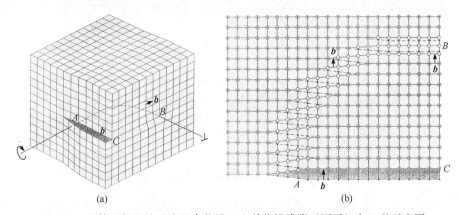

(a)   (b)

图 3.24   晶体局部滑移形成混合位错(a)和其位错线附近原子组态(b)的示意图

上述讨论表明，位错是晶体中滑移区和未滑移区的边界，则位错线可以是任意形状，因为原则上可以使任何区域发生局部滑移。例如，设想有一个贯穿的圆柱，施加剪应力使柱内部发生滑移而外部不滑移，则在滑移面上得到封闭的圆周边界，如图 3.25(a)所示，这种封闭位错称为位错环。根据滑移方向与位错线的关系易于判断，B、D 两点是符号相反的纯刃型位错，A、C 两点是旋转相异的螺型位错，其余各处均为混合位错。

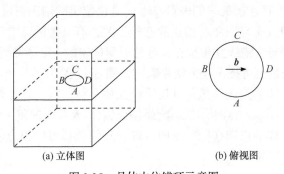

(a) 立体图   (b) 俯视图

图 3.25   晶体中位错环示意图

3.3.6 伯格斯矢量

已经知道晶体中的位错区存在原子错排，即滑移面两侧的质点存在相对位移或点阵畸变，位错类型不同，位移的大小和方向也必然存在差异。于是人们设想，最好能有一个物理量用以描绘位错的特征和性质，而不必关注位错区域质点排列的具体细节，这样会给研究和分析带来极大方便。这个物理量不仅要反映位错区质点错排或畸变的大小，还要指出错排或畸变发生的方向，因此这个物理量应该是一个矢量。通过比较存在缺陷的晶体和完整晶体，这个矢量在 1939 年由伯格斯提出，称为伯格斯矢量或简称伯氏矢量，其定义为用来描述位错区域质点畸变特征(包括畸变发生在什么晶向及畸变大小)的物理参量，以 b 表示。

1. 伯氏矢量的确定

在确定伯氏矢量之前，先引入伯氏回路的概念，即在实际晶体中假定有一位错，在位错周围"好"的区域内围绕位错线作一任意大小的闭合回路，称为伯氏回路；然后如图 3.26 所示，以简单立方晶体中的正刃型位错为例，介绍伯氏矢量的确定方法。

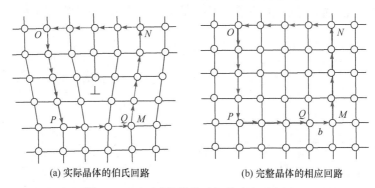

(a) 实际晶体的伯氏回路　　　　　　　(b) 完整晶体的相应回路

图 3.26　正刃型位错伯氏矢量确定示意图

(1) 人为规定位错线方向，一般是由内向外(从纸背向纸面)、由左向右或由上向下为位错线正向。在图 3.26(a)中，正刃型位错的位错线正向即纸面外法向。

(2) 在实际晶体中作伯氏回路，回路方向遵循右手螺旋法则，即右手拇指指向位错线正向，其余四指即伯氏回路方向。在图 3.26(a)中，回路起点是 M，方向是逆时针围绕位错线，回路中每一步连接相邻结点。

(3) 在完整晶体中[图 3.26(b)]，按其相同的方向和步伐作一个对比回路，由于相对缺陷晶体，完整晶体滑移面下部相对多一个半原子面，故完整晶体中回路的终点和始点必然不闭合，如此，从终点 Q 到始点 M 连接起来的矢量 QM 就是该位错的伯氏矢量 b。

伯氏矢量的大小和方向与回路起始点的选择无关，有兴趣的读者可自行尝试。显然，对于刃型位错，伯氏矢量与位错线互相垂直，这是刃型位错的一个重要特征。

螺型位错的伯氏矢量也可按上述方法来确定，图 3.27 给出了一个确定螺型位错伯氏矢量的实例。可见，螺型位错的伯氏矢量与其位错线互相平行，这一点是螺型位错与刃型位错的重大区别。需要注意,对图 3.27(a)所示的右旋螺型位错(读者可向前复习螺型位错的分类方法)，伯氏矢量的方向和位错线的正向在同一方向，这一几何关系可以很方便地用来判断螺型位错的类型，后面还有相关叙述。

2. 伯氏矢量的物理意义

参考晶体位错的形成模型[图 3.21(b)和图 3.23(b)]，位错是当晶体滑移面上部的一部分区域沿某一方向发生了一个原子间距的滑移，而另一部分维持不动时在边界线附近形成的一个

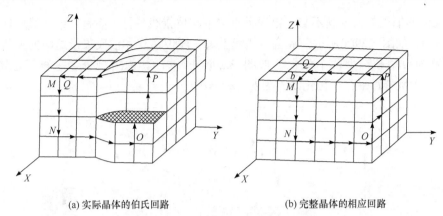

(a) 实际晶体的伯氏回路　　　　　　(b) 完整晶体的相应回路

图 3.27　右旋螺型位错伯氏矢量确定示意图

过渡区，一个原子间距的滑移位移并没有消失，而是沿滑移方向分配在了过渡区域内的若干质点上，造成位错区内的质点错排或畸变，绕位错线画一个回路，原子错排造成的相对位移便累加包含在这个回路中。因此，从本质上看，理想晶体和实际晶体伯氏回路的差异就反映了位错线周围的这种质点相对位移的叠加。例如，对于正刃型位错，从图 3.26 可以知道伯氏矢量的大小正好是一个原子间距，方向垂直于位错线，这和刃型位错从上部插入一个半原子面造成的滑移面上下晶体部分的相对位移一致。因此，伯氏矢量的物理意义可以总结为伯氏矢量是对位错线周围晶体点阵畸变的叠加，b 越大，位错畸变越严重，位错引起的晶体弹性能就越高。后面将会看到位错的弹性能和伯氏矢量的模的平方成正比。

3. 伯氏矢量的图像描述

根据位错伯氏矢量与晶体滑移之间的关系，可以确定位错的类型。如图 3.28 所示，当 b 垂直于位错线时，是刃型位错；当 b 平行于位错线时，是螺型位错。

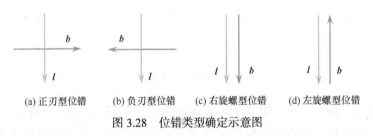

(a) 正刃型位错　　　(b) 负刃型位错　　　(c) 右旋螺型位错　　　(d) 左旋螺型位错

图 3.28　位错类型确定示意图

关于刃型位错的正或负，可以用右手定则确定。如图 3.28 所示，该定则中，右手拇指、食指和中指相互垂直，构成三维直角坐标，以食指指向位错线正向(由内向外、由上向下或由左向右)，中指指向伯氏矢量的方向，则拇指就代表了多余半原子面的位置，若拇指指向的是规定的正向(如上、外或右)则为正刃型位错，反之则为负刃型位错，分别如图 3.28(a)和(b)所示。正负刃型位错的确认方式还可以再简化：其一是旋转法，即把伯氏矢量 b(或位错线)顺时针(或逆时针)旋转 90°，看伯氏矢量的方向是否与位错线正向一致，若一致为正刃型位错，反之为负刃型位错；其二是在一个晶体滑移体系内，如果位错线和滑移矢量都是人为规定的正向或负向，则为正刃型位错，如果有一个反向，则为负刃型位错。

螺型位错类型的确认比较简单，如图 3.27 所示，右旋螺型位错的伯氏矢量与位错线的同向，反之，方向相异时则为左旋螺型位错，分别如图 3.28(c)和(d)所示。

混合位错的伯氏矢量 **b** 既不与位错线垂直也不与位错线平行，而是与位错线成任意夹角 θ ($\theta \neq 0°$ 和 $90°$)，如图 3.29(a)所示。混合位错线上每一段位错线和伯氏矢量之间的夹角都不同，但都可分解为刃型和螺型两个分量，如图 3.29(b)所示，其中刃型分量垂直于位错线，为 $\boldsymbol{b}_e = \boldsymbol{b}\sin\theta$，螺型分量平行于位错线，为 $\boldsymbol{b}_s = \boldsymbol{b}\cos\theta$。

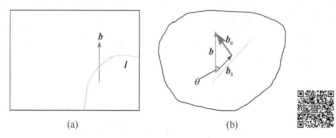

(a)　　　　　　　(b)

图 3.29　混合位错伯氏矢量(a)及其分解(b)示意图

4. 伯氏矢量的守恒性

由于在确定伯氏矢量时只要求伯氏回路选取在晶体的"好"的区域，而对回路的形状和大小并没有限制，这意味着无论回路怎样扩大、缩小、改变形状或移动，都对伯氏矢量没有影响，也就是说一条位错线只有一个伯氏矢量，此即伯氏矢量的守恒性。理解这一点并不困难，因为滑移区一侧内只有一个确定的滑移方向和滑移量，如果滑移区内出现了两个滑移方向或滑移量，那么其间必然又产生一条分界线，形成另一条位错线。

由伯氏矢量的守恒性很容易得到下面两个推论：

(1) 一条不分岔的位错线具有唯一的伯氏矢量，无论此位错线的形状、位置和形成方式。这个推论是显然的，伯氏矢量的这一性质为讨论晶体塑性形变提供了极大方便，对于任意位错，不管其形状和类型如何，只要知道它的伯氏矢量 **b**，就可知道晶体相对滑移的方向和大小，而不必从原子尺度考虑其运动细节。

(2) 如果若干条位错线交于一点(称为节点)，那么"流入"节点的位错线的伯氏矢量之和必等于"流出"节点的位错线的伯氏矢量之和，即

$$\sum_i^n \boldsymbol{b}_{in,i} = \sum_j^n \boldsymbol{b}_{out,j} \tag{3.51}$$

这里提到的"流入"和"流出"节点的位错线分别指正向指向节点或背离节点的位错线。

为了论证这条推论，分析图 3.30 中相交于节点 O 的三条位错线(图中标记的 1、2 和 3，1

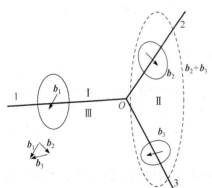

图 3.30　交于节点 O 的三条位错线示意图

为流入，2 和 3 为流出)，其伯氏矢量分别为 $\boldsymbol{b}_1$、$\boldsymbol{b}_2$ 和 $\boldsymbol{b}_3$。这三条位错线将整个滑移面分成 I、II 和 III 三个区域。由于位错线是滑移面上局部位移区的边界，因而 $\boldsymbol{b}_1$ 就是 I 区相对于 III 区的位移，$\boldsymbol{b}_2$ 是 I 区相对于 II 区的位移，$\boldsymbol{b}_3$ 是 II 区相对于 III 区的位移，根据位移矢量的合成或叠加原理，显然有 $\boldsymbol{b}_1 = \boldsymbol{b}_2 + \boldsymbol{b}_3$。

也可以用作伯氏回路的方法论证上面这条推论。仍以图 3.30 为例，如果分别围绕位错线 1、2 和 3 作伯氏回路，那么三个回路的不封闭段就分别是 $\boldsymbol{b}_1$、$\boldsymbol{b}_2$ 和 $\boldsymbol{b}_3$。现在将围绕位错线 1 的回路扩大，并移动至包含位

错线 2 和 3 的位置。根据伯氏矢量与回路大小和位置无关的性质，扩大平移后回路的不封闭段仍是 b_1；另一方面，由于此回路包含了 2 和 3 两条位错线，其不封闭段应为 $b_2 + b_3$，同样可得 $b_1 = b_2 + b_3$。

这条推论的另一种表达形式是：如果所有位错都"流入"同一节点，或从同一节点"流出"，则这些位错线的伯氏矢量之和必为 0，即 $\sum_{i}^{n} b_{\text{in},i} = 0$ 或 $\sum_{i}^{n} b_{\text{out},i} = 0$。

(3) 若一个位错可分解，则分解后所得各分位错的伯氏矢量之和等于原位错的伯氏矢量，即 $b = \sum_{i}^{n} b_i$。这条推论很容易由上条推论导出，只需将原位错的伯氏矢量视为"流入"节点的伯氏矢量，将分解后的各伯氏矢量视为"流出"节点的伯氏矢量即可。

从伯氏矢量的这些特性易于得出结论：位错具有连续性，位错线只能终止在晶体表面或晶界上，而不能中断于晶体的内部。在晶体内部，它只能形成封闭的环或与其他位错相遇于节点形成位错网络。例如，在经过强烈的冷加工后，晶体中的位错组态很复杂，经常出现像麻绳一样相互交织缠结的位错网络。

关于位错线不能终止于晶体内部，纳巴罗曾采用连续统近似给出一个严格的证明，简略介绍如下，供有良好数理基础的读者参考。

考虑如图 3.31 所示的位错，如果它的位错线 l 终止于晶体内部一点 P，便可以做一个曲面 Σ 把这个位错套在里面，要求曲面外应变是连续的，并且至少可以求导两次。

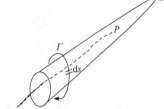

图 3.31 位错线终止于晶体内部示意图

现在于极靠近曲面上某点做一个回路 Γ，这个回路环绕此位错线，则按照伯氏矢量的概念，假定位错线周围质点的位移大小为 $\mathrm{d}u_i$，则对此进行积分，可得

$$\oint \mathrm{d}u_i = \oint \frac{\mathrm{d}u_i}{\mathrm{d}s} \mathrm{d}s = b_i \tag{3.52}$$

又由于位错是终止在连续的介质中，借助应变张量的分析，可以用斯托克斯(Stokes)定理将沿 Γ 的回线积分变换为曲面 Σ 上的面积分，即

$$\oint \frac{\mathrm{d}u_i}{\mathrm{d}s} \mathrm{d}s = \oint \frac{\partial u_i}{\partial x_k} \mathrm{d}x_k = \int \varepsilon_{klm} \frac{\partial^2 u_i}{\partial x_l \partial x_m} \mathrm{d}\Sigma_k \tag{3.53}$$

式中，ε_{klm} 为完全反称三阶单位张量，仅当 $k \neq l \neq m$ 时，$\varepsilon_{klm} \neq 0$，而且

$$\varepsilon_{123} = \varepsilon_{231} = \varepsilon_{312} = 1$$

$$\varepsilon_{132} = \varepsilon_{321} = \varepsilon_{213} = -1$$

如此可证实式(3.53)右面的面积分为 0，和式(3.53)产生矛盾，这既是说终止于 P 点的位错 l 是不存在的，反之，若位错 l 的伯氏矢量 $b \neq 0$，则它不能终止于晶体内任何一点。

5. 伯氏矢量的表示方法

伯氏矢量的表示方法与晶向指数相似，只是后者没有"大小"的概念，而伯氏矢量需要在晶向指数的基础上把矢量的模也表示出来，因此要同时标出该矢量在各个晶轴上的分量。

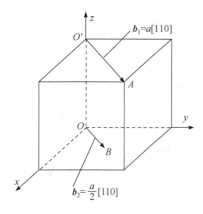

图 3.32　伯氏矢量的表示

例如，图 3.32 中 $O'A$，其晶向指数为[110]，伯氏矢量 $b_1 = 1a + 1b + 0c$，对于立方晶体，有 $a = b = c$，故这个伯氏矢量可以简写为 $b_1 = a[110]$。图中 OB 的晶向指数也是[110]，但伯氏矢量就有所不同，而是要体现 B 点所在的坐标，即 $b_2 = \frac{1}{2}a + \frac{1}{2}b + 0c$，对于立方晶体可以写为 $b_2 = \frac{a}{2}[110]$。所以对于立方晶体，伯氏矢量的一般表达式为

$$b = \frac{a}{n}[uvw] \tag{3.54}$$

其大小可用矢量模表示为

$$|b| = \frac{a}{n}\sqrt{u^2 + v^2 + w^2} \tag{3.55}$$

6. 伯氏矢量特征总结和位错的普遍定义

大多数晶体材料的塑性形变和即将讨论的位错运动密切相关，而伯氏矢量是用于解释这种形变理论的一个基本要素。综合以上描述，简要总结伯氏矢量的特征并做一些合理拓展，然后在此基础上给出一个位错的普遍定义。

(1) 伯氏矢量是用于揭示位错本质，并确切表征不同类型位错特征的一个物理量，能够反映位错区域点阵畸变总积累。伯氏矢量越大，位错区晶体畸变越严重。

(2) 伯氏矢量具有唯一性，一根位错线具有唯一的伯氏矢量，它与伯氏回路的大小、形状以及回路在位错线上的位置无关；位错在晶体中运动或改变方向时，其伯氏矢量不变。

(3) 伯氏矢量表示晶体滑移方向和大小，位错运动导致晶体滑移时，滑移量大小为$|b|$，滑移方向为伯氏矢量的方向。

(4) 刃型位错的伯氏矢量 b 与位错线 l 垂直，它们能决定一个平面，因此刃型位错的滑移面只有一个；螺型位错伯氏矢量与位错线平行，因此滑移面不定，可以是一个，也可以是多个。

从伯氏矢量的角度可以给位错一个普遍的定义，即位错是伯氏矢量不为 0 的晶体缺陷。伯氏矢量为 0 时，晶体各部分没有相对滑移，也就没有位错区产生。

【例题 3.8】　金属晶体滑移一般是沿着原子密排面进行，如此计算下列金属伯氏矢量的模：(1)体心立方α-Fe，Fe 原子半径 $r_{Fe} = 0.124$ nm；(2)面心立方 Al，Al 原子半径 $r_{Al} = 0.143$ nm。

解　(1) 如图 3.33(a)所示，体心立方晶体的原子密排面是(110)晶面，即晶体晶胞的对角面，在这个密排面上一个原子间距的距离是

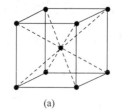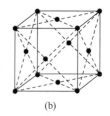

图 3.33　(a)体心立方α-Fe 和(b)面心立方 Al 晶体

$$d = 2r_{Fe} = 0.248 \text{ nm}$$

所以α-Fe 伯氏矢量的模 $|b_{\alpha\text{-Fe}}|$ 为 0.248 nm。

(2) 如图 3.33(b)所示，面心立方晶体的原子密排面是(111)晶面，也是一种晶体晶胞的对角

面,在这个密排面上一个原子间距的距离也是 $d = 2r_{Al} = 0.286\,\text{nm}$,因此 Al 的伯氏矢量的模 $|\boldsymbol{b}_{Al}|$ 为 0.286 nm。

【例题 3.9】 试回答一个位错环能否各部分都是螺型位错或都是刃型位错,为什么?

答 螺型位错的伯氏矢量与位错线平行,一根位错只有一个伯氏矢量,而一个位错环不可能与一个方向处处平行,所以一个位错环不能各部分都是螺型位错;刃型位错的伯氏矢量与位错线垂直,如果伯氏矢量垂直位错环所在的平面,则位错环处处都是刃型位错,这种位错的滑移面是位错环与伯氏矢量方向决定的棱柱面,又称棱柱位错。

【例题 3.10】 试证明一个位错环只能有一个伯氏矢量。

证明: 这个证明过程可以采用一般的反证法,即先假定命题不成立。如图 3.34 所示,设有一位错环 ABCDA,将其看成由 ABC 和 CDA 两部分组成,ABC 部分的伯氏矢量为 $\boldsymbol{b}_1$,CDA 部分的伯氏矢量为 $\boldsymbol{b}_2$,这意味着晶体的滑移矢量在位错线 ABC 以右和位错线 CDA 以左是不同的,而由于位错是已滑移区与未滑移区的交界,所以还应有一位错线 AC 存在,其对应的伯氏矢量为 $\boldsymbol{b}_3$。对于 ABCA 区域,可看成伯氏矢量为 $\boldsymbol{b}_2$ 和 $\boldsymbol{b}_3$ 的两条位错扫过,所以 $\boldsymbol{b}_1 = \boldsymbol{b}_2 + \boldsymbol{b}_3$;而对于 CDAC 区域,则可看成伯氏矢量为 $\boldsymbol{b}_1$ 和 $\boldsymbol{b}_3$ 的两条位错扫过,所以 $\boldsymbol{b}_2 = \boldsymbol{b}_1 + \boldsymbol{b}_3$,故 $\boldsymbol{b}_1 - \boldsymbol{b}_2 = \boldsymbol{b}_2 - \boldsymbol{b}_1$,即 $\boldsymbol{b}_1 = \boldsymbol{b}_2$,所以一个位错环只能有一个伯氏矢量。

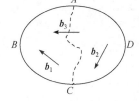

图 3.34 证明一个位错环只有一个伯氏矢量的示意图

【练习 3.3】 试思考位错环反映了位错的什么性质。

【练习 3.4】 如果有一条位错线在晶体表面露头,在露头处的晶面上必然形成一个台阶,这个台阶会因覆盖原子层而消失吗?

【练习 3.5】 以正刃型位错模型为例,绘图确定三个不同起点的伯氏矢量。

3.3.7 位错的运动

位错最重要的性质之一是可以在晶体中运动,本节主要讨论单个位错的运动,包括易动性、运动方式、运动面(指位错运动所在的平面)及运动方向,其中运动方式和运动面等按刃型、螺型和混合型三种位错情形进行讨论。

1. 位错的易动性

由于存在很大畸变,位错线上质点的具体排列并不明晰,但可以肯定的是,该处处于一个受力平衡的亚稳状态,其两侧原子处于对称状态,作用在位错处原子上的力互相抵消。但由于位错处原子存在畸变,能量相对较高,并不稳定,稍微受到外力影响便可能离开原来受力平衡的位置发生迁移。下面以刃型位错为例,说明晶体中单根位错的易动性。

如图 3.35(a)所示,位错区周围质点编号为 1、2、3、4、5,位错中心质点位于 2 号处,在剪应力作用下,滑移面上部质点沿剪应力方向相对滑移,结果 2 号与 4 号质点距离接近,而 3 号与 4 号质点距离拉长[图 3.35(b)],当剪应力继续增大时 2 号和 4 号质点发生键合,位错线在剪应力作用下移动了一个原子间距,位错中心则由 2 号处运动到 3 号处[图 3.35(c)]。与完整晶体的滑移不同,这个过程中位错周围各个质点实际的位移距离均远小于一个质点间距,含位错的晶体是位错线按照图示的方式逐渐前进,最终离开晶体,此时在左侧表面形成一个质点间距大小的台阶[图 3.35(d)],同时滑移面上下部晶体相对发生了一个质点间距的位移。当晶中存在大量位错，并都遵循这种运动方式移出晶体后，就会在晶体表面产生宏观可见的台阶，使晶体发生塑性形变。显然，通过位错线移动产生一个质点间距的位移要比相邻晶面全部质点整体相对移动产生同样位移要容易得多，因此，晶体的实际强度要比理论强度低很多。

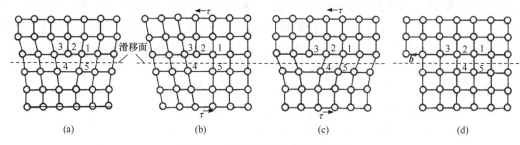

图 3.35　刃型位错易动性示意图

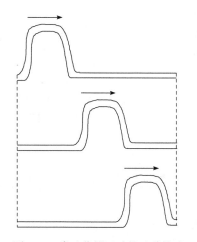

图 3.36　类比位错运动的地毯推动
过程示意图

晶体中位错的易动性可用地毯的挪动做比喻。可以想象，在地面上直接推动整块地毯需要很大的力(甚至推动一张紧贴桌面的纸张也不容易)，但如果先把地毯的一端抬起，形成一个皱褶，如图 3.36 所示，那么推动皱褶前进就会比较轻松，当皱褶移动至地毯的另一端时，地毯就在地面上前进了一个皱褶的长度。晶体中的位错就好比地毯上的皱褶，其运动也和皱褶的运动类似，当晶体中存在位错时，只需用一个很小的推动力便能使位错发生运动，从而导致金属的整体滑移，这便揭示了金属实际强度和理论强度的巨大差别。

2. 刃型位错的运动

刃型位错存在两种运动方式：一种是位错线沿着滑移面的移动，称为位错的滑移；另一种是位错线垂直于滑移面的移动，称为位错的攀移，下面分别进行介绍。

1) 滑移

位错的滑移就是它沿着滑移面的运动，也就是局部滑移区的扩大或缩小。刃型位错的一个重要特征是伯氏矢量与位错线互相垂直，它们所决定的平面($l \times b$)即滑移面，位错线的运动方向 v 就是滑移方向，即 b 的方向($v \parallel b$)，因而 v 也与位错线 l 垂直($v \perp l$)。

需要注意，位错的运动并不等同于质点的运动，它只代表滑移区-未滑移区边界的移动，对于刃型位错就是半原子面边缘沿滑移面的移动。这种情况和毛毛虫的爬行类似，如图 3.37(a)所示，毛毛虫通过拉它最后的那对腿移动一段距离(记为一个左右腿距)，在它尾部身体弓起，形成一个"峰"，然后反复通过移动这个"峰"邻近的几对腿使这个"峰"不断前进。当这个"峰"到达身体前部，整个毛毛虫便向前移动了一个腿距。毛毛虫的"峰"和它的运动对应了刃型位错中多余半原子面及其运动。需要强调，位错的运动距离远大于位错线周围相关原子的位移，这一点如图 3.37(b)所示。该图是刃型位错运动时位错线周围相关质点的移动示意图，图中实心原点是位错滑移前质点的位置，滑移后的位置如箭头所示(或虚实线的交点)，很明显，位错相关质点的实际位移远小于位错或额外半原子面移动的一个质点间距(图中从 O 点到 P 点)。

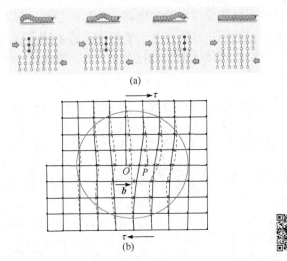

图 3.37　刃型位错运动时位错线周围相关质点移动示意图

　　位错的滑移与质点的运动之间的定量关系是，当位错扫过整个滑移面，即当位错从晶体的一端移动到另一端时，滑移面两边的质点或上下部晶体相对位移一个伯氏矢量模($|\boldsymbol{b}|$)的距离，造成晶体的塑性形变，如图 3.38 所示。另外，由于位错的运动、晶体的相对位移和外加应力三者是一一对应的，因此不难理解这三者之间必然有一定的关系。外加剪应力与晶体相对位移之间的关系是显而易见的，即滑移面一侧晶体的移动和施加在其表面的剪应力同向；刃型位错的滑移与晶体相对位移的关系也是直观的，即包含半原子面的那部分晶体总是和半原子面(或位错线)一道运动，无论位错类型的正负。还需指出，位错的滑移不会引起晶体体积的变化($\Delta V = 0$)，滑移运动因此称为保守运动或守恒运动。

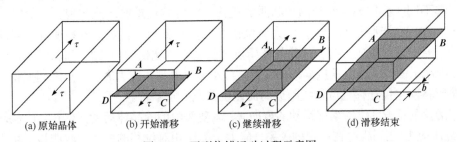

(a) 原始晶体　　　　(b) 开始滑移　　　　(c) 继续滑移　　　　(d) 滑移结束

图 3.38　刃型位错运动过程示意图

2) 攀移

　　刃型位错除了可以在滑移面上滑移外，还可垂直于滑移面发生攀移。攀移是位错线上的质点迁移到晶体的间隙或其他缺陷区(如空位、晶界等)，从而导致半原子面缩小，位错线沿滑移面法线方向上升；或者反过来，晶体间隙或点阵上的质点扩散到位错线下方，从而导致半原子面扩大，位错线沿滑移面法线方向下降。将这种位错线沿滑移面法线方向的运动称为攀移，分为正攀移和负攀移两种形式。当半原子面下端的质点跳离，如扩散迁移至晶体的空位或反过来空位迁移到半原子面下端时，半原子面将缩短，表现为位错线向上运动，这种运动称为正攀移[图 3.39(a)]；而如有质点迁移到半原子面下端，半原子面将伸长，表现为位错线向下运动，这种运动称为负攀移[图 3.39(b)]。很显然，因为很难使位错线上的质点同时跳离或使晶体间隙或点阵上的质点同时跳至位错线，整条位错线同时攀移的现象是非常少见的，通常是从位错线段的局部开始，逐步完成整段的攀移，所以位错线在攀移过程中会存在很多小台阶，称为割阶，如图 3.39(c)所示。另外，由于攀移伴随着半原子面的缩小或扩大，即半原子面上的原子数不守恒，会引起晶体体积的变化 $(\Delta V \neq 0)$，故攀移也称为非守恒运动或非保守运动。

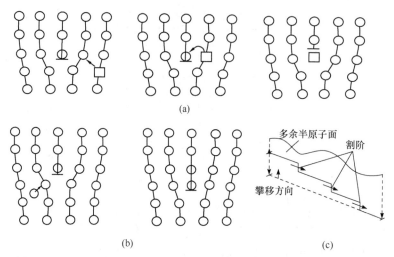

(a)

(b)　　　　　　　　　　　　　　　　　(c)

图 3.39　刃型位错正攀移(a)、负攀移(b)和攀移过程中割阶形成(c)示意图

攀移时，位错的运动面就是半原子面，位错的运动方向仍然与位错线垂直。当位错扫过包含半原子面在内的整个晶面时，也即当半原子面从整原子面缩小为 0 或从 0 扩大为整原子面时，半原子面两边的晶体沿半原子面的法线方向被拉开或合拢一段距离 $|\boldsymbol{b}|$，即一个伯氏矢量模的距离。

与滑移不同，位错攀移时伴随着物质的迁移，需要质点扩散才能实现，一般需要较高温度。此外，作用在半原子面上的正应力对位错攀移也有影响。直观上容易理解，当外加应力为垂直于半原子面的拉应力时，能使晶体质点之间变得"宽松"，有助于间隙原子扩散至位错处，而使半原子面扩大，引发负攀移；反之，当外加应力为压应力时，质点之间变得"紧窄"，有助于挤压驱使空位迁移至位错线附近而促使位错发生正攀移。

类似滑移的情况，位错攀移运动的方向 $\boldsymbol{v}$、运动面两侧的晶体运动方向 $\boldsymbol{V}$，以及外加应力(拉应力或压应力)之间也存在一定的关系。应力与晶体相对位移的关系比较明显，晶体移动方向肯定和应力施加方向一致，而 $\boldsymbol{v}$ 与 $\boldsymbol{V}$ 的关系可以由半原子面的扩大或缩小进行判断。那能否找到一个对刃型位错滑移和攀移都适用的统一规则来描述 $\boldsymbol{v}$ 与 $\boldsymbol{V}$ 之间的关系呢？只要将正负刃型位错滑移和攀移情形下的 $\boldsymbol{v}$ 与 $\boldsymbol{V}$ 的关系一一考察就会发现：当伯氏矢量为 $\boldsymbol{b}$ 的位错线 $\boldsymbol{l}$ 沿 $\boldsymbol{v}$ 方向运动时，以位错运动面为分界面，$\boldsymbol{l} \times \boldsymbol{v}$ 所指向的那部分晶体必与 $\boldsymbol{b}$ 同向运动，即这部分晶体的 $\boldsymbol{V}$ 与 $\boldsymbol{b}$ 同向。

这个规则称为 $\boldsymbol{l} \times \boldsymbol{v}$ 规则，它对刃型位错以及下面将要讨论的螺型位错和混合位错的运动都适用。该规则可根据右手定则方便地使用，如前所述，该定则中右手拇指、食指和中指相互垂直，构成三维直角坐标，以食指指向位错线 $\boldsymbol{l}$ 正向(由内向外、由上向下或由左向右)，中指指向位错线运动方向 $\boldsymbol{v}$，则拇指指向的晶体部分必然和伯氏矢量 $\boldsymbol{b}$ 同向运动。这三者中任意知道两者，便可根据 $\boldsymbol{l} \times \boldsymbol{v}$ 规则判断第三者。例如，如果知道位错线方向和与 $\boldsymbol{b}$ 同向运动的晶体部分，便可判断位错线的运动方向，从而知道位错线扫过整个晶体时所产生的滑移台阶的位向。

3. 螺型位错的运动

螺型位错无多余半原子面，自然也不存在半原子扩大或缩小的问题，因此只能做滑移运动，不能攀移。当然这并不是说螺型位错线和晶体其他部分之间没有质点迁移(如位错线上质点向晶体间隙或其他缺陷区迁移，或反过来晶体中质点向位错线迁移)，只是这些迁移的结果可能改变螺型的位错运动状态，但并不能使螺型位错线脱离滑移面而沿其法线方向运动。

螺型位错的伯氏矢量 b 与其位错线 l 互相平行，即 $l \times b = 0$，因此它们决定的平面是不确定的，故螺型位错的滑移面也不唯一确定，包含位错线的任何平面都可以作为螺型位错的滑移面。这一点从螺型位错线附近原子排列的对称性很容易理解，以位错线为轴的平面都可以实现质点的螺旋排列。当然，除了几何因素，位错滑移时选择哪个滑移面还要受晶体学条件的限制，后面会有述及。

在剪应力作用下，螺型位错滑移时，位错线沿着与切应力方向相垂直的方向运动(位错的运动方向垂直于位错线方向和伯氏矢量)，直至消失在晶体表面，只留下一个伯氏矢量模 $|b|$ 大小的台阶，如图 3.40 所示。

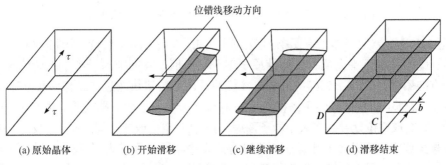

(a) 原始晶体　　(b) 开始滑移　　(c) 继续滑移　　(d) 滑移结束

图 3.40　螺型位错运动过程示意图

螺型位错的运动自然是保守运动，而且螺型位错的滑移方向 v 及滑移面两边晶体部分的滑移方向 V 之间也符合前述 $l \times v$ 规则，读者可自行检验。

【例题 3.11】　在图 3.41 中阴影面 $MNPQ$ 为晶体的滑移面，该晶体的 $ABCD$ 表面有一圆形标记，它与滑移面相交，标记左侧有一根位错线，方向为由内向外，如箭头所指示。试问当刃型、螺型位错线从晶体的左侧滑移至右侧时，表面的标记发生什么变化，并指出刃型、螺型位错滑移的剪应力方向。

解　根据位错的滑移原理，位错滑移扫过的区域内晶体的上、下方相对于滑移面发生的位移与伯氏矢量一致。对于刃型位错，其伯氏矢量垂直于位错线。当刃型位错线从晶体的左侧滑移至右侧时圆形标记相对于滑移面沿垂直于位错线方向错开了一个原子间距，即 b 的模，如图 3.42(a)或(b)所示。按照 $l \times v$ 规则，食指位错线方向，中指位错线运动方向，则大拇指所指的上部晶体应与 b 同向，因为题目中没有指明 b 的方向，故剪应力方向左右均可，但要垂直于位错线，差别是圆形标记上下的左右方位不同。对于螺型位错，其伯氏矢量平行于位错线。当螺型位错线从晶体的左侧滑移至右侧时圆形标记相对于滑移面沿平行于位错线

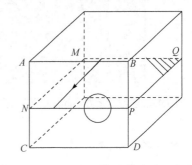

图 3.41　刃型、螺型位错滑移前图示圆形标记示意图

方向错开了一个原子间距, 即 b 的模, 如图 3.42(c)或(d)所示。同样, 按照 $l \times v$ 规则, 食指位错线方向, 中指位错线运动方向, 则大拇指所指的上部晶体应与 b 同向, 因为题目中没有指明 b 的方向, 故剪应力只需与位错线保持平行, 但同向或反向均可, 差别是圆形标记上下的前后方位不同。

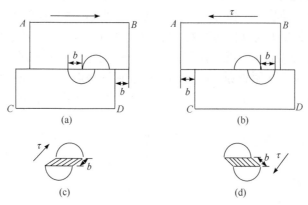

图 3.42　刃型、螺型位错滑移后图示圆形标记的变化示意图

【例题 3.12】　方形晶体中有两条刃型位错, 如图 3.43 所示。(1)当周围晶体中: ①空位多于平衡值; ②空位少于平衡值; ③间隙原子多于平衡值; ④间隙原子少于平衡值时, 位错易于向哪个方向攀移? (2)加上怎样的外力, 才能使这两条位错线通过纯攀移而相互靠拢?

解　(1) 晶体中刃型位错的正攀移(空位迁移到多余半原子面下端或质点离开半原子面下端迁移至晶体间隙或空位处导致多余半原子面缩小)会吸收空位或产生间隙原子, 反之, 负攀移(间隙原子迁移至或空位离开多余半原子面下端导致多余半原子面扩大)会吸收间隙原子或放出空位, 故①和④两种情况下位错易发生正攀移, 而②和③两种情况下位错则易发生负攀移。

(2) 根据图 3.43 所示, 当两条位错均发生正攀移, 即多余半原子面都缩小时位错能够通过纯攀移运动相互靠近, 而压应力有助于通过驱使空位迁移至位错线附近而引发位错正攀移, 故对方形晶体应施加如图 3.44 所示的压应力。

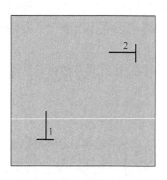

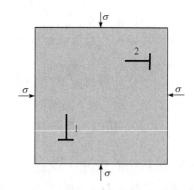

图 3.43　题目所指方形晶体中刃型位错示意图　　图 3.44　施加应力使图示刃型位错通过纯攀移靠近示意图

4. 混合位错的运动

混合位错是刃型位错和螺型位错的混合型, 它也有两种运动方式, 即守恒运动和非守恒运动, 前者是位错沿滑移面的滑移, 后者则是位错线脱离滑移面的运动, 但不是纯粹的攀移,

而是由刃型分量的攀移与螺型分量的滑移合成的运动。

　　无论混合位错是什么形状，也无论它的运动是守恒还是非守恒，位错线运动的方向总是与位错线相垂直，位错扫过整个运动面时运动面两边晶体产生的相对位移总是 $|b|$。图 3.45 是一条混合位错做滑移运动的示意图，位错线上 1 点为纯螺型位错，2 点为纯刃型位错，1 和 2 之间是混合位错。该位错在外加应力的作用下，沿其位错线各点的法线方向滑移，滑移区不断扩大，当整条位错线在滑移面上滑出晶体后，使上下两块晶体沿伯氏矢量方向相对移动了一个质点间距，形成了一个滑移台阶。

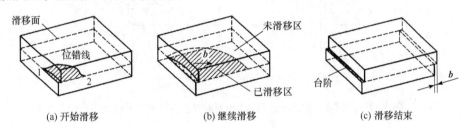

图 3.45　混合位错滑移运动过程示意图

　　混合位错的运动方向 v 和晶体的位移方向 V 之间关系也符合 $l \times v$ 规则，这一规则经常用来分析位错环的滑移特性，如下面的例子所示。

　　【例题 3.13】　已知位错环 $ABCDA$(意味着位错线正向是顺时针)的伯氏矢量为 b，外应力为 τ 和 σ，如图 3.46 所示。(1)位错环的各边分别是什么位错？ (2)如何局部滑移才能得到这个位错环？ (3)在足够大剪应力 τ 作用下，位错环将如何运动？晶体将如何变形？ (4)在足够大拉应力 σ 的作用下，位错环将如何运动？它将变成什么形状？晶体将如何变形？

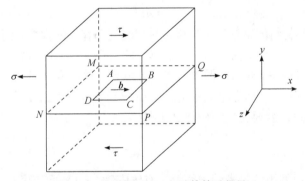

图 3.46　位错环 $ABCDA$ 及其伯氏矢量 b

　　解　(1) 根据位错类型确定示意图(图 3.28)，AB 段和 b 同向，为右旋螺型位错，CD 段和 b 反向，为左旋螺型位错，BC 段位错线由内向外，为正向且和 b 垂直，为正刃型位错，DA 段位错线由外指向内，和 b 垂直，为负刃型位错。

　　(2) 设想在完整晶体中有一个贯穿晶体上、下表面的正四棱柱，它和滑移面 $MNPQ$ 交于 $ABCD$。现让 $ABCD$ 上部的柱体相对于下部的柱体滑移 b，柱体外的各部分晶体均不滑移。这样，$ABCD$ 就是在滑移面上已滑移区(环内)和未滑移区(环外)的边界，因而是一个位错环。

　　(3) 显然，在图 3.46 所示的剪应力 τ 的作用下，位错环上部的晶体将不断沿 x 轴正向(b 的方向)运动，下部晶体则反向(沿 x 轴负向或 $-b$ 方向)运动。为判断位错环变化情况，以 CD 段为例，位错线方向从右至左，这是食指方向，而又知上部晶体和 b 同向运动，这是拇指方向，

按照 $l \times v$ 规则，从而可得出中指所指的方向是向外，即沿 z 轴正向是 CD 位错线的运动方向。依据同样规则，可判断 AB、BC 和 DA 三段位错线分别沿 $-z$ 轴、$+x$ 轴和 $-x$ 轴方向运动，从而导致位错环扩大，如图 3.47(a)所示。

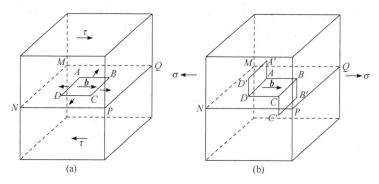

图 3.47　位错环 $ABCDA$ 在剪应力(a)和拉应力(b)作用下运动示意图

(4) 拉应力有助于刃型位错发生正攀移，拉应力 σ 的作用下，滑移面上方 BC 位错处的半原子面和滑移面下方 DA 位错处的半原子面都将扩大，因而 BC 位错和 DA 位错将分别沿 $-y$ 轴和 $+y$ 轴方向运动，但 AB 和 CD 两条螺型位错是不动的，因为螺型位错只能在剪切应力的作用下进行滑移，因此，位错环就变成了图 3.47(b)中的情况。

5. 位错运动的速度

实验研究发现，位错的滑移速度 v 与外加剪应力 τ 之间有一个经验关系，即

$$v = A\tau^m \tag{3.56}$$

式中，A 为依赖于不同材料的常数；m 为与材料和温度都有关的常数，而且在不同的应力范围(或速度范围)也有变化。实验发现，面心立方(FCC)和密排六方(HCP)晶体在宏观临界切应力时滑移速度约为 1 m/s，即 $v \approx 1\,m/s$。低温状态时，位错滑移速度一般比较大，这是因为金属中位错运动时会受到声子(晶格振动)散射的阻尼，而低温下声子数比较少。实验还证实，低速运动时，刃型位错的滑移速度要比螺型位错高出很多。

3.3.8　位错密度

晶体中位错的量通常用位错密度来衡量，有体密度(ρ_V)和面密度(ρ_A)之分，前者是单位体积晶体中所包含的位错线的总长度，后者指穿过单位截面面积的位错线的总条数，它们的表达式分别为

$$\rho_V = \frac{L}{V} \tag{3.57}$$

$$\rho_A = \frac{n}{A} \tag{3.58}$$

式中，L 为晶体中位错线的总长度；V 为晶体体积；n 为位错穿过晶体某一方向截面的总条数；A 为截面面积。如果所有的位错线平行且垂直于表面，这两种定义的密度值相同。一般情况下二者不等，因为位错线可以曲折、缠结，甚至形成环或网络，故前者一般大于后者。

位错密度的单位是 $m \cdot m^{-3}$ 或 m^{-2}。一般经过充分退火(一种金属热处理工艺，指将金属缓慢

加热到一定温度,保持足够时间,然后以适宜速度冷却)的金属晶体中位错密度为 $10^8 \sim 10^{12}$ m^{-2},而经过剧烈冷变形的金属中位错密度可高达 10^{16} m^{-2} 以上,相当于 1 cm^3 的晶体中位错线的总长度为 10^7 km。因此,不难想象,这样长的位错线在晶体内部一定会互相缠结。很容易推理,晶体的强度(应力作用下易于形变的程度)与位错密度有密切的关系。在没有位错或位错很少的情况下,晶体强度应该很高(可参见完整晶体的理论临界剪应力分析),而由于位错的易动性,晶体强度会随着位错密度的增加而降低。但当位错密度很高时,位错线之间互相缠结,造成易动性大大降低,反而增加了晶体强度。因此,晶体强度(τ_c)与位错密度(ρ)的关系曲线必然是一条 U 形曲线,如图 3.48 所示,这一点已被大量的理论和实验研究所证实。

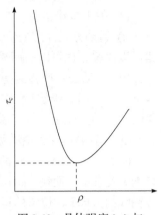

图 3.48　晶体强度 (τ_c) 与位错密度 (ρ) 的关系曲线

应该指出,位错不像空位那样有平衡浓度的概念。从自由能分析的角度讲,一条位错可以视为大量点缺陷串成一条线,由于被串在一起,再加上大量位错线的互相缠结,不易迁移,混乱度受到很大的限制,即排列熵的作用大为下降,因此在位错的热力学分析中主要考虑内能,而位错的存在引起晶格畸变,总是导致体系内能增加,即位错越多体系越不稳定,故晶体中位错不存在平衡浓度。

3.3.9　位错的基本几何特征

至此,在不考虑晶体学因素,也忽略质点间的结合键和作用力等因素的情况下讨论了位错的基本几何特征,现将其归纳整理如下:

(1) 位错是晶体中的线缺陷,它实际上是一条细长的管状缺陷区,区域内存在质点错排或畸变。

(2) 位错可以看成是滑移面上已滑移区和未滑移区的边界,这样定义和理解的位错不失普遍性。

(3) 伯氏矢量 b 是表征位错特征和性质的重要物理量,是一个矢量,根据 b 与位错线 l 的相对位向,可将位错分为三类:刃型位错($b \perp l$)、螺型位错($b \parallel l$)和混合位错(b 与 l 成任意夹角)。b 的大小决定了位错区质点的"错配度"和位错芯周围晶体的弹性形变程度,从而决定了弹性能的大小。

(4) 位错线必须是连续的,它不能起或止于晶体内部,或者起止于晶体表面或晶界,或者在晶体内部形成封闭回路,或者在结点处和其他位错相连。

(5) 单独讨论位错线和伯氏矢量的方向没有意义,但为了讨论位错性质的方便,需要遵循一定的规则将位错分类,如正型、负型刃型位错和右旋、左旋螺型位错。这些规则是:对于刃型位错,满足 $l \times b$ 所指向的多余半原子面在规定的正向(上、外或右)为正刃型位错,反之则为负刃型位错;对螺型位错,$l \parallel b$ 为右旋,$l \parallel (-b)$ 为左旋。显然,根据这些规则,l 和 b 同时反向不会影响位错的性质,但如果仅其中一个反向,则位错的性质相反,即正负或左右互变。

(6) 伯氏矢量 b 最重要的性质是它的守恒性,即流向某一结点的位错线的伯氏矢量之和等于流出该结点的位错线的伯氏矢量之和。由此可得到一个明显但非常重要的结论,即一条位错线只能有一个伯氏矢量。

(7) 关于位错运动。

(i) 运动方式：刃型位错可以滑移，也可以攀移；螺型位错只有滑移，不能攀移；混合位错可以滑移，也可以一面滑移(螺型分量)，一面攀移(刃型分量)。

(ii) 运动面：滑移面是由 l 和 b 决定的平面，即 $l \times b$，对于刃型位错和混合位错，滑移面是唯一的，而对于螺型位错则不唯一，包含位错线的任何平面都可以是滑移面。刃型位错攀移时的运动面就是垂直于滑移面的多余半原子面，它和伯氏矢量 b 垂直。

(iii) 运动方向：无论滑移、攀移还是既滑移又攀移，位错线的运动方向 v 总是垂直于位错线 l。

(iv) $l \times v$ 规则：位错的运动方向 v、晶体各部分的位移方向 V 与施加的外应力 τ 的关系：V 与 τ 关系不言而喻，而 v 与 V 的关系由 $l \times v$ 规则确定，这个规则遵循右手定则，三个要素是位错线的方向 l、位错的运动方向 v 和伯氏矢量的方向 b，以食指指定 l，中指指定 v，则拇指所指的晶体部分位移方向 V 与 b 同向。

(v) 位错密度是单位体积中位错线的总长度或单位面积上位错线的根数，一般前者大于后者，位错密度是决定晶体的塑性和强度的重要参数之一。

以上就是位错的最基本属性，也是后面继续学习位错其他性质如应力场、应变能和相互作用的基础。刃型和螺型位错的比较以及三种位错滑移的主要特征归纳成表格(表 3.3 和表 3.4)，以方便读者学习总结和牢固掌握，表中涉及的位错区畸变特征和应力场将在接下来的内容中进行讨论。

表 3.3　刃型位错和螺型位错的性质比较

性质	刃型位错	螺型位错
多余半原子面	有	无
位错线形状	任意形状	直线
与伯氏矢量 b 的位置关系	位错线 l 与 b 垂直	位错线 l 与 b 平行
分类	有正负之分	有左旋、右旋之分
滑移面	滑移面唯一	滑移面不唯一
缺陷特征	只有几个原子间距的线缺陷	只有几个原子间距的线缺陷
运动特征	滑移和攀移	只有滑移
位错区畸变特征	既有正应变，也有切应变	只有切应变
应力场	既有正应力也有切应力，产生体积应变	只有切应力，无体积应变

表 3.4　三种位错滑移的性质

类型	伯氏矢量 b	位错线运动方向	晶体滑移方向	剪应力方向	滑移面个数
刃型位错	垂直于位错线	垂直于位错线本身	与 b 一致	与 b 一致	唯一
螺型位错	平行于位错线	垂直于位错线本身	与 b 一致	与 b 一致	不唯一
混合位错	与位错线成任意夹角	垂直于位错线本身	与 b 一致	与 b 一致	唯一

3.3.10　位错的应力场

晶体中存在位错时，位错区的质点都不同程度地偏离了其原来的平衡位置而处于畸变或错配状态，且这种畸变越靠近位错的中心区域越严重，因为不可避免地引起系统能量升高，产生内应力并传递至其他质点形成应力场，即位错线周围的内应力分布。研究位错的应力场不仅有助于了解位错的力学行为，包括位错间相互作用、位错分布以及位错与其他缺陷的交互作用，对理解晶体的形变特征和晶体强化等也都有重要意义。需要指出，由于接下来是采用弹性力学方法进行位错应力场分析，故所获得的计算公式不适用于位错的中心区，因为中心区域原子畸变非常严重，排列特别紊乱，不能被视作连续介质，位移也超出了弹性形变的范围。

1. 螺型位错的应力场

从最简单的情况开始分析，考虑无限弹性介质中的一个纯螺型位错，这时没有晶体边界的干扰，因此介质中的应力场(也称为内应力场)唯一地由此位错决定。

1) 螺型位错的力学模型

如图 3.49(a)所示，将一个空心圆柱沿径向平面切开一半，并让切面两边沿轴向相对滑移一段距离 b，然后再将切面两边黏合，这就相当于形成了一个螺型位错，位错线即为圆柱的中心线，圆柱的空心部分就相当于位错的中心区，而圆柱实心部分中的应力分布即是螺型位错周围的应力场，圆柱的长度 L 和外半径 R 都足够大，这样柱体便可视作一个无限介质。实际上，如果将圆柱从打开的切面展开成长方体，则相对滑移的距离 b 便可视作在剪应力 τ 作用方向上的位移，如图 3.49(b)所示。

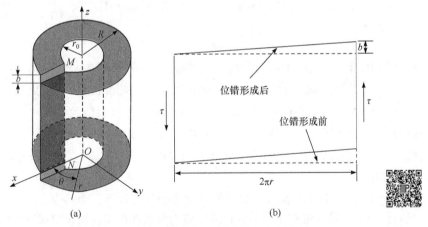

图 3.49　螺型位错力学模型(a)及其展开示意图(b)

2) 应变和应力场

首先对图 3.49(a)所示的螺型位错模型建立坐标系，使 z 轴沿位错线，y 面(垂直于 y 轴的平面)为滑移面，如图 3.49(a)中所标记，显然，这个螺型位错模型只存在轴向位移，而没有径向和切向位移。由于当 θ 角由 0 增至 2π 时，轴向位移由 0 增至 b，故

用柱坐标表示时：

$$u_r = u_\theta = 0 , \quad u_z = \left(\frac{b}{2\pi}\right)\theta \tag{3.59}$$

用直角坐标表示时：

$$u_x = u_y = 0 , \quad u_z = \left(\frac{b}{2\pi}\right)\tan^{-1}\left(\frac{y}{x}\right) \tag{3.60}$$

将式(3.60)代入式(3.31)，可得

$$\left.\begin{array}{l} \varepsilon_{xx} = \varepsilon_{yy} = \varepsilon_{zz} = 0, \quad \gamma_{xy} = 0 \\[2mm] \gamma_{yz} = \dfrac{\partial u_z}{\partial y} = \dfrac{bx}{2\pi\left(x^2 + y^2\right)} \\[4mm] \gamma_{xz} = \dfrac{\partial u_z}{\partial x} = \dfrac{by}{2\pi\left(x^2 + y^2\right)} \end{array}\right\} \tag{3.61}$$

对于柱坐标系统，将式(3.59)代入式(3.32)，有

$$\left.\begin{array}{l} \varepsilon_{rr} = \varepsilon_{\theta\theta} = \varepsilon_{zz} = 0, \quad \gamma_{r\theta} = \gamma_{rz} = 0 \\[2mm] \gamma_{\theta z} = \dfrac{\partial u_z}{r\partial \theta} = \dfrac{b}{2\pi r} \end{array}\right\} \tag{3.62}$$

最后，根据胡克定律得到螺型位错应力场公式，直角坐标系统下为

$$\left.\begin{array}{l} \sigma_{xx} = \sigma_{yy} = \sigma_{zz} = 0, \quad \tau_{xy} = 0 \\[2mm] \tau_{xz} = \tau_{zx} = -\dfrac{Gb}{2\pi}\dfrac{y}{x^2 + y^2}, \quad \tau_{yz} = \tau_{zy} = \dfrac{Gb}{2\pi}\dfrac{x}{x^2 + y^2} \end{array}\right\} \tag{3.63}$$

柱坐标系统下则为

$$\left.\begin{array}{l} \sigma_{rr} = \sigma_{\theta\theta} = \sigma_{zz} = 0, \quad \tau_{r\theta} = \tau_{rz} = 0 \\[2mm] \tau_{\theta z} = \tau_{z\theta} = \dfrac{Gb}{2\pi r} \end{array}\right\} \tag{3.64}$$

式中，G 为剪切模量；b 为螺型位错伯氏矢量的模；r 为距位错中心的距离。显然，将式(3.63)中的 τ_{xz} 和 τ_{yz} 进行矢量合成，即可得到式(3.64)中的 $\tau_{\theta z}$。实际上，还可以更直观地导出这两个式子。参看图 3.49(b)，可知距位错中心 r 处，这个螺型位错对应的弹性剪切应变为 $b/2\pi r$，则可直接根据胡克定律写出 $\tau_{\theta z}$ 或 $\tau_{z\theta}$，即为 $Gb/2\pi r$，而 τ_{xz} 和 τ_{yz} 分别是 $\tau_{z\theta}$ 在 y 轴和 x 轴的分量，再结合直角坐标系和柱坐标系参量之间的变换关系，同样可得到式(3.63)。

3) 几点讨论

从式(3.63)或式(3.64)可以看出，螺型位错应力场具有以下三个特点：

(1) 只有切应力分量，没有正应力分量或正应力分量都是零，这表明螺型位错不引起晶体的膨胀和收缩。螺型位错应力场的这个特点在直观上很容易理解，参看螺型位错模型[图 3.49(a)]，从 z 轴方向观察时，在 xOy 平面内，即使有螺型位错存在，圆柱也没有扭曲，因此在 xOy 平面内圆柱没有变化，所以没有 σ_{xx} 和 σ_{yy}，也没有 τ_{xy}，扭曲只发生在 z 轴方向，但只有相对滑移，故这个方向上也只有剪应力，没有正应力。

(2) 螺型位错所产生的切应力分量只与 r 有关(成反比)，且螺型位错的应力场是轴对称的，并随着与位错距离的增大，应力值减小。

(3) 当 $r \to 0$ 时，$\tau_{\theta z} \to \infty$，这显然与实际情况不符，说明基于弹性力学分析得到的结果不适用于位错中心的严重畸变区(r 很小的区域，如 $r \approx b$ 以内的区域)。

2. 刃型位错的应力场

为简化分析，下面讨论的是位错线为直线的刃型位错，同样需要无限弹性介质的假设，介质中的应力场唯一地由此刃型位错决定。

1) 刃型位错的力学模型

如图 3.50 所示，将一个空心圆柱沿径向平面切开一半，并让切面两边沿径向相对滑移一段距离 b，然后再将切面两边黏合，这就相当于形成了一个刃型位错，位错线为圆柱的中心线，圆柱的空心部分就相当于位错的中心区，而圆柱实心部分中应力分布即是刃型位错周围的应力场，圆柱的长度 L 和外半径 R 同样足够大，这样可以视柱体为一个无限介质。

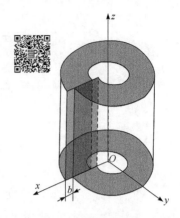

图 3.50　刃型位错力学模型示意图

2) 应力场

和螺型位错不同，刃型位错应力场的推导相对复杂得多。但从图 3.50 可见，形成刃型位错时没有轴向位移，只有径向位移，即 $u_z = 0$，$\partial u_x / \partial z = \partial u_y / \partial z = 0$，因而刃型位错的应力分布可以简化为一个弹性力学中的平面形变求解问题，即平面应力问题。数学上，求解平面应力问题有多种方法，但和刃型位错应力场相关时采用应力函数法比较简洁，在下面给出合适的应力函数及由其导出的应力场，关于应力函数的具体内容读者可参考相关弹性力学的专著。

已经证明，用于求解平面形变问题的应力函数 χ 是下面方程的解，即

$$\nabla^4 \chi = 0 \tag{3.65}$$

其中，对于直角坐标系

$$\nabla^4 = \left(\frac{\partial^2}{\partial x^2} + \frac{\partial^2}{\partial y^2} \right)^2 \tag{3.66}$$

对于柱坐标系

$$\nabla^4 = \left(\frac{\partial^2}{\partial r^2} + \frac{1}{r} \frac{\partial}{\partial r} + \frac{1}{r^2} \frac{\partial^2}{\partial \theta^2} \right)^2 \tag{3.67}$$

此时，应力张量的各个分量与应力函数的二次导数存在如下关系：

$$\sigma_{xx} = \frac{\partial^2 \chi}{\partial y^2}, \quad \sigma_{yy} = \frac{\partial^2 \chi}{\partial x^2}, \quad \tau_{xy} = -\frac{\partial^2 \chi}{\partial x \partial y} \tag{3.68}$$

或者

$$\sigma_{rr} = \frac{1}{r} \frac{\partial \chi}{\partial r} + \frac{1}{r^2} \frac{\partial^2 \chi}{\partial \theta^2}, \quad \sigma_{\theta\theta} = \frac{\partial^2 \chi}{\partial r^2}, \quad \tau_{r\theta} = -\frac{\partial}{\partial r} \left(\frac{1}{r} \frac{\partial \chi}{\partial \theta} \right) \tag{3.69}$$

式(3.65)可以用分离变量法求解，即将函数 χ 分解成两个函数 R 和 Θ 的乘积，其中一个函数的自变量是 x(或 r)，另一个函数的自变量是 y(或 θ)。满足式(3.65)的应力函数有多种形式，其中，对于求解刃型位错的各个应力分量，纳巴罗给出下面的函数形式，即

$$\chi = -Dr\sin\theta \lg r = -Dy \lg \left(x^2 + y^2 \right)^{\frac{1}{2}} \tag{3.70}$$

式中，$D = \dfrac{Gb}{2\pi(1-\nu)}$，$G$ 为剪切模量；b 为螺型位错伯氏矢量的模；ν 为泊松比。进而，根据式(3.68)或式(3.69)求得刃型位错的各个应力分量，即

$$\left.\begin{aligned} \sigma_{xx} &= -D\frac{y\left(3x^2+y^2\right)}{\left(x^2+y^2\right)^2} \\[2mm] \sigma_{yy} &= D\frac{y\left(x^2-y^2\right)}{\left(x^2+y^2\right)^2} \\[2mm] \sigma_{zz} &= \nu\left(\sigma_{xx}+\sigma_{yy}\right)=-2\nu D\frac{y}{x^2+y^2} \\[2mm] \tau_{xy} &= \tau_{yx}=D\frac{x\left(x^2-y^2\right)}{\left(x^2+y^2\right)^2} \\[2mm] \tau_{xz} &= \tau_{zx}=\tau_{yz}=\tau_{zy}=0 \end{aligned}\right\} \tag{3.71}$$

或者

$$\left.\begin{aligned} \sigma_{rr} &= \sigma_{\theta\theta}=-D\frac{\sin\theta}{r} \\[2mm] \sigma_{zz} &= \nu\left(\sigma_{rr}+\sigma_{\theta\theta}\right)=-2\nu D\frac{\sin\theta}{r} \\[2mm] \tau_{r\theta} &= \tau_{\theta r}=D\frac{\cos\theta}{r} \\[2mm] \tau_{rz} &= \tau_{zr}=\tau_{\theta z}=\tau_{z\theta}=0 \end{aligned}\right\} \tag{3.72}$$

当然，螺型位错应力场也可以用应力函数法求得，相应的应力函数为 $\psi=\left(\dfrac{b}{2\pi}\right)\theta$（柱坐标）或 $\psi=\left(\dfrac{b}{2\pi}\right)\tan^{-1}\left(\dfrac{y}{x}\right)$（直角坐标），它们满足

$$\nabla^2\psi=0 \tag{3.73}$$

式中

$$\nabla^2=\frac{\partial^2}{\partial x^2}+\frac{\partial^2}{\partial y^2}=\frac{\partial^2}{\partial r^2}+\frac{1}{r}\frac{\partial}{\partial r}+\frac{1}{r^2}\frac{\partial^2}{\partial\theta^2} \tag{3.74}$$

则可根据 $\tau_{\theta z}=\tau_{z\theta}=\dfrac{G}{r}\dfrac{\partial\psi}{\partial\theta}$ 求得螺型位错周围应力分布，即式(3.64)。

3) 几点讨论

根据式(3.71)可以画出刃型位错的应力场，以平面微元受力的形式标记在图 3.51 中。从图中可以看出：

(1) 同时存在正应力分量与剪应力分量，各应力分量的大小与 G 和 b 成正比，与 r 成反比，即随着与位错中心距离的增大，应力的绝对值减小。

(2) 各应力分量都是 x、y 的函数，而与 z 无关，表明在平行于位错的直线上，任一点的应力均相同。

(3) 在滑移面上，即 $y=0$ 处，没有正应力，只有剪应力，且剪应力 τ_{xy} 达到极大值。

(4) σ_{xx} 与 y 的符号相反，$y>0$ 时，$\sigma_{xx}<0$；而 $y<0$ 时，$\sigma_{xx}>0$，说明正刃型位错的滑移面上侧晶体受力为压应力，滑移面下侧晶体受力为拉应力，这是合理的，因为滑移面上部挤

入一个多余半原子面，位错区原子间距要变小，在周围产生压应力，而这个缩小的原子间距要试图恢复到正常位置，便会对滑移面下部晶体产生拉拽作用，故应力场为拉应力。

(5) 在 $x = \pm y$ 时，σ_{yy}、τ_{xy} 均为零，说明在直角坐标的两条对角线处，只有 σ_{xx} 和 σ_{zz}，而且在每条对角线的两侧，τ_{xy} 或 τ_{yx} 及 σ_{yy} 的符号相反。

(6) 同螺型位错一样，上述应力场公式不能适用于刃型位错的中心区。

(7) 结合式(3.31)、式(3.38)和式(3.72)可求出刃型位错导致的体积膨胀率，即

$$\vartheta = \varepsilon_{rr} + \varepsilon_{\theta\theta} + \varepsilon_{zz} = \frac{1-2v}{E}\left(\sigma_{rr} + \sigma_{\theta\theta} + \sigma_{zz}\right) = -\frac{b(1-2v)}{2\pi(1-v)}\frac{\sin\theta}{r} \tag{3.75}$$

可见，在 $0 \leqslant \theta \leqslant \pi$，即 $y>0$ 区域，ϑ 为负值，表示这部分晶体被压缩；而在 $\pi \leqslant \theta \leqslant 2\pi$，即 $y<0$ 区域，ϑ 为正值，表示这部分晶体产生膨胀，这和应力分量分析的结果是一致的。但需要注意，由于 $\sin\theta$ 是对称函数，因此在整个弹性体内对体积膨胀率 ϑ 求平均的结果是零，表明弹性体在有位错时的平均密度与无位错状态下的平均密度相同。

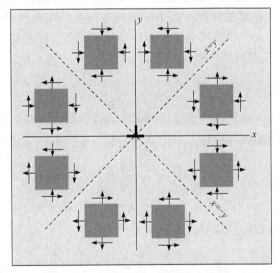

图 3.51 刃型位错的应力场示意图

最后应该指出，上述应力场计算公式是基于无限大的弹性介质而言，对于有限大的柱体，其上下端面会因自身应力场而出现力矩，这些计算公式便需要进行适当修正，此处不再赘述，感兴趣的读者可以阅读一些有关晶体位错理论的参考书。

【例题 3.14】 假定金晶体中存在刃型位错，伯氏矢量 $b = 0.2888\,\text{nm}$，画出最大剪应力与位错线距离的关系图。

解 根据式(3.71)，刃型位错应力场中切应力的计算公式如下：

$$\tau_{xy} = \tau_{yx} = D\frac{x\left(x^2 - y^2\right)}{\left(x^2 + y^2\right)^2}$$

显然，在 $y=0$ 时，τ_{xy} 或 τ_{yx} 最大，此时

$$\left(\tau_{xy}\right)_{\max} = \left(\tau_{yx}\right)_{\max} = D\frac{1}{x} = \frac{Gb}{2\pi(1-v)}\frac{1}{x}$$

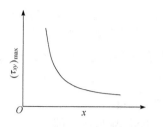

图 3.52　刃型位错应力场中最大剪应力
与位错线距离的关系曲线

故刃型位错应力场中最大剪应力与位错线距离的关系曲线如图 3.52 所示。

3.3.11　位错的应变能与线张力

位错线周围的晶体质点偏离了它们原来的平衡位置，使点阵发生了畸变，因而处于较高的能量状态，导致晶体体系的能量增加。和无位错的晶体相比，增加的能量称为位错的应变能，也称为畸变能，简称为位错能。位错总的应变能(E_t)包括两部分，一部分是位错中心区域由质点严重错排引起的畸变能(E_c)，另一部分是中心区以外的区域由质点微小位移引起的弹性能(E_e)，$E_t = E_c + E_e$。本节只讨论基于弹性力学理论的 E_e，一是因为弹性力学理论分析不了 E_c，二是因为位错中心部分能量所占的比例较小(<10%)，可以忽略。另外，位错在运动或与其他缺陷相互作用时，只有 E_e 发生变化，因此计算 E_e 就可以了解体系能量变化对位错力学行为的影响。在接下来的分析中可以看到位错引起的体系能量增加很高，这不仅影响位错在晶体中的分布形态，也导致位错在晶体中十分活跃，易于运动，且在降低体系自由能的驱动下，还易于与其他位错和缺陷(如点缺陷)等发生交互作用，从而对晶体塑性、强度等性能产生重要影响。

1. 位错的应变能

根据前面讨论的弹性力学理论，假定试样各向同性，即弹性和剪切模量不随方向而变化，则对应变发生在三维方向的固体试样，单位体积内的应变能可以表示为

$$U = \frac{W}{V} = \frac{1}{2}\sigma_{ij}\varepsilon_{ij} = \frac{1}{2}\mu\varepsilon_{ij}^2 = \frac{1}{2}\frac{\sigma_{ij}^2}{\mu} \tag{3.76}$$

式中，μ 为弹性模量 E 或剪切模量 G，对应固体试样在三维方向上的应变。如果采用直角坐标体系，固体试样单位体积内的应变能可表示为

$$U = \frac{W}{V} = \frac{1}{2}\left(\sigma_{xx}\varepsilon_{xx} + \sigma_{yy}\varepsilon_{yy} + \sigma_{zz}\varepsilon_{zz} + \tau_{xy}\gamma_{xy} + \tau_{yz}\gamma_{yz} + \tau_{zx}\gamma_{zx}\right) \tag{3.77}$$

如果是柱坐标体系，固体试样单位体积内的应变能可相应表示为

$$U = \frac{W}{V} = \frac{1}{2}\left(\sigma_{rr}\varepsilon_{rr} + \sigma_{\theta\theta}\varepsilon_{\theta\theta} + \sigma_{zz}\varepsilon_{zz} + \tau_{r\theta}\gamma_{r\theta} + \tau_{\theta z}\gamma_{\theta z} + \tau_{zr}\gamma_{zr}\right) \tag{3.78}$$

对于螺型位错的应变能，使用式(3.78)计算非常简单，因为螺型位错的应力场只有剪应力分量 $\tau_{\theta z}$ 和剪应变分量 $\gamma_{\theta z}$，这样通过取体积微元，然后将式(3.78)简化，可得到

$$dW = \frac{1}{2}\tau_{\theta z}\gamma_{\theta z}dV = \frac{1}{2G}\tau_{\theta z}^2 dV \tag{3.79}$$

对于柱形试样，$dV = 2\pi r L dr$（L 为柱形试样长度，即位错线长度），再结合式(3.64)，可得

$$dW = \frac{GLb^2}{4\pi}\frac{dr}{r}$$

从而

$$\frac{dW}{L} = \frac{Gb^2}{4\pi}\frac{dr}{r}$$

设位错中心区半径为 r_0，位错应力场作用半径为 R，则单位长度螺型位错的弹性应变能为

$$W_s = \frac{1}{L}\int_0^W \mathrm{d}W = \int_{r_0}^R \frac{Gb^2}{4\pi}\frac{\mathrm{d}r}{r} = \frac{Gb^2}{4\pi}\ln\frac{R}{r_0} \tag{3.80}$$

刃型位错的应变能使用式(3.78)计算要复杂得多，刃型位错的应力场包括一个方向的切应力和三个轴向的正应力，用 U_t 和 U_n 分别表示这些应变引起的柱体试样的体积应变能，则有

$$U_t = \frac{1}{2}\tau_{xy}\gamma_{xy} = \frac{1}{2G}\tau_{xy}^2 \tag{3.81}$$

$$\begin{aligned}U_n &= \frac{1}{2}\left(\sigma_{xx}\varepsilon_{xx} + \sigma_{yy}\varepsilon_{yy} + \sigma_{zz}\varepsilon_{zz}\right)\\ &= \frac{1}{2E}\left[\sigma_{xx}^2 + \sigma_{yy}^2 + \sigma_{zz}^2 - 2\nu\left(\sigma_{xx}\sigma_{yy} + \sigma_{yy}\sigma_{zz} + \sigma_{zz}\sigma_{xx}\right)\right]\end{aligned}$$

上式即前面导出的式(3.43)，即体积应变能和三向应力的关系，代入式(3.71)所示的 σ_{zz} 与 σ_{xx} 及 σ_{yy} 的关系，即 $\sigma_{zz} = \nu\left(\sigma_{xx} + \sigma_{yy}\right)$，整理可得

$$U_n = \frac{1}{2E}\left(\sigma_{xx}^2 + \sigma_{yy}^2 - 2\nu\sigma_{xx}\sigma_{yy} - \sigma_{zz}^2\right) \tag{3.82}$$

结合式(3.81)和式(3.82)，可得刃型位错的应变能计算式，即

$$W = \int_{V_0}^V \left[\frac{1}{2G}\tau_{xy}^2 + \frac{1}{2E}\left(\sigma_{xx}^2 + \sigma_{yy}^2 - 2\nu\sigma_{xx}\sigma_{yy} - \sigma_{zz}^2\right)\right]\mathrm{d}V \tag{3.83}$$

式(3.83)中的 V_0 为位错中心区的体积，柱坐标下的微元体积 $\mathrm{d}V = r\mathrm{d}\theta\mathrm{d}rL$（$L$ 是位错线长度)，同样设位错中心区半径为 r_0，位错应力场作用半径为 R，代入式(3.83)可得单位长度的位错应变能，即

$$W_e = \frac{W}{L} = \int_{r_0}^R r\mathrm{d}r\int_0^{2\pi}\left[\frac{1}{2G}\tau_{xy}^2 + \frac{1}{2E}\left(\sigma_{xx}^2 + \sigma_{yy}^2 - 2\nu\sigma_{xx}\sigma_{yy} - \sigma_{zz}^2\right)\right]\mathrm{d}\theta \tag{3.84}$$

将刃型位错各应力分量的表达式[式(3.71)]代入并进行积分，可最终得到

$$W_e = \frac{Gb^2}{4\pi(1-\nu)}\ln\frac{R}{r_0} \tag{3.85}$$

为避免繁杂的积分运算，下面给出一个更加直观的方式计算刃型位错的应变能。参考刃型位错的力学模型(图 3.50)，设想刃型位错以这样的方式形成：如图 3.53 所示，沿径向从 xOz 平面入手将圆柱切开一半，然后用一外加剪应力 τ，令下半部 S_1 面不动，上半部 S_2 面缓慢滑移位移 $\boldsymbol{b}$，则该剪应力所做的功便以应变能的形式存储在柱体试样中。对长度为单位长度、宽度为 $\mathrm{d}r$ 的微元面受力为

$$f = \tau\mathrm{d}r \tag{3.86}$$

由于该过程是缓慢进行，有理由认为这个外加的剪应力 τ 就等于刃型位错应力场中的剪应力分量，且 θ 为 0，故这个剪应力为

$$\tau = \tau_{r\theta} = D\frac{\cos\theta}{r} = \frac{Gb}{2\pi(1-\nu)}\frac{1}{r} \tag{3.87}$$

当上半部微元面 S_2 滑移位移为 $\mathrm{d}b$ 时，此剪应力做功为

$$dE = f db = \tau dr db = \frac{Gb}{2\pi(1-v)} \frac{dr}{r} db \tag{3.88}$$

这些功都以应变能的形式储存起来，将式(3.88)从 $r = r_0$ 到 $r = R$ 及从 $b = 0$ 到 $b = b$ 进行积分，便可得柱体试样中单位长度刃型位错的应变能，即

$$E = \int_0^b \frac{Gb}{2\pi(1-v)} db \int_{r_0}^R \frac{dr}{r} = \frac{Gb^2}{4\pi(1-v)} \ln\frac{R}{r_0} \tag{3.89}$$

实际上，由于 f 和 r 有关，是可变的，但又在弹性范围，故微元面滑移位移为 b 时，f 做的功可直接写出[参考式(3.39)]，即 $dE = \frac{1}{2} fb = \frac{Gb^2}{4\pi(1-v)} \frac{dr}{r}$，然后只需从 $r = r_0$ 到 $r = R$ 进行积分同样可得式(3.89)，并且该式和与式(3.85)完全相同。这种直观的方式当然也可以求取单位长度螺型位错的应变能，此时只需将设想的剪应力等于螺型位错应力场中的剪应力分量即可，结果也会与式(3.80)完全一致。

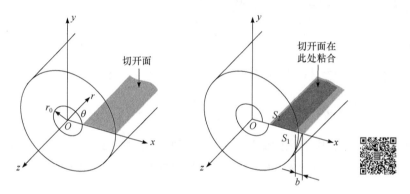

图 3.53　刃型位错应变能计算物理模型

混合位错可以分解为刃型位错分量和螺型位错分量，假定混合位错的位错线与其伯氏矢量夹角为 φ，则单位长度的混合位错应变能可参考式(3.80)和式(3.85)直接给出，即

$$W_m = W_s + W_e = \frac{Gb^2\cos^2\varphi}{4\pi}\ln\frac{R}{r_0} + \frac{Gb^2\sin^2\varphi}{4\pi(1-v)}\ln\frac{R}{r_0} = \frac{Gb^2}{4\pi k}\ln\frac{R}{r_0} \tag{3.90}$$

式中，$k = \dfrac{1-v}{1-v\cos^2\varphi}$，其值为 $0.75 \sim 1$。

总结式(3.80)、式(3.85)和式(3.90)的结果，可以把三种类型位错的应变能归纳成一个统一的算式，即

$$E = \alpha Gb^2 \tag{3.91}$$

位错应变能的量纲为能量/长度，式中 α 的值可取为 $0.5 \sim 1$，螺型位错 α 取下限 0.5，刃型位错则取上限 1，混合位错取中间某值。

下面从应变能的角度对位错进行一些讨论：

(1) 位错的弹性应变能 $E_e \propto \ln(R/r_0)$，它随 R 增加而缓慢增加。

(2) 位错的应变能与剪切模量成正比，与伯氏矢量的模的平方 (b^2) 成正比，所以伯氏矢量是影响位错能量的最重要因素。因此，从能量的角度，晶体中具有最小 b 的位错应该是最稳定

的，由此也可理解为何滑移方向总是在滑移面上沿着原子的密排方向。

(3) 比较式(3.80)和式(3.85)可知，$W_s / W_e = 1 - \nu$，而常用金属材料的泊松比 ν 约为 1/3，故螺型位错的弹性应变能约为刃型位错的 2/3，由此可见，在晶体中最易形成螺型位错，最难形成刃型位错。这一点在微观上并不难理解，在不完全精确的情况下，形成螺型位错只是键的方位变化，造成键角的改变，而键长可以认为没有变化；但要形成刃型位错，多余半原子面除了带来剪应力外，还有挤压和拉伸正应力，不仅改变质点间键角，主要还改变它们的键长，这通常比较耗能，因此也相对难以形成。

(4) 位错的应变能表明位错的存在会使体系的内能升高，虽然位错存在也会引起晶体中熵值的增加，但相对来说熵值增加有限，尤其在大量位错相互交织的情况下更可以忽略不计，因此，位错的存在使晶体总是处于高能的不稳定状态，可见位错是热力学上不稳定的晶体缺陷。

【例题 3.15】　已知 Cu 晶体的剪切模量 $G = 4 \times 10^{10}$ N·m^{-2}，位错的伯氏矢量大小等于原子间距，即 $b = 2.5 \times 10^{-10}$ m，取 α 值为 0.75，试计算：(1) Cu 晶体内单位长度位错线的应变能；(2)严重形变时单位体积 Cu 晶体中存储的位错应变能(已知严重变形情况下，Cu 晶体中的位错密度可达到 10^{11} m·cm^{-3})。

解　(1) 根据式(3.90)，Cu 晶体内单位长度位错线的应变能为

$$E = \alpha G b^2 = 0.75 \times 4 \times 10^{10} \times \left(2.5 \times 10^{-10}\right)^2 = 1.875 \times 10^{-9} \, (\text{J·m}^{-1})$$

(2) 对于发生严重形变的 Cu 晶体，设单位体积内的位错线总长度为 L，则应变能为

$$E_V = EL = 1.875 \times 10^{-9} \times 10^{11} = 187.5 \, (\text{J·cm}^{-3})$$

还可以进一步根据 Cu 晶体的密度($\rho = 8.9$ g·cm^{-3})，进一步计算出单位质量 Cu 晶体中位错的应变能，即

$$E_m = \frac{187.5}{8.9} = 21.1 (\text{J·g}^{-1})$$

由这个示例的计算结果可知，位错的应变能是相当可观的，它相当幅度地增高了晶体系统的内能。以 Cu 晶体的比热容 $C_{cu} = 0.385$ J·g^{-1}·℃$^{-1}$ 为参考，位错应变能如果转化为热量足以使晶体温度升高几十至数百摄氏度。当然，位错应变能并没有都以热的形式耗散在晶体中，而是存储在位错内。位错的高能量决定了它在晶体中的重要地位，在降低体系内能的驱动下，位错变得不稳定，易于运动，易于与其他位错或缺陷发生交互作用，深刻地影响着晶体的塑性形变和机械强度等物理性质。

【例题 3.16】　设 $r_0 = 1$ nm，$R = 1$ cm，$G = 50$ GPa，$b = 0.25$ nm，$\nu = 1/3$，计算产生 1 cm 长的直刃型位错所需要的能量，并指出占一半能量的区域半径。

解　可用式(3.85)计算单位长度的直刃型位错应变能，而产生长度为 l 的直刃型位错所需要的能量就等于长度为 l 的直刃型位错的应变能，即

$$E = W_e l = \frac{G b^2}{4\pi(1-\nu)} \ln \frac{R}{r_0} \times l$$

$l = 1$ cm 时，代入相应的数据，可得

$$E_1 = \frac{50 \times 10^9 \times \left(0.25 \times 10^{-9}\right)^2}{4 \times 3.14 \times \left(1 - \frac{1}{3}\right)} \ln \frac{1 \times 10^{-2}}{1 \times 10^{-9}} \times \left(1 \times 10^{-2}\right) = 6 \times 10^{-11} \, (\text{J})$$

设占一半能量区域的半径 r 为 10^{-x} cm，则

$$\frac{E_r}{E_1} = \frac{\ln \dfrac{10^{-x}}{10^{-7}}}{\ln \dfrac{1}{10^{-7}}} = \frac{7-x}{7}$$

由 $E_r / E_1 = 1/2$ 可解得 $x = 3.5$，也即 $r = 10^{-3.5}$ cm $= 3.16\,\mu\text{m}$。

这个例子的结果表明位错的应变能有一半集中在距中心半径较小的区域，之后虽然随着距位错中心的距离增加而继续增加，但在距离位错中心较远时，增加变得缓慢。

2. 位错的线张力

位错的能量是以单位长度的能量来定义的，故位错能量还与位错线的长度、形状有关。由于两点间以直线为最短，直线位错的应变能比弯曲位错小，即更稳定，因此位错线有尽量变直和缩短其长度的趋势，好像在位错线两端施加了一个将其拉直的力，称为位错的线张力，以 T 表示。引入线张力方便描述位错线具有缩短变直的趋势，人们将其定义为位错线增加单位长度引起的弹性能的增加。顾名思义，线张力 T 和位错应变能 E 在数值上一样，均为 αGb^2，只是两者量纲的表现形式有所不同，应变能为 $\text{J}\cdot\text{m}^{-1}$，而线张力为 N，它和 $\text{J}\cdot\text{m}^{-1}$ 等价，即 $\text{N} = \text{N}\cdot\text{m}\cdot\text{m}^{-1} = \text{J}\cdot\text{m}^{-1}$。

3.3.12 位错的受力

已经知道使位错在晶体中沿滑移面滑移的力为剪应力，刃型位错剪应力方向垂直于位错线，螺型位错剪应力方向又平行于位错线，而使位错攀移的力又是正应力，方向也垂直于位错线，不同的应力类型和方向对讨论问题并不方便。为了便于讨论位错运动或运动趋势，这些都和晶体塑性强度等性质密切相关，人们希望能把这些应力简单地处理成一个直接作用在位错线上的力 F，是此力推动着位错线前进。按照这个设想，这个力 F 必然与位错线的运动方向 v 一致，故必垂直于位错线 l。

关于这个力有三点需要注意：①F 是一个假想的力，并不等同于作用在位错中心区各质点上的实际力；②这个 F 虽是虚构，但并非空穴来风，它来源于晶体中的内、外应力场，这些力场使位错运动或有运动的趋势，若无任何力场，则 $F = 0$；③只要存在内、外应力场，即使位错仍处于静止状态也会受 F 的作用——它使位错有运动的趋势。

那么如何确定 F 呢？确定 F 实际上是找寻它和晶体内、外应力场之间的关系，基本依据是这个假想力 F 所做的功 $\mathrm{d}W_I$ 等于晶体发生形变时内、外应力所做的功 $\mathrm{d}W_R$，即

$$\mathrm{d}W_I = \mathrm{d}W_R \tag{3.92}$$

令这两个功相等是因为位错运动和晶体形变之间有确定的对应关系，如前面讨论过的 $l \times v$ 规则。下面分不同情形导出 F 和使位错滑移或攀移时应力的关系，知道它们的关系，便可以更加方便地研究位错运动以及位错与位错或位错与其他类型缺陷之间的交互作用。

1. 滑移时位错的受力

如图 3.54(a)所示，假定晶体滑移面上下半部晶体在剪应力 τ 的作用下相对滑移了一个伯氏矢量 b 时，一段长为 $\mathrm{d}l$ 的位错线前进了 $\mathrm{d}s$ 的距离(这里需要注意 b 和 $\mathrm{d}s$ 的区别，后者是位错

线前进的距离，而前者是位错线邻近原子位移的总和)，则微元面积 dl×ds 内剪应力对晶体做的功是

$$dW_R = \tau dl \times ds \times b = \tau b(dlds) \tag{3.93}$$

另一方面，假定滑移面上存在一假想力 F，其方向处处垂直于位错线，如图 3.54(b)所示，在该力的作用下位错线向前移动了 ds 的距离，则此力 F 做的功为

$$dW_I = Fds \tag{3.94}$$

进而根据式(3.92)，有 $\tau b(dlds) = Fds$，整理可得

$$f = \frac{F}{dl} = \tau b \tag{3.95}$$

式中，f 为作用于单位长度位错线上的力，其大小等于 τb，垂直于位错线，但在实际应用时，还需要根据 $\boldsymbol{l}\times\boldsymbol{v}$ 规则定出位错线的运动方向，即 f 的方向。在位错线运动方向和剪应力 τ 作用方向不一致时(如位错类型改变或位错线方向改变)，τ 做负功，这时式(3.95)变为 $f = -\tau b$，所以滑移时位错受力可以统一写成

$$f = \pm\tau b \tag{3.96}$$

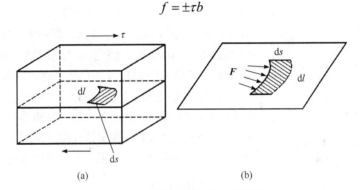

图 3.54　位错滑移时受力示意图

2. 攀移时位错的受力

如图 3.55 所示，以正刃型位错在正应力下的攀移分析位错线所受的力 F，也称位错的攀移力。

压应力 σ 作用下，正刃型位错发生正攀移，设长度为 dl 的位错线向 y 轴正向攀移了 dy 的距离，则位错线扫过的面积 (dl×dy，图中阴影部分) 两侧晶体相对收缩了一段距离 b，注意攀移面(位错的运动面)就是多余半原子面，按照 $\boldsymbol{l}\times\boldsymbol{v}$ 规则，攀移面左侧晶体应与伯氏矢量 $\boldsymbol{b}$ 同向，则右侧晶体与 $\boldsymbol{b}$ 反向，即两侧晶体的运动与压应力同向，压应力做正功，但由于规定压应力为负，故其做的功应是

$$dW_R = (-\sigma)dl \times dy \times b = -\sigma b(dldy) \tag{3.97}$$

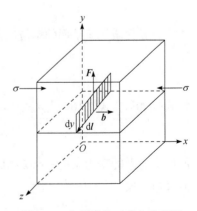

位错发生正攀移，可以设想有一个虚构的力 F 推着长度为 dl 的位错线向 y 轴正向攀移了 dy 的距离，此力所做的功为

图 3.55　位错攀移时受力示意图

$$dW_I = Fdy \tag{3.98}$$

同样根据式(3.92)，有 $-\sigma b(dl\,dy) = Fdy$，整理可得

$$f = \frac{F}{dl} = -\sigma b \tag{3.99}$$

式(3.99)即单位长度位错线上的攀移力和使位错攀移所用的正应力之间的关系，与式(3.96)类似，攀移力的方向也是指向位错攀移的方向，与位错线垂直。需要注意，当拉应力导致位错负攀移时，式(3.99)的形式不会改变，因为攀移力做功和拉应力做功的正负号会同时改变；但是当位错类型改变(如正刃变负刃)或位错线方向改变时，式(3.99)中的正负号要改变，故这个式子也可以统一写成

$$f = \pm\sigma b \tag{3.100}$$

3. 一般情形下位错的受力

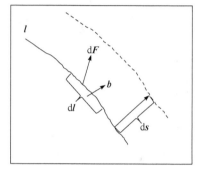

图 3.56　任意位错受力分析示意图

一般情形指位错线为任意形状的混合位错或复杂应力状态下的情形，如应力分量均是坐标的函数。在这种情形下，位错线各处受力一般不同，且是位置的函数，但都与位错线垂直，并且可以分解为两个分量，一个分量使该处位错微元段滑移，另一个使之攀移。

如图 3.56 所示，假定位错线 l 是任意曲线，其伯氏矢量为 $\boldsymbol{b}$，如已知各点的应力状态(σ)，求位错线的受力 $\boldsymbol{F}$。

这种一般情形下，位错受力分析要复杂很多，但基本思路和步骤仍和前面一样。由于位错线各段受力不同，分析任一个微元段 $d\boldsymbol{l}$，假定这个微元段位错在总力 $d\boldsymbol{F}$ 作用下位移了一段距离 $d\boldsymbol{S}$，那么总力 $d\boldsymbol{F}$ 做功为

$$dW_I = d\boldsymbol{F} \cdot d\boldsymbol{S} \tag{3.101}$$

另一方面，位错扫过的微元运动面 $(d\boldsymbol{l} \times d\boldsymbol{S})$ 两侧晶体发生相对位移 $\boldsymbol{b}$，如果作用在微元运动面 $(d\boldsymbol{l} \times d\boldsymbol{S})$ 上的总应力为 $\boldsymbol{p}$，那么应力做功为

$$dW_R = |d\boldsymbol{l} \times d\boldsymbol{S}|\,\boldsymbol{p} \cdot \boldsymbol{b} \tag{3.102}$$

但根据式(3.26)，有

$$\boldsymbol{p} = \sigma \cdot \boldsymbol{n} \tag{3.103}$$

式中，$\boldsymbol{n}$ 为微元运动面的单位法向量，即

$$\boldsymbol{n} = \frac{d\boldsymbol{l} \times d\boldsymbol{S}}{|d\boldsymbol{l} \times d\boldsymbol{S}|} \tag{3.104}$$

将式(3.103)和式(3.104)代入式(3.102)，可得 $dW_R = \left[\sigma \cdot (d\boldsymbol{l} \times d\boldsymbol{S})\right] \cdot \boldsymbol{b}$。又由于 σ 是对称张量，故

$$\left[\sigma \cdot (d\boldsymbol{l} \times d\boldsymbol{S})\right] \cdot \boldsymbol{b} = (\sigma \cdot \boldsymbol{b}) \cdot (d\boldsymbol{l} \times d\boldsymbol{S})$$

所以应力做的功为 $dW_R = \sigma \cdot \boldsymbol{b} \cdot (d\boldsymbol{l} \times d\boldsymbol{S})$。该式右边是以 $\sigma \cdot \boldsymbol{b}$、$d\boldsymbol{l}$ 和 $d\boldsymbol{S}$ 为边的平行六面体体积，故又可写成

$$dW_R = \left[(\sigma \cdot \boldsymbol{b}) \times d\boldsymbol{l}\right] \cdot d\boldsymbol{S} \tag{3.105}$$

再基于式(3.92)，得到

$$\mathrm{d}\boldsymbol{F} = (\boldsymbol{\sigma} \cdot \boldsymbol{b}) \times \mathrm{d}\boldsymbol{l} \tag{3.106}$$

再进一步整理可得单位位错线上的受力，即

$$\boldsymbol{f} = \frac{\mathrm{d}\boldsymbol{F}}{\mathrm{d}l} = (\boldsymbol{\sigma} \cdot \boldsymbol{b}) \times \boldsymbol{I} \tag{3.107}$$

式(3.107)中，$\boldsymbol{I} = \dfrac{\mathrm{d}\boldsymbol{l}}{\mathrm{d}l}$，是沿 $\mathrm{d}\boldsymbol{l}$ 的单位向量。

式(3.107)即位错受力的普遍公式，也称为 Peach-Koehler 公式，是两个美国物理学家 M. O. Peach 和 J. S. Koehler 在 1950 年研究位错受力时导出的，也是 M. O. Peach 当时在卡内基工学院(Carnegie Institute of Technology，现卡内基梅隆大学)博士论文的一部分，他是 J. S. Koehler 的研究生。式(3.107)中的 $\boldsymbol{f}$ 是在所讨论的微元段处单位长度位错线受的总力，可以分解为沿坐标轴方向的分量 f_x、f_y 和 f_z，也可以分解为引起位错滑移的分量 f_s 和攀移的分量 f_c。

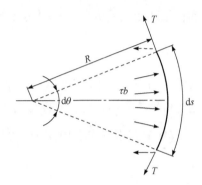

【例题 3.17】 如图 3.57 所示，有一段曲率半径为 R 的弧形位错，两端固定，位错线长为 $\mathrm{d}s$，伯氏矢量大小为 b，对应的张角为 $\mathrm{d}\theta$，已知位错自身的线张力为 T，如果要维持这段弧形位错稳定，施加的剪应力应该多大？

解 设施加的剪应力为 τ，它力图使位错线弯曲，而两端的线张力则力图使位错线拉直变短，当维持弧度平衡时，作用在位错线上的力应与线张力在水平方向的分量相等，即

图 3.57　弧形位错线受力分析示意图

$$\tau b \mathrm{d}s = 2T \sin \frac{\mathrm{d}\theta}{2}$$

因为 $\mathrm{d}s = R\mathrm{d}\theta$，又 $\mathrm{d}\theta$ 较小时，$\sin \dfrac{\mathrm{d}\theta}{2} \approx \dfrac{\mathrm{d}\theta}{2}$，代入上式可得

$$\tau = \frac{T}{bR} = \frac{\alpha G b^2}{bR} = \frac{\alpha G b}{R}$$

对于曲线形状的位错线，α 可取值 $1/2$，此时

$$\tau = \frac{Gb}{2R} \tag{3.108}$$

式(3.108)所示的 τ 即要保持弧形位错稳定所需施加的应力，它与曲率半径成反比，曲率半径越小，所需施加的剪应力就越大，这一关系对理解位错运动与增殖有重要意义。

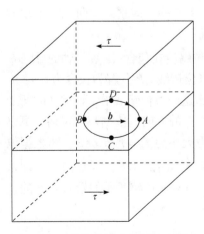

图 3.58　环形位错线受力分析示意图

【例题 3.18】 如图 3.58 所示，某晶体的滑移面上有一个伯氏矢量为 $\boldsymbol{b}$ 的位错环，位错线方向是顺时针，并受到一个均匀的切应力 τ。试分析：(1)该位错环各段位错的结构类型；(2)在 τ 的作用下，该位错环将如何运

动；(3)求各段位错线所受力的大小与方向；(4)在 τ 的作用下，若该位错环在晶体中稳定不动，其最小半径应该是多大？

解　(1) 由伯氏矢量与位错线的位向关系可以知道：A、B 点为刃型位错，其中 A 为正刃型位错，B 为负刃型位错；C、D 两点为螺型位错，其中 C 点为左旋螺型位错，D 点为右旋螺型位错；其他为混合位错。

(2) 根据图示外加剪应力 τ 的方向，结合 $\boldsymbol{l} \times \boldsymbol{v}$ 规则，位错环将收缩。以 B 点为例，显然滑移面下侧部分晶体与 $\boldsymbol{b}$ 同向运动，而又知位错线方向由外向内，则根据 $\boldsymbol{l} \times \boldsymbol{v}$ 规则易知 B 点向右侧运动，同理可分析 A、C 和 D 点的运动方向，从而得出位错环将收缩的结论。

(3) 假定滑移面上下在剪应力作用下相对移动距离为 b 时，位错环向内收缩 dr 宽度，则剪应力做功为

$$dW_R = \tau 2\pi r \, dr \, b$$

而位错环受力做功为 $dW_I = Fdr$，令 $dW_R = dW_I$，从而可得单位长度位错环受力为

$$f = \frac{F}{2\pi r} = \tau b$$

式中 f 即为位错环各段的受力，方向垂直于位错线并向内指向位错环中心。当然，根据式(3.95)，这个位错环受力也可以直接写出。

(4) 直接根据式(3.108)，在 τ 的作用下此位错环要保持稳定，其最小半径需满足：$r_{\min} = \dfrac{Gb}{2\tau}$。

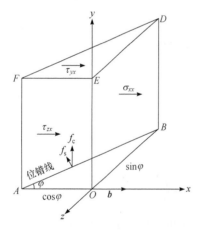

图 3.59　混合位错线受力分析示意图

【例题 3.19】　已知长度为 1 的单位位错 AB (如无特别说明，一般指位错线正向从 A 到 B)与它的伯氏矢量 $\boldsymbol{b}$ 成 φ 角，且图示坐标系下的应力张量 σ 也已给出，如图 3.59 所示。求 AB 位错受的滑移力、攀移力和总力。

解　(1) 先根据位错受力分析解题。

(i) 滑移力 $\boldsymbol{f_s}$。显然，$\boldsymbol{f_s}$ 应在 y 面(垂直于 y 轴的平面)内并与位错线 AB 垂直。根据图 3.59 所示的切应力方向(用以判断滑移面两侧晶体的运动方向)和位错线方向(由 A 到 B)，依据 $\boldsymbol{l} \times \boldsymbol{v}$ 规则，可以判断滑移面上方晶体与 $\boldsymbol{b}$ 同向，则下方晶体与 $\boldsymbol{b}$ 反向，因此 $\boldsymbol{f_s}$ 的正向垂直指向 AB 内侧(如图)，大小依据式(3.96)可得：$f_s = -\tau_{yx} b$。

(ii) 攀移力 $\boldsymbol{f_c}$。AB 位错应在包含 AB 和 y 轴的 $ABDF$ 面内攀移，故 f_c 应在此面内并垂直 AB。为了求 f_c，需要将位错线 AB 分解为长度为 $\cos\varphi$ 的右旋螺型位错 AO 和长度为 $\sin\varphi$ 的负刃型位错 OB，分别求出这两条位错线沿 y 轴运动时所受的力，然后将两个力叠加。根据位错线 AO 的正向和剪应力 τ_{zx} 的方向，依据 $\boldsymbol{l} \times \boldsymbol{v}$ 规则，可以判断位错线 AO 要向上(y 轴正向)运动，这段位错受到攀移力大小为 $f'_y = \tau_{zx} b \cos\varphi$；再根据位错线 OB 的正向和拉应力 σ_{xx} 的方向，依据 $\boldsymbol{l} \times \boldsymbol{v}$ 规则，可以判断位错线 OB 同样也向上运动，由于是负刃型位错，则由式(3.100)可得：$f''_y = \sigma_{xx} b \sin\varphi$。因此，$AB$ 位错所受的攀移力 f_c 的正向垂直 AB 向上(如图 3.59)，大小为

$$f_{\mathrm{c}} = f_y' + f_y'' = \tau_{zx}b\cos\varphi + \sigma_{xx}b\sin\varphi$$

(2) 根据 Peach-Koehler 公式解题。

由图 3.59 可知，$\boldsymbol{b} = \begin{vmatrix} b & 0 & 0 \end{vmatrix}$，$\boldsymbol{I} = \begin{vmatrix} \cos\varphi & 0 & -\sin\varphi \end{vmatrix}$，所以

$$\boldsymbol{\sigma}\cdot\boldsymbol{b} = \begin{vmatrix} \sigma_{xx} & \tau_{xy} & \tau_{xz} \\ \tau_{yx} & \sigma_{yy} & \tau_{yz} \\ \tau_{zx} & \tau_{zy} & \sigma_{zz} \end{vmatrix} \begin{vmatrix} b \\ 0 \\ 0 \end{vmatrix} = \begin{vmatrix} b\sigma_{xx} \\ b\tau_{yx} \\ b\tau_{zx} \end{vmatrix}$$

将上式代入 Peach-Koehler 公式[式(3.107)]，可得

$$f = (\boldsymbol{\sigma}\cdot\boldsymbol{b})\times\boldsymbol{I} = \begin{vmatrix} i & j & k \\ b\sigma_{xx} & b\tau_{yx} & b\tau_{zx} \\ \cos\varphi & 0 & -\sin\varphi \end{vmatrix}$$

$$= -(\tau_{yx}b\sin\varphi)\boldsymbol{i} + (\sigma_{xx}\sin\varphi + \tau_{zx}\cos\varphi)b\boldsymbol{j} - (\tau_{yx}b\cos\varphi)\boldsymbol{k}$$

即

$$f_x = -\tau_{yx}b\sin\varphi, \quad f_y = \sigma_{xx}b\sin\varphi + \tau_{zx}b\cos\varphi, \quad f_z = -\tau_{yx}b\cos\varphi$$

所以滑移力 f_{s} 为

$$f_{\mathrm{s}} = -\sqrt{f_x^2 + f_z^2} = -\tau_{yx}b$$

攀移力 f_{c} 为

$$f_{\mathrm{c}} = f_y = \sigma_{xx}b\sin\varphi + \tau_{zx}b\cos\varphi$$

Peach-Koehler 公式计算所得结果与基于受力分析所得的结果完全一致。

3.3.13　位错与位错之间的交互作用

晶体中存在位错时，位错周围必定出现应力场，因而使其他位错受到作用力(滑移力 f_{s} 或攀移力 f_{c}，或两者并存)，当然这个位错也会受到来自其他位错的作用力。位错之间彼此交互作用，对位错的运动起牵制或促进作用，对晶体中位错分布有很大影响。

计算位错间交互作用力的依据就是位错的应力场公式和位错的受力公式，下面分情形详细讨论。

1. 平行螺型位错之间的交互作用

如图 3.60 所示，在 r - θ 面上有一对相距为 r 的平行螺型位错，位错线与 z 轴平行，其中位错 1 的伯氏矢量为 $\boldsymbol{b}_1$，位错 2 为 $\boldsymbol{b}_2$，现在求取位错 1 对位错 2 的作用力。

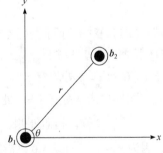

图 3.60　平行螺型位错之间交互作用示意图

螺型位错的应力场中只有剪应力分量，根据式(3.64)，位错 1 在位错 2 处的剪应力为 $\tau_{\theta z} = \dfrac{Gb_1}{2\pi r}$，因此它对位错 2 的作用力可依据式(3.96)直接写出，即

$$f_{12,r} = \pm \frac{Gb_1b_2}{2\pi r} \tag{3.109}$$

式(3.109)中，两螺型位错为同号时，即同为右旋或左旋螺型位错时，f_r 取正号，为斥力；异号时则取负号，为引力。两位错之间的作用力服从牛顿第三定律，第二条位错也对第一条位错产生同样大小的力。显然，两条平行的同号螺型位错会相互排斥，且排斥力随距离增大而减小，而两条平行的异号螺型位错则相互吸引，直至异号位错互相重叠而互毁。若换到直角坐标系，则为

$$\left. \begin{aligned} f_{12,x} &= \tau_{zy}b_2 = \frac{Gb_1b_2}{2\pi}\frac{x}{x^2+y^2} \\ f_{12,y} &= -\tau_{zx}b_2 = \frac{Gb_1b_2}{2\pi}\frac{y}{x^2+y^2} \end{aligned} \right\} \tag{3.110}$$

2. 平行同号刃型位错之间的交互作用

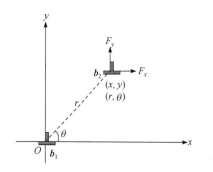

图 3.61　平行同号刃型位错之间交互作用示意图

如图 3.61 所示，在 r-θ 面上有一对相距为 r 的平行同号刃型位错，位错线与 z 轴平行，其中位错 1 的伯氏矢量为 b_1，位错 2 为 b_2，现在求取位错 1 对位错 2 的作用力。

显然，刃型位错 1 的应力场中，只有切应力分量 τ_{yx} 和正应力分量 σ_{xx} 对刃型位错 2 有作用力，前者驱使其沿 x 轴方向滑移，后者驱使其沿 y 轴方向攀移，其他分量均无作用。基于位错的受力分析，这两个力分别为

$$\left. \begin{aligned} f_{12,x} &= \tau_{yx}b_2 = D\frac{x(x^2-y^2)}{(x^2+y^2)^2}\times b_2 = \frac{Gb_1b_2}{2\pi(1-\nu)}\frac{x(x^2-y^2)}{(x^2+y^2)^2} \\ f_{12,y} &= -\sigma_{xx}b_2 = D\frac{y(3x^2+y^2)}{(x^2+y^2)^2}\times b_2 = \frac{Gb_1b_2}{2\pi(1-\nu)}\frac{y(3x^2+y^2)}{(x^2+y^2)^2} \end{aligned} \right\} \tag{3.111}$$

就式(3.111)对平行同号刃型位错之间的交互作用进行几点讨论：

(1) 按照式(3.111)中的 $f_{12,x}$ 与 x 的关系作图，如图 3.62(a)所示。从图中可以看出，当位错 2 处于 $x=0$ 和 $x=y$ 处均有 $f_{12,x}=0$，但两者属性不同，前者是稳态平衡位置而后者是亚稳平衡位置。同号位错 2 处于 $x=y$ 处的平衡状态如图 3.62(b)所示，在稍微偏离平衡位置向外，因为 $x^2>y^2$，$f_{12,x}>0$，指向外侧，导致位错 2 进一步远离其初始位置；而在稍微偏离平衡位置向内，因为 $x^2<y^2$，$f_{12,x}<0$，指向内侧，同样导致位错 2 进一步远离其初始位置，故 $x=y$ 处是位错 2 的亚稳位置。相反，在 $x=0$ 处，无论位错 2 向右(+x)还是向左(−x)发生偏离，$f_{12,x}$ 的作用都是使它回到原来位置，故 $x=0$ 处是位错 2 的稳态平衡位置。由此可见，晶体中存在同号位错时，它们会力图排成一列($x=0$ 处的一列位错)，形成所谓的位错墙。

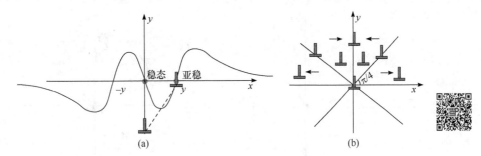

图 3.62 平行同号刃型位错应力场中稳态和亚稳位置示意图

(2) 式(3.111)中的 $f_{12,y}$ 与 y 同号，表明同号刃型位错之间是相斥的，因而排成一列的同号刃型位错将力图远离。

(3) 类似地，如果计算位错 2 对位错 1 的交互作用力 $f_{21,x}$ 和 $f_{21,y}$ 可以发现，$f_{21,x} = -f_{12,x}$，$f_{21,y} = -f_{12,y}$，表明交互作用力服从牛顿第三定律，即作用力和反作用力定律。

3. 平行异号刃型位错之间的交互作用

不失一般性，令位错 2 反号，这样只要将式(3.111)中的 b_2 反号(以 $-b_2$ 代替 b_2)，便可得到一对在 r-θ 面上相距为 r 的平行异号刃型位错之间的交互作用力 $f'_{12,x}$ 和 $f'_{12,y}$ 以及它们的计算公式，即式(3.112)：

$$f'_{12,x} = \tau_{yx} \times (-b_2) = -\frac{Gb_1b_2}{2\pi(1-\nu)}\frac{x(x^2-y^2)}{(x^2+y^2)^2}$$

$$f'_{12,y} = -\sigma_{xx} \times (-b_2) = -\frac{Gb_1b_2}{2\pi(1-\nu)}\frac{y(3x^2+y^2)}{(x^2+y^2)^2}$$

(3.112)

图 3.63(a)是 $f'_{12,x}$ 与 x 的关系曲线，从计算公式和关系曲线可以看出：

(1) $f'_{12,x}$ 与 x 的关系曲线与图 3.62(a)沿 x 轴呈对称关系，当位错 2 处于 $x=0$ 和 $x=y$ 处时仍有 $f'_{12,x}=0$，但这时前者是亚稳位置而后者变为平衡位置。异号位错 2 处于 $x=y$ 处的平衡状态如图 3.63(b)所示，在稍微偏离平衡位置向外，因为 $x^2>y^2$，$f'_{12,x}<0$，指向内侧，导致位错 2 能够回到其初始位置；而在稍微偏离平衡位置向内，因为 $x^2<y^2$，$f'_{12,x}>0$，指向外侧，同样导致位错 2 回到其初始位置；在 $x=0$ 处，无论位错 2 向右 $(+x)$ 还是向左 $(-x)$ 发生偏离，$f'_{12,x}$ 的作用都是使它继续偏离原来位置。因此，晶体中的异号位错会力图沿和滑移面成 45° 角的方向排列。

(2) 当处于平衡位置的异号刃型位错 2 沿其滑移面向 $-x$ 轴方向运动时，会受到位错 1 的排斥力 $f'_{12,x}$。显然，在两个异号位错的垂直距离比较小时，这个排斥力会随着 x 的减小急剧增大，使位错很难继续滑移。

(3) 当处于平衡位置的异号刃型位错 2 在较小的剪应力 τ_{xy} 作用下发生弹性范围内的位移，这样作用力卸除后位错可以重新回到平衡位置，可见位错位移对应的宏观形变也是可逆的。因此，与无位错的晶体相比，在同样应力下有位错的晶体可逆形变可以更大，从而弹性模量更小。

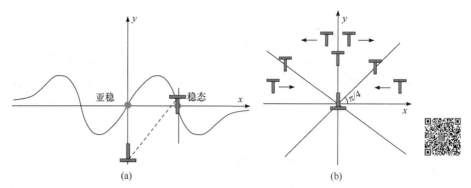

图 3.63　平行异号刃型位错应力场中稳定和亚稳位置示意图

（4）处于稳定平衡位置的位错 2 在较小的交变应力下将围绕其平衡位置往复运动，使晶体以热和声波的形式耗散能量。

（5）式(3.112)中的 $f_{12,y}'$ 与 y 异号，表明异号刃型位错之间互相吸引，因而排成一列的异号刃型位错将力图靠近。

（6）异号刃型位错之间的交互作用力同样服从牛顿第三定律。

【例题 3.20】　在相距 h 的两个滑移面上，有伯氏矢量均为 b 的两个位错线平行的正刃型位错 A 和 B，如图 3.64 所示。若 A 位错的滑移受阻，忽略其他阻力，B 位错需多大切应力才可滑移到 A 位错正上方？

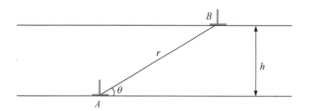

图 3.64　例题 3.20 两正刃型位错交互作用示意图

解　将 A 位错置于坐标原点，纸面为 xOy 平面。A 位错产生的应力场的诸分量中只有 τ_{yx} 会引起位错 B 的滑移。设滑移力为 f_x，由式(3.111)(位错线所受的力的公式)可计算出所需外加切应力的数值，即

$$f_x = \tau_{yx}b = \frac{Gb^2}{2\pi(1-\nu)} \cdot \frac{x(x^2-y^2)}{(x^2+y^2)^2} = \frac{Gb^2}{2\pi(1-\nu)} \cdot \frac{r\cos\theta \cdot r^2(\cos^2\theta - \sin^2\theta)}{r^4}$$

$$= \frac{Gb^2}{2\pi(1-\nu)} \cdot \frac{\cos\theta\sin\theta(\cos^2\theta - \sin^2\theta)}{r\sin\theta} = \frac{Gb^2}{2\pi(1-\nu)} \cdot \frac{\frac{1}{2}\sin 2\theta\cos 2\theta}{h}$$

$$= \frac{Gb^2}{8\pi(1-\nu)h}\sin 4\theta$$

显然，当 $x>y$，即 $x>h$ 时，$f_x>0$，两位错互相排斥，需加 x 轴负方向的力才可使 B 位错向 y 轴滑动，当 $\sin 4\theta = 1$ 时，即 $\theta = \pi/8$ 时，f_x 取得极大值，故使 B 位错滑移到 A 位错的正上方需克服的最大阻力为

$$f_x = \frac{Gb^2}{8\pi(1-\nu)h}$$

当 B 位错所处的位置 $x<y$，即 $x<h$ 时，$f_x<0$，两位错互相吸引，如果不考虑位错运动的其他阻力等，无需外力，B 位错就可自动滑移至 A 位错的上方。

如果例题中 B 和 A 同为刃型位错但异号，读者可尝试自行分析题目要求的结果。

4. 相互平行的螺型位错与刃型位错之间的交互作用

相互平行的螺型位错和刃型位错，各自的应力场均没有使对方受力的应力分量，故相互之间不发生交互作用。例如，如果将图 3.61 中位于原点处的刃型位错 1 改为螺型位错，那么它对刃型位错 2 的作用力必是 0，这是因为 $f_{12,x} = \tau_{yx} b_2$，$f_{12,y} = -\sigma_{xx} b_2$，而螺型位错的应力场中 τ_{yx} 和 σ_{xx} 均为 0。

相互平行的螺型位错与刃型位错之间的交互作用也可以根据 Peach-Koehler 公式确定，这里位错 2 处在位错 1 的张量场中，该应力张量为

$$\sigma = \begin{vmatrix} 0 & 0 & \tau_{xz} \\ 0 & 0 & \tau_{yz} \\ \tau_{zx} & \tau_{zy} & 0 \end{vmatrix}$$

而位错 2 的伯氏矢量 $\boldsymbol{b} = |b_2 \ \ 0 \ \ 0|$，位错线单位向量 $\boldsymbol{I} = |0 \ \ 0 \ \ 1|$，故根据式(3.107)，位错 1 对位错 2 的作用力为

$$\boldsymbol{f} = (\sigma \cdot \boldsymbol{b}) \times \boldsymbol{I} = \left(\begin{vmatrix} 0 & 0 & \tau_{xz} \\ 0 & 0 & \tau_{yz} \\ \tau_{zx} & \tau_{zy} & 0 \end{vmatrix} \begin{vmatrix} b_2 \\ 0 \\ 0 \end{vmatrix} \right) \times \begin{vmatrix} 0 \\ 0 \\ 1 \end{vmatrix} = 0$$

5. 同一滑移面上一对平行混合位错之间的交互作用

如图 3.65 所示，同一滑移面上有一对平行混合位错 l_1 和 l_2，其伯氏矢量 $\boldsymbol{b}_1$ 和 $\boldsymbol{b}_2$ 与它们位错线的夹角分别为 α 和 β，求 l_1 位错对 l_2 位错的作用力 f_x。

为求这两条平行混合位错之间的相互作用力，首先需要将 $\boldsymbol{b}_1$ 和 $\boldsymbol{b}_2$ 分别分解为平行和垂直于位错线的分量，令

$$b_1^{\mathrm{s}} = b_{1(\text{平行})} = b_1 \cos\alpha, \quad b_1^{\mathrm{e}} = b_{1(\text{垂直})} = b_1 \sin\alpha$$

$$b_2^{\mathrm{s}} = b_{2(\text{平行})} = b_2 \cos\beta, \quad b_2^{\mathrm{e}} = b_{2(\text{垂直})} = b_2 \sin\beta$$

这相当于将两个混合位错都进行分解，分别得到它们的螺型和刃型分量，然后，分别考虑各位错分量之间的交互作用。根据前面的讨论，已经知道相互平行的螺型位错与刃型位错之间没有交互作用，故只需考虑它们螺型分量及刃型分量之间的交互作用力。

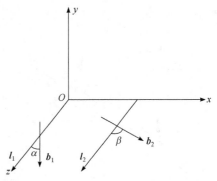

图 3.65　同一滑移面上一对平行混合位错之间的交互作用示意图

螺型位错 b_1^s 对螺型位错 b_2^s 的作用力为

$$f_x^s = \frac{Gb_1^s b_2^s}{2\pi r} = \frac{Gb_1 b_2 \cos\alpha \cos\beta}{2\pi r}$$

刃型位错 b_1^e 对刃型位错 b_2^e 的作用力为(注意 xOz 平面，柱坐标参数 $\theta=0$，$\cos\theta=1$)：

$$f_x^e = \frac{Gb_1^e b_2^e}{2\pi(1-\nu)}\frac{1}{r} = \frac{Gb_1 b_2 \sin\alpha \sin\beta}{2\pi r(1-\nu)}$$

于是，混合位错 l_1 对混合位错 l_2 沿 x 方向总的作用力为

$$f_x = f_x^s + f_x^e = \frac{Gb_1 b_2}{2\pi r}\left(\cos\alpha \cos\beta + \frac{\sin\alpha \sin\beta}{1-\nu}\right) \tag{3.113}$$

一般金属的泊松比 ν 比较小，在近似估算 f_x 时可以将其忽略，则式(3.113)可以简化为

$$f_x = f_x^s + f_x^e \approx \frac{Gb_1 b_2}{2\pi r}(\cos\alpha \cos\beta + \sin\alpha \sin\beta)$$
$$= \frac{Gb_1 b_2}{2\pi r}\cos(\beta-\alpha) = \frac{Gb_1 b_2 \cos\eta}{2\pi r}$$

式中，$\eta = \beta - \alpha$，为 b_1 和 b_2 的夹角，混合位错 l_1 对混合位错 l_2 沿 x 方向总的作用力[式(3.113)]最终变为

$$f_x \approx \frac{Gb_1 \cdot b_2}{2\pi r} \tag{3.114}$$

显然，对于同一滑移面上的两条同向平行位错，如果它们的伯氏矢量 b_1 和 b_2 之间夹角是锐角(小于 90°)，则 $b_1 \cdot b_2 > 0$，故 $f_x > 0$，两个位错将相互排斥；如果 b_1 和 b_2 之间夹角是钝角(大于 90°)，则 $b_1 \cdot b_2 < 0$，故 $f_x < 0$，两个位错将相互吸引；而如果 b_1 和 b_2 之间互相垂直，即 $b_1 \perp b_2$，则 $b_1 \cdot b_2 = 0$，故 $f_x = 0$。这些结论将会给后面分析位错反应带来很大便利。

6. 交叉位错之间的交互作用

如图 3.66 所示，螺型位错 l_1 和刃型位错 l_2 是两条距离为 y 的交叉位错，两条位错的位错线方向和伯氏矢量 b_1 及 b_2 已经用箭头标记在图中，求螺型位错对刃型位错的作用力 f_{12}。

这两个位错之间的交互作用力可用 Peach-Koehler 公式求取，位错 l_1 的应力场中，$\sigma_{xx}=\sigma_{yy}=\sigma_{zz}=\tau_{xy}=0$，只有 τ_{yz} 和 τ_{xz} 分量，可用式(3.63)计算，因此螺型位错 l_1 的应力张量为

$$\sigma_1 = \begin{vmatrix} 0 & 0 & \tau_{xz} \\ 0 & 0 & \tau_{yz} \\ \tau_{zx} & \tau_{zy} & 0 \end{vmatrix}$$

又如图 3.66 所示的条件，可知：$b_2 = \begin{vmatrix} 0 & 0 & b_2 \end{vmatrix}$，$l_2 = \begin{vmatrix} -1 & 0 & 0 \end{vmatrix}$，故根据式(3.107)，螺型位错 l_1 对刃型位

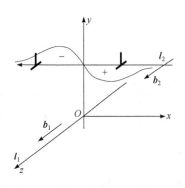
图 3.66　交叉位错之间的交互作用示意图

错 l_2 的作用力为

$$f_{12} = (\sigma \cdot b) \times I = \left(\begin{vmatrix} 0 & 0 & \tau_{xz} \\ 0 & 0 & \tau_{yz} \\ \tau_{zx} & \tau_{zy} & 0 \end{vmatrix} \begin{vmatrix} 0 \\ 0 \\ b_2 \end{vmatrix} \right) \times \begin{vmatrix} -1 \\ 0 \\ 0 \end{vmatrix}$$

$$= \begin{vmatrix} i & j & k \\ b_2\tau_{xz} & b_2\tau_{yz} & 0 \\ -1 & 0 & 0 \end{vmatrix} = \tau_{yz}b_2 k$$

将 $\tau_{yz} = \dfrac{Gb_1}{2\pi}\dfrac{x}{x^2 + y^2}$ 代入上式，可得

$$f_{12} = f_z = \frac{Gb_1b_2x}{2\pi(x^2 + y^2)} \tag{3.115}$$

由式(3.115)可见，螺型位错 l_1 对刃型位错 l_2 的作用力沿 z 轴方向，且和 x 同号，在 $x>0$ 时，$f_z>0$，反之亦然(如图中的曲线所示)，这样刃型位错 l_2 在螺型位错 l_1 的作用下会绕 y 轴旋转或有旋转的趋势，直至和位错 l_1 平行为止。

【例题 3.21】 如果外加应力是均匀分布的，求作用于任意位错环上的净力。

解 根据式(3.106)，一般情形下位错受力公式为 $\mathrm{d}F = (\sigma \cdot b) \times \mathrm{d}l$，又根据题意，外加应力是均匀分布，故 σ 和 b 都为常量，所以任意位错环上的净力为

$$F = \oint \mathrm{d}F = \oint (\sigma \cdot b) \times \mathrm{d}l = (\sigma \cdot b) \times \oint \mathrm{d}l = (\sigma \cdot b) \times 0 = 0$$

【例题 3.22】 如图 3.67 所示，在铜单晶的 (111) 面上有一个 $b = \dfrac{a}{2}[10\bar{1}]$ 的右螺旋位错，式中 $a = 0.36\,\mathrm{nm}$。今沿 [001] 方向拉伸，拉应力为 $10^6\,\mathrm{Pa}$，求作用在螺型位错上的力。

解 利用 Peach-Koehler 公式[式(3.107)]，得

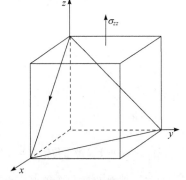

图 3.67 例题 3.22 螺型位错受力示意图

$$f = (\sigma \cdot b) \times I = \left(\begin{vmatrix} 0 & 0 & 0 \\ 0 & 0 & 0 \\ 0 & 0 & \sigma_{zz} \end{vmatrix} \cdot \frac{a}{2} \begin{vmatrix} 1 \\ 0 \\ -1 \end{vmatrix} \right) \times \frac{\sqrt{2}}{2} \begin{vmatrix} 1 \\ 0 \\ -1 \end{vmatrix} = -\frac{\sqrt{2}}{4} a\sigma_{zz} j$$

代入所给的数据，可得 $f = 1.27 \times 10^{-4}\,\mathrm{N \cdot m^{-1}}$，方向为 y 轴负方向。

【例题 3.23】 设有两条交叉(正交但不共面)的位错线 AB 和 CD (位错线方向即字母顺序方向)，其伯氏矢量分别为 b_1 和 b_2，且 $|b_1| = |b_2| = b$。试求下述三种情况下两位错间的交互作用(要求算出单位长度位错线的受力 f 和总力 F)：(1)两个位错都是螺型；(2)两个位错都是刃型；(3)一个是螺型，一个是刃型。

解 (1) 两个位错都是螺型，两位错交互作用如图 3.68 所示，利用 Peach-Koehler 公式，可得

$$f = (\sigma \cdot \boldsymbol{b}) \times \boldsymbol{I} = \left(\begin{vmatrix} 0 & 0 & \tau_{xz} \\ 0 & 0 & \tau_{yz} \\ \tau_{zx} & \tau_{zy} & 0 \end{vmatrix} \cdot \begin{vmatrix} b_2 \\ 0 \\ 0 \end{vmatrix} \right) \times \begin{vmatrix} 1 \\ 0 \\ 0 \end{vmatrix} = b_2 \tau_{xz} \boldsymbol{j}$$

所以单位长度位错线的受力

$$f_{AB \to CD} = b_2 \tau_{xz} = -\frac{G b_1 b_2}{2\pi} \frac{d}{x^2 + d^2} = -\frac{G d b^2}{2\pi (x^2 + d^2)}$$

总力为

$$F = \int_{-\infty}^{+\infty} f_{AB \to CD} \mathrm{d}x = -\frac{G b^2}{2}$$

(2) 两个位错都是刃型，两位错交互作用如图 3.69 所示，利用 Peach-Koehler 公式，可得

$$f = (\sigma \cdot \boldsymbol{b}) \times \boldsymbol{I} = \left(\begin{vmatrix} \sigma_{xx} & \tau_{xy} & 0 \\ \tau_{yx} & \sigma_{yy} & 0 \\ 0 & 0 & \sigma_{zz} \end{vmatrix} \cdot \begin{vmatrix} 0 \\ 0 \\ b_2 \end{vmatrix} \right) \times \begin{vmatrix} 1 \\ 0 \\ 0 \end{vmatrix} = b_2 \sigma_{zz} \boldsymbol{j}$$

所以单位长度位错线的受力

$$f_{AB \to CD} = b_2 \sigma_{zz} = -\frac{\nu G d b^2}{\pi (1 - \nu)(x^2 + d^2)}$$

总力为

$$F = \int_{-\infty}^{+\infty} f_{AB \to CD} \mathrm{d}x = -\frac{G \nu b^2}{1 - \nu}$$

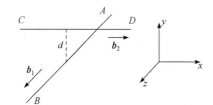

图 3.68　两交叉螺型位错交互作用示意图　　　　图 3.69　两交叉刃型位错交互作用示意图

(3) 一个螺型和一个刃型，两位错交互作用如图 3.70 所示，利用 Peach-Koehler 公式，可得

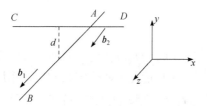

图 3.70　一个螺型和一个刃型位错交互作用
示意图

$$f = (\sigma \cdot \boldsymbol{b}) \times \boldsymbol{I} = \left(\begin{vmatrix} 0 & 0 & \tau_{xz} \\ 0 & 0 & \tau_{yz} \\ \tau_{zx} & \tau_{zy} & 0 \end{vmatrix} \cdot \begin{vmatrix} 0 \\ 0 \\ b_2 \end{vmatrix} \right) \times \begin{vmatrix} 1 \\ 0 \\ 0 \end{vmatrix} = -b_2 \tau_{yz} \boldsymbol{k}$$

所以单位长度位错线的受力

$$f_{AB \to CD} = -b_2 \tau_{yz} = -\frac{G b^2 x}{2\pi (x^2 + d^2)}$$

总力为

$$F = \int_{-\infty}^{+\infty} f_{AB \to CD} \mathrm{d}x = 0$$

3.3.14　位错与点缺陷之间的交互作用

当一个点缺陷，无论是空位、自间隙原子、置换式或间隙式的杂质质点，进入晶体时都会引起点阵畸变，产生应力场，从而和位错的应力场发生交互作用，使晶体的弹性能升高或降低。这种能量变化显然与点缺陷所处的位置有关，称为位错与点缺陷的交互作用能，以 E 表示。为了使体系达到最低的能量状态，晶体中的点缺陷就需要形成特定的分布，这种特定分布对晶体的性质会有显著影响，下面仅做一些定性的讨论。

点缺陷和晶体中刃型位错的交互作用尤其重要，这是由刃型位错的特点决定的，它引起的应力场中，既有剪应力分量，也有正应力分量，尤其是后者，极易和点缺陷交互作用引起体系能量的变化。将点缺陷引入晶体的过程看成是将一个半径为 r_a' 的球放入一个半径为 r_a 的球形空洞中，这里 r_a' 是点缺陷(如置换原子或间隙原子)的半径，r_a 是一个点阵原子或点阵间隙的半径，这样引入一个错配度 ϵ 的概念，将其定义为：$\epsilon = (r_a' - r_a)/r_a$，则 $r_a' = r_a(1+\epsilon)$。利用错配度可以表征缺陷引入引起的晶体的体积变化，再结合刃型位错应力场与弹性力学的理论，可以得出刃型位错与点缺陷交互作用能 E 的估算公式，即

$$E = A \frac{\sin \theta}{r} \tag{3.116}$$

式中，$A = \dfrac{4}{3}\left(\dfrac{1+\nu}{1-\nu}\right) Gb\epsilon r_a^3$，是与坐标无关的常数；$r$ 和 θ 为柱坐标轴参数。

从式(3.116)可见，当间隙原子位于刃型位错正上方时，$\theta = \pi/2$，$\sin\theta = 1$，E 取最大值，系统最不稳定；而当间隙原子位于刃型位错正下方时，$\sin\theta = -1$，E 取最小值，系统最稳定。因此，间隙原子或大的置换原子会力图分布在刃型位错正下方，即不含多余半原子面的一侧。这一点直观上不难理解，因为位错线下方是拉应力最大的区域，点阵间隙也最大。

已知基体中的溶质原子无论是置换式还是间隙式的，都会引起点阵畸变，大于溶剂原子的置换原子或间隙原子会挤压周围基体原子，使它们受到压应力[图 3.71(a)]；而小于溶剂原子的置换原子或空位又使基体原子受到拉伸[图 3.71(b)]。当基体中有刃型位错存在时，所有这些点缺陷都会在位错周围找到合适的位置，大的置换原子或间隙原子显然愿意处于滑移面下方[图 3.71(c)]，但那些小的置换原子会更倾向于集中在滑移面上方的压缩应力区[图 3.71(d)]，这样不仅使溶质原子造成的点阵畸变得到缓解，同时使位错的应变及应变能明显降低，从而使体系处于更稳定的低能量状态。当然，除了满足位错与点缺陷交互作用的热力学条件，点缺陷是否向位错区集中还要看动力学条件，即溶质原子在晶体中的扩散能力。处于间隙位置的小原子通常比处于置换位置的原子扩散速度快得多，所以间隙小原子与刃型位错的交互作用非常强烈，如钢中固溶的 C、N 等小分子经常分布于刃型位错的周围，使它们在位错周围的浓度显著高于平均值，甚至可以高到在位错周围形成碳化物或氮化物等物质的浓度。点缺陷分布于位错周围使位错的应变能下降，增加了位错的稳定性，使之由十分易动变得不太容易移动，从而提高了晶体抵抗塑性形变的能力，即增加了晶体的屈服强度。通常把点缺陷与位错交互作用后，在位错周围偏聚的现象称为气团，这是冶金学家柯垂耳首先提出来的，故称为柯垂耳气团，简称柯氏气团。气团的形成对位错有扎钉作用，是固溶强化的原因之一。

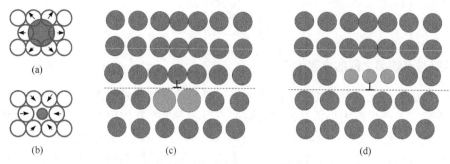

图 3.71　点缺陷与刃型位错交互作用示意图

空位是一类非常重要的点缺陷，它与位错也会发生交互作用。空位在位错周围的聚集能够导致位错发生攀移，这一交互作用在高温下显得十分重要，因为晶体中空位浓度随温度的升高呈指数上升，而且高温下迁移速度也会相应加快。另外，由于点缺陷并非严格的球形，故它们进入晶体后不仅能引起晶体体积的变化，也会引起晶体形状的改变，产生剪应力，因此螺型位错与点缺陷也有一定的交互作用，但比刃型位错小得多。

3.3.15　镜像力

在计算位错的应力场时，令位错线沿轴向，同时令空心圆柱的 R 足够大，以便将柱体视作一个无限介质，这样可以不考虑自由表面的影响，位错的应变能也与它在介质中的位置无关。但当弹性体是有限尺寸时，便不能忽略自由表面与位错之间的交互作用。例如，已知位错的应变能随柱体外半径 R 的变大缓慢增加，则如果位错距自由表面比模型的外半径 R 还要小时，位错的弹性能会变小，因为此时弹性形变区域变小了。位错越靠近自由表面，应变能便越小，因此，从降低体系能量的角度，有限尺寸晶体中的所有位错(或"近表面位错")都有向表面进一步移动的趋势，好像受到表面处一个力 f 的作用，这个虚构的力就是镜像力，之所以用"镜像力"命名，和这个力 f 的计算模型有关。

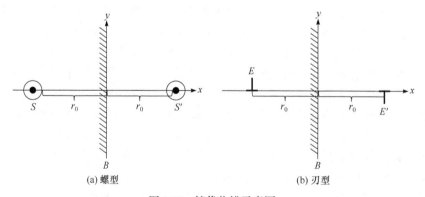

图 3.72　镜像位错示意图

镜像力计算的依据是应力的边界条件，即自由表面上的应力应为零(自由表面外没有阵点了，自然应力也就消失了)。参考图 3.72(a)，B 是 $x = 0$ 的自由表面，其左侧距自由表面 r_0 处($x = -r_0$)有真实的右旋螺型位错 S，伯氏矢量为 $\boldsymbol{b}$，则根据式(3.64)，该位错在 B 表面处产生的应力为 $\tau_{zx} = -\dfrac{Gby}{2\pi\left(r_0^2 + y^2\right)}$，为了使 B 表面($x = 0$ 处)的应力为零，可以假想弹性介质向右拓展充满右边的空间，并于和右旋螺型位错 S 对称的距离 $(x = +r_0)$ 放置伯氏矢量为 $-b$ 的左旋螺型位错 S'，位错线和真实右旋螺型位错 S 保持同向。不难看出，S' 在 B 表面处产生的应力为 $\tau'_{zx} = \dfrac{Gby}{2\pi\left(r_0^2 + y^2\right)}$，这样在 $x = 0$ 的 B 表面应力叠加的结果会导致抵消，使之满足自由表面的边界条件。这种处理方式中，自由表面 B 像是一面镜子，而虚设的位错 S' 就称为真实位错 S 的镜像位错。通过引入一个虚拟镜像位错，真实位错 S 与自由表面的交互作用就转化成了真实位错 S 与其镜像位错 S' 的交互作用。根据前面导出的位错应力场公式，镜像位错 S' 在 $(-r_0, 0)$ 处的应力为

$$\tau'_{yz} = \frac{G(-b)(-2r_0)}{2\pi\left[(-2r_0)^2 + y^2\right]} = \frac{Gb}{4\pi r_0} \tag{3.117}$$

再由位错的受力公式，可得单位长度 S 位错所受的力为

$$f_x = \tau'_{yz}b = \frac{Gb^2}{4\pi r_0} \tag{3.118}$$

这是一个指向 B 表面 $(x = 0)$ 的力，是由于自由表面的存在而产生的，更由于它的计算涉及虚设的镜像，故形象地称为"镜像力"。

实际上这个力也可以根据应变能直接计算，已知单位长度螺型位错的应变能为

$$E_s = \frac{Gb^2}{4\pi} \ln\frac{r_0}{r}$$

为了区别式(3.80)和这里所用的符号，用 E_s 表示螺型位错应变能，将中空圆柱的中心半径用 r 表示，外半径用 r_0 表示，这个 r_0 也是到自由表面的距离，显然，E_s 依赖于 r_0。假定镜像力为 f_x，则 f_x 牵引位错做的功和位错应变能的改变等价，即

$$f_x \mathrm{d}r_0 = \mathrm{d}E_s$$

所以

$$f_x = \frac{\mathrm{d}E_s}{\mathrm{d}r_0} = \frac{Gb^2}{4\pi}\frac{1}{r_0} = \frac{Gb^2}{4\pi r_0}$$

计算微分时 r 视作常量处理，这个结果与式(3.118)完全一致。

如图 3.72(b)所示，通过构筑镜像关系，也可以计算自由表面对刃型位错的作用力，结果和螺型位错有类似的形式，即

$$f_x = \frac{Gb^2}{4\pi(1-\nu)r_0} \tag{3.119}$$

但应该指出，虽然式(3.119)和式(3.118)有类似形式，但得到式(3.119)的过程要复杂得多，这是因为互为镜像的两个刃型位错应力场叠加不能满足使表面应力为零的要求，叠加后剪应力分量 τ_{xy} 并不消失，因为它和 x 轴相关，分置于自由表面两边，伯氏矢量 b 变号时，x 也同时变号，使得 τ_{xy} 不能通过叠加消失，这样便需要补加一个弹性场，使其具有能够抵消 τ_{xy} 以满足自由表面应力为零的应力分量。这个应力分量的求取涉及弹性力学中的平面应力问题，要用到应力函数法，这里不再赘述，有兴趣的读者可参考有关位错理论的专著。

由于镜像力的作用，晶体近表面处的位错都力图移至表面，因此表面的位错密度高于晶体内部，对于提高晶体表面的耐磨性具有一定的益处。

3.3.16　位错运动的阻力

位错运动的阻力即启动一个位错滑移运动需要克服的力，如图 3.73 所示，由于点阵排列的周期性，位错由位置 1 滑移至位置 2(或相反)必然要经过一个不对称状态，位错必须越过一个势垒才能继续前进。显然，这种晶体点阵对位错运动的阻力与滑移面上下两层之间的质点相互作用密切相关，这种相互作用也当然与这两层原子的相对位移或"错配度"有关。因此，为了计算这种阻力或位错运动的启动力，需要有一个形成位错时的原子位移模型。下面主要介绍由派尔斯提出并由纳巴罗发展的位错模型(Peierls-Nabarro 模型或派-纳模型)。它是一个部分离散模型，在位错理论发展中占有一定的历史地位，在对位错的定性理解方面起了相当的作用。因为涉及较多弹性力学的知识，这里不做详细推导，只是在一些关键点上做定性介绍，以便读者能够学习体会物理学家在处理复杂问题时的思路。

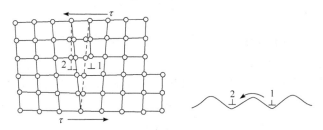

图 3.73　位错在周期排列点阵中的运动过程示意图

在派尔斯模型之前，位错理论的奠基人之一波朗依曾对启动一个位错滑移的力做过最简单的评估。他把位错中心区域看成是滑移面上 $n+1$ 质点和滑移面下 n 个质点相匹配，每个质点的错配度或相对位移是 $1/n$，这样便可简单得出启动滑移的剪应力是完整晶体的 $1/n$，根据这一量级，波朗依估算如果达到实验测定的晶体滑移剪应力，位错中心的宽度需要达到 1000 个原子间距，这显然是不正确的。

派-纳模型的最初描述如图 3.74 所示，它含有一个正刃型位错，位错线方向沿 z 轴方向(垂直纸面向外方向)，即 Oz 方向。滑移面 $y=0$ 取在 A 行和 B 行质点之间，x 方向和 y 方向质点正常间距分别为 b 和 a，并且晶体滑移面上下部均视为各向同性的弹性体。由于位错的存在，A 行在坐标原点 O 附近的原子间距要小于正常间距 b，而 B 行在 O 附近的原子间距则要大过这个间距。A 行位错线附近的原子受到两个力的作用，滑移面上部弹性体中 A 行以上原子施加作用力力图使 A 行中的原子增加间距直至达到 b，而滑移面下部 B 行原子由于相互吸引则试图进一步缩小这个间距。显然，这两个作用力都是原子位置的函数，而原子位置取决于滑移面上这两个力达到平衡时的情况。

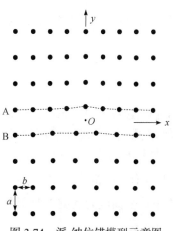

图 3.74　派-纳位错模型示意图

派尔斯假定 A 行原子的位移是 (u,v)，则相邻的 B 行原子的位移便是 $(\bar u,\bar v)$，这些位移的选择很有讲究，要满足作用力达到平衡时(原子不再相对滑移时)原子在 y 轴方向的间距是正

常间距 a，但是在 x 轴方向要错开 $\frac{1}{2}b$ 的台阶。满足这个条件时 $\bar{u}=-u$，$\bar{v}=v$，虽然位错线附近 A 行和 B 行原子所在的平面有一点弯曲，当可以消除它们之间 y 轴方向的正应力 σ_{yy} 时，将问题简化为一个弹性力学中平面应力求解的问题。

　　派-纳位错模型的最初描述有些抽象，不太容易理解，之后柯垂耳在其 1953 年的著作 *Dislocations and Plastic Flow in Crystals* 中对这一模型做了改进，构造的正刃型位错物理图像比较直观，描述也更加简单明了，杨顺华在其所著的《晶体位错理论基础》(第一卷)中也采用类似的构造，但他构造了一个负刃型位错用于派-纳力的推导，当然结论是一致的。柯垂耳的构造如图 3.75(a)所示，以简单立方晶体为例，将晶体分为滑移面上部和下部两个部分，各自看作连续弹性体，两个部分之间考虑质点相互作用，受点阵结构影响，不能用胡克定律简单描述，所以这个模型不是彻底的离散模型，而称为部分离散模型。设想晶体沿晶向[010]切开，将滑移面上下两半晶体平行于(100)晶面相对错开位移 $\frac{1}{2}b$，这样滑移面上下两行原子在图中所示的坐标系里沿 x 轴方向相对的位置错开应是

$$
\left.\begin{array}{l}
\phi_x^0 = \frac{1}{2}b, \quad x>0 \\[2mm]
\phi_x^0 = -\frac{1}{2}b, \quad x<0 \\[2mm]
\phi_x^0 = 0, \quad x=0
\end{array}\right\} \tag{3.120}
$$

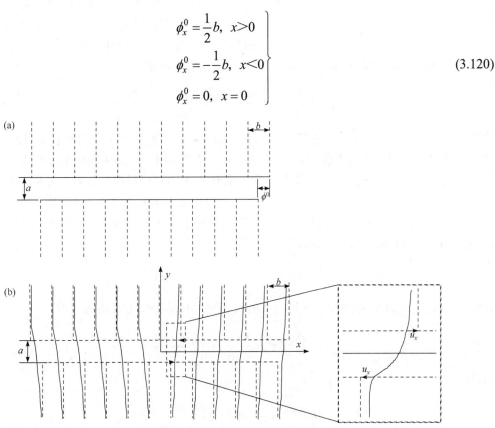

图 3.75　计算派-纳力位错模型示意图

　　现在由于滑移面上下的质点间存在相互作用，当位置错开后放任它们自由，滑移面上下的质点便会向相互对齐的方向弛豫。假定垂直于滑移面方向的位移可以忽略，则每个质点会发生如图 3.75(b)中所示的小位移 $u(x)$ 叠加在原来整体位移 ϕ_x^0 之上，可以近似假定滑移面上下弛豫的位移大小相等，方向相反，这样便只需讨论滑移面上部晶体，最后达到平衡状态时可得

$$\phi(x) = \frac{b}{2} + 2u(x), \quad x > 0 \atop \phi(x) = -\frac{b}{2} + 2u(x), \quad x < 0 \atop \phi(x) = 0, \quad x = 0 \Bigg\}$$ 　　　　(3.121)

在左右无穷远处，滑移面上下质点应该对齐，即 $\phi(\infty) = \phi(-\infty) = 0$，代入式(3.121)可得

$$u(\infty) = -\frac{b}{4} \atop u(-\infty) = \frac{b}{4} \Bigg\}$$ 　　　　(3.122)

$u(x)$ 随 x 的变化可以定性地用图 3.76 描述。显然，图 3.75 构造了一个以 z 轴为位错线的正刃型位错，它与图 3.21(a)所示的位错相同。

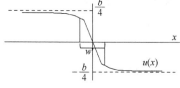

图 3.76　$u(x)$ 随 x 变化示意图

弛豫产生的位移 $u(x)$ 相当于滑移面上下部晶体在 $y = 0$ 的平面上各自受到一个剪应力，一方面，由于是原子间的相互作用力，这个剪应力和位移之间不是胡克定律描述的线性关系，但仍可假定剪应力与位移的关系符合正弦函数的描述，参照式(3.46)可以写出

$$\tau_{yx} = -\frac{Gb}{2\pi a}\sin\left[\frac{2\pi\phi(x)}{b}\right] = \frac{Gb}{2\pi a}\sin\left[\frac{4\pi u(x)}{b}\right]$$ 　　　　(3.123)

式中，G 为剪切模量；a 和 b 分别为 y 轴和 x 轴方向的晶面间距(b 也是伯氏矢量的模)，负号是考虑到剪应力和位移的方位关系。另一方面，将滑移面上部晶体视作连续的弹性体，这个剪应力便可视作施加在其下表面且平行于 x 轴的一个力，可根据一般弹性力学中的平面问题求解。英国学者约翰·道格拉斯·额舍耳比(John Douglas Eshelby)针对这个问题提出一个直观的方法，将伯氏矢量模为 b 的单条刃型位错视作无数个分布在滑移面上的连续位错，在 x' 至 $x' + \mathrm{d}x'$ 区间位错的伯氏矢量为 $\mathrm{d}b(x')$，是 x' 的函数，因此

$$b = \int_{-\infty}^{\infty}\mathrm{d}b(x') = \int_{-\infty}^{\infty}b'(x')\mathrm{d}x'$$ 　　　　(3.124)

式中，$b'(x)$ 为 $b(x)$ 的导函数，它与 $u(x)$ 的关系可以用微分的方式描述，即

$$b'(x') = \frac{\mathrm{d}\phi(x')}{\mathrm{d}x'} = 2\frac{\mathrm{d}u(x')}{\mathrm{d}x'}$$ 　　　　(3.125)

因此

$$b = \int_{-\infty}^{\infty}b'(x')\mathrm{d}x' = 2\int_{-\infty}^{\infty}\frac{\mathrm{d}u(x')}{\mathrm{d}x'}\mathrm{d}x'$$ 　　　　(3.126)

根据刃型位错应力场计算公式[式(3.71)]，可以求得无限小位错合成的应力，即

$$\tau_{yx} = -\int_{-\infty}^{\infty}\frac{Gb'^{(x')}\mathrm{d}x'}{2\pi(1-\nu)}\cdot\frac{1}{x-x'} = -\frac{G}{\pi(1-\nu)}\int_{-\infty}^{\infty}\frac{\mathrm{d}u(x')}{\mathrm{d}x'}\mathrm{d}x'\cdot\frac{1}{x-x'}$$ 　　　　(3.127)

式中，ν 为泊松比，结合式(3.123)和式(3.127)，可得

$$\int_{-\infty}^{\infty} \frac{\mathrm{d}u(x')}{\mathrm{d}x'}\mathrm{d}x' \cdot \frac{1}{x-x'} = -\frac{b(1-\nu)}{2a}\sin\left[\frac{4\pi u(x)}{b}\right] \tag{3.128}$$

式(3.128)称为派-纳(Peierls-Nabarro)积分方程，它还没有系统的求解方法，但派尔斯给出了一个特解，即

$$u(x) = -\frac{b}{2\pi}\tan^{-1}\frac{2(1-\nu)x}{a} = -\frac{b}{2\pi}\tan^{-1}\frac{x}{\zeta} \tag{3.129}$$

式中

$$\zeta = \frac{a}{2(1-\nu)} \tag{3.130}$$

将此 $u(x)$ 代入上面的方程，可以验证它满足在 $x=\pm\infty$ 处的边界条件。

从这个特解首先能够获得一个位错芯宽度的概念，对 $u(x)$ 的表达式(3.129)进行分析可见，在 $x=\pm\zeta$ 处有

$$u(\pm\zeta) = \pm\frac{b}{8} = \frac{u(\pm\infty)}{2}$$

因此，在 $x=\pm\zeta$ 之外区域，滑移面上下两部分晶体的质点错开的程度就比较小，也就是排列对齐的情况比较好。距离 $\pm\zeta$ 越远处滑移面上下晶体质点排列越整齐，$\phi(x)$ 随 x 增大而比较快速趋近于零，故有理由将区间 $x=(\zeta,-\zeta)$ 定义为位错芯的宽度，在此区域内原子键存在较大程度的畸变，不能用胡克定律进行描述；而在此区域外，形变较小，弹性理论计算的结果就是良好的近似。这样，位错芯的宽度可以记为

$$w = 2\zeta = \frac{a}{1-\nu} \tag{3.131}$$

该宽度也示意在图 3.76 中，如果取泊松比 ν 为 0.3，可得出 $w \approx 1.5a$，即位错芯宽度约为某个晶面间距的 1.5 倍，这个宽度是很窄的。

对于螺型位错，可以类似处理，得到相应的特解为

$$\left.\begin{array}{l} u_3(x) = -\dfrac{b}{2\pi}\tan^{-1}\dfrac{2x}{a} = -\dfrac{b}{2\pi}\tan^{-1}\dfrac{x}{\eta} \\[2mm] \eta = \dfrac{a}{2} \end{array}\right\} \tag{3.132}$$

u_3 意味着在 z 轴方向的位移，可见螺型位错和刃型位错的不同之处在于参量 η 取代了 ζ，显然 η 更小，因此，螺型位错位错芯的宽度 2η 比刃型位错要更窄一些。

这样窄的位错芯宽度是因为假定剪应力与位移的关系符合正弦函数描述的结果，而实际位错芯的宽度要大很多。当时在帝国理工学院(Imperial College London)数学系的三位学者艾伦・J・福尔曼(Alan J. Foreman)、莫里斯・A・贾思恩(Maurice A. Jaswon)和约翰・K・伍德(John K. Wood)尝试了用其他关系描述剪应力与位移，得到一个位错芯宽度的近似表达式，即

$$w = \frac{Gb}{2\pi(1-\nu)\tau_{\mathrm{m}}} \tag{3.133}$$

式中，τ_{m} 为理论剪应力，如果采用正弦关系，$\tau_{\mathrm{m}} = Gb/2\pi a$，$w$ 便恢复到式(3.131)的表达。

如果取 τ_m 为剪切模量 G 的三十分之一，则位错芯宽度要约增加 5 倍。位错芯宽度对剪应力非常敏感，这一点已经很直观地被小布拉格和奈使用泡筏模型所证实。

晶体中位错处在一个受力平衡的亚稳位置，要启动一个位错使之运动到下一个受力平衡的位置，必然要克服一定的阻力越过一个势垒才能进行，这个力可以通过计算滑移面上下部质点的错排能 E_m 求得，那便需要知道错排能和位错运动的关系。这里要注意错排能的来源，因为参照图 3.75，看起来位错向一侧运动时，这一侧质点错配度的减小伴随着另一侧错配度的增加，错排能应该没有变化，但参看原子结构部分的键能曲线，它在平衡位置附近并非对称分布，使质点靠近时的耗能并不等于使质点远离时的耗能，因此位错运动会导致错排能增加。仍然假定位错运动时滑移面上的剪应力和位移呈正弦关系，单个质点之间的错排能为

$$E_m = \frac{1}{2}\int\left(b\tau_{yx}\right)\mathrm{d}\phi = \frac{Gb^3}{8\pi^2 a}\int_{u=b/4}^{u=u}\sin\left(\frac{4\pi u}{b}\right)\mathrm{d}\left(\frac{4\pi u}{b}\right)$$

$$= \frac{Gb^3}{8\pi^2 a}\left[1+\cos\left(\frac{4\pi u}{b}\right)\right] \tag{3.134}$$

这个式子中用到了位错线受力和伯氏矢量的关系。系数 1/2 是因为错排能为滑移面上下两个质点所共有，积分下限设为 $b/4$ 是因为在此区域外晶体没有错配，而 ϕ 和 τ_{yx} 则分别用式(3.121)和式(3.123)表示。

令距位错中心最近的对称位置是 αb，并取位错中心为原点，则滑移面上的各质点的坐标可以表示为

$$x = \left(\frac{1}{2}n+\alpha\right)b, \quad n = 0, \pm 1, \pm 2, \cdots \tag{3.135}$$

式中，α 为纳巴罗引进的参变量，用来反映位错中心离开平衡位置时错排能的变化(由于存在严重畸变，位错中心的能量不能用一般弹性理论计算)。将 $u(x)$ 的表达式(3.129)代入式(3.134)，并对滑移面上所有错排质点加和即可求得总错排能，即

$$E_T = \frac{Gb^3}{8\pi^2 a}\sum_{n=-\infty}^{n=+\infty}\left\{1+\cos 2\left[\tan^{-1}\left(\frac{1}{2}n+\alpha\right)\left(\frac{b}{\zeta}\right)\right]\right\} \tag{3.136}$$

利用傅里叶级数进行合理近似，纳巴罗得到总错排能依赖于 α 的关系式，即

$$E_T = \frac{Gb^2}{2\pi(1-v)}e^{-4\pi\xi/b}\cos(4\pi\alpha) \tag{3.137}$$

根据 α 的变化，总错排能 E_T 呈现周期性变化，存在波峰与波谷，位错在其滑移面中运动自然要周期性地经历波峰与波谷，需要一定的作用力才能越过波峰(能垒)，这个力为

$$F = -\frac{\partial E_T}{\partial(\alpha b)} = -\frac{1}{b}\frac{\partial E_T}{\partial\alpha} = \frac{2Gb}{1-v}e^{-4\pi\zeta/b}\sin(4\pi\alpha) \tag{3.138}$$

式(3.138)中正弦项的最大值为 1，从而可得 F 的最大值为 $F_{max} = \frac{2Gb}{1-v}e^{-4\pi\zeta/b}$，进而求得位错运动的启动力 τ_p，即

$$\tau_p = \frac{F_{max}}{b} = \frac{2G}{1-v}\exp\left(-\frac{4\pi\zeta}{b}\right) \tag{3.139}$$

　　这个力就是位错运动的临界剪应力，文献上称为 Peierls-Nabarro 力(派-纳力)。式(3.139)是纳巴罗导出的形式，在派尔斯最初导出的计算式中指数项是$\exp(-8\pi\zeta/b)$，和纳巴罗相差一个倍数 2。据纳巴罗回忆，他还为此专门从布里斯托到伯明翰拜访派尔斯并且观看了他的推演，可是等他回到布里斯托再次推导时，那个相差的倍数仍然存在，他检查不出错误，便在 1947 年将自己的结果发表了。派尔斯后来重新检查自己的结果，发现错误是因为推导过程中忽略了一个系数。位错理论的另一个奠基人埃贡·奥罗万为此夸张地评论道："纳巴罗计算的位错宽度是几个原子间距，而派尔斯的则是几千个原子。"这句话虽然夸张，但因为差的倍数出现在指数项，即使很小也能引起计算结果在量级上的变化。

　　将式(3.131)代入式(3.139)，以位错芯宽度 w 取代式(3.139)中的 ζ，是现在更为常用的派-纳力表示式，即

$$\tau_{\mathrm{p}}=\frac{2G}{1-\nu}\exp\left(-\frac{2\pi w}{b}\right)=\frac{2G}{1-\nu}\exp\left[-\frac{2\pi a}{(1-\nu)b}\right] \tag{3.140}$$

派-纳物理模型仅考虑点阵阻力，将位错线视为直线，将晶体当作连续弹性体，而且剪应力和位移之间采用正弦关系，这些和实际并不相符。虽然有这些缺陷，但派-纳力对定性晶体的滑移和塑性形变过程中的一些现象具有指导作用，下面简要做一些总结：

　　(1) 通过位错运动使晶体发生滑移，需要的剪应力较小。比较式(3.49)和式(3.140)可见，晶体理论强度 τ_{m} 比位错的启动力 τ_{p} 约大 $\exp(2\pi w/b)$ 倍，实际 w 要远大于 b，故 τ_{p} 要远小于 τ_{m}。假定 $a=b$，并取泊松比 $\nu=0.3$，则可计算得到 τ_{p} 为 $10^{-4}\sim 10^{-3}G$，仅为完整晶体的 $1/1000\sim 1/100$，和实验测定值在一个量级上。

　　(2) τ_{p} 随 a 值的增大和 b 值的减小而下降。这个从式(3.140)中体现的规律可以解释为什么晶体滑移总是沿着密排面和密排方向进行，因为晶体中密排面的晶面间距最大，而密排方向的原子间距即 b 最小，故在密排面上沿密排方向滑移 τ_{p} 最小，最容易发生。

　　(3) τ_{p} 随位错芯宽度减小而增大。这一规律为晶体强化提供了有益的启发，其一是建立无位错状态，如接近完整晶体，强度自然很大；另一个途径是引入大量位错，使之相互作用压缩彼此的位错宽度，使之难以滑移。此外，位错芯宽度受晶体结构的影响，例如，一般体心立方金属的位错芯宽度比面心立方金属小，故体心立方金属的强度更大，更不容易滑移。

　　点阵阻力并不是位错运动的唯一阻力，晶体中其他位错产生应力场、位错运动时发生交截、掺入的外来原子、运动过程导致的热应力、周期性加速减速导致的能量损失和与声波的相互作用都能对位错运动起到阻挠作用。另外，还有学者陆续采用其他物理模型计算位错运动的临界剪应力，广义上仍称为 Peierls 力，意思是指晶体点阵对于位错运动的阻力，并不一定单指由派-纳模型计算的启动力，读者在阅读相关文献或位错理论专著时需要注意这一点。

3.3.17　位错的交割

　　以上讨论的滑移都是指单条位错沿滑移面的运动，实际上，当一条位错在某一滑移面上滑动时，会与穿过滑移面的其他位错交割。交割后两条位错的位错线会发生变化，影响它们进一步的运动，从而影响材料的塑性和强度等性能。研究两条位错交割后位错线形状和运动特点的变化需从两个方面分析：①位错运动与晶体运动的关系，这个分析仍然基于 $l\times\nu$ 规则，判断交割后位错线形状和运动面特征；②运动的相对性原理，即运动的位错 A 切割静止的位

错 B 所产生的效果等价于运动的位错 B 切割静止的 A 所产生的效果。在此先介绍两个专业术语并由此引出位错交割后的结果。

1. "扭折"和"割阶"

当位错在滑移面上运动时，可能在某处遇到障碍，有可能其中一部分线段首先进行滑移，若由此造成的曲折线段仍位于位错原来的滑移面，则称为"扭折"。若该曲折线段垂直于位错原来的滑移面，则称为"割阶"。当然，扭折和割阶也可由位错之间交割而形成，这就是下面分类讨论的内容。

2. 两个伯氏矢量相互平行的刃型位错交割

如图 3.77 所示，伯氏矢量为 b_1 的刃型位错 AB(此处假设这条位错线的正向是从 A 指向 B)在剪应力作用下沿滑移面(I)向下运动，并切割位于滑移面(II)上、伯氏矢量为 b_2 的刃型位错 CD($b_1 \parallel b_2$)，则按照 $l \times v$ 规则，平面(I)左边的晶体位移将和 b_1 同向，和右面晶体错开一个大小为 $|b_1|$ 的相对距离，因此交割后在 CD 上将产生一段台阶 PP'，由于 PP' 的滑移面仍然是原 CD 位错的滑移面(II)，故这个台阶为扭折，它的伯氏矢量仍是 b_2，由于位错线和伯氏矢量平行，显然 PP' 是一个螺型位错。如果继续滑移，在线张力的作用下，这个台阶 PP' 会自动消失，CD 位错仍恢复其直线形状。同样，CD 位错切割 AB 位错也会在后者位错线上导致一个扭折的台阶 QQ'，这个台阶也是螺型位错，且同样会因线张力的作用在后续滑移过程中逐渐消失。需要注意，图 3.77 仅是示意形成的扭折或割阶，其展示的结果是不严谨的，因为图中没有指明位错线的正向。例如，假定默认图 3.77(a)中 CD 位错线的正向是由 C 指向 D，则根据 $l \times v$ 规则，平面(II)背离纸面的晶体部分将和 b_2 同向，这样扭折 QQ' 的方位应该反过来。如果仍以惯用的规则，即由内向外、由上向下和由左向右为位错线正向，读者可自行尝试画出图 3.77 及后续图示中形成的扭折和割阶的正确方位。

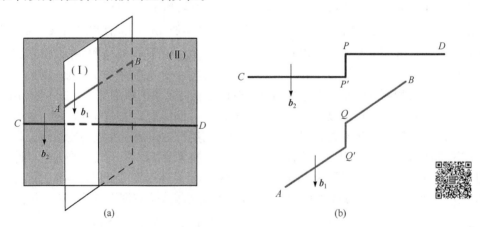

图 3.77　两个伯氏矢量相互平行的刃型位错交割示意图

3. 两个伯氏矢量相互垂直的刃型位错交割

图 3.78 示意的是伯氏矢量为 b_1 的刃型位错 AB 在剪应力作用下沿滑移面(I)向下运动，并在滑移面(II)上和伯氏矢量为 b_2 且从内向外运动的刃型位错 CD 进行切割($b_1 \perp b_2$)，则按照 $l \times v$ 规则，平面(I)左边的晶体位移将和 b_1 同向，和右面晶体错开一个大小为 $|b_1|$ 的相对距离，因此交割后也将在 CD 上产生一段台阶 PP'。但和上面情况不同的是，此处产生的台阶 PP' 滑移面是平

面(Ⅰ)，和交割前 CD 所在的滑移面[平面(Ⅱ)]相垂直，故这个台阶 PP' 是一个割阶。位错交割后形成的割阶一般会对位错继续滑移产生影响，在后面会有讨论。由于伯氏矢量的守恒性，PP' 的伯氏矢量仍是 b_2，且它们互相垂直，因此 PP' 是一个刃型位错。至于位错 AB，由于它和 b_2 平行，因此 CD 扫过整个滑移面也不会使 AB 处在平面(Ⅱ)的两侧，故 CD 滑移不会切割 AB。

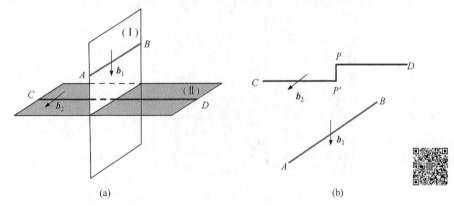

图 3.78　两个伯氏矢量相互垂直的刃型位错交割示意图

4. 两个伯氏矢量相互垂直的刃型位错和螺型位错交割

图 3.79 画出了伯氏矢量相互垂直的刃型位错 AB 和螺型位错 CD 交割的情景，注意因为没有给出位错线方向，所以不再讨论交割后滑移面两侧晶体的方位。假定伯氏矢量为 b_2 的 CD 位错不动，伯氏矢量为 b_1 的 AB 位错在剪应力作用下沿其滑移面向左运动，和另一个滑移面上的 CD 位错交割后在刃型位错 AB 上形成大小和方向与 b_2 相同的台阶 PP'。因不在原来的滑移面上，故 PP' 是一个割阶，其伯氏矢量仍为 b_1，而且因为和 b_1 垂直，PP' 是一个刃型位错。同样，交割后在螺型位错 CD 上也形成大小和方向与 b_1 相同的一段折线 QQ'，由于它垂直于 b_2，故也是个刃型位错；但又由于它仍位于螺型位错 CD 原来的滑移面上，因此 QQ' 为一个扭折，它可能随着线张力会自动消失，使 CD 位错恢复到原来的直线形状。

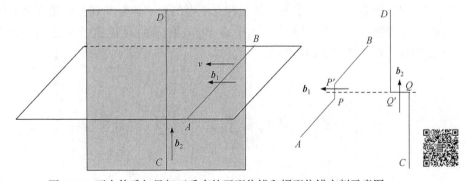

图 3.79　两个伯氏矢量相互垂直的刃型位错和螺型位错交割示意图

5. 两个伯氏矢量相互垂直的螺型位错交割

图 3.80 示意的是两个伯氏矢量相互垂直的螺型位错相互交割的情形。令伯氏矢量为 b_2 的 CD 不动，伯氏矢量为 b_1 的螺型位错 AB 在剪应力作用下沿其滑移面向左运动，在和螺型位错 CD 进行交割后，在刃型位错上形成大小和方向与 b_2 相同的小台阶 PP'，该台阶垂直于原来的滑移面，故是一个割阶，其伯氏矢量仍为 b_1，而且因为和 b_1 垂直，PP' 是一个刃型位错。同样，

交割后在螺型位错 CD 上也形成大小和方向与 b_1 相同的一段折线 QQ'，由于它也不在螺型位错 CD 原来的滑移面并和其相垂直，因此 QQ' 也是一个割阶，其伯氏矢量仍为 b_2。另外，割阶 QQ' 和 b_2 相垂直，故也是刃型位错。

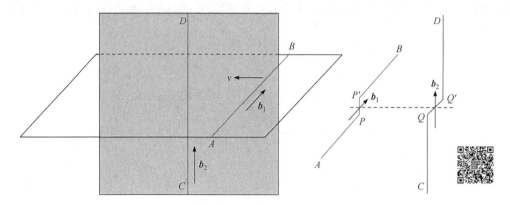

图 3.80　两个伯氏矢量相互垂直的螺型位错交割示意图

综合上面的几个例子，对位错的交割进行归纳整理：①每条位错线都可能产生扭折或割阶，大小和方向取决于另一条位错的伯氏矢量，但具有原本的伯氏矢量；②所有的割阶都是刃型位错，扭折可以是螺型位错也可以是刃型位错，取决于位错线和伯氏矢量的方位；③扭折出现在同一滑移面上几乎不产生位错运动阻力；④割阶与原位错线垂直，离开了原来的滑移面，一般不能随位错线一起移动，称为钉扎，对原来位错线运动产生阻力，即所谓的割阶硬化；⑤割阶有小割阶(1~2 个原子间距)、中割阶(小于或等于 20 个原子间距)和大割阶(20 个原子间距之上)之分，它们对位错运动具有不同的影响。

【例题 3.24】　在简单立方晶体的 (100) 面上有一个 $b_1 = a[001]$ 的螺型位错，(1)如果它被 (001) 面上 $b_2 = a[010]$ 的刃型位错交割，(2)如果它被 (001) 面上 $b_2 = a[001]$ 的螺型位错交割，在这两种情形下每个位错上会形成割阶还是扭折？

解　(1) 根据题意，这是两个伯氏矢量相互垂直的刃型位错和螺型位错交割的情形，交割后螺型位错上出现扭折，方向和大小与 $b_2 = a[010]$ 一致，而刃型位错上则出现割阶，方向和大小与 $b_1 = a[001]$ 一致，如图 3.81(a)所示。

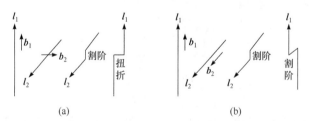

图 3.81　例题 3.24 简单立方晶体中位错交割及交割结果示意图

(2) 根据题意，这是两个伯氏矢量相互垂直的两个螺型位错交割的情形，显然，交割后两条位错上均出现割阶，大小和方向分别和另一条螺型位错的伯氏矢量一致，如图 3.81(b)所示。

【例题 3.25】　在图 3.82 中位错环 $ABCDA$ 是通过环内晶体发生滑移而环外晶体不滑移形成的。在滑移时滑移面上部的晶体相对于下部晶体沿 Oy 轴方向滑动了距离 b_1。此外，在距离 AB 位错为 d 处有一条垂直于环面的右旋螺型位错 EF，其伯氏矢量为 b_2。试回答下列问题：

(1) 指出 *AB*、*BC*、*CD* 和 *DA* 各段位错的类型；(2) 求出 *EF* 对上述各段位错的作用力，并指出在此力作用下位错环将变成什么形状；(3) 若 *EF* 位错沿 *Oy* 方向运动而穿过位错环，画出交割以后各位错的形状并指出割阶的位置和长度。

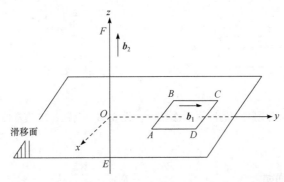

图 3.82　例题 3.25 螺型位错与位错环交互作用示意图

解　(1) 根据位错环位错线正向于伯氏矢量位向易于判断：*AB* 为负刃型位错，*BC* 为右旋螺型位错，*CD* 为正刃型位错，*DA* 为左旋螺型位错。

(2) 可利用 Peach-Koehler 公式[式(3.107)]求出 *EF* 对位错环各段位错的作用力，螺型位错 *EF* 的应力张量为

$$\sigma = \begin{vmatrix} 0 & 0 & \tau_{xz} \\ 0 & 0 & \tau_{yz} \\ \tau_{zx} & \tau_{zy} & 0 \end{vmatrix}$$

其中　　　　　$$\tau_{xz} = \tau_{zx} = -\frac{Gb_2}{2\pi}\frac{y}{x^2+y^2}, \quad \tau_{yz} = \tau_{zy} = \frac{Gb_2}{2\pi}\frac{x}{x^2+y^2}$$

又知位错环的伯氏矢量 $\boldsymbol{b} = \begin{vmatrix} 0 & b_1 & 0 \end{vmatrix}$，位错环各段位错线的单位矢量：$\boldsymbol{I}_{AB} = \begin{vmatrix} -1 & 0 & 0 \end{vmatrix}$，$\boldsymbol{I}_{BC} = \begin{vmatrix} 0 & 1 & 0 \end{vmatrix}$，$\boldsymbol{I}_{CD} = \begin{vmatrix} 1 & 0 & 0 \end{vmatrix}$，$\boldsymbol{I}_{DA} = \begin{vmatrix} 0 & -1 & 0 \end{vmatrix}$，故可得

AB 受力：

$$f_{AB} = (\sigma \cdot \boldsymbol{b}) \times \boldsymbol{I}_{AB} = -\tau_{yz}b_1\boldsymbol{j} = -\frac{Gb_1b_2x}{2\pi(x^2+y^2)}\boldsymbol{j}$$

BC 受力：

$$f_{BC} = (\sigma \cdot \boldsymbol{b}) \times \boldsymbol{I}_{BC} = -\tau_{yz}b_1\boldsymbol{i} = -\frac{Gb_1b_2x}{2\pi(x^2+y^2)}\boldsymbol{i}$$

CD 受力：

$$f_{CD} = (\sigma \cdot \boldsymbol{b}) \times \boldsymbol{I}_{CD} = \tau_{yz}b_1\boldsymbol{j} = \frac{Gb_1b_2x}{2\pi(x^2+y^2)}\boldsymbol{j}$$

DA 受力：

$$f_{DA} = (\sigma \cdot \boldsymbol{b}) \times \boldsymbol{I}_{DA} = \tau_{yz}b_1\boldsymbol{i} = \frac{Gb_1b_2x}{2\pi(x^2+y^2)}\boldsymbol{i}$$

根据位错环各段受力方向，位错环可能会变成类似图 3.83 虚线所示意的形状。

(3) 与 AB 交割，EF 产生弯折，宽度为 b_1，AB 产生割阶，高为 b_2；与 CD 交割，EF 变直，CD 与 AB 相同，产生割阶，高为 b_2。根据 $l \times v$ 规则，交割后形状如图 3.84 所示。

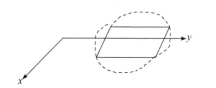

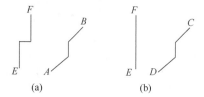

图 3.83　例题 3.25 位错环作用力下的形状示意图　　　图 3.84　例题 3.25 直螺位错穿越位错环作交割结果示意图

3.3.18　位错的起源与增殖

讨论点缺陷时曾经指出，点缺陷的存在能够导致点阵发生畸变，致使晶体的内能升高，但另一方面，点缺陷的存在又使体系的混乱程度增加，即引起熵值增加，使自由能降低。这两种相反因素的作用致使系统总的自由能仍然可能下降，因而点缺陷有在晶体中自发形成的趋势，并且在每个温度下均有一个热力学平衡浓度。然而位错的情况不同，形成位错时内能的增加(位错的弹性能)远大于熵增引起的自由能降低，因此体系的自由能因位错形成总是升高的。既然如此，晶体中为什么还会形成位错？位错的起源是什么？另外，还有一个问题是晶体在塑性形变过程中位错密度的变化。塑性形变最常见的方式是滑移，按照前面位错模型的讨论，当一个位错扫过整个滑移面，只在表面上留下宽度为一个原子间距的滑移台阶，相应的晶体中的位错就要减少一个，这样随晶体塑性形变的进行，滑出晶体的位错越来越多，晶体中位错数目应该越来越少，位错密度应该不断降低。然而，这个推论与观察事实不符。实验表明，退火状态的金属在形变前位错密度较低，约为 $\rho = 10^6\ \text{cm}\cdot\text{cm}^{-3}$，在塑性形变过程中位错密度值会不断增加，在剧烈冷变形状态时甚至达到 $\rho = 10^{12}\ \text{cm}\cdot\text{cm}^{-3}$，表明位错在晶体形变过程中发生了增殖现象，这就需要解析增殖的原因和机制，也是下面各小节主要讨论的内容。

1. 位错的起源

实验发现，材料在凝固、固态冷却和外延生长等过程中都可能形成位错。

凝固过程中形成位错的原因是：①在"籽晶"中已存在位错和其他缺陷，这些位错或缺陷直接"长入"正在凝固的晶体中；②在不同部位成核和长大的晶体由于位向不同在相遇时界面原子错配形成位错；③杂质原子在凝固过程中不均匀分布使晶体的先后凝固部分成分不同，从而点阵常数存在差异，导致在过渡区出现位错；④凝固界面不同部分的碰撞挤压而产生位错。

固态冷却过程中形成位错的原因是：①当固体从接近熔点的温度急冷时产生大量的(过饱和的)空位，这些空位可以通过扩散聚集成大的空位团，空位团又进一步塌陷为空位片，即位错环(图 3.85)；②由于杂质或在很大的温度梯度区域热收缩不同而产生的内应力导致位错，任何引起应力集中的因素都会加速这种位错的形成；③冷却过程中发生再结晶或固态相变，使晶界或相界面上质点错配而形成位错；④非常高的外应力作用下无缺陷的均匀晶体中也可能形成位错，但在完整晶体中萌生一个位错，所需应力的数量级应相当于理论强度值，故这种概率一般比较小。

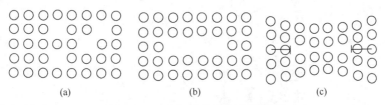

图 3.85 空位聚合形成位错示意图

此外，晶体裂纹尖端、沉淀物或夹杂物界面、表面损伤处等都易产生应力集中，这些应力同样能促使位错的形成。辐照也可使材料中产生大量过饱和空位或间隙原子，从而扩散萌生位错环。尽管在晶体制备过程中位错往往不能避免，但仍可以通过严格控制材料成分和优化工艺条件，获得位错较少甚至无位错的晶体，如一些半导体材料和晶须，后者是由高纯度单晶生长而成的微纳米级的短纤维，直径非常小，不含有通常材料中存在的缺陷(如晶界、位错和空穴等)，其原子排列高度有序，因而其强度接近于完整晶体的理论值。

2. 位错的增殖及其机制

对位错的增殖机制，人们很早就开始注意并进行研究。1947 年，英国理论物理学家弗里德里克·查尔斯·弗兰克就曾提出过一个"位错动力学增殖机制"，试图解决位错的增殖问题。这个机制的大致思路是，当位错 1 在应力场作用下高速运动，这个运动速度足够高(位错的动能足够大)，以至于在到达晶体表面时，除产生一个滑移单位外，并不会立即停下来，而是继续向前滑移一步，就像一个跑得太快的人到达终点时不会立即停下，而是由于惯性再往前跑几步，从而产生一个符号与之相反的位错 2，它在同一应力场作用下会与原位错 1 反向运动。这样，当位错 2 到达对面的表面时，同样的过程又会重演。弗兰克把这种由位错高速运动导致的增殖称为反射机制，其实称为惯性机制也许更形象。反射机制在逻辑上是合理的，却无法提供位错高速运动所需的能量，特别是解释金属晶体在较低应力下便可以发生塑性形变时更加无能为力。

现在普遍接受的位错增殖机制主要有三种，即 L 型增殖机制、交滑移增殖机制和基于位错攀移的增殖机制。本节主要介绍 L 型增殖机制，对其他两种机制也会简要述及。

1) L 型位错增殖机制和 Frank-Read 位错源

L 型位错增殖机制由弗兰克和美国物理学家桑顿·瑞德在 1950 年提出，也称 Frank-Read 机制，该机制不仅在理论上自然合理，而且已经获得了直接的实验证实。

参考图 3.86，考虑一个 L 型纯刃型位错，处在 Π_1 和 Π_2 两个相互垂直的平面上，图中 $CDEG$ 是此位错的附加半原子面，位错线是 CDE，伯氏矢量 b 与位错线处处垂直。根据式(3.106)，作用在位错上的力的普遍公式是 $dF = (\sigma \cdot b) \times dl$，这个力始终与位错线元 dl 垂直。

若在图 3.86 中所示的晶体试样表面施加一个剪应力 τ，这个 τ 平行于平面 Π_1，方向与 b 同向，如图 3.87 所示，那么晶体试样中 Π_1 平面上切应力为常量，即为 τ，而 Π_2 平面上无切应力分量，则根据式(3.106)，可以得出位错线 CD 段单位长度上的受力为 τb，而作用在位错线 DE 段上的力为零。因此，在如图所示的应力系统之下，位错线 DE 段将不发生运动，而位错线 CD 段应在平面 Π_1 内向 x 轴负方向运动。当然，位错线 DE 段即使受力也可能保持不动，

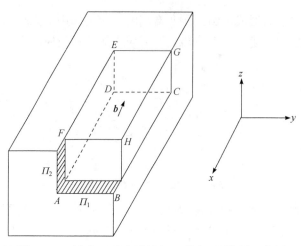

图 3.86 两个相互垂直平面上 L 型纯刃型位错示意图

如 DE 段所在的平面 Π_2 不是位错晶体学上的滑移面，DE 段位错遇到某种障碍物或者受力不足等。

由于 D 点不动，故位错线 CD 段在 Π_1 平面内的运动是绕 D 点的旋转，图 3.87 画出了 CD 位错旋转了不同角度时后 C 点的位置，如 C_1、C_2、C_3、…，它们和 D 的连线对应滑移过程各阶段时已滑移区和未滑移区的边界。将不能滑移的 DE 段位错称为极轴位错，可滑移的(旋转的)CD 段位错称为扫动位错。在扫动位错 CD 旋转过程中，若作用在晶体上的剪应力保持不变，则根据式(3.106)可知，无论 C 点运动至何处，作用在位错线单位长度上的力也保持恒定，即 τb，方向永远处处与该位错线垂直。如果不考虑扫动位错运动过程中阻力的变化，仅从应力条件考虑，这个以 D 点为固定点的旋转运动可以无限制地进行。

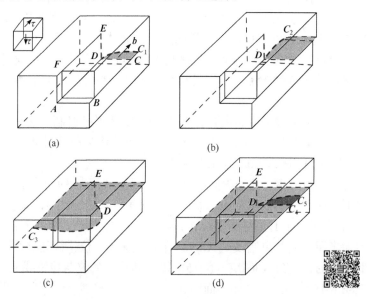

图 3.87 L 型位错增殖机制示意图

从图 3.87 还可以看出，扫动位错 CD 在滑移过程中，它的类型是不断变化的。例如，在初始位置，它是正刃型位错；在旋转 90° 后[图 3.87(b)]，它是左旋螺型位错；在旋转了 180° 后，它处在与 CD 对称的位置，变成了一段负刃型位错。应该指出，虽然扫动位错围绕极轴位错做旋转运动，但晶体自始至终都沿着 **b** 的方向滑移，当扫动位错转动一整周(360°)回到原来 *CD* 位置时，由于它扫过了整个滑移面，Π_1 平面上下晶体便相对滑动了一个伯氏矢量 **b**。这时，整个晶体与原始状态相比，除了在 Π_1 平面上产生一个矢量为 **b** 的滑移以外，没有其他差别。在外加剪应力不变的条件下，*CD* 可以继续扫动，开始第二次旋转，使晶体继续往原来方向滑移。显然，只要不撤除外力，并且暂不考虑对此过程的破坏和干扰，那么这个扫动旋转过程就能够自行维持，Π_1 平面上的滑移台阶便会不断增大，这就是弗兰克和瑞德所提出的位错增殖机制，由于其 L 型几何构型，增殖的源头便称为 L 型平面位错源。

　　还需注意，由于扫动位错线上各点受力都是 τb，故各点的线速度 v 都相同，因而距极轴近的点，由于它们的旋转半径 r 比较小，所以其角速度 ω 必然较大($\omega = v/r$)，这样扫动位错在旋转过程中便不可能保持直线形状，会逐步发生卷曲，形成一条平面螺旋线，其曲率半径随着滑移量的增加而不断减小(图 3.88)，直到与位错的线张力达到平衡为止。

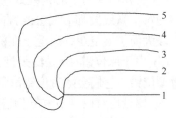

图 3.88　扫动位错围绕极轴旋转过程中
位错线形状变化示意图

　　在 L 型位错增殖机制的基础上，弗兰克和瑞德又提出了 U 型位错增殖机制，又称为 Frank-Read 源(或简称 F-R 源)，它是一条 U 型的纯刃型位错分别处在平面 Π_1、Π_2 和 Π_3 中，伯氏矢量为 **b**，和 L 型位错非常相似，有一条扫动位错 *AB*，不同之处仅在于 U 型位错在同样的剪应力作用下有两段极轴位错 *AE* 和 *BG*，如图 3.89 所示。

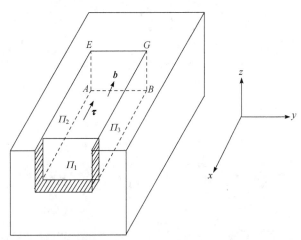

图 3.89　晶体中 U 型纯刃型位错示意图

　　现在分析在滑移面上的剪应力 τ 作用下 U 型位错的运动情况。由于 τ 是作用在平面 Π_1 上的剪应力，它在 Π_2 和 Π_3 平面上的分量是零，故 *AE* 和 *BG* 两段位错均是极轴位错，不能滑移，只有 *AB* 能在平面 Π_1 上滑移，是扫动位错，其运动过程可用下面几个阶段描述：

　　(1) 在应力场均匀的情况下，沿位错线各处的滑移力 $f = \tau b$ 大小都相等，位错线本应平行向前滑移，如图 3.90(a)所示。

　　(2) 但因位错 *AB* 两端被固定住，不能运动，势必在运动的同时发生弯曲，结果位错变成曲线形状，如图 3.90(b)所示。

　　(3) 当 τ 较小时，位错线弯曲半径由 f 和线张力 T 共同决定，由例题 3.17 的结果可知，维

持曲率半径为 r 所需的剪应力为 $\tau = \dfrac{T}{br}$。设两个极轴间距离为 $2l$，当位错线弯曲成半圆时(当 $r = l$，为两个极轴间距离之半时)，r 达到最小，如图 3.90(b)所示，此时维持平衡所需的剪应力 $\tau = \tau_{\max} = \dfrac{T}{br_{\min}} = \dfrac{T}{bl}$。$\tau_{\max}$ 就是使 F-R 源启动所需的剪应力。显然，两条极轴间距离越大，F-R 源的启动应力便越小。当 $\tau \leqslant \tau_{\max}$ 时，位错线处于稳定状态，而 $\tau > \tau_{\max}$ 时，位错线就不再保持稳定的平衡状态，它会在恒定的剪应力 τ 作用下不断地扩展。

(4) 位错所受力 f 总是处处与位错线本身垂直，即使位错弯曲也是如此。在应力作用下，位错的每个微线段都沿其法线方向向外运动，但由前面的讨论可知，在靠近极轴处由于角速度 ω 较大而扩展更快，以至于在极轴附近位错线发生卷曲，如图 3.90(c)所示。

(5) 由于原位错 AB 是纯刃型，则图 3.90(d)中相距最近的两小段位错 p 和 q 必然是一对异号螺型位错，它们会随着位错滑移过程逐渐靠近。

(6) 继续滑移时，p 和 q 相遇并抵消，得到一个封闭的位错环和环内的一小段位错 AB，如图 3.90(e)所示。接着 AB 位错在线张力作用下被拉直，然后重复以上过程，形成第 2 个、第 3 个、…、第 n 个位错环，而已形成的位错环则不断向外扩展。当每个位错环扫过滑移面上的某个区域时，该区域两边晶体的相对滑移量便增加一个 b。因此，当第 n 个位错环扫过整个滑移面而跑到晶体表面时，整个滑移面两边的晶体便产生了 nb 的相对滑移，同时两个极轴 AE 和 BG 也随着上部晶体位移了 nb。

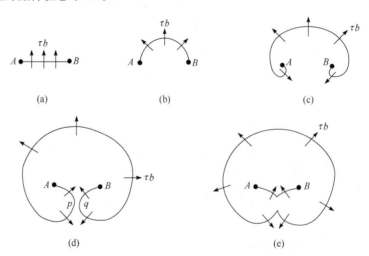

图 3.90　Frank-Read 位错源增殖机制示意图

不难想象，按上述机制，U 型位错源即 F-R 源能源源不断地产生许多位错环，引起大量的滑移，直到两个极轴 AE 和 BG 随上部晶体滑出表面为止。F-R 源及其产生的位错环已在实验中被观察到，但由于晶体的各向异性，位错环各点扩展速率很难保持相同，故实验中观察到的位错环通常呈多边形，如方形或六边形等。

2) 交滑移增殖机制

刃型位错的滑移面由于伯氏矢量和位错线垂直，滑移面是唯一的，而螺型位错由于伯氏矢量平行于位错线，滑移面不唯一，如果不考虑晶体学因素，仅从几何层面讲，凡是包含该位错线的任何晶面都可作为它的滑移面，因此，螺型位错滑移的几何条件要比刃型位错更加优越。当螺型位错在某一晶面上滑移受到阻碍[图 3.91(a)中滑移面上的黑线，如遇到固定位错]，它可以离开原来的滑移面而转到另一滑移面进行滑移[图 3.91(b)]，这种滑移方式称为交滑移，即交换滑移面的意思。交滑移过程中，初始滑移面称为主滑移面，交换后滑移面则称为交滑移面。当螺型位错在交滑移面上滑移了一段距离后，因阻碍的影响变小，它又可能重新转回到另一个平行于初始滑移面的主滑移面进行滑移[图 3.91(c)]，这种两次交滑移现象就称为双交滑移。当然，螺型位错实际滑移过程中还可能多次交换滑移面，出现多次交滑移现象。

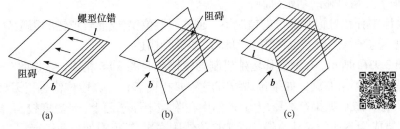

图 3.91　螺型位错交滑移示意图

　　交滑移是如何使位错进行增殖呢？显然，如图 3.91 所示，如果整条位错线都参与交滑移过程，在滑移过程中位错密度不会变化，当然也不会引起位错增殖，并且除了最后一个主滑移面外，在其他主滑移面(包括初始滑移面)上滑移都不会在晶体表面产生滑移台阶，因为在最后一个主滑移面上滑移时位错线才能到达晶体表面。当然，在交滑移面上滑移出晶体也会使晶体表面产生滑移台阶，但滑移过程中也没有位错增殖现象。由此可见，要想通过交滑移使位错增殖并产生大量的塑性形变，就要求位错线的一部分而不是整个位错线发生交滑移。用图 3.92 来说明双交滑移导致位错增殖的机制：①在初始滑移面上一条伯氏矢量为 b 的纯螺型位错 xy 按图所示的方向进行滑移，并且滑移面上沿滑移方向有一段障碍；②位错线遇到障碍的部分发生交滑移，并在交滑移面上产生刃型割阶，该割阶垂直于原来的滑移面并和 b 垂直，由于交滑移面上没有剪应力分量，这两个刃型割阶便成为极轴位错；③发生交滑移的螺型位错线段重新回到和初始滑移面平行的主滑移面滑移，但和交滑移面上的两个极轴位错构成 F-R 源，如果剪应力足够大，这个 F-R 源便会不停地释放位错环，引起晶体持续滑移。

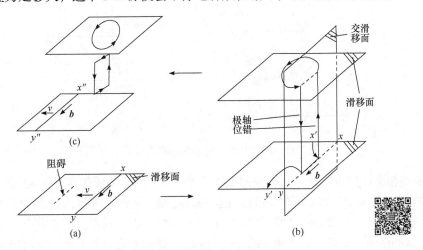

图 3.92　交滑移增殖机制示意图

　　还需指出，初始滑移面上的障碍也使该滑移面上未发生交滑移的螺型位错线段成为扫动位错，它们绕各自的极轴位错进行扫动，进而卷曲靠近并最终相遇抵消，然后在线张力作用下又拉直成为纯螺型位错向前滑移,如图 3.92 中 $x''y''$ 位错线。

如果交滑移不是发生两次而是发生更多次,那么会在多个相互平行的主滑移面上产生大量的位错环,引起晶体大量的滑移,在晶体表面出现可视觉观察到的滑移台阶。

【练习 3.6】 思考如果一个位错环在剪应力作用下于滑移面上滑移时发生交滑移是什么样的结果。

3) 基于位错攀移的增殖机制

在晶体中存在过饱和空位的情况下,通过刃型位错(或混合位错的刃型分量)的攀移也可使位错增殖,这种增殖机制也可用 L 型和 U 型进行描述。

如图 3.93(a)所示,L 型攀移增殖机制的位错源与图 3.86 相似,只是此时 $b \parallel ED$,因而 ED 段位错是螺型位错(右旋,如果位错线方向从 E 指向 D),DC 段位错是正刃型位错,其附加半原子面垂直于 ED。如果存在压应力 σ_z 作用在附加半原子面上,且温度较高(有利于质点扩散),则 ED 位错成为不动的极轴位错,而 DC 位错则在攀移面(附加半原子面)上进行攀移运动。由于 D 点固定,随着位错线上质点扩散到周围的空位(或者空位扩散至位错线并和位错线上质点换位),半原子面缩小,DC 位错围绕 ED 轴进行转动,运动过程及位错线的形状与图 3.87 所示情形类似,但意义大不相同:①位错扫过的区域[如图 3.93(b)中的阴影区]是局部攀移区(而不是局部滑移区),此区的质点已经扩散至周围的空位中;②无论 DC 位错运动到什么位置或变成什么形状,它永远是刃型位错,和伯氏矢量 b 保持垂直;③由于与 DE 垂直的原子面在 D 点附近是螺距为 b 的螺旋面,故 DC 位错是在螺旋面上进行攀移,它每旋转一周(360°)就沿 ED 前进一段距离 b,半原子面两边的晶体也沿 ED 线的方向合拢一个 b,最后 DC 位错将变成一条连续的空间螺旋线。

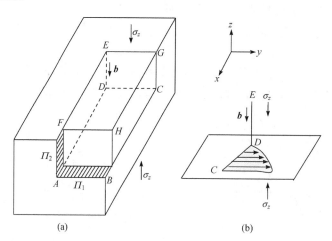

图 3.93 基于 L 型位错源的攀移增殖机制示意图

攀移增殖的 U 型位错源机制也和图 3.89 类似,不同的是伯氏矢量 b 与 AE 和 GB 位错段平行[图 3.94(a)],因而 AE 和 GB 两段位错分别是右旋和左旋螺型位错,AB 段是刃型位错,其附加半原子面垂直于 AE 和 GB,即图 3.94(b)中所示的攀移面。同样,在正应力 σ_z 的作用下,若温度较高,则 AE 和 GB 成为不动的极轴位错,AB 段位错则在攀移面上进行攀移运动[图 3.94(b)]。由于 A 点和 B 点均被固定,AB 位错在攀移过程中的位置和形状变化仍然和图 3.90 类似[图 3.94(c)],但位错线扫过的区域中质点已经扩散掉了。AB 位错在攀移运动过程中也始终是刃型位错,所产生的位错环也是刃型(环内是空位片,环外是多余的半原子面),与 b 处处垂直,且由于 A 点

和 B 点附近的攀移面是螺旋面，故每形成一个位错环，AB 位错就前进一段距离 b，然后又重复运动过程，产生第 2 个、第 3 个、…、第 n 个位错环，每个位错环扩大到晶体表面时晶体就沿极轴位错的方向合拢 b 的距离。

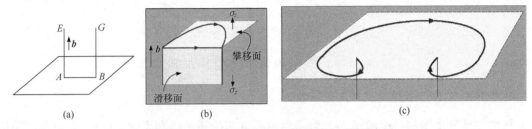

图 3.94　基于 U 型位错源的攀移增殖机制示意图

上述通过 U 型位错攀移而增殖的机制称为 Bardeen-Herring 机制，这个 U 型位错源也称为 Bardeen-Herring 源，或简称 B-H 源。B-H 源开动的条件是晶体中必须具有过饱和的空位浓度，即在有位错的晶体中的空位浓度必须大于相同温度下无位错晶体中的平衡浓度，这个过饱和浓度可以通过计算有位错存在时附加的空位形成能求得，这里不再赘述。

【例题 3.26】　结合本小节所学的知识，试分析两个位错交割形成不同大小割阶后的运动情况。

解　(1) 对于 1～2 个原子间距的小割阶，在图 3.95(a) 的情况下，割阶 ON 的滑移方向就是原位错线 MP 的滑移方向，即伯氏矢量 b 的方向，此时原位错能带着割阶 ON 一起运动；而在图 3.95(b) 的情况下，割阶 ON 的滑移方向(伯氏矢量 b 的方向)与原位错 MP 的滑移方向(向左)不同，此时割阶 ON 要想随着原位错一起向左运动就必须攀移。因此，割阶 ON 左移会留下一串空位或自间隙原子。攀移比较难进行，尤其在较低温度下，故即使是小割阶，ON 也会阻碍原位错的运动。

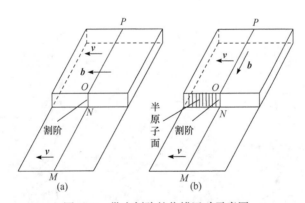

图 3.95　带小割阶的位错运动示意图

(2) 当割阶高度大于几个原子间距时，外力将无法使割阶跟着位错一起运动，此时会出现两种情况：①当割阶高度大于约 60 个原子间距时(大割阶)，原始的螺型位错在 N 点和 M 点被牢牢扎钉，在外力作用下位错绕极轴 NM 旋转，产生扫动位错 NY 和 MX，这两个扫动位错分别在两个平行的滑移面上独立滑移，如图 3.96(a) 所示；②当割阶高度大于几个原子间距而小于 60 个原子间距时(中割阶)，扫动位错 NY 和 MX 旋转到相互平行位置时会彼此吸引，从而产生比较稳定的一对异号位错 NP 和 MO，这对异号位错称为位错偶极子，如图 3.96(b) 所示。

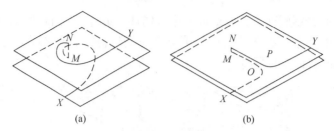

图 3.96　带大割阶(a)和中割阶(b)的位错运动示意图

3. 位错的源地和尾闾

晶粒边界是位错的一个源地,因为晶界内有许多位错网络和点缺陷(包括空位和间隙原子),可以作为 Frank-Read 源或 Bardeen-Herring 源发射或吸收位错,也就是说,晶界既是位错的源地,也是位错的尾闾(传说中的海水所归之处,这里指消纳或汇聚位错的地方),它同样是点缺陷的源地和尾闾。

位错的另一个源地是沉淀相,当位错在滑移过程中遇到沉淀颗粒或者杂质时,有可能出现以下各种结果:

(1) 停止运动,造成位错塞积。

(2) 当沉淀相颗粒的强度较低时,位错继续滑移并穿过沉淀颗粒,使颗粒沿位错的滑移面被切成两半,并发生伯氏矢量模 $|b|$ 的相对位移。

(3) 继续滑移,但绕过颗粒,因而在颗粒周围留下一个位错环,环内是未滑移区,如图 3.97(a) 所示。

(4) 继续滑移,但在颗粒周围发生交滑移,如图 3.97(b)、(c)和(d)所示。各图的最上部是位错线通过沉淀颗粒前的位置和形状,最下部是通过颗粒后的位置和形状,中间两个图是交滑移过程。

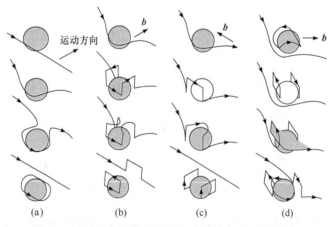

图 3.97　位错滑移过程中遇到沉淀颗粒的情形示意图

【**例题 3.27**】　在某一铜晶粒中有一些运动位错,它们的平均长度为: $l = \rho^{-1/2}$,ρ 是位错密度。假定这些位错已经被扎钉,产生的临界剪应力是 14 MPa,又已知 $G = 27\,\text{GPa}$,$b = 0.256\,\text{nm}$,试求取晶粒中的位错密度。

　　解　被扎钉的位错可以视为一个位错源,它产生的临界剪应力就是位错源开动所需的剪

应力。根据式(3.108)：$\tau = \dfrac{Gb}{2R}$，式中 R 为曲率半径，再参考

图 3.98，当位错线弯曲成半圆时，R 最小，等于 $\dfrac{l}{2}$，故此时

τ 最大，为 $\tau_{\max} = \dfrac{Gb}{l}$，将 l 和位错密度 ρ 的关系以及其他数

据代入，可得

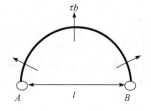

图 3.98　例题 3.27 位错扎钉示意图

$$14 \times 10^6 = \frac{27 \times 10^9 \times 0.256 \times 10^{-9}}{\rho^{-\frac{1}{2}}} \Rightarrow \rho = 4.102 \times 10^{12} \text{ m}^{-2}$$

【例题 3.28】　有一长度为 l 的运动位错被一个第二相粒子阻碍，试证明：使位错绕过第二相粒子的剪应力为

$$\tau = \frac{2T}{bl} = \frac{Gb}{2\pi l} B \ln \frac{l}{2r_0}$$

式中，T 为线张力；b 为伯氏矢量模；G 为剪切模量；r_0 为第二相粒子半径；B 为常数。

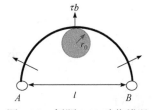

图 3.99　例题 3.28 动位错遇
第二相粒子弯曲示意图

证明： 运动位错遭遇不可变形的第二相粒子，位错线将围绕粒子发生弯曲，当弯曲成半圆时，曲率半径最小(为 $l/2$)，产生的剪应力最大(图 3.99)，即

$$\tau = \frac{T}{b\dfrac{l}{2}} = \frac{2T}{bl}$$

线张力数值上等于位错应变能，则根据式(3.90)，有

$$T = W_m = \frac{Gb^2}{4\pi k} \ln \frac{R}{r_0} = \frac{Gb^2}{4\pi k} \ln \frac{l}{2r_0}$$

将两式结合，就可得到

$$\tau = \frac{2Gb^2}{bl \cdot 4\pi k} \ln \frac{l}{2r_0} = \frac{Gb}{2\pi lk} \ln \frac{l}{2r_0} = \frac{Gb}{2\pi l} B \ln \frac{l}{2r_0}$$

式中，$B = \dfrac{1}{k} = \dfrac{1 - \nu \cos^2 \varphi}{1 - \nu}$，证毕。

3.3.19　位错的塞积

设某一晶粒中心有一个位错源，在外应力 τ 的作用下，此位错源开动，从而产生位错。这些位错先后在同一滑移面上进行运动，当遇到障碍物(如晶界)时，众多位错被阻碍在障碍物附近，在滑移面上将塞积一列位错，称为位错的塞积群，如图 3.100 所示，塞积群中最靠近障碍物的位错称为领先位错。

由于位错塞积群会对位错源产生反作用力，这个反作用力随塞积群中的位错数目的增加而增加，故当塞积群中的位错达到一定数目时，位错源就不再开动，即不再产生新的位错。显然，晶粒半径 R 越大，塞积群中位错的数目 n 越多，在确定两者关系之前先看一个示例。

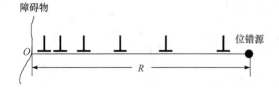

图 3.100　位错在障碍物附近塞积示意图　　　　　图 3.101　例题 3.29 三条刃型位错塞积示意图

【例题 3.29】　有一位错塞积群如图 3.101 所示，A、B、C 三条刃型位错的伯氏矢量均为 b，外加剪应力为 τ，试计算三条刃型位错的间距和障碍物所受到的力 f。

解　设三条位错线的位置分别在 $x=0$，$x=x_1$ 和 $x=x_2$ 处，障碍物所受的力为 f；x_1、x_2 位置处的位错所产生的应力场中的应力分量分别用 τ_{xy}^1 与 τ_{xy}^2 表示，注意到滑移面上 $y=0$，所以根据式(3.71)，有

$$\tau_{xy} = D\frac{x\left(x^2 - y^2\right)}{\left(x^2 + y^2\right)^2} = \frac{Gb}{2\pi(1-\nu)} \cdot \frac{1}{x} \tag{a}$$

则障碍物受力为

$$f = \tau b + \tau_{xy}^1 b + \tau_{xy}^2 b = \tau b + \frac{Gb^2}{2\pi(1-\nu)} \cdot \left(\frac{1}{x_1} + \frac{1}{x_2}\right) \tag{b}$$

x_1 处位错所受的合力 f_1 为 0，则有

$$
\begin{aligned}
f_1 &= -\tau b + \frac{Gb^2}{2\pi(1-\nu)} \cdot \frac{1}{x_1} + \left(-\frac{Gb^2}{2\pi(1-\nu)} \cdot \frac{1}{x_2 - x_1}\right) \\
&= -\tau b + \frac{Gb^2}{2\pi(1-\nu)} \cdot \left(\frac{1}{x_1} - \frac{1}{x_2 - x_1}\right) = 0
\end{aligned} \tag{c}
$$

同理，x_2 处位错所受的合力 f_2 也为 0，即

$$f_2 = -\tau b + \frac{Gb^2}{2\pi(1-\nu)} \cdot \left(\frac{1}{x_2} + \frac{1}{x_2 - x_1}\right) = 0 \tag{d}$$

联解式(c)和式(d)，可得

$$
\left.\begin{aligned}
x_1 &= \frac{\sqrt{3}Gb}{2\pi\left(1+\sqrt{3}\right)(1-\nu)\tau} \\
x_2 &= \frac{\left(2+\sqrt{3}\right)\sqrt{3}Gb}{2\pi\left(1+\sqrt{3}\right)(1-\nu)\tau}
\end{aligned}\right\} \tag{e}
$$

位错 A 与位错 B 的距离即为 x_1，而位错 B 与位错 C 的距离为

$$x_2 - x_1 = \frac{\left(2+\sqrt{3}\right)\sqrt{3}Gb}{2\pi\left(1+\sqrt{3}\right)(1-\nu)\tau} - \frac{\sqrt{3}Gb}{2\pi\left(1+\sqrt{3}\right)(1-\nu)\tau} = \frac{\sqrt{3}Gb}{2\pi(1-\nu)\tau} \tag{f}$$

将 x_1 和 x_2 代入式(b)中，可得障碍物所受到的力 f，即

$$f = \tau b + \frac{Gb^2}{2\pi(1-\nu)}\left[\frac{2\pi(1+\sqrt{3})(1-\nu)\tau}{\sqrt{3}Gb} + \frac{2\pi(1+\sqrt{3})(1-\nu)\tau}{(2+\sqrt{3})\sqrt{3}Gb}\right] = 3\tau b \tag{g}$$

在例 3.29 中，塞积群里有三个位错，对障碍物的作用为 $3\tau b$，这并不是一个巧合，通常可以认为障碍物造成的引力场是近程作用场，即应力随距离迅速衰减，因而可以假定，障碍物只对领先位错具有作用力 $f = \tau_0 b$，对其他位错没有作用力；如果位错塞积群是由 n 个伯氏矢量均为 $\boldsymbol{b}$ 的位错组成，那么塞积群作为一个整体的平衡条件为 $n\tau b = \tau_0 b$，由此可得障碍物对领先位错的反应力为

$$\tau_0 = n\tau \tag{3.141}$$

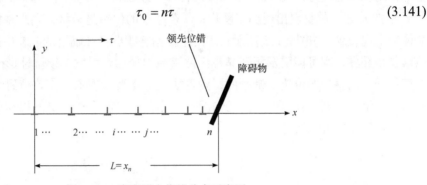

图 3.102　塞积群中位错分布示意图

从例题 3.29 还可以看出，塞积群中的位错在滑移面上并非平均分布，要确定塞积群中各位错的具体位置或坐标，需要仿照上例分析每个位错的受力和平衡条件。参考图 3.102，由于每个非领先位错受到外应力及其他位错应力场的联合作用，故第 i 个非领先位错的平衡条件为

$$\sum_{j=1, j\neq i}^{n}\frac{Gb_j}{2\pi(1-\nu)}\left(\frac{b_i}{x_i-x_j}\right) + \tau b_i = 0 \quad (i\neq n) \tag{3.142}$$

式中，b_i 和 b_j 分别为第 i 个和第 j 个位错的伯氏矢量；x_i 和 x_j 分别为第 i 个和第 j 个位错的坐标，坐标原点位于最后一个位错处。式(3.142)中共有 $n-1$ 个方程，分别对应 $i = 2, 3, \cdots, n$。对于领先位错，它受障碍物的反应力 τ_0、外应力 τ 及其他位错应力场的作用，平衡条件为

$$\sum_{i=1}^{n-1}\frac{Gb_i}{2\pi(1-\nu)}\cdot\frac{b_n}{x_n-x_i} + \tau b_n - \tau_0 b_n = 0 \quad (i\neq n) \tag{3.143}$$

如果塞积群中位错的伯氏矢量相同，均为 $\boldsymbol{b}$，这些方程组可以得到简化，并求解得到塞积群中各位错的坐标和塞积群的长度，即

$$x_i = \frac{Gb\pi}{16kn\tau}(i-1)^2 \quad (i\neq n) \tag{3.144}$$

$$L = x_n = \frac{Gb\pi n}{16k\tau} \tag{3.145}$$

式(3.144)和式(3.145)中，刃型位错时 $k = 1$，螺型位错时 $k = 1-\nu$，n 为塞积群中位错的数目。将式(3.145)进行变换，从而得到塞积群中位错数目与晶粒半径的关系：

$$n = \frac{16k\tau L}{Gb\pi} \tag{3.146}$$

式(3.146)中，如果障碍物是晶界，L 即晶粒的半径。位错塞积群不仅会对位错源产生反作用力，还会在临近的晶粒中产生应力，位错塞积的数目 n 越大，产生的应力也越大。这个应力有助于临近晶粒内的位错源开动，相当于位错从一个晶粒传播到另一个晶粒，导致塑性形变连续产生，这种现象称为多晶体的屈服。

从上述分析不难看出，晶界对位错运动起阻碍作用，所以晶粒越细，位错运动所需的外应力就越大。

位错在晶体中塞积可能会导致如下结果：①位错塞积群对位错源产生反作用力，导致位错源开动所需的应力大大增加，依照式(3.141)，塞积群中有 n 个位错时，开动位错源所需的应力要增加 n 倍，故材料出现加工硬化；②若塞积的位错是刃型，则当塞积的数目足够大时，晶体会出现裂纹，如图 3.103 所示；③由于位错塞积群会在临近的晶粒中产生应力，因此如果障碍物是晶界，则可能引发相邻晶粒内位错源的开动，引发持续塑性形变；④若障碍物是第二相粒子，而塞积的位错是螺型的，则可能发生交滑移现象；⑤若障碍物是第二相粒子，而塞积的位错是刃型又在温度较高的情况下，则位错可能攀移。交滑移和攀移都会使塞积应力下降，导致晶体出现软化。

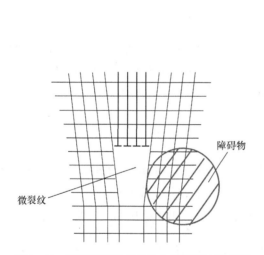

图 3.103　刃型塞积造成晶体出现微裂纹示意图

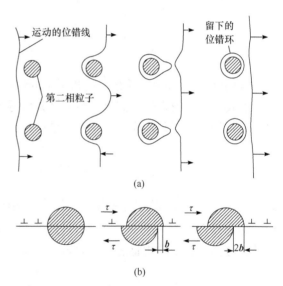

图 3.104　第二相粒子对金属晶体塑性形变及强度影响示意图

【例题 3.30】　利用位错理论分析论述第二相粒子对金属晶体塑性形变及强度的影响。

解　如图 3.104 所示，第二相粒子与位错的交互作用有如下两种情况：①如图 3.104(a)所示，第二相粒子较硬，难以变形，位错线无法通过，于是只能绕过去，如此反复。阻碍位错线通过的粒子的有效尺寸不断加大，使得位错线要绕过粒子的临界应力不断上升，后续的位错线绕过时会越来越难，塑性变形抗力不断增大，因此材料的强度显著提高。②如图 3.104(b)所示，第二相粒子较软，位错线可以将第二相粒子切割并沿其滑移面通过，这样就造成了界面能、畸变能、位错应变能等能量的上升，则位错的滑移必须做额外的功才能克服上述能量的增加，因此材料的屈服强度上升，材料也得到强化。

【**例题 3.31**】　如图 3.105 所示，四方形单晶体中有一矩形位错环 $ABCD$，其各段分别平行于 x 轴或 y 轴，其伯氏矢量 b 平行于 x 轴，方向如图中所示。试求解以下问题：

(1) 写出各位错段的位错类型。

(2) 用应力张量符号表示图中所示的一对剪应力 τ，并写出该剪应力作用在各位错段单位长度上的力的大小及方向。

(3) 写出 DA 段与 BC 段单位长度位错线间的相互作用力的大小及方向。

(4) 写出 AB 段与 CD 段单位长度位错线间的相互作用力的大小及方向。

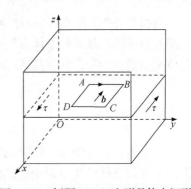

图 3.105　例题 3.31 四方形晶体中矩形位错环示意图

(5) 分析在剪应力 τ 持续作用下该位错环在运动中的形状变化及晶体形状的变化。

解　(1) 根据位错线和伯氏矢量的位向关系(参考图 3.28)，可得各位错段的位错类型，即 AB 为负刃型位错、BC 为左旋螺型位错、CD 为正刃型位错、DA 为右旋螺型位错。

(2) 如图 3.105 所示，剪应力 τ 作用在垂直于 y 轴的平面并且指向 $-x$ 轴方向，故用张量记号表示的 τ 为 $-\sigma_{yx}$。这个剪应力和 x 轴平行，故在 y 轴方向没有分量，且对 AB 段和 CD 段位错没有作用力。另外，根据剪应力 τ 的作用方向，方形晶体右侧部分将与 τ 同向，根据 $l \times v$ 规则可知 BC 段位错线向下运动，而 DA 段位错线向上运动，因此可得该剪应力作用在单位长度各位错段上的力的大小及方向，即 AB：无作用力；BC：τb，$-z$ 方向；CD：无作用力；DA：τb，z 方向。

(3) DA 段与 BC 段位错为同一平面上相互平行的异号螺型位错，故之间相互作用力为引力，大小为

$$f = \frac{Gb^2}{2\pi|AB|}$$

(4) AB 段与 CD 段位错为同一平面上相互平行的异号刃型位错，故之间相互作用力也为引力，大小为

$$f = \frac{Gb^2}{2\pi(1-\nu)|BC|}$$

(5) 由于 BC 段受力向下运动，而 B 和 C 点不动，故 BC 段在运动中发生弯曲，成为一个位错增殖源；同时，由于 DA 段受力向上运动，而 D 和 A 点不动，故 DA 段在运动中也发生弯曲，成为另一个位错增殖源，如图 3.106(a)所示。

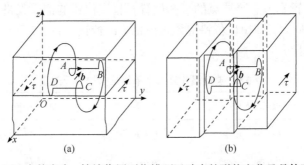

(a)　　　　　　(b)

图 3.106　例题 3.31 中剪应力 τ 持续作用下位错环运动中的形状变化及晶体形状变化示意图

弯曲的 BC 段和 DA 段位错继续运动时会增殖出位错环，位错环不断扩大并运动出晶体，并使其扫过的区域两侧晶体发生相对位移，位移的方向和大小与位错伯氏矢量 **b** 相同，从而使晶体发生塑性形变，并在晶体表面出现台阶，即滑移线，如图 3.106(b)所示。

3.4　实际晶体中的位错

迄今为止，对位错一般性质的讨论都是基于简单立方点阵，而没有考虑具体的晶体结构，即只从几何条件的角度讨论位错的基本概念和特征，而没有考虑它们的晶体学条件。在简单立方晶体中，以点阵常数作为位错的伯氏矢量，这是简单立方晶体中距离最近的两个质点之间的点阵矢量。实际晶体由于具有不同的结构，因而它们的位错还有一些独有的特征，但都需要满足下面两个基本条件：①结构条件：单位位错时，**b** = **t**，即伯氏矢量等于点阵矢量；②能量条件：$E = \alpha G b^2$，因此需要 $|\boldsymbol{b}|$ 最小以尽可能降低系统的能量。因此，实际晶体中的位错一般位于最密排晶面上的最密排方向。

3.4.1　实际晶体中位错的基本概念

在开始进行介绍之前，先给出几个实际晶体中常见位错的基本概念：

(1) 堆垛层错(stacking fault)：实际晶体结构中，密排面的正常堆垛次序遭到错排和破坏形成的缺陷，属于面缺陷。

(2) 全位错(perfect dislocation)：伯氏矢量沿着滑移方向等于点阵矢量或其整数倍的位错。

(3) 单位位错(unit dislocation)：伯氏矢量等于单位点阵矢量的位错。

(4) 不全位错(imperfect dislocation)：伯氏矢量小于滑移方向上的原子间距的位错称为分位错(partial dislocation)；大于原子间距，但不是整数倍的位错称为不全位错。实际研究中对这种位错通常不加以细分，统称为不全位错。

显然，实际晶体中全位错滑移后晶体质点排列不变，而不全位错滑移后滑移面上下质点不再占据正常位置，质点排列规律发生变化，产生了错排，形成层错。

3.4.2　实际晶体中位错的伯氏矢量

在前文提到过伯氏矢量的表示方法，对于立方系晶体，可用与伯氏矢量同向的晶向指数表示，但还要通过矢量终点所在的坐标体现出矢量的模，一般的表达式为 $\boldsymbol{b} = \dfrac{a}{n}[uvw]$，式中 n 为正整数。因为要实际晶体中位错满足结构条件，故伯氏矢量的大小与方向必须是连接晶体中一个质点的平衡位置到另一个质点的平衡位置，且当位错的伯氏矢量等于最短的点阵矢量时，它们在晶体中最稳定，即单位位错应该是最稳定的位错。表 3.5 列出了几个典型晶体结构中单位位错的伯氏矢量。

表 3.5　典型晶体结构中单位位错的伯氏矢量

结构类型	伯氏矢量 **b**	方向	大小 $|\boldsymbol{b}|$	数量
简单立方	$a\langle 100\rangle$	$\langle 100\rangle$	a	3
面心立方	$\dfrac{a}{2}\langle 110\rangle$	$\langle 110\rangle$	$\dfrac{\sqrt{2}}{2}a$	6

续表

结构类型	伯氏矢量 $\boldsymbol{b}$	方向	大小 $|\boldsymbol{b}|$	数量
体心立方	$\dfrac{a}{2}\langle 111 \rangle$	$\langle 111 \rangle$	$\dfrac{\sqrt{3}}{2}a$	4
密排六方	$\dfrac{a}{3}\langle 11\bar{2}0 \rangle$	$\langle 11\bar{2}0 \rangle$	a	3

3.4.3　面心立方晶体中的位错

面心立方晶体中的位错是人们研究最多的具体晶体中的位错，其内容也最丰富，下面展开详细讨论。

1. 堆垛层错

面心立方结构是由密排面 {111} 堆积而成，其正常堆垛次序为 ABCABC…，如果用记号△表示原子面以 AB、BC、CA…顺序堆垛，▽表示相反的顺序，如 BA、AC、CB…，那么面心立方晶体密排面的正常堆垛可以表示为△△△△△…。如果正常堆垛次序被扰乱，便会出现堆垛层错。例如，在正常堆垛次序中抽出[图 3.107(a)]或插入一层[图 3.107(b)]均可形成层错，前者可由空位在某一层密排面聚集形成，而后者则可由间隙原子扩散聚集导致。层错破坏了晶体中正常的周期性，使电子发生额外的散射，因此会导致晶体能量的增加，这部分增加的能量称为层错能，常以 γ 表示。需要注意，形成堆垛层错后并没有产生点阵畸变，也不改变最近邻关系，因此层错能相比晶界能等要低得多。

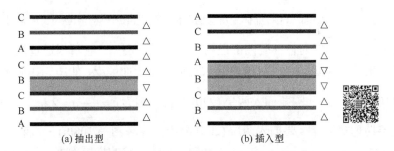

(a) 抽出型　　　　　　　(b) 插入型

图 3.107　正常堆垛次序中抽出(a)或插入(b)一层形成堆垛层错示意图

几种面心立方金属的层错能列于表 3.6 中，金属中出现堆垛层错的概率与层错能 γ 的大小有关，γ 越小，层错出现的概率越大。例如，不锈钢和 α-黄铜的层错能很低，可以观察到大量层错，而 Al 的层错能较高，就不容易出现层错。

表 3.6　几种面心立方金属晶体的层错能

金属晶体	Ag	Au	Cu	Al	Ni	Co	不锈钢
$\gamma/(\mathrm{J}\cdot\mathrm{m}^{-2})$	0.02	0.06	0.04	0.20	0.25	0.02	0.013

2. 全位错

按照定义，全位错为伯氏矢量沿着滑移方向等于点阵矢量或其整数倍的位错。若沿着滑移方向连接相邻质点的矢量为 $\boldsymbol{t}$，则全位错的伯氏矢量为 $\boldsymbol{b} = n\boldsymbol{t}$，$n = 1, 2, 3, \cdots$，为正整数。一

般 $n=1$，这样 b 最小，全位错能量最低，体系最稳定。

先来看 FCC 晶体中的刃型全位错。已经知道 $\{111\}$ 是 FCC 晶体中质点的最密排面，因此也是位错的滑移面。图 3.108(a)画出了一个 FCC 晶体中的滑移面 $(\bar{1}11)$，由图中两个质点平衡位置之间的间距可知，滑移面上点阵矢量为 $t=\dfrac{a}{2}\langle110\rangle$，所以，全位错时伯氏矢量也应为 $b=\dfrac{a}{2}\langle110\rangle$，或简写为 $b=\dfrac{1}{2}\langle110\rangle$。图中，和滑移面 $\{111\}$ 及滑移方向 b 垂直的晶面是 $\{110\}$，它即是刃型全位错的攀移面。图 3.108(b)画出了一个 $b=\dfrac{1}{2}[110]$ 的刃型全位错，它是把图 3.108(a)中滑移面 $(\bar{1}11)$ 放水平展示的结果，和滑移面 $(\bar{1}11)$ 垂直的晶面是 (220)。

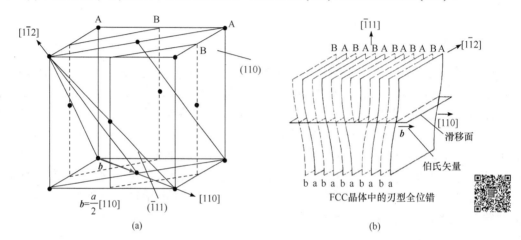

图 3.108 FCC 晶体中滑移面、滑移矢量(a)和刃型全位错(b)示意图

之前讨论过的位错的各种属性都适用于全位错，例如，它可以通过局部滑移形成。当然，FCC 晶体中的刃型全位错也可以通过插入附加半原子面形成，如图 3.108(b)所示，为了形成一个 $b=\dfrac{1}{2}[110]$ 的全位错，需要插入两层 (220) 晶面，因为 $b=\dfrac{\sqrt{2}}{2}a=2d_{(220)}$。另外，从堆垛次序考虑也很容易理解为什么要插入两层 (220) 晶面。参考图 3.108(a)，如果用 (220) 晶面堆垛成 FCC 晶体，它的堆垛次序是 ABABAB…，由于形成全位错时不能改变 FCC 的晶体结构，故在 A 层和 B 层之间必须相继插入一层 B 和一层 A。

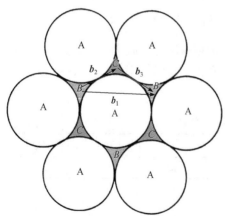

图 3.109 FCC 晶体中全位错滑移时质点的滑动路径示意图

图 3.109 画出了 FCC 晶体滑移面 $(\bar{1}11)$ 上的一层 (A 层)质点，据此再细致分析全位错滑移时质点的运动状况。当全位错滑移时，A 层上面的 B 层质点通过 $\dfrac{1}{2}[110]$ 的滑移从一个平衡间隙位置滑到相邻的等价平衡间隙位置(图中从 B 位置滑到相邻的 B 位置)。但观察图 3.109 可以看到，B 层质点直接沿 $[110]$ 方向滑动会与相邻的 A 层质点发生显著的碰撞，使晶体发生较大的局部畸变，极大地增加体系能量。因此，从能量角度考虑，B 层质点分成两步滑到比较有利：第一

步沿[121]方向滑动到达 C 位置(另一种平衡间隙位置),第二步再沿$[21\bar{1}]$方向从 C 位置滑动到相邻的 B 位置。由于在每步滑动过程中 B 层质点都是从两个 A 层质点之间通过,因而引起晶体局部畸变最小,滑移造成的体系能量增加也最小。

3. 肖克莱(Shockley)分位错

从实现全位错的两步滑移自然可以想到,如果B层质点滑动了第一步后就停下来会如何?对于按(111)密排面堆垛的FCC晶体,如果仅是两层晶面,则 B 位置和 C 位置完全等价,从 B 位置滑动至 C 位置并不引起体系能量改变;但对于多层按 ABCABC⋯顺序堆垛的 FCC 晶体,B 层质点滑动到 C 位置就形成了前面述及的堆垛层错,因而晶体的能量增加了层错能。若层错能较小,则 B 层质点可以停留在亚稳的 C 位置;若层错能较大,B 层质点会继续滑移一次而回到稳定的 B 位置。

参考图 3.110 确定 B 层质点滑动了第一步时的伯氏矢量,假定滑移面为图 3.110(a)中的 $(1\bar{1}1)$,则 FCC 晶体的堆垛形式如图 3.110(b)所示,图中质点 8、10 和 11 为 B 层。如果发生的是全位错,则 $\boldsymbol{b}=\dfrac{1}{2}[10\bar{1}]$,对应 B 层质点从位置 8 滑动至位置 10。如果只滑移第一步,则相当于 B 层质点 8 滑动至 B 层上对应质点 C 的平衡位置,如图 3.110(c)中的 C',这个位置对应 A 层上 C'' 位置,如图 3.110(d)所示。根据图 3.110(a)中标记的晶向指数,便可以得出 B 层质点滑动第一步时的伯氏矢量为 $\boldsymbol{b}_1=\dfrac{1}{6}[1\bar{1}2]$。很明显,滑动第二步时的伯氏矢量也可以写出,即 $\boldsymbol{b}_2=\dfrac{1}{6}[21\bar{1}]$,则 B 层质点从位置 8 滑动至位置 10 时的全位错伯氏矢量 $\boldsymbol{b}$ 是 $\boldsymbol{b}_1$ 和 $\boldsymbol{b}_2$ 合成的

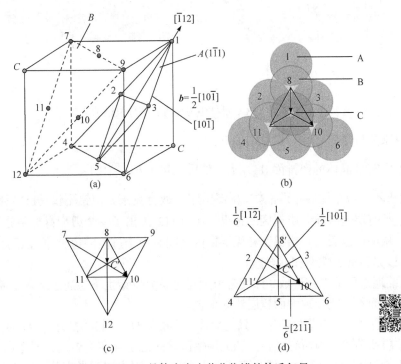

图 3.110　FCC 晶体中肖克莱分位错的伯氏矢量

结果，即 $\boldsymbol{b} = \boldsymbol{b}_1 + \boldsymbol{b}_2 = \frac{1}{2}[10\bar{1}]$。

　　如果 B 层晶面上的质点只有一部分滑动了第一步，即滑动了 $\frac{1}{6}\langle 121 \rangle$，而另一部分尚未滑动，则根据前文的讨论，滑动了一次的区域和尚未滑动区域的边界就是位错，它的伯氏矢量便是 $\boldsymbol{b} = \frac{1}{6}\langle 121 \rangle$。由于 FCC 晶体中 $\langle 121 \rangle$ 方向上的质点间距是 $\frac{1}{2}\langle 121 \rangle \left(= \frac{\sqrt{2}}{2}a \right)$，故 $|\boldsymbol{b}|$ 小于滑移方向上的质点间距，是一个分位错或不全位错，称为肖克莱分位错。

　　图 3.111(a)为刃型肖克莱分位错的结构，纸面为(111)，位错线是左边正常堆垛区与右边层错区的交界，方向为 $\boldsymbol{t} = [\bar{1}01]$，伯氏矢量 $\boldsymbol{b} = \frac{1}{6}[\bar{1}2\bar{1}]$，与位错线 $\boldsymbol{t}$ 互相垂直，故为刃型位错。位错线左侧正常堆垛区的质点由 B 位置沿着伯氏矢量 $\boldsymbol{b}$ 的方向滑动到 C 位置，导致层错区扩大，肖克莱分位错线向左滑移，如图 3.111(b)所示。因为层错区与正常堆垛区的交界线可以是各种形状，故肖克莱分位错还可以是螺型或混合型。因为肖克莱分位错线与伯氏矢量决定的平面是 {111}，是 FCC 晶体的密排面，故肖克莱分位错可以滑移，其滑移相当于层错面的扩大或缩小。

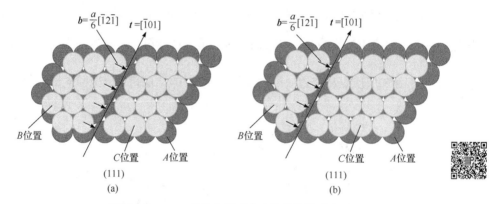

图 3.111　FCC 晶体中刃型肖克莱分位错示意图

将肖克莱分位错的一些特点总结如下：

(1) 位于 FCC 晶体的密排面 {111} 上，伯氏矢量为 $\boldsymbol{b} = \frac{1}{6}\langle 121 \rangle$。

(2) 由于不全位错能够导致晶体中出现层错，故肖克莱分位错不仅是已滑移区和未滑移区的边界，也是有层错区和无层错区的边界。图 3.112 画出了一个刃型肖克莱分位错在 $(1\bar{1}1)$ 面上的投影，从中可以看出有层错区和无层错区之间有一个过渡的边界(位错区)。

(3) 可以是刃型、螺型和混合型。

(4) 只能通过局部滑移形成，即使是刃型肖克莱分位错也不能通过插入半原子面得到，因为插入半原子面不可能导致大面积层错区出现。

(5) 即使是刃型肖克莱分位错也只能滑移，不能攀移，因为滑移面上部(或下部)质点的扩散不会导致层错消失，因而有层错区和无层错区之间总是存在边界线，即肖克莱分位错线。

(6) 即使是螺型肖克莱分位错也不能发生交滑移，因为螺型肖克莱分位错和其 $\boldsymbol{b}$ 同向，也是沿着 $\langle 121 \rangle$ 方向，而不是沿着两个密排面 {111} 的交线 $\langle 110 \rangle$ 方向，故它不能从一个滑移面转到另一个滑移面上进行交滑移。

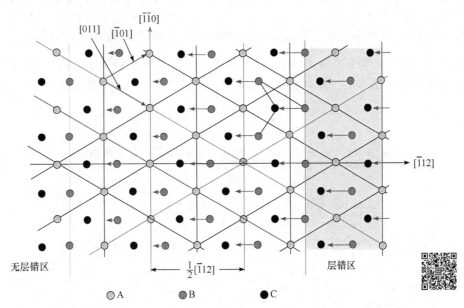

图 3.112　FCC 晶体中刃型肖克莱分位错在 $(1\bar{1}1)$ 面上投影示意图

4. 扩展位错

如图 3.113 所示，在 FCC 晶体的 $(1\bar{1}1)$ 面上，一个伯氏矢量为 $\boldsymbol{b}=\dfrac{1}{2}[110]$ 的全位错可以通过两步滑动来实现，即这个全位错可以分解成图中所示的两个不全位错，这两个不全位错的伯氏矢量分别为 $\boldsymbol{b}_1=\dfrac{1}{6}[121]$ 和 $\boldsymbol{b}_2=\dfrac{1}{6}[21\bar{1}]$ ，显然，$\boldsymbol{b}=\boldsymbol{b}_1+\boldsymbol{b}_2$ 。如前面的阐述，这样滑移引起的晶体局部畸变较小，滑移造成的体系能量增加也最小，因而比直接一步滑移更加容易进行。

但两步滑移过程中还存在另一种可能，即滑动了第一步后的质点有一部分没有滑动第二步，这样 $(1\bar{1}1)$ 面上部的质点将被分成三个区，如图 3.114 所示，其中

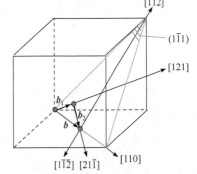

图 3.113　FCC 晶体中 $(1\bar{1}1)$ 面上两步滑动形成全位错示意图

Ⅰ区是未滑移区，此区内 B 层质点没有滑移，滑移面上下质点不存在层错；Ⅱ区是一次滑移区，此区内 B 层质点仅发生了第一步滑移，滑移矢量为 $\boldsymbol{b}_1=\dfrac{1}{6}[121]$ ，滑移面上下存在层错；Ⅲ区是二次滑移区，此区内 B 层质点完成了两步滑移，第一步滑移矢量为 $\boldsymbol{b}_1=\dfrac{1}{6}[121]$ ，第二步为 $\boldsymbol{b}_2=\dfrac{1}{6}[21\bar{1}]$ ，两步滑移后质点重新回到 B 位置，故滑移面上下质点也无层错存在。而且，根据运动合成规则，第三区总滑移矢量为 $\boldsymbol{b}=\boldsymbol{b}_1+\boldsymbol{b}_2=\dfrac{1}{2}[110]$ 。由于各区滑移量不同，故相邻区的边界就是位错线，其伯氏矢量就是相邻两区的滑移矢量之差。因此，位于Ⅰ区和Ⅱ区边界处的位错线的伯氏矢量

$b_1 = \frac{1}{6}[121] - 0 = \frac{1}{6}[121]$；位于 I 区和 II 区边界处的位错线的伯氏矢量 $b_2 = \frac{1}{2}[110] - \frac{1}{6}[121]$ $= \frac{1}{6}[21\bar{1}]$。显然，这两条位错都是肖克莱分位错，它们之间的区域(II区)存在层错，是层错区。这种两条平行的肖克莱分位错并且中间夹着一片层错区的整个缺陷组态称为扩展位错，它的伯氏矢量定义为 $b = b_1 + b_2$，其中 b_1 和 b_2 分别是组成这个扩展位错的两个肖克莱分位错的伯氏矢量。

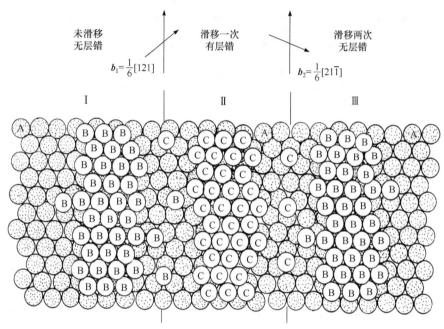

图 3.114　FCC 晶体中 (1$\bar{1}$1) 面上扩展位错组态结构示意图

扩展位错的性质和特点如下：

(1) 位于 FCC 晶体的密排面 {111} 上，由两条平行的肖克莱分位错及其中间夹杂的一片层错区组成。

(2) 伯氏矢量 $b = b_1 + b_2 = \frac{1}{2}\langle 110 \rangle$，$b_1$ 和 b_2 分别是两条肖克莱分位错的伯氏矢量，它们的夹角可由 $b_1 \cdot b_2 = |b_1||b_2|\cos\phi$ 确定，为 60°，小于 90°。

(3) 根据式(3.114)，$f \approx \frac{Gb_1 \cdot b_2}{2\pi d}$ (式中 d 为两个位错之间的距离)，b_1 和 b_2 之间夹角为 60°，故 f 为正值，两个肖克莱分位错之间存在斥力。从这个角度，两个分位错之间的距离 d 有变大的趋势；然而，这两个肖克莱分位错之间夹杂着一片层错区，从降低层错能的角度，又要求两个分位错之间的距离尽可能小。这两个因素相互叠加，使组成扩展位错的两个肖克莱分位错之间存在一个平衡的间距，用 d_0 表示，也称扩展位错的平衡宽度。为了确定平衡宽度 d_0，考虑单位长度的两个分位错发生单位距离的相对位移，因为层错区增加了单位面积，此过程增加的层错能 γ_F 等于外力所做的功($f \times 1 = f$)。γ_F 称为比层错能(形成单位面积层错时增加的能量)，它和 f 数值上相等，即 $\gamma_F = \frac{Gb_1 \cdot b_2}{2\pi d_0}$，由此可求出 d_0，即

$$d_0 = \frac{Gb_1 \cdot b_2}{2\pi\gamma_F} \tag{3.147}$$

式中，G 为剪切模量。对于 FCC 晶体，$b_1 = b_2 = \frac{\sqrt{6}}{6}a$，且 b_1 和 b_2 之间夹角为 $60°$，代入式(3.147)可得

$$d_0 = \frac{Ga^2}{24\pi\gamma_F} \tag{3.148}$$

晶体的比层错能 γ_F 可以通过实验测定，知道 FCC 晶体的晶格常数，便可以计算扩展位错的平衡宽度。表 3.7 列出了一些金属和合金的比层错能 γ_F 值，作为比较，表中还列举了这些晶体材料晶粒边界的比界面能 γ_G，即单位面积晶粒边界的界面能。由此可见，尽管有些金属的层错能比较大，但仍远小于界面能。

表 3.7　一些金属和合金的比层错能 γ_F 和比界面能 γ_G

金属/合金	γ_F /(mJ·m^{-2})	γ_G /(mJ·m^{-2})
银(Ag)	16	790
铝(Al)	166	325
金(Au)	32	364
镉(Cd)	175	—
铜(Cu)	45	625
镁(Mg)	125	—
镍(Ni)	125	866
锌(Zn)	140	340
18Cr-8Ni 不锈钢	15	—

(4) 扩展位错可以是刃型、螺型或混合型，取决于伯氏矢量 b 与肖克莱分位错线的相对取向。

(5) 由于组成扩展位错的肖克莱分位错只能滑移，不能攀移，扩展位错也就只能滑移，不能攀移。正常滑移情况下两个肖克莱分位错作为一个整体进行滑移，没有相对运动(虽然领先的分位错能够导致层错区扩大，但跟踪在后面的分位错使层错区缩小，总的效果维持扩展位错平衡宽度 d_0 不变)。

(6) 扩展位错滑移时需要两个分位错附近及它们夹杂的层错区质点同时位移，因此所需外力远大于使单个位错滑移所需的应力，滑移更加困难。

(7) 虽然肖克莱分位错不能攀移和交滑移，但扩展位错在一定条件下可以进行攀移或交滑移。可以设想这样的情况，扩展位错中领先的分位错遇到障碍物减速或停止滑移，而跟踪位错则在外力作用下继续滑移，直至追上领先位错，两者重合，合成一个 $b = b_1 + b_2 = \frac{1}{2}\langle 110 \rangle$ 的全位错，这个结果称为位错的束集。视障碍物情况，扩展位错的束集可以发生在全位错段或部分位错段，如图 3.115 所示。束集后的全位错如果是刃型，则可发生攀移；如果是螺型，则可绕过障碍物而转到交滑移面上继续滑移，并随后在该面上重新分解为扩展位错。图 3.115(b) 描绘了部分位错段束集的一个扩展位错在从 $(1\bar{1}1)$ 面交滑移到 $(\bar{1}1\bar{1})$ 面上的情况，对于部分束

集的扩展位错，由于存在不能交滑移的部分，交滑移后重新扩展的位错由于两端被扎钉，便可能在外力作用下成为位错增殖的源头。

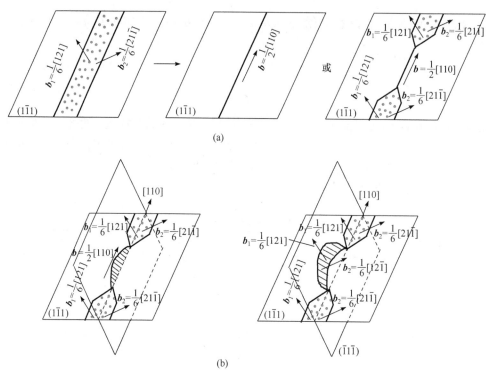

图 3.115　FCC 晶体中 $(1\bar{1}1)$ 面上扩展位错的束集(a)和束集后在 $(\bar{1}1\bar{1})$ 面上交滑移(b)示意图

使位错束集需要外力做功，且扩展位错平衡宽度越大，需要外力做的功越多，或者说平衡宽度大的扩展位错更难以束集，因而也越难攀移或交滑移。因此，在实际应用中为了提升 FCC 金属或合金的强度特别是高温强度，常加入一些能降低 {111} 面层错能的元素，以增加扩展位错的平衡宽度，使其难以束集，从而不容易滑移。这些元素可以与基体金属形成置换式固溶体，择优分布在 {111} 面上并且偏聚在层错区，形成铃木气团(或称 Suzuki 气团，Suzuki atmosphere)。例如，18Cr-8Ni 不锈钢中的 Ni 就会选择性分布在 {111} 面上并在层错区偏聚形成铃木气团，因此这种不锈钢的层错能很低(只有 15 mJ · m^{-2}，如表 3.7 所列)，层错区很宽，不容易滑移和攀移。

5. 弗兰克(Frank)分位错

肖克莱分位错能够导致晶体滑移面上下出现层错区，但并不是唯一途径，通过插入或抽出部分 {111} 晶面也能形成局部层错，即在堆垛层错部分叙述过的内容。如图 3.116(a)所示，抽走部分 {111} 面后，在有层错区 {111} 面的堆垛次序变为 ABCABABC···，即形成了一层层错 BA，此种层错称为内禀层错(intrinsic stacking fault)；再如图 3.116(b)所示，插入部分 {111} 面后，在有层错区 {111} 面的堆垛次序变为 ABCABCBABC···，即形成了两层层错 CB 和 BA，此种层错称为外禀层错(extrinsic stacking fault)。内禀层错和无层错区的边界称为负 Frank 分位错，其伯氏矢量为 $b = \dfrac{a}{3}\langle 111\rangle$，因为抽走部分 {111} 面后两边的晶体会沿着 $\langle 111\rangle$ 的方向相对靠

拢一层 {111} 面的间距，即 $d_{(111)} = \left| \frac{1}{3}\langle 111 \rangle \right| = \frac{\sqrt{3}a}{3}$。类似地，插入部分 {111} 面后两边的晶体会沿着 $\langle 111 \rangle$ 的方向相对远离一层 {111} 面的间距，导致的外禀层错与无层错区的边界便相应称为正 Frank 分位错，其伯氏矢量也是 $\boldsymbol{b} = \frac{a}{3}\langle 111 \rangle$。

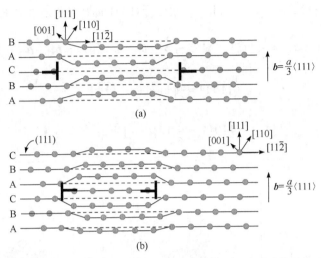

图 3.116　FCC 晶体中负 Frank 分位错(a)和正 Frank 分位错(b)示意图

负 Frank 分位错的形成原因可归结为晶体中存在过饱和空位，它们扩散聚集成空位团，并沿 $\langle 111 \rangle$ 方向塌陷，形成 {111} 空位片。由于空位是晶体中故有的缺陷，故空位聚集形成的层错称为内禀层错；正 Frank 分位错的形成原因是晶体受到高能辐照时产生过饱和的间隙原子，它们聚集在 {111} 密排面上，形成间隙原子片。由于间隙原子的产生受外部环境影响较大，故称外禀层错。

Frank 分位错具有以下特点：

(1) 位于 {111} 密排面上，可以是任何形状，包括直线、曲线和封闭环(称为 Frank 位错环)，且无论是什么形状，它总是刃型的，因为 $\boldsymbol{b} = \frac{a}{3}\langle 111 \rangle$，总是与 {111} 垂直，也自然与位于其上的位错线垂直。

(2) 由于 $\boldsymbol{b} = \frac{a}{3}\langle 111 \rangle$，不是 FCC 晶体的滑移方向，故 Frank 分位错不能滑移，故不再是已滑移区和未滑移区的边界，而是有层错区和无层错区的边界。Frank 分位错只能攀移，即图 3.116 中所示的半原子面({111} 面)是通过质点扩散来进行扩大或缩小。这种不能滑移的位错称为定位错(或不动位错)，与之对应可以进行滑移的肖克莱分位错称为可动位错。

【练习 3.7】　自行列表比较肖克莱分位错和 Frank 分位错的形成、伯氏矢量以及其他主要特征。

6. 压杆位错

压杆位错是 FCC 晶体中的另一种定位错，通过肖克莱分位错合成得到，下面给出较具体的分析。

首先，FCC 晶体中，在 $(\bar{1}11)$ 和 $(1\bar{1}1)$ 面上各有一个全位错，其伯氏矢量分别为 $\boldsymbol{b}_1 = \frac{1}{2}[\bar{1}0\bar{1}]$

和 $\boldsymbol{b}_2 = \frac{1}{2}[011]$，如图 3.117(a)所示。这两个全位错在各自滑移面上发生分解，形成扩展位错，

如图 3.117(b)所示。分解后形成四条肖克莱分位错，位于 $(\bar{1}11)$ 面上的两条肖克莱分位错的伯

氏矢量分别是 $\boldsymbol{b}_{11} = \frac{1}{6}[\bar{1}1\bar{2}]$ 和 $\boldsymbol{b}_{12} = \frac{1}{6}[\bar{2}\bar{1}\bar{1}]$，而位于 $(1\bar{1}1)$ 面上的两条肖克莱分位错的伯氏矢量

则分别是 $\boldsymbol{b}_{21} = \frac{1}{6}[121]$ 和 $\boldsymbol{b}_{22} = \frac{1}{6}[\bar{1}12]$。显然有 $\boldsymbol{b}_1 = \boldsymbol{b}_{11} + \boldsymbol{b}_{12}$ 和 $\boldsymbol{b}_2 = \boldsymbol{b}_{21} + \boldsymbol{b}_{22}$，即

$$\frac{1}{2}[\bar{1}0\bar{1}] = \frac{1}{6}[\bar{1}1\bar{2}] + \frac{1}{6}[\bar{2}\bar{1}\bar{1}]$$

$$\frac{1}{2}[011] = \frac{1}{6}[121] + \frac{1}{6}[\bar{1}12]$$

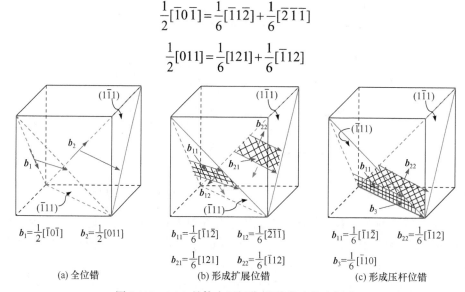

图 3.117　FCC 晶体中压杆位错形成过程示意图

进而，在外力作用下，两个扩展位错都向两个滑移面 $(\bar{1}11)$ 和 $(1\bar{1}1)$ 的交线处滑移，直至

两条领先的肖克莱分位错(伯氏矢量分别是 $\boldsymbol{b}_{12}$ 和 $\boldsymbol{b}_{21}$)在交线[110]处相遇，并合成为伯氏矢量为

$\boldsymbol{b}_3$ 的一条位错，即

$$\boldsymbol{b}_{12} + \boldsymbol{b}_{21} = \boldsymbol{b}_3$$

$$\frac{1}{6}[\bar{2}\bar{1}\bar{1}] + \frac{1}{6}[121] = \frac{1}{6}[\bar{1}10]$$

即合成后的位错是一条位错线沿[110]方向、伯氏矢量为 $\frac{1}{6}[\bar{1}10]$ 的分位错，其滑移面可由位错

线和伯氏矢量确定，为 (001)，因为 $[110] \times [\bar{1}10] = [001]$。由于 (001) 不是 FCC 晶体的滑移面，

$\frac{1}{6}[\bar{1}10]$ 也不是 FCC 晶体的滑移矢量，故合成后的位错是不能滑动的定位错，称为压杆位错或

Lomer-Cottrell 位错。它使得两个扩展位错停止运动，形成一条由两条肖克莱分位错线、一条

压杆位错线和相交成 70°32′ 的两个层错带组成的稳定缺陷组态,这种两面一夹角的组态常被形

象地称为面角位错。这个组态作为固定性很强的障碍物能够将 $(\bar{1}11)$ 和 $(1\bar{1}1)$ 面上的其他位错

都牢牢锁住，故压杆位错也称 Lomer-Cottrell 锁或 L-C 锁。

【练习 3.8】　自行验算压杆位错中两个层错带的夹角为 70°32′。

3.4.4　位错反应

在实际晶体中，组态不稳定的位错可以转化为组态稳定的位错，具有不同伯氏矢量的位错线可以合并为一条位错线；反之，一条位错线也可以分解为两条或多条具有不同伯氏矢量的位错线。因此，位错反应可以理解为位错之间自发的相互转换，即伯氏矢量的合成与分解，它可以包括以下几个形式：

(1) 一个位错分解成两个或多个具有不同伯氏矢量的位错。例如，前面提到的 FCC 晶体中一个全位错分解成两个肖克莱分位错，即

$$\frac{1}{2}[110] \longrightarrow \frac{1}{6}[211] + \frac{1}{6}[12\overline{1}]$$

(2) 两个或多个具有不同伯氏矢量的不全位错合并成一个全位错。例如，一个肖克莱不全位错和一个弗兰克不全位错合并成一个全位错，即

$$\frac{1}{6}[112] + \frac{1}{3}[11\overline{1}] \longrightarrow \frac{1}{2}[110]$$

(3) 两个全位错合并成另一个全位错。例如：

$$\frac{1}{2}[011] + \frac{1}{2}[10\overline{1}] \longrightarrow \frac{1}{2}[110]$$

(4) 两个位错合并重新组合成另外两个位错。例如，体心立方中：

$$[100] + [010] \longrightarrow \frac{1}{2}[111] + \frac{1}{2}[11\overline{1}]$$

位错反应经常被定义为由一个位错分解成几个新位错或由几个位错合成一个新位错的过程，这并不确切，原因是没有描述到上面最后那种反应形式。并不是所有的位错都可以自发发生反应形成新位错，而是要满足特定的条件，下面讨论这些条件，给出一些示例并分析 FCC 晶体中位错反应的几何表示。

1. 位错自发反应的条件

位错反应能否自发进行取决于两个条件：

(1) 几何条件。如果 m 个伯氏矢量分别为 $\boldsymbol{b}_1$、$\boldsymbol{b}_2$、$\cdots$、$\boldsymbol{b}_m$ 的位错相遇并自发转化成 n 个伯氏矢量分别为 $\boldsymbol{b}_1'$、$\boldsymbol{b}_2'$、$\cdots$、$\boldsymbol{b}_n'$ 的新位错，那么新老位错的伯氏矢量必须满足条件：

$$\sum_{j=1}^{n} \boldsymbol{b}_j' = \sum_{i=1}^{m} \boldsymbol{b}_i \tag{3.149}$$

即新位错的伯氏矢量之和等于原位错的伯氏矢量之和，这实际上是满足伯氏矢量的守恒性。

(2) 能量条件。反应后新位错的总能量不大于反应前原位错的总能量，这是热力学定律所要求的。因为位错的弹性能正比于伯氏矢量模的平方，即 $E \propto b^2$，因此这个条件可以表述为

$$\sum_{j=1}^{n} b_j'^2 \leqslant \sum_{i=1}^{m} b_i^2 \tag{3.150}$$

【例题 3.32】　验证 FCC 晶体中全位错分解为两个肖克莱分位错的反应能否自发进行，反应式为 $\frac{1}{2}[\overline{1}10] \longrightarrow \frac{1}{6}[\overline{2}11] + \frac{1}{6}[\overline{1}2\overline{1}]$。

解 分析这个位错反应的几何条件和能量条件，可得

$$\sum_{j=1}^{n} \boldsymbol{b}'_j = \frac{1}{6}\left[\bar{2}11\right] + \frac{1}{6}\left[\bar{1}2\bar{1}\right] = \frac{1}{6}\left[\bar{3}30\right] = \frac{1}{2}\left[\bar{1}10\right] = \sum_{i=1}^{m} \boldsymbol{b}_i$$

$$\sum_{j=1}^{n} b'^2_j = \left(\frac{\sqrt{6}}{6}\right)^2 + \left(\frac{\sqrt{6}}{6}\right)^2 = \frac{1}{3} < \sum_{i=1}^{m} b_i^2 = \left(\frac{\sqrt{2}}{2}\right)^2 = \frac{1}{2}$$

几何条件和能量条件均能满足，故这个分解反应可自发进行。

【例题 3.33】 验证 FCC 晶体中两个肖克莱分位错合成一个压杆位错的反应能否自发进行，反应式为 $\frac{1}{6}[\bar{2}1\bar{1}] + \frac{1}{6}[121] \longrightarrow \frac{1}{6}[\bar{1}10]$。

解 同样根据式(3.149)和式(3.150)分析这个位错反应的几何条件和能量条件，可得

$$\sum_{j=1}^{n} \boldsymbol{b}'_j = \frac{1}{6}[\bar{1}10], \quad \sum_{i=1}^{m} \boldsymbol{b}_i = \frac{1}{6}[\bar{2}1\bar{1}] + \frac{1}{6}[121] = \frac{1}{6}[\bar{1}10]$$

$$\sum_{j=1}^{n} b'^2_j = \left(\frac{\sqrt{2}}{6}\right)^2 = \frac{1}{18}, \quad \sum_{i=1}^{m} b_i^2 = \left(\frac{\sqrt{6}}{6}\right)^2 + \left(\frac{\sqrt{6}}{6}\right)^2 = \frac{1}{3}$$

显然，几何条件和能量条件均能满足，因此这个分解反应也可自发进行。

【例题 3.34】 判断简单立方晶体中一个伯氏矢量 $\boldsymbol{b} = 2a[100]$ 的刃型位错能否自发分解为两个伯氏矢量均是 $\boldsymbol{b} = a[100]$ 的刃型位错。

解 $a[100] + a[100] = 2a[100]$，满足几何条件；而 $a^2 + a^2 = 2a^2 < (2a)^2 = 4a^2$，又满足能量条件，故例题中述及的自发反应可以自发进行。这个例题具有普遍性，晶体中伯氏矢量比较大的位错在晶体学条件允许的情况能够自发进行分解成伯氏矢量比较小的若干位错，以降低整个体系的能量，提升系统的稳定性。

【例题 3.35】 判断某个晶体中反应式为 $a[100] + a[010] \longrightarrow \frac{a}{2}[111] + \frac{a}{2}[11\bar{1}]$ 的两个位错合并重新组合成另外两个新位错的反应能否自发进行。

解 利用式(3.149)求取这个位错反应前后的几何条件，可得

$$\sum_{i=1}^{m} \boldsymbol{b}_i = a[100] + a[010] = a[110]$$

$$\sum_{j=1}^{n} \boldsymbol{b}'_j = \frac{a}{2}[111] + \frac{a}{2}[11\bar{1}] = \frac{a}{2}[220] = a[110]$$

两者相同，因此几何条件满足，再根据式(3.150)分析位错反应前后的能量条件，可得

$$\sum_{i=1}^{m} b_i^2 = \left(a\sqrt{1^2 + 0 + 0}\right)^2 + \left(a\sqrt{0 + 1^2 + 0}\right)^2 = 2a^2$$

$$\sum_{j=1}^{n} b'^2_j = \left(\frac{a}{2}\sqrt{1^2 + 1^2 + 1^2}\right)^2 + \left(\frac{a}{2}\sqrt{1^2 + 1^2 + (-1)^2}\right)^2 = \frac{3}{2}a^2$$

显然，$\sum_{j=1}^{n} b'^2_j < \sum_{i=1}^{m} b_i^2$，能量条件也满足，故位错反应可自发进行。

【例题 3.36 】 已知单位位错 $b_1 = \dfrac{a}{2}[\overline{1}01]$ 能与肖克莱分位错 $b_2 = \dfrac{a}{6}[12\overline{1}]$ 相结合,形成 Frank 不全位错,试说明:(1) 新生成的 Frank 不全位错的伯氏矢量;(2) 判定此位错反应能否进行;(3) 这个位错为什么是固定位错。

解 (1) 假定新生成的 Frank 不全位错的伯氏矢量为 b ,则有

$$b = b_1 + b_2 = \frac{a}{2}\left[\overline{1}01\right] + \frac{a}{6}\left[12\overline{1}\right] = \frac{a}{3}\left[\overline{1}11\right]$$

(2) 根据式(3.150)分析位错反应前后的能量条件,可得

$$\sum_{i=1}^{2} b_i^2 = \left(\frac{a}{2}\sqrt{(-1)^2 + 0 + 1^2}\right)^2 + \left(\frac{a}{6}\sqrt{1^2 + 2^2 + (-1)^2}\right)^2 = \frac{2}{3}a^2$$

$$\sum_{j=1}^{1} b_j'^2 = \left(\frac{a}{3}\sqrt{(-1)^2 + 1^2 + 1^2}\right)^2 = \frac{1}{3}a^2$$

故满足能量条件,又由(1)知该位错反应也满足几何条件,所以此位错反应能够自发进行。

(3) 新生成的 Frank 不全位错线 t 位于 $(\overline{1}11)$ 面上,而 $b = \dfrac{a}{3}[\overline{1}11]$ 垂直于 $(\overline{1}11)$ 面,故 t 与 b 决定的平面一定不是 FCC 晶体的密排面,故这个位错不能够滑移,是固定位错。

2. FCC 晶体中位错反应的几何表示:汤普森(Thompson)四面体

用伯氏矢量的具体指数书写位错反应式比较简洁,但缺点是未表示出位错所在的晶面,且由于空间位向的复杂性,指数很容易写错。为了克服这个缺点,人们发展出 Thompson 四面体,用其中各特征向量来清晰且直观地表示 FCC 晶体中的伯氏矢量。如图 3.118(a)所示建立坐标系,则 Thompson 四面体的四个顶点分别位于晶体中的 $A\left(\dfrac{1}{2}, 0, \dfrac{1}{2}\right)$、$B\left(0, \dfrac{1}{2}, \dfrac{1}{2}\right)$、$C\left(\dfrac{1}{2}, \dfrac{1}{2}, 0\right)$ 和 $D(0,0,0)$ 四个点上(D 点位于原点,其他三个顶点位于相交于 D 点的三个垂直晶面的面心位置)。四面体四个外表面(等边三角形)的中心分别用 α、β、γ 和 δ 表示,并分别对应 A、B、C 和 D 四个顶点所相对的面,其在晶体中的坐标位置也都标记在图 3.118(a)中,分别为 $\left(\dfrac{1}{6}, \dfrac{1}{6}, \dfrac{1}{3}\right)$、$\left(\dfrac{1}{6}, \dfrac{1}{3}, \dfrac{1}{6}\right)$、$\left(\dfrac{1}{3}, \dfrac{1}{6}, \dfrac{1}{6}\right)$ 和 $\left(\dfrac{1}{3}, \dfrac{1}{3}, \dfrac{1}{3}\right)$。这样 A、B、C、D、α、β、γ、δ 8 个点中的每 2 个点连成的向量就表示 FCC 晶体中所有重要位错的伯氏矢量,如 Thompson 四面体的展开图 3.118(b)所示。

下面给出具体的证明。

1) 罗马-罗马向量(罗-罗向量)

由四面体的四个顶点 A、B、C、D (罗马字母)连成的向量,其指数可以从图 3.118(a)直接读取:

$$DA = \frac{1}{2}[101], \quad DB = \frac{1}{2}[011], \quad DC = \frac{1}{2}[110]$$

$$AB = AD + DB = \frac{1}{2}[\overline{1}0\overline{1}] + \frac{1}{2}[011] = \frac{1}{2}[\overline{1}10]$$

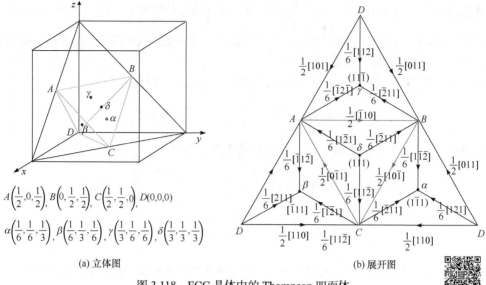

$A\left(\frac{1}{2},0,\frac{1}{2}\right), B\left(0,\frac{1}{2},\frac{1}{2}\right), C\left(\frac{1}{2},\frac{1}{2},0\right), D(0,0,0)$

$\alpha\left(\frac{1}{6},\frac{1}{6},\frac{1}{3}\right), \beta\left(\frac{1}{6},\frac{1}{3},\frac{1}{6}\right), \gamma\left(\frac{1}{3},\frac{1}{6},\frac{1}{6}\right), \delta\left(\frac{1}{3},\frac{1}{3},\frac{1}{3}\right)$

(a) 立体图　　　　　　　　　　　(b) 展开图

图 3.118　FCC 晶体中的 Thompson 四面体

$$AC = AD + DC = \frac{1}{2}[\bar{1}0\bar{1}] + \frac{1}{2}[110] = \frac{1}{2}[01\bar{1}]$$

$$BC = BD + DC = \frac{1}{2}[0\bar{1}\bar{1}] + \frac{1}{2}[110] = \frac{1}{2}[10\bar{1}]$$

由此可见，罗-罗向量即 FCC 晶体中全位错的伯氏矢量。

2) 不对应的罗马-希腊向量(罗-希向量)

由四面体顶点(罗马字母)和通过该顶点的外表面中心(不对应的希腊字母)连成的向量，这些向量可由三角形重心性质求取，例如

$$D\alpha = \frac{2}{3}\left(DC + \frac{1}{2}CB\right) = \frac{2}{3}\left(\frac{1}{2}[110] + \frac{1}{4}[\bar{1}01]\right) = \frac{1}{6}[121]$$

同理可得出

$$D\beta = \frac{1}{6}[211], \quad D\gamma = \frac{1}{6}[112], \quad A\beta = \frac{1}{6}[\bar{1}1\bar{2}], \quad A\gamma = \frac{1}{6}[\bar{2}1\bar{1}]$$

$$A\delta = \frac{1}{6}[\bar{1}2\bar{1}], \quad B\alpha = \frac{1}{6}[1\bar{1}2], \quad B\gamma = \frac{1}{6}[1\bar{2}\bar{1}], \quad B\delta = \frac{1}{6}[2\bar{1}\bar{1}]$$

$$C\alpha = \frac{1}{6}[\bar{2}\bar{1}1], \quad C\beta = \frac{1}{6}[\bar{1}21], \quad C\delta = \frac{1}{6}[\bar{1}\bar{1}2]$$

由此可见，不对应的罗-希向量即 FCC 晶体中肖克莱分位错的伯氏矢量。

3) 对应的罗-希向量

根据矢量合成规则，可以很容易求出对应的罗-希向量，即

$$A\alpha = AB + B\alpha = \frac{1}{2}[\bar{1}10] + \frac{1}{6}[1\bar{1}2] = \frac{1}{3}[\bar{1}1\bar{1}]$$

$$B\beta = BC + C\beta = \frac{1}{2}[10\bar{1}] + \frac{1}{6}[\bar{1}21] = \frac{1}{3}[1\bar{1}\bar{1}]$$

$$Cγ = CD + Dγ = \frac{1}{2}[\bar{1}\bar{1}0] + \frac{1}{6}[112] = \frac{1}{3}[\bar{1}\bar{1}1]$$

$$Dδ = DA + Aδ = \frac{1}{2}[101] + \frac{1}{6}[\bar{1}2\bar{1}] = \frac{1}{3}[111]$$

由此可见，对应的罗-希向量即 FCC 晶体中 Frank 分位错的伯氏矢量。

4) 希腊-希腊向量(希-希向量)

所有希-希向量也可根据矢量合成规则求取，例如：

$$αβ = αA + Aβ = \frac{1}{3}[1\bar{1}1] + \frac{1}{6}[\bar{1}1\bar{2}] = \frac{1}{6}[1\bar{1}0] = \frac{1}{3}BA$$

同理可得

$$αγ = \frac{1}{6}[0\bar{1}1] = \frac{1}{3}CA, \quad αδ = \frac{1}{6}[101] = \frac{1}{3}DA$$

$$βγ = \frac{1}{6}[\bar{1}01] = \frac{1}{3}CB, \quad βδ = \frac{1}{6}[011] = \frac{1}{3}DB$$

$$γδ = \frac{1}{6}[110] = \frac{1}{3}DC$$

由此可见，希-希向量即 FCC 晶体中压杆位错的伯氏矢量。

3. Thompson 四面体应用举例

既然 FCC 晶体中所有重要位错的伯氏矢量都可以用 Thompson 四面体中的有关向量表示，位错反应式(伯氏矢量的合成或分解式)也就可以用这些向量表示，下面用几个示例对此简要说明。

1) 形成扩展位错的反应

利用 Thompson 四面体中的各向量，可以将前面讨论的位于 (111) 面[图 3.118(b)中的 $δ$ 面]上，$b = \frac{1}{2}[\bar{1}10]$ 的全位错分解为扩展位错的反应式，表示如下：

$$AB(δ) \longrightarrow Aδ + δB$$

即

$$\frac{1}{2}[\bar{1}10] = \frac{1}{6}[\bar{1}2\bar{1}] + \frac{1}{6}[\bar{2}11]$$

可见只要知道全位错所在的面(这里是 $δ$ 面)和伯氏矢量(这里是 AB)，就可以根据向量合成规则直接写出反应式，而不必考虑各位错伯氏矢量的具体指数。

2) 形成压杆位错的反应

前面讨论过的压杆位错的形成过程也可以用 Thompson 四面体中的有关向量表示。如图 3.118 所示，假定在 $α$ 面，即 $(1\bar{1}1)$ 面和 $β$ 面，$(\bar{1}11)$ 面上各有一条平行于 CD 的全位错，其伯氏矢量分别为 AD 和 DB(参考图 3.117)，于是压杆位错的形成过程如下。

首先，两个全位错在各自的滑移面上分解为扩展位错，反应式用 Thompson 四面体中的有关向量表示为

$$AD(β) \longrightarrow Aβ + βD, \quad DB \longrightarrow Dα + αB$$

其次，在 α 和 β 面上的扩展位错都向两个面的交线运动，直至领先的肖克莱分位错 $\boldsymbol{\beta D}$ 和 $\boldsymbol{D\alpha}$ 在两平面交线 CD 处相遇，此时发生以下合成反应：

$$\boldsymbol{\beta D} + \boldsymbol{D\alpha} \longrightarrow \boldsymbol{\beta\alpha} = \frac{1}{3}\boldsymbol{AB}$$

合成的位错线为 CD，即 $[\bar{1}\bar{1}0]$ 方向，伯氏矢量为 $\frac{1}{3}\boldsymbol{AB} = \frac{1}{6}[\bar{1}10]$，它就是压杆位错。

3) 形成位错网络的反应

在 FCC 晶体中常可以观察到由位错形成的网状结构，称为位错网络，包括全位错网络和扩展位错网络，都是位错反应的产物。

(1) 全位错网络。

全位错网络的形成过程如下：首先，假定在 α 面上有一个位错塞积群(其定义和特征参见前面的讲述)，其中各位错的伯氏矢量均为 $\boldsymbol{DC}$；又在 δ 面上有一个螺型位错，其伯氏矢量为 $\boldsymbol{CB}$（α 面和 δ 面的交线），如图 3.119(a)所示。

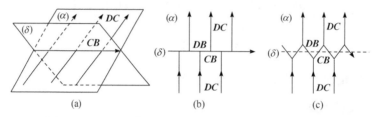

图 3.119　FCC 晶体中六角形全位错网络形成过程示意图

其次，在螺型位错和位错塞积群交点附件的位错线段由于很强的相互吸引力而合并，并发生以下位错反应：

$$\boldsymbol{CB} + \boldsymbol{DC} \longrightarrow \boldsymbol{DB}$$

反应后形成的新位错线段沿 $\boldsymbol{CB}$ 方向，其伯氏矢量为 $\boldsymbol{DB}$，如图 3.119(b)所示。从图 3.119 可以看出，反应后出现了伯氏矢量分别为 $\boldsymbol{CB}$、$\boldsymbol{DC}$ 和 $\boldsymbol{DB}$ 的三条位错线相交于一点(节点)的组态，如果各位错线的线张力大小相同，则根据力的平衡条件，这三条位错线必须相交成 120° 的角。这样就得到了位于 α 面上的六角形全位错网络，如图 3.119(c)所示(为了形成 120° 角，伯氏矢量分别为 $\boldsymbol{CB}$ 和 $\boldsymbol{DB}$ 的两段位错需在 α 面上稍稍滑移)。

(2) 扩展位错网络。

FCC 晶体的层错能较低时，密排面上的全位错容易分解成为扩展位错，并进而形成位错网络，其过程如下。

(i) 在 α 面上塞积群中伯氏矢量为 $\boldsymbol{DC}$ 的位错分解成为扩展位错，即：$\boldsymbol{DC}(\alpha) \longrightarrow \boldsymbol{D\alpha} + \boldsymbol{\alpha C}$，同时 δ 面上伯氏矢量为 $\boldsymbol{CB}$ 的螺型位错也分解为扩展位错，即：$\boldsymbol{CB}(\delta) \longrightarrow \boldsymbol{C\delta} + \boldsymbol{\delta B}$，分解后各个肖克莱分位错的伯氏矢量如图 3.120(a)所示。

(ii) 在 δ 面上，扩展位错的局部区段发生束集，即：$\boldsymbol{C\delta} + \boldsymbol{\delta B} \longrightarrow \boldsymbol{CB}$。

(iii) 束集形成的 $\boldsymbol{CB}$ 位错段和邻近的 $\boldsymbol{\alpha C}$ 位错段相互吸引，使它们相遇于 α 面和 δ 面的交线 CB 上，反应式为：$\boldsymbol{\alpha C} + \boldsymbol{CB} \longrightarrow \boldsymbol{\alpha B}$，反应后位错沿 $\boldsymbol{CB}$ 方向，伯氏矢量为 $\boldsymbol{\alpha B}$，如图 3.120(b)所示。

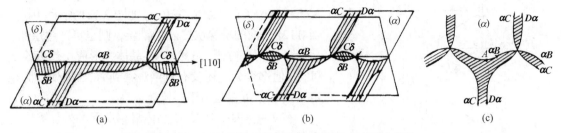

图 3.120　FCC 晶体中扩展位错网络形成过程示意图

(iv) 线张力作用使伯氏矢量为 $\boldsymbol{\alpha B}$ 的位错在 α 面上拉开, 同时相邻的扩展位错段 $\boldsymbol{C\delta + \delta B}$ 继续束集, 并与 $\boldsymbol{\alpha C}$ 位错段反应, 形成新的一段伯氏矢量为 $\boldsymbol{\alpha B}$ 的位错, 这样最终在 α 面上得到如图 3.120(c)所示的扩展位错网络。从图中可以看出, 三组扩展位错大体成 120° 的角汇合, 但汇合的方式有两种: 一种是汇合时束集于一点, 形成所谓的收缩节(点); 另一种是汇合时不束集, 形成所谓的扩展节(点)。在平衡条件下, 在扩展节处肖克莱分位错的曲率半径 R 和位错的线张力 T, 作用在位错上的力 f 及比层错能 γ_F 之间有以下关系:

$$\gamma_F = f = \frac{T}{R}$$

又 $T = \alpha G b^2$, 所以

$$\gamma_F = \frac{\alpha G b^2}{R} \tag{3.151}$$

由式(3.151)可知, 只要能够从实验中测算出 R, 就可以计算出晶体的比层错能 γ_F。

利用 Thompson 四面体中的有关向量还可以讨论晶体试样中形成层错四面体的反应, 层错四面体的 4 个表面都是 {111} 类型的层错面, 6 条棱均为压杆位错, 人们曾用透射电子显微镜在淬火的金样品中观察到, 与饱和空位在密排面上的凝聚、塌陷有关, 这里不再进行讨论, 感兴趣的读者可参阅有关专著或教科书。

3.4.5　体心立方晶体中的位错

在 FCC 晶体中讨论的全位错、单位位错、分位错以及扩展位错和位错反应的概念对体心立方(BCC)和后面将要涉及的密排六方(HCP)晶体也适用, 但和 FCC 晶体相比, 由于对称度的降低, 结构趋于复杂, 位错的行为也更加复杂。

BCC 晶体中单位位错(或全位错)的伯氏矢量 $\boldsymbol{b} = \dfrac{a}{2}\langle 111 \rangle$, 但滑移面有较多, 可以是 {110}、{112} 或 {123}, 具体情况取决于晶体成分、温度和形变速度。值得注意的是, 3 个 {110}、3 个 {112} 和 6 个 {123} 面交于同一个 $\langle 111 \rangle$ 方向, 因此, 在外力作用下这些晶面上的螺型全位错很容易发生交滑移。BCC 晶体中常能观察到波浪形的滑移线, 原因就是交滑移发生在不同的 {110} 面(或 {112} 面和 {123} 面)或这些晶面组合上。

对于 BCC 晶体的密排面 {110} 或 {100}, 其堆垛次序只能是 ABABAB…, 如果产生层错, 必然造成相同字母相邻, 如 ABAABAB…, 这种堆垛状态能量太高, 非常不稳定, 故不太可能以这种方式产生层错。然而, BCC 晶体的 {112} 晶面堆垛次序是呈现周期性的, 其次序为

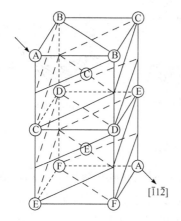

图 3.121　BCC 结构 $(\bar{1}1\bar{2})$ 晶面堆垛示意图

ABCDEFABCDEFABCDEF…，如图 3.121 所示。因此，当 {112} 晶面的堆垛次序发生错误，则也可产生层错，从而形成不全位错。虽然 BCC 晶体中形成层错理论上可行，但迄今为止还没有直接观察到 BCC 晶体中的稳定层错区，可能是由于层错能太高。

有实验表明，BCC 单晶体滑移所需的外加剪应力会因为剪应力施加的方向相反而不同。这种现象意味着 BCC 晶体中存在着不是全位错的位错，因为全位错对反向施加的剪应力是几何对称的，即反向施加外应力虽然会使全位错向相反的方向运动，但外应力的大小不会改变。为了解释这一现象，人们设想 BCC 晶体中的全位错 $\boldsymbol{b}=\dfrac{a}{2}\langle 111\rangle$ 可以分解为对外加反向应力几何不对称的分位错，但由于 BCC 晶体的层错能很高，分解产生的扩展位错宽度一定非常小。下面给出两个 BCC 晶体中全位错分解的例子。

1. 在同一 $(1\bar{1}0)$ 面上的分解

一个 $\boldsymbol{b}=\dfrac{a}{2}[111]$ 的全位错在 $(1\bar{1}0)$ 面上滑移，可以分为三步完成，即 $A\rightarrow A'\rightarrow A''\rightarrow A$，如图 3.122(a)所示，图中纸面为 $(1\bar{1}0)$ 面。这一过程产生如下的位错分解反应：

$$\frac{a}{2}[111]\longrightarrow\frac{a}{8}[110]+\frac{a}{4}[112]+\frac{a}{8}[110]$$

分解后的分位错如图 3.122(b)所示，它们都在 $(1\bar{1}0)$ 面内。显然，各分位错间存在层错。

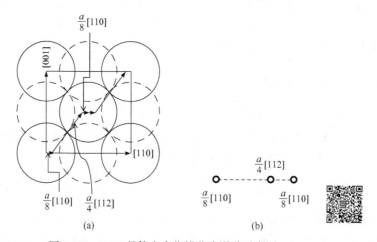

图 3.122　BCC 晶体中全位错分步滑移示意图

2. 在三个不同 {112} 面上的分解

如果一个纯螺型全位错的位错线平行于[111]，则可以分解为

$$\frac{a}{2}[111]\longrightarrow\frac{a}{6}[111]+\frac{a}{6}[111]+\frac{a}{6}[111]$$

三个伯氏矢量为 $\frac{a}{6}$[111] 的分位错分别扩展到三个相交的 {112} 面上，形成如图 3.123(a)所示的对称结构，称为三叶位错。三叶位错是亚稳态的，只要其中一个位错稍偏离原来位置并靠向中心，就会有一个指向中心的力作用在这个位错上，使三叶位错自发变成两叶位错，形成如图 3.123(b)所示的非对称结构，后者相当于其中的一个伯氏矢量为 $\frac{a}{6}$[111] 的分位错没有扩展出去，而是处在全位错原来所处的位置。

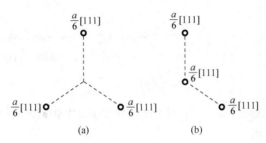

图 3.123　BCC 晶体中全位错在不同 {112} 面上扩展示意图

不难看出，BCC 晶体中全位错如图 3.122 和 3.123(b)所示的模式分解后，扩展位错的组态对反向施加的外应力不具有几何对称性，因此反向应力的数值有所不同。

3. 在三个不同 {110} 面上的分解

如图 3.124 所示，BCC 晶体中，螺型全位错 $\frac{1}{2}\langle 111\rangle$ 可以在三个 {110} 面上对称扩展，分解为不共面的扩展位错，反应式如下：

$$\frac{1}{2}[111]\longrightarrow \frac{1}{8}[110]+\frac{1}{8}[101]+\frac{1}{8}[011]+\frac{1}{4}[111]$$

在剪应力作用下，通过以下位错反应，不共面的位错可以转化为共面的扩展位错，即

$$\frac{1}{8}[110]+\frac{1}{8}[101]+\frac{1}{8}[011]+\frac{1}{4}[111]\longrightarrow \frac{1}{8}[334]+\frac{1}{8}[110]$$

$$\frac{1}{8}[334]+\frac{1}{8}[110]\longrightarrow \frac{1}{8}[110]+\frac{1}{4}[112]+\frac{1}{8}[110]$$

反应后形成的扩展位错如图 3.125 所示。BCC 金属的低温脆性与螺型位错在 {112} 和 {110} 的非共面分解有关，螺型位错低温状态下很难发生交滑移，从而导致低温脆性。

除了以上一些基本特征，BCC 晶体中位错的合成与分解还存在一些自己的特征，简要总结如下。

1) 裂纹位错

如图 3.126(a)所示，假定 BCC 晶体中在 (101) 面上有一个 $\boldsymbol{b}_1=\frac{1}{2}[\bar{1}11]$ 的全位错 $\boldsymbol{AB}$，在 $(\bar{1}01)$ 面上有一个 $\boldsymbol{b}_2=\frac{1}{2}[1\bar{1}1]$ 的全位错 $\boldsymbol{CD}$，然后在外力作用下，这两个位错在各自的滑移面上滑移，直至在滑移面的交线 MN 处相遇并发生以下合成反应：

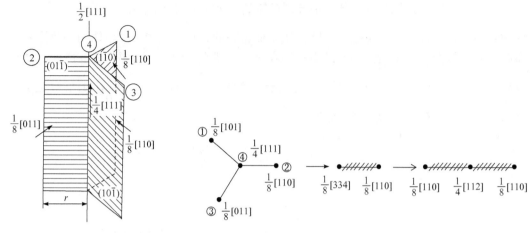

图 3.124　BCC 晶体中全位错在不同
{110} 面上分解示意图

图 3.125　BCC 晶体中单位位错在不同 {112} 面上扩展示意图

$$\frac{1}{2}\left[\bar{1}11\right]+\frac{1}{2}\left[1\bar{1}1\right]\longrightarrow[001]$$

　　合成的新位错线沿 [010] 方向 [图 3.126(a) 中 **MN**]，其伯氏矢量 **b** =[001]，故滑移面为 (100)。但 (100) 不是 BCC 晶体的滑移面，故新位错是一个不能滑移的固定位错，它是一个刃型全位错，相当于在晶体中插入了半个 (001) 面。如果连续发生上述位错反应，就会在 (100) 面上形成一列相继的刃型位错，相当于相继插入了若干个 (001) 半原子面，如图 3.126(b) 所示。由于 (001) 恰好是 BCC 晶体的解理面(cleavage plane，是指矿物晶体在外力作用下严格沿着一定结晶方向破裂，并且能裂出光滑平面性质的平面)，故这些相继排列的定位错就会萌生裂纹，因此 **b** =[001] 的位错称为裂纹位错。

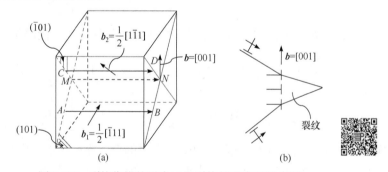

图 3.126　裂纹位错的形成(a)和裂纹的形成(b)示意图

2) 位错环

　　BCC 晶体中的空位片或受高能辐照后过饱和的间隙原子会择优聚集在密排的 {110} 面上，形成 $b=\frac{1}{2}\langle110\rangle$ 的位错环。但由于 BCC 晶体的层错能很高，在这些面上不能形成稳定的层错，故产生的位错环会通过下面两个反应中的一个，形成 $b=\frac{1}{2}\langle111\rangle$ 或 $\langle100\rangle$ 的位错环，即

$$\frac{1}{2}\langle110\rangle+\frac{1}{2}\langle001\rangle\longrightarrow\frac{1}{2}\langle111\rangle$$

$$\frac{1}{2}\langle 110\rangle+\frac{1}{2}\langle 1\overline{1}0\rangle\longrightarrow\langle 100\rangle$$

在许多 BCC 金属中都能观察到 $\boldsymbol{b}=\dfrac{1}{2}\langle 111\rangle$ 的位错环,因为它的能量(b^2)比较低,但在 α-Fe 中也观察到很多 $\boldsymbol{b}=\langle 100\rangle$ 的位错环,其原因还在探究中。

3) 孪晶位错

BCC 晶体中还有一种很重要的位错,即孪晶位错。孪晶是指两个晶体(或一个晶体的两部分)沿一个公共晶面构成镜面对称的位向关系,这两个或两部分晶体就称为孪晶(twin),公共晶面就称为孪晶面。在 BCC 晶体中,孪晶面是 {112},孪生时平行于 {112} 面的一系列晶面相继滑移 $\dfrac{1}{6}\langle 11\overline{1}\rangle$,得到一定厚度的孪晶。孪晶位错的形成机制比较复杂,在这里只进行简要叙述,它类似于 L 型位错源机制,不同的是极轴位错不是纯刃型,而是混合型,因而它附近的原子面接近螺旋面。这样,每当扫动位错($\boldsymbol{b}=\dfrac{1}{6}\langle 11\overline{1}\rangle$ 的肖克莱分位错)在其滑移面(某一层 {112} 面)上绕极轴位错旋转 360° 后,不仅晶体沿此面滑移 $\dfrac{1}{6}\langle 11\overline{1}\rangle$,而且扫动位错也沿法线方向上升一个螺距,并在新的一层 {112} 面上继续绕极轴位错旋转,再引起晶体沿此面滑移 $\dfrac{1}{6}\langle 11\overline{1}\rangle$。不断重复这个过程,就可得到任意厚度的孪晶,直到极轴位错消失。

3.4.6　密排六方晶体中的位错

取 HCP 结构的一个底面等边三角形 ABC,连接三角形的三个顶点 A、B、C 以及它重心相对的上下两个胞内的阵点 S 和 T,可以构成一个双锥体,如图 3.127(a) 和 (b) 所示,其中 σ 是等边三角形 ABC 的重心。正如 FCC 晶体中所有位错的伯氏矢量都可以用 Thompson 四面体中的各相关矢量表示一样,HCP 晶体中所有位错的伯氏矢量也都可以用图 3.127 所示的双锥体中各相关矢量表示出来。下面仅列出一些和 HCP 晶体中重要位错相关的矢量,即

$$\boldsymbol{AB}=\frac{1}{3}\big[\overline{1}2\overline{1}0\big],\quad \boldsymbol{BC}=\frac{1}{3}\big[\overline{1}\,\overline{1}20\big],\quad \boldsymbol{CA}=\frac{1}{3}\big[2\overline{1}\,\overline{1}0\big]$$

$$\boldsymbol{A\sigma}=\frac{1}{3}\big[\overline{1}100\big],\quad \boldsymbol{B\sigma}=\frac{1}{3}\big[0\overline{1}10\big],\quad \boldsymbol{C\sigma}=\frac{1}{3}\big[10\overline{1}0\big]$$

$$\boldsymbol{\sigma S}=\frac{1}{2}[0001],\quad \boldsymbol{AS}=\frac{1}{6}\big[\overline{2}203\big],\quad \boldsymbol{SA}=\frac{1}{6}\big[2\overline{2}0\overline{3}\big]$$

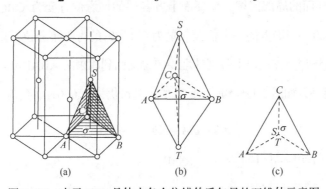

图 3.127　表示 HCP 晶体中各个位错伯氏矢量的双锥体示意图

下面基于双锥体中的相关矢量，对 HCP 晶体中全位错、肖克莱分位错、扩展位错和 Frank 分位错进行简要的分析总结。

1) 全位错

HCP 晶体中全位错的伯氏矢量一般是 $\boldsymbol{AB}$、$\boldsymbol{BC}$ 或 $\boldsymbol{CA}\left(\frac{1}{3}\langle11\bar{2}0\rangle\right)$，其滑移面多为 (0001) 基面，对有的晶体，滑移面还可以是 $\{1\bar{1}00\}$ 和 $\{1\bar{1}01\}$ 晶面。

2) 肖克莱分位错和扩展位错

在 (0001) 密排面上滑移时，HCP 晶体中的全位错可以分解为两个伯氏矢量为 $\frac{1}{3}\langle10\bar{1}0\rangle$ 的肖克莱分位错，中间夹着一条层错带，形成所谓扩展位错。分解反应式为

$$AB(\sigma)\longrightarrow A\sigma + \sigma B$$

例如：$\frac{1}{3}\left[11\bar{2}0\right]\longrightarrow\frac{1}{3}\left[10\bar{1}0\right]+\frac{1}{3}\left[01\bar{1}0\right]$。

由于同样需要平衡层错能和位错间作用力的关系，HCP 晶体的扩展位错也存在一个稳定的宽度，并且也可以用式(3.147)进行计算。若晶体还有柱面 $\{1\bar{1}00\}$ 或锥面 $\{1\bar{1}01\}$ 可以做滑移面，则基面上的扩展位错有可能通过束集成全位错进而在柱面或锥面上发生交滑移。但对于基面是优先滑移面的晶体，柱面或锥面上的层错能往往比较高，因而交滑移很困难。实际上，柱面或锥面滑移的临界剪应力往往要比基面大 1～2 个数量级。

3) Frank 分位错

与 FCC 晶体类似，在 HCP 晶体中过饱和空位或间隙原子的择优聚集和塌陷也会形成 Frank 位错环，但因密排面堆垛方式的差异，HCP 晶体的情况要复杂很多。这里不做详细展开，仅讨论相对比较简单的在基面上形成 Frank 位错环的过程。

(1) 空位择优聚集在基面上形成 Frank 位错环的情形。

首先，如图 3.128(a)所示，空位聚集在 A 层上形成空位片；然后，空位片上下的晶面相对发生"塌陷"而形成伯氏矢量为 $\frac{1}{2}[0001]$ 的位错环，如图 3.128(b)所示。和 FCC 晶体不同，HCP 晶体是密排面呈 ABABAB…方式堆垛，这样空位片上下两个晶面都是 B 层，它们的质点正好上下相对，故这种位错环不能保持稳定，属于高能量的位错环，因此质点会力图位移到低能的稳定位置。位移的方式有两种：一种是通过在环上方的 B 层上的一个伯氏矢量为 $\frac{1}{3}[1\bar{1}00]$ 的肖克莱分位错扫过环面的局部区域，使环面上方各层的堆垛位置变为 CBCBCB…，同时通过环上方第二层(原来的 A 层)上的一个伯氏矢量为 $\frac{1}{3}[\bar{1}100]$ 的肖克莱分位错反向扫过环面上方第二层的局部区域，使该层及该层以上各层的堆垛位置又回到原来的 ABABAB…，最后得到包含外禀层错的 Frank 位错环，如图 3.128(c)所示，其伯氏矢量仍为 $\frac{1}{2}[0001]$，反应式如下：

$$\sigma S + \delta A + A\delta \longrightarrow \sigma S$$

例如：$\frac{1}{2}[0001]+\frac{1}{3}[1\bar{1}00]+\frac{1}{3}[\bar{1}100]\longrightarrow\frac{1}{2}[0001]$。

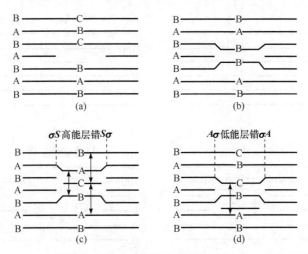

图 3.128　HCP 晶体中过饱和空位在基面聚集形成 Frank 位错环示意图

由于包含两层层错，与这种 Frank 位错环相关的层错能比较高。另一种位移方式是只有上述第一次扫动，没有第二次扫动，即只有伯氏矢量为 $\frac{1}{3}[1\bar{1}00]$ 的肖克莱分位错扫过环面，没有伯氏矢量为 $\frac{1}{3}[\bar{1}100]$ 的后续还原扫动，这样就得到包含内禀层错的 Frank 位错环，如图 3.128(d)所示，其伯氏矢量为 $\frac{1}{6}[\bar{2}203]$，反应式为

$$A\sigma + \sigma S \longrightarrow AS$$

例如：$\frac{1}{3}[\bar{1}100] + \frac{1}{2}[0001] \longrightarrow \frac{1}{6}[\bar{2}203]$。由于只包含一层层错，与这种 Frank 位错环相关的层错能是比较低的。

(2) 间隙原子择优聚集在基面上形成 Frank 位错环的情形。

对于正常堆垛的 HCP 晶体[图 3.129(a)]，间隙原子在基面上聚集时，从能量上考虑，其必然占据 C 位置(其他 A 或 B 位置都会造成和两层原子正对的结果)，如图 3.129(b)所示，由此引起它上面的 A 层和下面的 B 层"拉开"一个层间距的距离，形成一个能量较高、包含两层层错的 Frank 位错环，它属于外禀层错，伯氏矢量为 $\frac{1}{2}[0001]$。跨过层错区，基面的堆垛次序为 BABCABA…，如图 3.129(c)所示。如果间隙原子片上面第一层(B 层)上有一个伯氏矢量为 $\frac{1}{3}[\bar{1}100]$ 的肖克莱分位错扫过环面上方的区域，则会得到能量较低、只有一层内禀层错的 Frank 位错环，其伯氏矢量为 $\frac{1}{6}[\bar{2}203]$，如图 3.129(d)所示。跨过层错区，基面的堆垛次序为 BABCBCB…。

由于只有在 $\frac{c}{a} > \sqrt{3}$ 的 HCP 晶体中基面才是密排面，故也只有在这些晶体中才能从实验中观察到上述各种 Frank 位错环和层错结构。

3.4.7　其他晶体中的位错

除了金属晶体外，以其他化学键结合形成的晶态物质中同样存在位错，并且根据结合键的

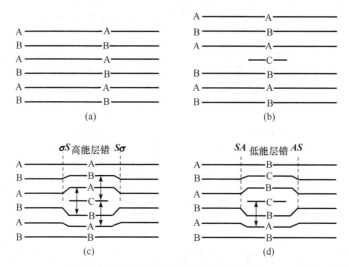

图 3.129　HCP 晶体中过饱和间隙原子在基面聚集形成 Frank 位错环示意图

不同，晶体中的位错具有一些独有的特征，下面仅就离子晶体和共价晶体进行简要叙述。

1. 离子晶体中的位错

以具有 FCC 点阵结构的氯化钠(NaCl)为例，说明离子晶体中位错的一些特点：

(1) 滑移面未必是最密排面，但伯氏矢量仍为最短的点阵矢量。例如，NaCl 的并不是 {111}，而是 {110}，其次是 {100}，偶尔也会是 {111} 和 {112} 等晶面，但伯氏矢量均为 $b = \frac{1}{2}\langle 110 \rangle$。至于为什么主滑移面不是密排面 {111} 并不十分清楚，一个可能的原因是密排面之间间距最小，滑移面上侧的阳离子(或阴离子)滑移过程中会与滑移面下侧的同号离子靠得很近，从而引起很大的排斥力。

(2) 刃型位错的附加半原子面实际上包括两个互补的附加半离子面，这样才能保持晶体内部的电中性，如图 3.130(a)所示。该图是滑移面为 $(1\bar{1}0)$、伯氏矢量 $b = \frac{1}{2}[110]$ 的纯刃型位错在 (001) 面上的质点组态，其中图 3.130(a)和(b)的图面分别垂直于位错线两个相邻的 (001) 面。虽然插入互补的附加半离子面能保持晶体整体电中性，但这种刃型位错在晶体表面露头处会带有电荷，其正负视具体的刃型位错结构而定。例如，在图 3.130(a)中电荷为负，而在图 3.130(b)中电荷则为正。

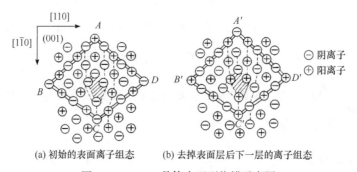

(a) 初始的表面离子组态　　　(b) 去掉表面层后下一层的离子组态

图 3.130　NaCl 晶体中刃型位错示意图

由于离子晶体中的位错带有有效电荷，因此离子晶体有一些明显不同于金属晶体的特征，例如：①离子晶体压缩形变后，其离子电导率提高；②在塑性形变过程中，离子晶体会产生瞬时电流；③对一个已被弯曲的离子晶体，施加电场会促进它进一步形变。

(3) 刃型位错在滑移面 $(1\bar{1}0)$ 上滑移时沿着位错线没有离子和电荷的移动，因而位错露头处的有效电荷不改变符号，且弯折处没有有效电荷，但割阶处是正离子空位，故具有负的有效电荷。

2. 共价晶体中的位错

共价键具有方向性和饱和性，这使得以共价键结合的晶体质点在空间排列上要受到一定的限制，相应导致晶体的围观对称性降低，这对于位错的特性有较大的影响。例如，具有 FCC 点阵结构的金属，其滑移面为 {111}，全位错的滑移方向为 $\langle\bar{1}10\rangle$。FCC 晶体 {111} 面的堆垛次序是 ABCABCABC…，伯氏矢量为 $\boldsymbol{b}=\frac{1}{2}\langle\bar{1}10\rangle$ 的全位错可以位于任一层 {111} 上，其性质没有任何差异。然而对于具有 FCC 结构的共价晶体金刚石来说，虽然滑移面和滑移方向也分别是 {111} 和 $\langle\bar{1}10\rangle$，全位错的伯氏矢量也是 $\boldsymbol{b}=\frac{1}{2}\langle\bar{1}10\rangle$，但位错的特性和它的滑移面位置有关。为了说明这一点，可将金刚石的点阵原子投影到 $(1\bar{1}0)$ 面上，如图 3.131 所示。从图中可以看出，此时 (111) 面的堆垛次序是 AaBbCcAaBbCc…，其中同名字母的相邻 (111) 面间的距离为 $\frac{\sqrt{3}}{4}a\approx0.433a$，而异名字母的相邻 (111) 面间的距离则为 $\left(\frac{\sqrt{3}a}{3}-\frac{\sqrt{3}a}{4}\right)\approx0.144a$。这样，最容易出现的滑移面应位于异名字母的相邻 (111) 面之间。这些晶面上的位错相对易于滑动，称为滑动型位错(glide set dislocation)，与之对应难滑移的位错称为拖动型位错(shuffle set dislocation)。

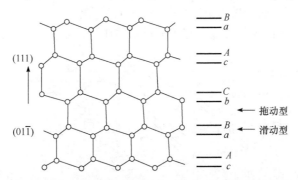

图 3.131　金刚石晶体的原子在 $(1\bar{1}0)$ 面上的投影示意图

3.5　面　缺　陷

现实中晶体都不可能是无限大的，有限的尺寸使晶体材料中存在着许多界面，如外表面(surface)与内界面(interface)等。界面通常包含几个原子层厚的区域，该区域内的原子排列甚至化学成分往往不同于晶体内部，又因其在三维空间表现为一个方向上尺寸很小而另外两个方向上尺寸较大，故称为面缺陷(interfacial defect)。

外表面(简称表面)是指固体材料与气体或液体的分界面；内界面包括晶界(grain boundary)、

亚晶界(sub-boundary)、孪晶界(twin boundary)、相界(phase boundary)及层错(stacking fault)等。界面的存在对晶体的力学、物理和化学性能都有重要的影响。在这一部分将概念性地介绍各类界面的结构、界面能及其对材料性能的影响。

3.5.1 表面及表面能

晶体内部的质点处于其他质点的包围中，周围质点对它的作用力对称分布，因此这些内部质点处于均匀的力场中，总合力为零，处于能量最低的状态。表面质点却不同，它一侧与气相(或液相)接触，另一侧连接晶体的其他质点，很难要求不同成分的质点具有完全相同的性质，因此表面质点一般处于不均匀的力场之中，其能量较高，高出的能量称为表面自由能[或表面能(surface energy)]。

实验测定表面能的数值约为后面述及的晶界能的三倍，对于日常广泛应用的大块材料，它们的比表面积(单位体积晶体的表面积)很小，因此表面对晶体性能的影响不如晶界重要。但是对于多孔物质或粒度很细小的粉末材料，它们的比表面积非常大，此时表面能就成为影响固体材料性能不可忽略的重要因素，主要体现在以下三个方面。

1) 表面重构

为了降低表面自由能，表面质点的位置必然发生变化。这种变化的结果使得在平行于表面的平面内，表面质点的平移对称性与理想表面显著不同，这种表面结构的变化称为表面重构(surface reconstruction)。

2) 表面弛豫

晶体的三维周期性在表面处中断，表面上质点的配位情况发生了变化，并且表面质点附近的电荷分布也有改变，使表面质点所在的力场与体内原子不同。因此，表面质点会发生相对正常位置的上或下的位移，以降低体系的能量。表面质点的这种位移称为表面弛豫(surface relaxation)。弛豫和前面的重构能够导致在材料表面许多台阶、空位和扭折等缺陷结构，如图 3.132 所示，这些结构在催化反应中有非常重要的作用，是主要的活性位点所在地。

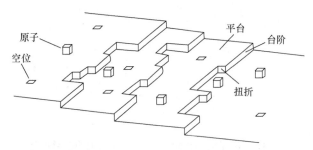

图 3.132　材料表面重构和弛豫导致的缺陷结构示意图

3) 表面吸附

与体相质点不同，处于固体表面的质点有一部分键被切断，以悬键(dangling bond)的形式存在，使表面具有较高的自由能。为了降低表面自由能，除表面质点几何位置发生上面所述的重构和弛豫以外，还会通过吸附外来原子或分子来降低表面自由能，以使表面处于更稳定的状态。

固体材料不同晶面的表面能大小也不相同，这是由于表面能的本质是表面质点的不饱和键，而不同晶面上的质点密度不同，自然不饱和键就存在差异。密排面的质点密度最大，则该面上任一质点与相邻晶面质点的作用键数最少,故以密排面作为表面时不饱和键数最少,表面能量低。晶体总是力图处于最低的自由能状态,所以晶体的平衡几何外形应满足表面能总和为最小的原理。自然界的有些矿物或人工结晶的盐类等常具有规则的几何外形,它们的表面常由最密排面及次密排面组成,这是一种低表面能的几何形态。

【练习 3.9】　FCC 结构在金属晶体中最为常见,对于 FCC 晶体材料,查阅文献资料,深入思考它们一般应具备怎样的几何外形。

3.5.2　晶界和亚晶界

属于同一固相,但位向不同的晶粒之间的界面称为晶界;而每个晶粒有时又由若干个位向稍有差异的亚晶粒所组成,相邻亚晶粒之间的界面称为亚晶界。晶粒的平均直径通常在 0.015~0.25 mm 范围内,而亚晶粒的平均直径则通常在 0.001 mm 范围内。

二维点阵中晶界位置可用两个晶粒的位向差 θ 来确定,根据相邻晶粒之间位向差 θ 角的大小不同可将晶界分为两类,即小角度晶界和大角度晶界。如图 3.133 所示,当两相邻晶粒的位向差小于或等于 15°时,称为小角度晶界;位向差大于 15°时,则称为大角度晶界。

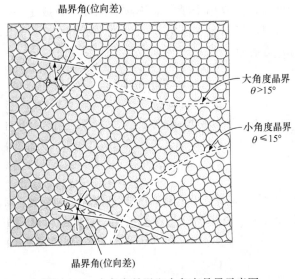

图 3.133　小角度晶界和大角度晶界示意图

一般说来,位向差越大,晶界厚度也就越大,界面能也越高。实验证明,小角度晶界是由一系列位错排列而成的。

1. 小角度晶界的结构

按照相邻亚晶粒间位向差的形式不同,小角度晶界可分为对称倾侧晶界和扭转晶界等,它们的结构可用相应的模型描述。

1) 对称倾侧晶界

晶体的两部分绕某一轴反相旋转 $\dfrac{\theta}{2}$,形成位向不同的两部分,它们之间的晶界为对称倾侧晶界,如图 3.134 所示,其中图 3.134(a)中晶体两部分绕轴 MN 向下旋转,图 3.134(b)中则是绕轴 MN 向上旋转,旋转后两部分晶体之间的夹角 θ 称为倾侧角。

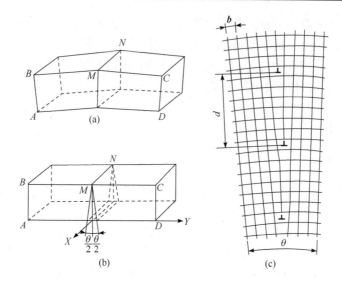

图 3.134 对称倾侧晶界形成过程[(a)、(b)]和结构模型(c)示意图

由于相邻两个晶粒的位向差 θ 角很小，对称倾侧晶界可看成是由一列相隔距离一定的刃型位错所组成，其微观结构模型如图 3.134(c)所示。如果位错墙中两相邻位错的距离为 d，则与位错伯氏矢量 $\boldsymbol{b}$ 之间的关系为

$$\frac{b}{d} = 2\tan\frac{\theta}{2}$$

式中，b 为位错伯氏矢量的模。当 θ 角很小时，$\tan\dfrac{\theta}{2} \approx \dfrac{\theta}{2}$，因此

$$d = \frac{b}{\theta} \tag{3.152}$$

由式(3.152)可见，随着倾侧角 θ 的增大，位错间距需要减小。当 $\theta > 15°$ 时，d 只有几个原子间距的大小，此时位错密度太大，该模型已经不能适用，这也是将 $\theta = 15°$ 定为划分小角度晶界和大角度晶界的原因。

2) 扭转晶界

小角度扭转晶界的形成过程如图 3.135(a)所示，将一块晶体沿横断面切开，然后晶体的两部分以垂直于横断面的直线为轴，相对转动一个角度 θ，再将两块晶体黏合在一起，从而形

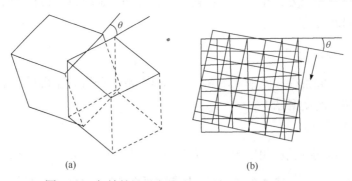

图 3.135 扭转晶界形成过程(a)和结构模型(b)示意图

成扭转晶界。扭转晶界的微观结构如图 3.135(b)所示，它可以看成是由两组螺旋位错交叉构成的网络，晶界两侧的质点位置在位错处不吻合，而在其余地方是吻合的。

上述两种晶界都是小角度晶界的特殊形式，实际上，对于一般的小角度晶界，其旋转轴与界面之间可以是任意的取向关系，故这种界面具有刃型和螺型位错组成的更加复杂的微观结构。

2. 大角度晶界的结构

在小角度晶界上，相邻晶粒的错配集中于位错附近，而位错以外的其他地方质点能较好地匹配。但是当晶粒之间的取向差增大，界面处因位错核心连在一起产生很大的畸变时，再把晶界看成是独立的位错组成就不合适了。

大角度晶界的结构比较复杂，晶界相当于两晶粒之间的过渡层，为两三个原子厚度的薄层，原子排列相对无序，比较疏松，如图 3.136(a)所示。

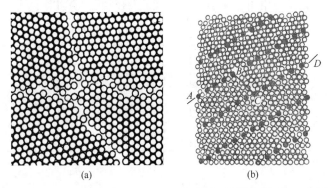

(a)　　　　　　　　　　　(b)

图 3.136　大角度晶界结构(a)和 FCC 晶体中重合位置点阵(b)示意图

近年来有人利用场离子显微镜研究晶界，提出晶界的重合位置点阵模型。该模型设想将两个相邻晶粒的阵点向晶界外无限延伸，再经过微小的位置调整，如绕某一轴旋转一定角度后，必有一部分阵点重合，由这些重合阵点构成的新点阵便为重合位置点阵。

图 3.136(b)表示 FCC 晶体绕公共的[110]轴旋转 50.5°后，两晶粒的原子排列模型。该图中重合位置的质点为晶体原子的 $\frac{1}{11}$，即每 11 个质点中有一个重合位置，重合位置的质点占晶体质点的比例称为重合位置密度。按照这种模型，界面上包含的重合位置密度越高，两晶粒在界面上配合越好，晶界能就越低。因此，两个相邻晶粒一方面力求保持特殊的取向差，以便形成密度较大的重合位置点阵；另一方面晶界趋向于重合位置点阵中的密排面重合，以便减少晶界能。这样，晶界便进行小面化，即把大部分面积分段与密排面重合，而各段之间则以台阶相连[如图 3.136(b)中的 BC]。虽然台阶处的质点错排比较严重，但因面积不大，所以总能量还是比较低的。

不同结构的晶体相对于各自的特殊晶轴旋转一定角度后均能出现重合点阵，表 3.8 列出了不同结构晶体中获得重要重合点阵位置的旋转轴、旋转角度及重合位置密度。实际上，对很多晶轴旋转都有相应的数值，能出现重合位置点阵的位向很多。

表 3.8　不同结构晶体中的重合位置点阵特征

晶体结构	旋转轴	旋转角度/ (°)	重合位置密度 (1/ Σ)
体心立方	[100]	36.9	1/5
	[110]	38.9	1/9
	[110]	50.5	1/11
	[110]	70.5	1/3
	[111]	38.2	1/7
	[111]	60.0	1/3
面心立方	[100]	36.9	1/5
	[110]	38.9	1/9
	[111]	38.2	1/7
	[111]	60.0	1/7
密排六方	[001]	21.8	1/7
	[001]	27.8	1/13
	[001]	86.6	1/17
	[210]	78.5	1/10

注：Σ 表示晶体中质点总数。

应该指出，重合位置点阵毕竟是某些特殊取向下实现的，不能包括两晶粒的任意位向，因此，作为一个大角度晶界结构的模型，还需进行深入补充和修正，以便重合位置点阵的概念能够在更加宽广的范围内应用。

3. 界面能

界面上质点偏离规则排列，导致点阵产生畸变，引起体系能量升高，这部分高出的能量称为界面能。界面能用单位面积的能量 $E(\theta)$ 表示，类似于表面张力，其单位为 J · m^{-2}。

小角度晶界的界面能可以表示为相邻两晶粒之间位向差 θ 的函数，其关系式为

$$E(\theta) = r_0 \theta (B - \ln\theta) \tag{3.153}$$

式中，$r_0 = \dfrac{Gb}{4\pi(1-v)}$ 为常数，取决于材料的剪切模量 G 和位错的伯氏矢量 $\boldsymbol{b}$；B 也是一个常数，取决于位错中心原子错排能。

由式(3.153)可见，小角度晶界的界面能随位向差 θ 角的增大而增加。大角度晶界的界面能基本是恒定值，为 0.25～1.0 J · m^{-2}，与位向差 θ 无关，且比小角度晶界的界面能大很多。例如，铜(Cu)金属晶体的界面能可用图 3.137 描述，从中可以看出不同类型界面的界面能差距和范围。

4. 孪晶界

在介绍孪晶位错时已经给出了孪晶的定义，指两个晶体(或一个晶体的两部分)沿一个公共

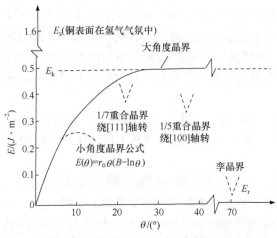

图 3.137　Cu 晶体中不同类型界面的界面能

晶面构成镜面对称的位向关系，这两个或两部分晶体称为孪晶，公共晶面称为孪晶面。孪晶的形成与堆垛层错有密切关系。例如，FCC 晶体是以 {111} 面按 ABCABC…的顺序堆垛而成的，如果从某一层开始其堆垛顺序发生颠倒，就成为 ABCACBACBA…，则上下两部分晶体就构成了镜面对称的孪晶关系。可以看出…CAC…处相当于堆垛层错，接着就按倒过来的顺序堆垛，仍属正常的 FCC 堆垛顺序，但与出现层错之前的那部分晶体顺序正好相反，故形成了对称关系。

　　孪晶界可分为两类，共格孪晶界(coherent twin boundary)和非共格孪晶界(incoherent twin boundary)，前者孪晶面上的原子同时位于两个晶体点阵的结点上，为两个晶体所共有，属于自然地完全匹配，是无畸变的完全共格界面[图 3.138(a)]，它的界面能很低，约为普通晶界界面能的 1/10，很稳定，在显微镜下呈直线，这种孪晶界较为常见；后者只有部分原子为两部分晶体所共有[图 3.138(b)]，因而原子错排较严重，这种孪晶界的能量相对较高，约为普通晶界的 1/2。

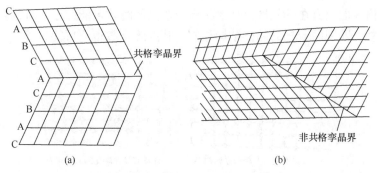

图 3.138　共格孪晶界(a)和非共格孪晶界(b)示意图

　　依据形成原因的不同，孪晶可分为形变孪晶(deformation twin)、生长孪晶(growth twin)和退火孪晶(annealing twin)等。正因为孪晶与层错密切相关，一般层错能高的晶体中不易产生孪晶。

5. 晶界的特性

晶界作为面缺陷，其特性自然不同于晶体内部完整的部分，将其进行简单总结。

(1) 晶界处点阵畸变大，存在晶界能。晶粒的长大和晶界的平直化都能减少晶界面积，从而降低晶界的总能量，这是一个自发过程。晶粒的长大和晶界的平直化均需通过原子的扩散来实现，因此，温度升高和保温时间的增加均有利于这两个过程的进行。

(2) 晶界处原子排列不规则，在常温下晶界的存在会对位错的运动起阻碍作用，致使塑性形变抗力提高，宏观表现为晶界较晶内具有较高的强度和硬度。晶粒越细，材料的强度越高，这就是晶界强化。

(3) 晶界处原子偏离平衡位置，具有较高的能量，比较活泼，并且晶界处存在较多的缺陷(如空穴、杂质原子和位错等)，故晶界处质点的扩散速度比在晶内快得多(这一点在扩散相关章节也会有讨论)。

(4) 在固态相变过程中，由于晶界能量较高且质点活动能力较大，新相易于在晶界处优先形核。原始晶粒越细，晶界越多，则新相形核率也相应越高。

(5) 由于成分偏析和内吸附(internal adsorption，指微量元素被吸附在晶体表面或晶体内部的晶界或裂缝等缺陷处)现象，特别是晶界富集杂质原子的情况下，往往熔点较低，故在加热过程中，因温度过高将引起晶界熔化和氧化，导致"过热"现象产生。

(6) 由于晶界能量较高、原子处于不稳定状态，以及晶界富集杂质原子，故与晶内相比，晶界的腐蚀速度一般较快，这就是用腐蚀剂显示金相样品组织的依据，也是某些金属材料在使用中发生晶间腐蚀破坏的原因。

3.5.3　相界

"相"可以理解为一个由大量质点组成的聚集体或系统，具有相同的成分和晶体结构或聚集状态，在相图中位于一个单相区中，允许物理特性的连续变化。两个不同相之间的分界面称为相界。按结构特点，相界面可分为共格相界、半共格相界和非共格相界三种类型，其中共格相界还可以细分为具有完善共格关系的相界和具有弹性畸变的共格相界。

1. 共格相界(coherent phase boundary)

具有完善关系的共格相界是一种无畸变的相界，如图 3.139(a)所示，其界面能很低。但是理想的完全共格界面只有在孪晶界，且孪晶界为孪晶面时才可能存在。对相界而言，其两侧为两个不同的相，即使两个相的晶体结构相同，其点阵常数也不可能相等，因此在形成共格

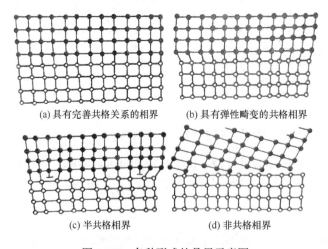

(a) 具有完善共格关系的相界　　　(b) 具有弹性畸变的共格相界

(c) 半共格相界　　　　　　(d) 非共格相界

图 3.139　各种形式的晶界示意图

界面时，必然在相界附近产生一定的弹性畸变，具有弹性畸变的共格相界[图 3.139(b)]，晶面间距较小者发生伸长，较大者产生压缩，以互相协调，使界面上原子达到匹配。显然，这种共格相界的能量相对于具有完善共格关系的界面(如孪晶界)的能量要高。

2. 半共格相界(semi-coherent phase boundary)

若两相邻晶体在相界面处的晶面间距相差较大，则在相界面上不可能做到完全的一一对应，于是在界面上将产生一些位错，以降低界面的弹性应变能，这时界面上两相的原子部分匹配，如图 3.139(c)所示，这样的界面称为半共格界面或部分共格界面。

3. 非共格相界(incoherent phase boundary)

非共格相界与大角度晶界相似，可看成是由原子不规则排列的很薄的过渡层构成，界面上质点分布杂乱无序，如图 3.139(d)所示。非共格相界还可以理解成是相界的畸变能高到不能通过共格关系维持，进而通过破坏共格关系降低畸变能。非共格相界的畸变能虽然较低，但又出现了界面能，其总能量较具有弹性畸变的共格相界还要高一些。

3.6　体　缺　陷

固体材料中还存在比之前讨论的体积要大得多的缺陷，包括镶嵌块、沉淀相、空洞和气泡等，这些缺陷在三个维度上尺寸均较大，故称为体缺陷。它们通常是在材料的加工与制造过程中引入的，对材料的物理、化学和力学性能也都有较大影响。体缺陷应用的一个典型的例子是沉淀硬化，它是一种强化金属合金的重要技术。在该技术中，通过仔细控制热处理，在合金基质中诱发形成沉淀物，它们能够阻碍位错的运动，具有显著的合金强化效果。

另外，人们也常设法在玻璃中形成沉淀相，从而赋予玻璃某些为人类所需要但纯物质中又缺乏的性能。例如玻璃陶瓷，又称微晶玻璃，它是一种始于玻璃而后进行大规模结晶处理以提升热性能的固体。通过精心设计其显微结构，能够使其对热振动具有良好的承受能力，从而获得更广泛的应用。类似地，也可以设计出含有小尺度沉淀相的蛋白石玻璃，能够散射光线，广泛用于太阳镜、汽车遮阳篷顶以及建筑方面。

3.7　缺陷的实验观察

为了解影响材料性能的因素，经常需要对各种缺陷进行实验观察。但缺陷在宏观尺度时，即其尺寸足够大，如比较大的体缺陷，目测就可以对其进行感测。然而大多数材料中，其组成晶粒均在微观尺度，其直径在几微米左右，相应的缺陷细节就必须采用一定的技术手段才能进行研究。目前已经发展了多种实验方法确定缺陷的浓度和分布，下面进行简要介绍，并把要观察的缺陷主要限制在位错部分。

3.7.1 蚀坑法

蚀坑法是用适当的试剂或方法浸蚀晶体试样的表面,以显示缺陷(主要是位错)在表面的露头。相比晶体表面的其他区域,由于质点畸变严重及杂质原子偏聚等,位错露头处更加不稳定,容易被优先浸蚀,形成蚀坑。目前,最常用浸蚀方法是化学浸蚀法和电解浸蚀法。化学浸蚀法原理比较简单,将抛光好的晶体试样磨光面在化学浸蚀剂中浸蚀一定时间,从而显示出其试样表面缺陷的分布状况,有浸入法和揩擦法两种方式:前者是将试样用夹子夹住,浸入盛有浸蚀剂的器皿中,使磨光面朝上,并使试样全部浸入;后者是将试样磨光面朝上平放在工作台上,以蘸有浸蚀剂的棉花在磨光面上轻轻揩擦。化学浸蚀法虽然简单且浸蚀剂有多种选择,但较难适用于一些具有较高化学稳定性的金属或合金,如不锈钢、耐热钢、热电偶材料等。电解浸蚀法的工作原理基于缺陷处和晶体表面其他区域之间的析出电位不一致,在微弱电流的作用下各处的浸蚀深浅不同,因而能显示出缺陷分布。

蚀坑法还包括热浸蚀法和溅射法,前者是基于缺陷处的质点在高温和真空条件下会优先蒸发,后者则是基于缺陷处的质点会优先被气体离子轰击掉。图 3.140 是一些晶体表面的位错蚀坑,可以明显看到这些蚀坑和晶体表面其他区域的视觉差别。

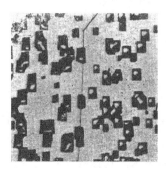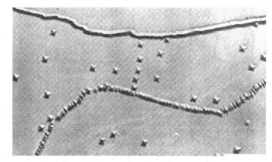

图 3.140　一些晶体表面位错蚀坑的显微图像

蚀坑法不仅能观测位错的静态分布,还可以用来观察位错的移动现象。例如,如图 3.141 所示,在 LiF 晶体形变过程中,通过对晶体表面进行多次浸蚀发现,新产生的是尖底的(这是位错运动后的新位置),而老蚀坑(此处已没有位错)则是平底的。这个很好理解,当一个位错移动至新位置时,它在表面露头处周围的质点均处于畸变状态,比较活跃,容易被浸蚀得到一个尖底的蚀坑,但当它离开这个位置,它所造成的畸变由于处于表面不会完全消失,但处于距离表面一定距离的内部质点随位错离开可以恢复正常排列,故出现平底的蚀坑。

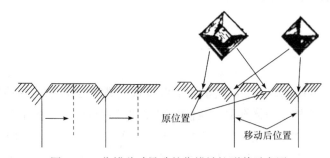

图 3.141　位错移动导致的位错蚀坑形貌示意图

需要指出,蚀坑法仅适用于位错密度较低 ($\rho < 10^4\ \text{mm}^{-2}$) 的晶体,当位错密度太高时,侵

蚀造成的蚀坑难免出现重叠，以至于无法分辨。

3.7.2　缀饰法

对许多可以透过可见光或红外线的晶体，可以通过掺入适当的异种原子(或外来原子)，然后采用合适的处理手段(如热处理)使它们择优分布在位错线上，进而利用这些外来原子散射可见光或红外线，就可以用光学显微镜观察到位错。外部掺入的原子在位错线上分布相当于给位错线缀饰了一串小珠，故将这种方法形象地称为缀饰法。

KCl 晶体中位错观察是缀饰法应用的一个典型例子。在晶体生长前，向熔融的 KCl 中预先掺入 AgCl，晶体生长后再在氢气环境下退火，使从 AgCl 分解出来的 Ag^+ 还原成 Ag 原子缀饰在位错线上，这样通过 Ag 原子对可见光的散射就可以观察到位错的分布，如图 3.142 所示。金属元素如 Cu、Al 等都具有散射红外线的能力，经常通过扩散掺杂到 Si 晶体以观察其中的位错状况。

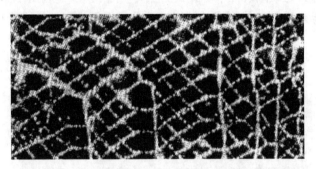

图 3.142　缀饰法观察到的 KCl 晶体中呈网络的位错分布

将缀饰法和蚀坑法相结合，可以将晶体表面的蚀坑和晶体中的位错建立起一一对应的关系。还需注意，由于缀饰法需要将晶体进行退火处理，故只适用于研究高温形变后晶体中的位错状况，而不适用于观察低温形变后晶体中的位错结构。

3.7.3　显微技术

缺陷露头的样品经过侵蚀后，由于缺陷蚀坑对光的反射角度的不同，可以在光学显微镜下进行分辨。但光学显微镜的放大上限仅约两千倍，难以揭示缺陷处细微的结构要素，因此需要使用具有更高放大倍数的电子显微镜。

电子显微镜是利用电子束代替光辐射来形成显微组织及结构的图像。已知高速运动的电子具有波动性，其波长与速率成反比，速率越高，波长越短。当经过高电压加速后，电子可以具有 0.003 nm(3 pm)左右的波长，这使得电子显微镜具有极高的放大倍数和分辨率。电子显微镜的组件构造基本上与光学显微镜一致，只是电子束聚焦后通过磁透镜形成图像且为使电子能自由运动，不受与气体分子碰撞的影响，电子显微镜镜筒内必须保持很高的真空。电子显微镜具有透射与反射电子束操作模式，下面分别介绍。

1. 透射电子显微镜

透射电子显微镜(transmission electron microscope，TEM)的图像是由透过试样的电子束所形成的，它的总体工作原理是：由电子枪发射出来的电子束在真空通道中沿着镜体光轴穿越聚光镜，通过聚光镜会聚成一束尖细、明亮而又均匀的光斑，照射在样品室内的样品上；透过样品后的电子束携带有样品内部的结构信息，样品内致密处透过的电子量少，稀疏处透过的电子量多，经过物镜的会聚调焦和初级放大后，电子束进入下级的中间透镜和投影镜进行综合放大成像，最终被放大了的电子影像投射在观察室内的荧光屏板上，荧光屏将电子影像转化为可见光影像以供使用者观察。

　　分辨率是 TEM 最主要的性能指标，它代表电子显微镜显示亚显微组织和结构细节的能力。有两种指标可以衡量分辨率：①点分辨率：表示电子显微镜所能分辨的两点之间的最小距离；②线分辨率：表示电子显微镜所能分辨的两条线之间的最小距离，通常通过拍摄已知晶体的晶格像来测定，又称晶格分辨率。

　　由于固体试样对电子束有很强的吸收性，因此被观测的试样必须制备成很薄的薄片，以保证有足够的入射电子能够穿透试样。TEM 可以达到超过 150 万倍的放大倍数，可以获得位错等缺陷的直观影像，是缺陷表征不可或缺的工具。图 3.143 是利用 TEM 观察位错的几个例子，从图中可以清晰地看到位错形成的网络，几乎成平行排列的位错墙和刃型位错的附加半原子面。

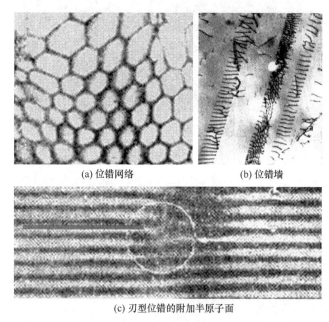

(a) 位错网络　　　　　　　　　　(b) 位错墙

(c) 刃型位错的附加半原子面

图 3.143　透射电子显微镜观察到的一些晶体中的位错分布

　　提高加速电压，使电子波长更短，能够进一步提升 TEM 的分辨率。高分辨 TEM 是观察晶体试样微观结构的有力工具，它不仅能提供原子级分辨率的点阵图像，而且能在 1 nm 甚至更高的空间分辨率下给出材料结构及化学信息，甚至直接辨认单晶的化学成分。由于技术上的难度，一直到 20 世纪 70 年代初超高压电子显微镜都主要是针对穿透率的提高。20 世纪 70 年代末至 80 年代初，技术上的提高带来了 200 kV、300 kV 甚至个别达到 500 kV、600 kV 和 1000 kV 的高分辨商品 TEM，分辨率能达到 1.0 Å。目前世界上功能最强大的 FEI Titan 80-300 kV S/TEM 商用 TEM 已经实现了亚埃级的分辨率。关于 TEM 图像的成像原理、衬度机制、图像解释及模拟可参见相关著作或教材，如美国佐治亚理工学院王中林教授编写的 *Characterization of Nanophase Materials* 和清华大学分析中心朱永法教授主编的《纳米材料的表征与测试技术》等。

2. 扫描电子显微镜

和 TEM 不同，扫描电子显微镜(scanning electron microscope，SEM)的电子束对待检试样表面进行扫描，并收集反射的电子束，然后以同样的扫描速率在阴极射线显像管(cathode ray tube，CRT)上进行显示。SEM 图像展示了试样的表面特征，可直接观察缺陷在晶体表面的分布，但与光学显微技术不同，除了较高的放大倍数和分辨率外，用于 SEM 测试的试样不必要经过抛光和侵蚀，只需具有良好的导电性。对于非导体材料，其表面需要镀上一层很薄的碳或金属涂层来实现良好的导电性。SEM 的放大倍数在 10～50000 之间。

3. 扫描探针显微镜

扫描探针显微镜(scanning probe microscope，SPM)是扫描隧道显微镜及在扫描隧道显微镜基础上发展起来的各种新型探针显微镜的统称，包括原子力显微镜、静电力显微镜、磁力显微镜、扫描离子电导显微镜和扫描电化学显微镜等，是国际上近年发展起来的表面分析仪器。SPM 与光学和电子显微镜不同，其成像使用的既不是光束也不是电子束，而是利用一个具有非常尖细尖端的微小探针，使其与试样表面接近到几纳米的距离，然后对样品表面进行光栅扫描，在原子尺度上形成一幅表面形貌图，显示被测试样的表面特征。

SPM 的检测原理在于扫描探针与近距离接近的试样表面存在着电子或其他交互作用力，探针在扫描过程中会经历垂直于样品表面的偏转运动。探针在试样表面的平面运动和离开表面的非平面运动由具备纳米级分辨率的陶瓷压电元件进行控制，并由电子设备监控、转移和存储至计算机中，然后形成三维的表面图像。

SPM 与其他显微技术的不同之处在于以下几点：①由于其放大倍数能够达到 10^9，因此能够进行原子尺度的观察，与其他显微技术相比，可达到更高的分辨率；②能够生成提供大量表面形貌信息的三维放大图像；③有一些 SPM 能够在多种环境(如真空、空气、液态环境等)中进行操作，因此，一些特定试样可以在其最适合的环境中进行观测。

图 3.144(a)是一个展示了材料中几种结构尺寸范围的水平条图(注意横轴是对数坐标)，而本小节讨论的几种显微技术(包括肉眼)的有效空间分辨率范围如图 3.144(b)的水平条图所示。通过对比图 3.144(a)和(b)，可以根据不同的缺陷类型选择一种或几种适合观测的显微技术。

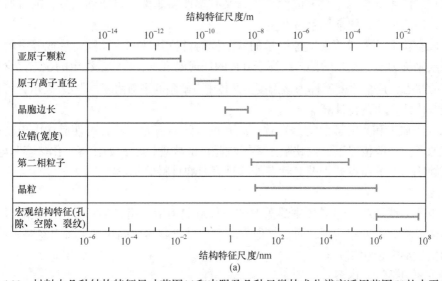

图 3.144　材料中几种结构特征尺寸范围(a)和肉眼及几种显微技术分辨率适用范围(b)的水平条图

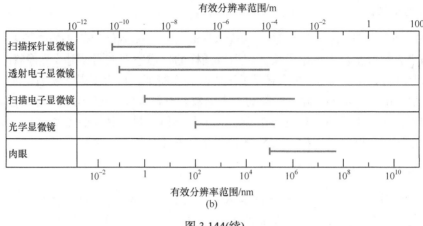

图 3.144(续)

晶体缺陷的其他观测和表征方法还包括 X 射线衍射法和场离子显微镜观察方法，前者基于缺陷引起点阵畸变对晶体衍射图谱的影响，但由于 X 射线波长较长，分辨率很低，只适用于缺陷密度很低的材料；后者分辨率可高达 0.2～0.3 nm，可获得原子像，因而可以直接观察位错和其他缺陷的原子组态。这些分析表征技术结合快速发展的计算机模拟技术，使人们能够更加清晰地了解晶体缺陷的形成和演化机制，并关联它们与材料物理、化学和力学性能的内在关系。

3.8　小　　结

晶体缺陷是材料科学基础课程的重要章节，本章内容抽象且繁杂，要求读者不仅要有丰富的空间想象力，还要具有较好的数理基础。在这一章结束之际，将讨论过的知识点进行系统整理，归纳出要点和难点，以便于读者进行学习和掌握。

1) 点缺陷

点缺陷是指在任何方向上缺陷区的尺寸都远小于晶体或晶粒的尺度，因而可以忽略不计的缺陷。点缺陷主要包括空位和间隙原子，又有禀性和非禀性点缺陷之分，前者通过质点热运动产生，而后者通过掺杂等手段产生。

只形成空位而不形成等量间隙原子的缺陷称为肖特基缺陷，而同时形成等量的空位和间隙原子的缺陷称为弗仑克尔缺陷。在高于 0 K 的任何温度下，晶体最稳定的状态是含有一定浓度点缺陷的状态，这个浓度就称为该温度下晶体中点缺陷的平衡浓度，用 $\bar{C}_{V}$ 表示，可根据体系的自由能或内能变化进行计算。

淬火、冷加工和高能辐照均是导致过饱和点缺陷的有效方式，可使晶体中出现过饱和空位或间隙原子。一般情况下，点缺陷主要影响晶体的物理性质，如比容、比热容和电阻率等，但也由于缺陷周围的质点处于畸变状态能够显著影响材料的化学特性。

2) 位错

位错也称为线缺陷，是晶体中最重要的一种缺陷类型，指在某一方向上缺陷区的尺寸可以与晶体或晶粒的尺度相比拟，而在其他方向上相对于晶体或晶粒尺度可以忽略不计的缺陷，与材料的塑性形变密切相关。

位错主要包括以下内容：

(1) 刃型位错及其特征：刃型位错是由一个多余半原子面所组成的线缺陷；位错滑移矢量 (伯氏向量)垂直于位错线，而且滑移面是位错线和滑移矢量所构成的唯一平面；位错的滑移运动是通过滑移面上方的原子面相对于下方原子面移动一个滑移矢量来实现的；刃型位错线的形状可以是直线、折线和曲线；晶体中产生刃型位错时，其周围的点阵发生弹性畸变，使晶体处于受力状态，既有正应变，又有剪切应变。

(2) 螺型位错及其特征：螺型位错是由原子错排呈轴线对称的一种线缺陷；螺型位错线与滑移矢量平行，因此，位错线只能是直线；螺型位错线的滑移方向与晶体滑移方向、应力矢量方向互相垂直；位错线与滑移矢量同方向的为右螺型位错，反方向的为左螺型位错。

(3) 混合位错：在外应力作用下，两部分之间发生相对滑移，在晶体内部已滑移和未滑移部分的交线既不垂直也不平行于滑移方向(伯氏矢量 b)，这样的位错称为混合位错。混合位错线上任意一点可矢量分解为刃型位错和螺型位错分量。

(4) 伯氏矢量：反映出伯氏回路包含的位错所引起点阵畸变的总累计。伯氏矢量的模称为位错强度，它也表示出晶体滑移时原子移动的大小，伯氏矢量方向表示原子移动方向。伯氏矢量具有守恒性，即保持固定不变，从而可以得出一条位错线只有一个伯氏矢量，流向节点的各位错的伯氏矢量的和等于流出的总和及位错线不能终止于晶体内部。

(5) 位错具有易动性，其运动方式对刃型位错存在滑移和攀移，对螺型位错则只有滑移，其中滑移是位错沿滑移面的运动，攀移是位错垂直于滑移面方向上的运动。

(6) 刃型位错滑移时，外应力平行于伯氏矢量和位错线运动方向，但和位错线垂直；螺型位错滑移时，外应力平行于伯氏矢量和位错线，但和位错线运动方向保持垂直；螺型位错的滑移面不唯一。

(7) 刃型位错攀移是非守恒运动，常需要在较高温度下进行。

(8) 位错的运动方向 v、运动面两侧晶体的运动方向 V，以及外加应力之间的关系遵循 $l \times v$ 规则，即当伯氏矢量为 b 的位错线 l 沿 v 方向运动时，以位错运动面为分界面，$l \times v$ 所指向的那部分晶体必与 b 同向运动，即这部分晶体的 V 与 b 同向。

(9) 位错密度有体密度 (ρ_V) 和面密度 (ρ_A) 之分，前者是单位体积晶体中所包含的位错线的总长度，后者指穿过单位截面面积的位错线的总根数。

(10) 螺型位错的应力场中没有正应力分量，只有两个切应力分量，且其大小只与 r 有关，而与 θ 和 z 无关，即螺型位错应力场是轴对称的；刃型位错应力场既有正应力分量，又有剪应力分量，应力大小与到位错线距离成反比，同样与 z 无关，滑移面上为纯剪切应力，滑移面上附加半原子面一侧受压应力，滑移面下受拉应力。

(11) 位错周围点阵畸变引起弹性应力场导致晶体能量的增加，和无位错的晶体相比，增加的能量称为位错的应变能。位错的能量可分为位错中心畸变能和位错应力场引起的弹性应变能，其中弹性应变能约占总能量的 90%。实际分析中，位错的应变能是指中心区域以外的弹性应变能。讨论的能量都是指单位长度位错线的能量，位错的应变能与伯氏矢量的平方成正比，伯氏矢量越小应变能越低，位错越稳定，因此，伯氏矢量大的位错可能发生分解。晶体中刃型位错具有的位错能最高，混合位错次之，螺型位错最低，因此，在晶体中最易于形成螺型位错。受能量降低影响位错线总是趋于收缩，这使得位错具有线张力，其在数值上与位错应变能相等。

(12) 作用在刃型位错线上的力 f 方向与剪切应力 τ 方向一致，而作用在螺型位错线上的力 f 方向与外切应力 τ 相垂直，它们都指向滑移面的未滑移区，有 $f = \pm \tau b$；作用在单位长度刃型位错线上的攀移力 f 的方向和位错线攀移方向一致，垂直于位错线，压应力促使刃型位错发生正攀移，拉应力促使刃型位错发生负攀移，有 $f = \pm \sigma b$；一般情形下位错受力可用 Peach-Koehler 公式进行计算。

(13) 位错与位错之间存在交互作用，主要讨论位错线平行的情况，位错异号时相互吸引，同号时相互排斥；交互作用也可利用 Peach-Koehler 公式进行计算。

(14) 点缺陷与位错交互作用后，在位错周围偏聚的现象称为柯氏气团。点缺陷分布于位错周围使位错的应变能下降，增加了位错的稳定性，从而提高了晶体抵抗塑性形变的能力，即增加了晶体的屈服强度。

(15) 位错中心偏离平衡位置引起晶体能量增加，构成能垒，引起位错运动的阻力，称为派-纳力(Peierls-Nabarro 力)，由派-纳力的计算公式可以解释晶体滑移为什么多是沿着晶体中原子密度最大的面和原子密排方向进行，也可以启发强化金属的途径，即建立无位错状态，或是引入大量位错或其他障碍物，使其难以运动。

(16) 位错线垂直的运动位错相互交截产生割阶或扭折。

(17) 材料在凝固、固态冷却和外延生长等过程中都可能形成位错，位错可以通过 L 型位错源、U 型位错源(Frank-Read 位错源)及交滑移机制进行增殖，其中 Frank-Read 位错源比较经典，需要重点掌握。

(18) 由同一个位错源放出的位错在障碍前受阻，造成位错塞积，形成塞积群；位错塞积导致后续位错运动受阻，反作用于位错源，使位错源停止开动，产生应力集中，引起相邻晶粒变形。

(19) 实际晶体中存在全位错、不全位错和层错，层错是指晶体在某一区域晶面堆垛顺序发生错乱，属于面缺陷，引起层错能；面心立方晶体中需要掌握肖克莱分位错、Frank 分位错和扩展层错的形成原因及伯氏矢量。

(20) 位错反应自发进行需要满足结构条件和能量条件，面心立方晶体中的全部位错可用 Thompson 四面体中的相关矢量表示。

3) 面缺陷、体缺陷和缺陷的实验观察

面缺陷在三维空间表现为一个方向上尺寸很小，另外两个方向上尺寸较大，包括外表面和内界面，其中外表面(简称表面)是指固体材料与气体或液体的分界面，内界面包括晶界、亚晶界、孪晶界、相界及层错等，对晶体的力学、物理和化学性能都有重要的影响。

体缺陷包括镶嵌块、沉淀相、空洞和气泡等，在三个维度上尺寸均较大，通常是在材料的加工与制造过程中引入，对材料的物理、化学和力学性能也都有较大的影响。

位错的实验观察方法主要有蚀坑法、缀饰法和电子显微技术，后者包括透射电子显微技术、扫描电子显微技术和扫描探针显微技术，可以针对不同的缺陷类型选择合适的分析表征技术，从而达到理解晶体缺陷的形成、演化和影响材料性能的机制。

扩展阅读 3.1　催化剂与表面缺陷

根据国际纯粹与应用化学联合会(International Union of Pure and Applied Chemistry,

IUPAC)在 1981 年的定义：催化剂是一种改变反应速率但不改变反应总标准吉布斯自由能的物质，也就是说催化剂是在化学反应里能提高或降低化学反应速率但不改变化学平衡，且本身的质量和化学性质在化学反应前后都没有发生改变的物质。固态是催化剂的存在形式之一，固体催化剂也称为触媒，希腊语是"解去束缚"的意思，这一概念来源于瑞典著名化学家永斯·雅各布·贝采利乌斯(Jöns Jakob Berzelius，1779—1848)，他在妻子的一次生日聚会上宴饮时偶然发现沾在手上的铂黑能够促使乙醇在空气中转化成乙酸，并于 1836 年在《物理学与化学年鉴》杂志上发表了一篇论文，首次提出化学反应中使用的"催化"和"催化剂"的概念。

　　催化反应理论认为，反应物种在催化剂活性位点的吸附既不能太强，也不能太弱，太强不利于后面的脱附，易于造成催化剂中毒，而太弱则不利于反应物分子中的键断裂形成新键，因此催化反应受活性位点的微观结构影响很大。催化剂表面的活性位通常是一些缺陷所在，在这些位置，质点偏离正常排列，处于畸变状态，配位情况也不同于内部质点，导致其电荷分布和所处的力场都发生变化。为适应这些变化和降低体系的能量，表面质点发生弛豫和重构，导致表面上出现如图 3.132 所示的许多台阶、空位和扭折等。化学反应中涉及的物种(如反应物、中间产物和目标产物)易于在这些缺陷位置吸附或脱附，导致反应速率的改变，使催化反应能够沿着设定的方向进行。

　　催化剂的一个重要应用是装载在汽车上的催化转化器中，进行汽车尾气的净化。汽车尾气中主要含有一氧化碳(CO)、氮氧化物(NO_x)以及未完全燃烧的烃的污染物，在排放前这些混合气体还有空气通过催化转化器并吸附在催化剂上，进而 NO_x 被催化分解成 N 和 O，空气中的氧气(O_2)被分解成氧原子。分解后 N 原子结合成氮气(N_2)，而氧原子则与 CO 发生催化反应生成二氧化碳(CO_2)。此外，未完全燃烧的烃也被氧化成 CO_2 和 H_2O，随后排出汽车。

　　一种应用于汽车尾气净化的催化剂是$(Ce_{0.5}Zr_{0.5})O_2$，该材料几个单晶颗粒的高分辨透射电子显微镜照片如图 3.145 所示，该照片来自 Baiker 等发表在 *Chemical Communications* 杂志上的论文，从中可以清楚地看到一些处于表面的台阶，它们与一些不易辨认的缺陷可以作为汽车尾气中反应物的吸附位点并将其催化氧化，使排出汽车的尾气中污染物含量显著降低。

图 3.145　$(Ce_{0.5}Zr_{0.5})O_2$ 单镜头的高分辨透射电子显微镜图像(Stark et al, 2003)

扩展阅读 3.2　　富含位错的 Pt 纳米颗粒催化析氢反应

位错是晶体中一类极为重要的缺陷，它的易动性、应力场、弹性能、相互作用，交割和增殖等对材料的力学性质如塑性形变、强度和断裂等具有决定性的影响。理论上，位错在表面露头处相比晶体表面的其他区域，由于质点畸变严重及杂质原子偏聚等，同样会导致电荷分布和所处的力场发生变化，使这些位点对外来物种的吸附/脱附不同于表面上无位错的区域，如果加以适当调控，也会提升晶体材料的催化活性、选择性和稳定性，在催化反应中发挥重要作用。但和将位错广泛用于晶体加工硬化、退火软化、合金强化等相比，位错在催化方面的应用报道非常有限，这大概和位错难以调控和不稳定有很大关系。

天津大学陈亚楠教授领导的小组在《先进材料》(*Advanced Materials*)上报道了利用极端条件下高温热震荡的方法在铂(Pt)纳米颗粒中制造刃型位错并将其用于析氢反应的研究，发现富含位错的 Pt 纳米颗粒与普通制备的 Pt 颗粒相比对电解水析氢反应具有更高的活性和稳定性。

他们制备富含刃型位错的 Pt 纳米颗粒分为几个步骤，如图 3.146(a)所示。首先，将碳纳米管浸在 $PtCl_4$ 溶液中并进行冷冻干燥处理，然后将负载有 Pt 金属前驱体的碳纳米管与一个电加热设备相连接(该设备能使反应体系在 20 ms 的时间内升温至 1400 K)，并在温度为 −77 K 的液氮环境下进行加热。电加热导致的快速升温结合低温液氮创造的极端冷却环境，使因 $PtCl_4$ 分解合成的 Pt 纳米颗粒由于内外温度梯度而产生极大的热应力，这些热应力引起颗粒局部发生塑性形变而导致大量刃型位错产生，如图 3.146(b)和(c)所示，这些高分辨透射电子显微镜照片清晰地标记了产生在 Pt 颗粒中的刃型位错中附加半原子面的方位。

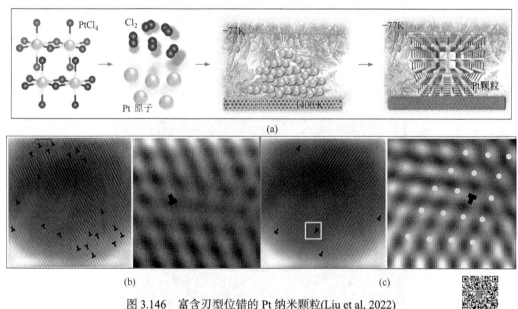

图 3.146　富含刃型位错的 Pt 纳米颗粒(Liu et al, 2022)
(a) 高温热震荡制备示意图；(b)、(c) 高分辨透射电子显微镜图像

作为对比，他们也在室温环境下采用相同的加热条件制备了相应的 Pt 纳米颗粒，由于缺乏合适的热应力，这些 Pt 纳米颗粒中位错很少。与位错很少的 Pt 纳米颗粒相比，富含刃型位错的 Pt 纳米颗粒在电解水析氢反应中展示了优良的催化性能，过电位非常低，在电流密度为 10 mA·cm^{-2} 时仅为 25 mV，而应用含位错很少的 Pt 颗粒为催化剂时，相同电流密度下过电位是 45 mV。研究者们进行了理论计算，他们采用密度泛函理论发现颗粒中丰富的

刃型位错带来的局部应变效应能够改善 Pt 原子的电子结构,在电解水时优化了含氢物种在其表面的吸附,从而提升了它们催化析氢反应的活性。而纳米尺度上的颗粒具有丰富的晶界,极大地阻碍了位错的运动,也使得这些富含位错的 Pt 纳米颗粒在催化反应中能保持高度的稳定性。

通过在催化剂中制造缺陷来提升其在催化反应中活性、选择性和稳定性已经成为一个非常热点的课题,尤其在光催化和电催化领域。制造缺陷的方法主要有刻蚀法(包括化学刻蚀和物理刻蚀)、球磨法和高温辐照等,产生的缺陷或者直接作为反应活性位点,或者通过改变表面活性组分的电子结构,或者通过优先集聚异质质点构筑新的反应活性位点来优化催化反应的进行。这个领域的研究可以统称为固体缺陷化学或简称缺陷化学,尽管伴随表征技术的发展已经有了长足的进步,研究热度也在持续不断上升,但仍有许多科学问题和工程问题需要关注。基于湖南大学王双印教授发表在《化学进展》[2020, 32(8): 1172-1183]上的综述,给出简要总结:

(1) 材料缺陷的可控构筑。由于材料中缺陷的复杂性,虽然已有不少方法可以构筑缺陷,但要定性、定量地进行可控构筑还有较大的难度。进而,缺陷的位置、分布、浓度和类型等都会极大地影响催化剂的催化活性、选择性和稳定性,因此,要想将缺陷催化剂大规模应用于实际催化生产中,必须要继续开发更多可控制备富含缺陷的催化剂的方法。

(2) 催化过程中缺陷的动态过程。催化过程中,由于缺陷位点及其附近的质点处于畸变状态,能量往往较高,有利于反应物种的吸附和脱附,但处于畸变状态的质点也不易保持稳定,具有易动性,因此缺陷在催化过程中的稳定性一直被人质疑。另外,异相催化剂在催化过程中是持续地产生活性位点,这些活性位点的结构并不是一成不变的,而是处在一个动态平衡的过程,因此,跟踪缺陷在催化过程中的动态演变和真实结构变得尤为重要。虽然已有一些原位表征手段可以在催化过程中跟踪催化剂的结构,但这些手段往往有许多限制,某些手段可能需要在真空环境中测试,另一些可能只能跟踪催化剂整体的结构而并非是催化反应发生界面处的结构变化。所以,仍需不断地开发更接近于跟踪真实催化过程和真实催化活性中心的原位表征技术。

(3) 催化剂缺陷化学相关理论。关于催化的理论有很多,近些年由于计算机技术的快速发展,计算化学也在催化领域大放异彩,但仍然缺乏重大突破,特别是微观缺陷结构与宏观催化性质间的关系尚未真正厘清,需要形成一套完善科学的理论体系以指导催化剂缺陷化学研究的进一步发展。

(4) 催化剂缺陷化学的界定。人们在解释某个催化现象或结果时,往往基于自己已有的知识,如从应力/应变角度,掺杂引起的电子结构变化角度,合金效应或者晶体结构变化的角度,而更多的情况下催化效果是这些效应的结合。在这个意义上,如何区分来自缺陷的贡献,或者说如何结合实验和理论给缺陷催化做一些规范的标定,如定义、内涵、范围、理论、涉及的热力学和动力学等,并进而形成一套完整的理论体系也是一个亟待解决的课题。

习　题

1. 试分别以正离子和负离子为基准讨论 NaCl 溶入 $CaCl_2$ 中和 $CaCl_2$ 溶入 NaCl 中形成的点缺陷。
2. 非化学计量化合物 Fe_xO (Fe_2O_3 溶入 FeO)中, $Fe^{3+}/Fe^{2+} = 0.1$, 求 Fe_xO 中的空位浓度及 x 值。
3. 简述伯氏矢量的特性。

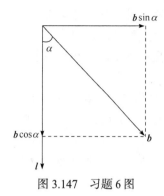

图 3.147　习题 6 图

4. 以长方体晶体为例，证明位错密度 ρ 和弯曲晶体曲率半径 R 的关系为 $\rho = 1/(Rb)$，其中 R 为曲率半径，b 为伯氏矢量模。

5. 在晶体中插入附加的柱状半原子面能否形成位错环？为什么？

6. 如图 3.147，证明混合位错在其滑移面上沿滑移方向的剪应力为 $\tau_s = \dfrac{Gb(1 - v\cos^2\alpha)}{2\pi r(1-v)}$，式中 α 为位错线 l 和伯氏矢量 b 之间的夹角，v 为泊松比，r 为所论点到位错线的距离。

7. 在面心立方晶体中，把两个平行且同号的单位螺型位错从相距 100 nm 推进到 3 nm 时需要用多少功？(晶体点阵常数 $a = 0.3$ nm，$G = 7 \times 10^{10}$ Pa)

8. 判断下列位错反应能否进行。若能，在晶胞图上作出矢量关系图。

　　(1) $\dfrac{a}{2}[\bar{1}\bar{1}1] + \dfrac{a}{2}[111] \longrightarrow a[001]$

(2) $\dfrac{a}{2}[110] \longrightarrow \dfrac{a}{6}[12\bar{1}] + \dfrac{a}{6}[211]$

(3) $\dfrac{a}{2}[110] \longrightarrow \dfrac{a}{6}[112] + \dfrac{a}{3}[11\bar{1}]$

(4) $\dfrac{a}{2}[10\bar{1}] + \dfrac{a}{2}[011] \longrightarrow \dfrac{a}{2}[110]$

(5) $\dfrac{a}{3}[112] + \dfrac{a}{6}[11\bar{1}] \longrightarrow \dfrac{a}{2}[111]$

9. 在图 3.148 所示的面心立方晶体的 (111) 滑移面上有两条弯折的位错线 OS 和 $O'S'$，其中 $O'S'$ 位错的台阶垂直于 (111)，它们的伯氏矢量如图中箭头所示，试回答下面两个问题：

(1) 判断位错线上各段位错的类型。

(2) 有一切应力施于滑移面，且与伯氏矢量平行时两条位错线的滑移特征有何差异。

10. 某面心立方晶体的可动滑移系表示为 $(11\bar{1})[\bar{1}10]$，即指这个面心立方晶体的滑移面为 $(11\bar{1})$，滑移方向为 $[\bar{1}10]$，试回答下列问题：

(1) 指出引起滑移的单位位错的伯氏矢量。

(2) 如果滑移是由纯刃型位错引起的，指出位错线的方向。

(3) 如果滑移是由纯螺型位错引起的，指出位错线的方向。

(4) 指出在上述(2)、(3)两种情况下滑移时位错线的滑移方向。

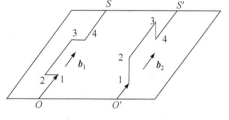

图 3.148　习题 9 图

(5) 假定在该滑移系上作用一大小为 0.7 MPa 的切应力，取点阵常数 $a = 0.2$ nm，试计算单位刃型位错和单位螺型位错线受力的大小和方向。

11. 图 3.149 是一个简单立方晶体，滑移系统是 $\{100\}001$。今在 (011) 面上有一空位片 $ABCDA$，又从晶体上部插入半原子片 $EFGH$，它和 (010) 面平行，试回答下列问题：

(1) 各段位错的伯氏矢量和位错的性质。

(2) 哪些是定位错？哪些是可滑动位错？滑移面是什么？写出具体的晶面指数。

(3) 如果沿 $[0\bar{1}1]$ 方向拉伸，各位错将如何运动？

(4) 画出在位错运动过程中各位错线形状的变化，指出割阶或弯折的位置。

(5) 画出晶体最后的形状和滑移线的位置。

12. 有一封闭位错环位于断面为正方形的棱柱滑移面上，正方形的两边分别沿 x 轴和 y 轴，伯氏矢量沿 z 轴，如图 3.150 所示。如果位错环只能滑移，试求在以下两种应力分布情况下位错环的平衡形状和起动的临界应力。(假定线张力近似不变)

(1) $\tau_{xz} = 0$，$\tau_{yz} = \tau =$ 常数。

(2) $\tau_{xz} = \tau_{yz} = \tau =$ 常数。

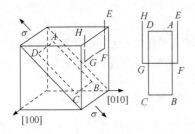 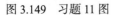

图 3.149　习题 11 图

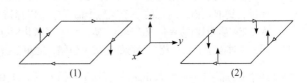

图 3.150　习题 12 图

13. 如图 3.151，试问在下述情况下，空位片的周界线是否形成位错线并阐明原因。

(1) 面心立方晶体 (111) 面上有一个空位片。

(2) 该空位片两侧晶体相向弛豫 $\frac{1}{3}[\overline{1}\,\overline{1}\,\overline{1}]$。

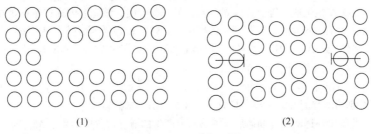

图 3.151　习题 13 图

14. 根据位错滑移模型，解释为什么金属的实际屈服强度比理论屈服强度低很多。

15. 为什么两条运动的伯氏矢量相互垂直的螺型位错交割后产生的割阶会阻碍螺型位错的滑移运动？

16. 同一滑移面上的两条正刃型位错，其伯氏矢量为 b，相距 L，当 L 远大于伯氏矢量模时，其总能量为多少？若它们无限靠近，其能量又为多少？如果是异号位错，结果如何？

17. 在如图 3.152 所示的立方体形晶体中，$ABCD$ 滑移面上有一个位错环，逆时针方向为位错线方向，其伯氏矢量 b 平行于 AC，试回答下列问题：

(1) 指出位错环各部分的位错类型。

(2) 指出使位错环向外运动所需施加的切应力的方向。

(3) 位错环运动出晶体后晶体外形如何变化？

18. 位错对材料的密度有什么影响？

19. 参考刃型位错应力场的计算公式，试从几何角度分析为什么刃型位错中 σ_{xx} 总是大于 σ_{yy}。

20. 针对图 3.153 的点缺陷(置换情况，不引起晶体结构变化)，讨论缺陷对晶体点阵常数的影响。

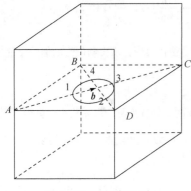

图 3.152　习题 17 图

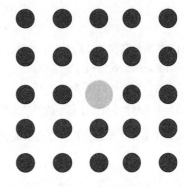

图 3.153　习题 20 图

21. 离子晶体中由于加热产生的点缺陷称为内禀点缺陷，为保持电中性而产生的点缺陷称为非禀性点缺陷。例如，氯化钙($CaCl_2$)溶入氯化钾(KCl)中，由于钙离子是+2 价，而钾离子是+1 价，所以当一个钙离子取代一个钾离子时，附近的另一个钾离子必须空出，以保持局部电中性。氧化钙(CaO)溶入氧化锆(ZrO_2)则相反，钙取代锆，附近的一个氧离子需要空出以保持电中性。考虑如下问题：在氧化镁(MgO)基体中溶入 0.2%(质量比)的氧化锂(Li_2O)溶质，计算因氧化锂存在而引起的附加空位浓度。

22. 同一滑移面上有两个相互平行的正刃型位错，简单分析它们是相互排斥还是吸引。

23. 简单立方晶体，一个 Volltera 过程如下：插入一个 (110) 半原子面，然后位移 $\frac{1}{2}[\bar{1}10]$，其边缘形成的位错线方向和伯氏矢量是什么？

24. 在简单立方晶体中有两个位错，它们的伯氏矢量 $\boldsymbol{b}$ 和位错的切向 $\boldsymbol{t}$ 分别是：位错(1)的 $\boldsymbol{b}^{(1)} = a[010]$，$\boldsymbol{t}^{(1)} = [0\bar{1}0]$；位错(2)的 $\boldsymbol{b}^{(2)} = a[010]$，$\boldsymbol{t}^{(2)} = [00\bar{1}]$。指出这两个位错的类型以及位错的滑移面；如果滑移面不是唯一的，说明滑移面所受的限制。

25. 当存在过饱和空位浓度时，试讨论晶体中任意取向的位错环运动情况。

26. 将 CaO 外加到 ZrO_2 中能生成不等价置换固溶体，在 1600℃时，该固溶体具有面心立方结构。经 X 射线分析测定，当溶入 0.15 mol 的 CaO 时，晶格参数 $a = 0.5131$ nm，实验测定的密度 $\rho = 0.5477$ g·cm^{-3}。对于 CaO-ZrO_2 固溶体，从满足电中性来看，可以形成氧离子空位的置换式固溶体，也可以形成 Ca^{2+} 嵌入阴离子间隙的固溶体，试计算判断生成的是哪种固溶体。

27. 设图 3.154 所示立方晶体的滑移面 ABCD 平行于晶体的上下底面，该滑移面上有一正方形位错环。如果位错环的各段分别与滑移面各边平行，其伯氏矢量 $\boldsymbol{b}//AB$，试解答：
 (1) 有人认为"此位错环运动离开晶体后，滑移面上产生的滑移台阶应为 4 个 $\boldsymbol{b}$"，这种说法是否正确？为什么？
 (2) 指出位错环上各段位错线的类型，并画出位错移出晶体后，晶体的外形、滑移方向和滑移量。(设位错环线的方向为顺时针方向)

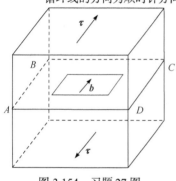

图 3.154　习题 27 图

28. 在一个简单立方二维晶体中，画出一个正刃型位错和一个负刃型位错，试求：
 (1) 用伯氏回路求出正、负刃型位错的伯氏矢量。
 (2) 若将正、负刃型位错反向，说明其伯氏矢量是否也随之反向。
 (3) 具体写出该伯氏矢量的方向和大小。
 (4) 求此两位错的伯氏矢量和。

29. 在面心立方晶体中，(111) 晶面和 (11$\bar{1}$) 晶面上分别形成一个扩展位错，即

(111) 晶面：$\dfrac{a}{2}[10\bar{1}] \longrightarrow \dfrac{a}{6}[11\bar{2}] + \dfrac{a}{6}[2\bar{1}\bar{1}]$

($\bar{1}$11) 晶面：$\dfrac{a}{2}[011] \longrightarrow \dfrac{a}{6}[112] + \dfrac{a}{6}[\bar{1}21]$

试问：
(1) 两个扩展位错在各自晶面上滑动时，其领先位错相遇发生位错反应，求出新位错的伯氏矢量。
(2) 用图解说明上述位错反应过程。
(3) 分析新位错的组态性质。

30. 在面心立方晶体中，(111) 面上的单位位错 $\dfrac{a}{2}[\bar{1}10]$，在 (111) 面上分解为两个肖克莱不全位错，写出该位错反应，并证明所形成的扩展位错的宽度由下式给出，式中，G 为剪切模量，γ 为层错能。

$$d_s = \frac{Ga^2}{24\pi\gamma}$$

31. 已知面心立方 Al 晶体在 550℃时的空位浓度为 2×10^{-6}，试计算这些空位均匀分布在晶体中的平均间距。

已知 Al 的原子直径为 0.287 nm。

32. 割阶或扭折对原位错线运动有哪些影响？

33. 如图 3.155 所示，在简单立方晶体的 (110) 面上有一个 $b = a[0\,0\,1]$ 的螺型位错。如果：(1) 它被 (001) 面上的 $b = a[010]$ 刃型位错交割；(2) 它被 (001) 面上 $b = a[0\,0\,1]$ 的螺型位错交割，在这两种情形下每个位错上会形成割阶还是扭折？

34. 一个 $b = \dfrac{a}{2}[\bar{1}10]$ 的螺型位错在 (111) 面上运动。若在运动过程中遇到障碍物而发生交滑移，指出交滑移系统。

35. 在面心立方晶体的 $(\bar{1}11)$ 面上，全位错的伯氏矢量有哪些？如果它们是螺型位错，能在哪些面上滑移和交滑移？

36. 试述位错的基本类型及其特点；对于刃型位错和螺型位错，区别其位错线方向、伯氏矢量和位错运动方向的特点。

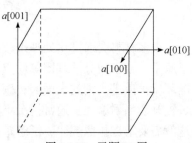

图 3.155　习题 33 图

第 4 章　固体中的扩散

很多材料会通过热处理来改善其性能，而热处理过程中出现的现象几乎无一例外地包含了原子、分子或分子基团等质点的扩散。例如，钢的表面硬化过程，在高温下，碳原子从周围环境扩散进入钢的表面层；碳含量的增加可以提升钢的表面硬度，将它做成器件后能够显著提升表面耐磨性。通常情况下想使扩散快一些，但偶尔也会采取一些方法降低扩散速率，这就需要掌握扩散规律，了解扩散机理并能熟练运用描述扩散过程的数学关系式，以便能够设计和掌控扩散条件，实现对扩散现象最合理的利用。

本章主要包括扩散概念、扩散第一定律、扩散第二定律和柯肯德尔效应，扩散驱动力及扩散机制，扩散系数、扩散激活能以及影响扩散的因素和原理等。通过本章的学习，读者需要掌握以下内容：①能够区分稳态扩散和非稳态扩散；②能够写出菲克第一定律和第二定律对应的公式并能够定义所有参数，指出每个公式适宜描述的扩散过程，并熟练使用物料衡算进行不同坐标系下的公式推演；③能够列出几种特定条件下应用菲克第二定律方程的边界条件并熟悉解的特征；④能够解析互扩散现象和柯肯德尔效应并推导达肯方程；⑤能够理解扩散的本质驱动力和描述两种扩散的微观机制；⑥在给定扩散常数的条件下，能够计算某个材料在特定温度下的扩散系数；⑦能够指出金属晶体和离子晶体中扩散的不同之处和内在原因。

下面首先对扩散现象进行概述，了解固体中扩散的特点，然后沿着从固体扩散的宏观规律到微观机制这一途径逐步展开讨论，最后从热力学的角度探讨扩散过程的内在驱动和影响因素。

4.1　固体中扩散现象的概述

固体中的扩散(diffusion)是驱动力引起的杂质原子、基质原子或缺陷在固体中的输运过程，可以定义为固体中的质点(原子、分子或离子)偏离平衡位置的周期性振动，做或长或短的迁移的现象。扩散是一种由热运动引起的物质传递过程，其本质是质点依靠热运动从一个位置迁移到另一个位置。从热力学的角度看，只有在绝对零度下物质中才没有扩散，因为这时的质点都处于静止状态，但通常情况下物质中的质点随时都在进行着热振动，温度越高，振动频率越快，当某些质点获得足够高的能量时，便离开原来的位置，跳向邻近的位置。

4.1.1　固体中扩散的驱动力和基本特点

物质迁移需要驱动力，固体中的扩散也不例外。扩散能够进行的本质原因是固体中存在化学位梯度，此外，浓度梯度、温度梯度、应力梯度、表面自由能差以及电场和磁场的作用也可引起扩散。对于任何物质，只要不处于绝对零度，无论是处于哪种聚集态，均能在其中观察到扩散现象。

在气态和液态物质中，质点迁移除了扩散以外，还可以通过对流的方式进行，而且后者要快得多。然而，在固态物质中，扩散却是质点迁移的唯一方式，而且和流体(气体或液体)中的扩散相比，固体中的扩散具有自己的显著特征，比较总结如下：

(1) 质点在流体中扩散时，其迁移是完全、随机地往三维空间的任意方向发生，每一步迁移的自由行程也随机地取决于该方向上最邻近质点的距离，如图 4.1(a)所示。流体的质点密度越低，如在气体中，质点迁移的自由程也就越大。因此，发生在流体中的扩散过程总是具有很大的速率和完全的各向同性。

(2) 但是，固体中质点的扩散要比气体或液体中慢得多，原因在于构成固体的所有质点均束缚在三维周期性势阱中，质点之间的相互作用很强，故质点的每一步迁移必须从自身热涨落或外场中获取足够的能量以克服势阱的束缚。因此，固体中明显的质点扩散常开始于较高的温度，但低于固体的熔点。

(3) 固体中质点的扩散往往具有各向异性和扩散速率低的特点，其原因在于固体中原子或离子的迁移方向和自由行程受到结构中质点排列方式的限制，依一定方式所堆积成的结构将以一定的对称性和周期性限制着质点每一步迁移的方向和自由行程。例如，参考图 4.1(b)所示，处于平面点阵内间隙位置的质点，只存在四个概率上等同的迁移方向，且每一迁移的发生均需获取高于能垒 ΔG 的能量，迁移自由程则相当于晶格常数的大小。

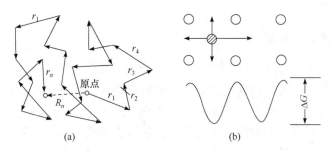

图 4.1　流体中质点扩散(a)和平面点阵中间隙质点扩散(b)示意图

4.1.2　固体中扩散的条件

扩散的发生需要驱动力，但驱动力并不是扩散发生的唯一条件，尤其是针对固体物质，除了固体中存在的化学位梯度、浓度梯度、温度梯度或其他梯度等驱动力外，要使质点能够发生可观察意义上的扩散，还需要满足以下几个条件：

(1) 温度(T)足够高：只有 T 足够高，才能使质点具有足够的激活能，以克服周围质点的束缚而发生迁移。例如，铁(Fe)原子在 500°C 以上在自身基体中才能有效扩散，而碳(C)原子在 100°C 以上时才能在 Fe 中进行扩散。

(2) 时间(t)足够长：扩散质点在晶格中每一次最多迁移 0.3～0.5 nm 的距离，因此要扩散 1 mm 距离，须迁移近亿次。

(3) 扩散质点要能固溶：扩散质点在基体中必须有一定的固溶度，要能溶入基体组元晶格形成固溶体才能进行扩散。

4.1.3　固体中扩散的分类及应用

固体物质中的质点在不同情况下可以按不同的方式进行扩散，扩散速度可能存在明显的差异，可以分为以下几种类型：

(1) 根据有无浓度变化可以分为互扩散和自扩散，前者是质点通过进入对方元素晶体点阵而导致的扩散，后者则是质点经由自己元素的晶体点阵而进行的迁移过程。互扩散也称为化学扩散，其扩散系统中存在浓度梯度；与之对应，自扩散系统没有浓度梯度，如纯金属的自扩散。

(2) 根据扩散方向可以分为下坡扩散和上坡扩散，前者也称为顺扩散，指扩散系统中质点由浓度高处向浓度低处的扩散；后者也称为逆扩散，是指质点由低浓度处向高浓度处进行的扩散。

(3) 根据是否出现新相可以分为原子扩散和反应扩散，前者是指扩散过程中没有新相出现，后者则是指质点在扩散过程中由于固溶体过饱和而导致新相生成的扩散，也称为相变扩散。

(4) 根据扩散的途径可以分为体扩散和短路扩散，前者是指质点在晶格内部的扩散，也称为晶格扩散，后者指质点沿晶体中缺陷进行的扩散，主要包括表面扩散、晶界扩散、位错扩散等，它们都比体扩散要快得多。

和流体中质点还能通过对流迁移不同，在固态物质中，扩散是质点迁移的唯一方式。固态物质中的扩散对温度有很强的依赖关系，温度越高，质点扩散越快。实验证实，物质在高温下的许多物理及化学过程均与扩散有关，如半导体掺杂、固溶体形成、离子晶体导电、固相反应、相变、烧结和材料表面处理等，因此研究固体物质中的扩散无论在理论上还是在应用上都具有重要意义。

4.1.4　固体中扩散的研究内容

在第 3 章总结缺陷的认知历程时知道是基于金属晶体的实际强度远低于理论值导致了位错理论的建立，这种从宏观观察联系微观结构的研究模式同样适用于扩散现象，因此，对固体中质点扩散的研究也是从两个方面展开：①对扩散表象学的认识，也称为扩散的唯象理论，即对扩散宏观现象的研究，如对物质的流动方向和浓度的变化进行实验测定和理论分析，利用所得到的物质输运过程的经验和表象的规律，定量地讨论固相中质点扩散的过程；②对扩散的微观机理的认识，是指把扩散现象与晶体内质点和缺陷运动联系起来，建立某些扩散机理的微观模型。

扩散是一种生活中很常见的现象，可以被普适性地描述为"一种物体/物质进入另一种物体/物质的现象"。本章即先从固体中质点扩散的唯象理论入手，讨论扩散的宏观规律及其应用，进而关联扩散过程的主要参数与微观机制，并从本质上探讨影响扩散过程的内在因素。

4.2　固体中质点扩散的唯象理论

在纯金属中，原子的跳动是随机的，形成不了宏观的扩散流；在合金中，虽然单个原子的跳动也是随机的，但是在有浓度梯度的情况下就会产生宏观的扩散流。例如，具有严重晶内偏析的固溶体合金在退火(一种控制冷却速度的金属热处理工艺)过程中，原子不断从高浓度向低浓度方向扩散，最终合金的浓度逐渐趋于均匀。

1868 年，德国的生理学家阿道夫·菲克(Adolf Fick，1829—1901)参照法国数学家和物理学家约瑟夫·傅里叶(Baron Jean Baptiste Joseph Fourier，1768—1830)于 1822 年建立的热传导方程，通过实验确立了扩散物质量与其浓度梯度之间的宏观规律。菲克的经典实验如图 4.2 所示，一个容器的下部铺设固体氯化钠(NaCl)，这样和 NaCl 接触的溶液总是处于饱和状态，在容器的上部有清水不间断流过，保证该处的 NaCl 浓度始终为零，这样便构筑了一个具有稳定

NaCl 浓度梯度的扩散系统，扩散物质为 NaCl，扩散介质为水。通过测量一段时间内容器下部 NaCl 的损失量便可确定扩散物质量，再根据扩散稳定后各处的浓度计算出浓度梯度，便可推演出两者之间的定量关系。菲克总结的宏观规律虽然来自液体中的扩散，但对其他扩散系统也普遍适用，当然也包括固体中的质点扩散，即下面要展开的内容。

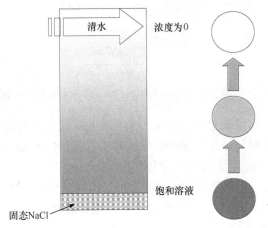

图 4.2　菲克确定扩散物质量与其浓度梯度关系的实验示意图

4.2.1　菲克第一定律

如图 4.3 所示，假设有一单相固溶体棒材，横截面积为 A，浓度 C 在试样中分布不均匀，在 Δt 时间内，于恒温恒压下，沿 x 方向通过 x 处截面所迁移的物质的量 Δm 与该处的浓度梯度成正比，即

$$\Delta m \propto \frac{\Delta C}{\Delta x} A \Delta t$$

取 Δt 无限小，上式可变形为

$$\frac{\mathrm{d}m}{A\mathrm{d}t} = -D\frac{\partial C}{\partial x}$$

引入扩散通量的概念，令 $J = \dfrac{\mathrm{d}m}{A\mathrm{d}t}$，则可得到

$$J = -D\frac{\partial C}{\partial x} \tag{4.1}$$

式(4.1)就是菲克第一定律(Fick's first law)，也称为菲克第一扩散方程。它虽然简单，却和传热学中的傅里叶定律和电学中的欧姆定律具有同等重要的地位，是扩散唯象理论的根基。式中，J 称为扩散通量，定义为单位时间内通过垂直于扩散方向(这里是 x 轴)的单位平面的质点数量，它是一个矢量，单位可以是 $\mathrm{g\cdot cm^{-2}\cdot s^{-1}}$ 或 $\mathrm{mol\cdot cm^{-2}\cdot s^{-1}}$；$\dfrac{\partial C}{\partial x}$ 为同一时刻沿 x 轴的浓度梯度；D 为比例系数，称为扩散系数，表示单位浓度梯度下的扩散通量，单位为 $\mathrm{cm^2\cdot s^{-1}}$ 或 $\mathrm{m^2\cdot s^{-1}}$；负号 "–" 表示质点从高浓度区向低浓度区扩散，也是为了保证扩散方向与浓度降低的方向一致。

对于菲克第一扩散方程，有以下几点值得注意：

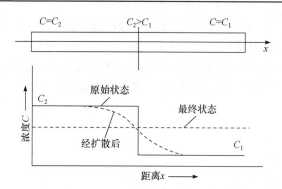

图 4.3 菲克第一定律模型及扩散过程中质点分布示意图

(1) 菲克第一扩散方程是唯象的关系式，并不涉及扩散系统内部质点运动的微观过程。

(2) 菲克第一扩散方程与经典力学中的牛顿第二方程、量子力学中的薛定鄂方程一样，不是被数学推演出来，而是被大量实验所证实的公理。

(3) 浓度梯度一定时，扩散仅取决于扩散系数。扩散系数是描述质点扩散能力的基本物理量，它反映了扩散系统的特性，并不仅取决于某一组元的特性，也并非常数，而是与很多因素有关，但是与浓度梯度无关。

(4) 当 $\dfrac{\partial C}{\partial x}=0$ 时，$J=0$，表明在浓度均匀的系统中，尽管质点的微观热运动仍在进行，但是不会产生宏观的扩散现象，但这一结论仅适合于下坡扩散的情况。

(5) 菲克第一扩散方程不仅适用于扩散系统的任何位置，而且适用于扩散过程的任一时刻。方程中的 J、D 和 $\dfrac{\partial C}{\partial x}$ 可以是常量，也可以是变量，即菲克第一扩散方程既可适用于稳态扩散，也可适用于非稳态扩散，但在菲克第一扩散方程中没有给出扩散与时间的关系，故该方程比较适合于描述 $\dfrac{\partial C}{\partial t}=0$ 的稳态扩散，即扩散过程中系统各处的浓度不随时间发生变化。

(6) 显然，菲克第一扩散方程不仅适合于描述固体，也适合于描述液体和气体中发生的质点扩散现象。

对于三维各向同性的扩散体系，作为矢量的扩散通量 $\boldsymbol{J}$ 可以分解为 x、y 和 z 坐标轴方向上的三个分量 J_x、J_y 和 J_z，此时相应于式(4.1)的菲克第一扩散方程可以写为

$$\boldsymbol{J}=\boldsymbol{i}J_x+\boldsymbol{j}J_y+\boldsymbol{k}J_z=-D\left(\boldsymbol{i}\frac{\partial C}{\partial x}+\boldsymbol{j}\frac{\partial C}{\partial y}+\boldsymbol{k}\frac{\partial C}{\partial z}\right) \tag{4.2}$$

或者

$$\boldsymbol{J}=-D\nabla C \tag{4.3}$$

式中，$\boldsymbol{i}$，$\boldsymbol{j}$ 和 $\boldsymbol{k}$ 表示 x、y 和 z 方向的单位矢量；∇ 称为哈密顿算子，是由英国数学家威廉·哈密顿(William Rowan Hamilton，1805—1865)引进的一个矢性微分算子：$\nabla=\boldsymbol{i}\dfrac{\partial}{\partial x}+\boldsymbol{j}\dfrac{\partial}{\partial y}+\boldsymbol{k}\dfrac{\partial}{\partial z}$。

式(4.2)和式(4.3)都是三维扩散体系中菲克第一扩散方程的表达式，它们和式(4.1)一样是描述扩散现象的基本方程，可直接用于求解扩散质点浓度分布不随时间变化的稳态扩散问题。

【例题 4.1】 700℃时，一块铁板一侧为富碳环境，另一侧为贫碳环境。如果铁板中各处的碳浓度不随时间变化，另已知位于铁板厚度 5 mm 和 10 mm 处的碳浓度分别为 1.2 kg·m^{-3}

和 $0.8\ \mathrm{kg\cdot m^{-3}}$，且假定该温度下碳的扩散系数是常数，为 $3\times10^{-11}\ \mathrm{m^2\cdot s^{-1}}$，计算碳的扩散通量。

解　铁板中各处的碳浓度不随时间变化，这是一个稳态扩散问题，设钢板厚度 5 mm 处为 x_1，10 mm 处为 x_2，对应的浓度分别为 C_1 和 C_2，可直接根据菲克第一扩散方程或式(4.1)进行计算，即

$$J = -D\frac{\mathrm{d}C}{\mathrm{d}x} = -D\frac{C_2 - C_1}{x_2 - x_1}$$

$$= -\left(3\times10^{-11}\ \mathrm{m^2\cdot s^{-1}}\right)\frac{(0.8-1.2)\,\mathrm{kg\cdot m^{-3}}}{\left(10\times10^{-3} - 5\times10^{-3}\right)\mathrm{m}}$$

$$= 2.4\times10^{-9}\ \mathrm{kg\cdot m^{-2}\cdot s^{-1}}$$

【**例题 4.2**】　有一条内径为 30 mm 的厚壁管道，被厚度为 0.1 mm 的铁膜隔开。通过管子的一端向管内输入氮气，以保持膜片一侧氮气浓度为 $1200\ \mathrm{mol\cdot m^{-3}}$，而另一侧的氮气浓度为 $100\ \mathrm{mol\cdot m^{-3}}$。如在 700℃ 下测得通过管道的氮气流量为 $2.8\times10^{-4}\ \mathrm{mol\cdot s^{-1}}$，求此时氮气在铁中的扩散系数。

解　先根据氮气流量和铁膜面积求出扩散通过铁膜的氮气通量，即

$$J = \frac{2.8\times10^{-4}\ \mathrm{mol\cdot s^{-1}}}{\dfrac{\pi}{4}\times0.03^2\ \mathrm{m^2}} = 3.96\times10^{-1}\ \mathrm{mol\cdot m^{-2}\cdot s^{-1}}$$

铁膜两侧氮气浓度恒定，不随时间变化，因此可视作稳态扩散，其浓度梯度为

$$\frac{\Delta C}{\Delta x} = \frac{(100-1200)\,\mathrm{mol/m^3}}{0.1\times10^{-3}\ \mathrm{m}} = -1.1\times10^{7}\ \mathrm{mol\cdot m^{-4}}$$

根据菲克第一定律，可直接求出扩散系数，即

$$D = -J/\left(\frac{\Delta C}{\Delta x}\right) = 3.6\times10^{-8}\ \mathrm{m^2\cdot s^{-1}}$$

4.2.2　菲克第二定律

扩散物质在扩散介质中的浓度分布不随时间变化的稳态扩散比较少见，有些扩散虽然不是稳态扩散，只要质点浓度随时间的变化很缓慢，就可以近似按稳态扩散处理。但是实际中遇到的绝大部分扩散都属于非稳态扩散，即扩散物质在扩散介质中的浓度分布随时间发生变化的扩散现象，这时系统中扩散物质的浓度不仅与扩散距离有关，也与扩散时间有关，即 $\dfrac{\partial C}{\partial t} \neq 0$。这时，虽然扩散过程仍可用式(4.1)进行描述，但由于该式不含时间变量，难以求出浓度随时间变化的函数式。针对非稳态扩散，可以通过结合物质守恒原理(物料守恒)与第一扩散方程，建立菲克第二扩散微分方程式。

1. 一维扩散

对于一维非稳态扩散，考虑如图 4.4 所示的扩散系统，

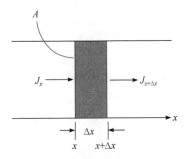

图 4.4　扩散流通过微小体积元示意图

沿垂直于扩散方向(x轴)取宽度为Δx的体积元，体积元垂直于扩散方向两表面的面积均为A，故体积元的体积为$A\Delta x$；J_x和$J_{x+\Delta x}$分别为流入体积元和从体积元流出的扩散通量，则根据物质守恒原理，在Δt时间内，体积元中扩散物质的累积量等于流入量与流出量之差，即

$$\Delta m = \left(J_x A - J_{x+\Delta x}A\right)\Delta t$$

将上式适当变形，可得

$$\frac{\Delta m}{A\Delta x\Delta t} = \frac{J_x - J_{x+\Delta x}}{\Delta x} \Rightarrow \frac{\Delta C}{\Delta t} = -\frac{J_{x+\Delta x} - J_x}{\Delta x}$$

令微元宽度Δx和扩散时间Δt无限小，即$\Delta x \to 0$，$\Delta t \to 0$时，有

$$\frac{\partial C}{\partial t} = -\frac{\partial J}{\partial x}$$

将式(4.1)代入上式，可得

$$\frac{\partial C}{\partial t} = \frac{\partial}{\partial x}\left(D\frac{\partial C}{\partial x}\right) \tag{4.4}$$

如果扩散系数D为常数，与浓度无关，式(4.4)可以写成

$$\frac{\partial C}{\partial t} = D\frac{\partial^2 C}{\partial x^2} \tag{4.5}$$

式(4.4)和式(4.5)即是描述一维扩散的菲克第二定律(Fick's second law)或称为菲克第二扩散方程。该方程以微分形式描述了不稳态扩散条件下介质中各点物质浓度由于扩散而发生的变化。根据各种具体的起始条件和边界条件，对菲克第二扩散方程进行求解，便可得到相应体系中扩散物质浓度随时间和位置变化的具体函数关系。

菲克第二定律的物理意义是指扩散过程中，扩散物质浓度随时间的变化率与沿扩散方向上物质浓度梯度随扩散距离的变化率成正比，与之关联的偏微分方程是x与t的函数，适用于分析浓度分布随扩散距离及时间而变的非稳态扩散。但需要注意，菲克第二定律同样适用于描述稳态扩散，只是在稳态时，扩散物质在扩散介质各处浓度不随时间改变，$\partial C / \partial t = 0$，式(4.4)和式(4.5)自然都可以简化成式(4.1)。

从形式上看，菲克第二定律表示，在扩散过程中某点浓度随时间的变化率与浓度分布曲线在该点的二阶导数成正比。如图 4.5 所示，若曲线在该点的二阶导数$\partial^2 C / \partial x^2 > 0$，即曲线为凹形，则该点的浓度会随时间的增加而增加，即$\partial C / \partial t > 0$；若曲线在该点的二阶导数$\partial^2 C / \partial x^2 < 0$，即曲线为凸形，则该点的浓度会随时间的增加而降低，即$\partial C / \partial t < 0$。已知菲克

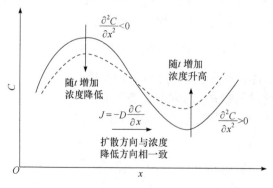

图 4.5　菲克第一和第二定律关系示意图

第一定律表示扩散方向与浓度降低的方向相一致，因此从扩散最终结果的意义上讲，菲克第一和第二定律本质上是一个定律，均表明扩散总是使不均匀体系实现均匀化，由非平衡逐渐达到平衡。

2. 三维扩散

对于三维空间的扩散，根据具体问题可以选择不同的坐标系。根据选取的坐标系的不同，菲克第二扩散方程具有下面几种不同的形式。

1) 直角坐标系

在直角坐标系下，菲克第二扩散方程可由式(4.4)拓展得到，即

$$\frac{\partial C}{\partial t} = \frac{\partial}{\partial x}\left(D\frac{\partial C}{\partial x}\right) + \frac{\partial}{\partial y}\left(D\frac{\partial C}{\partial y}\right) + \frac{\partial}{\partial z}\left(D\frac{\partial C}{\partial z}\right) \tag{4.6}$$

当扩散系数与浓度无关，即与空间位置无关时，有

$$\frac{\partial C}{\partial t} = D\left(\frac{\partial^2 C}{\partial x^2} + \frac{\partial^2 C}{\partial y^2} + \frac{\partial^2 C}{\partial z^2}\right) \tag{4.7}$$

或者简记为

$$\frac{\partial C}{\partial t} = D\nabla^2 C \tag{4.8}$$

式中，∇^2 称为拉普拉斯算子，是由法国数学家皮埃尔-西蒙·拉普拉斯(Pierre-Simon Laplace，1749—1827)引进：$\nabla^2 = \frac{\partial^2}{\partial x^2} + \frac{\partial^2}{\partial y^2} + \frac{\partial^2}{\partial z^2}$，它是针对空间标量函数的一种"操作"，即先求该标量函数的梯度场，再求梯度场的散度。由于标量函数的梯度往往代表一种驱动力，例如，本章中的浓度梯度 $\partial C/\partial x$ 就表示扩散传质的驱动力，对驱动力求散度就可以知道空间中"源"的分布。对于三维空间的扩散现象，散度为正，扩散物质流入该点，称为"汇"；散度为负，扩散物质流出该点，称为"源"。

2) 柱坐标系

柱坐标系下体积微元各边为 $\mathrm{d}r$、$r\mathrm{d}\theta$、$\mathrm{d}z$，再结合坐标变换 $x = r\cos\theta$，$y = r\sin\theta$，可得柱坐标系下三维空间菲克第二扩散方程表达式，即

$$\frac{\partial C}{\partial t} = \frac{1}{r}\left[\frac{\partial}{\partial r}\left(rD\frac{\partial C}{\partial r}\right) + \frac{\partial}{\partial \theta}\left(\frac{D}{r}\frac{\partial C}{\partial \theta}\right) + \frac{\partial}{\partial z}\left(rD\frac{\partial C}{\partial z}\right)\right] \tag{4.9}$$

当扩散呈柱对称，且扩散系数 D 为常数时，式(4.9)可得到简化，即

$$\frac{\partial C}{\partial t} = \frac{D}{r}\left[\frac{\partial}{\partial r}\left(r\frac{\partial C}{\partial r}\right)\right] = D\frac{\partial^2 C}{\partial r^2} + \frac{D}{r}\frac{\partial C}{\partial r} \tag{4.10}$$

式(4.10)也可以不借助坐标变换，而是基于物料衡算(质量守恒原理)直接推导出来，下面用一个例子来说明。

【例题 4.3】　试利用物质守恒原理(物料守恒)导出柱坐标下呈柱对称扩散时菲克第二扩散方程的表达式。

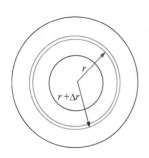

图 4.6　柱对称扩散示意图

解　图 4.6 所示为圆柱沿轴向在纸面的视图，扩散呈柱对称沿径向进行，设圆柱的长度为 L，在距离中心为 r 处取一厚度为 Δr 的微体积元，则 Δt 时间内，由于扩散在微体积元中累积的扩散物质量 Δm 为

$$
\begin{aligned}
\Delta m &= \left(J_r A_r - J_{r+\Delta r} A_{r+\Delta r} \right) \Delta t \\
&= \left[J_r 2\pi rL - J_{r+\Delta r} 2\pi \left(r + \Delta r \right) L \right] \Delta t \\
&= 2\pi L \left[rJ_r - \left(r + \Delta r \right) J_{r+\Delta r} \right] \Delta t \\
&= -2\pi L \Delta \left(rJ \right) \Delta t
\end{aligned}
$$

所以

$$
\frac{\Delta m}{2\pi L \Delta t} = -\Delta(rJ) \Rightarrow \frac{\Delta m}{2\pi r \Delta r L \Delta t} = -\frac{1}{r} \frac{\Delta(rJ)}{\Delta r}
$$

微体积元的体积 ΔV 可以计算如下，即

$$
\Delta V = \pi \left(r + \Delta r \right)^2 L - \pi r^2 L = 2\pi r \Delta r L
$$

代入前面的式子可得

$$
\frac{\Delta m}{\Delta V \Delta t} = -\frac{1}{r} \frac{\Delta(rJ)}{\Delta r}
$$

令 Δt 和 Δr 都趋于零，则有

$$
\frac{\partial C}{\partial t} = -\frac{1}{r} \frac{\partial(rJ)}{\partial r}
$$

又因 $J_r = -D\dfrac{\partial C}{\partial r}$，代入上式可得

$$
\frac{\partial C}{\partial t} = \frac{1}{r} \frac{\partial}{\partial r} \left(Dr \frac{\partial C}{\partial r} \right)
$$

上式即呈柱对称扩散时的式(4.9)，当 D 不随浓度变化，是一个常数时，展开上式可得

$$
\frac{\partial C}{\partial t} = \frac{D}{r} \left[\frac{\partial}{\partial r} \left(r \frac{\partial C}{\partial r} \right) \right] = D \frac{\partial^2 C}{\partial r^2} + \frac{D}{r} \frac{\partial C}{\partial r}
$$

此即式(4.10)。

3) 球坐标系

球坐标系下体积微元各边为 $\mathrm{d}r$、$r\mathrm{d}\theta$、$r\sin\theta\mathrm{d}\varphi$，再结合坐标变换 $x = r\sin\theta\cos\varphi$，$y = r\sin\theta\sin\varphi$，$z = r\cos\theta$，可得柱坐标系下三维空间菲克第二扩散方程表达式，即

$$
\frac{\partial C}{\partial t} = \frac{1}{r^2} \left[\frac{\partial}{\partial r} \left(Dr^2 \frac{\partial C}{\partial r} \right) + \frac{1}{\sin\theta} \frac{\partial}{\partial \theta} \left(D\sin\theta \frac{\partial C}{\partial \theta} \right) + \frac{D}{\sin^2\theta} \frac{\partial^2 \theta}{\partial \varphi^2} \right] \tag{4.11}
$$

当扩散呈球对称，且扩散系数 D 与浓度无关时，式(4.11)可得到简化，即

$$
\frac{\partial C}{\partial t} = \frac{D}{r^2} \frac{\partial}{\partial r} \left(r^2 \frac{\partial C}{\partial r} \right) = D \frac{\partial^2 C}{\partial r^2} + 2 \frac{D}{r} \frac{\partial C}{\partial r} \tag{4.12}
$$

同样，式(4.11)和式(4.12)也可以不借助坐标变换，而是通过质量守恒原理直接推导出来，

将此作为一个练习留给读者自己完成。

【**练习 4.1**】　试根据物质守恒原理(物料守恒)导出球坐标下呈球对称扩散时菲克第二扩散方程的表达式。

4.2.3　稳态扩散及其应用

稳态扩散的特征是扩散物质浓度在扩散方向上的分布不随时间发生变化，即 $\partial C / \partial t = 0$，而对于实际中出现的扩散现象，一般要解决以下两个方面的问题：

(1) 求出通过某一曲面(如平面、柱面、球面等)的通量 J，以解决单位时间内通过该面的物质量 $\mathrm{d}m / \mathrm{d}t = AJ$。

(2) 求解浓度分布 $C(x,t)$，以解决材料的组分及显微结构控制，为此需要分别求解菲克第一及第二扩散方程。

下面用几个例子讨论稳态扩散在实际中的应用。

1. 一维稳态扩散

考虑氢气通过金属膜的扩散，如图 4.7 所示，金属膜的厚度为 δ，取 x 轴垂直于膜面。金属膜两边供气与抽气同时进行，一面保持高而恒定的压力 p_2，另一面保持低而恒定的压力 p_1。扩散一定的时间以后，金属膜中便会建立起稳定的浓度分布。

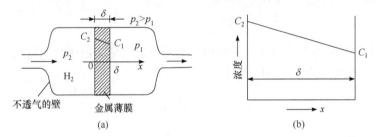

图 4.7　氢气在金属膜中一维稳态扩散(a)及浓度分布曲线(b)示意图

氢气在金属膜中的扩散包括几个步骤，即氢气吸附于金属膜表面，氢气分子分解为氢原子、氢离子及氢离子在金属膜中的扩散等过程。

当扩散达到稳态时，菲克扩散方程的边界条件为

$$\begin{cases} C|_{x=0} = C_2 \\ C|_{x=\delta} = C_1 \end{cases}$$

边界条件中的 C_1 和 C_2 可由热分解反应 $H_2 \rightleftharpoons H + H$ 中的平衡常数 K 确定。根据 K 的定义：

$$K = \frac{产物活度积}{反应物活度积}$$

设氢原子的浓度为 C，低浓度时它近似等于活度，以压力表示氢气的浓度(参考理想气体状态方程 $pV = nRT$，这一表示是合理的)，则有

$$K = \frac{C \cdot C}{p} = \frac{C^2}{p}$$

即

$$C = \sqrt{Kp} = S\sqrt{p} \tag{4.13}$$

式中，S 为希沃特(Sievert)定律常数，其物理意义是当空间压力 $p = 1\,\text{MPa}$ 时金属表面的溶解浓度。式(4.13)表明金属表面气体的溶解浓度与空间压力的平方根成正比。因此，扩散达到稳态时边界条件可以调整为

$$\begin{cases} C|_{x=0} = S\sqrt{p_2} \\ C|_{x=\delta} = S\sqrt{p_1} \end{cases} \tag{4.14}$$

当扩散达到稳态时，扩散方向上各点浓度不再随时间变化，假定扩散系数 D 不随浓度变化，则有

$$\frac{\partial C}{\partial t} = D\frac{\partial}{\partial x}\left(\frac{\partial C}{\partial x}\right) = 0$$

从而

$$\frac{\partial C}{\partial x} = a \quad (a\text{为常数})$$

显然扩散达到稳态时，$\frac{\partial C}{\partial x} = a$ 的结论也可通过菲克第一扩散方程[式(4.1)]直接得到，因为此时扩散通量是个常量。将上式积分可以得到

$$C = ax + b \tag{4.15}$$

式(4.15)表明扩散达到稳态时，金属膜中氢原子的浓度分布随扩散距离呈直线关系，其中积分常数 a 和 b 可由下式所列的边界条件确定，即

$$a = \frac{C_1 - C_2}{\delta} = \frac{S}{\delta}\left(\sqrt{p_1} - \sqrt{p_2}\right)$$

$$b = S\sqrt{p_2}$$

将求得的 a 和 b 代入式(4.15)，可最后求得氢原子在金属膜中的浓度分布，即

$$C(x) = \frac{S}{\delta}\left(\sqrt{p_1} - \sqrt{p_2}\right)x + S\sqrt{p_2} \tag{4.16}$$

进而可以计算单位时间透过面积为 A 的金属膜的氢气量，即

$$\frac{dm}{dt} = JA = -DA\frac{dC}{dx} = -DA\frac{S}{\delta}\left(\sqrt{p_1} - \sqrt{p_2}\right) \tag{4.17}$$

由式(4.17)可知，在本例所示一维扩散的情况下，只要保持 p_1 和 p_2 恒定，金属膜中任意点的浓度就会保持不变，而且通过任何截面的流量 dm/dt 和扩散通量 J 均为常数。

现在引入透气率 P，表示单位厚度金属膜在单位压差(以 MPa 为单位)下，单位面积透过的气体流量，因此

$$P = DS \tag{4.18}$$

式中，D 为扩散系数；S 为希沃特定律常数。将式(4.18)与式(4.17)结合，可得

$$J = \frac{P}{\delta}\left(\sqrt{p_2} - \sqrt{p_1}\right) \tag{4.19}$$

在实际应用中，为了减少氢气的渗漏现象，多采用球形容器(请思考原因)、选用氢的扩散

系数、溶解度较小的金属及尽量增加容器壁厚等。

【例题 4.4】 如图 4.8 所示，将体心立方(BCC) Fe 薄板加热到 1000 K, 板的一侧与 CO/CO$_2$ 混合气体接触使在表面碳的浓度保持在 0.2%(质量分数)，另一侧与氧化气氛接触，使碳的浓度维持在 0%，计算每秒每平方厘米面积传输到低浓度表面的碳的原子数。已知板厚为 0.1 cm , BCC Fe 的密度约为 7.9 g·cm^{-3} , 在 1000 K 时扩散系数为 8.7×10^{-7} cm^2·s^{-1} 。

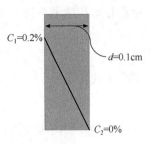

图 4.8 碳在 Fe 板中扩散示意图

解 因为浓度梯度是常数，可以直接用菲克第一定律。首先，计算以(碳原子·cm^{-3})·cm^{-1} 表达的浓度梯度。在 Fe 板两侧表面的碳原子浓度计算如下：

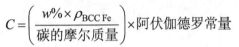

$$C = \left(\frac{w\% \times \rho_{\text{BCC Fe}}}{\text{碳的摩尔质量}} \right) \times \text{阿伏伽德罗常量}$$

因此

$$C_1 = \left(\frac{0.002 \times 7.9 \text{ g·cm}^{-3}}{12.101 \text{ g·mol}^{-1}} \right) \times 6.02 \times 10^{23} \text{ 原子数·mol}^{-1}$$
$$= 7.86 \times 10^{20} \text{ 原子数·cm}^{-3}$$

而 $C_2 = 0$, 因此浓度梯度为

$$\frac{\mathrm{d}C}{\mathrm{d}x} = \frac{C_2 - C_1}{d} = -\frac{7.86 \times 10^{20}}{0.1} = -7.86 \times 10^{21} \text{ (原子数·cm}^{-4})$$

这样便可计算每秒透过每平方厘米 Fe 板传输的碳原子数，即碳原子的扩散通量 J

$$J = -D\frac{\mathrm{d}C}{\mathrm{d}x} = -\left(8.7 \times 10^{-7} \text{ cm}^2 \cdot \text{s}^{-1} \right) \times \left(-7.86 \times 10^{21} \text{ 原子数·cm}^{-4} \right)$$
$$= 6.84 \times 10^{15} \text{ 原子数·cm}^{-2} \cdot \text{s}^{-1}$$

2. 柱对称稳态扩散

如图 4.9 所示，考虑气体在圆柱形容器中沿径向进行的扩散，假定该柱形容器两端不断有恒定的气流引入和引出，使沿轴向扩散物质分布均匀，在容器内侧即半径为 r_1 处气体浓度恒定为 C_1 , 而在容器外侧即半径为 r_2 处气体浓度恒定为 C_2 。容器壁各处扩散气体浓度保持稳定，不随时间变化。

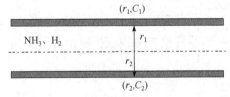

图 4.9 柱对称扩散示意图

针对该柱对称稳态扩散问题，采用柱坐标系下的菲克扩散方程比较方便，同样假定扩散系数 D 不随浓度变化，有

$$\frac{\partial C}{\partial t} = \frac{D}{r} \left[\frac{\partial}{\partial r} \left(r\frac{\partial C}{\partial r} \right) \right] = 0$$

方程的边界条件为

$$\begin{cases} C|_{r=r_1} = C_1 \\ C|_{r=r_2} = C_2 \end{cases}$$

根据稳态扩散的条件，可知

$$r\frac{\partial C}{\partial r} = a \; (a为常数)$$

积分上式，可得

$$C = a\ln r + b \tag{4.20}$$

代入微分方程的边界条件，可以求得积分常数 a 和 b，即

$$a = \frac{C_2 - C_1}{\ln\dfrac{r_2}{r_1}}$$

$$b = C_1 - \frac{C_2 - C_1}{\ln\dfrac{r_2}{r_1}}\ln r_1$$

将常数 a 和 b 代入式(4.20)，可得柱形容器管壁中扩散物质浓度随 r 的变化关系，即

$$C = \frac{C_2 - C_1}{\ln\dfrac{r_2}{r_1}}\ln\frac{r}{r_1} + C_1 \tag{4.21}$$

而管壁各处的浓度梯度为

$$\frac{\mathrm{d}C}{\mathrm{d}r} = \frac{1}{r}\frac{C_2 - C_1}{\ln\dfrac{r_2}{r_1}} \tag{4.22}$$

则可以用菲克第一扩散方程计算通过管壁的扩散通量，即

$$J = -D\frac{\mathrm{d}C}{\mathrm{d}r} = -\frac{D}{r}\frac{C_2 - C_1}{\ln\dfrac{r_2}{r_1}} \tag{4.23}$$

进而，可以计算 t 时间内通过管壁扩散入或扩散出的气体量 m，即

$$m = AtJ = 2\pi rLt\cdot\left(-D\frac{\mathrm{d}C}{\mathrm{d}r}\right) = -2D\pi Lt\frac{\mathrm{d}C}{\mathrm{d}(\ln r)} \tag{4.24}$$

将式(4.22)代入式(4.24)，就可以求得单位时间内通过柱形容器管壁扩散入或扩散出的气体量 $\bar{m}$，即

$$\bar{m} = \frac{m}{t} = -2\pi LD\frac{C_2 - C_1}{\ln\dfrac{r_2}{r_1}} \tag{4.25}$$

可见，对于柱对称稳态扩散，在 r 不同的壁面上，单位时间通过管壁扩散的气体量 $\bar{m}$ 相同，但扩散通量 J 并不相同，它是 r 的函数。另外，从式(4.24)还可以获得一个启示，该式中涉及的参量均可通过实验进行测量，如果以不同管壁处的浓度 C 对 $\ln r$ 作图，应该获得一条直线，并从直线的斜率能够计算扩散系数 D。这个计算是以扩散系数 D 是常数为前提，实际上，扩散系数 D 和扩散物质的浓度 C 有较强的依赖关系，浓度 C 对 $\ln r$ 作图的结果和直线有很大偏离，只有在扩散物质浓度很小或浓度差很小时，D 才近似是一个常数。

3. 球对称稳态扩散

如图 4.10 所示，有内径为 r_1、外径为 r_2 的球壳，若分别维持内表面、外表面扩散物质的浓度 C_1 和 C_2 保持不变，则可实现球对称稳态扩散，其边界条件为

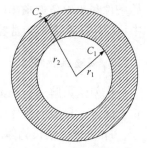

$$\begin{cases} C|_{r=r_1} = C_1 \\ C|_{r=r_2} = C_2 \end{cases}$$

图 4.10　球对称扩散示意图

稳态时，菲克第二扩散方程的球坐标形式是

$$\frac{\partial C}{\partial t} = \frac{D}{r^2}\frac{\partial}{\partial r}\left(r^2\frac{\partial C}{\partial r}\right) = 0$$

即

$$r^2\frac{\partial C}{\partial r} = a\,(a\text{为常数})$$

将上式积分，可得

$$C = -\frac{a}{r} + b \tag{4.26}$$

代入边界条件，确定积分常数 a 和 b，即

$$a = \frac{r_1 r_2 (C_2 - C_1)}{r_2 - r_1}$$

$$b = \frac{C_2 r_2 - C_1 r_1}{r_2 - r_1}$$

将常数 a 和 b 代入式(4.26)，可得球对称扩散时扩散物质浓度随 r 的变化关系，即

$$C = -\frac{r_1 r_2 (C_2 - C_1)}{r(r_2 - r_1)} + \frac{C_2 r_2 - C_1 r_1}{r_2 - r_1} \tag{4.27}$$

在实际中，往往需要求出单位时间内扩散物质通过球壳的扩散量 $\mathrm{d}m / \mathrm{d}t$，利用 $r^2\dfrac{\partial C}{\partial r} = a$ 的关系，可得

$$\frac{\mathrm{d}m}{\mathrm{d}t} = JA = -D\frac{\mathrm{d}C}{\mathrm{d}r}\cdot 4\pi r^2 = -4\pi Da = -4\pi Dr_1 r_2\frac{C_2 - C_1}{r_2 - r_1} \tag{4.28}$$

则球面上扩散物质的扩散通量为

$$J = \frac{\mathrm{d}m}{A\mathrm{d}t} = \frac{1}{4\pi r^2}\frac{\mathrm{d}m}{\mathrm{d}t} = -D\frac{r_1 r_2}{r^2}\frac{C_2 - C_1}{r_2 - r_1} \tag{4.29}$$

和柱对称扩散的情况类似，对于球对称稳态扩散，在不同的球面上，单位时间内通过球壳的扩散物质量 $\mathrm{d}m / \mathrm{d}t$ 相同，但扩散通量 J 不相同，它也和球面位置有关，也是 r 的函数。

4.2.4　非稳态扩散

对于非稳态扩散，即使扩散系数为常数的情况下，菲克第二扩散方程[式(4.5)]也是个偏微分方程，一般不易获得解析解。但某些情况下可以先求出扩散方程的通解，再根据问题的初

始条件和边界条件求出问题的特解。为了方便应用，下面分几种情况介绍，注意本节的讨论中均假定扩散系数为常数。

1. 误差函数解

误差函数解适合于无限长或者半无限长物体的扩散，无限长的意义是相对于质点扩散区长度而言，只要扩散物体的长度比扩散区长得多，就可以认为物体是无限长。

1) 一维无限长物体的扩散

设 A 和 B 是两根成分均匀的等径金属棒，长度符合无限长的要求。A 的成分是 C_2，B 的成分是 C_1，且 $C_2>C_1$。将两根金属棒压焊在一起，构成扩散偶，并取焊接面为坐标原点，扩散方向沿 x 轴正向，即浓度从高到低的方向，扩散偶成分随时间变化可如图 4.11 所示。

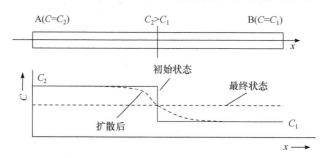

图 4.11　扩散偶及其成分随时间变化示意图

因扩散在一维方向，要求解的菲克第二扩散方程是式(4.5)，即

$$\frac{\partial C}{\partial t}=D\frac{\partial^2 C}{\partial x^2}$$

该方程的初始条件

$$t=0 \text{ 时, } \begin{cases} C=C_1(x>0)\\ C=C_2(x<0)\end{cases} \tag{4.30}$$

边界条件

$$t\geqslant 0 \text{ 时, } \begin{cases} C=C_1(x=+\infty)\\ C=C_2(x=-\infty)\end{cases} \tag{4.31}$$

为得到满足上述条件的菲克第二扩散方程的解 $C(x,t)$，采用变量代换法，目的是将浓度由二元函数转变为一个单变量函数，从而将偏微分方程转化为常微分方程，这里取

$$\lambda=\frac{x}{\sqrt{t}} \tag{4.32}$$

则有

$$\frac{\partial \lambda}{\partial x}=\frac{1}{\sqrt{t}}, \quad \frac{\partial \lambda}{\partial t}=-\frac{x}{2t^{3/2}}=-\frac{\lambda}{2t}$$

代入一维菲克第二扩散方程，则可得左边

$$\frac{\partial C}{\partial t}=\frac{\partial C}{\partial \lambda}\cdot\frac{\partial \lambda}{\partial t}=-\frac{\partial C}{\partial \lambda}\cdot\frac{x}{2t^{3/2}}=-\frac{\partial C}{\partial \lambda}\cdot\frac{\lambda}{2t}$$

而右边

$$\frac{\partial C}{\partial x} = \frac{\partial C}{\partial \lambda} \cdot \frac{\partial \lambda}{\partial x} = \frac{1}{\sqrt{t}} \cdot \frac{\partial C}{\partial \lambda}$$

$$\frac{\partial^2 C}{\partial x^2} = \frac{\partial}{\partial x}\left(\frac{\partial C}{\partial x}\right) = \frac{\partial}{\partial x}\left(\frac{1}{\sqrt{t}} \cdot \frac{\partial C}{\partial \lambda}\right) = \frac{1}{\sqrt{t}} \cdot \frac{\partial}{\partial x}\left(\frac{\partial C}{\partial \lambda}\right)$$

$$= \frac{1}{\sqrt{t}} \cdot \frac{\partial}{\partial \lambda}\left(\frac{\partial C}{\partial \lambda}\right) \cdot \frac{\partial \lambda}{\partial x} = \frac{1}{\sqrt{t}} \cdot \frac{1}{\sqrt{t}} \cdot \frac{\partial^2 C}{\partial \lambda^2} = \frac{1}{t}\frac{\partial^2 C}{\partial \lambda^2}$$

故

$$D\frac{\partial^2 C}{\partial x^2} = \frac{D}{t}\frac{\partial^2 C}{\partial \lambda^2}$$

左右相等，消去变量 t，便得到一个只含一个变量 λ 的常微分方程，即

$$-\lambda \frac{dC}{d\lambda} = 2D\frac{d^2 C}{d\lambda^2} \tag{4.33}$$

这时再令 $u = \dfrac{dC}{d\lambda}$，代入式(4.33)可得

$$-\frac{\lambda}{2}u = D\frac{du}{d\lambda} \tag{4.34}$$

式(4.34)有分析解，即

$$u = a'\exp\left(-\frac{\lambda^2}{4D}\right) \tag{4.35}$$

将式(4.35)代回到 $u = \dfrac{dC}{d\lambda}$ 中，可得

$$\frac{dC}{d\lambda} = a'\exp\left(-\frac{\lambda^2}{4D}\right)$$

将上式积分，可得

$$C = a'\int_0^{\lambda}\exp\left(-\frac{\lambda^2}{4D}\right)d\lambda + b \tag{4.36}$$

再取 $\beta = \dfrac{\lambda}{2\sqrt{D}}$，则式(4.36)可以改写为

$$C = a' \cdot 2\sqrt{D}\int_0^{\beta}\exp\left(-\beta^2\right)d\beta + b$$

令 $a' \cdot 2\sqrt{D} = a$，则有

$$C = a\int_0^{\beta}\exp\left(-\beta^2\right)d\beta + b \tag{4.37}$$

式(4.37)中，a 和 b 为积分常数，被积函数为高斯函数 $\exp(-\beta^2)$，积分上限为 β。这个积分不能得到准确解，只能用数值解法，可以用图 4.12 中斜线所示的面积来表示。

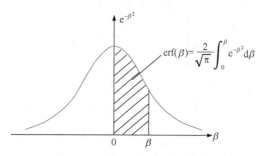

图 4.12　高斯函数的定积分表示

根据高斯误差积分

$$\int_0^{\pm\infty}\exp\left(-\beta^2\right)\mathrm{d}\beta=\pm\frac{\sqrt{\pi}}{2} \tag{4.38}$$

因为 $\beta=\dfrac{\lambda}{2\sqrt{D}}=\dfrac{x}{2\sqrt{Dt}}$ ，根据初始条件式(4.30)，在 $t=0$ 时，扩散偶中对于 $x>0$ 和 $x<0$ 的任意点，分别有

$$C=C_1=a\int_0^{+\infty}\exp\left(-\beta^2\right)\mathrm{d}\beta+b$$

$$C=C_2=a\int_0^{-\infty}\exp\left(-\beta^2\right)\mathrm{d}\beta+b$$

故

$$C_1=a\frac{\sqrt{\pi}}{2}+b$$

$$C_2=-a\frac{\sqrt{\pi}}{2}+b$$

由此可计算出积分常数 a 和 b ，即

$$\left.\begin{array}{l}a=-\dfrac{C_2-C_1}{2}\dfrac{2}{\sqrt{\pi}}\\[3mm]b=\dfrac{C_1+C_2}{2}\end{array}\right\} \tag{4.39}$$

将式(4.39)代入式(4.37)便可得到任何时刻的浓度分布，即

$$C=\frac{C_2+C_1}{2}-\frac{C_2-C_1}{2}\cdot\frac{2}{\sqrt{\pi}}\int_0^\beta\exp\left(-\beta^2\right)\mathrm{d}\beta \tag{4.40}$$

式(4.40)中的积分函数连同前面的系数 $\dfrac{2}{\sqrt{\pi}}$ 称为高斯误差函数，用 erf(β) 表示，即

$$\mathrm{erf}\left(\beta\right)=\frac{2}{\sqrt{\pi}}\int_0^\beta\exp\left(-\beta^2\right)\mathrm{d}\beta \tag{4.41}$$

这样式(4.40)可以改写成

$$C=\frac{C_2+C_1}{2}-\frac{C_2-C_1}{2}\mathrm{erf}\left(\beta\right) \tag{4.42}$$

式(4.42)即为扩散偶在扩散过程中，扩散物质浓度 C 随 β 也即随 $\dfrac{x}{2\sqrt{Dt}}$ 的变化关系式，其中

和 β 值对应的 erf(β) 值列于表 4.1。知道了扩散时间和位置，即可计算出 β，再由表 4.1 找到 erf(β)，便可计算该扩散时刻和位置扩散物质的浓度。

表 4.1　高斯误差函数表 erf(β)

β	erf(β)	β	erf(β)	β	erf(β)
0.00	0.00000	0.78	0.73001	1.56	0.97263
0.02	0.02256	0.80	0.74210	1.58	0.97455
0.04	0.04511	0.82	0.75381	1.60	0.97635
0.06	0.06762	0.84	0.76514	1.62	0.97804
0.08	0.09008	0.86	0.77610	1.64	0.97962
0.10	0.11246	0.88	0.78669	1.66	0.98110
0.12	0.13476	0.90	0.79691	1.68	0.98249
0.14	0.15695	0.92	0.80677	1.70	0.98379
0.16	0.17901	0.94	0.81627	1.72	0.98500
0.18	0.20094	0.96	0.82542	1.74	0.98613
0.20	0.22270	0.98	0.83423	1.76	0.98719
0.22	0.24430	1.00	0.84270	1.78	0.98817
0.24	0.26570	1.02	0.85084	1.80	0.98909
0.26	0.28690	1.04	0.85865	1.82	0.98994
0.28	0.30788	1.06	0.86614	1.84	0.99074
0.30	0.32863	1.08	0.87333	1.86	0.99147
0.32	0.34913	1.10	0.88020	1.88	0.99216
0.34	0.36936	1.12	0.88679	1.90	0.99279
0.36	0.38933	1.14	0.89308	1.92	0.99338
0.38	0.40901	1.16	0.89310	1.94	0.99392
0.40	0.42839	1.18	0.90584	1.96	0.99443
0.42	0.44747	1.20	0.91031	1.98	0.99489
0.44	0.46623	1.22	0.91553	2.00	0.99532
0.46	0.48466	1.24	0.92051	2.02	0.99572
0.48	0.50275	1.26	0.92524	2.04	0.99609
0.50	0.52050	1.28	0.92973	2.06	0.99642
0.52	0.53790	1.30	0.93401	2.08	0.99673
0.54	0.55494	1.32	0.93807	2.10	0.99702
0.56	0.57162	1.34	0.94191	2.12	0.99728
0.58	0.58792	1.36	0.94556	2.14	0.99753
0.60	0.60386	1.38	0.94902	2.16	0.99775
0.62	0.61941	1.40	0.95229	2.18	0.99795
0.64	0.63459	1.42	0.95538	2.20	0.99814
0.66	0.64938	1.44	0.95830	2.22	0.99831
0.68	0.66378	1.46	0.96105	2.24	0.99846
0.70	0.67780	1.48	0.96365	2.26	0.99861
0.72	0.69143	1.50	0.96611	2.28	0.99874
0.74	0.70468	1.52	0.96841	2.30	0.99886
0.76	0.71754	1.54	0.97059	2.32	0.99897

下面针对式(4.42)，就几个问题加以讨论。

(1) 式(4.42)的用法。

(i) 给定扩散系统，已知扩散时间 t ，可求出浓度分布曲线 $C(x,t)$ 。具体方法是，由扩散系数 D 、扩散时间 t 及确定的扩散位置 x ，求出 $\beta = \dfrac{x}{2\sqrt{Dt}}$ ，进而查表 4.1 得到 $\mathrm{erf}(\beta)$ ，代入式 (4.42)求出 $C(x,t)$ 。

(ii) 已知某一时刻 $C(x,t)$ 的曲线，可求出不同浓度下的扩散系数。具体方法是，由 $C(x,t)$ 计算出 $\mathrm{erf}(\beta)$ ，查表 4.1 求出 β ，又因扩散时间 t 及扩散位置 x 已知，利用 $\beta = \dfrac{x}{2\sqrt{Dt}}$ 即可求出扩散系数 D 。

(2) 浓度曲线 $C(x,t)$ 的特点。

(i) 对于 $x = 0$ 的平面，即扩散偶的焊接面，有 $\beta = 0$ ，即 $\mathrm{erf}(\beta) = 0$ ，因此在该平面上浓度 $C_0 = \dfrac{C_1 + C_2}{2}$ ，表明界面浓度为扩散偶原始浓度的平均值，且该值在扩散过程中保持恒定不变；在 $x = \pm\infty$ 处，自然有 $C_{+\infty} = C_1$ ， $C_{-\infty} = C_2$ ，即扩散偶边界处浓度也恒定不变。

(ii) 将式(4.42)微分求取曲线斜率，即

$$\frac{\partial C}{\partial x} = \frac{\partial C}{\partial \beta}\frac{\partial \beta}{\partial x} = -\frac{C_2 - C_1}{2\sqrt{\pi Dt}}\mathrm{e}^{-\beta^2} \tag{4.43}$$

由式(4.42)和式(4.43)可以看出，浓度曲线 $C(x,t)$ 关于原点 $\left(x = 0,\ C = \dfrac{C_1 + C_2}{2}\right)$ 是对称的，随着扩散时间增加，曲线斜率变小，当 $t \to \infty$ 时，扩散方向上各点浓度都达到 $\dfrac{C_1 + C_2}{2}$ ，实现均匀化。此外，浓度曲线关于原点对称还意味着扩散偶中扩散物质通过接触面沿扩散方向扩散出的量等于扩散入的量。

(3) 抛物线扩散规律。

通过式(4.42)可知，扩散物质的浓度 $C(x,t)$ 与 β 有一一对应的关系，又由于 $\beta = \dfrac{x}{2\sqrt{Dt}}$ ，因此 $C(x,t)$ 与 $\dfrac{x}{\sqrt{t}}$ 之间也存在一一对应的关系。设 $K(C)$ 是取决于浓度 C 的常数，必有

$$x^2 = K(c)t \tag{4.44}$$

式(4.44)称为抛物线扩散规律，其应用范围为不发生相变的扩散。如图 4.13 所示，若等浓度 C_1 的扩散距离之比为 $1:2:3:4$ ，则所用的扩散时间之比为 $1:4:9:16$ 。

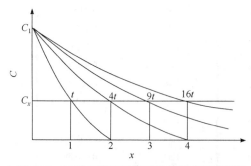

图 4.13　一维无限长扩散抛物线规律示意图

(4) 公式变换。

式(4.42)可以变形成

$$C = \frac{C_2+C_1}{2} - \left(\frac{C_2+C_1}{2}-C_1\right)\mathrm{erf}(\beta)$$
$$= C_0\left[1-\mathrm{erf}(\beta)\right] + C_1\mathrm{erf}(\beta) \tag{4.45}$$

式中，$C_0 = \dfrac{C_2+C_1}{2}$。

(i) 当 $C_1 = 0$ 时，如镀层或异种金属的扩散等，如图 4.14(a)所示，有

$$C = C_0\left[1-\mathrm{erf}(\beta)\right] \tag{4.46}$$

(ii) 当 $C_0 = 0$ 时，如除气初期、真空除气及板材的表面脱碳等，如图 4.14(b)所示，有

$$C = C_1\mathrm{erf}(\beta) \tag{4.47}$$

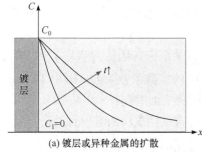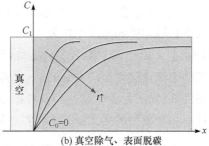

(a) 镀层或异种金属的扩散　　(b) 真空除气、表面脱碳

图 4.14　一维无限长物体扩散的两种情况示意图

(5) 无限长要求。

由表 4.1 可知，当 $\beta = 2$ 时，高斯误差函数 $\mathrm{erf}(\beta) \approx 1$，得到 $x = 4\sqrt{Dt}$，此处浓度为 $C = C_1$；同理 $x = -4\sqrt{Dt}$ 处的浓度为 $C = C_2$，在此距离以外则没有发生扩散。因此，只要一维扩散物体的长度大于 $4\sqrt{Dt}$，便可按一维无限长进行处理。

(6) 近似估算。

查表 4.1 可知，当 $\beta = 0.5$ 时，$\mathrm{erf}(\beta) = 0.5205 \approx 0.5$，即当 $x^2 = Dt$ 时，根据式(4.46)有 $C \approx 0.5C_0$。

将某处的物质浓度由于扩散达到初始浓度的一半时，称该处发生了显著扩散。关于显著扩散，利用 $x^2 = Dt$，给出 x 可以求 t，给出 t 则可以求 x。

2) 半无限长物体的扩散

化学热处理是工业生产中最常见的热处理工艺，它是将零件置于化学活性介质中，在一定温度下，通过活性原子由零件表面向内部扩散，从而改变零件表层的组织、结构及性能。例如，钢的渗碳就是经常采用的化学热处理工艺之一，它可以显著提高钢的表面强度、硬度和耐磨性，在工业生产中得到广泛应用。由于渗碳时活性碳原子附在零件表面上，然后向零件内部扩散，这就相当于无限长扩散偶中的一根金属棒，因此称为半无限长。

将式(4.45)适当变换成下面的形式，即

$$\frac{C_0 - C}{C_0 - C_1} = \mathrm{erf}(\beta) \tag{4.48}$$

式中，$C_0 = \dfrac{C_2 + C_1}{2}$，由此可以总结出下面半无限长物体扩散的三种情况。

(1) $C_2 = 0$，$C_0 = \dfrac{C_1}{2}$，此时

$$C = C_0 + C_0 \mathrm{erf}(\beta) \tag{4.49}$$

(2) $C_1 = 0$，$C_0 = \dfrac{C_2}{2}$，此时

$$C = C_0 - C_0 \mathrm{erf}(\beta) \tag{4.50}$$

(3) $C_0 = 0$，此时

$$C = C_1 \mathrm{erf}(\beta) \tag{4.51}$$

实际上，第一种情况和第二种情况两者相同，都是半无限长扩散，只是扩散方向相反，第三种情况和式(4.47)完全相同，也是前面述及的金属真空除气、钢铁材料高温下表面脱碳等，这种情况表面扩散物质的浓度始终为零。

【例题 4.5】　有一 20 钢齿轮气体渗碳(20 钢意思是钢中含碳量为 0.2%)，炉温为 927℃，炉气氛使工件表面含碳量维持在 0.9%，这时碳在铁中的扩散系数为 $D = 1.28 \times 10^{-11} \mathrm{\ m^2 \cdot s^{-1}}$，欲使距工件表面 0.5 mm 处含碳量达到 0.4%，试计算所需要的时间。

解　这是一个典型的半无限长物体扩散问题，可直接用式(4.48)进行计算，即

$$\frac{C_0 - C}{C_0 - C_1} = \mathrm{erf}\left(\frac{0.5 \times 10^{-3}}{2\sqrt{1.28 \times 10^{-11} \times t}}\right)$$

$$\mathrm{erf}\left(\frac{69.88}{\sqrt{t}}\right) = \frac{0.9 - 0.4}{0.9 - 0.2} = 0.7143$$

查表 4.1 可得

$$\frac{69.88}{\sqrt{t}} = 0.755 \Rightarrow t = 8567 \mathrm{\ s} = 2.38 \mathrm{\ h}$$

即 2.38 h 的气体渗碳后，距工件表面 0.5 mm 处的含碳量能够达到 0.4%。

【例题 4.6】　例 4.5 中处理条件不变，把碳含量达到 0.4% 的位置到表面的距离作为渗层深度，推出渗层深度与处理时间之间的关系，并计算渗层深度达到 1.0 mm 时所需的时间。

解　因为处理条件不变，相同浓度时采用抛物线规律，即

$$\frac{x}{2\sqrt{Dt}} = K'(C)$$

将式中的数字并入常数中，可得

$$\frac{x_1}{\sqrt{Dt_1}} = \frac{x_2}{\sqrt{Dt_2}} = K(C)$$

当扩散在相同温度下进行时，扩散系数也相同，因此渗层深度与处理时间的根式之间具有正比的关系，即

$$x \propto \sqrt{t}$$

因为 $x_2/x_1=2$，所以 $t_2/t_1=4$，这时所需的时间为

$$t_2 = 4t_1 = 34268\,\text{s} = 9.52\,\text{h}$$

钢铁渗碳是半无穷长物体扩散的典型实例。例如，将工业纯铁在 927℃进行渗碳处理，假定在渗碳炉内工件表面很快就达到碳的饱和浓度(1.3%)，而后保持不变，同时碳原子不断地向里扩散。渗碳层的厚度、渗碳层中碳的浓度和渗碳时间的关系，便可由式(4.50)计算求得。此时

初始条件：　　　　　　　　　　$t=0,\ x>0,\ C=0$

边界条件：　　　　　　　　　$t \geqslant 0, \begin{cases} C=0\,(x=\infty) \\ C_0=1.3\,(x=0) \end{cases}$

927℃时，碳在铁中的扩散系数 $D = 1.5 \times 10^{-7}\,\text{cm}^2 \cdot \text{s}^{-1}$，所以

$$C = 1.3\left[1 - \operatorname{erf}\left(\frac{x}{2\sqrt{1.5 \times 10^{-7}\,t}}\right)\right] = 1.3\left[1 - \operatorname{erf}\left(1.29 \times 10^3\,\frac{x}{\sqrt{t}}\right)\right]$$

典型地，当渗碳 10 h 后，渗碳层中的碳分布为

$$C = 1.3\left[1 - \operatorname{erf}(6.8x)\right]$$

在实际生产中，渗碳处理常用于低碳钢，此时钢中碳初始浓度并不为零,如含碳量为 0.25% 的钢。这时为了计算的方便，可将碳的浓度坐标上移到 0.25 为原点，便可采用与工业纯铁相同的计算方法。

2. 高斯函数解

在金属表面上沉积一层扩散物质 B 薄膜，然后将两个相同的金属 A 沿沉积面对焊在一起，形成两个金属中间夹着一层无限薄扩散物质薄膜源的扩散偶，如图 4.15 所示。若扩散偶沿垂直于薄膜源的方向上为无限长，则其两端浓度不受扩散影响。将扩散偶加热到一定温度，扩散物质开始沿垂直于薄膜源方向同时向两侧扩散，

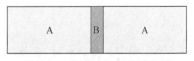

图 4.15　薄膜扩散系统示意图

扩散物质在金属中的浓度无疑将随时间和位置发生变化，这个分布称为高斯函数解。因为扩散前扩散物质集中在一层薄膜上，故高斯函数解也称为薄膜解。

将坐标原点 $x=0$ 选在薄膜处，原子扩散方向为垂直于薄膜的 x 轴，假定扩散系数为常数，因扩散在一维方向，扩散方程仍为式(4.5)，即

$$\frac{\partial C}{\partial t} = D\frac{\partial^2 C}{\partial x^2}$$

注意到扩散物质薄膜无限薄，即厚度趋近于 0，此时方程初始条件和边界条件分别为

$$\begin{cases} t=0\,\text{时}, & \begin{cases} C=0\,(x=\infty) \\ C=0\,(x \neq 0) \end{cases} \\ t \geqslant 0\,\text{时}, & C=0\,(x=\pm\infty) \end{cases} \tag{4.52}$$

可以验证,满足菲克第二扩散方程[式(4.5)]和上述初始条件、边界条件的解具有下面的形式:

$$C = \frac{a}{t^{1/2}} \exp\left(-\frac{x^2}{4Dt}\right) \tag{4.53}$$

式中,a 为待定常数,可以利用扩散物质的总量 m 确定。m 可以通过下述积分求得:

$$m = \int_{-\infty}^{+\infty} C(x,t) A\,\mathrm{d}x \tag{4.54}$$

式中,A 为焊接面的面积,即扩散面积。令 $M = \dfrac{m}{A}$,为单位平面源物质总量,则有

$$M = \int_{-\infty}^{+\infty} C(x,t)\mathrm{d}x \tag{4.55}$$

如果式(4.55)中的浓度分布可用式(4.53)描述,并令

$$\frac{x^2}{4Dt} = \beta^2$$

则有

$$\mathrm{d}x = 2\sqrt{Dt}\,\mathrm{d}\beta$$

将浓度分布式(4.53)和上式代入式(4.55),可得

$$M = 2a\sqrt{D}\int_{-\infty}^{+\infty} \mathrm{e}^{-\beta^2}\,\mathrm{d}\beta = 2a\sqrt{\pi D}$$

从而求出积分常数 a,即

$$a = \frac{M}{2\sqrt{\pi D}}$$

代入式(4.53),可得薄膜扩散的浓度分布:

$$C = \frac{M}{2\sqrt{\pi Dt}} \exp\left(-\frac{x^2}{4Dt}\right) \tag{4.56}$$

在式(4.56)中,令 $A = M/2\sqrt{\pi Dt}$,$B = 2\sqrt{Dt}$,它们分别表示浓度分布曲线的振幅和宽度。当 $t=0$ 时,$A=\infty$,$B=0$;当 $t=\infty$ 时,$A=0$,$B=\infty$。因此,随着时间延长,浓度曲线的振幅减小,宽度增加,这就是高斯函数解的性质。图 4.16 给出了不同扩散时间时扩散物质的浓度分布曲线。

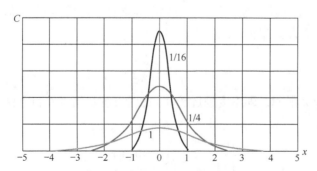

图 4.16　薄膜扩散后的浓度与距离曲线
曲线旁的数字表示不同的 Dt 值

3. 级数解(有限长物体中的扩散)

有限长物体是指其尺度小于扩散区的长度($4\sqrt{Dt}$)，因而扩散的范围遍及整个物体。例如，均匀分布于薄板中的物质向外界的扩散，以及如图 4.17 所示，圆周面封闭，物质仅沿轴向往外扩散的情况等。

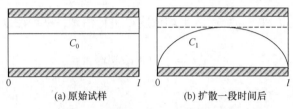

(a) 原始试样　　　　　　　(b) 扩散一段时间后

图 4.17　有限长物体中的扩散示意图

解决有限长物体中的扩散时，菲克第二扩散方程的求解往往需要借助于分离变量法，即令

$$C(x,t) = T(t) \cdot Z(x)$$

故有

$$\frac{\partial C}{\partial t} = Z(x)\frac{\mathrm{d}T}{\mathrm{d}t}$$

$$\frac{\partial^2 C}{\partial x^2} = T(t)\frac{\mathrm{d}^2 Z}{\mathrm{d}x^2}$$

所以

$$\frac{\mathrm{d}T}{DT\mathrm{d}t} = \frac{\mathrm{d}^2 Z}{Z\mathrm{d}x^2} = -\lambda^2$$

进而得到用傅里叶级数形式表达的通解，即

$$C = \sum_{n=1}^{\infty}\left(A_n \sin\lambda_n x + B_n \cos\lambda_n x\right)\exp\left(-\lambda_n^2 Dt\right) \tag{4.57}$$

对于图 4.17 所示的有限长物体扩散问题，A_n、B_n 和 λ_n 可由初始条件和边界条件确定。注意到扩散遍及整个物体及扩散过程中试样的表面浓度始终保持为 0，则初始条件为

$$C = C_0 \ (t=0, \quad 0<x<l) \tag{4.58}$$

边界条件为

$$C = 0 \ (t \geqslant 0, \ x=0 或 x=l) \tag{4.59}$$

满足式(4.58)和式(4.59)的最终解为

$$C = \frac{4C_0}{\pi}\sum_{n=0}^{\infty}\frac{1}{2n+1}\sin\frac{(2n+1)\pi x}{l}\exp\left[-(2n+1)^2 \pi^2 Dt / l^2\right] \tag{4.60}$$

式(4.60)也适用于板材的表面脱碳、小样品的真空除气等。需要注意，用不同的数学方法得到表示同一问题(指扩散初期)的两个浓度分布函数式(4.47)[或式(4.51)]和式(4.60)，尽管形式上不同，但它们是一致的。初看起来，似乎多项式计算不如查误差函数表相对方便，但式(4.60)表示浓度随时间以指数关系衰减，收敛很快。可以粗略估计三角级数第一项和第二项极大值的比值 R，即

$$R = 3\exp\frac{8\pi^2 Dt}{l^2}$$

当 $l \leqslant 4\sqrt{Dt}$，即 $t \geqslant \dfrac{l^2}{16D}$ 时，$R \approx 150$，即若只取第一项作为 $C(x,t)$ 的近似解，各点的计算误差不超过 1%。

对于有限长物体的扩散，可以引入平均浓度 $\bar{C}$ 进行估算，平均浓度 $\bar{C}$ 用下式定义：

$$\bar{C} = \frac{1}{l}\int_0^l C(x,t)\mathrm{d}x$$

当 $\bar{C} < 0.8C_1$ 时，有

$$\frac{\bar{C}}{C_0} \approx \frac{8}{\pi^2}\exp\left(-\frac{t}{\tau}\right) \tag{4.61}$$

式中，$\tau = \dfrac{l^2}{\pi^2 D}$，称为弛豫时间，相当于电容充放电的时间常数，由式(4.61)可以确定物体中扩散物质的平均浓度 $\bar{C}$ 与扩散时间 t 的关系。

4. 坐标变换解

对同一物理现象观察的结果与观察者所处的位置有关。例如，一部上升的电梯，站在电梯外的人观察，自然会觉得电梯的状态和时间相关，其距离地面的距离不断随时间变化，但是对于处在电梯中随电梯一起上升的人，电梯的状态没有发生变化，因为电梯相对于那个人是静止的。

从这个相对的角度理解扩散问题，针对前面提到的扩散偶，如果从一个固定的位置观察，扩散物质在扩散介质中的输运过程自然既是坐标的函数，又是时间的函数；但如果令扩散偶的焊接面随物质扩散可以移动，则扩散物质在扩散介质的浓度便只是坐标的函数。

设固定坐标系为 x，运动坐标系为 x'，两坐标系的关系为 $x' = x - Vt$，其中 V 是常数，表示运动坐标系原点离开固定坐标系原点的速度，如图 4.18 所示。扩散物质的浓度可以表示成只是 x' 的函数，即

$$C = C(x,t) = C(x') \tag{4.62}$$

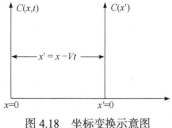

图 4.18　坐标变换示意图

式中，$C(x,t)$ 表示在固定坐标系中扩散物质浓度与位置、时间都有关系，而 $C(x')$ 则表示在运动坐标系中浓度只与空间坐标有关。

因为对浓度函数的自变量进行了变换，浓度函数本身的形式也必然发生变化。仍考虑一维的情况，此时菲克第二扩散方程的左边变为

$$\frac{\partial C}{\partial t} = \frac{\partial C}{\partial x'}\frac{\partial x'}{\partial t} = -V\frac{\mathrm{d}C}{\mathrm{d}x'}$$

右边变为

$$D\frac{\partial^2 C}{\partial x^2} = D\frac{\partial\left(\dfrac{\partial C}{\partial x}\right)}{\partial x} = D\frac{\partial\left(\dfrac{\partial C}{\partial x'}\dfrac{\partial x'}{\partial x}\right)}{\partial x'}\frac{\partial x'}{\partial x} = \frac{d^2 C}{dx'^2}$$

故经过坐标变换菲克第二扩散方程变形为

$$\frac{d^2 C}{dx'^2} + V\frac{dC}{dx'} = 0 \tag{4.63}$$

式(4.63)是一个简单的常微分方程，其通解为

$$C = a + b\exp\left(-\frac{Vx'}{D}\right) \tag{4.64}$$

式(4.64)对分析二元合金非平衡凝固到达稳态阶段时溶质在液相中的分布非常有用，式中 a 和 b 均为积分常数，可根据具体的初始条件和边界条件求取，暂时不在这里深入展开。

4.2.5 *D-C* 相关

前面对菲克扩散方程求解时都是假定扩散系数 D 是独立于浓度变化的常数，但实际上，扩散系数 D 与浓度 C 有很强的关联，从而也是空间坐标的函数，这样菲克第二扩散方程应如式(4.4)描述，即

$$\frac{\partial C}{\partial t} = \frac{\partial}{\partial x}\left(D\frac{\partial C}{\partial x}\right)$$

由于 D 不能从括号中拿出，因此不能用普通的解析法进行求解。日本著名数学家俣野博(Hiroshi Matano)通过分析，找到了从实验获取的扩散物质浓度分布曲线 $C(x)$ 出发，计算不同浓度下扩散系数 $D(C)$ 的方法。这种已知浓度分布曲线求不同浓度下扩散系数的方法一般称为俣野方法。

仍以无限长的扩散偶为例，式(4.4)的初始条件为

$$t = 0\text{ 时},\begin{cases} C = C_1 \ (x{>}0) \\ C = C_2 \ (x{<}0) \end{cases} \tag{4.65}$$

由于在无穷边界处没有浓度变化，边界条件可以描述为

$$\left.\frac{dC}{dx}\right|_{x=\pm\infty} = 0 \quad \text{或} \quad \left.\frac{dC}{dx}\right|_{C=C_1,C_2} = 0 \tag{4.66}$$

仍采用变量代换法，引入参量 λ，如式(4.32)所示，即

$$\lambda = \frac{x}{\sqrt{t}}$$

由式(4.32)可得出

$$\frac{\partial\lambda}{\partial x} = \frac{1}{\sqrt{t}}, \quad \frac{\partial\lambda}{\partial t} = -\frac{x}{2t^{3/2}} = -\frac{\lambda}{2t}$$

代入式(4.4)，则可得左边

$$\frac{\partial C}{\partial t} = \frac{\partial C}{\partial\lambda}\cdot\frac{\partial\lambda}{\partial t} = -\frac{\partial C}{\partial\lambda}\cdot\frac{x}{2t^{3/2}} = -\frac{\partial C}{\partial\lambda}\cdot\frac{\lambda}{2t}$$

而右边

$$\frac{\partial C}{\partial x} = \frac{\partial C}{\partial \lambda} \cdot \frac{\partial \lambda}{\partial x} = \frac{1}{\sqrt{t}} \cdot \frac{\partial C}{\partial \lambda}$$

$$\frac{\partial}{\partial x}\left(D\frac{\partial C}{\partial x}\right) = \frac{\partial}{\partial \lambda}\left(D\frac{1}{\sqrt{t}}\frac{\partial C}{\partial \lambda}\right)\frac{\partial \lambda}{\partial x} = \frac{\partial}{t\partial \lambda}\left(D\frac{\partial C}{\partial \lambda}\right)$$

左右相等，消去变量 t，得到只含一个变量 λ 的常微分方程，即

$$-\frac{\lambda}{2}\frac{\mathrm{d}C}{\mathrm{d}\lambda} = \frac{\mathrm{d}}{\mathrm{d}\lambda}\left(D\frac{\mathrm{d}C}{\mathrm{d}\lambda}\right) \tag{4.67}$$

对 $\mathrm{d}C$ 从 C_1 到 C 积分

$$-\frac{1}{2}\int_{C_1}^{C}\lambda\mathrm{d}C = \int_{C_1}^{C}\mathrm{d}\left(D\frac{\mathrm{d}C}{\mathrm{d}\lambda}\right) \tag{4.68}$$

将 $\lambda = \dfrac{x}{\sqrt{t}}$，$\mathrm{d}\lambda = \dfrac{1}{\sqrt{t}}\mathrm{d}x$ 代入式(4.68)，可得

$$-\frac{1}{2}\int_{C_1}^{C}\frac{x}{\sqrt{t}}\mathrm{d}C = \int_{C_1}^{C}\mathrm{d}\left(D\frac{\sqrt{t}\mathrm{d}C}{\mathrm{d}x}\right)$$

注意浓度分布曲线上任一点表示同一时刻 C-x 之间的关系，因此 t 为常数，可把只与 t 相关的因子提到积分号外面，进而整理可得

$$-\frac{1}{2\sqrt{t}}\int_{C_1}^{C}x\mathrm{d}C = \sqrt{t}\int_{C_1}^{C}\mathrm{d}\left(D\frac{\mathrm{d}C}{\mathrm{d}x}\right)$$

即

$$-\frac{1}{2t}\int_{C_1}^{C}x\mathrm{d}C = D\frac{\mathrm{d}C}{\mathrm{d}x}\bigg|_{C} - D\frac{\mathrm{d}C}{\mathrm{d}x}\bigg|_{C_1} \tag{4.69}$$

应用式(4.66)所示的边界条件，可知

$$D\frac{\mathrm{d}C}{\mathrm{d}x}\bigg|_{C_1} = 0$$

从而

$$D(C) = -\frac{1}{2t}\left(\frac{\mathrm{d}x}{\mathrm{d}C}\right)_{C}\int_{C_1}^{C}x\mathrm{d}C \tag{4.70}$$

式(4.70)即扩散系数 D 与扩散物质浓度 C 之间的关系式。式中，$\left(\dfrac{\mathrm{d}x}{\mathrm{d}C}\right)_{C}$ 为 C-x 曲线上浓度为 C 处斜率的倒数；$\displaystyle\int_{C_1}^{C}x\mathrm{d}C$ 为从 C_1 到 C 的积分。

式(4.70)使用时还有一个问题，如图 4.19 所示，积分包含两个部分，如果把积分看成是某一时刻扩散物质在扩散介质一个体积元中的累积量，它应该包括扩散入体积元的量和从体积元扩散出的量，为此将式(4.70)中积分项进行变形，即

$$\int_{C_1}^{C}x\mathrm{d}C = \int_{C_1}^{C_0}x\mathrm{d}C + \int_{C_0}^{C}x\mathrm{d}C = \int_{C_1}^{C_0}x\mathrm{d}C - \int_{C}^{C_0}x\mathrm{d}C \tag{4.71}$$

式(4.71)右侧第一项为扩散入体积元的物质量，对应图 4.19 的 I_1 阴影部分，第二项为从体积元扩散出的量，对应图 4.19 的 I_2 阴影部分；要完成这个积分，还需知道 C_0 的位置，如何确定 C_0 所在的空间位置呢？显然，它对应的坐标不再是焊接面，因为此时扩散系数 D 不再是一个常数，浓度曲线不再关于原点对称，所以通过原焊接面扩散出和扩散入的量也不再相等。为此，重新回到对式(4.69)的分析，将积分限调节到 $C_1 \rightarrow C_2$，则有

$$-\frac{1}{2t}\int_{C_1}^{C_2}x\mathrm{d}C = D\frac{\mathrm{d}C}{\mathrm{d}x}\bigg|_{C_2} - D\frac{\mathrm{d}C}{\mathrm{d}x}\bigg|_{C_1} \tag{4.72}$$

根据式(4.66)所示的边界条件，式(4.72)右面两项均为 0，所以

$$\int_{C_1}^{C_2}x\mathrm{d}C = 0$$

而

$$\int_{C_1}^{C_2}x\mathrm{d}C = \int_{C_1}^{C_0}x\mathrm{d}C - \int_{C_2}^{C_0}x\mathrm{d}C$$

可知

$$\int_{C_1}^{C_0}x\mathrm{d}C - \int_{C_2}^{C_0}x\mathrm{d}C = 0 \tag{4.73}$$

式(4.73)表示，虽然扩散系数 D 为变量时，原焊接面不再是浓度曲线对称的平面，但一定可以找到这样一个平面，满足通过此面扩散入的物质量等于扩散出的物质量，这个平面就是需要确定的 C_0 的位置。

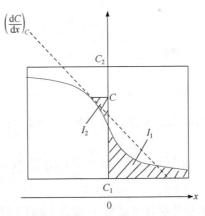

图 4.19　俣野方法求积分示意图

如果扩散系数 D 是常数，参照一维无穷长的扩散，焊接面就是 C_0 所在的平面，从 C_1 到 C_0 的积分即从焊接面扩散入右侧金属的量，而从 C 到 C_0 的积分则等于从焊接面左侧金属扩散出的量；如果 D 不是常数，而是和浓度相关时，扩散入和扩散出的面不再是焊接面，但根据浓度曲线可以平移焊接面，用计算机作图的方式找到一个新的平面，使平面左侧扩散出的量等于平面右侧扩散入的量，即找到 C_0 所在的平面，才可以进行式(4.70)所示的积分，这是俣野方法的核心所在。

焊接面平移后，式(4.70)变为

$$D(C) = -\frac{1}{2t}\left(\frac{dx'}{dC}\right)_C \int_{C_1}^{C} x'\,dC \tag{4.74}$$

根据式(4.74)，利用俣野方法，求取扩散物质浓度为 C 时扩散系数 D(C) 的步骤如下：

(1) 试样经过 t 时间扩散后，根据实验测量的结果画出浓度分布曲线。

(2) 用作图法找出俣野面，使图 4.20 中的面积 $I_1 = I_2 + I_3$。

(3) 积分 $\int_{C_1}^{C} x'\,dC$，该积分值 $I = I_1 - I_2 = I_2 + I_3 - I_2 = I_3$。

(4) 求算 $\left(\frac{dx'}{dC}\right)_C$，它为浓度曲线在 C 处斜率的倒数。又由于时间已知，则式(4.74)右边各项均已求得，从而可求出该浓度下的扩散系数 D(C)。

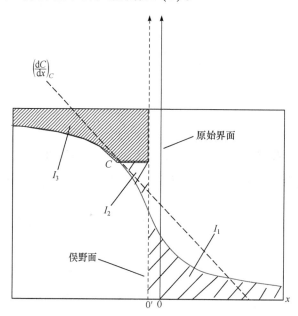

图 4.20　俣野方法求不同浓度下扩散系数示意图

4.3　固体中质点扩散的微观理论

菲克第一和第二扩散定律及其在各种条件下的解反映了固体中质点扩散的宏观规律，这些规律为解决许多与扩散有关的实际问题奠定了基础。在扩散定律中，扩散系数是衡量质点扩散性质的重要参数，到目前为止它还是一个未知数。为了求出扩散系数，首先要建立其与扩散其他宏观量和微观量之间的联系，这是扩散理论的重要内容。事实上，宏观扩散现象是微观中大量质点无规则跳动的统计结果。因此，从质点的微观跳动出发，研究扩散的原子理论、微观机制以及微观理论与宏观现象之间的联系是本节的主要内容。

4.3.1　原子随机跳动与扩散距离

求解一维无限长物体中的扩散时，由菲克第二扩散方程导出的扩散距离与时间的抛物线扩散规律[式(4.44)]揭示出晶体中原子迁移的一个重要特征。如果扩散原子做定向直线运动，则扩散距离应和扩散时间成正比，但这与实验证实的抛物线结果不同。已知悬浮在液体中微小颗粒的布朗运动，由于液体分子无规则的撞击，它们向任意方向运动的概率相等，小颗粒运行轨迹是毫无规律可循的曲折途径。这种运行方式称为随机行走，位移的均方根值与运动时间的平方根成正比。由此可以想象，如果忽略晶体质点规则排列的影响或者说在它们允许迁移的方向上，晶体中的原子运动也是一种随机行走现象。

从统计的意义上讲，在某一时刻，大部分原子做振动，个别原子做跳动；对于某一个原子，大部分时间它做振动，某一时刻它发生跳动。显然，晶体中的扩散过程是原子在晶体中无规则跳动的结果。换句话说，只有原子能够发生从其阵点位置到其他位置的跳动，才会对扩散过程有直接的贡献。

对于大量原子在无规则跳动次数非常大的情况下，可以用统计的方法求出这种无规则跳动与原子宏观位移的关系，也就是对于一群原子在做了大规模的无规则跳动以后，可以计算出平均扩散距离。

首先在晶体中选定一个原子进行分析，在一段时间内，这个原子差不多都在自己的位置上振动着，只有当它的能量足够高时才能发生跳动，从一个位置跳向相邻的下一个位置。在一般情况下，原子每次跳动的方向和距离可能不同，因此需要用原子的位移矢量表示原子的每次跳动。设原子在 t 时间内共跳动了 n 次，每次跳动的位移矢量为 r_i，则原子从始点出发，经过 n 次随机的跳动到达终点时的净位移矢量 R_n 应为每次位移矢量之和，如图 4.21 所示，即

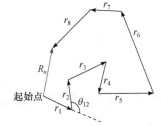

图 4.21　一个原子的随机行走模型示意图

$$R_n = r_1 + r_2 + r_3 + \cdots + r_i + \cdots + r_n = \sum_{i=1}^{n} r_i \tag{4.75}$$

当原子沿晶体空间的一定取向跳动时，总是有进和退，或者有正和反两个方向可以跳动。如果正、反方向跳动的概率相同，则原子沿这个取向上所产生的位移矢量将相互抵消。为了在计算时避免这种情况，采取数学中矢量的点积运算，则有

$$
\begin{aligned}
R_n \cdot R_n &= \sum_{i=1}^{n} r_i \cdot \sum_{i=1}^{n} r_i = r_1 \cdot r_1 + r_1 \cdot r_2 + r_1 \cdot r_3 + \cdots + r_1 \cdot r_n \\
&\quad + r_2 \cdot r_1 + r_2 \cdot r_2 + r_2 \cdot r_3 + \cdots + r_2 \cdot r_n + \cdots \\
&\quad + r_n \cdot r_1 + r_n \cdot r_2 + r_n \cdot r_3 + \cdots + r_n \cdot r_n \\
&= \sum_{i=1}^{n} r_i \cdot r_i + 2\sum_{i=1}^{n-1} r_1 \cdot r_{1+i} + 2\sum_{i=1}^{n-2} r_2 \cdot r_{2+i} + \cdots + 2 r_{n-1} r_n
\end{aligned}
$$

所以

$$R_n^2 = \sum_{i=1}^{n} r_i^2 + 2\sum_{j=1}^{n-1}\sum_{i=1}^{n-1} r_j \cdot r_{j+i} \tag{4.76}$$

式中，$r_j \cdot r_{j+i} = |r_j||r_{j+i}|\cos\theta_{j,j+i}$，而 $\theta_{j,j+i}$ 为 r_j 与 r_{j+i} 两向量之间的夹角，可参见图 4.21 中 r_1 与 r_2 的夹角 θ_{12}。因此，式(4.76)也可以改写成

$$R_n^2 = \sum_{u=1}^{n} r_i^2 + 2\sum_{j=1}^{n-1}\sum_{i=1}^{n-1} |r_j||r_{j+i}|\cos\theta_{j,j+i} \tag{4.77}$$

对于对称性高的立方晶系，原子每次跳动的步长相等，如只考虑最近邻原子之间的跳动，可令：

$$|\boldsymbol{r}_1| = |\boldsymbol{r}_2| = \cdots = |\boldsymbol{r}_i| = \cdots = |\boldsymbol{r}_n| = r \tag{4.78}$$

这样，式(4.77)可以写为

$$\boldsymbol{R}_n^2 = nr^2 + 2r^2 \sum_{j=1}^{n-1}\sum_{i=1}^{n-1} \cos\theta_{j,j+i} \tag{4.79}$$

上面讨论的是一个原子经有限次随机跳动所产生的净位移，对于晶体中大量原子随机跳动所产生的总净位移，则应将所有原子的 $\boldsymbol{R}_n^2$ 相加取算术平均值，即

$$\overline{\boldsymbol{R}_n^2} = nr^2 + 2r^2 \overline{\sum_{j=1}^{n-1}\sum_{i=1}^{n-1} \cos\theta_{j,j+i}} \tag{4.80}$$

如果原子跳动了无限多次(这可以理解为有限多原子进行了无限多次跳动，或者无限多原子进行了有限次跳动)，并且原子的正、反跳动的概率相同，则式(4.80)中的求和项为零。例如，如果在求和项中有 i 个 $\cos\theta$ 项，当 i 足够大时，必然有同样数量的 $\cos(\theta+\pi)$ 项与之对应，二者大小相等方向相反，相互抵消。因此，式(4.80)可以简化成

$$\overline{\boldsymbol{R}_n^2} = nr^2 \tag{4.81}$$

由此可见，原子扩散的平均距离(用均方根位移 $\sqrt{\boldsymbol{R}_n^2}$ 表示)与原子跳动次数的平方根 $\sqrt{n}$ 成正比，即

$$\sqrt{\overline{\boldsymbol{R}_n^2}} = \sqrt{n}\, r \tag{4.82}$$

假设原子的跳动频率是 $\varGamma$，其意义是单位时间内的跳动次数(如每秒跳动 $\varGamma$ 次)，与振动频率不同。跳动频率可以理解为，如果原子在平衡位置逗留 τ 秒，即每振动 τ 秒才能跳动一次，则 $\varGamma = \dfrac{1}{\tau}$。这样，$t$ 时间内的跳动次数便是 $n = \varGamma t$，代入式(4.82)，可得

$$\overline{\boldsymbol{R}_n^2} = \varGamma t r^2 \tag{4.83}$$

式(4.83)的重要意义在于，它建立了扩散的宏观位移量与原子的跳动频率、跳动距离等微观参数之间的关系，并且表明根据下面将要讨论的原子微观理论导出的扩散距离与时间的关系也呈抛物线规律。

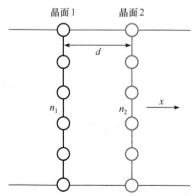

图 4.22　原子沿一维方向跳动的示意图

4.3.2　扩散系数的微观表示

由上面分析可知，大量原子的微观跳动决定了宏观扩散距离，而扩散距离又与原子的扩散系数有关，故原子跳动与扩散系数间定然存在着内在联系。

在晶体中考虑两个相邻并且平行的晶面，如图 4.22 所示。由于原子跳动的无规则性，溶质原子既可由面 1 跳向面 2，也可由面 2 跳向面 1。在浓度均匀的固溶体中，同一时间内，溶质原子由面 1 跳向面 2 或者由面 2 跳向面 1 的次数相同，不会产生宏观的扩散；但是在浓度不

均匀的固溶体中则不然，会因为溶质原子朝两个方向的跳动次数不同而出现原子的净传输现象。

设溶质原子在面 1 和面 2 处的面密度分别是 n_1 和 n_2，两面间距离为 d，原子的跳动频率为 Γ，跳动概率无论由面 1 跳向面 2，还是由面 2 跳向面 1 都为 P。原子的跳动概率 P 是指，如果在面 1 上的原子向其周围近邻的可能跳动的位置总数为 n，其中只向面 2 跳动的位置数为 m，则 $P=m/n$。例如，在简单立方晶体中原子可以向 6 个方向跳动，但只向 x 轴正方向跳动的概率 $P=1/6$，这里假定原子朝正、反方向跳动的概率相同。

根据上面的参数设定，则在 Δt 时间内，在单位面积上由面 1 跳向面 2 或者由面 2 跳向面 1 的溶质原子数分别为

$$N_{1\to 2}=n_1 P\Gamma\Delta t$$
$$N_{2\to 1}=n_2 P\Gamma\Delta t$$

如果 $n_1>n_2$，则面 1 跳向面 2 的原子数大于面 2 跳向面 1 的原子数，产生溶质原子的净传输，即

$$N_{1\to 2}-N_{2\to 1}=(n_1-n_2)P\Gamma\Delta t$$

根据扩散通量的定义，可以得到

$$J=\frac{N_{1\to 2}-N_{2\to 1}}{\Delta t}=(n_1-n_2)P\Gamma \tag{4.84}$$

现将溶质原子的面密度转换成体积浓度，设溶质原子在面 1 和面 2 处的体积浓度分别为 C_1 和 C_2，参考图 4.22，分别有

$$C_1=\frac{n_1}{1\times d}=\frac{n_1}{d};\quad C_2=\frac{n_2}{1\times d}=\frac{n_2}{d}$$

所以

$$C_1-C_2=\frac{n_1-n_2}{d} \tag{4.85}$$

而面 2 上的溶质体积浓度又可由微分方式给出，即

$$C_2=C_1+\frac{dC}{dx}\cdot d \tag{4.86}$$

式(4.86)中的 C_2 相当于以面 1 的浓度 C_1 作为标准，如果改变单位距离引起的浓度变化为 dC/dx，则改变 d 距离引起的浓度变化为 $(dC/dx)d$。实际上，C_2 是按泰勒级数在 C_1 处展开，仅取其一阶微商项。

结合式(4.85)和式(4.86)，可以得到

$$n_1-n_2=-\frac{dC}{dx}\cdot d^2$$

将上式代入式(4.84)：

$$J=(n_1-n_2)P\Gamma=-d^2 P\Gamma\frac{dC}{dx} \tag{4.87}$$

将式(4.87)与菲克第一扩散方程 $J=-D\dfrac{dC}{dx}$ 相比较，可得到原子的扩散系数，即

$$D=d^2 P\Gamma \tag{4.88}$$

式(4.88)中，d 和 P 取决于晶体的结构类型，在给定的晶体中，不同晶面具有不同的间距，因此扩散系数有所不同；Γ 除了与晶体结构有关外，与温度关系极大，因此 D 必然也是温度的函数。

式(4.88)的重要意义在于，它建立了宏观扩散系数与原子的跳动频率、跳动概率以及晶体几何参数等微观量之间的关系。

将式(4.88)中的跳动频率 Γ 进行换算，即 $\Gamma = \dfrac{D}{d^2 P}$，并代入式(4.83)，则可得到

$$\sqrt{\overline{R_n^2}} = \frac{r}{d\sqrt{P}}\sqrt{Dt} = K\sqrt{Dt} \tag{4.89}$$

注意式中的 r 是原子的跳动距离，d 是与溶质扩散方向相垂直的相邻平行晶面之间的距离，也就是 r 在扩散方向上的投影值；$K = \dfrac{r}{d\sqrt{P}}$ 是取决于晶体结构的几何因子。式(4.89)表明，由微观理论导出的原子扩散距离与时间的关系与宏观理论[式(4.44)]得到的抛物线扩散规律完全一致。

下面以面心立方和体心立方间隙固溶体为例，说明式(4.88)中跳动概率 P 的计算。在这两种固溶体中，间隙原子都是处于八面体间隙中心的位置，如图 4.23 所示，间隙中心用 "■" 表示。由于两种晶体的结构不同，间隙的类型、数目及分布也不同，将影响到间隙原子的跳动概率。在面心立方结构中，每个间隙原子周围都有 12 个与之相邻的八面体间隙，即间隙配位数为 12，如图 4.23(a)所示。由于间隙原子半径比间隙半径大得多，在点阵中会引起很大的弹性畸变，间隙固溶体中溶质的平衡浓度很低，因此可以认为间隙原子周围的 12 个间隙都是空的。当位于面 2 体心处的间隙原子沿 x 轴向面 3 跳动时，在面 3 上可能跳入的间隙有 4 个，则跳动概率 $P = 4/12 = 1/3$，同时 $d = a/2$，a 为晶格常数。将这些参数代入式(4.88)，便可得面心立方结构中间隙原子的扩散系数，即

$$D = d^2 P \Gamma = \frac{1}{12} a^2 \Gamma$$

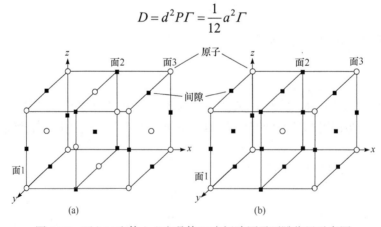

图 4.23　面心(a)和体心立方晶体(b)中间隙原子可跳位置示意图

在体心立方结构中，间隙配位数是 4，如图 4.23(b)所示。由于体心立方八面体间隙是非对称的，因此每个间隙原子的周围环境可能不同。考虑间隙原子由面 1 向面 2 的跳动，在面 1 上有两种不同的间隙位置，如果原子位于棱边中心的间隙位置，当原子沿 x 轴向面 2 跳动时，在面 2 上可能跳入的间隙只有 1 个，跳动概率为 1/4，面 1 上这样的间隙有 $4 \times \dfrac{1}{4} = 1$ 个；如果

原子处于面心的间隙位置，当向面 2 跳动时，却没有可供跳动的间隙，跳动概率为 $\dfrac{0}{4}=0$，面 1 上这样的间隙有 $1 \times \dfrac{1}{2} = \dfrac{1}{2}$ 个。因此，跳动概率是不同位置上的间隙原子跳动概率的加权平均值，即 $P = \left(4 \times \dfrac{1}{4} \times \dfrac{1}{4} + 1 \times \dfrac{1}{2} \times 0\right) / \left(\dfrac{3}{2}\right) = \dfrac{1}{6}$。如果间隙原子由面 2 向面 3 跳动，计算得到的 P 值相同。将 $P = \dfrac{1}{6}$ 和 $d = \dfrac{a}{2}$ 代入式(4.88)，可以得到体心立方结构中间隙原子的扩散系数，即

$$D = d^2 P \varGamma = \frac{1}{24} a^2 \varGamma$$

对于不同的晶体结构，扩散系数可以写成一般形式，即

$$D = \delta a^2 \varGamma \tag{4.90}$$

式中，δ 为与晶体结构有关的几何因子，对面心和体心立方结构分别为 $\dfrac{1}{12}$ 和 $\dfrac{1}{24}$；a 为晶格常数。

4.3.3　扩散的微观机制

在固体中，原子、分子或离子排列的紧密程度较高，它们被晶体势场束缚在一个极小的区间内，在其平衡位置附近振动，振幅的数值取决于温度和晶体的特征。振动着的质点相互交换着能量，偶尔某个质点可能获得高于平均值的能量，因而有可能脱离其平衡位置而跃迁到另一个平衡位置，即发生扩散。

人们通过理论分析和实验研究试图建立起扩散的宏观量和微观量之间的内在联系，由此提出了各种不同的扩散机制，如图 4.24 所示，这些机制具有各自的特点和适用范围。下面主要介绍两种比较成熟的机制：间隙扩散机制和空位扩散机制，但是为了对扩散机制的发展过程有一定的了解，首先介绍原子的换位扩散机制。

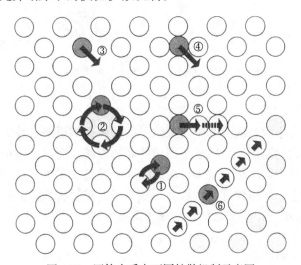

图 4.24　固体中质点不同扩散机制示意图
① 直接换位；② 环形换位；③ 空位；④ 直接间隙；⑤ 间接直线间隙；⑥ 以缺陷为媒介

1. 换位扩散机制

这是一种较早提出的扩散模型，该模型是通过相邻原子间直接调换位置的方式进行扩散，如图 4.25 所示。在纯金属或者置换固溶体中，有两个相邻的原子 A 和 B，见图 4.25(a)，这两个原子采取直接互换位置的方式进行迁移，见图 4.25(b)；当两个原子相互到达对方的位置后，迁移过程结束，见图 4.25(c)，这种换位方式称为 2-换位或直接换位。显然，原子在换位过程中势必要推开周围原子以让出路径，结果会引起很大的点阵膨胀畸变，原子按这种方式迁移的能垒太高，可能性不大，到目前为止尚未得到实验证实。

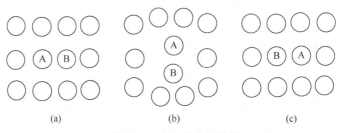

图 4.25　固体中质点直接换位扩散模型示意图

为了降低原子直接换位扩散的能垒，20 世纪 50 年代的学者曾考虑有 n 个原子参与换位，如图 4.26 所示，这种换位方式称为 n-换位或环形换位。图 4.26(a)和(b)分别给出了面心立方结构中原子的 3-换位和 4-换位模型，参与换位的原子是面心原子。图 4.26(c)给出了体心立方结构中原子的 4-换位模型，它是由两个顶角和两个体心原子构成的换位环。由于环形换位时原子经过的路径呈圆形，对称性比 2-换位高，引起的点阵畸变小一些，扩散的能垒有所降低。还需指出，尽管这种环形换位机制所需要的能量远远小于直接换位机制，但是可能性仍然不大，因为它受原子集体运动的约束。

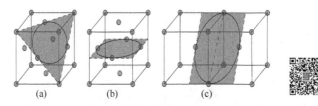

图 4.26　固体中质点环形换位扩散模型示意图

2. 间隙扩散机制

间隙扩散机制适合于间隙固溶体中间隙原子的扩散，该机制已被大量实验所证实。在间隙固溶体中，尺寸较大的溶剂原子构成了固定的晶体点阵，而尺寸较小的间隙原子处在点阵的间隙中。由于固溶体中间隙数目较多，而间隙原子数量又很少，这就意味着在任何一个间隙原子周围几乎都是空的间隙位置，这就为间隙原子的扩散提供了必要的结构条件。例如，碳固溶在 γ-Fe 中形成奥氏体，当奥氏体达到最大溶解度时，平均每 2.5 个晶胞也只含有一个碳原子。当某个间隙原子具有较高的能量时，它就会从一个间隙位置跳向相邻的另一个间隙位置，从而发生间隙原子的扩散。

图 4.27(a)给出了面心立方结构中八面体间隙中心的位置，图 4.27(b)是结构中 (001) 晶面上的原子排列。如果间隙原子由间隙 1 跳向间隙 2，必须同时推开沿途两侧的溶剂原子 3 和 4，引起点阵畸变；当它正好迁移至原子 3 和 4 的中间位置时，引起的点阵畸变最大，畸变能也

最大，它构成了原子迁移的主要阻力。图 4.27(c)描述了间隙原子在迁移过程中原子的自由能随所处位置的变化，当原子处在间隙中心的平衡位置时(如位置 1 和 2)，自由能最低，而处于两个相邻间隙的中间位置时，自由能则最高。二者的自由能差就是原子要跨越的能垒，即 $\Delta G = G_2 - G_1$，称为原子的扩散激活能。扩散激活能是原子扩散的主要阻力，只有原子具有的自由能高于扩散激活能，才能发生扩散。由于间隙原子较小，间隙扩散激活能较小，扩散比较容易。

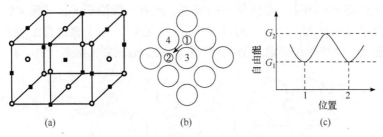

图 4.27　固体中质点直接间隙扩散模型示意图
○阵点；■八面体间隙中心

除了图 4.27 所示的直接间隙扩散外，间隙扩散机制还包括间接直线间隙扩散和间接非直线间隙扩散两种方式，分别如图 4.28(a)和(b)所示，前者是处于间隙位置的原子把相邻的基质原子以直线的方向推开到间隙，取而代之地占据格位的位置，后者则是处于间隙位置的原子把相邻的基质原子以曲线的方式推开到间隙，取而代之地占据格位的位置。无论是间接直线间隙扩散，还是间接非直线间隙扩散，它们引起的晶体点阵畸变都要大于直接间隙扩散，因而需要更多的能量才能进行。

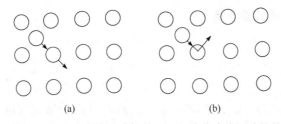

图 4.28　固体中质点间接直线间隙扩散(a)和间接非直线间隙扩散(b)示意图

3. 空位扩散机制

空位扩散机制指以空位为媒介而进行的扩散，空位周围相邻的原子跳入空位，该原子原来占有的格点位置就变成了空位，这个新空位周围的原子再跃入这个空位。依此类推，就构成了空位在晶格中的无规则运动，而原子则沿着与空位运动相反的方向也做无规则运动，从而发生了原子的扩散。

空位扩散机制适合于纯金属的自扩散和置换式固溶体中原子的扩散，甚至在离子化合物和氧化物中也起主要作用，这种机制也已被大量实验所证实。在置换式固溶体中，由于溶质和溶剂原子的尺寸都较大，原子不太可能处在间隙位置并通过间隙扩散实现迁移，而是通过以晶体中的空位为媒介进行扩散。

空位扩散是以空位作为媒介，自然与晶体中的空位浓度有直接关系。晶体在一定温度下总存在一定数量的空位，温度越高，空位数量越多，因此在较高温度下任一原子周围都有可能出现空位，这便为原子扩散创造了结构上的有利条件。

图 4.29 给出了面心立方晶体中原子以空位为媒介的扩散过程, 图 4.29(a)是 (111) 面上的原子排布, 如果该面上的位置 4 出现了一个空位, 则其近邻位置 3 的原子就有可能跳入这个空位。图 4.29(b)能更清楚地反映出原子跳动时周围原子的相对位置变化, 在原子从 (100) 面上位置 3 跳入 (010) 面上空位 4 的过程中, 当迁移到灰线标记的 ($\bar{1}$10) 面时, 它要同时推开包含 1 和 2 原子在内的 4 个近邻原子。如果原子直径为 d, 可以计算出 1 和 2 原子间的空隙是 $0.73d$。因此, 直径为 d 的原子通过 $0.73d$ 的空隙, 需要足够的能量去克服空隙周围原子的阻碍, 并且在空隙周围引起局部点阵畸变。晶体结构越致密, 或者扩散原子的尺寸越大, 引起的点阵畸变越大, 扩散激活能也越大。当原子通过空位进行扩散时, 原子跳过自由能垒需要能量, 形成空位也需要能量, 使得空位扩散激活能比间隙扩散激活能要大很多。

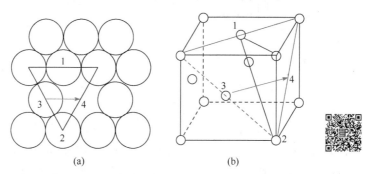

图 4.29　面心立方晶体中的空位扩散示意图

衡量一种扩散机制是否正确有多种方法, 通常方法是: 先用实验测出原子的扩散激活能, 然后将实验值与理论计算值加以对比, 看两者的吻合程度, 从而做出合理的判断。

4.3.4　原子激活概率和扩散激活能

扩散系数和扩散激活能是两个息息相关的物理参量。扩散激活能越小, 扩散系数越大, 原子在固体中的扩散便越快。从式(4.90)已知, $D = \delta a^2 \Gamma$, 其中几何因子 δ 是仅与晶体结构有关的已知量, 而晶格常数 a 也可以采用 X 射线衍射等方法进行测量, 但是原子的跳动频率 Γ 还是个未知量。要想计算扩散系数, 必须求出 Γ, 而 Γ 是一个微观参量, 无法直接测量, 因此需要将它表示成可知或可测的微观量或宏观量。下面从理论上解释跳动频率 Γ 的计算并剖析它与扩散激活能之间的关系, 从而导出扩散系数的表达式。

1. 原子激活概率

晶体中的原子必须具备足够高的额外能量, 才能摆脱它原来平衡位置的束缚进行扩散迁移, 扩散原子获得额外能量的过程称为激活, 而这一额外能量就称为激活能。图 4.30 形象表示了扩散激活能的概念, 该图显示无论是以间隙机制还是以空位机制进行扩散, 原子在从一个平衡位置迁移至下一个平衡位置之前, 都必须推开沿途紧邻的原子, 引起点阵畸变。图 4.30 也给出了晶体中原子位置变动引起的系统能量变化曲线。一般情况下, 原子通过空位机制进行扩散需要的激活能要比通过间隙机制高出许多。

按照统计热力学, 原子的自由能满足麦克斯韦-玻尔兹曼(Maxwell-Boltzmann)能量分布律。设固溶体中间隙原子总数为 N, 当温度为 T 时, 摩尔自由能 $G \geqslant G_2$ 的间隙原子数为 n_2, 则有

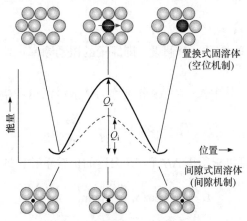

图 4.30 扩散激活能概念示意图

Q_v. 空位扩散机制激活能；Q_i. 间隙扩散机制激活能

$$\frac{n_2\left(G \geqslant G_2\right)}{N} = \mathrm{e}^{-\frac{G_2}{RT}} \tag{4.91a}$$

同理，摩尔自由能 $G \geqslant G_1(G_1 < G_2)$ 的间隙原子数 n_1 为

$$\frac{n_1\left(G \geqslant G_1\right)}{N} = \mathrm{e}^{-\frac{G_1}{RT}} \tag{4.91b}$$

两式相除可得

$$\frac{n_2\left(G \geqslant G_2\right)}{n_1\left(G \geqslant G_1\right)} = \mathrm{e}^{-\frac{G_2-G_1}{RT}} = \mathrm{e}^{-\frac{\Delta G}{RT}} \tag{4.92}$$

式中，$\Delta G = G_2 - G_1$，为扩散激活能，严格说应该称为扩散激活自由能。因为 G_1 是间隙原子在平衡位置时的自由能，所以 $n_1(G \geqslant G_1) \approx N$，则有

$$P_1 = \frac{n_2\left(G \geqslant G_2\right)}{N} = \mathrm{e}^{-\frac{\Delta G}{RT}} \tag{4.93}$$

P_1 就是具有跳动条件的间隙原子数占间隙原子总数的百分比，称为原子的激活概率。可以看出，ΔG 越小，温度越高，原子被激活的概率越大，原子离开原来间隙位置进行跳动的可能性越大。

式(4.93)也适用于其他类型的原子扩散。

2. 间隙扩散的激活能和扩散系数

在间隙固溶体中，间隙原子以间隙机制进行扩散。设间隙原子周围近邻的间隙数(间隙配位数)为 z，间隙原子朝一个间隙振动的频率为 ν，由于固溶体中的间隙原子数比间隙数少得多，因此可以认为每个间隙原子周围的间隙基本是空的，则总的振动频率为

$$P_2 = \nu z \tag{4.94}$$

从而，间隙原子跳动的频率为

$$\Gamma = P_1 P_2 \tag{4.95}$$

将由式(4.93)决定的 P_1 和式(4.94)代入式(4.95)，则跳动频率可表达为

$$\Gamma = \nu z e^{\frac{\Delta G}{RT}} \tag{4.96}$$

需要注意，推导式(4.96)时隐含了一个假设，即原子的振动频率 ν 或 P_2 在原子迁移过程的各个位置上保持不变。

由于 $\Delta G = \Delta H - T\Delta S$，其中 ΔH 和 ΔS 分别称为扩散激活焓和激活熵，则有

$$\Gamma = \nu z \exp\left(-\frac{\Delta H}{RT} + \frac{\Delta S}{R}\right) \tag{4.97}$$

将式(4.97)代入式(4.90)，可以求得以 ΔH 和 ΔS 表达的扩散系数，即

$$D = \delta a^2 \nu z \exp\left(\frac{\Delta S}{R}\right)\exp\left(-\frac{\Delta H}{RT}\right) \tag{4.98}$$

在式(4.98)中令

$$D_0 = \delta a^2 \nu z \exp\left(\frac{\Delta S}{R}\right)$$

$$Q = \Delta H$$

则可得到间隙扩散系数最终表达式，即

$$D = D_0 \exp\left(-\frac{Q}{RT}\right) \tag{4.99}$$

式中，D_0 为扩散常数；Q 为扩散激活能。间隙扩散的激活能 Q 就是间隙原子跳动的激活焓 ΔH。对于恒温恒压下的固体而言，激活焓可认为近似等于系统内能的变化 ΔE，后者也称为激活内能或迁移内能，即 $\Delta H \approx \Delta E$，因此扩散激活能也近似等于激活内能，即

$$Q = \Delta H \approx \Delta E \tag{4.100}$$

3. 空位扩散的激活能和扩散系数

在置换式固溶体中，原子扩散以空位机制进行，但原子以这种方式扩散要比以间隙机制困难得多，主要原因是每个原子周围出现空位的概率较小，原子在每次跳动之前必须等待新的空位移动到它的近邻位置。

与间隙机制的式(4.95)对照，空位机制中原子的跳动频率可以表示为

$$\Gamma = P_1 P_2 P_3 \tag{4.101}$$

式中，P_1 和 P_2 与式(4.95)中相同，P_3 为平衡空位浓度，也就是扩散原子周围每个最近邻原子以空位形式存在的概率。

经热力学推导，平衡空位浓度表达式为

$$P_3 = \frac{n_V}{N} = \exp\left(-\frac{\Delta G_V}{RT}\right) = \exp\left(\frac{\Delta S_V}{R}\right)\exp\left(-\frac{\Delta E_V}{RT}\right) \tag{4.102}$$

式中，ΔG_V 为空位形成自由能，$\Delta G_V \approx \Delta E_V - T\Delta S_V$，而 ΔS_V 和 ΔE_V 分别为空位形成熵和空位形成能。因此，空位机制中原子的跳动频率为

$$\Gamma = \nu z \exp\left(\frac{\Delta S + \Delta S_V}{R}\right)\exp\left(-\frac{\Delta E + \Delta E_V}{RT}\right) \tag{4.103}$$

代入式(4.90)，可得空位机制的扩散系数为

第 4 章　固体中的扩散　　　　　　　　　　　　　　·315·

$$D = \delta a^2 \nu z \exp\left(\frac{\Delta S + \Delta S_{\rm V}}{R}\right) \exp\left(-\frac{\Delta E + \Delta E_{\rm V}}{RT}\right) \tag{4.104}$$

类似地，令

$$D_0 = \delta a^2 \nu z \exp\left(\frac{\Delta S + \Delta S_{\rm V}}{R}\right)$$

$$Q = \Delta E + \Delta E_{\rm V}$$

则可得到空位机制扩散的扩散系数与扩散激活能之间的关系，形式与式(4.99)完全相同。在空位机制中，空位扩散激活能 Q 是由空位形成能 $\Delta E_{\rm V}$ 和空位迁移能 ΔE(原子的激活内能)组成，因此，质点在固体中扩散时以空位机制进行比以间隙机制进行需要更大的激活能。

表 4.2 列出了一些元素的扩散常数和扩散激活能数据，可以看出，由于尺寸较小，碳(C)、氮(N)等原子在铁中的扩散激活能比金属元素在铁中的扩散激活能要小得多。

表 4.2　某些扩散系数 D_0 和扩散激活能 Q 的近似值

扩散元素	基体金属	$D_0 / (10^{-5}\ {\rm m}^2 \cdot {\rm s}^{-1})$	$Q / (10^3\ {\rm J} \cdot {\rm mol}^{-1})$
C	γ-Fe	2.0	140
N	γ-Fe	0.33	144
C	α-Fe	0.20	84
N	α-Fe	0.46	75
Fe	α-Fe	19	239
Fe	γ-Fe	1.8	270
Ni	γ-Fe	4.4	283
Mn	γ-Fe	5.7	277
Cu	Al	0.84	136
Zn	Cu	2.1	171
Ag	Ag(晶内扩散)	7.2	190
Ag	Ag(晶界扩散)	1.4	90

4. 扩散激活能的测量

不同扩散机制的扩散激活能可能会有很大差别，但不管哪种扩散，扩散系数和扩散激活能之间的关系都能表达成式(4.99)的形式，一般将这种指数形式的温度函数称为阿伦尼乌斯(Arrhenius)公式。在物理冶金中，许多与温度相关的过程，如晶粒长大速度、高温蠕变速度、金属腐蚀速度等，也都满足阿伦尼乌斯关系。

扩散激活能一般靠实验进行测量，首先将式(4.99)两边取对数，即

$$\ln D = \ln D_0 - \frac{Q}{RT}$$

然后由实验测定在不同温度下的扩散系数，并以 $1/T$ 为横轴，$\ln D$ 为纵轴绘图。如果所绘的是一条直线，则根据上式，直线的斜率为 $-Q/R$，在纵轴上的截距为 $\ln D_0$，从而用图解法求出扩散常数 D_0 和扩散激活能 Q。

4.4 互 扩 散

曾经一直认为,在置换式固溶体中,原子扩散过程是通过溶质与溶剂原子直接换位进行。如此,在原子体积相差不大的情况下,原始扩散界面将不会发生移动(即使考虑溶质和溶剂原子大小的差异,这种界面移动也会非常微小),两个组元的扩散速率也应该是相等的,但是通过对面心立方和一些体心立方金属的二元及多元合金进行研究后,发现这些合金体系中不存在这种直接换位机制。

4.4.1 柯肯德尔效应

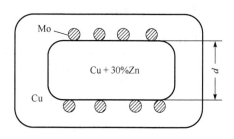

图 4.31 柯肯德尔实验中黄铜-铜扩散偶示意图

柯肯德尔效应(Kirkendall effect)是指在置换式固溶体中,由于两组元的原子 A 和 B 以不同的速率($D_A \neq D_B$)相对扩散而引起的标记面漂移现象。这个现象是美国化学家和冶金学家欧内斯特·奥利维·柯肯德尔(Ernest Oliver Kirkendall, 1914—2005)于 1947 年在实验中发现的,当时他是美国韦恩州立大学化学工程系的助理教授。他在当年进行的实验如图 4.31 所示,在长方形的 α-黄铜(Cu + 30%Zn)

棒上敷上很细的钼(Mo)丝作为标记,再在黄铜表面镀铜,形成核-壳型结构,将钼丝包裹在 α-黄铜与铜之间。黄铜与铜构成扩散偶,而熔点很高的金属钼丝仅作为标记物,在整个过程中并不参与扩散(注意固体中明显的质点扩散常开始于较高的温度,但低于固体的熔点,钼的高熔点使它很不容易发生扩散现象)。在黄铜-铜扩散偶中,黄铜的熔点低于铜的熔点,扩散组元为铜和锌,二者构成置换式固溶体。

柯肯德尔将构建的黄铜-铜扩散偶在 785℃保温,使锌和铜发生互扩散。相对于作为标记物的钼丝,显然锌向外而铜向内进行扩散。实验发现,1 d 之后夹在扩散偶之间的钼丝均向内移动了 0.0015 cm,3 d 后向内移动了 0.0025 cm。这种位移量随时间变化的数据列于表 4.3,由表可见保温 56 d 后钼丝向内移动达到 0.0124 cm。

表 4.3 保温时间和钼丝在扩散偶中的位移

保温时间/d	0	1	3	6	13	28	56
钼丝位移/cm	0	0.0015	0.0025	0.0036	0.0056	0.0092	0.0124

如果铜和锌的扩散系数相等($D_{Cu} = D_{Zn}$),在钼丝两侧进行等原子交换,锌向铜中的扩散与铜向 α-黄铜中扩散的原子数相等,则由于锌原子尺寸大于铜原子尺寸,扩散后外壳处的铜点阵常数增大,而内核处的黄铜点阵常数缩小,这两个效应都会使标记物钼丝向内移动。但如果点阵常数的变化是钼丝移动的唯一原因,那么移动的距离只应该是观察值的 1/10 左右,故点阵常数变化不是引起钼丝移动的唯一原因,更不是主要原因。实验结果只能说明扩散过程中锌向铜的扩散流比铜向黄铜的扩散流大得多,即铜的扩散系数(D_{Cu})不可能与锌的扩散系数(D_{Zn})相等,只能是 $D_{Zn} > D_{Cu}$,它们的差别才是钼丝向黄铜一侧移动的主要原因。柯肯德尔总结数据还发现,钼丝标记面移动的距离与时间的平方根有接近正比的关系,如图 4.32 所示。

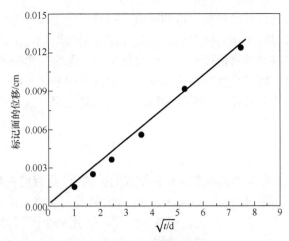

图 4.32　柯肯德尔效应引起的标记面位移与时间的关系

后来发现，在 Cu-Sn、Cu-Ni、Cu-Au、Ag-Au、Ag-Zn、Ni-Co、Ni-Cu 和 Ni-Au 等置换式固溶体体系中都会发生类似现象，而且标记物总是向含低熔点组元较多的一方移动。这与固态物质中质点扩散特征是一致的，即固体中明显的扩散一般发生在较高温度下且低于固体的熔点。温度升高时，较低熔点的组元扩散快，而高熔点的组元由于温度和其熔点相比还不够高，扩散慢，正是这种不等量的原子交换造成了柯肯德尔效应。

4.4.2　柯肯德尔效应的机制和影响

柯肯德尔效应揭示了质点在固体中的宏观扩散规律与微观机制的内在联系，具有普遍性，在扩散理论的形成过程及生产实践中都有十分重要的意义。

首先，柯肯德尔效应直接否定了置换式固溶体扩散的换位机制，转而支持了空位机制，它能对柯肯德尔效应做出很好的解释。柯肯德尔实验时，低熔点的锌原子较熔点稍高的铜原子扩散得快，故存在一个净锌原子流越过钼丝流向铜一侧，同时存在一个净空位流越过钼丝流向黄铜一侧，这样必然使铜一侧空位浓度下降(低于平衡浓度)，而黄铜一侧空位浓度升高(高于平衡浓度)。当两侧空位浓度恢复到平衡浓度时，铜一侧因空位浓度增加而伸长，黄铜一侧则因空位浓度的降低而缩短，相当于钼丝向黄铜一侧移动了一段距离。

另外，柯肯德尔效应还说明，在扩散系统中每种组元都有自己的扩散系数。在铜-黄铜构成的扩散偶中，由于 $J_{Zn} > J_{Cu}$，因此 $D_{Zn} > D_{Cu}$。需要注意，由于标记面移动对扩散通量也有贡献，这里所说的 D_{Zn} 和 D_{Cu} 均不同于菲克定律中所用的扩散系数 D。

柯肯德尔效应往往会产生副作用。例如，在互扩散温度下，如果晶体收缩完全，原始界面会发生移动；如果晶体收缩不完全，在低熔点金属一侧会形成分散或集中的空位，其总数超过晶体在该温度下的平衡空位浓度，会形成孔洞，而在高熔点金属一侧，其空位浓度将减少至低于平衡空位浓度，从而也改变了晶体的密度。实验中还发现试样的横截面同样会发生变化。例如，Ni-Cu 扩散偶经互扩散后，在原始分界面附近 Cu 的横截面由于丧失原子而缩小，在表面形成凹陷，而 Ni 的横截面由于得到原子而膨胀，在表面形成凸起，如图 4.33 所示。

柯肯德尔效应的这些副作用在实际中有很多不利

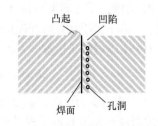

图 4.33　柯肯德尔效应的副作用示意图

的影响。以电子器件为例，其中包括大量的布线、接点、电极以及各式各样的多层结构，而且要在较高的温度下长时间工作，柯肯德尔的副作用会引起断线、击穿、器件性能劣化直至完全报废。但正如很多事物都有两面性，宏观尺度常以"恶魔"形象示人的柯肯达德效应，到了微观尺度范围就以一副"天使"面孔出现，它可以被用来制备很多有趣的纳米结构尤其是中空结构，在科学认知和催化、储能等领域发挥巨大的应用，这些将在本章的拓展阅读部分予以介绍。

4.4.3　达肯方程

　　考虑一个由高熔点金属 A 和低熔点金属 B 组成的扩散偶，焊接前在两金属之间放入高熔点标记，美国地质学家劳伦斯·达肯(Lawrence S. Darken)首先对置换式固溶体中的柯肯德尔效应

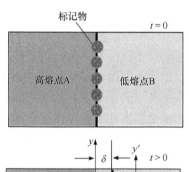

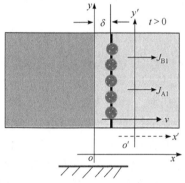

图 4.34　置换式固溶体互扩散示意图

进行了数学处理。他引入两个平行坐标系，一个是相对于地面的固定坐标系 (x, y)，另一个是坐落在焊接面上和焊接面一起运动的动坐标系 (x', y')，如图 4.34 所示。由于高熔点金属的原子结合力强扩散慢，低熔点金属的原子结合力弱扩散快，因此在高温下界面标记物向低熔点一侧漂移。界面漂移类似于力学中的相对运动，原子相对于运动的界面标记扩散，而界面标记又相对于静止的地面运动。这种相对运动的结果是，站在界面标记物上的观察者和站在地面上的观察者所看到的景象完全不同。假设扩散偶中各处的摩尔密度(单位体积中的总摩尔数)在扩散过程中保持不变，并且忽略因原子尺寸不同所引起的点阵常数变化(晶格常数不变)和焊接面面积的变化(横截面的面积不变)，则站在标记物上的观察者看到穿越界面向相反方向扩散的 A、B 原子数不等，向左过来的 B 原子多，向右过去的 A 原子少，结果使观察者随着标记物一起向低熔点一侧漂移，但是站在地面上的观察者却看到向两个方向扩散的 A、B 原子数相同。

　　经过如上分析，扩散原子相对于地面的总运动速度 v 是原子相对于标记物的扩散速度 v_d 与标记物相对于地面的运动速度 v_m 之和，即

$$v = v_d + v_m \tag{4.105}$$

原子的总移动速度 v 可以根据图 4.35 所示的扩散系统进行计算。该系统中，假设扩散系统的横截面积为 1，原子沿 x 轴进行扩散。因此，单位时间内原子由面 1 扩散到面 2 的距离和 v 等值，则单位时间内通过单位面积的原子摩尔数(扩散通量)即 $(1 \times v)$ 体积内的扩散原子的摩尔数，即

$$J = (v \times 1) \times C = vC \tag{4.106}$$

式中，C 为扩散原子的摩尔体积浓度。结合式(4.105)和式(4.106)，可以分别写出 A 及 B 原子相对于固定坐标系的总通量为

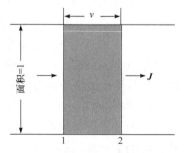

图 4.35　扩散通量计算模型示意图

$$\begin{cases} J_A = v_A C_A = \left[v_m + (v_d)_A \right] C_A \\ J_B = v_B C_B = \left[v_m + (v_d)_B \right] C_B \end{cases} \tag{4.107}$$

式中，C_A 和 C_B 分别为组元 A 和组元 B 的摩尔体积浓度。式中第一项是标记物相对于固定坐标系的通量，第二项是原子相对于标记物的扩散通量。如果 A 和 B 原子的扩散系数分别用 D_A 和 D_B 来表示，则根据菲克第一扩散定律，由扩散引起的第二项可以写成：

$$\begin{cases} (J_A)_d = C_A (v_d)_A = -D_A \dfrac{\partial C_A}{\partial x} \\ (J_B)_d = C_B (v_d)_B = -D_B \dfrac{\partial C_B}{\partial x} \end{cases} \tag{4.108}$$

将式(4.108)代入式(4.107)，有

$$\begin{cases} J_A = v_m C_A - D_A \dfrac{\partial C_A}{\partial x} \\ J_B = v_m C_B - D_B \dfrac{\partial C_B}{\partial x} \end{cases} \tag{4.109}$$

再根据互扩散时所做的扩散偶中各处的摩尔密度在扩散过程中保持不变假设，跨过任一平面的 A 和 B 原子数应该相等、方向相反，故

$$J_A = -J_B \tag{4.110}$$

结合式(4.109)和式(4.110)，所以

$$v_m (C_A + C_B) = D_A \frac{\partial C_A}{\partial x} + D_B \frac{\partial C_B}{\partial x} \tag{4.111}$$

当扩散偶中各处的摩尔密度在扩散过程中保持不变时，还有

$$C_A + C_B = 常数$$

所以

$$\frac{\partial C_A}{\partial x} = -\frac{\partial C_B}{\partial x} \tag{4.112}$$

结合式(4.111)和式(4.112)，可以求出标记面迁移速度 v_m，即

$$v_m = \frac{D_A - D_B}{C_A + C_B} \frac{\partial C_A}{\partial x} = \frac{D_B - D_A}{C_A + C_B} \frac{\partial C_B}{\partial x} \tag{4.113}$$

将式(4.113)表示的 v_m 代回式(4.109)中，可得 A 和 B 组元的总扩散通量分别为

$$\begin{cases} J_A = -\left(\dfrac{C_A}{C_A + C_B} D_B + \dfrac{C_B}{C_A + C_B} D_A \right) \dfrac{\partial C_A}{\partial x} = -D \dfrac{\partial C_A}{\partial x} \\ J_B = -\left(\dfrac{C_A}{C_A + C_B} D_B + \dfrac{C_B}{C_A + C_B} D_A \right) \dfrac{\partial C_B}{\partial x} = -D \dfrac{\partial C_B}{\partial x} \end{cases} \tag{4.114}$$

在式(4.114)中

$$D = \frac{C_A}{C_A + C_B} D_B + \frac{C_B}{C_A + C_B} D_A \tag{4.115}$$

或者

$$D = N_A D_B + N_B D_A \tag{4.116}$$

式中，D 称为合金的互扩散系数、表观扩散系数或综合扩散系数，相应地，D_A 和 D_B 称为组元的本征扩散系数或分扩散系数；N_A 和 N_B 分别为 A 和 B 组元在扩散体系中的摩尔分数。由此可将式(4.113)稍作整理，简化标记面迁移速度的计算，即

$$\begin{cases} v_m = (D_A - D_B)\dfrac{\partial N_A}{\partial x} \\ v_m = (D_B - D_A)\dfrac{\partial N_B}{\partial x} \end{cases} \tag{4.117}$$

式(4.116)和式(4.117)合称为达肯方程(Darken equation)。由推导的结果可以看出，只要将菲克扩散第一定律及第二定律中的本征扩散系数换为合金中的互扩散系数，扩散定律对置换式固溶体的扩散仍然是适用的。

合金体系中，摩尔分数小的组元对扩散系数影响较大。由式(4.116)可知，互扩散系数不代表一种组元的扩散系数，一般情况下 $D \neq D_A \neq D_B$。只有当样品中组元 A 或 B 很少时，才有 $D \approx D_A$ 或 $D \approx D_B$；当 $N_A = N_B$，即两组元摩尔分数相等时，$D = \frac{1}{2}(D_A + D_B)$，即此时互扩散系数等于两个组元分扩散系数的算术平均值；如果 $D_A = D_B$，则由式(4.117)可知，原始焊接面的漂移速度为 0。

通过实验可以测量标记物的漂移速度，已知扩散位移量与扩散时间呈抛物线关系，因此可假设：

$$l = b\sqrt{t} \tag{4.118}$$

式中，l 为标记物扩散导致漂移的距离；t 为扩散时间；b 为比例常数，则标记物所在界面的漂移速度为

$$v = \frac{\mathrm{d}l}{\mathrm{d}t} = \frac{\mathrm{d}(b\sqrt{t})}{\mathrm{d}t} = \frac{l}{2t} \tag{4.119}$$

在一定浓度下，通过实验测定互扩散系数 D、标记物漂移速度 v，再联立式(4.116)和式(4.117)即可求出组元的本征扩散系数 D_A 和 D_B。

4.4.4 摩尔密度保持不变的假设

在结束对达肯方程的介绍之前，最后讨论溶质在扩散过程中，扩散偶内摩尔密度保持不变这个假设的合理性。如图 4.36 所示，A 与 B 构成扩散偶，其中 B 向 A 中的扩散通量 J_B 要大于 A 向 B 中的扩散通量 J_A，即相同时间内扩散入 A 中的原子数多于扩散入 B 的原子数，看起来会导致左侧摩尔密度增加、右侧摩尔密度减小，但这时双组元界面会右移(图 4.36 中的

虚线),使左侧体积变大,右侧体积变小,这两个因素综合起来使两侧摩尔密度不发生变化。如果从初始的界面看,相当于扩散至左侧的一部分 B 组元又返回了右侧,这部分返回的 B 原子数补充了由于 A 组元扩散至右侧的原子数较少造成的摩尔密度的降低。从这个角度理解,推导达肯方程时所作的扩散过程中摩尔密度保持不变这个假设是合理的。但实际上,A 与 B 组元的扩散差异和界面漂移这两个因素并不能完全抵消摩尔密度的变化,而且这种变化并不平均分布在扩散区,因此仍然称其为假设,而不是事实。

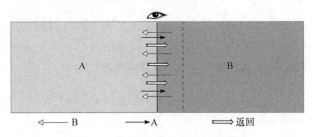

图 4.36 扩散通量计算模型示意图

【例题 4.7】 为研究稳态条件下间隙原子在面心立方金属中的扩散情况,在厚 0.25 mm 的金属薄膜的一个端面(面积 1000 mm²)保持相应温度下的饱和间隙原子,另一个端面间隙原子为 0。现测得如表 4.4 所列的数据,计算在表中两个温度下的扩散系数和间隙原子在面心立方金属中的扩散激活能。

表 4.4 某金属薄膜中间隙原子扩散速率

温度/K	薄膜中间隙原子的溶解度/(kg·m⁻³)	间隙原子通过薄膜的速率/(g·s⁻¹)
1223	14.4	0.0025
1136	19.6	0.0014

解 设间隙原子通过薄膜的速率为 m,则单位时间单位面积的扩散通量 $J = m/A$,由菲克第一扩散方程,可得

$$J = -D\frac{\partial C}{\partial x} \approx -D\frac{\Delta C}{\Delta x}$$

$$D = -J\frac{\Delta x}{\Delta C} = -\frac{m}{A}\frac{\Delta x}{\Delta C}$$

这里 $A = 1000\,\text{mm}^2 = 10^{-3}\,\text{m}^2$,$\Delta x = 0.25 \times 10^{-3}\,\text{m}$,故

$$D_{1223\text{K}} = -\frac{0.0025 \times 0.25 \times 10^{-3}}{10^{-3} \times \left(0 - 14.4 \times 10^3\right)} = 4.34 \times 10^{-8}\,(\text{m}^2 \cdot \text{s}^{-1})$$

$$D_{1136\text{K}} = -\frac{0.0014 \times 0.25 \times 10^{-3}}{10^{-3} \times \left(0 - 19.6 \times 10^3\right)} = 1.78 \times 10^{-8}\,(\text{m}^2 \cdot \text{s}^{-1})$$

假设扩散系数 D 与温度 T 的关系符合阿伦尼乌斯定律,即 $D = D_0\exp(-Q/RT)$,则有

$$\frac{D_{1223K}}{D_{1136K}} = \frac{4.34\times10^{-8}}{1.78\times10^{-8}} = \frac{\exp\left[-Q/(8.314\times1223)\right]}{\exp\left[-Q/(8.314\times1136)\right]}$$

解得 $Q = 1.2\times10^5\ \text{J}\cdot\text{mol}^{-1}$。

【例题 4.8】 设纯铬和纯铁组成扩散偶，扩散 1 h 后，侯野平面移动了 $1.52\times10^{-3}\ \text{cm}$。已知摩尔分数 $N_{Cr} = 0.478$ 时，$\frac{\partial N_{Cr}}{\partial x} = 126\ \text{cm}^{-1}$，互扩散系数 $D = 1.43\times10^{-9}\ \text{cm}^2\cdot\text{s}^{-1}$，还通过实验测得侯野面移动距离的平方与扩散时间之比为常数，试求侯野面的移动速度及铬和铁的本征扩散系数 D_{Cr} 和 D_{Fe}。

解 根据柯肯德尔效应[式(4.117)]，标记物移动速度为

$$v_m = \left(D_{Cr} - D_{Fe}\right)\frac{\partial N_{Cr}}{\partial x} = \left(D_{Cr} - D_{Fe}\right)\times126$$

互扩散系数为

$$D = N_{Cr}D_{Fe} + N_{Fe}D_{Cr} = 0.478D_{Fe} + 0.522D_{Cr} = 1.43\times10^{-9}\ (\text{cm}^2\cdot\text{s}^{-1})$$

再根据题目给的侯野面移动距离与扩散时间的关系，即 $x^2/t = k$(常数)，则

$$v_m = \frac{dx}{dt} = \frac{k}{2x} = \frac{x}{2t} = \frac{1.52\times10^{-3}}{2\times3600} = 2.11\times10^{-7}\ (\text{cm}\cdot\text{s}^{-1})$$

联解以上各式，即可求得

$$D_{Cr} = 2.23\times10^{-9}\ (\text{cm}^2/\text{s}^{-1})$$
$$D_{Cr} = 0.56\times10^{-9}\ (\text{cm}^2/\text{s}^{-1})$$

【例题 4.9】 有两个激活能分别为 $Q_1 = 83.7\ \text{kJ}\cdot\text{mol}^{-1}$ 和 $Q_2 = 251\ \text{kJ}\cdot\text{mol}^{-1}$ 的扩散过程。观察在温度从 25℃升高到 600℃时对这两个扩散的影响，并对结果做出评述。

解 由 $D = D_0\exp(-Q/RT)$ 可得

$$\frac{D_{873}}{D_{298}} = \exp\left[-\frac{83700}{8.314}\left(\frac{298-873}{873\times298}\right)\right] = 4.6\times10^9$$

$$\frac{D_{873}}{D_{298}} = \exp\left[-\frac{251000}{8.314}\left(\frac{298-873}{873\times298}\right)\right] = 9.5\times10^{28}$$

计算结果显示，对于温度从 25℃升高到 600℃，扩散系数 D 分别提高了 4.6×10^9 和 9.5×10^{28} 倍，显示出温度对扩散过程有重要影响，并且激活能越大，扩散过程对温度的敏感性越高。

4.5 扩散热力学

由菲克第一扩散方程 $J = -D\frac{\partial C}{\partial x}$ 可以看出，扩散是物质从高浓度区域向低浓度区域的迁移输运过程，当 $\frac{\partial C}{\partial x} \to 0$ 即浓度梯度趋于消失时，扩散通量 J 也趋于 0，整个体系中的物质分配

趋于平衡。以 $\dfrac{\partial C}{\partial x}=0$ 为平衡条件虽然能说明很多现象，如单相固溶体合金的均匀化、渗碳过程碳从表面向内的迁移等，但对发生在很多合金体系中的上坡扩散现象难以解释，例如，在奥氏体分解、固溶体脱溶等，扩散结果并不导致均匀化，而是溶质原子从低浓度区向高浓度区迁移产生富集。这些事实说明引起扩散的真正驱动力并非表观看到的浓度梯度，而是有更深层次的来源。从热力学的角度看，扩散是由于化学位(chemical potential)的不同而引起的，各组元的原子总是由高化学位区域向低化学位区域扩散，其真正驱动力是化学位梯度而非浓度梯度。达到平衡后，各组元的化学位梯度为零，扩散终止。和扩散的唯象理论相比，扩散的热力学理论更有普遍性，更能说明扩散过程的本质。

本节讨论扩散驱动的热力学本质，解析扩散系数的普遍形式，并总结扩散系数、扩散方向、溶质分布等与热力学参量之间的关系。

4.5.1 扩散的驱动力

物理学研究揭示了力与能量的普遍关系。例如，距离地面一定高度的物体，在重力 F 的作用下，若高度降低 ∂x，相应的势能减小 ∂E，则作用在该物体上的力定义为

$$F=-\frac{\partial E}{\partial x}$$

式中，负号表示物体由势能高处向势能低处运动。晶体中原子间的相互作用力 F 与相互作用能 E 也符合上述关系。

根据热力学理论，系统变化方向更广义的判据是，在恒温、恒压条件下，系统变化总是向吉布斯自由能降低的方向进行，自由能最低态是系统的平衡状态，过程的自由能变化 $\Delta G<0$ 是系统变化的内在驱动力。

固体中的扩散也是一样，质点总是从化学位高的区域向化学位低的区域迁移，对于多相合金，当各相中同一组元的化学位相等，或者对于单相合金，当其组元在各处的化学位相等时，系统达到平衡状态，宏观扩散停止。因此，原子扩散的真正驱动力是化学位梯度。如果合金中 i 组元的原子由于某种外界因素的作用(如温度、压力、应力、磁场等)，沿 x 方向运动 ∂x 的距离，其化学位相应降低 $\partial \mu_i$，则该原子受到的驱动力为

$$F_i=-\frac{\partial \mu_i}{\partial x} \tag{4.120}$$

原子扩散的驱动力与化学位降低的方向一致。

4.5.2 扩散系数的普遍形式

原子在晶体中扩散时，作用在原子上的驱动力等于原子受到的点阵阻力时，原子的运动速度达到极限值，设为 v_i，该速度正比于原子扩散的驱动力 F_i，即

$$v_i=B_iF_i \tag{4.121}$$

式中，比例系数 B_i 为单位作用力下 i 组元质点的平均速度，称为扩散迁移率或淌度，表示原子在固体中的迁移能力。这里需要注意式(4.121)与牛顿第二定律的区别，后者适用于描述质点的宏观运动。式(4.121)可以通过类比理解，在流体缓慢流过静止的物体或者物体在流体中运动时，流体内各部分流动的速度不同，导致存在黏滞阻力。1687 年，牛顿做了在流体中

拖动平板的实验，证实黏滞阻力的大小与物体的运动速度成正比。类似地，当原子在固体中扩散时，会和其他原子碰撞并受到其他原子施加的阻力。当阻力大于扩散驱动力时，扩散的速度会持续减小，同时会造成阻力同步减小；当阻力小于扩散驱动力时，扩散的速度会持续增大，同时会引起阻力进一步增加，最后阻力会和扩散驱动力相等，也和扩散速度成正比。

不失一般性，设扩散的截面积为 A，扩散时间为 t，则以平均速度 v_i 扩散的 i 物质量为

$$\Delta m_i = v_i t A C_i$$

式中，C_i 为扩散物质的体积浓度，则可得到

$$J_i = \frac{\Delta m_i}{At} = v_i C_i \tag{4.122}$$

将式(4.120)和式(4.121)代入式(4.122)，可得

$$J_i = -C_i B_i \frac{\partial \mu_i}{\partial x} \tag{4.123}$$

由热力学可知，合金中 i 组元的化学位是

$$\mu_i = \mu_i^0 + RT \ln a_i \tag{4.124}$$

式中，μ_i^0 为 i 组元在标准状态下的化学位，定义纯溶液为标准状态，μ_i^0 是个常数；a_i 为活度，表示对浓度的校正，有 $a_i = \gamma_i N_i$，N_i 为 i 组元在合金中的摩尔分数，γ_i 为活度系数，可视为对偏离拉乌尔定律的浓度的校正；$\gamma_i > 1$ 表示拉乌尔定律呈正偏差，组元之间互斥，$\gamma_i < 1$ 表示对拉乌尔定律呈负偏差，组元间互相吸引。

对式(4.124)两边进行微分，可得

$$\mathrm{d}\mu_i = RT\mathrm{d}(\ln a_i) \tag{4.125}$$

又因

$$a_i = \gamma_i N_i = \gamma_i \frac{C_i}{\sum C_i}, \quad 其中 \sum C_i 为常数$$

所以有

$$\mathrm{d}(\ln a_i) = \mathrm{d}(\ln \gamma_i) + \mathrm{d}(\ln C_i) \tag{4.126}$$

将式(4.125)和式(4.126)代入式(4.123)，可得

$$J_i = -B_i RT \frac{\partial \ln \gamma_i}{\partial x} C_i - B_i RT \frac{\partial C_i}{\partial x} = -B_i RT \left[1 + \frac{\partial \ln \gamma_i}{\partial \ln C_i}\right] \frac{\partial C_i}{\partial x} \tag{4.127}$$

式(4.127)即菲克定律的普遍形式，与菲克第一扩散方程比较，可以得到扩散系数的一般表达式，即

$$D_i = B_i RT \left[1 + \frac{\partial \ln \gamma_i}{\partial \ln C_i}\right] \tag{4.128}$$

再由 $N_i = \frac{C_i}{\sum C_i}$，可知 $\partial(\ln C_i) = \partial(\ln N_i)$，则式(4.128)也可写成

$$D_i = B_i RT \left[1 + \frac{\partial \ln \gamma_i}{\partial \ln N_i}\right] \tag{4.129}$$

在式(4.128)和式(4.129)中，方括号内的部分称为热力学因子，以 ς_i 表示，即

$$\varsigma_i = 1 + \frac{\partial \ln \gamma_i}{\partial \ln N_i} \tag{4.130}$$

下面围绕热力学因子 ς_i 进行讨论。

1) 理想固溶体、无限稀固溶体中的扩散

对于理想固溶体，$\gamma_i = 1$，即组元之间无相互作用；对于无限稀固溶体，$\gamma_i =$ 常数，即组元之间的相互作用与浓度无关，这两种情况下均有

$$D_i^0 = B_i^0 RT \tag{4.131}$$

式中，D_i^0 为理想固溶体或无限稀固溶体中 i 组元的扩散系数；B_i^0 为 i 组元的扩散迁移率。

式(4.131)称为爱因斯坦方程，它表示在理想固溶体或无限稀固溶体中，γ_i 均为常数，热力学因子为 1，扩散为下坡扩散，驱动力为熵增加，扩散结果是组元分布均匀。另外，还可以看出，在理想固溶体或者无限稀固溶体中，不同组元扩散系数的差别在于它们具有不同的迁移率，而与热力学因子无关。这一结论也适用于实际固溶体，在下面给出证明。

在二元合金中，根据吉布斯-杜亥姆(Gibbs-Duhem)公式，有

$$N_A d\mu_A + N_B d\mu_B = 0 \tag{4.132}$$

式中，N_A 和 N_B 分别为组元 A 和 B 的摩尔分数。将 $d\mu_i = RTd(\ln a_i)$ 代入式(4.132)，可得

$$N_A d(\ln a_A) + N_B d(\ln a_B) = 0$$

对于双组元系统，$N_A + N_B = 1$，所以 $dN_A = -dN_B$，再将 $a_i = \gamma_i N_i$ 代入，则有

$$N_A d\ln \gamma_A + N_B d\ln \gamma_B = 0 \tag{4.133}$$

$$\frac{d\ln \gamma_A}{d\ln N_A} = \frac{d\ln \gamma_B}{d\ln N_B} \tag{4.134}$$

根据式(4.134)可知，二元合金中各组元的热力学因子是相同的。当系统中各组元可以独立迁移时，各组元存在各自的扩散系数，其差别在于不同的迁移率，而不在于活度或者活度系数。

2) 均匀固溶体中的自扩散

借助图 4.37 所示的同位素示踪原子方法布置，能够很好地分析均匀固溶体中的自扩散。在这个布置中，扩散偶两边两种组元的浓度均为常数，即

组元1：$C_1 = C_1' + C_1^* =$ 常数

组元2：$C_2 =$ 常数

图 4.37　利用示踪原子研究均匀固溶体中自扩散的示意图

在如图 4.37 所示的布置中，Au 是组元 1，Ag 是组元 2，其中仅组元 1 的同位素示踪原子存在浓度梯度，即 $C_1^* = C_1^*(x)$，则同位素的自扩散系数为

$$D_1^* = B_1^* RT \left(1 + \frac{\partial \ln \gamma_1^*}{\partial \ln N_1^*}\right)$$

由于同位素的扩散迁移率和活度系数均一致，则有

$$B_1^* = B_1' = B_1$$

又注意到活度系数只与该组元的总摩尔分数 $N_1 (= N_1' + N_1^*)$ 有关，而 N_1 不变，所以

$$\frac{\partial \ln \gamma_1^*}{\partial \ln N_1^*} = 0$$

则有 $D_1^* = B_1^* RT$，最后可得

$$D_1 = B_1 RT \left(1 + \frac{\partial \ln \gamma_1}{\partial \ln N_1} \right) = D_1^* \left(1 + \frac{\partial \ln \gamma_1}{\partial \ln N_1} \right)$$

3) 纯物质中的自扩散

二元或多元合金中，溶质浓度随空间位置的变化能够导致化学位不同，是扩散的根本原因。因此，在纯物质(记为 A)中似乎不应该有扩散现象，然而实际情况并非如此。由于纯物质中没有溶质，A 的化学位 μ_A 与溶质无关，但这并不意味着 μ_A 在空间处处相同，因为 μ_A 还受晶体缺陷如空位、间隙质点、位错和晶界等的影响，以空位为例进行简单讨论。

可以将晶体中的空位看成一种特殊的物质，如果空位浓度随空间位置变化，则 μ_A 也会改变，从而造成组元 A 中质点的扩散。在晶体的点缺陷部分已经讨论过，任何温度下，系统吉布斯自由能变化的最小值 ΔG 都对应一个平衡空位浓度 $\overline{C_V}$。这个平衡空位浓度 $\overline{C_V}$ 对纯物质中的质点扩散非常重要，当晶体内部空位没有达到 $\overline{C_V}$ 时，热力学上难以稳定，首先要求局部空位浓度达到 $\overline{C_V}$，这时晶体中的晶界或位错会向晶体中发射空位，以提升空位浓度。根据空位扩散机制，空位移动相当于纯物质 A 质点的反向移动，这种纯物质中组元质点的扩散就称为自扩散，其扩散系数称为自扩散系数。对于自扩散现象，显然有 $D_i = RTB_i$，这个扩散系数可通过纯物质中组元 A 的同位素扩散进行测量。

4) 扩散系数与热力学量之间的关系

根据式(4.129)和式(4.130)，扩散系数正负的判据是热力学因子 $\varsigma_i \left(= 1 + \frac{\partial \ln \gamma_i}{\partial \ln N_i} \right)$ 大于零还是小于零。当 $\varsigma_i > 0$ 时，$D_i > 0$，组元呈下坡扩散；当 $\varsigma_i < 0$ 时，$D_i < 0$，组元呈上坡扩散。下坡扩散的结果形成均匀的单相固溶体，而上坡扩散的结果往往会使合金分解为两相混合物，且当组元 i 在两相化学位相等时，达到相平衡，扩散终止。

为了对上坡扩散有更进一步理解，下面将菲克第一扩散方程表达为最普遍的形式，即用化学位梯度表示的菲克第一扩散方程。由式(4.123)可得

$$J_i = -D_i^\mu \frac{\partial \mu_i}{\partial x} \tag{4.135}$$

式中，$D_i^\mu = C_i B_i$，是与化学位有关的扩散系数。根据化学位定义以及组元的摩尔体积浓度 C_i 与摩尔密度 ρ 及摩尔分数 N_i 之间有如下关系，即 $C_i = \rho N_i$，则有

$$\mu_i = \frac{\partial G}{\partial N_i} = \rho \frac{\partial G}{\partial C_i}$$

因此

$$\frac{\partial \mu_i}{\partial x} = \rho \frac{\partial^2 G}{\partial C_i \partial x}$$

式中，G 为系统的摩尔吉布斯自由能。将上式代入式(4.135)，可得

$$J_i = -\left(D_i^{\mu} \rho \frac{\partial^2 G}{\partial C_i^2} \right) \frac{\partial C_i}{\partial x} \tag{4.136}$$

将式(4.136)与菲克第一扩散方程 $J_i = -D_i \dfrac{\partial C_i}{\partial x}$ 比较，可得

$$D_i = D_i^{\mu} \rho \frac{\partial^2 G}{\partial C_i^2} \tag{4.137}$$

因为 $D_i^{\mu} > 0$，显然，当 $\dfrac{\partial^2 G}{\partial C_i^2} > 0$ 时发生下坡扩散，当 $\dfrac{\partial^2 G}{\partial C_i^2} < 0$ 时发生上坡扩散。如果以吉布斯自由能对浓度坐标作图，则会发现无论是下坡扩散还是上坡扩散，最终结果都是使系统各处的吉布斯自由能趋于一致，也就是各处的化学位趋于相同。

4.6　影响扩散的因素

根据菲克第一扩散定律，在浓度梯度一定时，原子扩散速率的大小仅取决于扩散系数 D。对于典型的原子扩散过程，D 与相关参数的关系符合阿伦尼乌斯方程，即 $D = D_0 \exp\left(-\dfrac{Q}{RT} \right)$。因此，$D$ 仅取决于扩散常数 D_0、扩散激活能 Q 和温度 T，凡是能改变这三个参数的因素都将影响扩散过程。

4.6.1　温度的影响

由扩散系数的表达式(4.99)可知，扩散时温度 T 越高，原子动能便越大，扩散系数 D 呈指数增加，T 对 D 有强烈的影响。以 C 原子在 γ-Fe 中的扩散为例，已知 $D_0 = 2.0 \times 10^{-5} \text{ m}^2 \cdot \text{s}^{-1}$，$Q = 140 \text{ kJ} \cdot \text{mol}^{-1}$，计算出 927℃和 1027℃时 C 原子的扩散系数 D 分别为 $1.76 \times 10^{-11} \text{ m}^2 \cdot \text{s}^{-1}$ 和 $5.15 \times 10^{-11} \text{ m}^2 \cdot \text{s}^{-1}$。温度升高 100℃，扩散系数增加了三倍多，说明对于在高温下发生的与扩散有关的过程，温度是最重要的影响因素。

一般来说，在固相线附近的温度范围，置换式固溶体的 $D = 10^{-9} \sim 10^{-8} \text{ cm}^2 \cdot \text{s}^{-1}$，间隙式固溶体的 $D = 10^{-6} \sim 10^{-5} \text{ cm}^2 \cdot \text{s}^{-1}$；而在室温下，它们分别为 $D = 10^{-50} \sim 10^{-20} \text{ cm}^2 \cdot \text{s}^{-1}$ 和 $D = 10^{-30} \sim 10^{-10} \text{ cm}^2 \cdot \text{s}^{-1}$。因此，扩散只有在较高温度下才能发生，特别是置换式固溶体更是如此。表 4.5 列出了一些常见元素于不同温度下在铁中的扩散系数。

表 4.5　不同温度下一些常见元素在铁中的扩散系数

元素	扩散温度/℃	$10^8 \times D / (\text{cm}^2 \cdot \text{s}^{-1})$	元素	扩散温度/℃	$10^8 \times D / (\text{cm}^2 \cdot \text{s}^{-1})$
C	925	334.7	Cr	1150	1.64
	1000	861.1		1200	1.94~4.17
	1100	2400		1300	52.8~127.8

续表

元素	扩散温度/℃	$10^8 \times D / (\mathrm{cm^2 \cdot s^{-1}})$	元素	扩散温度/℃	$10^8 \times D / (\mathrm{cm^2 \cdot s^{-1}})$
Al	900	9.17	Mo	1200	5.56~36.1
	1150	47.2	W	1280	0.89
Si	960	18.1		1330	5.83
	1150	34.7	Mn	960	0.72
Ni	1200	0.22		1400	23.1

应该注意，有些材料在不同温度范围内的扩散机制可能不同，如果每种机制对应的 D_0 和 Q 不同，则 D 不同。在这种情况下，$\ln D$ 对 $1/T$ 作图便不是一条直线，而是由若干条直线组成的折线。例如，许多卤化物和氧化物等离子化合物的扩散系数在某一温度会发生突变，反映了在这一温度以上和以下扩散过程受到两种不同的机制控制。图 4.38 标出了 Na^+ 在 NaCl 晶体中扩散系数的实验值，其中，高温区发生的是以热力学缺陷(包括肖特基缺陷和弗仑克尔缺陷等点缺陷)引起的扩散为主，称为本征扩散，低温区发生的是以杂质产生或控制的缺陷引起的扩散为主，称为非本征扩散。

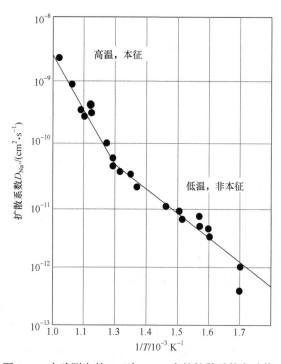

图 4.38　实验测定的 Na^+ 在 NaCl 中的扩散系数实验值

4.6.2　成分的影响

成分是比较广义的概念，它包括组元特性、在固溶体中的浓度和用来改变固溶体性质的第三组元，它们都会改变组元的扩散系数，对组元的扩散造成影响。

1) 组元特性

原子在晶体中扩散时必须挣脱其周围原子对它的束缚才能实现跃迁，这就要部分地破坏原子结合键，因此扩散激活能 Q 和扩散系数 D 必然与表征原子结合键大小的宏观或者微观参量有关。无论是纯金属还是合金，原子结合键越弱，Q 越小，D 便越大。

从微观参量讲，固溶体中组元的原子尺寸相差越大，畸变能就越大，溶质原子离开畸变位置进行扩散迁移也就越容易，即 Q 值小而 D 值大；组元间的亲和力越强，或电负性相差越大，则溶质原子的扩散迁移就越困难。从这个意义上，很容易理解溶解度越小的元素通常扩散越容易进行。在以一价贵金属(如 Ag)为溶剂的合金中，如果溶质元素的原子价大于溶剂，则激活能小于基体金属的扩散激活能，并且溶质的原子序数越大，激活能越小，这种现象与贵金属原子键能的改变有关。

表 4.6 列出了一些元素在 Ag 中的扩散系数，其变化规律是上述几种因素的综合反映。

表 4.6　一些元素在 Ag 中的扩散系数

金属	Ag	Au	Cd	In	Sn	Sb
$D/(10^{-10}\ \mathrm{cm^2 \cdot s^{-1}})$ (1000 K时)	1.1	2.8	4.1	6.6	7.6	8.6
最大溶解度/摩尔比	1.00	1.00	0.42	0.19	0.12	0.05

能够表征原子结合键大小的宏观参量主要有熔点 (T_m)、熔化潜热 (L_m)、升华潜热 (L_s) 以及体积膨胀系数 (α) 和压缩系数 (κ) 等。一般来说，T_m、L_m、L_s 越小或者 α、κ 越大，则原子的 Q 越小，D 越大，如表 4.7 所示。

表 4.7　扩散激活能与宏观参量的经验关系式

宏观参量	熔点 (T_m)	熔化潜热 (L_m)	升华潜热 (L_s)	膨胀系数 (α)	压缩系数 (κ)
经验关系式	$Q=32T_m$ $Q=40T_m$	$Q=16.5L_m$	$Q=0.7L_s$	$Q=\dfrac{2.4}{\alpha}$	$Q=\dfrac{V_0^{①}}{8\kappa}$

① V_0 表示摩尔体积。

【练习 4.2】　为什么溶解度越小的元素在基体中扩散越容易进行?

合金中的情况也一样，考虑 A 与 B 组成的二元合金，若 B 组元的加入能使合金的熔点降低，则合金的互扩散系数增加；反之，若能使合金的熔点升高，则合金的互扩散系数减小，见图 4.39。

2) 组元浓度的影响

在二元合金中，组元的扩散系数一般和浓度有关，只有当浓度很低或者浓度变化不大时，才可将扩散系数看作与浓度无关的常数。组元的浓度对扩散系数的影响比较复杂，如果增加浓度能使原子的激活能 Q 减小，而扩散常数 D_0 增加，则扩散系数 D 增大。但是，通常的情况是 Q 与 D_0 随浓度变化有相同的趋势，即 Q 减小，D_0 也减小，Q 增加，D_0 也增加。这种相平行的变化趋势使它们对扩散系数的影响呈相反作用的效果，致使浓度对扩散系数的影响并不是很剧烈，实际上浓度变化引起的扩散系数的变化程度一般不超过 2～6 倍。

图 4.40(a)给出了其他组元在铜中的扩散系数与其浓度间的关系，可以看出，随着组元浓度增加，扩散系数增大。C 原子在 γ-Fe 中的扩散系数随其浓度的变化也呈现出同样的规律，如

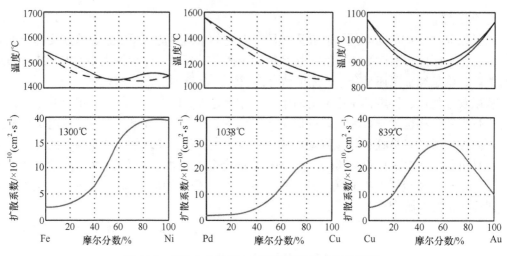

图 4.39　几种合金的熔点与互扩散系数之间的关系

图 4.40(b)所示。实际上，C 原子浓度的增加不仅可以提高其自身的扩散能力，而且对 Fe 原子的扩散产生明显的影响。例如，在 950℃时，不含碳的 γ-Fe 的自扩散系数为 $0.5×10^{-12}$ $cm^2·s^{-1}$，而含碳量为 1.1%时，则达到 $9×10^{-12}$ $cm^2·s^{-1}$。但是也有相反的情况，例如，在 Au-Ni 合金中随着 Ni 含量的增加，扩散系数却呈现出与上面不同的变化，如图 4.40(c)所示。在 900℃时，Ni 在稀薄固溶体中的扩散系数约为 10^{-9} $cm^2·s^{-1}$，但当 Ni 含量达到 50%时，扩散系数却为 $4×10^{-10}$ $cm^2·s^{-1}$，降低了 50%。

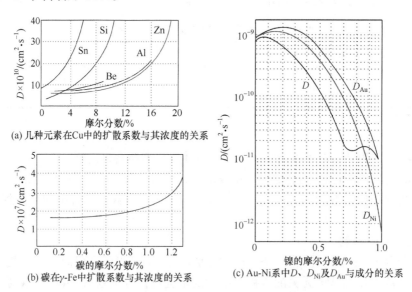

(a) 几种元素在Cu中的扩散系数与其浓度的关系

(b) 碳在γ-Fe中扩散系数与其浓度的关系

(c) Au-Ni系中D、D_{Ni}及D_{Au}与成分的关系

图 4.40　组元浓度对扩散系数的影响

3) 第三组元的影响

在二元合金中加入第三组元，对原有组元扩散系数的影响更为复杂，其根本原因是加入的第三组元改变了原有组元的化学位，即改变了原有组元在合金中扩散迁移的驱动力，从而改变了组元的扩散系数。

合金元素 Si 对 C 在钢中扩散的影响如图 4.41 所示。将 Fe-0.4%C 碳钢和 Fe-0.4%C-4%Si

硅钢的钢棒对焊在一起形成扩散偶，然后加热至 1050℃ 进行 13 d 的高温扩散退火。结果发现，在退火之前 C 浓度在扩散偶中是均匀的，但是在退火之后 C 原子出现了比较大的浓度梯度。这一事实表明，在有 Si 存在的情况下，C 原子发生了由低浓度向高浓度方向的扩散，即上坡扩散。其产生的原因是 Si 的添加增加了 C 原子的活度，从而增加了 C 原子的化学位，使之从含 Si 的一端向不含 Si 的一端发生扩散。

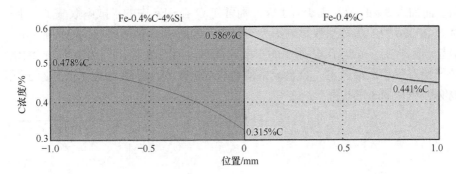

图 4.41　碳钢和硅钢构成的扩散偶在 1050℃ 扩散退火后的碳浓度分布

图 4.42(a)和(b)分别给出了经过不同退火时间后的 C、Si 沿扩散偶长度方向的浓度分布曲线。$t=t_0$ 表示初始的浓度分布，随着退火时间的延长，$t_1 < t_2 < t_3 < t_4$，开始时 C 浓度在焊接面附近逐渐变陡，然后又趋于平缓，当退火时间足够长时，C 和 Si 的浓度最终都趋于均匀，扩散偶达到真正的平衡，形成均匀的固溶体。

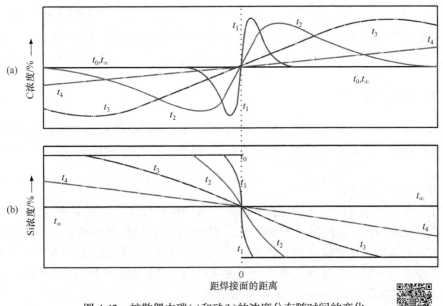

图 4.42　扩散偶中碳(a)和硅(b)的浓度分布随时间的变化

图 4.43 是 Fe-C-Si 三元相图等温截面图的富 Fe 角，A 和 B 是在碳钢和硅钢构成的扩散偶中分别取与焊接面等距离的两点。扩散开始后，两点的成分沿着箭头所指的实线变化。开始时 Si 的浓度不变，这是由于 Si 原子扩散较慢，然后 C、Si 浓度都发生变化，最后达到浓度均匀的 C 点。

合金元素对 C 在奥氏体中扩散的影响对钢的奥氏体化过程起到非常重要的作用，按合金元素作用的不同可以将其分为三种类型：①碳化物形成元素，这类元素与 C 的亲和力较强，阻碍 C 的扩散，降低 C 在奥氏体中的扩散系数，如 Nb、Zr、Ti、Ta、V、W、Mo、Cr 等；②弱碳化物形成元素，如 Mn，对 C 的扩散影响不大；③非碳化物形成元素，如 Co、Ni、Si 等，其中 Co 增大 C 的扩散系数，Si 减小 C 的扩散系数，而 Ni 的作用不大。不同合金元素对 C 在奥氏体中扩散的影响如图 4.44 所示，在钢中加入 4% 的 Co 可使碳在 γ-Fe 中的扩散系数增加一倍；而加入 3% 的 Mo 或 1% 的 W，则可使 C 在 γ-Fe 中的扩散系数减少一半；Ni、Mn 的加入对 C 在 γ-Fe 中的扩散系数影响不大。合金元素影响 C 扩散系数的原因有：改变了 C 的活度；引起点阵畸变，改变了 C 原子的扩散迁移率，从而改变了扩散激活能；细化晶粒，增加了 C 原子沿晶界扩散的通道；合金元素使空位浓度改变，导致 C 原子近邻原子跃迁概率的改变，也能影响 C 原子的扩散。

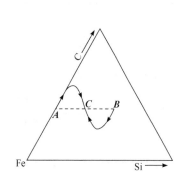

图 4.43　扩散偶焊接面两侧对应点的浓度变化示意图

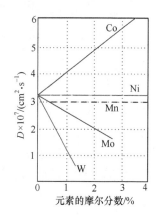

图 4.44　合金元素对 C(摩尔分数 1%)在 γ-Fe 中扩散系数的影响

4.6.3　晶体结构的影响

晶体结构影响质点在其中扩散迁移是不言而喻的，最明显的是它能影响质点的扩散迁移率，因为不同的原子排列方式显然会对质点在晶体中运动产生不同的阻力，从而改变质点的扩散特征。

1) 固溶体类型的影响

固溶体主要有间隙式固溶体和置换式固溶体两种存在形式，在这两种固溶体中，溶质原子的扩散机制完全不同。在间隙式固溶体中，溶质原子以间隙扩散为机制，扩散激活能较小，原子扩散较快；反之，在置换式固溶体中，溶质原子遵循空位机制，以空位为媒介进行扩散传递，由于原子尺寸较大，晶体中的空位浓度又很低，其扩散激活能要比间隙扩散大得多。表 4.8 列出了不同溶质原子在 γ-Fe 中的扩散激活能。

表 4.8　不同溶质原子在 γ-Fe 中的扩散激活能

溶质原子类型	置换型						间隙型		
溶质元素在 γ-Fe 中的 $Q/(\text{kJ·mol}^{-1})$	Al	Ni	Mn	Cr	Mo	W	N	C	H
	184	282.5	276	335	247	261.5	146	134	42

2) 晶体结构类型的影响

晶体结构反映了原子在空间排列的致密程度，原子之间的结合能越大，原子靠近越紧密，引起晶体的致密度增加，致使原子扩散时的路径变窄，产生的晶格畸变就变大，使得扩散激活能升高，扩散系数减小。这个规律无论对纯金属中的自扩散还是对固溶体中的互扩散都是适用的。例如，面心立方晶体比体心立方晶体致密度高，实验测定的 γ-Fe 中自扩散系数与 α-Fe 的相比，在 910℃时相差了两个数量级，即 $D_{\alpha\text{-Fe}} \approx 280 D_{\gamma\text{-Fe}}$。溶质原子在不同固溶体中的扩散系数也不同。例如，910℃时，C 在体心立方 α-Fe 中的扩散系数要比面心立方 γ-Fe 中的扩散系数大差不多 100 倍，而其他置换型元素如 Cr、W、Mo 等，在 α-Fe 中的扩散也比在 γ-Fe 中快，均表明在致密度较小的晶体结构中，无论是自扩散还是合金元素的扩散都相对易于进行。

不同元素原子在同一基体金属中扩散时，其扩散常数 D_0 和扩散激活能 Q 各不相同，但具有这样的规律：扩散元素在基体金属中造成的晶格畸变越大(例如，间隙原子的半径越大，对基体造成的晶格畸变就越大)，扩散激活能就越小，则扩散系数越大，扩散越容易，扩散越快。表 4.9 体现了这一规律，随着间隙原子半径的增加，氮、碳、硼在 γ-Fe 中的扩散系数也依次增加。

表 4.9　不同元素原子在 γ-Fe 中的扩散参数比较

扩散元素	氮(N)	碳(C)	硼(B)
原子半径/Å	0.71	0.77	0.90
固溶度/%(质量分数)	2.8	2.1	0.018
$D_0 / (\text{m}^2 \cdot \text{s}^{-1})$	2.0×10^{-5}	1.0×10^{-5}	0.02×10^{-5}
$Q / (\text{kJ} \cdot \text{mol}^{-1})$	151	136	88
$D / (\text{m}^2 \cdot \text{s}^{-1})(900℃)$	3.7×10^{-12}	8.7×10^{-12}	2.4×10^{-11}

3) 晶体中扩散的各向异性

理论上讲，晶体中质点排布的各向异性必然导致原子扩散的各向异性。但是实验发现，在对称性较高的立方系中，沿不同方向的扩散系数并未显示出差异，只有在对称性较低的晶体中，扩散才有明显的方向性，而且晶体对称性越低，扩散的各向异性越显著。例如，在点阵对称性很低的菱形结构的铋中，扩散系数的各向异性特别明显，在 265℃时，沿菱形晶轴方向上的自扩散系数比垂直方向上的自扩散系数低差不多一百万倍。

铜、汞在密排六方金属锌和镉中扩散时也具有明显的方向差异，沿平行于[0001]方向的扩散系数小于和[0001]晶向垂直方向的扩散系数，这是因为沿平行于[0001] 晶向的方向扩散时要通过密排六方晶体的原子密排面 (0001) ，需要很大的激活能。但是，晶体中原子扩散的各向异性随着温度的升高而逐渐减小，这也说明温度对扩散过程的巨大影响。

晶体结构的三个影响扩散的因素本质上是一样的，即晶体的致密度越低，原子扩散越快；扩散方向上的致密度越小，原子沿这个方向的扩散也越快。

除了温度、成分和晶体结构外，内应力、外加应力和磁场均能影响质点在固体中的扩散。如果合金内存在应力场、应力能对扩散提供附加的驱动力 F ，当应力升高时，F 升高，根据式(4.121)，$v_i = B_i F_i$ ，能提升质点在合金中的迁移；如果有外界施加应力，也能在合金中产生弹性应力梯度，促进原子迁移；具有磁性转变的金属在铁磁性状态下比在顺磁性状态下扩散慢，因此扩散系数 D 小一些。此外，固体中的晶界、表面和位错等缺陷部位对质点在固体中的扩散也有重要影响，尤其是在温度相对较低的情况下，下面单独进行阐述。

4.7　短路扩散

固体内的扩散是指以晶体内部的空位或间隙原子等点缺陷作为媒介的原子运动，称为体扩散或者内扩散。在固体材料中还存在着各种不同的点、线、面及体缺陷，缺陷能量高于晶粒内部，可以提供更大的扩散驱动力，使原子沿着这些缺陷能够以更快的速率进行扩散，通常称这种沿缺陷进行的扩散为短路扩散。短路扩散包括表面扩散、晶界扩散和位错扩散，各种扩散的途径如图 4.45 所示。一般来讲，温度较低时，以短路扩散为主，温度较高时，以体扩散为主，这是由于点阵部分相对于晶界所占比例较高。温度较低时，晶粒越细扩散系数越大，这是短路扩散在发挥主导作用。

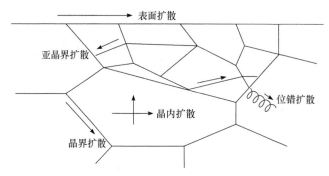

图 4.45　表面、界面及晶体点阵内部扩散示意图

在所有的缺陷中，表面的能量最高，晶界的能量和位错扩散次之，晶粒内部的能量最小。因此，原子沿表面扩散的激活能最小，沿晶界扩散的激活能次之，体扩散的激活能最大。通常情况下，表面扩散的激活能约为体扩散激活能的一半甚至更小，晶界扩散与位错扩散的激活能为体扩散激活能的 0.6～0.7。如果考虑间隙固溶体，由于溶质原子尺寸较小，扩散相对较容易，因而短路扩散激活能与体扩散激活能相差不大。

对于扩散系数，一般有 $D_s > D_g > D_b$，其中 D_s、D_g、D_b 分别是表面扩散系数、晶界扩散系数、体扩散系数，如图 4.46 所示。

实验上，通常采用示踪原子法测量晶界扩散现象。选一块多晶体金属样品，其晶界与表面垂直，在表面上涂有浓度为 C_0 的扩散组元的放射性同位素作为示踪原子，然后将样品加热到高温并保温一段时间，示踪原子开始由样品表面沿晶界和晶格同时向内部扩散。由于示踪原子沿晶界扩散比晶粒内部快得多，晶界上的浓度会逐渐高于晶粒内部，然后再由晶界向两侧扩散。如果扩散时间足够长，就会观察到如图 4.47 所示的等浓度线，其中等浓度线在晶界上比晶粒内部的深度要大很多。

晶界扩散具有结构敏感特性，在一定温度下，晶粒尺寸越小，金属的晶界面积越大，晶界扩散就越显著，对扩散系数的贡献也就越大。晶界扩散与晶粒位相、晶界结构有关，晶界上杂质的偏析或沉淀对晶界扩散也都有影响。

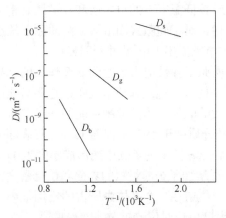

图 4.46　不同扩散方式时扩散系数与温度的关系

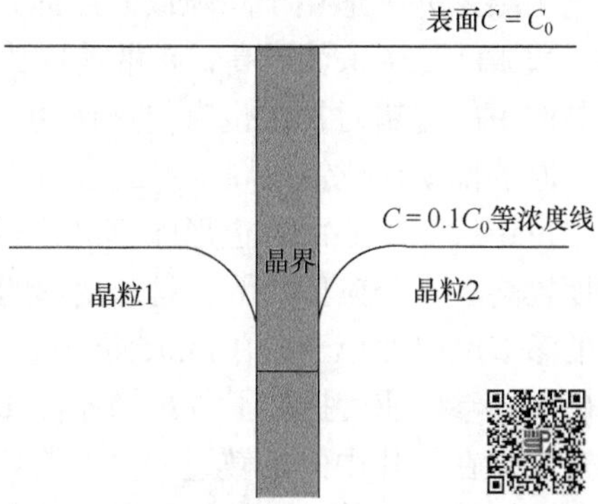

图 4.47　晶内和晶界上示踪原子分布示意图

图 4.48 表示锌在黄铜中扩散时扩散系数随后者晶粒尺寸的变化，从中可以看出，随着黄铜晶粒尺寸的变小，锌的扩散系数增加明显。例如，在 700℃时，锌在单晶黄铜中的扩散系数 $D = 1.7 \times 10^{-7}$ cm$^2 \cdot$s^{-1}，而在平均晶粒尺寸为 0.13 mm 的多晶黄铜中扩散系数 $D = 6.4 \times 10^{-6}$ cm$^2 \cdot$s^{-1}，增加了约 40 倍。

在多晶体金属中，原子的扩散系数实际上是体扩散和晶界扩散的综合结果。需要注意的是，晶界仅占整个试样横截面积的很小一部分，一般为 10^{-5}。因此，只有在晶界扩散系数与体扩散系数的比值达到 10^5 以上时，晶界扩散的作用才能显示出来。

晶界扩散时的扩散系数同样能表达成阿伦尼乌斯方程的形式，因此对温度也非常敏感。图 4.49 给出了银单晶体和多晶体中原子的自扩散系数与温度的关系，图中显示低于 700℃时，多晶体 $\ln D\text{-}\dfrac{1}{T}$ 的直线斜率为单晶体的 1/2；但是高于 700℃时，多晶体扩散系数与温度的关系直线与单晶体的相遇，并重合于单晶体的直线上。实验结果说明，温度较低时晶界扩散激活能比体扩散激活能小得多，晶界扩散起主导作用；而温度较高时由于晶体中的空位浓度增加，

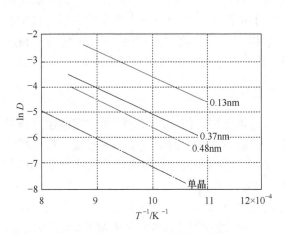

图 4.48　锌在不同粒径黄铜中的扩散系数

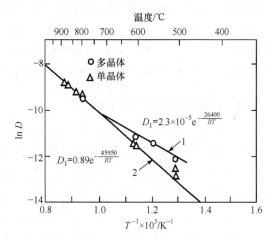

图 4.49　多晶银和单晶银中原子自扩散系数与温度的关系

扩散速度加快，变成体扩散起主导作用。晶界扩散对较低温度下的自扩散和互扩散有重要影响。这个结论并不适用于间隙或固溶体，如前面所述，对于间隙式固溶体，溶质原子较小，其体扩散激活能本来就不高，扩散速度比较大，晶界扩散的作用因此并不明显。

晶体中的位错对扩散也有促进作用。位错与溶质原子弹性应力场之间交互作用的结果，使溶质原子偏聚在位错线周围形成溶质原子气团(包括柯垂耳气团和铃木气团)，这些溶质原子沿着以位错线为中心的管道形畸变区进行扩散时，激活能仅为体扩散激活能的一半左右，扩散速度较高。一个典型的例子是未变形的钽片在渗碳介质中于 1900℃保温 12 h，其表面上所形成的渗碳层厚度小于 0.01 mm，而经过 75%的变形后，经过 1 h 的渗碳就能形成厚度为 0.6 mm 的渗碳层，渗碳速度提高了 720 多倍，这是因为变形增加了金属材料的界面和位错密度，显著加速了碳在钽片中的扩散过程。但需要指出，由于位错在整个晶体中所占的比例很小，所以在较高温度下位错对扩散的贡献并不大，只有在温度较低时位错扩散才变得重要。

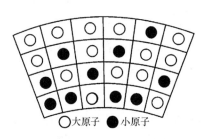

图 4.50　溶体弯曲引发上坡扩散现象示意图

○大原子　●小原子

由于晶界和位错处点阵处于畸变状态，能量较高，而异种原子在这些缺陷位置吸附能够降低能量，这样溶质原子易于移向晶界或位错处，引发上坡扩散现象。例如，刃型位错应力场作用下，溶质原子聚集在位错线周围形成柯垂耳气团就是一种上坡扩散。此外，固溶体弯曲变形时由于上部受拉，点阵常数增大，大原子上移至受拉区，下部受压点阵常数变小，小原子移向受压区，也是一种上坡扩散现象，如图 4.50 所示。

4.8　反 应 扩 散

前面讨论的扩散现象都是在单相固溶体中进行的，其特点是溶质原子的浓度未超出其在基体中的溶解度。然而实际中两个组元并非只形成一种固溶体，而是依据组元成分的不同，有可能出现几种固溶体或者中间相。如果这样两个组元制成扩散偶，或者在一种组元的表面渗入另一种组元，在温度适宜并且保温时间足够的情况下，就会由于作为基体的组元过饱和而产生一种或者几种新的合金相(中间相或者固溶体)。习惯上将伴随有相变过程的扩散，或者有新相产生的扩散称为反应扩散或者相变扩散，因此这个过程必然涉及两个或两个以上的相。

4.8.1　反应扩散的过程及特点

反应扩散包括两个过程：一是溶质原子渗入基体表层，但是还未达到基体溶解度之前的扩散过程；二是溶质原子在基体表层达到溶解度以后发生相变而形成新相的过程。反应扩散时，基体表层中溶质原子的浓度分布随扩散时间和扩散距离的变化以及在表层中出现哪种相和相的数量，均与基体和溶质元素之间组成的合金相图有关。

考虑一个二元合金，以 A 组元为基体，向其中渗入 B 组元，然后分析在 T_0 温度下的反应扩散过程。在确定的 T_0 温度下，图 4.51(a)画出了 A-B 合金的相图及其各相平衡浓度。设在 T_0 温度下，在基体 A 表面敷一层组元 B，使基体 A 表面组元 B 的浓度瞬间达到 C_s，由相图可见，C_s 对应着 β 固溶体相；随着扩散的进行，β 固溶体层逐渐增厚并在其中建立组元 B 的浓度梯度。由于扩散，组元 B 原子浓度随着 x 增加而降低，当浓度降低到 β 相分界线对应的浓度 $C_{\beta\gamma}$，β 相分解并产生新相 γ，后者的浓度为 $C_{\gamma\beta}$，在相界面处浓度发生突变，如图 4.51(b)所示。之后，随着 B 组元的继续渗入，γ 层逐渐增厚，B 组元在其中扩散，如 B 原子浓度再降低达到 γ 相分解浓度 $C_{\gamma\alpha}$，γ 相分解产生 α 相，相界面浓度由 $C_{\gamma\alpha}$ 突变至 $C_{\alpha\gamma}$。随着继续维持扩散进行，已形成的 β、γ 和 α 固溶体层不断增厚，并且每个单相层内的浓度梯度也随时间发生变化。在 T_0 温度下形成的渗层中的溶质原子浓度分布和相分布分别如图 4.51(b)和(c)所示。

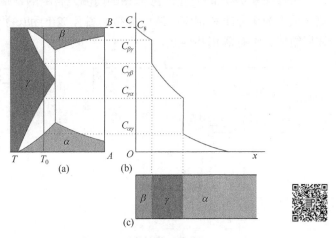

图 4.51　反应扩散示意图

(a) 相图；(b) 对应的浓度分布；(c) 相分布

【**练习 4.3**】　　如果维持基体 A 表面组元 B 的浓度始终是 C_{s}，让扩散进行足够长时间，最后结果会是什么？

值得注意的是，在 T_0 温度下，在二元相图中存在 $\gamma+\beta$ 和 $\alpha+\gamma$ 两相区，但是在渗层组织的扩散区中却不存在两相共存区，即任何两相之间仅以界面的形式存在，在界面处浓度发生突然变化，不存在过渡区。

二元系中扩散区域不存在两相共存区可以由吉布斯相律进行解释：

$$f = c - p + 2 \tag{4.138}$$

式中，f 为自由度，c 为组元数，p 为相数。由于扩散温度一定，而对于固体，压力变化可以不考虑，故应去掉两个自由度变量，此时 $f = c - p$。在单相时，$p=1$，$c=2$，于是 $f=1$，说明该相的浓度可以变化，因此，在扩散过程中可以有浓度梯度，即扩散过程可以发生。但是如果出现平衡共存的两相区，则 $f = 2-2 = 0$，意味着扩散区域每一相浓度均不能改变，说明在此两相区中不存在浓度梯度，这样扩散在这些区域便不能发生，引发矛盾。

扩散区域中无两相区也可以用扩散热力学进行解释，即根据热力学，两相平衡时两相中的化学位处处相等，则扩散驱动力 $F = -\partial \mu / \partial x$ 为零。又由扩散第一定律的普遍式(4.135)可知，扩散通量为零。因此，在扩散区域中不可能出现两相区，否则扩散将在两相区中断，显然与事实不符。退一步讲，即使扩散过程中出现两相区，也会因此区左右边界上物质的流入流出改变两相的化学位平衡而使其中某一相逐渐消失，最终由两相演变为单相。该结论可以推广，即在二元系的扩散区中没有两相共存区，在三元系的扩散区中也没有三相共存区，依此类推。

纯铁在 520℃时的表面渗氮也称氮化，是一个典型的反应扩散过程。现在结合 Fe-N 二元合金相图，如图 4.52(a)所示，分析纯铁的氮化过程。将纯铁放入氮化罐中在 520℃经长时间氮化，当表面氮浓度超过 8%时，便会在表面形成 ε 相。ε 相是以 Fe_3N 为基体的固溶体，氮原子有序地分布在铁原子构成的密排六方点阵的间隙位置，浓度由表面向里逐渐降低。ε 相的含氮量范围很宽，一般氮化温度下在 8.25%～11.0%之间变化。在 ε 相的内侧是 γ' 相，它是以 Fe_4N 为基体的固溶体，氮原子有序地分布在铁原子构成的面心立方点阵的间隙位置。γ' 相的含氮量范围很窄，只在 5.7%～6.1%之间变化。在 γ' 相的内侧是含氮的 α 固溶体，而远离表面的部分才是纯铁。氮化层中的相分布和相应的浓度分布如图 4.52(b)和(c)所示，各个氮化层仅由对应的单相固溶体层组成，没有两相共存区。

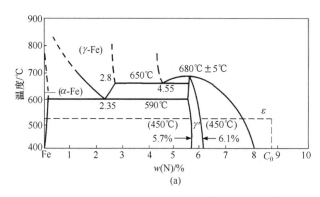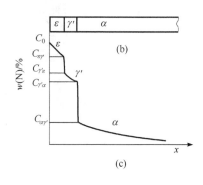

图 4.52　纯铁的表面氮化

(a) Fe-N 相图；(b) 相分布示意图；(c) 氮浓度分布示意图

4.8.2　反应扩散动力学

通过对反应扩散的动力学分析，主要研究以下三个问题：①反应扩散速度；②扩散过程中相宽度的变化规律；③新相产生的顺序。动力学分析基于两个基本假设：①相变在瞬间完成，即在相界面上浓度始终满足局部平衡；②扩散过程很慢，整个反应扩散动力学过程受扩散过程控制。

1. 反应扩散速度

反应扩散速度即相界面移动速度，可由图 4.53 所示的扩散系统计算。设经 dt 时间，α 相与 γ 相的界面由 x 移至 $x+dx$ 处，又设试样中垂直于扩散方向的截面积 $A=1$，则 Adx 微元体积中扩散组分质量的增加量 δ_m 是由沿 x 方向的扩散引起。注意在相界面移动之前，这部分体积

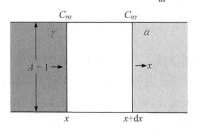

图 4.53　反应扩散时相界面移动示意图

为 α 相，其浓度为 $C_{\alpha\gamma}$；在移动之后，该体积转变为 γ 相，其浓度为 $C_{\gamma\alpha}$。相界面移动前后的 δ_m 可以根据物质平衡原理和扩散第一定律得到，即

$$\delta_m = \left(C_{\gamma\alpha} - C_{\alpha\gamma}\right) \cdot 1 \cdot dx$$

$$= \left[-D_{\gamma\alpha}\left(\frac{\partial C}{\partial x}\right)_{\gamma\alpha} + D_{\alpha\gamma}\left(\frac{\partial C}{\partial x}\right)_{\alpha\gamma}\right] \cdot 1 \cdot dx \qquad (4.139)$$

式中，$-D_{\gamma\alpha}\left(\dfrac{\partial C}{\partial x}\right)_{\gamma\alpha}$ 为扩散组元在浓度为 $C_{\gamma\alpha}$ 的界面流入微元体积；$-D_{\alpha\gamma}\left(\dfrac{\partial C}{\partial x}\right)_{\alpha\gamma}$ 是扩散组元

在浓度为 $C_{\alpha\gamma}$ 的界面流出微元体积的扩散通量，由式(4.139)可得

$$\frac{\mathrm{d}x}{\mathrm{d}t}=\frac{1}{C_{\gamma\alpha}-C_{\alpha\gamma}}\left[D_{\alpha\gamma}\left(\frac{\partial C}{\partial x}\right)_{\alpha\gamma}-D_{\gamma\alpha}\left(\frac{\partial C}{\partial x}\right)_{\gamma\alpha}\right] \tag{4.140}$$

利用变量代换，令 $\lambda=\dfrac{x}{\sqrt{t}}$，则有

$$\frac{\partial C}{\partial x}=\frac{\partial C}{\partial \lambda}\frac{\partial \lambda}{\partial x}=\frac{1}{\sqrt{t}}\frac{\mathrm{d}C}{\mathrm{d}\lambda} \tag{4.141}$$

注意式(4.141)中的浓度 C 为 x、t 的函数，经过变换后仅为 λ 的函数。由于两相界面浓度在温度一定时为定值，因此 $\dfrac{\mathrm{d}C}{\mathrm{d}\lambda}$ 仅为浓度的函数，而与时间无关。将式(4.141)代入式(4.140)，得相界面移动速度，即

$$\frac{\mathrm{d}x}{\mathrm{d}t}=\frac{1}{C_{\gamma\alpha}-C_{\alpha\gamma}}\left[(Dk)_{\alpha\gamma}-(Dk)_{\gamma\alpha}\right]\frac{1}{\sqrt{t}}=\frac{A'(C)}{\sqrt{t}} \tag{4.142}$$

式中，$A'(C)$ 为与浓度有关的系数。将式(4.142)进行积分，可得相界面位置随时间的变化关系，即

$$x=2A'(C)\sqrt{t}=A(C)\sqrt{t} \tag{4.143}$$

或者

$$x^2=B(C)t \tag{4.144}$$

式(4.142)、式(4.143)和式(4.144)中的 $A'(C)$、$A(C)$ 和 $B(C)$ 均是与扩散组元在 α 和 γ 相中的扩散系数以及两相在界面处的平衡浓度有关的系数。所有这些式子说明，如果相界面移动受扩散过程控制，则相界面移动距离随时间的变化满足抛物线规律。新相形成时，开始长大快，然后长大速度逐渐变缓。

2. 反应扩散过程中相宽度变化规律

参考图 4.54，对于相图中除了端际固溶体外尚有中间相出现的情况，假设 B 组元由基体 A 表层向里扩散，则由外向里依次形成 β、γ 和 α 相。现设 γ 相区的宽度为 w_γ，则有

$$w_\gamma=x_{\gamma\alpha}-x_{\beta\gamma} \tag{4.145}$$

由式(4.142)，将 γ 相区的宽度 w_γ 对时间 t 进行微分，可得

$$\frac{\mathrm{d}w_\gamma}{\mathrm{d}t}=\frac{\mathrm{d}x_{\gamma\alpha}}{\mathrm{d}t}-\frac{\mathrm{d}x_{\beta\gamma}}{\mathrm{d}t}=\frac{A_\gamma}{\sqrt{t}} \tag{4.146}$$

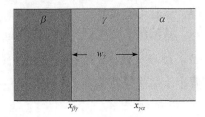

图 4.54　反应扩散时相宽度计算示意图

再对式(4.146)进行积分，可得

$$w_\gamma=B_\gamma\sqrt{t} \tag{4.147}$$

对于多个中间相的反应扩散系统，则有

$$w_j = x_{j,j+1} - x_{j-1,j} \tag{4.148}$$

式中，w_j 为 j 相区的宽度，根据式(4.147)，有

$$w_j = B_j \sqrt{t} \tag{4.149}$$

式中，B_j 称为反应扩散的速率常数。实验时如果能确定扩散时间 t 对应的 j 相区宽度 w_j，便可求出相应的速率常数 B_j。

3. 新相出现的次序

反应扩散过程中能否出现新相以及新相出现的次序受很多因素影响，规律比较复杂，并不完全遵循相图的次序。

实际样品中并不一定能出现相图中所有的中间相，甚至会出现相图中没有的相。从热力学平衡的角度，相图中各相对应着化学自由能最低的状态，但由于新相在旧相基础上产生，二者比容可能不一样，新相的出现要克服界面能、弹性能等因素的影响，往往需要一定的时间，即有一定的孕育期，如果这个时期比较长，如比扩散的时间还要长，那么该新相就不会出现。

另外，新相的生长速率也不一定完全符合式(4.144)或式(4.149)描述的抛物线规律，而是符合 $x^n = K(C)t$ 的规律，其中指数 $n = 1 \sim 4$。原因是符合抛物线规律要有两个前提：一必须是体扩散(溶质原子通过基体晶格的扩散)，而不是通过晶界、表面或位错的短路扩散；二是研究扩散动力学时所做的一个假设，即相变在瞬间完成，相界面上浓度始终满足局部平衡，而这些前提条件实际上是很难满足的。

新相出现的规律取决于速率常数 B_j，可以分成下面三种情况：

(1) 若 $B_j > 0$，即 $w_j > 0$ 或 $x_{j,j+1} - x_{j-1,j} > 0$，说明 j 相与 $j+1$ 相间的界面移动快于 $j-1$ 相与 j 相间的界面移动，这种情况 j 相可出现并按抛物线规律长大。

(2) 若 $B_j = 0$，此时 $w_j = 0$，说明与 j 相区相邻的两个界面移动速度相等，在此情况下不会出现 j 相，也就更加谈不上它的长大。

(3) 若 $B_j < 0$，意味着 j 相区相邻的两个界面距离在缩小，此情况下扩散过程 j 相自然也不会出现。

即使满足 $B_j > 0$，在有些情况下，对应的 j 相也可能观察不到，原因可能是扩散时间短或温度较低，当然和观察表征的技术也有关系，借助高分辨率的表征技术，如透射电子显微镜等，也有可能观察到 j 相的存在。

从扩散的角度讲，j 相宽度 w_j 增加的条件是扩散组分在 j 相区的 D_j 要大，在相邻相区的 D_{j-1} 及 D_{j+1} 要小；第 j 相扩散组分的浓度差在 j 相区 ΔC_j 要大，而相邻两相区即 ΔC_{j-1} 和 ΔC_{j+1} 要小，这些条件很容易从菲克第一扩散方程得到理解。

4.9　离子晶体中的扩散

对于离子化合物，扩散现象比金属更加复杂，因为这时要考虑两种具有相反电荷的质点。离子化合物中质点的扩散一般通过空位机制进行，但为了保持离子化合物的电中性，离子晶

体中的空位和金属材料中的空位有很大不同，这些不同会影响质点在离子晶体中的扩散机制，使之和金属中以空位机制进行的扩散相比具有一些自身的特点。下面根据离子晶体中的空位类型介绍各自对应的扩散特征。

4.9.1　肖特基空位机制

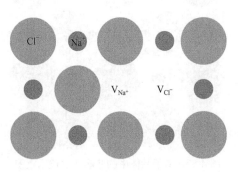

　　离子晶体中的肖特基空位总是成对形成，即在晶体中移去一个负离子的同时必须伴随移去一个正离子以维持电荷平衡，如图 4.55 所示的氯化钠的例子。对于主要是肖特基空位缺陷的离子晶体，正离子和负离子的扩散类似于金属中的空位扩散机制，但离子晶体中邻近离子只能进入具有同种电荷的空位位置，不仅扩散距离相对要长，还要摆脱它们原有近邻相反电荷离子强烈的静电束缚，因此扩散速度慢、扩散系数小、扩散激活能高。此外，离子晶体中正负离子的扩散速率是不一样的。通常，正离子是由于原子失去外

图 4.55　离子晶体中的肖特基空位示意图

层电子，尺寸较小，容易运动。例如，NaCl 晶体中小的钠离子和空位更容易交换位置，在 900℃时钠离子的自扩散系数要比氯离子相应的值高一个数量级。

4.9.2　弗仑克尔空位机制

　　弗仑克尔空位即脱位质点挤入晶体阵点的间隙形成空位-间隙对的缺陷，在金属中很难形成，除非在特殊情况(如辐照等)下，但在离子晶体中尤其在正负离子半径相差较大时，小尺寸的正离子便容易挤入间隙，形成弗仑克尔缺陷，在离子晶体中表现为正离子间隙-空位对，如图 4.56(a)所示的 AgCl 晶体的例子，以 Ag^+-V_{Ag^+} 表示。当然，阴离子也可以挤入同种电荷的格点位置，如图 4.56(b)所示，形成 Cl^--V_{Cl^-} 形式的弗仑克尔缺陷，但由于负离子尺寸较大而出现的可能性较小。

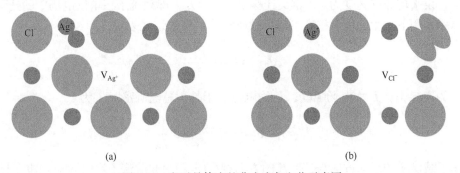

(a)　　　　　　　　　　　　　　　　　　　(b)

图 4.56　离子晶体中的弗仑克尔空位示意图

　　间隙-空位对在离子晶体中形成后，离子晶体的正负离子就可以通过空位进行扩散，也存在一个间隙离子直接跳至另一个间隙的扩散，但需要的激活能更高。对于 AgCl，Ag^+-V_{Ag^+} 相较 Cl^--V_{Cl^-} 更加容易形成，因此 AgCl 中两者自扩散系数差别更大。例如，450℃时，银正离子的自扩散系数要比氯离子高三个数量级。

4.9.3　非禀性空位机制

非化学计量性和掺杂都能在离子晶体中产生大量空位,称为非禀性空位。例如,如图 4.57

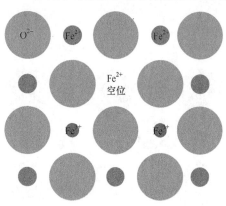

所示,在 FeO 中,如果形成两个三价铁离子 Fe^{3+},为了保持电中性,便会产生一个 Fe^{2+} 阳离子空位。再如,将氧化钙(CaO)溶入氧化锆(ZrO_2)时,由于是 +2 价的钙离子取代 +4 价的锆离子,附近也必然产生一个氧负离子空位以保持晶体的电中性。

非禀性空位产生后,晶体中的正负离子即可通过空位机制进行扩散。这类扩散仍然具有前两类空位介导扩散的特点,即扩散速度慢、扩散系数小、扩散激活能高,因为扩散过程中正负离子同样要摆脱原来近邻相反电荷离子的静电束缚,也要在扩散路径中推开具有相反电荷的离子。

图 4.57　离子晶体中的非禀性空位示意图

需要注意,以上三种空位机制并非相互独立存在,在一个实际晶体中,可能同时存在肖特基空位、弗仑克尔空位和非禀性空位,它们同时参与介导离子晶体中质点的扩散,使其呈现出较复杂的特征。

4.9.4　离子晶体电导率

离子晶体中正负离子对导电性能都有贡献,所以统称为载流子。在半导体掺杂时常需计算电导率与扩散系数的关系,或者离子迁移率与扩散系数的关系。

在离子晶体中,由载流子浓度梯度所形成的电流密度为

$$J_1 = -Dq\frac{\partial n}{\partial x} \tag{4.150}$$

式中,D 为载流子的扩散系数;q 为电量;n 为载流子浓度。当有电场存在时,载流子运动会产生漂移,设平均漂移速度为 v,定义迁移率 $\mu = v/E$,即载流子在单位电场中的迁移速度。

在电场作用下产生的电流密度可以用欧姆定律的微分形式表示,即

$$J_2 = \sigma E = \sigma\frac{\partial V}{\partial x} \tag{4.151}$$

式中,σ 为电导率;E 为电场强度;V 为电位。于是,总电流密度 J_t 为

$$J_t = J_1 + J_2 = -Dq\frac{\partial n}{\partial x} + \sigma\frac{\partial V}{\partial x} \tag{4.152}$$

因为电场下载流子的运动方向与扩散流的方向相反(电场引起载流子定向运动,建立起和运动方向相反的浓度梯度),当由浓度梯度引起的扩散电流密度和由电位梯度引起的电流密度大小相等时,便达到了稳定平衡,此时 $J_t = 0$,即

$$-Dq\frac{\partial n}{\partial x} = \sigma\frac{\partial V}{\partial x} \tag{4.153}$$

在电场中距 x 处的载流子浓度符合玻尔兹曼分布规律,即

$$n = n_0 e^{\frac{qV}{kT}} \tag{4.154}$$

式中，n_0 为常数；k 为玻尔兹曼常量。由式(4.154)可得浓度梯度表达式，即

$$\frac{\partial n}{\partial x} = -\frac{qn}{kT}\frac{\partial V}{\partial x} \tag{4.155}$$

将式(4.155)代入式(4.153)并进行整理，可得

$$\sigma = D\frac{nq^2}{kT} \tag{4.156}$$

式(4.156)一般称为能斯特-爱因斯坦方程(Nernst-Einstein equation)，它建立了离子电导率与扩散系数之间的关系。由电导率公式 $\sigma = nq\mu$ 和式(4.156)还可以得出离子迁移率和扩散系数的关系，即

$$D = \frac{\mu}{q}kT \tag{4.157}$$

式(4.157)中，扩散系数 D 和温度的关系同样符合阿伦尼乌斯方程，只是方程中的激活能是离子晶体中缺陷形成能和离子扩散迁移能两部分之和。

4.10　共价晶体中的扩散

大多数共价晶体具有相对疏松的晶体结构，具有较大的间隙位置，但其自扩散和互扩散仍以空位机制为主。

共价晶体的特点是具有方向性，原因是在特定的方向上原子的电子云可以实现最大程度的重叠，形成的共价键强而且稳定，这一特性使共价晶体中自扩散的激活能通常高于熔点相近金属的激活能。例如，虽然银的熔点(961.3℃)和锗的熔点(938.2℃)仅相差二十几摄氏度，但是后者原子自扩散的激活能 Q 可以达到 $290\,\text{kJ}\cdot\text{mol}^{-1}$，而前者仅为 $186\,\text{kJ}\cdot\text{mol}^{-1}$。

4.11　半导体材料中的扩散

半导体集成电路的制造是一项广泛应用到固体扩散的科学技术。集成电路芯片是 $6\,\text{mm}\times6\,\text{mm}\times4\,\text{mm}$ 大小的方形薄晶片，其一面上嵌入了上百万个电子器件和电路，如晶体管、电阻、电容和电感元件等。集成电路芯片在各行各业中都发挥着非常重要的作用，是现代信息社会的基石。绝大多数集成电路的基材是单晶硅，为了使集成电路上的器件能够正常工作，常需要在硅片中掺入精确浓度的杂质原子，而一种有效的杂质掺入方式就是原子扩散。

杂质掺入过程用到两种典型的热处理方式。第一步是预淀积扩散，杂质原子通常从分压保持恒定的气相中扩散进入硅基体。这一过程硅基体表面的杂质原子浓度保持恒定，而其在硅基体内部的浓度变化是位置与时间的函数，可用半无限扩散时的方程式(4.48)进行描述，即

$$\frac{C_0 - C}{C_0 - C_1} = \text{erf}(\beta) = \text{erf}\left(\frac{x}{2\sqrt{Dt}}\right)$$

式中，C_0 为硅基体表面杂质原子的浓度，保持恒定；C_1 为硅基体中杂质原子的初始浓度。预

淀积处理通常在 900~1000℃的温度范围内进行，持续时间一般不超过 1 h。

第二步是驱入扩散过程，用于使杂质原子更加深入硅基体之中，从而在不增加杂质原子总含量的情况下达到一个更加合适的杂质原子浓度分布。这个处理过程的温度要高于上面提到的预淀积，一般是 1200℃或更高，且要在一个氧化气氛中进行。氧化气氛使硅基体表面形成一个氧化层，由于该层内杂质原子的扩散系数极低，硅基体中几乎没有杂质原子可以通过这个氧化层向外扩散逃逸。

假设通过预淀积处理引入的杂质原子被限于硅基体表面一层极薄的区域，则杂质原子的驱入过程可以用无限薄扩散源时得到的高斯函数解进行描述，即

$$C = \frac{M}{\sqrt{\pi D t}} \exp\left(-\frac{x^2}{4Dt}\right) \qquad (4.158)$$

式中，M 为通过预淀积处理引入固体内部杂质的量(单位面积上杂质原子数)，注意式(4.158)与式(4.56)差一个系数 $\frac{1}{2}$，这是因为这里的瞬时平面源扩散发生在薄硅片的两个面上，所以预淀积处理引入的杂质应该乘以系数 2。

设预淀积处理前杂质原子在硅基片中的浓度为 0，则式(4.48)变为

$$C = C_0 - C_0 \mathrm{erf}(\beta) = C_0 - C_0 \mathrm{erf}\left(\frac{x}{2\sqrt{Dt}}\right)$$

预淀积处理后杂质原子在硅基片中的浓度梯度为

$$\frac{\partial C}{\partial x} = \frac{\partial C}{\partial \beta}\frac{\partial \beta}{\partial x} = -C_0 \mathrm{e}^{-\beta^2} \cdot \frac{2}{\sqrt{\pi}} \cdot \frac{1}{2\sqrt{D_\mathrm{p}t}} = -\frac{C_0}{\sqrt{\pi D_\mathrm{p}t}} \mathrm{e}^{-\frac{x^2}{4D_\mathrm{p}t}}$$

式中，D_p 为预淀积时杂质原子的扩散系数，故由硅基片一面扩散入的杂质原子通量为

$$J = -D_\mathrm{p}\left(\frac{\partial C}{\partial x}\right)_{x=0} = \frac{\sqrt{D_\mathrm{p}}}{\sqrt{\pi t}}C_0$$

设预淀积时间为 t_p，且由于扩散在薄硅片两面进行，故 t_p 时间内由单位面积上扩散进入硅基片的杂质原子总量为

$$M = 2Jt_\mathrm{p} = 2C_0\frac{\sqrt{D_\mathrm{p}t_\mathrm{p}}}{\sqrt{\pi}} \qquad (4.159)$$

设驱入过程的扩散系数为 D_d，已知要在驱入时间为 t_d 时，硅基片中杂质原子达到的浓度为 C_B，则可由式(4.158)计算在硅基片中的驱入深度 x_B，即

$$x_\mathrm{B} = \left(4D_\mathrm{d}t_\mathrm{d}\ln\frac{M}{C_\mathrm{B}\sqrt{\pi D_\mathrm{d}t_\mathrm{d}}}\right)^{\frac{1}{2}} \qquad (4.160)$$

当 C_B 为硅基片中杂质原子的背景浓度时，对应的 x_B 称为结深度，是半导体材料扩散的一个重要参数。

【例题 4.10】　硼原子在硅基片中的扩散有预淀积和驱入扩散两种方式，已知硅基片中硼原子的背景浓度为1×10^{20} 原子数·m^{-3}，预淀积过程在 900℃持续 30 min，硅基片表面硼原子的浓度保持在3×10^{26} 原子数·m^{-3}；驱入扩散过程在 1100℃持续 2 h,硼在硅中扩散的激活能 Q

和扩散常数 D_0 分别为 $3.87\ \mathrm{eV \cdot 原子^{-1}}$ 和 $2.4 \times 10^{-3}\ \mathrm{m^2 \cdot s^{-1}}$，试求解以下问题：

(1) 计算 M 的值。

(2) 计算驱入扩散过程中 x_B 的值。

(3) 对于驱入扩散，计算距表面 $1\ \mu\mathrm{m}$ 处硅基片内部硼原子的浓度。

解 (1) M 的值可以通过式(4.159)计算，但是利用该式进行求解之前，需要通过式(4.99)求出 $900\,^\circ\!\mathrm{C}$ 预淀积过程的扩散系数 D_P，对于式(4.99)中的气体常数 R，换用玻尔兹曼常量 k，其值为 $8.62 \times 10^{-5}\ \mathrm{eV/(原子 \cdot K)}$。因此

$$
\begin{aligned}
D_\mathrm{P} &= D_0 \exp\!\left(-\frac{Q}{kT}\right) \\
&= \left(2.4 \times 10^{-3}\ \mathrm{m^2 \cdot s^{-1}}\right) \exp\!\left[-\frac{3.87\ \mathrm{eV \cdot 原子^{-1}}}{\left(8.62 \times 10^{-5}\ \mathrm{eV \cdot 原子^{-1} \cdot K^{-1}} \times 1137\ \mathrm{K}\right)}\right] \\
&= 1.70 \times 10^{-20}\ \mathrm{m^2 \cdot s^{-1}}
\end{aligned}
$$

M 的值可以确定如下

$$
\begin{aligned}
M &= 2C_0 \frac{\sqrt{D_\mathrm{P} t_\mathrm{P}}}{\sqrt{\pi}} \\
&= 2 \times 3 \times 10^{26}\ \mathrm{原子数 \cdot m^{-3}} \times \sqrt{\frac{5.73 \times 10^{-20}\ \mathrm{m^2 \cdot s^{-1}} \times 1800\ \mathrm{s}}{\pi}} \\
&= 1.87 \times 10^{18}\ \mathrm{原子数 \cdot m^{-2}}
\end{aligned}
$$

(2) 计算驱入深度 x_B 需要用到式(4.160)，但是首先要计算出驱入扩散温度下的扩散系数 D_d 值，即

$$
\begin{aligned}
D_\mathrm{d} &= D_0 \exp\!\left(-\frac{Q}{kT}\right) \\
&= \left(2.4 \times 10^{-3}\ \mathrm{m^2 \cdot s^{-1}}\right) \exp\!\left[-\frac{3.87\ \mathrm{eV \cdot 原子^{-1}}}{\left(8.62 \times 10^{-5}\ \mathrm{eV \cdot 原子^{-1} \cdot K^{-1}} \times 1373\ \mathrm{K}\right)}\right] \\
&= 1.51 \times 10^{-17}\ \mathrm{m^2 \cdot s^{-1}}
\end{aligned}
$$

根据式(4.160)，有

$$
\begin{aligned}
x_\mathrm{B} &= \left(4 D_\mathrm{d} t_\mathrm{d} \ln \frac{M}{C_\mathrm{B} \sqrt{\pi D_\mathrm{d} t_\mathrm{d}}}\right)^{\frac{1}{2}} \\
&= \left(4 \times 1.51 \times 10^{-17}\ \mathrm{m^2 \cdot s^{-1}} \times 7200\ \mathrm{s} \times \ln \frac{3.44 \times 10^{18}\ \mathrm{原子数 \cdot m^{-2}}}{1 \times 10^{20}\ \mathrm{原子数 \cdot m^{-3}} \times \sqrt{3.14 \times 1.51 \times 10^{-17}\ \mathrm{m^2 \cdot s^{-1}} \times 7200\ \mathrm{s}}}\right)^{\frac{1}{2}} \\
&= 2.19 \times 10^{-6}\ \mathrm{m} = 2.19\ \mu\mathrm{m}
\end{aligned}
$$

(3) 对于驱入扩散过程，在 $x = 1\ \mu\mathrm{m}$ 时，可以直接利用式(4.158)及前面计算得到的 M 和 D_d 值计算硼原子的浓度，即

$$C(x,t) = \frac{M}{\sqrt{\pi D_d t}} \exp\left(-\frac{x^2}{4D_d t}\right)$$

$$= \frac{3.44 \times 10^{18}\ \text{原子数} \cdot \text{m}^{-2}}{\sqrt{3.14 \times 1.51 \times 10^{-17}\ \text{m}^2 \cdot \text{s}^{-1} \times 7200\ \text{s}}} \exp\left[-\frac{\left(1 \times 10^{-6}\right)^2}{4 \times 1.51 \times 10^{-17}\ \text{m}^2 \cdot \text{s}^{-1} \times 7200\ \text{s}}\right]$$

$$= 5.90 \times 10^{23}\ \text{原子数} \cdot \text{m}^{-3}$$

4.12　纳米颗粒中的扩散

在一般的金属多晶体中，因为晶界所占的比例很小，所以晶界扩散对总的扩散贡献也非常有限，只占一个很小的份额，为 $10^{-6} \sim 10^{-5}$。但当晶粒尺寸减小至纳米尺度范围时，比表面将大大增加。例如，对粒径为 5 nm 的颗粒，表面原子所占的体积约为整体的 50%；当粒径小至 2 nm 时，这个比例将提升至 80%。显然，在这样微细的尺度上晶界扩散不仅不能忽略，而且将占有绝对优势。

有人研究了铜(Cu)原子在其纳米颗粒中的自扩散，Cu 颗粒的平均粒径为 8 nm，用 Cu^{67} 作为放射性示踪原子蒸发到抛光的样品表面上，然后密封于真空石英管中加热一段时间。之后对样品逐次剥层，测定 Cu^{67} 示踪原子的浓度，并根据菲克第二扩散方程求解晶界扩散系数，得出列于表 4.10 的实验结果。

表 4.10　纳米 Cu、单晶 Cu 及多晶 Cu 中的自扩散系数

温度 / K	$D_{\text{纳米Cu}} / (\text{m}^2 \cdot \text{s}^{-1})$	$D_{\text{多晶Cu}} / (\text{m}^2 \cdot \text{s}^{-1})$	$D_{\text{单晶Cu}} / (\text{m}^2 \cdot \text{s}^{-1})$
393	1.7×10^{-17}	2.2×10^{-28}	2.0×10^{-31}
353	2.0×10^{-18}	6.2×10^{-30}	2.0×10^{-34}
293	2.6×10^{-20}	4.8×10^{-33}	2.0×10^{-40}

由表中数据可知，纳米 Cu 在 353 K 时的自扩散系数为 $2.0 \times 10^{-18}\ \text{m}^2 \cdot \text{s}^{-1}$，比通常的多晶 Cu 内自扩散系数 $(6.2 \times 10^{-30}\ \text{m}^2 \cdot \text{s}^{-1})$ 约大 12 个数量级，更比大块单晶 Cu 内原子的自扩散系数 $(2.0 \times 10^{-34}\ \text{m}^2 \cdot \text{s}^{-1})$ 大了 14~16 个数量级。

表 4.11 列出了纳米 Cu、单晶 Cu 和多晶 Cu 中扩散常数 D_0 和扩散激活能 Q 的值，同时给出了单晶 Cu 沿 (111) 面的表面激活能 Q_S。可以看出，纳米 Cu 中界面扩散的激活能只有多晶 Cu 的 2/3，与单晶 Cu 的表面扩散激活能非常相近，说明纳米 Cu 中的界面扩散可能与表面扩散的机制相似，原因在于其极高的比表面。而普通多晶体中的晶界扩散，一般认为是通过空位机制进行，只是空位会择优在晶界处聚集。现已经发现纳米颗粒中存在有三种自由体积：单空位、包含有约 10 个空位的空位团(或称为微孔隙)和晶粒尺度大小的空洞，这些空位型缺陷如何影响扩散机制还有待进一步研究。

表 4.11 纳米 Cu、单晶 Cu 及多晶 Cu 中自扩散激活能和扩散常数及 Cu(111)面的扩散激活能

纳米 Cu	多晶 Cu	单晶 Cu	沿 (111) 的表面
$Q_N = 0.64\,\text{eV}$	$Q_P = 1.06\,\text{eV}$	$Q_S = 1.98\,\text{eV}$	$Q_{(111)} = 0.69\,\text{eV}$
$D_{N0} = 3\times10^{-9}\,\text{m}^2\cdot\text{s}^{-1}$	$\varepsilon D_{M0} = 9.7\times10^{-15}\,\text{m}^3\cdot\text{s}^{-1}$ [①]	$D_{S0} = 4.4\times10^{-6}\,\text{m}^2\cdot\text{s}^{-1}$	—

① 多晶扩散常数以 εD_{M0} 度量，ε 为晶界宽度。

由于纳米颗粒的扩散系数极高，而扩散距离又极短，因此，相同条件下与普通的固体材料相比对溶质有很高的溶解度。例如，Bi 在平均粒径为 8 nm 的 Cu 颗粒中溶解度约为 4%，而在普通的多晶 Cu 中，100℃时的溶解度还不到 10^{-4}，可见纳米 Cu 中 Bi 的溶解度几乎是普通多晶 Cu 的 $10^3\sim10^4$ 倍。在普通多晶中两个不互溶的金属系统，如 Ag/Fe 和 Cu/Fe，在纳米尺度下都可以形成固溶体。

在常规材料的制备与成型工艺中，由于材料的颗粒较大，界面附近的原子与体内原子数相比微不足道，因而只能引起固体局部结构和性质的改变。在纳米尺度上，情况变得很大不同，由于溶解度增加，纳米材料中甚至可能出现界面固相反应，即通过界面上的原子扩散形成新相。又由于极高的扩散系数和极短的扩散距离，反应扩散可以在较低温度下进行，形成不同的亚稳相。用机械化的手段(如用高能球磨制备不同组成元素的合金)制备纳米尺度上的合金材料，包括一些常规方法难以获得的合金材料(如 Al-Fe 系合金)，就是利用了纳米尺度的颗粒在球磨混合过程中原子能够快速扩散的特性。

4.13 金属中的电迁移与热迁移

当金属中通过大电流密度时，静电场力驱动电子由阴极向阳极移动，高速运动的电子与金属原子碰撞发生动量交换，原子受到猛烈的电子冲击力，称为电子风力 F_w。当所产生的电子风力 F_w 足够大时，金属原子受到电子风力的驱动，产生从阴极向阳极的受迫定向扩散，即发生了金属原子的电迁移。

由于材料内部存在多种类型的缺陷，如晶界、相界、空位、间隙原子和位错等，它们能够影响原子的电迁移，导致产生不同迁移速率的原子流。当某一微区流入和流出的原子总数不相等时，就导致微区的质量变化，形成空洞或原子聚集。同时，电迁移产生的局部缺陷使试样的导电面积减小，电流密度增加，引起试样中局部温度升高，产生温度梯度。由于原子扩散和温度密切相关，因此，温度梯度导致试样中出现热应力。热应力梯度与电迁移梯度方向相同，加大电迁移驱动力可加速电迁移现象。

电迁移是一个动态过程，电子风力引起的原子定向迁移使得试样中出现由阳极指向阴极的浓度梯度，即出现质量的重新分布。在浓度梯度的驱动下，试样中原子出现回流，回流的原子一方面降低了电迁移的速率，另一方面部分修复了电迁移产生的缺陷。

和电位梯度类似，温度梯度同样能造成金属中质点的迁移，称为热迁移。热迁移的原理很容易理解，由于原子热运动和温度息息相关，试样中温度不平衡时，很容易造成原子热运动的差异，高温处的原子易于脱位，产生空位等缺陷，从而引发金属中的质点扩散迁移现象。

4.14　小　　结

固体中原子或分子的迁移称为扩散。扩散是固体中物质迁移的唯一方式。扩散研究一般涉及两个方面，即扩散的宏观规律——唯象理论和扩散的微观机制——原子理论。

菲克第一定律描述了原子扩散通量 J 与浓度梯度之间的关系，即扩散通量与浓度梯度成正比，并且扩散方向与浓度梯度方向相反。菲克第一定律适于描述一种扩散物质的质量浓度不随时间变化的稳态过程，它难以描述大多数实际情况下的非稳态扩散。因此，在引入质量守恒定律后，由菲克第一扩散方程可导出适于分析非稳态过程的菲克第二扩散方程，并进而根据不同扩散问题的初始条件和边界条件，求出扩散物质浓度随时间和位置的变化规律。

置换式固溶体中的原子扩散与间隙固溶体的原子扩散不同，它不仅涉及溶质原子的扩散，也涉及溶剂原子的扩散。溶质原子和溶剂原子的扩散速率不同，导致了柯肯德尔效应。在置换式固溶体中的原子扩散通量可具有菲克第一定律的形式，但扩散系数是互相扩散系数，它与两种原子的本征扩散系数相关。

在描述原子扩散的迁移机制中，最重要的是间隙机制和空位机制。间隙式固溶体中原子扩散仅涉及原子迁移能，而置换式固溶体中原子的扩散机制，不仅需要原子迁移能而且需要空位形成能，因此导致间隙原子扩散速率比置换式固溶体中的原子扩散速率高得多。

扩散系数(或称为扩散速率)是描述物质扩散难易程度的重要参量，其与温度的关系遵循阿伦尼乌斯方程，与扩散激活能有关。因此，物质的扩散能力也可用扩散激活能的大小来表征，激活能小的体系容易扩散，相反，激活能大的体系则扩散较难进行。

扩散的本质驱动力是化学位梯度，扩散是由体系中各组元化学位存在差异而引起的，各组元的原子总是由高化学位区域向低化学位区域扩散，达到平衡后，各组元的化学位梯度为零，扩散终止。

为了更好地应用扩散现象，需要了解影响扩散的因素，这是很重要的。在影响扩散的诸多因素(如温度、固体类型、晶体结构、晶体缺陷、化学成分、应力等)中，温度是最重要的因素。

出现相变的扩散称为相变扩散或反应扩散，由反应扩散所形成的相可参考平衡相图进行分析。实验结果表明：在二元合金反应扩散的渗层组织中不存在两相混合区，只有孤立的单相存在，而且在它们的相界面上的浓度是突变的，它对应于相图中每个相在反应扩散温度下的极限溶解度。

扩展阅读 4.1　柯肯德尔效应在制备中空纳米材料方面的应用

在纳米尺度上，应用柯肯德尔效应制备中空材料的第一个例子来自美国加利福尼亚州立大学伯克利分校化学系的 A. Paul Alivisatos 教授团队。他们先制备了 Co 纳米颗粒，然后对它们的表面进行硒化，得到具有核壳结构的 Co@CoSe 纳米颗粒，这样构成了两对扩散偶，即 Co-CoSe 和 CoSe-Se。要继续硒化有两种途径，Se 向内扩散穿过 CoSe 壳层与内核处的 Co 反应或者 Co 向外扩散穿过 CoSe 壳层与外部的 Se 反应。实验发现，Co 穿过 CoSe 壳层向外扩散的速度要远大于 Se 穿过 CoSe 壳层向内扩散的速度，扩散速度的差异使处于内核的 Co 被移除，最后获得具有中空结构的 CoSe 纳米颗粒，如图 4.58 所示。

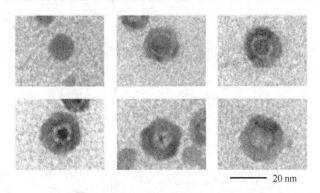

———— 20 nm

图 4.58　基于柯肯德尔效应制备的中空 CoSe 纳米颗粒(Yin et al, 2004)

新加坡国立大学化学与分子工程系的曾华纯教授带领的团队将纳米尺度上柯肯德尔效应结合阳离子交换反应制备得到中空 Ag_2S 与实心 Ag 颗粒构成的异质二聚体,标记为 hAg_2S-Ag。如图 4.59 所示,他们使用 Cu_2O 纳米颗粒为起始材料,然后将 Cu_2O 颗粒的部分外壳层转化为 CuS,这样 Cu_2O 与 CuS 便构成了一对扩散偶,这个扩散偶中内核组分向外扩散要快于壳层组分向内扩散,这样扩散至表面的 Cu_2O 继续被转化为 CuS,获得中空的 CuS 纳米颗粒。进而通过阳离子交换反应,将中空 CuS 转化成中空 Ag_2S 纳米颗粒,然后在其表面负载金属 Ag 纳米颗粒,最终获得 hAg_2S-Ag 异质纳米结构。由于半导体和金属组分间电子相互作用,这种 hAg_2S-Ag 异质纳米结构在紫外光照下表现出优良的杀菌性能。

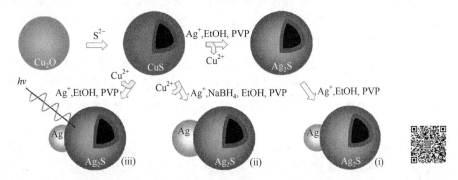

图 4.59　柯肯德尔效应结合阳离子交换反应制备 hAg_2S-Ag 异质结构纳米材料示意图(Pang et al, 2010)

中国科学院过程工程研究所的研究人员成功制备了具有中空结构的六面体 Cu_3Pt 二元合金纳米颗粒,并用透射电子显微镜追踪了颗粒的演化过程。他们发现,最终的中空合金在最初呈现 Cu@Pt 核壳结构,然后有一个 Cu 内核尺寸逐渐减小直至消失的过程。柯肯德尔效应可以对这个实验现象做出合理的解释,如图 4.60 所示,在预先制备的 Cu 颗粒存在时,高温下还原 Pt 前驱体克服了 Cu 颗粒与 Pt 前驱体之间的伽伐尼置换反应,被还原的 Pt 原子生长在 Cu 颗粒的表面,先形成 Cu@Pt 核壳结构纳米颗粒,这个核壳结构颗粒同时是一个 Cu-Pt 二元扩散偶。由于 Cu 和 Pt 晶格不匹配,Cu 核与 Pt 壳之间存在相界和晶界等缺陷,空位在核壳之间聚集,这些聚集的空位可以介导 Cu 和 Pt 的互扩散。由于 Cu 原子的尺寸较小,它的扩散速度快于 Pt 原子,扩散最终导致形成中空结构的 CuPt 合金,它们具有 3/1 的化学组成。这种贵金属基中空颗粒不仅节约了大量贵重的材料,而且由于具有可以利用的内表面,在电催化和热催化领域都有重要的潜在应用。

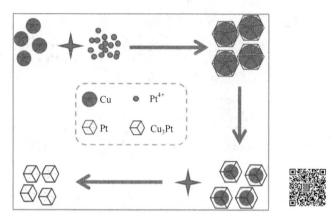

图 4.60 基于柯肯德尔效应的 Cu@Pt 核壳纳米颗粒向中空 Cu₃Pt 合金纳米颗粒演化示意图(Han et al, 2014)

除了上面几个典型的例子，还有很多利用柯肯德尔效应制备中空纳米结构的例子，如制备中空氧化物 $ZnAl_2O_4$ 纳米管、中空 CoO 纳米颗粒及哑铃状的 Pt-中空 CoO 异质结构等，不再赘述。

扩展阅读 4.2 Au 在 Ag₂S 纳米颗粒中由内向外的扩散现象

当材料的几何尺寸进入纳米尺度时，就会呈现出明显区别于块体材料的物理和化学性质，这些特性在光学、催化、影像和医药等领域的应用已经受到人们的广泛关注和研究。迄今为止，纳米尺度材料尤其是异质结构纳米颗粒仍然是热点研究领域，具有巨大的活力和吸引力，大量的新现象和新规律还有待发现，充满了原始创新的机会。

中国科学院过程工程研究所的科研人员发现了一种发生在纳米尺度材料中的新奇现象，即贵金属在 Ag_2S 纳米颗粒中由内向外的迁移或称扩散现象，迁移的最终结果是开始时贵金属处于内核而 Ag_2S 处于外壳层的核壳结构纳米颗粒演变成由 Ag_2S 和贵金属构成的异质纳米二聚体结构，如图 4.61 所示。

有两种机制可以解释这一现象，如图 4.62 所示：其一是将 Au 内核和 Ag_2S 壳层看作一对扩散偶。核壳结构 Au@Ag 纳米颗粒中的 Ag 壳层转化为 Ag_2S 壳层后，由于单斜相的 Ag_2S 壳层与面心立方相的 Au 内核晶体结构差异较大，相界面处失配严重，界面质点(原子、离子)必

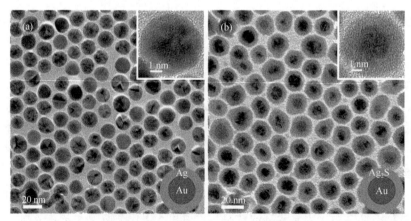

图 4.61 Au 在 Ag₂S 中由内向外的迁移
(a) Au@Ag 纳米颗粒；(b) Au@Ag₂S 纳米颗粒；(c) 最终 Au-Ag₂S 异质结构；(d) 迁移中间结构状态

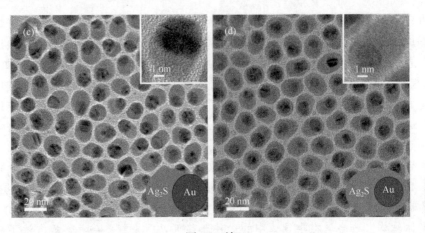

图 4.61(续)

然处于较高的能量状态，容易脱离各自化学键的束缚而迁移进入另一相。一定温度下，晶体中均存在平衡浓度的点缺陷，如空位等，这些点缺陷尤其空位可以协助质点迁移以换位的方式进行。但 Au 和 Ag_2S 构成的扩散偶中，Ag^+ 向 Au 中的迁移可能性较低，因为要保持局部电中性，Ag^+ 的迁移必然伴随着 S^{2-} 的迁移，这种状况不容易发生。因此，扩散偶中发生的迁移主要是 Au 原子在 Ag_2S 中以空位机制进行的扩散。这一迁移过程一旦在核壳结构 $Au@Ag_2S$ 颗粒内部某一方向引发，Au 内核的其他原子便会遵循这一方向继续迁移，便导致观察上 Au 内核在 Ag_2S 整体移动的效果。

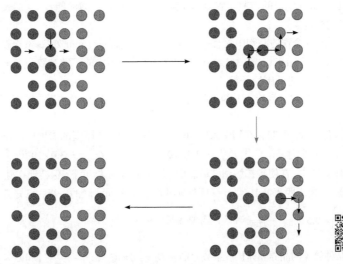

图 4.62　Au 在 Ag_2S 纳米颗粒中由内向外迁移过程示意图

其二是将 Au 内核视作掺杂在 Ag_2S 半导体中的杂质，然后被半导体 Ag_2S 纳米颗粒以一种自净(self-purification)机制排出体外。异类原子掺杂能够导致实际晶体中的某些区域与理想晶体发生偏差，是一类晶体点缺陷，而半导体为保持自身质点排列的规则性，有排出掺杂在其中的异类原子的趋势，称为自纯化机制，这一机制经常用来解释向半导体中掺杂金属或非金属原子所遇到的困难。Turnbull 曾经报道尺寸小的颗粒其自纯化机能更加强烈，从而导致其自身的点缺陷更少。这是因为随着颗粒的尺寸减小，点缺陷包括异类原子更加容易排出，它们在晶体中迁移至表面所经历的距离要远远小于块体材料。Dalpian 和 Chelikowsky 从能量的角度以热力学的观点解释了这一现象，他们认为自纯化是半导体材料的一种固有性质，并且发现缺陷形成能随着颗粒尺寸的减小快速增加，因而小颗粒有更加强烈的意愿排出掺杂在自身中的异类原子。基于这一机制，在核壳结构 Au@Ag$_2$S 纳米颗粒中，由于面心立方 Au 内核和单斜 Ag$_2$S 壳层间的严重晶格失配，处于高能量状态的 Au 原子一旦摆脱金属键的束缚，通过和界面处的空位交换迁移进入 Ag$_2$S 相，就可以被处于纳米尺度上的 Ag$_2$S 以自纯化机制排出至表面，这一过程重复进行也可造成观察上 Au 内核在 Ag$_2$S 中沿着某一方位整体迁移至颗粒表面。

　　这种贵金属在 Ag$_2$S 纳米颗粒中的迁移现象并非 Au 所独有，研究者们通过制备核壳结构 Ag@Ag$_2$S、Pd@Ag$_2$S 和 Pt@Ag$_2$S 纳米颗粒并观察对比静置前后颗粒的透射电子显微镜图像，发现涉及的贵金属如 Ag、Pd 和 Pt 均能由内核位置迁移至 Ag$_2$S 颗粒的外表面，并与 Ag$_2$S 构成异质二聚体结构。贵金属在半导体中的这种迁移可以用来制备一些常规方法不易获得的异质结构纳米材料，如 Pd-Ag$_2$S 和 Pt-Ag$_2$S 异质二聚体，用常规种子生长法在 Ag$_2$S 颗粒存在时还原 Pd 和 Pt 金属前驱体通常很难成功，要么贵金属在 Ag$_2$S 表面多个位点生长(水相制备)，要么形成连续的贵金属壳层包覆整个半导体种子颗粒(有机相制备)，而贵金属在半导体中的迁移则提供了一种可行的选择。

习　题

1. 当锌向铜内扩散时，已知在 x 点处锌的含量为 2.5×10^{17} 个锌原子·cm^{-3}，300℃时每分钟每平方毫米要扩散 60 个锌原子。已知锌在铜内的扩散常数 $D_0 = 0.34 \times 10^{-14}$ m^2·s^{-1}，激活能 $Q = 4.5$ kcal·mol^{-1}，求与 x 点相距 2 mm 处锌原子的浓度。

2. 在钢棒的表面，每 20 个铁的晶胞中含有一个碳原子，在离表面 1 mm 处每 30 个铁的晶胞中含有一个碳原子，已知铁为面心立方结构($a = 0.365$ nm)，1000℃时碳在钢中的扩散系数为 $D = 3 \times 10^{-11}$ m^2·s^{-1}，求每分钟内因扩散通过单位晶胞的碳原子数。

3. 在恒定源条件下 820℃时，钢经 1 h 的渗碳可得到一定厚度的表面渗碳层，若在同样条件下得到两倍厚度的渗碳层，需要几个小时?

4. 在不稳定扩散条件下 800℃时，在钢中渗碳 100 min 可得到合适厚度的渗碳层，若在 1000℃时得到同样厚度的渗碳层，需要多少时间? 已知 $D_{800℃} = 2.4 \times 10^{-12}$ m^2·s^{-1}，$D_{1000℃} = 3.0 \times 10^{-11}$ m^2·s^{-1}。

5. 在制造硅半导体器体中，常使硼扩散到硅单晶中，若在 1600 K 温度下，保持硼在硅单晶表面的浓度恒定(恒定源半无限扩散)，要求距表面 10^{-3} cm 深度处硼的浓度是表面浓度的一半，已知 $D_{1600℃} = 8.0 \times 10^{-12}$ m^2·s^{-1}，且当 $\mathrm{erf}\left(\dfrac{x}{2\sqrt{Dt}}\right) = 0.5$ 时，$\dfrac{x}{2\sqrt{Dt}} = 0.5$，需要多长时间?

6. 某种材料中，某种粒子的晶界和体扩散系数分别为 $D_g = 2.0 \times 10^{-10} \exp\left(-\dfrac{19100}{T}\right)$ 和 $D_v = 1.0 \times 10^{-4} \exp\left(-\dfrac{38200}{T}\right)$，晶界扩散和体扩散分别在什么温度范围内占优势?

7. 假定碳在 α-Fe(体心立方)和 γ-Fe(面心立方)中的扩散系数分别如下，计算 800℃时各自的扩散系数并解释其差别。

$$D_\alpha = 0.0079 \exp\left(-\frac{83600 \text{ J·mol}^{-1}}{RT}\right) \text{cm}^2 \cdot \text{s}^{-1}$$

$$D_\gamma = 0.021 \exp\left(-\frac{141284 \text{ J·mol}^{-1}}{RT}\right) \text{cm}^2 \cdot \text{s}^{-1}$$

8. 试分析离子晶体中，阴离子扩散系数一般小于阳离子扩散系数的原因。

9. 为避免镍和钽直接反应，如图 4.63 所示，在镍和钽片中间插入一层厚 0.05 cm 的 MgO。在 1400℃时，镍离子将通过 MgO 层向钽片扩散，试计算镍离子每秒的扩散量和 10^{-4} cm 的镍层消失的时间。已知镍离子在 MgO 中的扩散系数为 $D = 9.0 \times 10^{-12}$ cm$^2 \cdot$s^{-1}，在 1400℃时，Ni 的点阵常数是 $a = 3.6 \times 10^{-8}$ cm，面心立方。

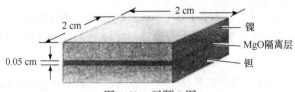

图 4.63　习题 9 图

10. 直径为 3 cm、长 10 cm 的管子，一端装有浓度均为 0.5×10^{20} 原子$\cdot$cm^{-3} 的氮(N)和氢(H)，另一端装有浓度均为 1.0×10^{18} 原子$\cdot$cm^{-3} 的氮和氢，中间用体心立方结构的铁膜片隔开，如图 4.64 所示。气体不断地引入这根管子以保证氮和氢的浓度为常数，整个系统都是在 700℃下进行。系统设计要求每小时扩散通过该膜片的氮不超过 1%，而允许至少 90%的氢通过该膜片，试设计该膜片的厚度。已知：在 700℃的体心立方晶体铁中，氮原子的扩散系数 $D_N = 3.64 \times 10^{-7}$ cm$^2 \cdot$s^{-1}，氢原子的扩散系数 $D_H = 1.86 \times 10^{-4}$ cm$^2 \cdot$s^{-1}。

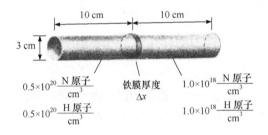

图 4.64　习题 10 图

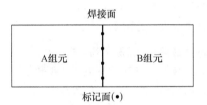

图 4.65　习题 11 图

11. 如图 4.65 所示，由 A 组元棒和 B 组元棒焊接成的扩散偶，并在焊缝处用 Mo 丝做标记，在 773 K 下扩散足够的时间。已知 A 组元在 B 组元构成的晶体中的扩散常数(D_0)和激活能(Q)分别为 2.1×10^{-5} m$^2 \cdot$s^{-1} 和 1.7×10^5 J$\cdot$mol^{-1}，而 B 组元在 A 组元构成的晶体中的扩散常数(D_0)和激活能(Q)分别为 0.8×10^{-5} m$^2 \cdot$s^{-1} 和 1.4×10^5 J$\cdot$mol^{-1}。

(1) 标记在焊接面哪一侧？

(2) 扩散中的空位最终聚集在哪一侧？

12. 已知 Zn 在 Cu 中扩散时，扩散常数 $D_0 = 2.1 \times 10^{-5}$ cm$^2 \cdot$s^{-1}，激活能 $Q = 1.7 \times 10^5$ J$\cdot$mol^{-1}。(1)求 820℃时 Zn 在 Cu 中的扩散系数。(2)讨论影响金属材料扩散的因素。

13. 在 870℃下渗碳比 927℃渗碳淬火变形小，可得到较细的晶粒。碳在 γ-Fe 中的扩散常数 $D_0 = 2.0 \times 10^{-5}$ m$^2 \cdot$s^{-1}，激活能 $Q = 140$ kJ$\cdot$mol^{-1}，$R = 8.314$ J$\cdot$mol$^{-1} \cdot$K^{-1}。试计算：

(1) 870℃下和 927℃下碳在 γ-Fe 中的扩散系数。

(2) 在 870℃得到与 927℃下渗碳 10 h 相同结果所需的时间。

(3) 若规定 0.3% C 作为渗碳层厚度的量度，在 927℃渗碳 10 h，其渗碳层厚度为 870℃渗碳 10 h 的多少倍。

14. Zn^{2+}在 ZnS 中扩散时，563℃时扩散系数 $D = 3.0 \times 10^{-4}$ cm$^2 \cdot$s^{-1}，450℃时的扩散系数 $D = 1.0 \times 10^{-4}$ cm$^2 \cdot$s^{-1}，求：

(1) 扩散的活化能和 D_0。

(2) 750℃时的扩散系数。

(3) 根据对结构的理解，试从运动的观点和缺陷的产生推断激活能的含义。

15. 工业纯铁在 927℃下渗碳，设工件表面很快达到渗碳饱和(1.3%的碳)，然后保持不变，同时碳原子不断向工件内部扩散。求渗碳 10 h 后渗碳层中碳浓度分布的表达式。

16. 设观察到有间隙原子的扩散过程，在 500℃时迁移速率为 5×10^8 次$\cdot$s^{-1}，在 800℃时迁移速率为

8×10^8 次·s^{-1}，试计算该过程的激活能 Q 。

17. 有人认为"固体原子每次跳动方向都是随机的，所以在任何情况下扩散通量都为零"，"间隙固溶体中溶质浓度越高，则溶质所占的间隙越多，故可供扩散的空余间隙越少，从而导致扩散系数下降"。以上说法是否正确？为什么？

18. 有一硅单晶片，厚 0.5 mm，其一个端面上每 10^7 个硅原子包含 2 个镓原子，另一个端面经处理后含镓的浓度升高。已知硅的点阵常数为 0.5407 nm，在该面上每 10^7 个硅原子需包含几个镓原子，才能使浓度梯度为 2×10^{26} 原子·m^{-3}·m^{-1} ？

19. 对于体扩散和晶界扩散，假定扩散激活能 $Q_{晶界} \approx \frac{1}{2} Q_{体}$，试画出其 $\ln D$ 相对温度倒数 $\frac{1}{T}$ 的曲线，并指出约在哪个温度范围内晶界扩散起主导作用。

20. 已知 Al 在 Al_2O_3 中扩散常数 $D_0 = 2.8 \times 10^{-3}$ m^2·s^{-1}，激活能 $Q = 477$ kJ·mol^{-1}，而氧在 Al_2O_3 中扩散常数 $D_0 = 0.19$ m^2·s^{-1}，激活能 $Q = 636$ kJ·mol^{-1} 。
   (1) 分别计算两者在 2000 K 温度下的扩散系数 D 。
   (2) 说明它们扩散系数不同的原因。

21. 三元系合金发生扩散时，扩散层内为什么能出现两相共存区，而不能出现三相共存区？

22. γ-Fe 在 925℃ 渗碳 4 h，碳原子跃迁频率为 $\Gamma = 1.7 \times 10^9$ 次·s^{-1}，若考虑碳原子在 γ-Fe 中的八面体间隙跃迁，跃迁的步长为 2.53×10^{-10} m 。
   (1) 求碳原子总迁移路程 S 。
   (2) 求碳原子总迁移的均方根 $\sqrt{R^2}$ 。
   (3) 若碳原子在 20℃ 时的跃迁频率为 2.1×10^{-9} 次·s^{-1}，求碳原子在 4 h 的总迁移路程和均方根位移。

23. α-Fe 的致密度小于 γ-Fe 的致密度，而且碳原子在 α-Fe 中的扩散系数大于其在 γ-Fe 中的扩散系数，为什么渗碳不在 α-Fe 中进行而在 γ-Fe 中进行？

24. 什么是菲克第一定律？该定律应注意的问题是什么？

25. 有厚度为 h 的薄板，在 t_1 温度下板两侧的浓度分别为 ρ_1、ρ_0，且 $\rho_1 > \rho_0$，当扩散达到平稳态后，给出 D 为常数、D 随浓度增加而增加、D 随浓度增加而减少三种情况下的浓度分布曲线，并求出 D 为常数时板中部的浓度。

26. 扩散的本质驱动力是什么？从微观角度解析纯金属中自扩散的内在原因。

27. 在半导体工业生产中常采用掺杂方法制备 p 型或 n 型半导体晶体管，已知 1100℃ 时磷(P)在硅中的扩散系数 $D = 6.5 \times 10^{-13}$ cm^2·s^{-1}，不同 β 值所对应的误差函数见表 4.12。假定初始时硅晶圆片中没有磷原子，磷在硅中是一维扩散，且扩散过程中 D 值保持不变，表面源提供的磷浓度为 10^{20} 原子·cm^{-3}，扩散时间为 1 h。多深距离处磷在硅中的浓度为 10^{18} 原子·cm^{-3}？

表 4.12　β 值所对应的误差函数值 erf(β)

β	1.55	1.60	1.65	1.70	1.75	1.80	1.90	2.00	2.20	2.70
erf(β)	0.9716	0.9763	0.9804	0.9838	0.9867	0.9891	0.9928	0.9953	0.9981	0.9990

28. 为研究稳态条件下间隙原子在面心立方金属中的扩散情况，在厚度为 0.25 mm 金属薄膜的一个端面(面积 1000 mm^2)保持对应温度下的饱和间隙原子，另一个端面间隙原子为零。现测得如表 4.13 所列的数据，计算在这两个温度下的扩散系数和间隙原子在面心立方金属中的扩散激活能。

表 4.13　某金属薄膜中间隙原子的扩散速率

温度/K	薄膜中间隙原子的溶解度/(kg·m^{-3})	间隙原子通过薄膜的速率/(g·s^{-1})
1223	14.4	0.0025
1136	19.6	0.0014

29. 解释下列基本概念和术语。

扩散、自扩散、互扩散、间隙扩散、空位扩散、上坡扩散、反应扩散、稳态扩散、非稳态扩散、扩散系数、互扩散系数、扩散激活能、扩散通量、本征扩散、非本征扩散、晶界扩散、表面扩散、柯肯德尔效应。

30. 指出以下概念中的错误。

(1) 如果固体中不存在扩散流，则说明原子没有扩散。

(2) 因为固体原子每次跳动方向是随机的，所以任何情况下扩散通量都为零。

(3) 晶界上原子排列混乱，不存在空位，所以以空位机制扩散的原子在晶界处无法扩散。

(4) 体心立方比面心立方晶体的配位数小，故由 $D = \dfrac{1}{24}a^2\Gamma$ 关系式可见，呈体心立方结构的 α-Fe 中的原子扩散系数小于呈面心立方结构的 γ-Fe 中的原子扩散系数。

31. 以空位机制进行扩散时，原子每跳动一次相当于空位反向跳动一次，并未形成新的空位，而扩散激活能中却包含空位形成能。此说法是否正确？给出解释。

32. 有两种激活能分别为 $Q_1 = 83.7\ \text{kJ·mol}^{-1}$ 和 $Q_2 = 251\ \text{kJ·mol}^{-1}$ 的扩散反应，观察在温度从 25℃升高到 600℃时对这两种扩散的影响，并对结果做出评述。

33. 回答下列有关固体扩散的问题。

(1) Fe-0.2% (质量分数) C-13% (质量分数) Cr 合金在一定温度下保温时，哪些原子会发生扩散？扩散机制分别是什么？

(2) 若纯 Fe 和纯 Cr 组成一对扩散偶，分析原子的扩散规律应采用什么定律或方程？写出相应的数学表达式。

34. A、B 两组元在液态和固态都完全互溶，扩散系数分别用 D_A 和 D_B 表示。现将纯 A 和纯 B 各一块组成扩散偶，并在 A/B 界面上放置钼丝，然后将此扩散偶置于略低于固相线温度下加热。

(1) 如果若干小时后钼丝向 B 端移动，比较 D_A 与 D_B 的大小关系，并说明原因。

(2) 在这对扩散偶中是否会发生稳态扩散？为什么？

(3) 对于这对扩散偶中原子迁移的规律应该用什么方程描述？写出相应的数学表达式和扩散系数表达式。

35. 测得碳在 α-Ti 中不同温度下的扩散系数如表 4.14 所示。

表 4.14　碳在 α-Ti 中的扩散系数

测量温度/℃	扩散系数 $D/(\text{m}^2\cdot\text{s}^{-1})$
736	2.0×10^{-13}
782	5.0×10^{-13}
835	1.3×10^{-13}

(1) 试确定公式 $D = D_0\exp(-Q/RT)$ 是否适用；若适用，则计算出扩散常数 D_0 和激活能 Q。

(2) 试求 500℃下的扩散速率。

第 5 章 固体的形变

强度和塑性是材料两个十分重要的力学性能，前者表示工程材料抵抗断裂和过度形变的能力，后者则是指材料能发生塑性形变的量或能力，它们都与材料的组织和结构有密切关系。材料在外力作用下要发生相应形变直至最终断裂，当外力较小时发生弹性形变，这种形变是可逆的，在外力去除后它便可以完全恢复，形变消失；随着外力的逐步增大，进而会发生永久变形，称为塑性形变或范性形变，是指外力去除后其形变不能得到完全恢复，而是具有残留或永久形变。在这个过程中，不仅材料形状或尺寸发生了变化，其内部组织以及相关的性能也都会发生相应变化。例如，对于弹性形变，实质是在应力作用下，材料内部原子间距偏离了平衡位置，但尚未克服原子间结合力的束缚，晶体材料这时表现为晶格发生伸长、缩短或扭曲，但原子的相邻关系并未发生改变，故外力去除后，原子间结合力便可以使形变完全恢复；对于塑性形变，则是在应力作用下，材料内部原子的相邻关系已经发生改变，故外力去除后，原子不是回到原来的平衡位置，而是停留在另一平衡位置，在试样中留下永久(或不可逆)形变。

研究材料在形变过程中的行为特点，分析其形变机理和微观机制，对理解影响材料形变的各种因素，阻止和延缓形变的发生，强化材料，以及指导塑性材料加工成型都有十分重要的理论和实际意义。与研究固体中的扩散现象类似，从理论上研究固体的形变特点也有两种途径：一是宏观途径，即建立唯象理论，如基于实验观察结果的各种弹、塑性理论和断裂力学等，用于分析、计算工程结构和构件在加工和使用条件下的应力、应变和断裂条件；二是微观途径，即建立固体形变的微观模型，从原子尺度上研究固体形变的引发机制，并确定材料微观组织(结构)与其强度及塑性等力学性能之间的关系。

本章先简述固体材料的力学性质，给出应力-应变曲线，从而引出屈服强度和拉伸强度等力学概念以及描述固体试样形变过程的主要参数，然后着重讨论单晶体弹性和塑性形变的方式和规律，在此基础上简单讨论多晶体的塑性形变特点，并运用已经学习的位错知识理解金属或合金强化的基本原理。

5.1 固体材料的力学性质

大到飞机机翼制造所用的铝合金和建造埃菲尔铁塔的钢构件，小到一个书架，几乎所有材料在服役和使用过程中不可避免地会受到力的作用。在这些情况下，必须了解材料的性能，如刚度、强度、硬度、延展性及韧性等，才能合理设计，以保证材料所制成的构件在外加载荷或力的作用下所产生的形变能够在允许的范围内。

另外，尽管设计构件时会考虑材料的塑性形变特性，但使用过程中难以避免的应力集中现象导致局部区域发生过量的塑性形变，从而影响工件正常工作甚至引起事故，或者构件加工成型过程中引入大量缺陷，导致压力容器、船体、火箭或其他航天器等一些重要产品出现突然性的脆性破坏。因此，材料和冶金工程师要关注材料的生产和制造是否能满足上述应力分析所给出的服役要求，这就要求对材料的显微组织(内部结构)和力学性能之间的关系有一定了解。

5.1.1　材料力学性能的实验测量

测定材料力学性能最常用的方法是静载荷法，即在温度、应力状态和加载速率都保持不变的状态下测定力学性能指标，载荷随时间变化相对较慢时也可以当作静载荷处理。如果载荷在构件截面或表面施加的力度分布均匀，那么构件材料的力学行为可以通过一种简单的应力-应变试验进行确定，这种试验最常用于室温下金属的测试。针对力学性能有差异的固体材料，载荷的施加方式主要有四种，包括拉伸、压缩、剪切和扭转，如图 5.1 所示。

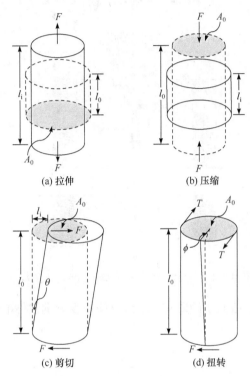

图 5.1　固体试样上载荷不同施加方式示意图
虚线为施加前形状，实线为施加后形状

在第 3 章学习过应力和应变的概念，应力可以简单总结为单位截面上所受到的力，有正应力、剪应力和扭转应力之分；应变可描述为单位长度上的形变量，分为正应变和剪应变。应力和应变两者之间的曲线关系可用下面所述的三种方式测得。

1) 拉伸试验

最常见的应力-应变试验是拉伸试验，这种方式可以用于确定很多种对加工制造十分重要的材料的力学性能。一个用于拉伸试验的标准试样如图 5.2(a)所示，试样截面通常制成圆形，但也有矩形截面的试样，这种"狗骨式"试样是为了使形变被限制在其狭窄的中心区域，而不是发生在两端。试样横截面的标准直径是 12.8 mm，而变截面区的长度可以理解为试样形变过程中表面保持平行的部位，至少是直径的 4 倍，通常为 60 mm。在塑性计算中常用到标距长度(gauge length)，它是在材料拉伸试验中为了确定一些材料属性而人为标注的一段长度，标准值为 50 mm，已经标记在图 5.2(a)中。为避免测试过程中试样端头损坏，端头要比试样平行部位粗一些，直径是 19 mm。图 5.2 中还有一个部位标注值是 9.5 mm，它是端头部分到变截面区的过渡长度。测试时，将试样端头固定在如图 5.2(b)所示的拉伸实验机上，沿试样长轴方向施加一个持续增加的单轴载荷，将试样拉伸直至拉断。拉伸实验机被设计成以恒定速率拉伸试样，同时通过测力传感器和引伸计对瞬时载荷及拉伸长度变化进行持续测量和记录。典型的应力-应变试验需要持续几分钟而且属于破坏性试验，即测试后试样会发生永久变形，而且通常会发生断裂。

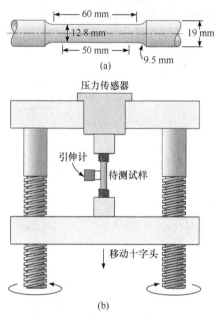

图 5.2　　"狗骨式"拉伸试样(a)和拉伸实验机(b)示意图(Hayden et al, 1965)

拉伸时，为消除试样横截面积的影响，载荷及伸长度分别被标准化为工程应力(σ)和工程应变(ε)，即

$$\sigma = \frac{F}{A_0} \tag{5.1}$$

$$\varepsilon = \frac{l_i - l_0}{l_0} = \frac{\Delta l}{l_0} \tag{5.2}$$

式中，F 为垂直于试样截面的瞬时载荷，单位是牛顿(N)；A_0 为载荷施加前试样的横截面积，m^2；l_i 为瞬时长度；l_0 为载荷施加前试样的长度；Δl 为某一瞬间试样初始长度基础上的伸长量或长度变化。从以上两式可知，工程应力的国际标准单位是帕(Pa)或兆帕(MPa)，而工程应变则是个无量纲的参数，但常以米/米，有时候也用百分数进行表示。

2) 压缩试验

当试样服役或使用过程中受到的力为压缩性质时，需要采用压应力-应变试验确定其力学特性。压缩试验与拉伸试验过程类似，只是前者所施加的载荷为压缩载荷，这时试样沿应力方向被压缩。式(5.1)和式(5.2)仍可用来计算压缩载荷下的应力和应变，即压应力和压应变，只是由于一般规定拉伸为正、压缩为负，故压缩载荷产生的是负应力。此外，由于试样被压缩，$l_i < l_0$，故由式(5.2)计算得到的应变也是负值。与拉伸试验相比，压缩试验不太常用，它能给出的信息比较少，但是当需要在大的或永久应变下测试材料的行为(这时拉伸试验通常会导致试样断裂)，或当材料比较脆不适宜采用拉伸试验时，压缩试验便成为合理的选择。

3) 剪切和扭转试验

对于图 5.1(c)所示的纯剪切试验，剪应力 τ 的计算方式和正应力相同，也是单位面积上施加的载荷，只是载荷或力的方向与试样表面平行，即

$$\tau = \frac{F}{A_0} \tag{5.3}$$

式中，A_0 为试样的截面积；F 为平行于试样截面的载荷。剪应变 γ 是横轴方向的位移量除以纵轴方向试样的初始长度，常被定义为图 5.1(c)所示的应变角 θ 的正切值，即

$$\gamma = \frac{l_1}{l_0} = \tan\theta \tag{5.4}$$

剪切应力与应变的单位与拉伸应力(压缩应力)和应变一样，注意应变一般很小，此时剪切应变近似与应变角在数值上相等。

对于一些构件，如机械轴杆、传动轴、固定在墙上的晾衣竿等，常会受到扭转力，使构件的一端相对另一端以长轴为中心发生转动，这时需要用扭转试验对材料的力学性能进行测试和评估。如图 5.1(d)所示，扭转试验时，剪切应力是施加在构件上扭矩 T 的函数，而剪切应变 γ 则可用扭转角 ϕ 表示，即

$$\gamma = \frac{r\phi}{l_0} = r\omega \tag{5.5}$$

式中，r 为试样圆形截面的半径；ϕ 为扭转角；ω 则表示单位长度试样的扭转角，是一个被称为扭转率的物理量，即 $\omega = \phi/l_0$。

5.1.2　材料的弹性性能

试验发现，在一般情况下，应力、应变、应变速率及温度等因素是相互关联的，其中应变速率是指单位时间的应变量。以正应变为例，应变速率可表示成应变对时间的导数，即

$$\dot{\varepsilon} = \frac{d\varepsilon}{dt} \tag{5.6}$$

当试样在一定温度下受力时，应力、应变及应变速率之间的函数关系称为本构方程，其一般形式可以描述为

$$f(\sigma, \varepsilon, \dot{\varepsilon}) = 0 \tag{5.7}$$

式(5.7)中的变量完全可以用剪应力、剪应变即剪切应变速率代替，在有些情况下还可以表示成混合形式。

1. 普弹性

当试样形变量较小，被拉伸或压缩的状态处于弹性范围时，应力与应变呈线性关系，本构方程便退化成众所周知的胡克定律形式，即

$$\sigma = E\varepsilon \tag{5.8}$$

或

$$\tau = G\gamma \tag{5.9}$$

式中，E 为弹性模量；G 为剪切模量。显然，式(5.8)和式(5.9)与时间无关，其具体含义为：若给定一个应力 σ 或 τ，则立即产生 $\frac{\sigma}{E}$ 或 $\frac{\tau}{G}$ 的应变，应力消失时，应变也完全消失，试样恢

复到未发生形变的状态。

满足胡克定律的材料称为线弹性或胡克型材料，这种材料的应力-应变曲线如图 5.3(a)所示意，它们具有线性关系，直线的斜率相当于弹性模量 E。该模量可以看作刚度，或者材料对弹性形变的抵抗能力。弹性模量越大，材料刚性越强，或者说在同样的应力作用下材料的弹性应变越小。

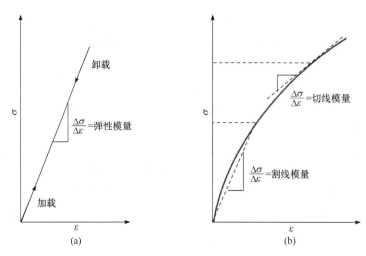

图 5.3 线性弹性形变应力-应变(a)和非线性弹性形变应力-应变(b)示意图

在微观尺度上，弹性应变表现为原子间距的细微变化以及原子间键的拉伸或压缩。因此，弹性模量 E 的大小是对分离或趋近相邻原子的阻力，即度量原子间键合力的一个参数指标。在原子间作用力 (F)-原子间距 (r) 曲线上[参考图 1.13(a)]，弹性模量与该曲线在原子平衡距离处 (r_0) 的斜率成正比，即

$$E \propto \left(\frac{\mathrm{d}F}{\mathrm{d}r}\right)_{r=r_0} \tag{5.10}$$

【练习 5.1】 参考对弹性模量的分析，从微观尺度上思考剪切模量的物理意义。

对于有些材料，如水泥和很多高分子材料，即使在弹性形变范围，它们的应力-应变曲线也并不呈线性关系，如图 5.3(b)所示，因此不能按照前述的方式求取弹性模量。这种情况下通常使用切线或割线模量，前者是应力-应变曲线上某给定应力处切线的斜率，后者则是指从原点到应力-应变曲线上某点连线的斜率，它们的确定方法也显示在图 5.3(b)中。

式(5.8)和式(5.9)是描述单向应力与单向应变之间的关系，当应力场中六个独立的应力分量均不为零时，它们对应的应变分量一般也不为零，此时若应力和应变之间仍满足线性关系，则需将式(5.8)和式(5.9)拓展成广义的形式，即

$$\begin{cases} \sigma_{11} = c_{11}\varepsilon_{11} + c_{12}\varepsilon_{22} + c_{13}\varepsilon_{33} + c_{14}\varepsilon_{12} + c_{15}\varepsilon_{23} + c_{16}\varepsilon_{31} \\ \sigma_{22} = c_{21}\varepsilon_{11} + c_{22}\varepsilon_{22} + c_{23}\varepsilon_{33} + c_{24}\varepsilon_{12} + c_{25}\varepsilon_{23} + c_{26}\varepsilon_{31} \\ \sigma_{33} = c_{31}\varepsilon_{11} + c_{32}\varepsilon_{22} + c_{33}\varepsilon_{33} + c_{34}\varepsilon_{12} + c_{35}\varepsilon_{23} + c_{36}\varepsilon_{31} \\ \sigma_{12} = c_{41}\varepsilon_{11} + c_{42}\varepsilon_{22} + c_{43}\varepsilon_{33} + c_{44}\varepsilon_{12} + c_{45}\varepsilon_{23} + c_{46}\varepsilon_{31} \\ \sigma_{23} = c_{51}\varepsilon_{11} + c_{52}\varepsilon_{22} + c_{53}\varepsilon_{33} + c_{54}\varepsilon_{12} + c_{55}\varepsilon_{23} + c_{56}\varepsilon_{31} \\ \sigma_{31} = c_{61}\varepsilon_{11} + c_{62}\varepsilon_{22} + c_{63}\varepsilon_{33} + c_{64}\varepsilon_{12} + c_{65}\varepsilon_{23} + c_{66}\varepsilon_{31} \end{cases} \tag{5.11}$$

式(5.11)中，c_{11} 等为弹性常数，该式称为广义胡克定律，它也可以更加简洁地用矩阵形式表示，即

$$
\begin{vmatrix} \sigma_{11} \\ \sigma_{22} \\ \sigma_{33} \\ \sigma_{12} \\ \sigma_{23} \\ \sigma_{31} \end{vmatrix} = \begin{vmatrix} C_{11} & C_{12} & C_{13} & C_{14} & C_{15} & C_{16} \\ C_{21} & C_{22} & C_{23} & C_{24} & C_{25} & C_{26} \\ C_{31} & C_{32} & C_{33} & C_{34} & C_{35} & C_{36} \\ C_{41} & C_{42} & C_{43} & C_{44} & C_{45} & C_{46} \\ C_{51} & C_{52} & C_{53} & C_{54} & C_{55} & C_{56} \\ C_{61} & C_{62} & C_{63} & C_{64} & C_{65} & C_{66} \end{vmatrix} \begin{vmatrix} \varepsilon_{11} \\ \varepsilon_{22} \\ \varepsilon_{33} \\ \varepsilon_{12} \\ \varepsilon_{23} \\ \varepsilon_{31} \end{vmatrix}
\tag{5.12}
$$

对于具有对称性的立方系单晶体，将坐标系的 x、y、z 轴与晶胞棱边重合，则式(5.12)可以进一步简化，即

$$
\begin{vmatrix} \sigma_{11} \\ \sigma_{22} \\ \sigma_{33} \\ \sigma_{12} \\ \sigma_{23} \\ \sigma_{31} \end{vmatrix} = \begin{vmatrix} C_{11} & C_{12} & C_{12} & & & \\ C_{12} & C_{11} & C_{12} & & & \\ C_{12} & C_{12} & C_{11} & & & \\ & & & C_{44} & & \\ & & & & C_{44} & \\ & & & & & C_{44} \end{vmatrix} \begin{vmatrix} \varepsilon_{11} \\ \varepsilon_{22} \\ \varepsilon_{33} \\ \varepsilon_{12} \\ \varepsilon_{23} \\ \varepsilon_{31} \end{vmatrix}
\tag{5.13}
$$

单晶体一般是各向异性的，为了表示各向异性的程度，按下面的式子定义一个比值 K，即

$$
K = \frac{C_{44}}{(C_{11} - C_{12})/2}
\tag{5.14}
$$

式中，C_{44} 的物理意义是立方系中 (100) 面沿 [010] 方向的剪切模量；$(C_{11} - C_{12})/2$ 是立方系中 (110) 面沿 $[1\bar{1}0]$ 方向的剪切模量(与坐标原点选择有关)。若这两个剪切模量相同，即 $K = 1$，便称此单晶体的弹性性能为各向同性，否则就是各向异性。

对于各向同性材料，弹性模量和剪切模量并非各自独立的参数，它们之间存在着一个定量关系，即

$$
E = 2G(1 + \nu)
\tag{5.15}
$$

在介绍晶体缺陷的章节曾提到这一关系，式中 ν 称为泊松比，是材料弹性形变阶段内的一个常数，当加载力是单轴纵向时，定义为横向与纵向应变之比。

2. 滞弹性

对于有些黏度较低的液体，本构方程可以退化为

$$
\tau = \eta \frac{\mathrm{d}\gamma}{\mathrm{d}t} = \eta \dot{\gamma}
\tag{5.16}
$$

即任一点处的剪应力都同剪切变形速率成正比，式中的 η 为黏度(流体动力黏性系数)，单位是 $\mathrm{Pa \cdot s}$，$1\,\mathrm{Pa} = 1\,\mathrm{N \cdot m^{-2}}$。式(5.16)称为牛顿黏性定律，是 1687 年牛顿通过实验得到的结论，符合此定律的流体称为牛顿流体。

一些非晶聚合物在高温下呈现牛顿流体的性质，但很多材料既具有胡克弹性体的性质，又具有牛顿黏性体的特征，这类材料称为黏弹性体，可用麦克斯韦模型或开尔文模型进行描述。

1) 麦克斯韦模型

一类黏弹性体相当于一个弹性元件与一个黏性元件串联，如图 5.4 所示，因此作用在这两个元件上的应力相等，而总应变是两者之和，即

$$\gamma = \gamma_G + \gamma_\eta \tag{5.17}$$

将式(5.17)两侧对时间微分，可得

$$\dot{\gamma} = \frac{1}{G}\frac{\mathrm{d}\tau}{\mathrm{d}t} + \frac{\tau}{\eta} \tag{5.18}$$

式中，G 为剪切模量；η 为黏度。如果对此系统施加恒定的应力 τ_0，则产生的应变为

$$\gamma = \frac{\tau_0}{G} + \frac{\tau_0}{\eta}t \tag{5.19}$$

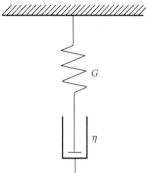

图 5.4　麦克斯韦模型示意图

式(5.19)称为麦克斯韦蠕变方程，其中应变与时间呈线性关系。其具体含义是，在应力 τ_0 的作用下，弹性元件立刻做出反应，产生 τ_0 / G 的初始应变；在随后的时间里，弹性元件状态不变，而黏性元件产生线性应变。

如果式(5.17)中的总应变 γ 保持不变，设为 γ_0，则 $\dot{\gamma} = 0$，求解式(5.18)可得

$$\tau = B\exp\left(-\frac{Gt}{\eta}\right) \tag{5.20}$$

当 $t = 0$ 时，弹性元件立刻做出反应，产生 $\tau_0 = G\gamma_0$ 的应力，故此时的总应力也是 τ_0。根据这个初始条件可确定式(5.20)中的待定常数 B，即 $B = \tau_0 = G\gamma_0$，代入式(5.20)，可得

$$\tau = G\gamma_0\exp\left(-\frac{Gt}{\eta}\right) = G\gamma_0\exp\left(-\frac{t}{\lambda_\mathrm{R}}\right) \tag{5.21}$$

式中，$\lambda_\mathrm{R} = \dfrac{\eta}{G}$，称为松弛常数，也称为松弛时间，因为它具有时间的量纲。式(5.21)称为应力松弛方程，因为随着时间的增加，应力下降(松弛)，其具体含义是，在 $t = 0$ 的初始时刻，只有弹性元件起作用，因此瞬间应力为 $\tau_0 = G\gamma_0$；当 $t>0$ 时，黏性元件内开始产生应变，由于总应变是两个元件应变量之和，因此弹性元件内的应变不断减小，造成应力不断下降。

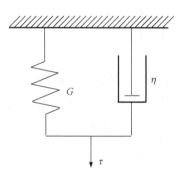

图 5.5　开尔文模型示意图

2) 开尔文模型

还有一类黏弹性体可用图 5.5 所示的开尔文模型表示，它相当于一个弹性元件与一个黏性元件并联，因此两个元件上的应变相等，而总应力则是两者之和，即

$$\tau = \tau_G + \tau_\eta = G\gamma + \eta\frac{\mathrm{d}\gamma}{\mathrm{d}t} \tag{5.22}$$

如果对图 5.5 所示的体系突然施加应力 τ_0 并保持它，求解式(5.22)，可得

$$\gamma = \frac{\tau_0}{G} + B\exp\left(-\frac{t}{\lambda_\mathrm{R}}\right) \tag{5.23}$$

式中，B 为积分时产生的待定常数。由于牛顿型流体在 $t=0$ 时不产生应变，且开尔文模型元件中两部分的应变相等，因此 $t=0$ 时系统的应变 $\gamma = 0$。将这个初始条件代入式(5.23)即可求出常数 B，即 $B = -\dfrac{\tau_0}{G}$，代回式(5.23)，可得

$$\gamma = \frac{\tau_0}{G}\left[1 - \exp\left(-\frac{t}{\lambda_R}\right)\right] \tag{5.24}$$

式(5.24)称为开尔文蠕变方程。其具体含义是，突然施加应力 τ_0 时，由于黏性元件是并联的，所以没有初始应变；当 $t>0$ 时，黏性元件内产生应变，此时弹性元件也产生应变，当应变达到 $\dfrac{\tau_0}{G}$ 时，弹性元件处于力学平衡状态，整个系统达到平衡。

当开尔文模型体系在应力 τ_0 的作用下达到平衡状态后，如果突然撤销应力 τ_0，式(5.22)的解变为

$$\gamma = B\exp\left(-\frac{Gt}{\eta}\right) \tag{5.25}$$

初始条件是 $t=0$，$\gamma = \dfrac{\tau_0}{G}$，故可得出常数 $B = \dfrac{\tau_0}{G}$，代入式(5.25)，可得

$$\gamma = \frac{\tau_0}{G}\exp\left(-\frac{Gt}{\eta}\right) = \frac{\tau_0}{G}\exp\left(-\frac{t}{\lambda_R}\right) \tag{5.26}$$

式(5.26)称为应变松弛方程。读者可根据对应力松弛方程的讨论自行分析应变松弛方程的具体含义。

和胡克型材料不同，黏弹性体存在着一个依赖于时间的应变分量，即在施加载荷后会发生持续的弹性形变，而在卸除载荷后需要一定的时间才能恢复，这种依赖于时间的弹性行为称为滞弹性。对于大多数金属，这种滞弹性部分很小，往往可以忽略；然而对于大量的聚合物或高分子材料，滞弹性就很显著，使其展现出非常不同的力学行为。

3. 弹性形变的微观机制

受到应力作用之前，材料内部的每个质点都处在力学平衡的状态，即作用在每个质点上的合力为零，因此保持静止不动(这里不考虑热振动)。在受到应力作用后，原有的平衡状态被打破，材料内每个质点需要建立一个新的力学平衡，故点阵质点会产生位移。如果施加的应力不是很大，点阵质点的位移远小于质点间距，这时卸除应力，质点能立刻恢复到原来的点阵位置，这就是胡克型材料在弹性形变范围内的微观机制，其应力-应变关系满足胡克定律。

但大多数材料的点阵结构是很复杂的，质点并不是都完美地处在阵点位置，有空位和间隙原子等各种缺陷，导致弹性形变的微观机制比较复杂。当受到应力的作用时，点阵质点按上述机制可逆位移，但缺陷处质点在受力前后的位置变化却涉及固体内的扩散迁移过程，从而呈现出不同于胡克型材料的应力-应变特征。下面用固溶在 α-Fe 中的碳原子来说明这一问题。

α-Fe 具有体心立方的点阵结构，固溶在其中的碳原子存在于八面体间隙中，即晶胞棱心这类位置。值得注意的是，体心立方结构中的八面体间隙并不规整，其三条对角线中，有一条短一些，它平行于某一坐标轴。不妨令和短对角线平行的坐标轴为 z 轴，这样可将体心立方

结构中的八面体进一步分为 x 轴八面体、y 轴八面体和 z 轴八面体。在不受力时，碳原子均匀地分布在 α-Fe 的三类八面体中，如图 5.6(a)所示。

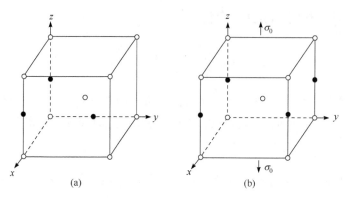

图 5.6　八面体间隙碳原子在 α-Fe 中受力迁移示意图

如图 5.6(b)所示，当 z 轴方向受到拉伸应力时，点阵 Fe 原子立即依胡克定律在 z 方向伸长。此时，z 轴八面体的短对角线也受拉伸而变长，可引起碳原子向这类八面体扩散迁移，也就是说，碳原子会从它们最初的 x 轴和 y 轴八面体扩散迁移至临近的 z 轴八面体。碳原子扩散后，点阵在 z 方向会出现附加应变。

由于扩散需要时间，因此附加应变并非立刻就能完成，而是需要一定的时间，这便是材料滞弹性现象的原因。滞弹性现象如图 5.7 所示，在施加了应力 σ_0 后，立刻按胡克定律产生大小为 a 的应变；保持 σ_0 不变，在随后的时间中应变从 a 继续增加到 b，这一过程与碳原子的扩散迁移有关。当应力卸载后，点阵 Fe 原子立刻恢复位置，对应的应变减小了 a，即图 5.7 中 $\overline{bc}$ 段。在随后的时间里，应变从 c 降至 0，即时间轴上的 d 点，这一过程与碳原子反向扩散至原来的间隙位置有关。

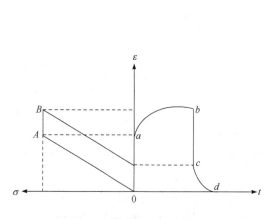

图 5.7　滞弹性现象示意图

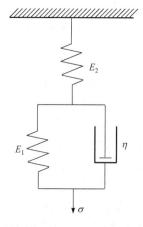

图 5.8　描述滞弹性现象的三元件模型示意图

图 5.7 中的 ε-t 关系可以用图 5.8 所示的三元件黏性模型勾勒，这个模型相当于一个弹性元件与一个开尔文元件串联，因此：

(1) 总应变是两部分之和，即

$$\varepsilon = \varepsilon_1 + \varepsilon_2$$

(2) 对于模量为 E_2 的弹性元件，有

$$\sigma = E_2\varepsilon_2$$

(3) 对于开尔文元件，有

$$\sigma = E_1\varepsilon_1 + \eta\dot{\varepsilon}_1$$

联解上面三个方程，从中消去 ε_1 和 ε_2，可得

$$\sigma + \frac{\eta}{E_1+E_2}\dot{\sigma} = \frac{E_1E_2}{E_1+E_2}\varepsilon + \frac{\eta E_2}{E_1+E_2}\dot{\varepsilon} \tag{5.27}$$

下面分两种情况对式(5.27)进行讨论。

(1) 在 $t = 0$ 时施加恒定应力 σ_0 并一直保持，此时式(5.27)相应变为

$$\sigma_0 = \frac{E_1E_2}{E_1+E_2}\varepsilon + \frac{\eta E_2}{E_1+E_2}\dot{\varepsilon} \tag{5.28}$$

解这个微分方程并代入初始条件：$t = 0$，$\varepsilon = \dfrac{\sigma_0}{E_2}$，可以得到对应图 5.7 中 $\overline{ab}$ 段曲线的三元件黏性模型的蠕变方程，即

$$\varepsilon = \frac{\sigma_0}{E_2} + \frac{\sigma_0}{E_1}\left[1 - \exp\left(-\frac{E_1}{\eta}t\right)\right] \tag{5.29}$$

(2) 在 σ_0 作用下达到平衡后，突然将应力卸载，此时式(5.27)变为

$$0 = E_1\varepsilon + \eta\dot{\varepsilon} \tag{5.30}$$

解这个微分方程并代入初始条件：$t = 0$，$\varepsilon = \dfrac{\sigma_0}{E_1}$，可以得到对应图 5.7 中 $\overline{cd}$ 段曲线的三元件黏性模型的应变松弛方程，即

$$\varepsilon = \frac{\sigma_0}{E_1}\exp\left(-\frac{E_1}{\eta}t\right) \tag{5.31}$$

4. 弹性形变的影响因素

随着应力的增加，弹性应变也会增加，但当应力增大到一定程度，材料内部就会发生不可恢复的形变，即超出了弹性范围的塑性形变，因此弹性形变有一定的限度，这个限度主要受下面几种因素的影响。

1) 晶体结构与点阵常数

对没有缺陷的单晶体，晶体结构和点阵常数决定了材料的最大弹性形变程度。以简单立方晶体为例，在剪应力 τ_{zy} 的作用下，晶体的(001)面之间会在[010]方向上产生相对位移，可逆位移的最大限度为 $a[010]/2$。显然，当超过这一最大限度时，即使卸载应力，质点也无法回到原来的平衡位置，而是进入另一个平衡位置，此时 (001) 面之间会在[010]方向上产生一个原子间距(点阵常数 a)的不可逆位移。

2) 位错

位错对弹性形变最大限度的影响非常显著，当单晶体中存在位错时，会导致最大弹性形变大为降低。仍以简单立方晶体为例，假设有一根 $\boldsymbol{b} = a[010]$ 的刃型位错平行于 x 轴，该位错的滑移面为 (001)。在应力 τ_{zy} 的作用下，该位错会沿[010]方向运动。根据前面相关章节的内

容，位错线附近的原子只要位移很小一段即可导致塑性形变，使位错中心从一个平衡位置移动到下一个，以至于在应力撤销时不能回到原来状态。

当存在晶界时，晶粒内部必有位错，而位错的可动性一般高于晶界，所以晶界对弹性形变影响不大。

3) 形变方式

微观上，正应变对应着键长或质点间距的细微改变，而剪切应变对应着键角的细微变化，后者也称为角应变，因此就不难理解，无位错单晶体的最大弹性正应变要远小于最大弹性剪切应变。由于键能曲线的特性，间距方向上不会产生很大的相对位移，尤以压缩更难，因此最大弹性正应变必然是个很小量。

4) 温度

对于有缺陷的晶体，温度也是影响材料最大弹性形变的重要因素，这是因为温度能够影响缺陷的活性(运动)。例如，有些位错会构成不能滑移的固定位错(如压杆位错)，但在温度较高时，通过攀移方式，固定位错会分解成为可动位错，导致最大弹性形变程度的降低。

理解弹性形变的影响因素对钟表等精密机械中的弹簧等材料至关重要，因为这些材料要求具有较大的弹性形变能力，并且不允许有塑性形变，后者一旦出现，就意味着精密机械的精密性受到损害，使用功能也就失效了。

5.1.3　金属的力学行为

对于大多数金属，弹性形变只能持续到应变为 5×10^{-3} 的程度，当形变超过这一极限时，应力和应变之间的关系就不再遵循胡克定律，而是发生永久、不可恢复的塑性形变。大多数金属材料从弹性到塑性的转变是一个渐变的过程，在塑性形变开始时应力-应变曲线上出现一个弧度，然后应变随着应力的增加继续增加，但不再呈现线性关系。

1. 拉伸性能

很多结构设计中，如前文提到的钟表中的弹簧，需要确保在施加应力的条件下只发生弹性形变，因为这种结构或组件在经历了塑性形变之后就可能无法满足其应有的功能要求。因此，必须要了解应力施加到什么程度会导致塑性形变的发生，或者应力-应变曲线上弹性形变到塑性形变的转折点在哪里。

1) 屈服和屈服强度

当应力施加到一定程度，材料开始由弹性形变向塑性形变转变，这种现象称为屈服(yield)。对于经历渐变的弹性-塑性转变的金属材料，屈服发生的点可以通过应力-应变曲线上最初开始偏离线性关系的位置来确定，这个点对应的应变称为弹性极限(proportional limit)，如图 5.9(a)中的 P 点所示，该点代表可观察级别上塑性形变的开始。然而 P 点的位置并不容易精确确定，因此，人们制定了一个惯例，从某个特定的应变截距(通常选为 0.002)处引出一条平行于应力-应变曲线上弹性部分的直线，该直线与应力-应变曲线交点所对应的应力定义为屈服强度(yield strength)，如图 5.9(a)中所示的 σ_y，其单位是兆帕(MPa)。

对于弹性范围内应力-应变不是直线关系的材料[图 5.3(b)]，难以使用应变截距的方法，这时通常将产生某特定程度应变(如 $\varepsilon = 0.0005$)所需的应力定义为屈服强度。

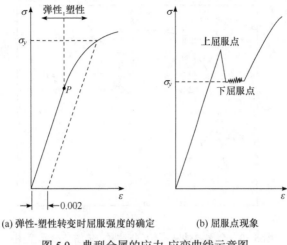

(a) 弹性-塑性转变时屈服强度的确定　　　　(b) 屈服点现象

图 5.9　典型金属的应力-应变曲线示意图

有些钢或其他材料具有如图 5.9(b)所示的应力-应变行为，其弹性-塑性转变十分明显而且出现非常突然，这种现象称为屈服点现象。在它们的应力-应变曲线上有两个明显的屈服点，分别称为上屈服点(upper yield point)和下屈服点(lower yield point)。在上屈服点处，弹性形变阶段应力达到顶值，塑性形变由工程应力明显下降开始；在下屈服点处，形变在某上下小范围波动的应力值之内持续发生，接下来应力随应变的增加而升高。对于具有这种应力-应变特征的金属，其屈服强度被认为是与下屈服点相关的平均应力值，因为该应力比较明显且受测试过程的影响较小。当然，对于具有明显屈服点的材料，也没有必要使用应变截距的方法来确定屈服强度。

材料的屈服强度是该材料抵抗塑性形变能力的度量，不同材料的屈服强度差别明显，铝的屈服强度较低，只有 35 MPa，很容易发生塑性形变，而高强度钢的屈服强度可以达到 1400 MPa，被广泛应用于制造发动机转子和汽轮机叶轮，以及大型船舶、桥梁、车辆及其他承受较高载荷的大型焊接结构件等。

2) 拉伸强度

图 5.10 是一个金属试样受拉伸测试时典型的应力-应变曲线，图中显示在屈服发生之后，使金属继续发生塑性形变所需的应力增长到最大值，如图 5.10 中 M 点对应的应力值，然后开始下降并最终在 F 点发生断裂。拉伸强度(tensile strength，常用 TS 表示，单位是 MPa)就是对应于工程应力-应变曲线上最高点的应力值，该强度也是构件所能承受的最大拉伸力，之后如果持续施加应力则会导致构件发生断裂。到 M 点之前，拉伸试样较细部分的形变都是一致的，然而，在该最大应力处，拉伸试样的某个点处会开始缩小或产生一个脖颈，之后所用的形变都将局限在该脖颈处，如图 5.10 所示。这种现象称为颈缩(necking)，试样最终的断裂也将发生在颈缩处，断裂发生时在应力-应变曲线上对应的应力值(图 5.10 中 F 点处的应力值)称为断裂强度(fracture strength)。

拉伸强度的变化范围很大，可以从铝的 50 MPa 高至高强度钢的 3000 MPa。通常情况下，针对设计目的而选用金属材料时只考虑其屈服强度，这是因为当所受的外力达到其拉伸强度时，材料已经经历了较大程度的塑性形变而无法满足需求了。因此，在工程设计用的材料中，一般不会标明它们的断裂强度。

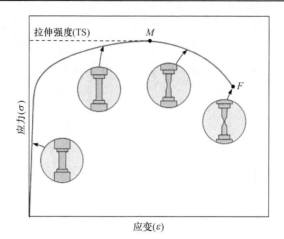

图 5.10　金属拉伸从开始到断裂的应力-应变示意图

【例题 5.1】　根据图 5.11 所示的黄铜试样受拉伸时记录的应力-应变曲线，试确定该试样下列力学性能：

(1) 弹性模量。

(2) 应变截距为 0.002 时的屈服强度。

(3) 初始直径为 12.8 mm 的圆柱试样能承受的最大载荷。

(4) 初始长度为 250 mm 的试样在 345 MPa 拉伸应力作用下的长度变化。

解　(1) 弹性模量是应力-应变曲线上直线部分的斜率，为了方便计算，应变坐标的放大图如图 5.11 中的插图所示，线性部分的斜率是应力的变化除以相应的应变变化，对应的数学表达式为

$$E = 斜率 = \frac{\Delta \sigma}{\Delta \varepsilon} = \frac{\sigma_2 - \sigma_1}{\varepsilon_2 - \varepsilon_1}$$

由于线段过原点，因此可以选取 σ_1 和 ε_1 均为 0。这样如果选择 σ_2 为 150 MPa，则对应的 ε_2 为 0.0016，从而可以得到

$$E = \frac{(150 - 0)\,\text{MPa}}{0.0016 - 0} = 93.8\,\text{GPa}$$

(2) 找出 0.002 的应变截距并引出与弹性形变区域平行的直线。如图 5.11 的插图所示，该直线与应力-应变曲线相较于一点，该点对应的应力值为 250 MPa，此即黄铜试样的屈服强度。

(3) 试样能够承受的最大载荷可由式(5.1)计算，式中的 σ 即为图 5.11 中拉伸强度(450 MPa)，受力面积可根据提供的试样数据求算，则可求得最大载荷 F 为

$$F = \sigma A_0 = \sigma \pi \left(\frac{d_0}{2} \right)^2 = \left(450 \times 10^6\,\text{N} \cdot \text{m}^{-2} \right) \left(\frac{12.8 \times 10^{-3}\,\text{m}}{2} \right)^2 \times 3.14 = 57876.5\,\text{N}$$

(4) 为了计算试样长度变化 Δl，首先需要计算出在 345 MPa 拉伸应力下所产生的应变大小。在应力-应变曲线上找到相应的应力，即图 5.11 中的 A 点，从应变轴上读出相应的应变值，约为 0.06。由于 $l_0 = 250\,\text{mm}$，便可以得到

$$\Delta l = \varepsilon l_0 = 0.06 \times 260\,\text{mm} = 15.6\,\text{mm}$$

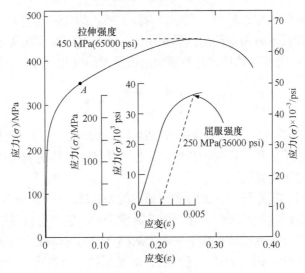

图 5.11　黄铜试样拉伸时的应力-应变曲线

3) 延展性

延展性是材料力学性能的另一个重要指标，是衡量材料在断裂前所能承受的塑性形变程度的物理量。一个金属在塑性形变很小或还没有产生塑性形变时就在拉伸应力下发生了断裂的特性称为脆性。图 5.12 画出了脆性金属和延展性金属(或简称延性金属)在拉伸时的应力-应变行为示意图，从中可以看出脆性金属断裂时 (B点) 试样内产生的应变$(\overline{AC})$远小于延展性金属断裂时 (B′点) 的应变$(\overline{AC'})$。

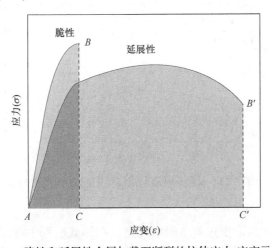

图 5.12　脆性和延展性金属加载至断裂的拉伸应力-应变示意图

延展性可定量表达为伸长率(percent elongation)或断面收缩率(percent reduction of area)，其中伸长率 (%EL) 是断裂时塑性应变的百分比，即

$$\%EL = \left(\frac{l_f - l_0}{l_0}\right) \times 100\% \tag{5.32}$$

式中，l_f 为断裂时试样的长度，可在试样断裂后将两部分拼接进行测量；l_0 为前面提到过的初始标距长度。由于断裂时大部分塑性形变都局限于颈缩部位，因此 %EL 的大小依赖于试样

的标距长度，即初始标距长度 l_0 越短，颈缩处的伸长所占的比例就越大，最终 %EL 的值也就越大。因此，在使用伸长率时需要给出试样初始的标距长度，如前面所述一般是 50 mm。

断面收缩率(%RA) 定义为试样拉伸断裂前后横截面的变化百分比，即

$$\%RA = \left(\frac{A_0 - A_f}{A_0} \right) \times 100\% \tag{5.33}$$

式中，A_0 为试样初始横截面积；A_f 为试样断裂时的横截面积，同样是将断裂部分拼接后进行测量。断面收缩率的值不依赖试样初始长度 l_0，也不依赖于试样的初始横截面积 A_0，故在度量金属材料的延展性时更为常用。

对于任一给定材料，其伸长率(%EL) 和断面收缩率(%RA) 一般是不一样的，大多数金属在室温下都会具有一定程度的延展性，然而随着温度降低，它们有些可以变为脆性。

脆性材料的截面伸长率或断面收缩率一般近似小于 5%，材料在加工成型过程中通常规定一个能够接受的塑性形变范围，因此，了解材料的延展性对材料选择十分重要。另外，延展性也可以告诉设计者某一材料在断裂前能承受的塑性形变的最大程度。如果在设计应力值计算中出现了偏差，延展性良好的材料可能只是发生局部形变而不是断裂，能够为工程师更换构件赢得缓冲时间。

金属的屈服强度、拉伸强度及延展性等力学性能对于它们所经历的形变、杂质或热处理过程都十分敏感。和弹性模量一样，屈服强度和拉伸强度都随着温度的升高而下降，这与延展性相反，延展性随着温度的升高而得到增强，这一点可以反映在铁在不同温度下的应力-应变曲线上，如图 5.13 所示。

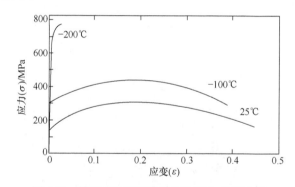

图 5.13　铁在三种不同温度下的应力-应变曲线

4) 回弹性

回弹性是指材料在弹性形变过程中吸收能量，在卸载过程中将该能量释放并恢复原始状态的能力。与回弹性相关物理量为回弹模量 (U_r)，定义为使材料从无载荷初始状态加载至发生屈服所需要的单位体积应变能。

从计算上来看，一个经过单轴拉伸测试的试样，其回弹模量就是工程应力-应变曲线上从原点到屈服点下方的面积，如图 5.14 所示，即

$$U_r = \int_0^{\varepsilon_y} \sigma \mathrm{d}\varepsilon \tag{5.34}$$

如果屈服点之前的弹性区域为直线，则可以得到

$$U_r = \frac{1}{2}\sigma_y\varepsilon_y \qquad (5.35)$$

式中，σ_y 和 ε_y 分别为试样屈服时的应力和应变。

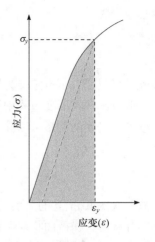

回弹模量的单位是应力-应变曲线纵横坐标两个物理量，即应力和应变乘积的单位，用国际单位制(SI)表示则是 $J\cdot m^{-3}$，等同于 Pa。焦耳是能量单位，因此应力-应变曲线下方的面积代表了每单位体积材料所吸收的能量。

将弹性形变范围内应力-应变关系式 $(\sigma_y = E\varepsilon_y)$ 代入式(5.35)，可得

$$U_r = \frac{1}{2}\sigma_y\varepsilon_y = \frac{\sigma_y^2}{2E} \qquad (5.36)$$

图 5.14　由材料应力-应变曲线计算
回弹模量示意图

由式(5.36)可以看出，回弹性好的材料是具有较高屈服强度和较低弹性模量的材料，这些材料常用来制造弹簧，能够在卸载消除后迅速释放能量，恢复到原始状态。

5) 韧性

韧性是一个常被提到的力学术语，其定义是材料吸收能量以及在断裂前经受塑性形变的能力。对于静载荷法或者应变速率较低的情况，金属的韧性可以通过拉伸应力-应变曲线进行确定，它对应着应力-应变曲线从起点到断裂点下方的面积，单位与回弹模量相同，也是指单位体积材料的能量。强韧性的金属必须既具备强度又具备韧性，如图 5.12 展示的两种金属的应力-应变曲线，尽管脆性金属具有较高的屈服强度和拉伸强度，但其韧性低于延展性金属，因为图中脆性金属 ABC 区域的面积显然小于 $AB'C'$ 区域的面积。

还有一种情况，韧性是指材料中存在裂纹时抵抗断裂的能力，所以更准确的叫法是断裂韧性。裂纹能够导致应力集中，但制造零缺陷的材料几乎是不可能的，因此断裂韧性在所有用于制造各种构件的材料中都是一个必须要考虑的因素。

2. 真应力和真应变

从图 5.10 可以发现，当应力达到最大点(图中的 M 点)，形变继续增加所需的应力开始逐渐减小，这样看来似乎是金属变得越来越弱。但事实不是这样，实际上金属的强度反而在增强，图中应力降低是因为没有考虑形变过程中颈缩处横截面积的变小，而是基于变形开始前初始横截面积计算的结果。

如果考虑形变过程中横截面积的变化，绘出的应力-应变关系图称为真应力-真应变曲线，它对反映材料的拉伸性能更有意义。真应力 (σ_T) 的定义是载荷 F 除以塑性形变发生的每个瞬间试样的横截面面积 (A_i)，即

$$\sigma_T = \frac{F}{A_i} \qquad (5.37)$$

真应变 (ε_T) 定义为试样瞬时伸长量除以瞬时长度，即

$$d\varepsilon_T = \frac{dl}{l} \qquad (5.38)$$

故总应变为

$$\varepsilon_{\mathrm{T}} = \int_0^{\varepsilon_{\mathrm{T}}} \mathrm{d}\varepsilon_{\mathrm{T}} = \int_{l_0}^l \frac{\mathrm{d}l}{l} = \ln\frac{l}{l_0} \tag{5.39}$$

因此，真应变(ε_{T})也定义为试样瞬时长度与初始长度比值的对数。

假设试样在形变过程中没有体积变化，即 $A_i l_i = A_0 l_0$，那么真应变、真应力与工程应力、工程应变之间的关系可以推导出来，即

$$\begin{cases} \sigma_{\mathrm{T}} = \sigma(1+\varepsilon) \\ \varepsilon_{\mathrm{T}} = \ln(1+\varepsilon) \end{cases} \tag{5.40}$$

注意，式(5.40)描述的关系只有在颈缩开始前才成立，在颈缩开始后，真应力和真应变应该根据实际载荷、横截面积及实际测量的标距长度进行计算。

图 5.15 比较了工程应力-应变与真应力-应变行为特征，值得注意的是，在超过拉伸点 M' 后，使应变继续增加所需的真应力也是增加的，说明形变后的金属并没有变弱，而是变得更强。

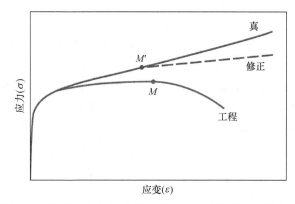

图 5.15　拉伸工程应力-应变与真应力-应变行为对比示意图

伴随颈缩现象还有颈缩处复杂的应力状态，即除了轴向应力外，还存在其他方向的应力分量。因此，颈缩处修正后的应力(轴向)要稍低于由载荷除以颈缩处截面积得到的应力值，于是产生了图 5.15 中的"修正"曲线。

对于部分金属和合金，从塑性形变起点到颈缩开始处，真应力和真应变具有下式所示的近似关系，即

$$\sigma_{\mathrm{T}} = K\varepsilon_{\mathrm{T}}^n \tag{5.41}$$

式中，K 和 n 均为常数，随合金不同而变化，而且依赖于材料的状况(如是否经历过塑性形变和热处理等)。表 5.1 列出了几种材料的 K 和 n 的值，其中参数 n 常称为应变硬化指数，一般小于 1。

表 5.1　几种材料的 K 和 n 的值

材料	K/MPa	n
低碳钢(退火)	600	0.21
4340 合金钢(315℃回火)	2650	0.12

材料	K / MPa	n
304 不锈钢(退火)	1400	0.44
铜(退火)	530	0.44
海军黄铜(退火)	585	0.21
2024 铝合金(热处理-T3)	780	0.17
AZ-31B 镁合金(退火)	450	0.16

【例题 5.2】　现将一个初始直径 $d_0 = 12.8\,\text{mm}$ 的圆柱形钢试样拉伸至断裂，发现其工程断裂强度 $\sigma_\text{f} = 460\,\text{MPa}$，如果该试样在断裂时的横截面直径 $d_\text{f} = 10.7\,\text{mm}$，试求解下列问题：

(1) 延展性(用断面收缩率表示)。

(2) 断裂时的真应力。

解　(1) 可通过式(5.33)计算延展性，即

$$\%\text{RA} = \frac{\pi\left(\dfrac{12.8\,\text{mm}}{2}\right)^2 - \pi\left(\dfrac{10.7\,\text{mm}}{2}\right)^2}{\pi\left(\dfrac{12.8\,\text{mm}}{2}\right)^2} \times 100\% = 30\%$$

(2) 真应力由式(5.37)所定义，在该式中用到的面积是断裂面积 A_f，先需要由断裂强度计算出试样断裂时的载荷，即

$$F = \sigma_\text{f} A_0 = \left(460 \times 10^6\,\text{N} \cdot \text{m}^{-2}\right) \times \pi \times \left(\frac{12.8 \times 10^{-3}\,\text{m}}{2}\right)^2 = 59162.6\,\text{N}$$

因此，计算得到的真应力为

$$\sigma_\text{T} = \frac{F}{A_\text{f}} = \frac{59200\,\text{N}}{\pi\left(\dfrac{10.7 \times 10^{-3}\,\text{m}}{2}\right)^2} = 6.583 \times 10^8\,\text{N} \cdot \text{m}^{-2} = 658.3\,\text{MPa}$$

【例题 5.3】　某合金在真应力为 415 MPa 时产生的真应变为 0.10，假设 $K = 1035\,\text{MPa}$，试计算该合金的应变硬化指数 n。

解　将式(5.41)两边取对数，并进行适当变形，可得

$$n = \frac{\lg \sigma_\text{T} - \lg K}{\lg \varepsilon_\text{T}} = \frac{\lg(415\,\text{MPa}) - \lg(1035\,\text{MPa})}{\lg 0.1} = 0.40$$

3. 塑性形变后的弹性回复

当应力-应变测试过程中将载荷卸除时，总形变的一部分会以弹性应变的形式恢复。如图 5.16 所示，图中 σ_{y_0} 是试样的初始屈服强度，在载荷卸除后，曲线从卸载点(D点)开始几乎是沿着一条直线下降，而该直线的斜率也几乎等同于试样材料的弹性模量，或平行于应力-应变曲线初始的弹性部分。卸载过程中重新获得的弹性应变大小称为应变回复，如图 5.16 中应变轴上的标记所示。如果重新开始加载，曲线会沿着同一线性部分向与卸载方向相反的

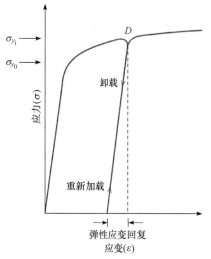

图 5.16　拉伸应力-应变弹性应变回复
和应变硬化现象示意图

方向移动，屈服会在卸载开始时的卸载应力处(图中的 σ_{y_i})再次发生。图中显示，再次屈服时的屈服强度 σ_{y_i} 大于初始屈服强度 σ_{y_0}，说明试样在经过屈服阶段之后，增强了抵抗形变的能力，要再次屈服需要增加应力，这就是应变硬化或加工硬化，和前一次屈服过程中试样内部组织发生变化有关。很容易想象，试样被拉至断裂时，也是载荷突然消失，这时也会有相应的弹性应变回复。

当然，除了拉伸载荷导致的形变外，金属试样在压缩、剪切及扭转载荷的作用下也会发生相应的塑性形变，最终得到的应力-应变曲线在塑性形变区与拉伸应力-应变曲线极其相似。需要指出，对于压缩测试，应力不存在最大值，因为压缩时试样永远不会发生颈缩现象，而且其断裂模式也不同于拉伸情况。

5.1.4 离子晶体的力学行为

离子晶体的力学性能在很多方面都不如金属，因此从某种程度上限制了这些材料的应用。离子晶体多属于脆性材料，最大的缺点是易于发生忽然的脆性断裂，而几乎没有吸收能量的能力。离子晶体的这些特点也导致其力学性能的测试手段不同于金属材料，本节进行简要总结。

1. 弯曲强度

离子晶体的应力-应变行为一般不宜用前面提到的拉伸试验，主要原因有三点：①脆硬的离子晶体加工困难，不易获得具有规定几何形状和规格的测试试样；②拉伸样机的夹头容易使试样断裂；③离子晶体能耐受的应变很小，大约只有 0.001，因此对试样在拉伸样机上的定位精确度要求很高，需要排除任何弯曲效应的干扰，这一点很难实现。因此，对于离子晶体更常用的测试方法是横向弯曲试验，该试验使用具有圆形或矩形横截面的杆状试样，采用三点或四点加载技术。图 5.17 所示是三点加载的示意图，在加载时，试样的上表面处于压缩状态，而下表面则处于拉伸状态。

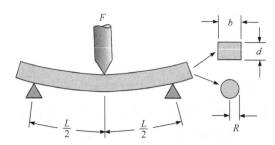

图 5.17　离子晶体应力-应变测试的三点弯曲试验示意图

弯曲应力 (σ) 可以通过试样横截面参数、弯矩 (M_b) 和横截面惯性矩 (I) 进行计算，它们具有如下关系：

$$\sigma = \frac{M_{b}y}{I} \tag{5.42}$$

式中，M_b 为弯矩；y 为离开试样中心指向内外表面的距离；I 为横截面惯性矩。图 5.17 中标明了矩形和圆形横截面试样相应的各参数，针对图示的试样参数，如设外加载荷为 F，则式 (5.42) 中各量的计算可如表 5.2 所列，这些计算涉及的具体推导过程并不复杂，可参见《材料力学》教科书中的相关内容。

表 5.2　离子晶体应力-应变三点弯曲测试的相关参数

试样截面状况	弯矩 (M_b)	距中心距离 (y)	横截面惯性矩 (I)	弯曲应力 (σ)
矩形	$\frac{FL}{4}$	$\frac{d}{2}$	$\frac{bd^3}{12}$	$\frac{3FL}{2bd^3}$
圆形	$\frac{FL}{4}$	R	$\frac{\pi R^4}{4}$	$\frac{FL}{\pi R^3}$

通过弯曲试验所测得的断裂时的应力大小称为弯曲强度、断裂模量、断裂强度或抗弯强度，是脆性离子晶体材料的一个重要力学参数。在图 5.17 所示的情况下，最大拉伸应力位于试样下表面正对加载点的位置。对于横截面是矩形的试样，弯曲强度 σ_{fs} 可以很容易结合式 (5.42) 和表 5.2 得到，即

$$\sigma_{fs} = \frac{3F_f L}{2bd^3} \tag{5.43}$$

式中，F_f 为弯曲测试时试样断裂时的载荷；L 为两个支撑点间的距离。当试样截面为圆形时有

$$\sigma_{fs} = \frac{F_f L}{\pi R^3} \tag{5.44}$$

式中，R 为试样的横截面半径。

弯曲强度 σ_{fs} 的值与试样大小有关系，随着试样体积的增加，试样中出现裂纹或生成缺陷的概率会上升，σ_{fs} 则会相应下降。另外，对于一些离子晶体材料，用弯曲试验测得的断裂时强度 (弯曲强度) 大于使用拉伸试验测得的断裂强度，这个现象可以通过不同测试中试样受到拉伸应力作用的体积差异进行解释。在拉伸试验中，整个试样都处于拉伸应力的作用之下，而在弯曲试验中，只有一部分试样处于拉伸状态，而另一部分则处于压缩状态。参考图 5.17，载荷施加时，以试样中心所在的和试样垂直的平面为界，靠近加载点的一侧试样处于受压状态，只有远离加载点的那一侧试样才会处于拉伸状态。

2. 弹性行为

使用弯曲测试得到的离子晶体材料的弹性应力-应变行为类似于金属的拉伸试验结果，即应力和应变之间同样呈线性关系，如图 5.18 所示的氧化铝和玻璃的应力-应变行为。与金属的拉伸测试一样，在弯曲测试获得的应力-应变曲线上，弹性区域的斜率对应于离子晶体的

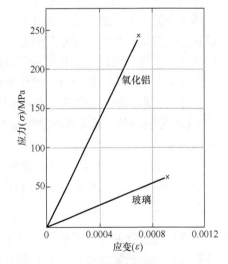

图 5.18　基于弯曲测试的氧化铝和玻璃的应力-应变曲线

弹性模量。因为离子键强度很高,离子晶体的弹性模量稍高于金属。另外,从图 5.18 还可以看出,氧化铝和玻璃在断裂前都没有经过塑性形变阶段。

3. 孔隙的影响

在一些离子晶体(如陶瓷材料)的制造工艺中,前驱体是粉末形式,在压制和成型过程中,这些粉末粒子之间会存在大量孔隙。虽然之后的热处理过程能消除大部分孔隙,但总会留下一些残余,它们会严重影响离子晶体材料的弹性性能和弯曲强度。例如,对于某些陶瓷材料,弹性模量(E)的大小和孔隙率(P)有如下依赖关系:

$$E = E_0\left(1 - 1.9P + 0.9P^2\right) \tag{5.45}$$

式中,E_0 为无孔隙陶瓷的弹性模量。

孔隙会损害离子晶体材料弯曲强度的原因主要有两个:①孔隙的存在减小了承受载荷的试样横截面积;②孔隙在材料中可以当作缺陷所在,能够起到应力集中的作用,例如,一个孤立的球形空洞会使其周围材料受到的拉伸应力增大 2 倍。孔隙率对材料强度的影响非常大,和无孔材料相比,体积孔隙率达到 10%便会使材料的弯曲强度下降 50%。实验表明离子晶体弯曲强度(σ_{fs})随孔隙率(P)的增大呈指数下降,变化关系可用下式描述:

$$\sigma_{fs} = \sigma_0 \exp\left(-nP\right) \tag{5.46}$$

式中,σ_0 和 n 均为常数,需要用实验测定。

5.1.5　材料的硬度

硬度是材料另一个重要的力学性能,是衡量材料抵抗局部塑性形变能力的物理量。早期的硬度测试基于天然矿物以及相应的一套粗糙的度量标准,该标准仅建立在一种材料划过另一种材料并产生划痕的能力之上,最终发展出一个定性的在某种程度上比较随意的索引表,称为莫氏硬度,其变化范围为 1~10,分别对应软的云母与硬的金刚石。由于精密技术的需要,后来发展出定量的硬度测试技术,即在对载荷和加载速率进行控制的条件下,将一个小的压头压入待测材料表面,然后测量产生的压痕深度和大小,并与硬度值相关联。材料越软,压痕就越大越深,而硬度指数则越低。需要指出,实验测得的硬度值是相对的,尤其当对比不同测试技术得到的硬度值时更要特别注意。

在确定材料力学性能时,硬度测试比其他力学测试更常用,主要原因有:

(1) 方便经济,通常不用准备特别的试样,而且测试仪器相对比较便宜。

(2) 非破坏性,试样既不会发生大的形变,也不会断裂,一个小的压痕是测试过程唯一产生的形变。

(3) 材料的力学性能具有关联性,其他力学性能通常可以通过硬度数据进行估算。例如,对于大多数钢,其拉伸强度 (TS) 和常用的布氏硬度 (HB) 之间存在如下关系:

$$\text{TS(MPa)} = 3.45 \times \text{HB} \tag{5.47}$$

常用的硬度测试技术包括洛氏硬度、布氏硬度、努普和维氏显微硬度试验等几种方式,各有特点。洛氏硬度测试仪自动化程度高,使用十分方便,可以直接进行硬度值的读取,而且只需几秒的时间;布氏硬度的测试对材料表面光洁度的要求非常严格,可以使用半自动技术,该技术使用光学扫描系统,由安装在一个柔性探头上的数码相机构成,柔性探头使相机可在压痕上各处进行定位，取得数据并传送至计算机，最后分析计算出布氏硬度值；努普和维氏两种试验技术使用的压头非常小，施加的载荷也远远小于洛氏和布氏测试，均适用于测试试样表面较小的选择性区域，此外，努普测试技术还被用于测试类似陶瓷的脆性材料。

5.2　单晶体的塑性形变

当施加的应力超过其屈服强度时，金属材料就会发生塑性形变，即外力去除后也不能恢复到初始状态的形变。工程上应用的金属材料通常是多晶体，但多晶体的形变与其中各晶粒的形变行为密切相关。因此，研究单晶体的塑性形变能掌握晶体形变的基本过程和实质，有助于进一步理解多晶体的形变特征。

虽然在宏观上固体的塑性形变方式有很多，如伸长、缩短、弯曲、扭折及各种复杂的加工成型，但从微观上看，单晶体的塑性形变主要有滑移和孪生两种方式，它们都是剪切应变，即在剪应力作用下，晶体的一部分相对于另一部分沿着特定的晶面和晶向发生平移，如图 5.19所示。在滑移的情况下，该特定晶面和晶向分别称为滑移面和滑移方向，一个滑移面和位于该面上的滑移方向便组成一个滑移系(简称滑移系)，用 $\{hkl\}\langle uvw\rangle$ 表示。类似地，在孪生的情形下，该特定晶面和晶向分别称为孪生面和孪生方向，一个孪生面和位于该面上的一个孪生方向组成一个孪生系(简称孪生系)，也用 $\{hkl\}\langle uvw\rangle$ 表示。

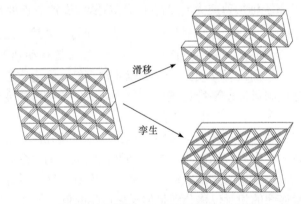

图 5.19　单晶体滑移和孪生塑性形变示意图

本节主要对滑移和孪生进行深入讨论，从它们的微观机制入手，研究滑移或孪生发生时单晶的形变特征。从图 5.19 可以初步看出，滑移和孪生的基本差别是：滑移不改变晶体各部分的相对取向，也就是不在晶体内部引起位向差；而孪生则相反，发生孪生的部分(称为孪晶)和未发生孪生的部分(称为基体)具有不同的位向，二者构成晶面对称的关系，对称面(镜面)就是孪生面。

5.2.1　单晶体塑性形变的微观机制

在晶体缺陷一章已经指出，室温下晶体塑性形变的主要方式是滑移。当作用在晶体表面的剪应力达到一个临界值时，晶体的一部分相对于另一部分便会沿某一平面发生相对位移，称为滑移，导致塑性形变。这个临界值称为临界剪应力 (τ_m)，对于呈简单立方结构的理想单晶体，τ_m 值近似为 $G/2\pi$。

当晶体中存在位错时，滑移靠位错的运动来实现，位错沿滑移面运动至晶体表面时，便产生了大小等于伯氏矢量的滑移台阶。下面以只含一条刃型位错的单晶体为例讨论位错的滑移，虽然这是一种高度理想化的状态，但有助于对概念的理解。

考虑一个简单立方结构，设刃型位错平行于 z 轴，其伯氏矢量 $\boldsymbol{b} = a[100]$ ，因此该位错滑移面为 (010) ，其周围原子组态如图 5.20(a)所示。当存在刃型位错时，即使没有外加应力，滑移面[图 5.20(a)中 CD 所在的平面，和纸面垂直]上每个原子的周围环境也是不同的，离位错线越近的原子由于畸变严重，自由能越高，CD 所在的平面上每个原子的自由能如图 5.20(b)所示。

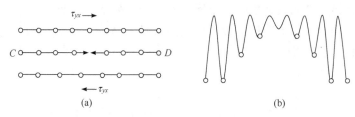

图 5.20　刃型位错线附件原子组态(a)和自由能(b)示意图

应该指出，在不受外加应力的情况下，尽管位错线附件的原子处于畸变状态，但仍是力学平衡的，只要不打破这种状态，这些原子也不会移动。由此可见，晶体中原子的平衡状态有两类：一类是自由能最低的热力学平衡(稳态平衡)，另一类则是自由能较高的力学平衡(亚稳态平衡)。

当向图 5.20 所示的系统施加剪应力 τ_{yx} 时(请回忆或从前面章节查询 τ_{yx} 的意义，即作用的面和方向)，CD 所在的平面上每个原子做出的反应是不同的。显然，远离位错线的原子由于没有畸变，需要 $\tau_{\mathrm{m}} = G / 2\pi$ 的应力才能越过势垒从一个平衡位置移动到下一个平衡位置；而位错线附近的原子，从一个平衡位置移动到下一个就非常容易，因为它们自由能较高，越过势垒就相对较容易。位错线附近原子平衡位置的变化意味着位错位置的变化，当位错线滑移出晶体时，晶体发生塑性形变，表面产生滑移台阶。

位错是晶体中滑移区和未滑移区的边界线，但这并非一条几何上的线，而是一个过渡区域，区域内原子畸变从中心向外逐渐减小。这就涉及位错宽度的概念，位错宽度即位错过渡区的宽度，它的定义是以位错中心为原点的一个区间，在这个区间的左右边界处，晶体一部分相对于另一部分沿滑移面的相对位移分别是伯氏矢量模的负八分之一和正八分之一(参见晶体缺陷章节的位错芯宽度)。位错宽度是影响位错是否易于运动的重要参数，位错越宽，意味着位错中心区域的原子畸变越严重(或者称位错线上的原子畸变越严重，波及的临近原子面就越多，位错宽度就越大)，这样的位错就越容易运动，因为畸变更加严重的原子运动要克服的势垒相对更低。

使刃型位错在理想晶体点阵的周期势场中产生不可逆位移所需克服的阻力称为派-纳力 (Peierls-Nabarro stress)，在晶体缺陷章节曾导出它的表达式，即

$$\tau_{\mathrm{p}} = \frac{2G}{1-\nu}\exp\left(-\frac{2\pi w}{b}\right) = \frac{2G}{1-\nu}\exp\left[-\frac{2\pi a}{(1-\nu)b}\right] \tag{5.48}$$

式中，G 为剪切模量；ν 为泊松比；a 为与滑移方向垂直的晶面间距；b 为伯氏矢量的模(也是滑移方向上的晶面间距)；w 为位错宽度，表达式如下：

$$w = \frac{a}{1-\nu} \tag{5.49}$$

派-纳力的推导过程非常烦琐，也并不精确，但派-纳力对定性理解晶体的滑移和塑性形变过程具有很好的指导作用，简要说明如下。

(1) τ_p 的大小受位错宽度影响很大，和预期的一样，位错宽度越大，τ_p 越小，位错越易于运动，材料便易于发生塑性形变，对应的材料屈服强度就越低。

(2) 位错宽度主要取决于结合键的本性和晶体结构，可以通过式(5.49)反映出来。对于键能很高的离子键和方向性很强的共价键，其键长和键角都很难改变，泊松比很小，位错宽度很窄 $(w \approx a)$，故派-纳力很大，因而以这些键为主的材料宏观表现为屈服强度很高但很脆，断裂前塑性形变很小或根本没有塑性形变；而金属键因为没有方向性，键能也弱于离子键，故位错有较大的宽度。例如，对于面心立方金属 Cu，其位错宽度约是晶面间距的 6 倍，所以派-纳力较低，具有较好的塑性形变能力。

(3) 螺型位错的弹性应变能较小，位错宽度小于刃型位错，因此螺旋位错派-纳力较高，其可动性不如刃型位错。

(4) 位错在不同晶面和晶向上运动时，其派-纳力是不一样的，由式(5.48)可知，只有当 b 最小而 a 最大时，派-纳力才最小，这是为什么实验观察到的金属晶体滑移或塑性形变总是沿着密排面和密排方向进行，因为晶体中密排面的晶面间距最大，而密排方向的原子间距即 b 最小。显然，对于沿 (111) 面滑移的面心立方金属和沿基面 (0001) 滑移的密排六方金属，其派-纳力最小。

(5) τ_p 随位错芯宽度变化的规律启发了晶体强化的途径，除了建立无位错状态，如接近完整晶体外，还可以反其道而行之，通过塑性形变或其他方式引入大量位错，使之相互缠结交割，形成割阶，导致难以滑移，从而提升金属的屈服强度。

(6) 和面心立方金属相比，一般体心立方金属的位错宽度小一些，故体心立方金属更不容易滑移，屈服强度更大一些，但体心立方金属多具有低温脆性，可能和这些金属的派-纳力随温度降低而急剧升高有关。虽然泊松比受温度影响不大，但剪切模量会随温度降低而增加，导致派-纳力升高。

5.2.2　滑移现象

单晶体滑移后，会在晶体表面产生滑移带和滑移线，如图 5.21(a)所示。从图中可以看出，相邻滑移线之间约为 100 个原子间距(可以理解为同一滑移面上有约 100 个位错移出晶体)，相邻滑移面在晶体表面上的高度约为 1000 个原子间距，即滑移台阶的高度。一组滑移线构成一

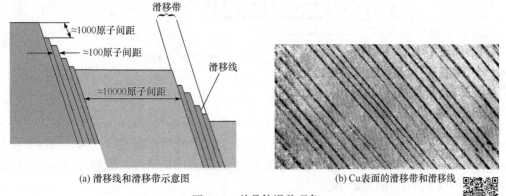

(a) 滑移线和滑移带示意图　　　　　　　　(b) Cu 表面的滑移带和滑移线

图 5.21　单晶体滑移现象

个滑移带，相邻滑移带之间的距离约为 10000 个原子间距。在抛光的单晶体表面，滑移带在显微镜下呈现平行的黑线，提升放大倍数便可以观察到滑移带由更细的滑移线组成。一个具体的实例如图 5.21(b)所示，该图是 Cu 表面在电子显微镜下的观察结果。

位错滑移时，晶体会发生宏观形变，下面导出位错滑移量与晶体宏观应变的关系。如图 5.22 所示，设简单立方晶体中有 n 条伯氏矢量均平行的位错，在外应力作用下位错发生滑移，再设第 i 条位错滑移了 x_i 距离，若 $x_i = L$(表示该位错滑出晶体表面)，则 i 位错对这块晶体相对位移的贡献为 $\delta_i = b$；若 $x_i = 0$，意味着 i 位错对这块晶体的相对位移没有贡献，即 $\delta_i = 0$。因此：

$$\delta_i = \frac{b}{L} x_i \tag{5.50}$$

晶体相对滑移的总位移量为

$$\Delta = \sum_{i=1}^{n} \delta_i \tag{5.51}$$

根据应变的定义，宏观剪切应变 γ 为

$$\gamma = \frac{\Delta}{h} = \frac{b}{hL} \sum_{i=1}^{n} x_i = \frac{b}{hL} n\bar{x} \tag{5.52}$$

式中，$\bar{x}$ 为每根位错的平均滑移距离。由于位错密度 $\rho = \frac{n}{hL}$，有

$$\gamma = b\rho\bar{x} \tag{5.53}$$

式(5.53)将位错的微观滑移与晶体塑性形变后的宏观应变联系起来。

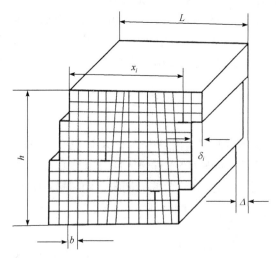

图 5.22 位错滑移量与宏观应变关系示意图

5.2.3 滑移系

滑移系由一个滑移面和位于该面上的滑移方向组成，标记为 $\{hkl\}\langle uvw\rangle$。滑移系主要取决于金属的晶体结构，但也与温度和组成元素有关。对于一种特定的晶体结构，滑移面往往就是原子排列的密排面，即分布在这个面上的原子具有最高的面密度；滑移方向是原子的最密排方向，这个方向的派-纳力最小。

以面心立方晶体(FCC)结构为例，其中一个晶胞如图 5.23(a)所示。晶胞中有一套 {111} 晶

面组，组内晶面均为密排面，其中的一个晶面如图 5.23(b)所示，位于这个晶面上的原子均与周围原子紧密接触。

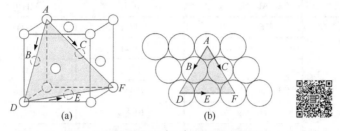

图 5.23　面心立方晶胞 {111}⟨110⟩ 滑移系示意图

在 {111} 晶面上沿着 ⟨110⟩ 晶向发生滑移，如图 5.23 中的箭头所示，因此 {111}⟨110⟩ 就代表可滑移面和滑移方向的组合，或者是面心立方晶体的滑移系。图 5.23(b)显示，一个给定的滑移面上可能不止有一个滑移方向。由此可见，一个特定的晶体结构可存在多个滑移系，其数目代表滑移面和滑移方向的几种可能不同的组合。由于面心立方晶体有 4 个不同取向的 {111} 面，每个面上又有 3 个密排方向，故共有 12 个晶体学上等价的滑移系。若全部列出，这些滑移系为

$$(111)[\bar{1}10] \quad (11\bar{1})[1\bar{1}0] \quad (1\bar{1}1)[110] \quad (\bar{1}11)[110]$$
$$(111)[10\bar{1}] \quad (11\bar{1})[101] \quad (1\bar{1}1)[10\bar{1}] \quad (\bar{1}11)[101]$$
$$(111)[0\bar{1}1] \quad (11\bar{1})[011] \quad (1\bar{1}1)[011] \quad (\bar{1}11)[01\bar{1}]$$

体心立方(BCC)结构缺乏密排程度足够高的密排面，故滑移面不太稳定，通常较低温度时为 {112}，中等温度时为 {110}，温度高时为 {123}，但滑移方向保持恒定，总是 ⟨111⟩。{112} 晶面组共包括 12 个不同方位的等价晶面，每个晶面上都有一个 ⟨111⟩ 方向，共 12 个滑移系；{123} 晶面组包括 24 个不同方位的等价晶面，每个晶面上也都有一个 ⟨111⟩ 方向，共 24 个滑移系；{110} 晶面组含 6 个不同方位的等价晶面，每个晶面上的 ⟨111⟩ 方向有 2 个，因此也有 12 个滑移系。这样，BCC 金属共有 48 个滑移系。

密排六方(HCP)结构金属中，当 $c/a \geqslant 1.633$，如 Cd、Zn 和 Mg 等，最密排面为 (0001)，密排方向为 ⟨11$\bar{2}$0⟩，每组滑移面上有 3 个方向，所以具有 3 个滑移系。当 $c/a < 1.633$，(0001) 面间距缩小，不再是最密排面，滑移面将变为柱面 {10$\bar{1}$0}，这个晶面组包括 3 组方位不同的等价晶面，每个面有 1 个 ⟨11$\bar{2}$0⟩ 方向，故滑移系仍为 3 个，如 Ti 和 Zr 等。Ti 和 Mg 等 HCP 金属中还有滑移面是 {10$\bar{1}$1} 的情况，滑移方向仍为 ⟨11$\bar{2}$0⟩，此时滑移系为 6 个。有趣的是，Be 的 c/a 很小，但它的滑移系有时为 (0001)⟨11$\bar{2}$0⟩，有时为 {10$\bar{1}$0}⟨11$\bar{2}$0⟩，这主要是杂质的影响，Be 中含有的氧或氮会改变其滑移系，Ti 中也有类似情况。

三种典型晶体结构金属的滑移系总结在表 5.3 中，各个滑移系下的代表性金属在表中也有举例。滑移系的多少是影响金属塑性好坏的重要因素。例如，HCP 金属滑移系较少，通常情况下只有 3 个，因此它们的塑性一般很差。但并不能说 BCC 金属的塑性就好于 FCC 金属，尽管前者的滑移系较多，原因主要有两个：一是实际形变的条件并不意味着所有滑移系都能同时开动；二是 BCC 滑移面的原子密排程度不如 FCC，密排方向的数目也较少，故实际的情况是 BCC 金属不如 FCC 金属的塑性好。

类型	金属	滑移面	滑移方向	滑移系数目
面心立方	Cu、Al、Ni、Ag、Au	$\{111\}$	$\langle110\rangle$	12
体心立方	$\alpha\text{-Fe}$、W、Mo	$\{110\}$	$\langle111\rangle$	12
	$\alpha\text{-Fe}$、W	$\{112\}$	$\langle111\rangle$	12
	$\alpha\text{-Fe}$、K	$\{123\}$	$\langle111\rangle$	24
密排六方	Cd、Zn、Mg、Ti、Be	(0001)	$\langle11\bar{2}0\rangle$	3
	Ti、Mg、Zr	$\{10\bar{1}0\}$	$\langle11\bar{2}0\rangle$	3
	Ti、Mg	$\{10\bar{1}1\}$	$\langle11\bar{2}0\rangle$	6

【练习 5.2】　用图式方法表示 FCC、BCC 和 HCP 金属的滑移系,即潜在的滑移面和滑移方向。

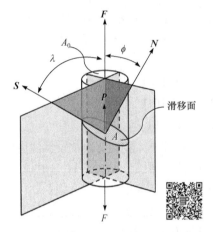

图 5.24　单晶棒状试样的单向拉伸示意图

5.2.4　施密特定律及其应用

当晶体受到外力作用时,无论外力方向、大小和作用方式如何,均可将其分解成垂直于某一晶面的正应力和沿此晶面的剪切应力,后者也称为分切应力。只有分切应力达到某一临界值,晶体滑移过程才能开始。

设想对一根单晶棒状试样进行拉伸以计算分切应力的临界值,如图 5.24 所示,试样的横截面积为 A_0,则滑移面的面积为

$$A = \frac{A_0}{\cos\phi}$$

设拉伸载荷为 $\boldsymbol{F}$,它和图中标记的滑移面法线向量 $\boldsymbol{N}$ 的夹角为 ϕ,和滑移方向 $\boldsymbol{S}$ 的夹角为 λ,则作用在滑移面上的应力为

$$P = \frac{F}{A} = \frac{F\cos\phi}{A_0}$$

应力 $\boldsymbol{P}$ 与外载荷 $\boldsymbol{F}$ 方向相同,可以分解为两个分应力,一个为垂直于滑移面的分正应力,另一个为沿滑移面的分切应力 τ,后者作用在滑移方向使晶体产生滑移,其大小为

$$\tau = P\cos\lambda = \frac{F}{A_0}\cos\phi\cos\lambda = \sigma\mu \tag{5.54}$$

式中, $\sigma = \dfrac{F}{A_0}$,为拉伸应力; $\mu = \cos\phi\cos\lambda$,称为施密特因子或取向因子。

在不同取向条件(μ 值不同)下,施密特用镁单晶棒状试样进行拉伸试验,结果如图 5.25 所示,实验点近

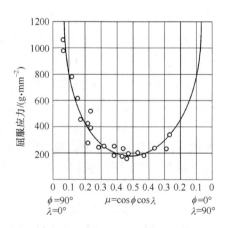

图 5.25　施密特使单晶镁棒处于不同取向时的拉伸试验结果

似位于双曲线上，表明 $\sigma\mu$ 是一个常数。这一发现说明，尽管试样棒的 μ 值不同，但开始滑移时的分切应力基本一样，都等于某一确定值 τ_c，即晶体开始滑移时的分切应力是

$$\tau = \sigma\mu = \tau_c \tag{5.55}$$

式中，τ_c 为临界分切应力。它是个材料常数，其值取决于结合键类型、结构特征、材料纯度和温度等因素。一些金属单晶体在室温下滑移的临界分切应力列于表 5.4。值得注意的是，在所列的金属中，BCC 金属的 τ_c 值要比 FCC 金属的 τ_c 值高十几倍，说明 FCC 金属更容易发生滑移，塑性较好，这和前面的分析是一致的。

表 5.4　一些金属单晶体的临界分切应力

金属	晶体结构	纯度	滑移系	τ_c / MPa
Al		—		0.79
Cu	面心立方	99.90	$\{111\}\langle110\rangle$	0.49
Ni		99.80		$3.24\sim7.17$
Fe	体心立方	99.96	$\{110\}\langle111\rangle$，$\{112\}\langle111\rangle$	27.44
Nb		—	$\{110\}\langle111\rangle$	33.80
Mg	密排六方	99.95	$\{0001\}\langle11\bar{2}0\rangle$	0.81
		99.98	$\{0001\}\langle11\bar{2}0\rangle$	0.76
Ti		99.98	$\{10\bar{1}1\}\langle11\bar{2}0\rangle$	3.92
		99.99	$\{10\bar{1}0\}\langle11\bar{2}0\rangle$	13.7

式 (5.55) 称为施密特定律 (Schmid's law)，这个定律首先出现在德国物理学家埃里克·施密特 (Erich Schmid) 与瓦尔特·鲍瓦斯 (Walter Boas) 在 1935 年合写的《晶体弹性》(德文 *Kristallplastizität* 或者英文 *Plasticity of Crystals*，又译作《晶体范性学》) 一书中，以后就以施密特命名了。《晶体弹性》是 Springer 出版的系列著作《物质结构和属性》(*Struktur Undgenschaften Der Materie*) 的一部，最初是德文版，1950 年被译成英文，并在 1958 年由我国著名物理学家钱临照先生译成中文。

下面对施密特定律进行一些讨论：

(1) σ 与 τ 同时存在，即并非分解后就只有 τ 而无 σ；与 σ 一样，τ 也是均匀的，即棒状试样中任一处均受到 τ 的作用。

(2) 参考图 5.24，由于 $\boldsymbol{S} \perp \boldsymbol{N}$，可以给出 $\phi+\lambda$ 的取值范围，$\dfrac{\pi}{2} \leqslant \phi+\lambda \leqslant \pi$，且仅当拉伸载荷 $\boldsymbol{F}$ 与 $\boldsymbol{S}$ 和 $\boldsymbol{N}$ 共面，即 $\boldsymbol{F}$ 位于 $\boldsymbol{S}\times\boldsymbol{N}$ 面内时，$\phi+\lambda=\dfrac{\pi}{2}$ 成立；而当 $\boldsymbol{F}$ 位于滑移面上且和 $\boldsymbol{S}$ 垂直时，$\phi+\lambda=\pi$，两者之和超过 π 则不再是拉伸状态。如此，施密特因子 μ 可以通过三角函数公式变形成为

$$\mu = \cos\phi\cos\lambda = \frac{1}{2}\cos(\phi+\lambda) + \frac{1}{2}\cos(\phi-\lambda)$$

根据 $\phi+\lambda$ 的取值范围，上式第一项为负值，它的最小值是 0，此时

$$\phi + \lambda = \frac{\pi}{2}$$

后一项的最大值是 $\frac{1}{2}$，此时

$$\phi - \lambda = 0$$

这两个条件同时成立时，μ 取到最大值，即 $\frac{1}{2}$，此时的条件是 $\phi = \lambda = 45°$，分切应力 τ_c 正好落在与外力轴成 45° 角的晶面以及与外力轴成 45° 角的滑移方向上。根据式(5.55)，施密特因子 μ 最大意味着晶体屈服时 σ 最小，此时单晶体的位向称为软位向(μ 最大时晶体的位向)，在外力作用下最容易发生塑性形变。

(3) 与软位向对应，当 λ 和 ϕ 有任何一个接近 90° 时，施密特因子 μ 都趋向于 0，根据式(5.55)，此时 σ 趋向无穷大，这个晶体位向称为硬位向，此时直至断裂前晶体中都不会产生滑移。

(4) 由于拉应力 σ 是一个变量，与晶体位向关系密切，故不能用惯常的应力-应变曲线研究单晶体的力学行为。

显然，同一晶体可有几组晶体学上完全等价的滑移系，那么它们的 τ_c 必然相同，因而加载时首先发生滑移的滑移系必为 μ 值最大的系统，即处于软位向的滑移系，因为作用在此滑移系上的分切应力最大。密排六方金属滑移时只有一组滑移面，故晶体位向的影响就十分显著，而面心立方金属有多组滑移面，晶体位向的影响就不太显著，不同取向的晶体拉伸屈服强度仅相差两倍。另外，如果两个或多个滑移系具有相同的 μ 值，则滑移时必相应有两个或多个滑移系同时开动，把只有一个滑移系的滑移称为单滑移，而具有两个或多个滑移系的滑移分别称为双滑移和多滑移。

对于立方晶系，施密特因子 μ 可以通过矢量运算用相关的晶向指数表达，能够为计算带来方便，即

$$\mu = \cos\phi\cos\lambda = \frac{\boldsymbol{F} \cdot \boldsymbol{N}}{|\boldsymbol{F}||\boldsymbol{N}|}\frac{\boldsymbol{F} \cdot \boldsymbol{S}}{|\boldsymbol{F}||\boldsymbol{S}|} \tag{5.56}$$

假设 $\boldsymbol{F}$ 沿晶向 $[uvw]$，$\boldsymbol{N}$ 沿晶向 $[h_1k_1l_1]$，$\boldsymbol{S}$ 沿晶向 $[h_2k_2l_2]$，则式(5.56)可展开成

$$\mu = \frac{uh_1 + vk_1 + wl_1}{\sqrt{u^2 + v^2 + w^2}\sqrt{h_1^2 + k_1^2 + l_1^2}} \times \frac{uh_2 + vk_2 + wl_2}{\sqrt{u^2 + v^2 + w^2}\sqrt{h_2^2 + k_2^2 + l_2^2}} \tag{5.57}$$

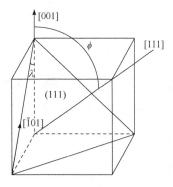

图 5.26　滑移系 (111)[$\bar{1}$01] 上的分切应力

知道了力轴的方向和大小、滑移面及滑移方向，便可方便计算使晶体滑移的分切应力。

【例题 5.4】　在面心立方晶胞 [001] 上施加 69 MPa 的应力，试求滑移系 (111)[$\bar{1}$01] 上的分切应力。

解　根据题意画出参考图 5.26，显然，拉力轴和滑移方向的夹角 $\lambda = 45°$，则 $\cos\lambda = 0.707$；设拉力轴与滑移面法线夹角为 ϕ，根据图示可知

$$\cos\phi = \frac{a}{\sqrt{3}a} = \frac{\sqrt{3}}{3}$$

可得 $\phi = 54.74°$，则根据施密特定律可求得在滑移系上的分切应力，即

$$\tau = \sigma \cos\phi \cos\lambda = 69\ \text{MPa} \times 0.707 \times \frac{\sqrt{3}}{3} = 28.165\ \text{MPa}$$

本题的另一种解法是根据式(5.57)直接计算。式中，F 沿晶向 [001]，N 沿晶向 [111]，S 沿晶向 [$\bar{1}$01]，则施密特因子 μ 为

$$\mu = \frac{1}{\sqrt{1} \times \sqrt{3}} \times \frac{1}{\sqrt{1} \times \sqrt{2}} = \frac{1}{\sqrt{6}}$$

$$\tau = \sigma\mu = 69\ \text{MPa} \times \frac{1}{\sqrt{6}} = 28.169\ \text{MPa}$$

两者结果差别非常小，可归结为计算过程的误差。

当晶体具有等价的滑移系时，利用施密特定律可确定在给定方向加载(拉伸或压缩)时滑移首先沿哪个或哪些系进行，是单滑移、双滑移或多滑移。针对面心立方晶体，先看一个例子。

【例题 5.5】　在面心立方晶胞 [215] 方向施加载荷，试判断该立方晶胞中哪个滑移系会率先启动。

解　根据题意画出立方晶胞，并标注力轴方向和面心立方晶体的滑移系，如图 5.27 所示。

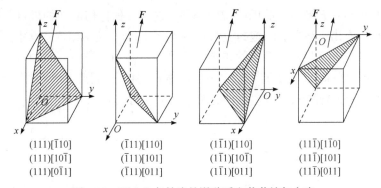

$$(111)[\bar{1}10] \quad\quad (\bar{1}11)[110] \quad\quad (1\bar{1}1)[110] \quad\quad (11\bar{1})[1\bar{1}0]$$
$$(111)[10\bar{1}] \quad\quad (\bar{1}11)[101] \quad\quad (1\bar{1}1)[10\bar{1}] \quad\quad (11\bar{1})[101]$$
$$(111)[0\bar{1}1] \quad\quad (\bar{1}11)[011] \quad\quad (1\bar{1}1)[011] \quad\quad (11\bar{1})[011]$$

图 5.27　面心立方晶胞的滑移系和载荷施加方向

由于立方晶胞中的滑移系都是等价的，故它们的临界分切应力 τ_c 都相同，通过计算施密特因子便可知道在图示载荷下哪个滑移系会率先启动。根据式(5.57)逐一进行计算，结果如下：

$$\mu_{(111)[\bar{1}10]} = \frac{2\times1+1\times1+5\times1}{\sqrt{2^2+1^2+5^2}\times\sqrt{3}} \times \frac{2\times(-1)+1\times1+5\times0}{\sqrt{2^2+1^2+5^2}\times\sqrt{2}} = -0.1089$$

$$\mu_{(111)[10\bar{1}]} = -0.3266, \quad \mu_{(111)[0\bar{1}1]} = 0.4354$$

$$\mu_{(\bar{1}11)[110]} = 0.1633, \quad \mu_{(\bar{1}11)[101]} = 0.3810, \quad \mu_{(\bar{1}11)[01\bar{1}]} = -0.2177$$

$$\mu_{(1\bar{1}1)[110]} = 0.2448, \quad \mu_{(1\bar{1}1)[10\bar{1}]} = -0.2448, \quad \mu_{(1\bar{1}1)[011]} = 0.4896$$

$$\mu_{(11\bar{1})[1\bar{1}0]} = -0.0272, \quad \mu_{(11\bar{1})[101]} = -0.1904, \quad \mu_{(11\bar{1})[011]} = -0.1632$$

比较上面的计算结果可知，在滑移面 $(1\bar{1}1)$ 上沿 [011] 方向的施密特因子最大，因此在 [215] 方向施加载荷，最先启动的滑移系为 $(1\bar{1}1)[011]$。

改变载荷施加的方向，用同样的方法可以计算出面心立方晶系最先启动的滑移系，但这种方法比较烦琐，于是人们总结计算结果，发现了一个能够快速确定具有最大施密特因子 μ 的

滑移系的方法，也就是快速确定"率先启动"的滑移系的方法，即下面要讲述的"映像方法"或"映像规则"。

使用映像规则确定滑移系，需要利用到晶体的极射投影图，通常是用 (001) 标准投影。图 5.28 是面心立方晶体的 (001) 标准投影，从图中可以看出，它是由 24 个彼此相邻的取向三角形组成，每个三角形的顶点都由 $\langle 110 \rangle$、$\langle 111 \rangle$ 和 $\langle 100 \rangle$ 的极点组成。因此，任意给定的加载方向 F 必然位于某个取向三角形中，即可以用某取向三角形中的一个极点来表示。仍以例题 5.5 中施加的载荷为例，它的方向为 [215]，参考图 5.28，它显然应该在取向三角形 [101]-[111]-[001] 内。对面心立方晶体，在 F 作用下晶体的滑移面就是 (111) 的"像"$(1\bar{1}1)$，即以 (111) 极点的对边为公共边，与之呈镜像对称的极点代表的晶面，而滑移方向就是 [101] 的像 [011]，即以 [101] 极点的对边为公共边，与之呈镜像对称的极点代表的方向，故滑移系为 $(1\bar{1}1)[011]$，完全吻合计算的结果。

如果不熟悉极射投影，也可以利用清华大学潘金生等提出的"取向胞"概念结合映像规则确定面心立方晶体的滑移系。取向胞和球投影的概念类似，设想有一个巨大的立方体包裹晶体，使立方体的中心与晶体的中心重合，由于晶体尺寸与包裹它的立方体相比要小得多，因此可以认为任何晶面都是通过中心的，于是一个晶面在空间的取向就可以用它的法线与立方体表面的交点(也称极点)表示。图 5.29 即面心立方晶体的取向胞，包裹用的立方体和平面位向与置于中心的面心立方晶体各晶面的位向相同。这样其他任何晶面的极点位置也都随之确定。从图 5.29 可以看出，整个取向胞的表面是由 48 个取向三角形组成，其中只有 24 个可见，而任何一个加载方向 F 必然位于某一个取向三角形中，因而同样可以利用映像规则确定率先启动的滑移系。仍以载荷施加的方向为 [215] 做示例，它在取向胞上的位置已经标注在图 5.29 中，则根据映像规则很容易知道率先启动的滑移系为 $(1\bar{1}1)[011]$。

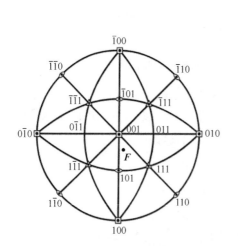

图 5.28　面心立方晶体 (001) 投影和映像规则示意图

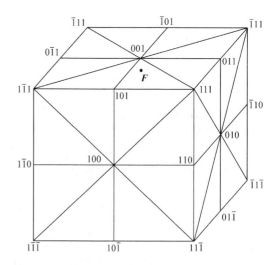

图 5.29　面心立方晶体取向胞和映像规则示意图

映像规则为确定立方晶体的滑移系带来很多便利，下面再来看一个利用这个规则确定面心立方晶体滑移系的示例。

【例题 5.6】 有一单晶铝棒，面心立方结构，棒轴为 $[12\bar{3}]$，今沿棒轴方向施加拉伸载荷 F，试确定该棒的初始滑移。

解 利用映像规则来确定题目要求的初始滑移系，但图 5.28 所示的 (001) 标准投影图难以直接利用，因为其中没有出现最后一个指数为负数的极点。但也不必重新制备一个标准投影，而是适当修正即可。将制作 (001) 标准投影图的晶胞原点选在它的对角上，便可得到一张 (00$\bar{1}$) 标准投影图，图中极点的指数要做相应修改，如图 5.30 所示。

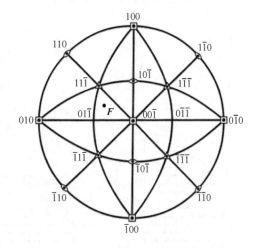

图 5.30 面心立方晶体的 (00$\bar{1}$) 投影和映像规则示意图

显然，力轴方向的极点位于 [01$\bar{1}$]-[11$\bar{1}$]-[00$\bar{1}$] 取向三角形内，则根据映像规则，沿棒轴方向 [12$\bar{3}$] 施加载荷，最先启动的滑移系为 ($\bar{1}$1$\bar{1}$)[10$\bar{1}$]。

遵照映像规则很容易知道，当载荷 F 位于取向三角形的边界上时，晶体发生双滑移，而位于取向三角形顶点上时则发生多滑移。

5.2.5 滑移时参考方向和参考面的变化

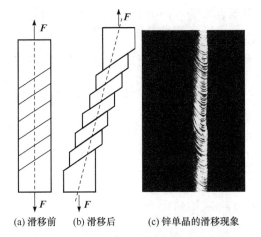

(a) 滑移前　(b) 滑移后　(c) 锌单晶的滑移现象

图 5.31 单晶体自由滑移时棒轴取向变化示意图

单晶体在自由滑移时，虽然它的晶轴 a、b、c 或任何 [uvw] 晶向在空间的方位始终不变，但由于试样变形，它的轴向和外表面在空间的方位一般会改变，因而其指数也会改变，如图 5.31 所示试样滑移前后棒轴的取向变化。将试样的轴向或任何带标记的方向称为参考方向，将试样的外表面或任何带有标记的平面称为参考面，下面讨论单滑移过程参考方向和参考面的指数如何变化。

1. 参考方向的变化

考虑单晶体自由滑移，图 5.32(a) 和 (b) 分别画出了滑移前后试样表面上作为参考方向的某一刻线 AB 的变化。显然，AB 在空间方位的变化只取决于 B 点相对于 A 点的位移，即图中表达位移矢量关系的 BB'。假设滑移前刻线为 $d = AB$，滑移后刻线变为 $D = AB'$，如果剪切应变为 γ，沿滑移方向的单位向量为 b，沿滑移面法线方向的单位向量为 n，则从图 5.32 的位移矢量关系图中可以得出

$$D = d + BB' = d + \gamma(d \cdot n)b \tag{5.58}$$

从式 (5.58) 不难判断，当参考方向平行于滑移面时，$d \cdot n = 0$，因而 $D = d$，表明滑移面上的参考方向在滑移过程中保持不变。

式 (5.58) 为试样拉伸时导出的结果，对于压缩情形，只要将 b 反向，就可导出类似的公式。如果规定拉伸时 γ 为正，压缩时 γ 为负，那么无论是拉伸还是压缩都可用式 (5.58) 计算单晶体自由滑移后参考方向的变化。

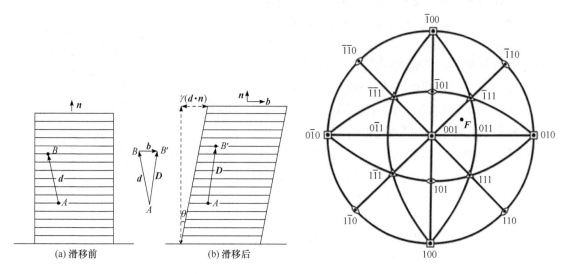

图 5.32　单晶体自由滑移过程参考方向变化示意图　　图 5.33　映像规则确定体心立方单晶试棒滑移系示意图

【例题 5.7】　有一根体心立方结构的单晶试棒，其滑移系为 $\{110\}\langle111\rangle$，现在沿棒轴 $[\bar{1}23]$ 方向进行拉伸，当剪切应变达到 $\sqrt{6}/4$ 时，试求棒轴的取向方位。

解　如图 5.33 所示，沿 $[\bar{1}23]$ 方向的力轴极点位于取向三角形 $[011]$-$[\bar{1}11]$-$[001]$ 内，则由映像规则可知，滑移系应为 $(\bar{1}01)[111]$，故 $\boldsymbol{n}=\dfrac{[\bar{1}01]}{\sqrt{2}}$，$\boldsymbol{b}=\dfrac{[111]}{\sqrt{3}}$，又已知 $\boldsymbol{d}=[\bar{1}23]$，$\gamma=\dfrac{\sqrt{6}}{4}$，将这些参数代入式(5.58)，可得

$$\boldsymbol{D}=[\bar{1}23]+\frac{\sqrt{6}}{4}\left([\bar{1}23]\cdot\frac{\overline{101}}{\sqrt{2}}\right)\frac{[111]}{\sqrt{3}}$$

$$=[\bar{1}23]+\frac{1}{4}\big[(-1)\times(-1)+2\times0+3\times1\big][111]$$

$$=[\bar{1}23]+[111]=[034]$$

2. 参考面的变化

根据向量叉积的定义，两个向量叉积等于这两个向量所决定平面的法线向量，而这两个向量叉积数值上等于以这两个向量为边组成的平行四边形的面积。因此，一个平面的方位和面积可以用它法线方向上的一个向量表示，向量长度等于该平面的面积。

假定试样滑移前计量某参考面的矢量为 $\boldsymbol{a}$，滑移后该矢量变为 $\boldsymbol{A}$，现在要确定 $\boldsymbol{A}$ 与 $\boldsymbol{a}$ 的关系。为此，在滑移前的参考面上任选两个不平行的矢量 $\boldsymbol{d}_1$ 和 $\boldsymbol{d}_2$，它们在滑移后分别变为 $\boldsymbol{D}_1$ 和 $\boldsymbol{D}_2$，于是有

$$\boldsymbol{a}=\boldsymbol{d}_1\times\boldsymbol{d}_2,\ \ \boldsymbol{A}=\boldsymbol{D}_1\times\boldsymbol{D}_2$$

将式(5.58)代入计算 $\boldsymbol{A}$ 的式子，可得

$$A = D_1 \times D_2 = \left[d_1 + \gamma (d_1 \cdot n) b \right] \times \left[d_2 + \gamma (d_2 \cdot n) b \right]$$

$$= d_1 \times d_2 + \gamma \left[(d_2 \cdot n) d_1 - (d_1 \cdot n) d_2 \right] \times b$$

$$= a + \gamma \left[n \times (d_1 \times d_2) \right] \times b$$

$$= a - \gamma \left[b \times (n \times a) \right]$$

$$= a - \gamma \left[(b \cdot a) n - (b \cdot n) a \right]$$

因为滑移面法线向量垂直于滑移面内沿滑移方向的矢量，即

$$b \cdot n \equiv 0$$

所以

$$A = a - \gamma (a \cdot b) n \tag{5.59}$$

由式(5.59)同样不难看出，当参考面平行于滑移面时，$a \cdot b = 0$，因而此时 $A = a$，即滑移前后滑移面的方位和面积都不改变。

【例题 5.8】　如果在例题 5.7 中试样的一个侧表面为 (210)，求滑移后该面的指数。

解　将 $a = [210]$，$b = \dfrac{[111]}{\sqrt{3}}$，$n = \dfrac{[\bar{1}01]}{\sqrt{2}}$，$\gamma = \dfrac{\sqrt{6}}{4}$ 代入式(5.59)，可得

$$A = [210] - \frac{\sqrt{6}}{4} \left([210] \cdot \frac{[111]}{\sqrt{3}} \right) \frac{[\bar{1}01]}{\sqrt{2}}$$

$$= [210] - \frac{1}{4} (2 \times 1 + 1 \times 1 + 0 \times 1)[\bar{1}01]$$

$$= [210] - \frac{3}{4}[\bar{1}01] = \frac{1}{4}[114\bar{3}]$$

计算结果表明，滑移后 (210) 面变成了 $[114\bar{3}]$ 面。

上面讨论的都是单滑移情形，如果载荷施加方向(或试样轴向)刚好位于取向三角形的边上，就要发生双滑移，即两个等价的滑移系将同时开动。在双滑移情况下如何确定参考方向和参考面的变化呢？原则上只要将两个单滑移引起的变化叠加即可。下面仅讨论试样轴向变化和试样端面变化两个特殊情况，假定双滑移系为 $(n_1,\ b_1)$ 和 $(n_2,\ b_2)$。

1) 试样轴向的变化

由式(5.58)可以得到，当晶体沿滑移系 $(n_1,\ b_1)$ 滑移时，轴向变化为

$$\Delta L_1 = \Delta \gamma (l \cdot n_1) b_1$$

当晶体沿滑移系 $(n_2,\ b_2)$ 滑移时，轴向变化为

$$\Delta L_2 = \Delta \gamma (l \cdot n_2) b_2$$

因此，当晶体发生双滑移时，轴向变化应为

$$\Delta L = \Delta L_1 + \Delta L_2 = \Delta \gamma [(l \cdot n_1) b_1 + (l \cdot n_2) b_2]$$

又因双滑移时 n_1 和 n_2 对称于 l，故 $l \cdot n_1 = l \cdot n_2 = l \cos\phi$，代入上式可得

$$\Delta L = \Delta \gamma l \cos\phi (b_1 + b_2) \tag{5.60}$$

式中，l 为滑移前试样的轴向长度。

2) 试样端面的变化

按照类似试样轴向变化的讨论，可得端面的变化为

$$\Delta A = \Delta \gamma a \cos \lambda (\boldsymbol{n}_1 + \boldsymbol{n}_2) \tag{5.61}$$

式中，a 为滑移前试样端面的面积。

5.2.6 滑移过程中晶体的转动

单晶体发生塑性形变时，往往伴随轴向和外表面在空间方位的变化，如图 5.31 自由滑移前后所示。显然，如果滑移不受限制，滑移面能够保持原来的位向，但拉力轴的取向需要不断变化。然而，在惯常的力学试验中这是不可能的，无论是拉伸还是压缩测试，实际上都是固定晶体试样的两端夹头保持不动，即拉力轴的方向不会改变，此时晶体在被拉伸或压缩的同时必须不断发生转动以匹配两端被固定的情况，因而晶体的 $\boldsymbol{a}$、$\boldsymbol{b}$、$\boldsymbol{c}$ 晶轴及任何晶向和晶面在空间的位向都要相应改变。和原始试样相比[图 5.34(a)]，对于拉伸情况[图 5.34(b)]，转动的结果是拉力轴与滑移面法线夹角 ϕ 增大，与滑移方向夹角 λ 减小，即在拉伸时使滑移面和滑移方向逐渐转到与应力轴平行；对于压缩情况[图 5.34(c)]，转动的结果是压力轴与滑移面法线夹角 ϕ 减小，与滑移方向夹角 λ 增大，即在压缩时使滑移面和滑移方向逐渐转到与应力轴垂直。

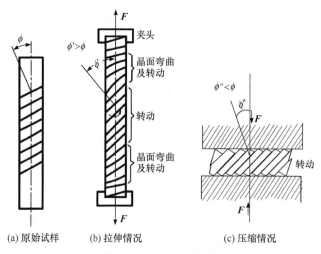

图 5.34　拉伸和压缩时单晶体转动示意图

1. 晶体转动的机制

单晶体受限滑移时的转动机制可用如图 5.35(a) 和 (b) 进行描述，设想从图 5.34(a) 中取出三层很薄的相邻晶体，它们滑移前如图 5.35(a) 中的虚线所示。滑移后，每层薄片之间沿滑移面在滑移方向上产生相对位移，如图 5.35(a) 中的实线所示，原来的 O_1 和 O_2 分别移动到 O_1' 和 O_2'。对中间薄层进行受力分析，将其上下两面所受的作用力沿滑移面法线分解成正应力 $\boldsymbol{n}_1$ 与 $\boldsymbol{n}_2$ 和滑移面上的剪切应力 $\boldsymbol{s}_1$ 与 $\boldsymbol{s}_2$，如图 5.35(a) 所示。$\boldsymbol{n}_1$-$\boldsymbol{n}_2$ 组成的力偶使晶体向拉力轴方向转动，ϕ 角逐渐增大。再如图 5.35(b) 所示，滑移面上的切应力 $\boldsymbol{s}_1$ 与 $\boldsymbol{s}_2$ 又可分解为沿滑移方向的分量 τ_1、τ_2 以及垂直于滑移方向的分量 τ_p、τ_p'，而 τ_p-τ_p' 力偶使滑移方向转向最大切应力方向，使 λ 角减小。

对于单晶体受压缩情况进行类似分析，便可得出压缩时晶体转动的原因及转动导致 ϕ 角减小、λ 角增大的结论。

随滑移的进行，不仅滑移面转动，滑移方向也在旋转，故晶体中晶轴、晶向和晶面的位向不断改变。原来处于软位向的滑移系有可能随着滑移的进行，其 ϕ 和 λ 角都逐渐远离 45°，

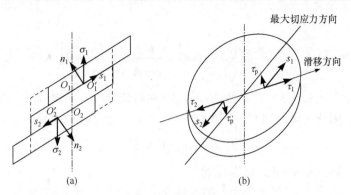

图 5.35 拉伸时晶体转动机制示意图

导致滑移阻力越来越大,即产生"几何硬化",而停止滑移;也可能原本处于硬位向的滑移系转到软位向而参与滑移,即产生"几何软化"。

2. 晶体转动时试样长度的变化

单晶棒状试样在拉伸时会伸长,伸长量取决于晶体的位向和剪切应变 γ。设试样初始长度为 l,滑移后变为 L,则根据式(5.58)可得

$$L^2 = \boldsymbol{L} \cdot \boldsymbol{L} = \left[\boldsymbol{l} + \gamma(\boldsymbol{l} \cdot \boldsymbol{n})\boldsymbol{b}\right] \cdot \left[\boldsymbol{l} + \gamma(\boldsymbol{l} \cdot \boldsymbol{n})\boldsymbol{b}\right]$$
$$= l^2 + 2\gamma(\boldsymbol{l} \cdot \boldsymbol{n})(\boldsymbol{l} \cdot \boldsymbol{b}) + \gamma^2(\boldsymbol{l} \cdot \boldsymbol{n})^2$$
$$= l^2\left(1 + 2\gamma\cos\lambda_0\cos\phi_0 + \gamma^2\cos^2\phi_0\right)$$

从而

$$L = l\sqrt{1 + 2\gamma\cos\lambda_0\cos\phi_0 + \gamma^2\cos^2\phi_0} \tag{5.62}$$

式中, λ_0 和 ϕ_0 分别为试样初始轴向与滑移方向及滑移面法线方向的夹角。

注意,当没有夹头限制时,晶体没有转动,滑移后计算出的 L 并不是初始轴向。但通过对试样两端固定,通过晶体转动,使得因滑移而改变了位向的棒轴保持在初始方向,即拉伸机夹头的连线上。这时沿原始轴向测得的试样长度即式(5.62)计算的结果。

如果是压缩的情况,并不是简单地将式(5.62)中的 γ 改成 $-\gamma$ 即可,因为发生压缩时限制条件是试验端面(压缩面)的法线方向保持不变,即压缩时晶体转动的结果是使压缩面 A 回到初始的 a,而不是使 L 回到 l。于是根据式(5.59)可以得到

$$A^2 = \boldsymbol{A} \cdot \boldsymbol{A} = \left[\boldsymbol{a} - \gamma(\boldsymbol{a} \cdot \boldsymbol{b})\boldsymbol{n}\right] \cdot \boldsymbol{a} - \gamma(\boldsymbol{a} \cdot \boldsymbol{b})\boldsymbol{n}$$
$$= a^2 - 2\gamma(\boldsymbol{a} \cdot \boldsymbol{b})(\boldsymbol{a} \cdot \boldsymbol{n}) + \gamma^2(\boldsymbol{a} \cdot \boldsymbol{b})^2$$
$$= a^2\left(1 - 2\gamma\cos\lambda_0\cos\phi_0 + \gamma^2\cos^2\lambda_0\right)$$

所以

$$A = a\sqrt{1 - 2\gamma\cos\lambda_0\cos\phi_0 + \gamma^2\cos^2\lambda_0} \tag{5.63}$$

根据试样体积不变原理,形变前后试样轴向长度 l 和 L 应具有下面的关系:

$$AL = al$$

所以

$$L = \frac{al}{A} = \frac{l}{\sqrt{1 - 2\gamma \cos\lambda_0 \cos\phi_0 + \gamma^2 \cos^2\lambda_0}} \tag{5.64}$$

以上是用试样初始长度 l、初始位向 (λ_0, ϕ_0) 和剪切应变 γ 来表示 L，由于 γ 与试样的位向变化是对应的，因此也可以用 l、λ 和 ϕ 来表示 L。例如，在拉伸时

$$\boldsymbol{L} = \boldsymbol{l} + \gamma(\boldsymbol{l} \cdot \boldsymbol{n})\boldsymbol{b}$$

两边与 $\boldsymbol{n}$ 作点积，再由 $\boldsymbol{b} \cdot \boldsymbol{n} = 0$，可以得到

$$L\cos\phi = l\cos\phi_0$$

即

$$L = \frac{l\cos\phi_0}{\cos\phi} \tag{5.65}$$

而两边与 $\boldsymbol{b}$ 作叉积，又可得到

$$L\sin\lambda = l\sin\lambda_0$$

所以

$$L = \frac{l\sin\lambda_0}{\sin\lambda} \tag{5.66}$$

将以上两式稍作变形，可统一写成

$$\frac{L}{l} = \frac{\cos\phi_0}{\cos\phi} = \frac{\sin\lambda_0}{\sin\lambda} \tag{5.67}$$

对于压缩情况，有

$$\boldsymbol{A} = \boldsymbol{a} - \gamma(\boldsymbol{a} \cdot \boldsymbol{b})\boldsymbol{n}$$

两边与 $\boldsymbol{b}$ 作点积，可以得到

$$A\cos\lambda = a\cos\lambda_0 \tag{5.68}$$

两边与 $\boldsymbol{n}$ 作点积，则可以得到

$$A\sin\phi = a\sin\phi_0 \tag{5.69}$$

综合式(5.68)和式(5.69)，并利用形变前后体积不变的关系($AL = al$)，最后可得

$$\frac{L}{l} = \frac{a}{A} = \frac{\cos\lambda}{\cos\lambda_0} = \frac{\sin\phi}{\sin\phi_0} \tag{5.70}$$

式(5.67)和式(5.70)表明，在拉伸和压缩试验中，只要能确定每一瞬时试样的取向(确定 λ 和 ϕ)，就可计算出试样在该瞬时的长度，而试样取向可以用 X 射线在线监测，能够为试验带来很多便利。

3. 多滑移和超越现象

对于有多组滑移系的晶体，当沿某一轴向施加载荷时，处于软位向(施密特因子最大的位向)的一组滑移系率先启动，这便是单滑移；若两组或几组滑移系处在同等有利的位向，在载荷施加时，各滑移系同时启动，或由于滑移过程中晶体的转动发生两个或多个滑移系交替滑

移则称为多滑移，晶体缺陷章节中提到的交滑移就是一种多滑移现象。

面心立方晶体有 12 个滑移系，形变时哪个滑移系率先启动取决于施密特因子 $\cos\lambda\cos\phi$ 的大小。如图 5.36 所示，在力轴为 $[\bar{1}25]$ 的方向施加载荷 F_0，即图中的 P 点，则根据映像规则，初始滑移系为 $(111)[\bar{1}01]$，力轴与滑移方向夹角为 λ_0，与滑移面法线夹角为 ϕ_0，可直接计算或由经过 P、A 点即 P、B 点的大圆分别求得，均接近 45°。如前面的讨论，晶体受限滑移时将发生转动。为了便于描述，可假设晶体不动，而是力轴转动，则拉伸时图 5.36 中 P 点将沿 PA 所在的大圆经线向 A 移动，使 λ_0 逐渐减小，可见拉伸时转轴 R 应平行于 $F_0\times b$（b 为滑移方向的单位矢量，这里 $b=[\bar{1}01]/\sqrt{2}$）。当力轴转到 $[001]$ 与 $[\bar{1}11]$ 的连线上，则有两组滑移系处在同等有利的位向，即初始滑移系

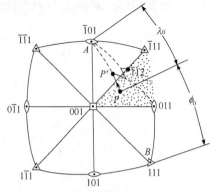

图 5.36 面心立方晶体滑移时的超越现象

$(111)[\bar{1}01]$ 和其共轭滑移系 $(\bar{1}\bar{1}1)[011]$，它们的施密特因子完全相等。这两个滑移系此时本应同时滑移，但由于共轭滑移系开动时必然与初始滑移系造成的滑移带交割，滑移阻力大于初始滑移系，因此初始滑移系将继续作用到图 5.36 中的 P' 点，称为"超越现象"，共轭滑移系才开始启动，使力轴又向 $[011]$ 方向转动，它同样也会发生超越现象，然后初始滑移系再启动，如此反复交替，如图中的虚线所示，力轴最后到达 $[\bar{1}12]$ 点，即力轴处于 $[\bar{1}12]$ 方向上，此时

$$\mu_{(111)[\bar{1}01]} = \frac{-1+1+2}{2\sqrt{3}} \times \frac{1+0+2}{2\sqrt{2}} = \frac{\sqrt{6}}{4}$$

$$\mu_{(\bar{1}\bar{1}1)[011]} = \frac{1-1+2}{2\sqrt{3}} \times \frac{0+1+2}{2\sqrt{2}} = \frac{\sqrt{6}}{4}$$

施密特因子完全相等，力轴和两个滑移面方向三者也处于同一平面上，且对称于两个滑移方向，故两个转动具有同一转轴而且转动方向相反，因而相互抵消。也就是说，当试样轴变为 $[\bar{1}12]$ 时，晶体只发生双滑移，不再转动，取向也就不再改变。

需要注意，如果是压缩，图 5.36 中 P 点将沿 PB 所在的大圆经线向 B 移动，使 ϕ_0 逐渐减小，可见压缩时转轴 R 应平行于 $F_0\times n$（n 为滑移面法线方向的单位矢量，这里 $n=[111]/\sqrt{3}$）。

【例题 5.9】 假定将一个面心立方结构单晶试棒沿 $[\bar{1}25]$ 方向施加载荷 F 进行拉伸，求：(1)初始滑移系；(2)试样在单滑移时的转动规律和转轴；(3)剪切应变 γ 达到多少才开始双滑移；(4)开始双滑移时试样的取向；(5)双滑移过程中晶体的转动规律和转轴；(6)试样最终的稳定取向。

解 (1) 参考图 5.36，力轴 $[\bar{1}25]$ 位于取向三角形 $[011]$-$[\bar{1}11]$-$[001]$ 内，则根据映像规则，试样单滑移时的初始滑移系为 $(111)[\bar{1}01]$。

(2) 针对拉伸情况，单滑移时 ϕ 角逐渐增大，试样轴转向滑移方向，即 $[\bar{1}01]$，因此转轴为

$$R=[\bar{1}25]\times[\bar{1}01]=[1\bar{2}1]$$

(3) 剪切应变 γ 可按下式进行计算：

$$L=l+\gamma(l\cdot n)b$$

式中，$l = [\bar{1}25]$，滑移面法线单位向量 $\boldsymbol{n} = \dfrac{[111]}{\sqrt{3}}$，滑移方向单位向量 $\boldsymbol{b} = \dfrac{[\bar{1}01]}{\sqrt{2}}$，令 $\boldsymbol{L} = [uvw]$，又因双滑移开始时 $\boldsymbol{F}$ 在 $[001]$-$[\bar{1}11]$ 边上，所以有 $u = -v$。将这些参数代入上式，可得

$$[\bar{v}vw] = [\bar{1}25] + \gamma\left([\bar{1}25] \cdot \frac{[111]}{\sqrt{3}}\right)\frac{[\bar{1}01]}{\sqrt{2}}$$

$$= [\bar{1}25] + \frac{\gamma}{\sqrt{6}}\{(-1)\times 1 + 2\times 1 + 5\times 1\}[\bar{1}01]$$

$$= [\bar{1}25] + \sqrt{6}\gamma[\bar{1}01]$$

所以

$$\begin{cases} -v = -1 - \sqrt{6}\gamma \\ v = 2 \\ w = 5 + \sqrt{6}\gamma \end{cases}$$

解得

$$\begin{cases} u = -v = -2 \\ v = 2 \\ w = 6 \\ \gamma = \dfrac{\sqrt{6}}{6} \end{cases}$$

即剪切应变 $\gamma = \dfrac{\sqrt{6}}{6}$ 时试样开始双滑移。

(4) 由前面的求解直接可得双滑移开始时试样的取向为

$$\boldsymbol{L} = [\bar{2}26] = [\bar{1}13]$$

(5) 双滑移时试样轴一方面转向 $[\bar{1}01]$，其转轴为

$$\boldsymbol{n}_1 = [\bar{1}13] \times [\bar{1}01] = [1\bar{2}1]$$

同时它转向 $[011]$，其转轴为

$$\boldsymbol{n}_2 = [\bar{1}13] \times [011] = [\bar{2}1\bar{1}]$$

故合成后的转轴为

$$\boldsymbol{n} = \boldsymbol{n}_1 + \boldsymbol{n}_2 = [1\bar{2}1] + [\bar{2}1\bar{1}] = [\bar{1}\bar{1}0]$$

(6) 假定试样的稳定取向为 $[u'v'w']$，则要求 $\boldsymbol{n} = \boldsymbol{n}_1 + \boldsymbol{n}_2 = [000]$，即要求：

$$[u'v'w'] \times [\bar{1}01] + [u'v'w'] \times [011] = [000]$$

将 $u' = -v'$ 代入上式，可以求得 $w' = 2v'$，所以稳定取向为

$$\boldsymbol{L} = [\bar{v}'v'2v'] = [\bar{1}12]$$

如果力轴一开始就位于相邻三角形的公共边上，则拉伸或压缩时会有两组等效滑移系同时启动，这便是双滑移。与此相似，当力轴位于 $\{011\}$ 极点将有 4 个等效滑移系，位于 $\{111\}$ 极点有 6 个等效滑移系，位于 $\{001\}$ 极点有 8 个等效滑移系，此时会发生多滑移。例如，当力轴位于 (001) 极点时，参考图 5.36，可在 8 个投影三角形中找出 8 个等效滑移系，它们是 $(111)[\bar{1}01]$、

$(111)[0\bar{1}1]$、$(\bar{1}11)[0\bar{1}1]$、$(\bar{1}11)[101]$、$(\bar{1}\bar{1}1)[101]$、$(\bar{1}\bar{1}1)[011]$、$(1\bar{1}1)[011]$和$(1\bar{1}1)[\bar{1}01]$，其立体图如图 5.37(a)所示。由向量点积公式，可以计算出拉力轴和 4 个滑移面法线的夹角ϕ均为 54.7°，此外，除拉力轴与[110]、$[1\bar{1}0]$的夹角为90°外，与余下的滑移方向$[\bar{1}01]$、$[0\bar{1}1]$、[101]及[011]的夹角λ均为45°。此时，每个{111}面上有 2 个滑移方向可以滑移，可同时发生滑移的滑移系数目为$4\times2=8$。

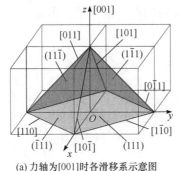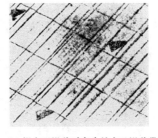

(a) 力轴为[001]时各滑移系示意图　　(b) 铝在双滑移时产生的交叉滑移带

图 5.37　面心立方结构晶体中的多滑移现象

发生多滑移现象时，在晶体表面可以观察到二组或多组交叉的滑移带，如图 5.37(b)所示的铝金属中的双滑移结果。

5.2.7　滑移过程的次生现象

滑移后金属试样表面会出现滑移线和滑移带，但由于晶体内部并非是完全规整的结构，而是存在杂质和各种缺陷，因此晶体滑移还可能有以下几种次生现象伴随出现。

1) 晶面弯曲

如果是理想情况，晶体在滑移前后晶面会始终维持平整，这样在进行 X 射线衍射实验时出现的倒易点应该是明锐的斑点。但是由于局部区域的微观缺陷、杂质等阻碍作用，滑移面可能发生弯曲。这种弯曲的晶面可以近似地看成是由一系列位向差很小的平面组成，因此它们的倒易点不再是明锐的斑点，而是拉成了或带有拖尾的斑点，这种现象称为星芒。晶面弯曲后增加了滑移阻力，晶体进一步滑移就变得困难。

2) 形变带

在前面的讨论中都默认晶体呈完整状态，内部处处均匀，因而滑移时晶体内部各处转角都相同。但同样由于局部区域存在杂质和各种缺陷，这些区域的转动就受到阻碍(如缺陷章节提到的存在柯垂耳气团的地方)，其转角小于远离杂质和缺陷的地区。把转角较小的区域称为形变带，转角不同自然会引起晶体不同区域的位向差，因而在显微镜下观察时会看到衬度差别。

3) 弯折带

一些金属单晶体如锌和镉等在压缩试验时会出现弯折现象，滑移和转动仅发生在一个狭窄的带状区域，这个带状区域称为弯折带。弯折带也可以看成是一种特殊的形变带，转动都集中在带内，带外各部分既不滑移，也不转动。弯折带的形成与金属滑移过程中的几何软化现象有关，特别是试样是长径比很小的短圆柱体时，压缩时晶体转动导致位向改变，很容易出现几何软化，致使试样局部区域出现弯折现象。

5.2.8　单晶体的应力-应变曲线

单晶体的塑性形变过程可以用单晶体的应力-应变曲线清晰表示出来,这个应力-应变曲线也就是单晶体在拉伸时的分切应力-切应变曲线,或 τ-γ 曲线。

图 5.38 是一条典型的面心立方晶体的应力-应变曲线,曲线的拉力轴位于标准投影某个三角形内,是软位向。从这条曲线上可以得到两个表示硬化的参量:①硬化量 τ_h,它等于维持滑移所需的分切应力(也称为流变应力)与临界分切应力 τ_c 的差值,即 $\tau_h = \tau - \tau_c$;②加工硬化系数(也称为硬化率) $\theta \left(= \dfrac{\mathrm{d}\tau}{\mathrm{d}\gamma} \right)$。

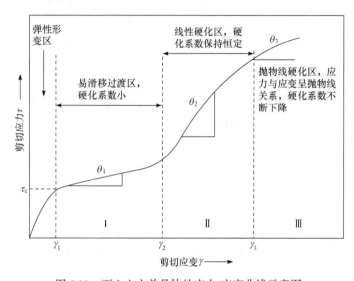

图 5.38　面心立方单晶体的应力-应变曲线示意图

根据硬化系数可以将单晶体的应力-应变曲线分为三个阶段,在这三个阶段之前则是弹性形变区,应力-应变符合胡克定律的描述。

1) 易滑移阶段

晶体开始塑性形变后首先进行单滑移,此时晶体中位错移动和增殖所遇到的阻力很小,能够移动较远的距离而不受到阻碍,大多数位错可以运动出晶体表面,因此晶体表面滑移线细长,分布较均匀。这一阶段加工硬化系数 θ_1 很小,约为 $10^{-4}\,G$ 数量级。易滑移阶段的长短和晶体取向有关,即和拉力轴的方位有关,如果拉伸过程中出现几何硬化,则易滑移阶段会缩短,如果拉力轴一开始便处于晶体的硬位向,则无易滑移阶段,直接进入下面的第二阶段。

2) 线性硬化阶段

随形变的进行,晶体的转动最终都将发生"超越"现象和双滑移甚至多滑移。双滑移和多滑移造成位错线的交割,形成割阶或出现面角位错,使位错增殖并导致密度急剧增加,位错的运动变得困难。因此,这一阶段加工硬化系数明显增加,可以达到 $G/300 \sim G/100$,比第一阶段约大 30 倍且基本为常数,故称这个阶段为线性硬化阶段,试样表面在均匀细滑移线的背景上出现不均匀分布的粗滑移带。

3) 抛物线硬化阶段

线性硬化阶段之后,加工硬化系数逐渐降低,应力与应变关系为 $\tau = K\gamma^{\frac{1}{2}}$,呈现抛物线型。

这一阶段与位错交滑移密切相关，应力足够高，领先螺型位错产生交滑移，交滑移使应力暂时松弛，因而硬化系数减少，在晶体表面有碎断滑移带，带端有交滑移痕迹。

体心立方晶体的塑性不如面心立方晶体，但其单晶体在合适的纯度、位向、应变速率和形变温度下也可以看到上述三个阶段的加工硬化特征，如图 5.39 所示。密排六方金属的单晶体滑移系少，位错的交截作用弱，加工硬化系数小，没有明显的三个阶段特征。密排六方单晶如果取向合适，易滑移阶段相当长(图 5.39)；取向不同时，对硬化系数影响不大，只改变总形变量。

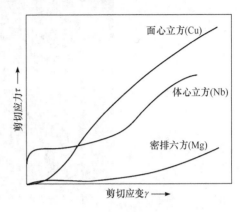

图 5.39　几种典型金属单晶体的应力-应变曲线示意图

试验证明，维持滑移所需的分切应力与位错密度的平方根成正比，增加位错密度的过程都可强化金属，凡影响位错运动的因素，如温度、层错能、位错交割、位错之间及与其他缺陷的相互作用等均对应力-应变曲线有影响。例如，铝(Al)单晶体的层错能高，因而它的扩展位错窄，在滑移中容易产生交滑移，形成波纹状滑移带，位错因为绕开障碍物继续运动，使加工硬化系数下降。另外，增加形变速率相当于降低温度，在普通拉伸试验范围内形变速率对拉伸曲线没有多大影响，但是在高速形变时，如金属的爆炸成型可以使钢材的屈服极限提高一倍，硬度显著增加，延展性减少 50%，材料变脆。

5.2.9　单晶体的孪生形变

孪生是金属塑性形变的另外一种重要形式，常作为滑移难以进行时的后补现象出现。一些密排六方结构金属如 Cd、Zn 和 Mg 等常发生孪生形变。体心立方和面心立方结构金属在形变温度低、形变速率很快时也会通过孪生方式进行塑性形变。孪生是发生在晶体内部的均匀切变过程，在切应力作用下发生孪生形变时，晶体的一部分沿一定的晶面(称为孪生面)和一定的晶向(称为孪生方向)相对于另一部分晶体作均匀切变。在切变区域内，与孪生面平行的每一层原子移动的距离不是原子间距的整数倍，其大小与离开孪生面的距离成正比，结果使相邻两部分晶体的取向不同，恰好以孪生面为对称面形成镜像对称。通常把这两部分晶体中发生孪生的部分称为孪晶，未发生孪生的部分称为基体，把形成孪晶的过程称为孪生，包括形变孪生和退火孪生，前者是在形变过程中形成孪晶组织，金相显微镜下一般呈现透镜片状[图 5.40(a)]，多数发源于晶界，终止于晶内，又称机械孪晶；后者是形变金属在退火过程中产生孪晶组织，一般孪晶界面平直，金相显微镜下呈现带状[图 5.40(b)]。如果使用高分辨透射电子显微镜，可清晰观察到孪晶界两侧呈镜像对称的原子相，如图 5.40(c)所示。

1. 孪生晶体学

晶体的孪生面和孪生方向组成孪生系统，它主要取决于晶体结构。面心立方晶体的孪生系统为 {111}⟨112⟩，体心立方晶体为 {112}⟨111⟩，密排六方晶体为 {10$\bar{1}$2}⟨$\bar{1}$011⟩，下面以面心立方晶体为例分析孪生切变过程。

(a) 锌中的形变孪晶

(b) α-铁中的形变孪晶　　　(c) SiC中的孪晶晶格像

图 5.40　金属晶体中的孪生形变

　　孪生时原子一般平行于孪生面和孪生方向运动，因此，为了确定原子的运动方向和距离，一个理想的方式是将原子投影到一个包含孪生方向并垂直于孪生面的平面上，这个平面称为切变面。在施加某个载荷时，面心立方晶体的孪生系统可以是 $(111)[11\bar{2}]$，即孪生面为 (111)、孪生方向为 $[11\bar{2}]$，那么切变面就是 $(\bar{1}10)$，如图 5.41(a)所示。将所有原子都投影到 $(\bar{1}10)$ 面就得到图 5.41(b)，为清晰起见，图中只画了一层 $(\bar{1}10)$ 面上的原子投影。那么如何确定孪生过程中原子的运动呢？这里要遵守两条原则：①最小位移原则，原子移动的距离应尽可能小，这样系统能量增加最小；②镜像对称原则，在满足移动最小位移的前提下，原子运动后的最终位置要与基体中的原子构成镜像对称关系，镜面就是孪生面，或者说孪生面两侧的原子必须对称于孪生面。根据这两条原则就可以画出孪生部分晶体中原子的运动方向和距离，如图 5.41(b)所示。

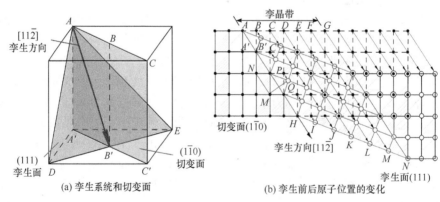

(a) 孪生系统和切变面　　　　　(b) 孪生前后原子位置的变化

图 5.41　面心立方晶体孪生形变示意图

● 孪生前位置，○ 孪生后位置

　　根据图 5.41，可以总结出孪生形变的特点：

　　(1) 孪生不改变晶体结构，即孪生形变发生后基体和发生孪生的晶体部分仍是面心立方结构，这个比较明显，既然呈镜像对称，基体一侧是面心立方，则镜像另一侧自然也呈面心立方，说明孪生时原子的运动都是从一个平衡位置移动到最邻近的平衡位置。

(2) 孪生发生时，平行于孪生面的同一层原子位移均相同，位移量正比于该层到孪生面的距离。在图 5.41 所示的例子中，孪生面以上每层 (111) 面相对其相邻的晶面，沿 $[11\bar{2}]$ 方向移动了该晶向上原子间距的分数倍，如第一层相对于孪生面位移了 $\dfrac{[11\bar{2}]}{6}$，第二层相对于第一层移动了也是 $\dfrac{[11\bar{2}]}{6}$，相对于孪生面位移了 $\dfrac{2[11\bar{2}]}{6}$，第三层相对于孪生面便位移了 $\dfrac{3[11\bar{2}]}{6}$。(111) 面上的肖克莱分位错的伯氏矢量 $\boldsymbol{b}=\dfrac{[11\bar{2}]}{6}$，所以上述操作相当于在这三个 (111) 面上，各有一个肖克莱分位错扫过整个晶面。显然，经过上述切变后，已形变晶体部分与未形变晶体部分以孪晶面为界构成了晶面对称的位向关系 [参考图 5.41(b) 中 A' 和 B' 点]。此外，由于相邻两层原子间的相对位移都相等，均为 $\dfrac{[11\bar{2}]}{6}$，因此孪生时的剪切应变 γ 是一个定值，即

$$\gamma=\frac{\left|\dfrac{1}{6}\left[11\bar{2}\right]\right|}{d_{(111)}}=\frac{\dfrac{\sqrt{6}}{6}a}{\dfrac{1}{\sqrt{3}}a}=\frac{\sqrt{2}}{2}\approx0.707$$

(3) 孪生后，孪晶与基体的位向不再相同，但具有确定的关系。

(4) 孪生后晶体的堆垛次序有所变化，显然，基体部分仍是 ABCABC… 的堆垛方式，变化发生在孪晶部分。假设孪生面是 A 面，记为 Ⓐ，则孪晶部分第一层由 B 面变成了 C，第二层由 C 变成了 B，第三层 A 仍是 A 面，依次类推，孪生面以上各层堆垛次序为 ⒶCBACB…。如果将 ABCABC… 视为正常堆垛，那么 AC、CB、BA 等顺序均属层错。因此，可以认为孪晶内部是连续的堆垛层错结构。孪生过程可以看成是肖克莱分位错依次扫过孪生面一侧晶体的过程，扫过第一层时，以孪生面为界，堆垛次序变为 …ABCABCⒶCABCABC…，出现了一层层错 AC；扫过第二层时，堆垛次序变为 …ABCABCAⒸBCABCABC…，出现了两层层错 AC 和 CB；扫过第三层时，堆垛次序为 …ABCABCACⒷABCABC…，出现了三层层错 AC、CB 和 BA。依次类推，扫过第 n 层后，就得到 n 层层错，也就是得到 n 层厚度的孪晶。

(5) 孪生后会产生孪晶界面能，它的大小可以参考图 5.41(b) 中 M 点进行估算。孪生前，M 点到 N 点和到 P 点的距离相等；孪生后 P 点移动到了 Q 点，由于没有其他变化，只评估 MP 和 MQ 的长度差异即可。经过很简单的计算可知 $MP=\dfrac{\sqrt{6}}{2}a$，而孪生后 $MQ=$

$\sqrt{\left(\dfrac{\sqrt{6}}{2}a\right)^{2}-\left(\dfrac{\sqrt{6}}{6}a\right)^{2}}$，即 $MQ=\dfrac{2}{\sqrt{3}}a$，所以孪生后 MP 的距离缩短了 $\dfrac{\dfrac{\sqrt{6}}{2}a-\dfrac{2}{\sqrt{3}}a}{\dfrac{\sqrt{6}}{2}a}\times100\%=$

5.7%。这一变化表明孪晶-基体界面上的原子有畸变，因而处于较高的能量状态，它比内部正常排列原子高出的能量即孪晶的界面能。但由于孪生面附近原子和其他近邻原子距离不发生变化，故孪晶界面的界面能很小。

上述分析方法也适用于体心立方和密排六方晶体，但密排六方情况比较复杂，因为要满足映像关系，结果是到孪生面不同距离的原子面上的原子位移方向都不相同，但从平均的角度看，各层的位移还是沿着孪生方向，有兴趣的读者可参阅有关孪生的专著，这里不再赘述。

2. 孪生四要素

孪生切变使原晶体中各个平面产生了畸变，但在孪生过程中能找到两个不变晶面，即该面的面积和形状都不改变，该面上的任何晶向在孪生后也不改变长度。仍以面心立方晶体为例，将图 5.41(b) 放大，如图 5.42 所示，从中可以看到第一个不发生畸变的晶面就是孪生面 (111)，标记为 K_1，孪生前后它面上的各个原子都处于平衡的力场中，也都不发生滑移；第二个不畸变面是 $(11\bar{1})$，即 (111) 的共轭面，标记为 K_2。孪生前后 K_2 面的位置如图 5.42 中的灰色线所示，取其面上的一个原子 S 进行分析，孪生后它的位置移动到了 S'，从图中可以看到，孪生前后 S 和 S' 的近邻情况完全相同，故不发生畸变，这个面上的晶向长度自然也不发生变化。

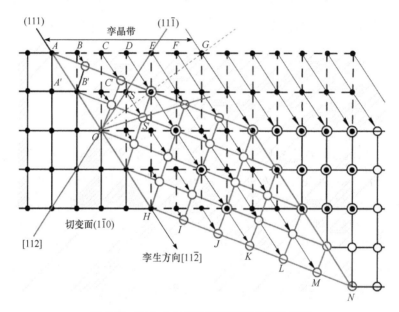

图 5.42　面心立方晶体孪生要素确定示意图

K_1 面与切变面 (110) 的交线为 $[11\bar{2}]$，即孪生方向，标记为 η_1；K_2 面与切变面 (110) 的交线为 [112]，标记为 η_2，孪生形变时 η_1 和 η_2 方向上的原子排列也不受影响。K_1、η_1 与 K_2、η_2 称为孪生四要素，由这四个参数就可以掌握孪生形变的情况。

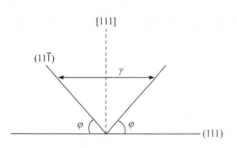

图 5.43　面心立方晶体剪切应变 γ 与 K_1 面和 K_2 面夹角 φ 的关系示意图

再参考图 5.42，孪生形变后，晶面 $(11\bar{1})$ 相当于以孪生面 (111) 的法平面(图中虚线)为镜面移动到了一个对称的位置，遵照这一几何关系，假定 K_1 面和 K_2 面的夹角为 φ，便可以将孪生形变的剪切应变 γ 与 φ 联系起来，如图 5.43 所示，于是

$$\tan\left(\frac{\pi}{2}-\varphi\right)=\frac{\gamma}{2}$$

所以

$$\gamma = 2\tan\left(\frac{\pi}{2}-\varphi\right)=2\cot\varphi \tag{5.71}$$

对于面心立方晶体,很容易计算 K_1 面和 K_2 面的夹角 $\varphi = 70.53°$(读者可自行演算),代入式(5.71)中,可得面心立方晶体孪生形变时的剪切应变为 $\gamma = 2\times0.3535 = 0.707$,和前面按投影图计算的结果完全一样,但方法要简便得多。

孪生形变后,单晶体试样的形状会发生变化,从这个变化也能导出孪生形变的四要素。假定有一球状单晶体,或设想晶体内有一球状区域,它以某一直径平面为孪生面发生孪生形变。由于平行于孪生面的各面都沿孪生方向位移,且位移量正比于该面到孪生面的距离,因此孪生是一种均匀形变,在数学上就是一种线性变换。这样便可以通过观察变换后的数学公式判断晶体的形状变化。为此,先建立一组正交坐标系 $OXYZ$,令 OXZ 平面为孪生面,OX 方向为孪生方向,如图 5.44 所示。

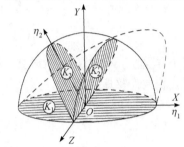

图 5.44　孪生引起球状单晶形状变化示意图

孪生前晶体为半径为 1 的球体,其方程为

$$x^2 + y^2 + z^2 = 1$$

孪生将三个正交基 $\boldsymbol{i}$、$\boldsymbol{j}$、$\boldsymbol{k}$ 变为 $\bar{\boldsymbol{i}}$、$\bar{\boldsymbol{j}}$、$\bar{\boldsymbol{k}}$,且

$$\bar{\boldsymbol{i}} = \boldsymbol{i},\quad \bar{\boldsymbol{j}} = \boldsymbol{j}+\gamma\boldsymbol{i},\quad \bar{\boldsymbol{k}} = \boldsymbol{k}$$

即

$$(\bar{\boldsymbol{i}}\ \ \bar{\boldsymbol{j}}\ \ \bar{\boldsymbol{k}}) = (\boldsymbol{i}\ \ \boldsymbol{j}\ \ \boldsymbol{k})\begin{vmatrix}1 & \gamma & 0\\0 & 1 & 0\\0 & 0 & 1\end{vmatrix}$$

故孪生的线性变换矩阵为

$$\boldsymbol{A} = \begin{vmatrix}1 & \gamma & 0\\0 & 1 & 0\\0 & 0 & 1\end{vmatrix}$$

因此,球面上某向量 $(x\ \ y\ \ z)$ 经上述矩阵线性变换后成为 $(x'\ \ y'\ \ z')$,即

$$\begin{vmatrix}x'\\y'\\z'\end{vmatrix} = \boldsymbol{A}\begin{vmatrix}x\\y\\z\end{vmatrix} = \begin{vmatrix}1 & \gamma & 0\\0 & 1 & 0\\0 & 0 & 1\end{vmatrix}\begin{vmatrix}x\\y\\z\end{vmatrix}$$

从而得到

$$x' = x+\gamma y,\quad y' = y,\quad z' = z$$

将上述关系代入球面方程,可得

$$(x'-\gamma y')^2 + (y')^2 + (z')^2 = 1$$

整理后可得

$$\left(x'\right)^2+\left(1+\gamma^2\right)\left(y'\right)^2+\left(z'\right)^2-2\gamma x'y'=1 \qquad (5.72)$$

式(5.72)是一般椭球方程，即球状单晶在孪生后变成椭球。

通过孪生后形状变化找寻孪生要素，即找出球状单晶变成椭球后形状和面积都不变的平面，假设这个平面圆上坐标为 $(x\ \ y\ \ z)$，即要求这个坐标既满足球体方程，又满足椭球体方程，实际上是联解下面两个方程：

$$\begin{cases} x^2+y^2+z^2=1 \\ \left(x\right)^2+\left(1+\gamma^2\right)\left(y\right)^2+\left(z\right)^2-2\gamma xy=1 \end{cases}$$

这两个方程在 $\gamma=0$ 时显然恒成立，即指图 5.44 中的 K_1 面，它在孪生前后均不发生变化。将上两式相减，整理后可得

$$\frac{x}{y}=\frac{\gamma}{2} \qquad (5.73)$$

由于孪生时剪切应变是恒定的，而每层平行于孪生面滑移过程中 y 保持不变，因此 x 也唯一确定，故球状晶体中还有一个面在孪生后保持形状和面积均不变，即图 5.44 中 K_2 面。确定了 K_1 和 K_2 面，另两个要素 η_1 和 η_2 也可以确定，它们分别是 K_1 面和 K_2 面与切变面(图 5.44 中的纸面)的交线。

对于面心立方晶体，已知 $\gamma=0.707$，根据式(5.73)便可以算出 K_1 和 K_2 面的夹角 φ，即

$$\frac{x}{y}=\tan\left(90°-\varphi\right)=\frac{\gamma}{2}=0.3535$$

故 $\varphi=70.53°$，这是面心立方晶体中孪生面 {111} 与其共轭面的夹角，这样面心立方晶体的孪生四要素便确定下来。

晶体结构不同，孪生参数也不同，表 5.5 给出了常见金属点阵类型的孪生参数。体心立方金属的 K_1 面和 K_2 面是一对相交于 110 方向的 {112} 面，η_1 和 η_2 方向则是一对位于同一个 {110} 面上的 $\langle 111\rangle$ 方向，如图 5.45(a)所示；密排六方金属中可能匹配的 K_1 面和 K_2 面是一对交于 $\langle\bar{1}2\bar{1}0\rangle$ 的 $\{10\bar{1}2\}$ 面，而 η_1 和 η_2 方向是一对位于同一个 $\{\bar{1}2\bar{1}0\}$ 面上的 $\langle\bar{1}011\rangle$ 方向，图 5.45(b) 给出了一种可能的匹配。

表 5.5　不同晶体结构的孪生四要素

点阵类型	代表金属	K_1	η_1	K_2	η_2
体心立方		{112}	$\langle\bar{1}\bar{1}1\rangle$	$\{11\bar{2}\}$	$\langle 111\rangle$
面心立方		{111}	$\langle 11\bar{2}\rangle$	$\{11\bar{1}\}$	$\langle 112\rangle$
密排六方	Cd、Mg、Ti、Zn、Co	$\{10\bar{1}2\}$	$\langle 10\bar{1}\bar{1}\rangle$	$\{10\bar{1}2\}$	$\langle 10\bar{1}1\rangle$
密排六方	Mg	$\{10\bar{1}1\}$	$\langle 10\bar{1}2\rangle$	$\{10\bar{1}3\}$	$\langle 30\bar{3}2\rangle$
密排六方	Zr、Ti	$\{11\bar{2}1\}$	$\langle 11\bar{2}0\rangle$	(0001)	$\langle 11\bar{2}0\rangle$
密排六方	Zr、Ti	$\{11\bar{2}2\}$	$\{10\bar{2}3\}$	$\{11\bar{2}4\}$	$\langle 22\bar{4}3\rangle$

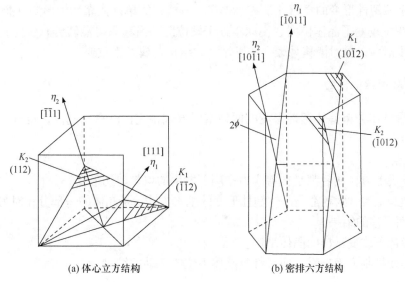

图 5.45　不同晶体结构的孪生四要素

晶体产生孪生形变后，试样长度也会改变，且孪晶部分和基体部分存在着确定的位向关系，这些内容涉及一些较复杂的数学变换，感兴趣的读者可参阅有关孪晶的专著或清华大学潘金生等所著的《材料科学基础》教科书，里面都有详尽的推演。

5.2.10　孪生形变的应力-应变曲线

单晶体孪生形变的应力-应变曲线与其滑移不同，曲线上出现锯齿形波动，如图 5.46 所示。此外，孪生临界分切应力要远高于滑移的临界分切应力。例如，镁晶体孪生的临界分切应力为 4.9~34.3 MPa，而滑移的临界分切应力只有 0.49 MPa。孪生是在应力集中的局部区突然萌生，形变时先以极快的速度爆发出薄片孪晶，即"形核"，然后孪晶界面扩展开，使孪晶加宽。一般形核所需应力高于扩展所需应力，故导致锯齿状拉伸曲线。图 5.46 中光滑部分为滑移，锯齿状为孪晶形变。

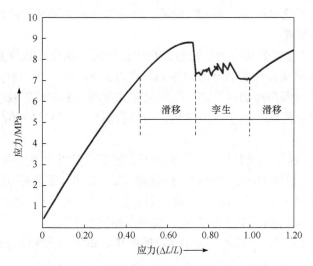

图 5.46　铜单晶孪生形变时的应力-应变曲线

孪生对金属塑性形变的贡献比滑移小得多。例如，镉单晶依靠孪生形变只能获得 7.4%的延展性。但孪生改变了晶体位向，使原本处于硬位向的滑移系可能转到软位向，间接激发了晶体的进一步滑移，这对滑移系较少的密排六方结构金属尤为重要。

5.2.11　孪生和滑移的比较

孪生和滑移作为单晶体塑性形变的两种重要方式，它们既有不同点，也有一些共同点，比较总结如下。

1) 相同点

(1) 从宏观上看，两者都是在剪应力作用下发生的均匀剪切形变。

(2) 从微观上看，两者都是晶体塑性形变的基本方式，是晶体的一部分相对另一部分沿一定晶向和晶面平移的结果。

(3) 两者都不改变试样的晶体结构。

(4) 从形变机制方面来看，两者都是晶体中位错运动的结果。

2) 不同点

(1) 滑移不改变位向，即晶体中已滑移部分和未滑移部分具有相同的位向；孪生则改变位向，孪生面两侧孪晶和基体的位向不同，呈镜面对称，但它们的位向关系是确定的；因为位向有差异，孪晶浸蚀后有明显的衬度，经抛光与浸蚀后仍能重现。可以根据这个特点来区分变形带和孪晶。

(2) 滑移时，原子位移是滑移方向上原子间距的整数倍，而且在一个滑移面上的总位移往往很大，相邻滑移线之间距离可以达到几百埃以上，相邻滑移带之间的距离更大，滑移只发生在滑移线处，滑移线之间、滑移带之间的区域没有形变，故滑移形变是不均匀分布的；孪生是一部分晶体沿孪生面相对于另一部分晶体做切变，切变时原子移动的距离是孪生方向上原子间距的分数倍。例如，面心立方晶体孪生时，原子的位移只有孪生方向的原子间距的三分之一，对体心立方晶体则为六分之一，平行于孪晶面的同一层原子的位移均相同。

(3) 滑移时只要晶体有足够的韧性，剪切应变 γ 可以是任意值，但孪生形变时 γ 是一个随晶体不同的确定值，且一般比较小。因此和滑移相比，孪生对晶体塑性形变的贡献小得多。虽然由孪生引起位向变化可能进一步诱发滑移，但总体来说如果某种晶体以孪生为主要形变方式，则它往往脆性很高。

(4) 滑移有确定的临界分切应力，滑移过程比较平缓，相应的拉伸曲线光滑、连续；孪生则没有实验证据证明是否存在确定的临界分切应力，孪晶的萌生一般需要较大的应力，孪晶核心大多是在晶体局部高应力区形成，以爆发方式出现，生成速率较快。长大所需的应力较小，其拉伸曲线呈锯齿状。由于产生突然，一些金属如 Sn、Cd 等单晶体孪生形变时甚至会发出响声。

(5) 晶体的对称度越低，越容易发生孪生形变，故孪生常见于密排六方和体心立方晶体。特别地，如在底心正交结构的 α-U、密排六方结构的 Zr、Zn 和 Cd 及菱方结构的锑等金属中往往可以观察到大量粗大孪晶，而对称度很高的面心立方结构晶体中就较难发生孪生。此外，形变温度越低，加载速率越高(如冲击载荷)，也越容易发生孪生。

(6) 由于没有位向差异，滑移是全位错运动的结果，而孪生导致位向差则是不全位错或分位错运动的结果。

5.3　多晶体的塑性形变

实际使用的绝大多数金属材料是多晶体，其塑性形变的基本方式也是滑移和孪生。但与单晶体相比，多晶体有两个显著特点：①存在晶界；②组成多晶体的各个晶粒位向存在差异。这两个特点使多晶体形变的影响因素更多，形变过程也更为复杂。

5.3.1　晶界的影响

晶界对多晶体塑性形变的影响可以形象地通过一个双晶粒拉伸试验来体现，如图 5.47 所示。显然，拉伸没有导致双晶粒试样发生均匀形变，而是在晶界处呈现竹节状，说明晶界附近滑移受阻，形变量较小。这一点从位错运动的角度不难理解，晶界处原子排列不太规则，杂质和缺陷聚集，能量较高，对位错有扎钉作用，阻碍位错通过，即晶界对塑性形变起阻碍作用，能够起到强化金属的效果。

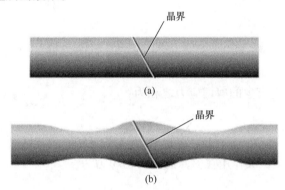

图 5.47　双晶粒拉伸试验结果示意图

多晶体由位向不同的许多小晶粒组成，在施加外载荷时，并不是所有的晶粒同时开始塑性形变，因为滑移有位向要求，只有处于有利位向的小晶粒中的施密特因子最大的滑移系首先启动。周围位向不利的晶粒中，各滑移系的分切应力还没达到临界值，故不发生塑性形变，这些晶粒只是处于弹性形变状态。当晶体中已有晶粒发生塑性形变，就意味着其滑移面上的位错源将被开动，源源不断地产生新的位错。这些位错在外应力作用下沿滑移面运动，但因为四周晶粒位向不同，运动着的位错不能越过晶界，于是晶界处将形成位错的平面塞积群。假定这个位错塞积群是由 n 个伯氏矢量均为 b 的位错组成，在外加剪切应力 τ 的作用下向前滑动了 δ 距离(虚位移)，则外力做功为

$$W_1 = n\tau b\delta$$

从另一角度看，晶界对塞积群中的领先位错有反作用力 τ_0，塞积群向前滑动 δ 时领先位错需克服该力做功 W_2，即

$$W_2 = \tau_0 b\delta$$

两功相等，所以有

$$\tau_0 = n\tau \tag{5.74}$$

式(5.74)是在晶体缺陷部分已经知道的结论，说明在晶界处产生严重的应力集中。此外，在晶

体缺陷章节还导出含 n 个位错的塞积群中第 i 个距晶界(原点)的坐标 x_i 和塞积长度 L，即

$$x_i = \frac{Gb\pi}{16kn\tau}(i-1)^2 = \frac{D\pi^2}{8n\tau}(i-1)^2 \tag{5.75}$$

$$L = \frac{Gb\pi n}{16k\tau} = \frac{D\pi^2 n}{8\tau} \approx 2D\frac{n}{\tau} \tag{5.76}$$

式中，$k=1-\nu$(对于刃型位错，ν 为泊松比)；$D=\dfrac{Gb}{2\pi(1-\nu)}$。集中在晶界处的应力不仅会对位错源产生反作用力，还会通过在周围产生应力场帮助启动邻近晶粒中的滑移系。

如图 5.48 所示，假定有 n 个刃型位错在晶界处塞积，计算这个塞积群在其前端 P 点的应力。参考晶体缺陷部分相关内容，刃型位错应力场的计算公式为

$$\tau_{yx} = D\frac{x(x^2-y^2)}{(x^2+y^2)^2}$$

由于在滑移面上，$y=0$，所以

$$\tau_{yx} = D\frac{1}{x} = \frac{Gb}{2\pi(1-\nu)}\frac{1}{x}$$

则塞积群中各位错在 P 点产生的剪切应力之和为

$$\sum\tau_r = D\sum_{i=1}^{n}\frac{1}{x_i+r} \tag{5.77}$$

由于还有外加剪切应力 τ，故作用在 P 点总的剪切应力为

$$\tau_T = \tau + \sum\tau_r = \tau + D\sum_{i=1}^{n}\frac{1}{x_i+r} \tag{5.78}$$

参考式(5.75)，$x_i = \dfrac{D\pi^2}{8n\tau}(i-1)^2$，所以

$$x_2 = \frac{D\pi^2}{8n\tau} \tag{5.79}$$

从而可得

$$x_i = x_2(i-1)^2 \tag{5.80}$$

将式(5.80)代入式(5.78)，可得

$$\tau_T = \tau + D\sum_{i=1}^{n}\frac{1}{x_2(i-1)^2+r} \tag{5.81}$$

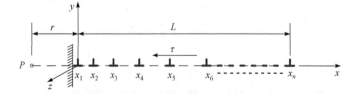

图 5.48　刃型位错塞积群前端应力场示意图

式(5.81)即塞积的位错对其前端 r 处产生的切应力，分情况进行讨论：

(1) $r \ll x_2$，可忽略加和项中的 r，可得

$$\tau_T = n\tau \tag{5.82}$$

这个很容易理解，当 r 很小时，可以当作 P 点与晶界重合在一起。

(2) $r \gg L$(塞积长度)，只保留加和项中的 r，则有

$$\tau_T = \tau + nD\frac{1}{r} = \tau + \frac{nGb}{2\pi(1-\nu)}\frac{1}{r} \tag{5.83}$$

式(5.83)的意义是 r 很大时，塞积群中的 n 个伯氏矢量为 $\boldsymbol{b}$ 的刃型位错可以看成一个伯氏矢量为 $n\boldsymbol{b}$ 的刃型位错。

(3) $x_2 < r < L$，可将式(5.81)化成积分的形式，即

$$\tau_T = \tau + D\int_0^L \frac{1}{r+x}\left(\frac{\mathrm{d}i}{\mathrm{d}x}\right)\mathrm{d}x \tag{5.84}$$

由式(5.76)可知，塞积群中的位错数量 n 和塞积长度 L 之间有如下关系：

$$n = \frac{\tau L}{2D} = \frac{\pi(1-\nu)\tau L}{Gb}$$

再结合式(5.75)，即 $x_i = \frac{D\pi^2}{8n\tau}(i-1)^2$，可得

$$i = \frac{2x_i^{\frac{1}{2}}L^{\frac{1}{2}}\tau}{\pi D} + 1$$

从而可得

$$\frac{\mathrm{d}i}{\mathrm{d}x} = \frac{2\tau L^{\frac{1}{2}}}{\pi D} \times \frac{1}{2} \times x^{-\frac{1}{2}} = \frac{\tau}{\pi D}\left(\frac{L}{x}\right)^{\frac{1}{2}}$$

上式表达的意思是单位长度上的位错数目。将其代入式(5.84)，进行积分可得

$$\tau_T = \tau\left(1 + \sqrt{\frac{L}{r}}\right) \tag{5.85}$$

如果考虑晶格阻力(派-纳力 τ_p)，则施加的有效应力变为 $(\tau - \tau_p)$，此时塞积群前端 r 处的应力为

$$\tau_T = (\tau - \tau_p)\left(1 + \sqrt{\frac{L}{r}}\right) \tag{5.86}$$

实际中，考虑临近晶界的晶粒，r 往往很小，故式(5.86)中的常数"1"可以忽略，又因晶粒不一定位于晶界的正前方，所以引入一个与位向相关的系数 β，将式(5.86)变为

$$\tau_T = \beta\tau\left(\frac{L}{r}\right)^{\frac{1}{2}} \tag{5.87}$$

从式(5.87)可以知道，当 L 较大、r 很小时，晶界处塞积的位错可以对临近晶粒施加很大的应力。伴随着外载荷的施加，当两个应力叠加超过临近晶粒中某滑移系上的分切应力时，该滑移系启动，这个临近晶粒即开始塑性形变。

5.3.2　形变的协调

多晶体的每个晶粒都处在其他晶粒的包围之中，形变不是孤立进行，必然要求相邻晶粒进行配合，否则不能保持晶粒之间的连续性，进而产生孔隙并形成裂纹。事实上，如果晶体中产生裂纹或孔隙，体系能量会大为增加，因此也要求晶体保持连续，这样就反过来要求形变相互协调、制约，从而导致多晶体形变更为困难。

为了满足不同晶粒之间的协调形变，要求每个晶粒至少有 5 个独立的滑移系。这是因为任何形变都可以用 6 个独立的应变分量表示，即 ε_{xx}、ε_{yy}、ε_{zz}、ε_{zx}、ε_{xy} 和 ε_{yz}，而塑性形变时晶体体积保持不变，即 $\Delta V = \varepsilon_{xx} + \varepsilon_{yy} + \varepsilon_{zz} = 0$，只有 5 个独立的应变分量。又因为每个独立应变分量都由一个独立的滑移系产生，故共需至少 5 个独立滑移系。面心立方和体心立方结构的金属滑移系都比较多，很容易满足这个需求，故都具有较好的塑性；而密排六方结构金属由于滑移系少，晶粒间的应变协调性能很差，故和单晶体相比，其多晶体的塑性非常差。例如，密排六方结构的锌单晶处于软位向时，拉伸延展性可超过 300%，但多晶体几乎没有塑性，只是强度较单晶体显著提高，如图 5.49 两者的应力-应变曲线所示。

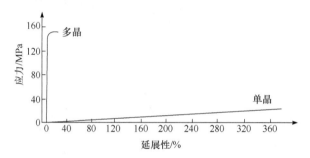

图 5.49　密排六方结构锌金属单晶和多晶的应力-应变曲线

5.3.3　晶粒大小的影响

晶界能阻挠位错运动，使多晶体不易形变，故晶粒越细，单位体积晶体所包含的晶界越多，其强化效果越好，这种用细化晶粒提升金属强度的方法称为细晶强化。可以根据塞积群对邻近晶粒施加应力的计算式，导出晶体屈服所需的外应力 τ 与晶粒大小的关系。如图 5.50 所示，位错源 S_1 所在的晶粒直径为 d，它释放出的一系列位错在晶界处受阻，形成塞积群，显然，塞积长度即晶粒半径，故 $L = \dfrac{d}{2}$。晶界附近距晶界为 r 处另有一个晶粒，其中含有一个位错源 S_2，求开动这个位错源需要的外加应力 τ。

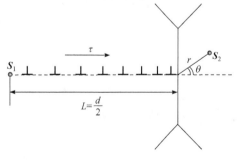

图 5.50　位错塞积影响邻近晶粒示意图

从式(5.86)开始，虽然 S_2 所在的晶粒不在塞积群正前端，但一般 r 很小(考虑塞积群邻近颗粒，这一假设是合理的)，用式(5.86)近似处理不会带来太大误差。将 $L = \dfrac{d}{2}$ 代入式(5.86)，可得

$$\tau_{\mathrm{T}} = (\tau - \tau_{\mathrm{p}})\left(1 + \sqrt{\dfrac{d}{2r}}\right)$$

考虑 $r \ll d$，上式变为

$$\tau_{\mathrm{T}} = \left(\tau - \tau_{\mathrm{p}}\right)\sqrt{\frac{d}{2r}}$$

S_2 位错源开动的条件为 $\tau + \tau_{\mathrm{T}} = \tau_{\mathrm{c}}$，即施加在邻近颗粒上的叠加应力达到位错滑移的临界分切应力，即

$$\tau + \left(\tau - \tau_{\mathrm{p}}\right)\sqrt{\frac{d}{2r}} = \tau_{\mathrm{c}}$$

整理可得

$$\tau\left(1 + \sqrt{\frac{d}{2r}}\right) = \tau_{\mathrm{c}} + \tau_{\mathrm{p}}\sqrt{\frac{d}{2r}}$$

再考虑 $r \ll d$，可得

$$\tau = \tau_{\mathrm{p}} + \tau_{\mathrm{c}} \cdot \sqrt{2r} \cdot d^{-\frac{1}{2}}$$

式中，τ_{p} 为派-纳力和其他一些阻力的和，可以当作一个常数，统计为 τ_0；τ_{c} 和 r 也视为常数，因此外加应力 τ 最终的计算式为

$$\tau = \tau_0 + K'd^{-\frac{1}{2}} \tag{5.88}$$

如果用正应力表示，则为

$$\sigma = \sigma_0 + Kd^{-\frac{1}{2}} \tag{5.89}$$

式(5.89)也可以从式(5.87)开始进行推导，过程更简单。式中，σ_0 大体相当于单晶体的屈服强度；K 为表征晶界对强度影响程度的常数，与晶界结构有关。

式(5.89)称为霍尔-佩奇(Hall-Petch)公式，是两个英国学者 E. O. Hall 和 N. J. Petch 在 20 世纪 50 年代导出来的，已经为大量实验所证实。图 5.51(a)是低碳钢的屈服强度与晶粒尺寸的关系曲线，非常符合霍尔-佩奇公式的预测。进一步的实验证明，材料屈服强度与其亚晶粒尺寸也符合霍尔-佩奇公式描述的关系[图 5.51(b)]。

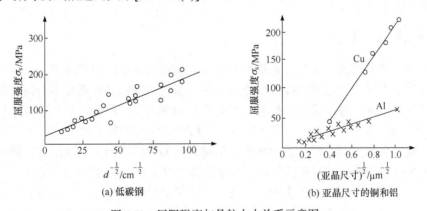

(a) 低碳钢　　　　(b) 亚晶尺寸的铜和铝

图 5.51　屈服强度与晶粒大小关系示意图

5.3.4　多晶体应力-应变曲线

图 5.52 比较了 Cu 单晶和多晶体的应力-应变曲线，和单晶体相比，多晶体没有易滑移阶

段，即不具备图 5.38 中的第一阶段。这是因为多晶体中各晶粒位向存在差异，它们的形变需要相互协调，至少有 5 个独立滑移系启动，一开始便是多滑移，故没有易滑移阶段。此外，由于晶界的强化作用和多滑移过程中位错的互相交割、缠绕，多晶体应力-应变曲线斜率(加工硬化系数)明显高于单晶体。

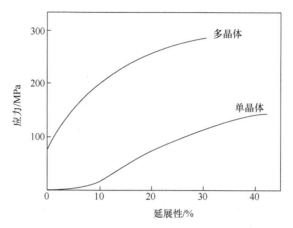

图 5.52　铜单晶和多晶体应力-应变曲线示意图

细晶强化在提高金属强度的同时，也有助于改善金属的塑性和韧性，这是其他强化途径所欠缺的能力。晶粒越细，单位体积内的晶粒数目越多，则在同样形变量下，形变便可以分散在更多的晶粒内进行，形变相对容易均匀。另外，颗粒较细时，每个晶粒中塞积的位错数目会比较少，因而应力不会集中太大，晶体开裂的机会较少，有可能在断裂之前承受较大的形变量，即表现出较好的塑性。金属晶粒很细时，因应力集中小，裂纹不易萌生，更因为晶界多而曲折也不易传播，因而在断裂过程中能吸收更多的能量，表现出较高的韧性。所以，细晶强化在实际生产中经常被利用，是获得强度高兼具韧性的金属材料的有效途径。

5.3.5　塑性形变对金属组织及性能的影响

塑性形变后，金属试样不仅宏观形貌发生变化，其内部组织和各种性能也会发生相应变化，主要包含以下几个方面。

1. 显微组织与性能的变化

多晶体试样的总塑性形变对应着单个晶粒通过滑移或孪生产生的畸变，在形变过程中，晶粒晶界保持了力学完整性和连续性，也就是说，晶粒之间的晶界通常不会被破坏或割裂。因此，在某种程度上，每个晶粒在形状上都要受它周围晶粒的限制，它的形变也自然要和周围颗粒进行协调。最终，总的塑性形变导致晶粒畸变的方式如图 5.53 所示，在形变前各晶粒是等轴的，或在各个方向上尺寸大致相当，但随着形变量的增加，晶粒沿着试样被拉伸的方向伸长，由多边形变为扁平形或长条形，形变量较大时甚至可能被拉成纤维状。

在微观上，随着形变量的逐步增大，参与滑移的晶粒越来越多，变形更趋复杂且更不均匀；不仅不同晶粒的形变情况不同，即使在同一个晶粒内，由于周围晶粒的制约和形变的影响，晶粒内各个区域的形变量也可能不同，出现了更多的滑移系与交滑移等现象。一个晶粒内不同区域有不同的滑移系在动作，使各个区域的旋转方向也各不相同，导致在不同滑移面上的位错相交，形成面角位错等不动位错，使其后的位错运动受到阻碍而集结。实验发现，

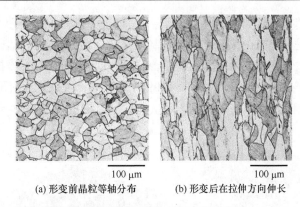

(a) 形变前晶粒等轴分布　　　　(b) 形变后在拉伸方向伸长

图 5.53　多晶体金属试样形变前后晶粒组织变化示意图(Moffatt et al, 1964)

当形变量达 1%左右时，位错受阻即开始缠结在一起形成位错缠结现象。位错缠结的分布并不均匀，当变形量达到 10%以后，它们逐渐形成有众多位错聚结在一起而组成的"墙"，这些墙称为胞壁。众多胞壁将原来一个晶粒分割成许多小块而形成所谓的胞状组织，如图 5.54 所示。这种高密度(大致是平均位错密度的 5 倍)位错组成的胞壁(亚晶界)所包围的小块内部位错密度很低。因为小块是由母晶在保持原貌的基础上形成的，彼此间的位向差也很小，仅有几分或几度，故称为亚晶(又称为亚结构)。之后，随着形变量继续增加，胞的形状也会像晶粒一样被拉长。

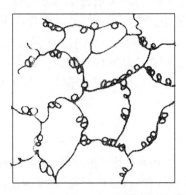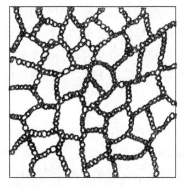

图 5.54　多晶体塑性形变导致胞状组织形成示意图

塑性形变对金属的机械性能影响显著，形变量越大，形变金属的强度和硬度越高，而塑性和韧性则明显下降，这便是加工硬化。另外，形变导致晶体中位错密度激增，处于畸变状态的原子比例大幅提高，它们能量高，比较活泼，容易发生化学反应，使晶体的抗蚀性降低。偏离正常阵点位置的原子也影响电子的运动，因此塑性形变后的金属导电性会有一定程度的下降。

2. 形变织构

多晶体金属试样在塑性形变过程中，各晶粒都要发生转动，使多晶试样中原为任意取向的各晶粒逐渐向取向一致的方向调整，形成晶体的择优取向，这种现象称为形变织构，以区别于其他一些冶金或热处理过程如铸造、电镀、气相沉积和退火等产生的织构(晶体择优取向)。形变量越大，择优取向程度也越大。实际上，无论塑性形变多么剧烈，也不可能使所有晶粒都转到同一取向上，最多只是各晶粒的取向都趋近织构取向，并达到相当集中的程度。

形变织构的类型与形变金属试样的晶格类型、形变方式和形变程度等因素有关。例如，拔丝时形成丝织构，其主要特点是各晶粒的某一晶向与拔丝方向平行[图 5.55(a)]；轧板时形成板织构，其主要特点是各晶粒的某一晶面与轧制面平行，某一晶向与轧制时试样的主要形变方向相同[图 5.55(b)]。此外，作为几个典型的例子，冷拉铁丝为 $\langle 110 \rangle$ 织构，冷拉铜丝为 $\langle 111 \rangle + \langle 100 \rangle$ 织构；含 Zn 量为 30% 的黄铜冷轧时具有 $\{110\}\langle 112 \rangle$ 织构，纯铁轧板时形成的板织构为 $\{100\}\langle 011 \rangle + \{112\}\langle 110 \rangle + \{111\}\langle 112 \rangle$，密排六方金属试样轧制时形成的板织构一般是 $(0001)\langle 2\bar{1}\bar{1}0 \rangle + (0001)\langle 10\bar{1}0 \rangle$。

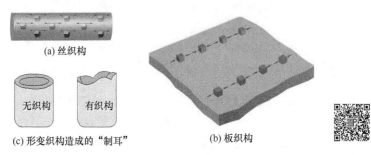

(a) 丝织构

无织构　有织构

(c) 形变织构造成的"制耳"　　　(b) 板织构

图 5.55　形变织构示意图

当出现织构时，多晶体不再呈现各向同性的性质，而是表现出各向异性，但不如单晶体显著。从性能或位向上，具有形变织构的多晶体都介于取向规整的单晶体和取向完全紊乱的多晶体之间。形变织构对金属有强化作用。例如，具有 (0001) 织构的密排六方金属，由于缺乏适当取向的滑移系，压缩时不易形变，因此厚度方向的压缩强度很高，这种强化称为织构强化。制作高压容器时常使用具有板织构的 α-Ti 板作器材，也因为其抗形变能力较强。织构在很多情形下也给金属的加工和使用带来麻烦，典型的如黄铜板在冷轧冲压成型时，织构的存在引起各向异性，导致深冲时生产的杯子杯口不规整，而是出现"耳朵"，称为制耳，如图 5.55(c)所示。

3. 残余应力

在试样塑性形变过程中，外加载荷所做的功大部分转化为热，但还有一部分(约 10%)以畸变能的形式存储在形变金属内部，称为储存能，处于畸变状态的原子是这部分能量的载体。储存能的大小与很多因素有关，如形变温度、形变量和晶粒尺寸等。温度越低，形变量越大，晶粒越细，储存能也越大。但储存能并不会一直增加，随形变量的变大，储存能增加得越来越少，最后达到一个极限值。

晶体中存在畸变能，相应地就有一定的内应力，也就是晶体内部各部分之间的相互作用力。从整个晶体看，内应力处于相互平衡状态，即晶体整体并没有合成的应力。由于内应力来自载荷卸除后储存在晶体内部的畸变能，故又称为残余应力，其具体表现方式有三类，即宏观残余应力、微观残余应力与点阵畸变。

宏观残余应力又称为第一类内应力，由试样各部分不均匀形变所引起，在整个试样范围内处于平衡状态。一个典型的例子是金属棒杆弯曲试验，如果控制弯矩在棒杆的弹性范围内，这样弯矩卸除后棒杆应恢复原状。但弯曲时棒杆一面处于拉伸状态，另一面处于压缩状态，各处受力并不均匀，这样棒杆的某些部位所受的应力便可能超过弹性极限，产生塑性形变，致使一些原子处于畸变状态而存在内应力。

残余应力能够改变试样的形状，如图 5.56(a)所示轧制的板材，其表面有很高的残余压缩应力，与之平衡，内部具有很高的拉伸应力。这时如果冷加工从表面切下一个薄层[图 5.56(b)]，由于缺少了内部拉伸应力的平衡，薄层中残余的压缩应力能够导致该薄层出现弯曲，如图 5.56(c)所示。

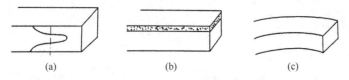

(a)　　　　　　　　　　(b)　　　　　　　　　　(c)

图 5.56　板材表面残余应力引起薄层形状改变示意图

微观残余应力也称为第二类内应力，由晶粒或亚晶形变不均匀引起，在晶粒或亚晶范围内互相平衡。这类内应力联合外加载荷的作用可能使工件在远小于屈服应力的环境下产生裂纹，并导致断裂而毁坏。

点阵畸变称为第三类内应力，是储存能的主要形式(约占 90%)，由形变金属内部产生的大量位错和其他晶体缺陷引起，作用范围仅为几十至几百纳米。点阵畸变高时，位错相互缠结，可动性很差，使金属强度、硬度升高，塑性、韧性下降。

残余应力的存在一般是有害的，它能够导致工件形变、开裂，变得易被腐蚀，但也有有利的一面。例如，齿轮的喷丸处理，即预先将小铁丸喷到齿轮表面，造成表面压痕，产生残余压应力，以防止表面在拉伸状态时产生裂纹。

5.4　金属的强化机制

理解金属的强化机制的要点在于知道位错运动与材料力学行为之间的关系，这一点对设计具有高强度且兼具一定韧性的工程材料非常重要。试样宏观的塑性形变对应于大量位错的运动，一种金属塑性形变的能力便取决于位错运动的特征。因为试样的硬度和强度都与塑性形变可发生的难易程度有关，从而也与位错的运动联系起来。通过减少位错的运动，可以提高试样的力学强度，也就是需要较大的载荷才能产生塑性形变；相反，如果位错运动的阻碍较小，金属形变的能力就越大，塑性就因此增加。实际上，所有强化方法都遵循这个原理：限制或阻碍位错运动以提升材料的强度和硬度，减少位错运动的阻力以提升材料的塑性和韧性。

将讨论的范围限制在单相金属，细晶强化已经在前面述及，这里主要讨论另外两种强化机制，即固溶强化和应变强化。

5.4.1　固溶强化

合金在形成单相固溶体后，形变时的临界分切应力总是高于相应的纯金属，这种现象称为固溶强化。例如，向铜中增加镍杂质的浓度能够显著提高其拉伸强度和屈服强度，分别如图 5.57(a)和(b)所示。但固溶强化对具体合金来说，表现出来的规律可能不一样。Cu-Ni 合金还有 Ag-Au 体系都属于无限互溶的固溶体，其强度和硬度的提升与溶质浓度呈抛物线关系，在溶质溶度达到 50%左右具有极大值；而对一些溶解度有限的固溶体，强化与溶质浓度呈近似的线性关系。

影响固溶强化效果的因素很多，除了上面提及的浓度影响外，一般规律如下：

(1) 溶质原子与溶剂原子的尺寸相差越大，或者说溶解度越小，强化效果越显著。

(2) 形成间隙式固溶体的溶质元素比形成置换式固溶体的溶质元素的强化作用大。

(3) 溶质原子与溶剂原子的价电子数相差越大，则固溶强化作用越强，如图 5.58 所示，金属的屈服强度 σ_s 随合金中电子浓度的增加而近似以线性关系提高。

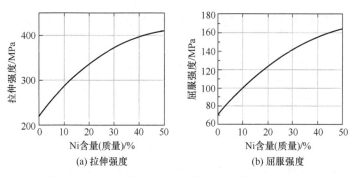

图 5.57 Cu-Ni 合金中 Ni 含量与金属强度关系曲线

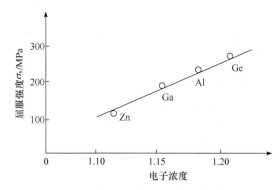

图 5.58 电子浓度对 Cu 基固溶体屈服强度的影响

固溶强化的理论很多，有些只限于解释特定的合金，但其实质是溶质原子与位错的弹性交互作用、电交互作用和化学交互作用，其中最重要的是溶质原子与溶剂原子尺寸差别引起的晶格畸变，它能产生一个以溶质原子为中心的内应力场，并通过这个应力场与位错发生弹性相互作用而使其运动受阻。例如，一个较小的溶质原子替代了一个溶剂原子，对周围溶剂原子将产生拉伸应变，如图 5.59(a)所示；相反，一个较大的溶质原子对它周围的溶剂原子产生的是压缩应变[图 5.59(b)]。这些溶质原子趋向于扩散并分布到位错周围，这样能够减少总的应变能，使位错周围的一些应变消失或缓解。为了实现这一过程，较小的溶质原子倾向于占据位错周围被压缩的位置，而较大的溶质原子倾向于扩散到位错周围被拉伸的位置。对于正刃型位错，较小的溶质原子便会扩散集中到滑移面上方位错线附近，而较大的杂质原子则占据滑移面下方靠近位错线的位置，对位错起到扎钉作用，这便是缺陷章节提到过的柯垂耳气团，分别如图 5.59(c)和(d)所示。使位错摆脱气团的扎钉而运动或拖拽着气团一起运动显然需要施加更大的外载荷，因此，固溶合金的抗塑性形变能力要大大高于纯金属，表现为具有提升的强度和硬度。

【例题 5.10】 图 5.60 表示几种合金元素对铜屈服强度的影响，图中显示，铜合金屈服强度随溶质原子质量分数的变化都能简化成近似直线关系，试对此规律给予定性解释。

解 参见原子结构部分的内容，找出图中几种合金元素及铜的原子半径，并将它们列于表 5.6 中。可以看出，锌(Zn)和镍(Ni)两种元素与铜的原子半径相差不大，故它们对铜合金屈服强度的强化效果不大；锡(Sn)和铝(Al)与铜的原子半径差别很大，差值的百分比分别达到18.1%和12.0%，故锡和铝对铜的强化效果显著高于锌和镍。比较表 5.6 和图 5.60 中的数据还可以得出，原子尺寸小的元素如硼(Be)和硅(Si)对铜屈服强度的强化效果比尺寸大的元素如锡和铝更大。图 5.60 的结果说明固溶强化时原子尺寸的影响非常显著，而小尺寸元素的原子影响更大，这可能和尺寸较小的原子更容易扩散迁移到滑移面下方位错线附近的位置有关。

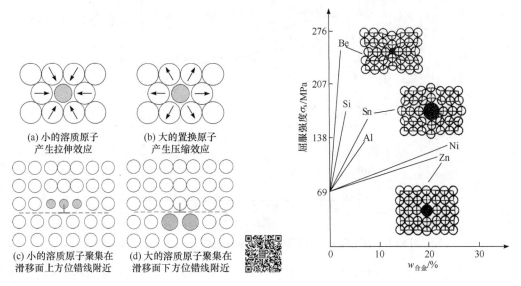

(a) 小的溶质原子
产生拉伸效应

(b) 大的置换原子
产生压缩效应

(c) 小的溶质原子聚集在
滑移面上方位错线附近

(d) 大的溶质原子聚集在
滑移面下方位错线附近

图 5.59　置换式固溶体溶质原子尺寸影响及其与位错　　图 5.60　不同合金元素对铜屈服强度的影响示意图
　　　　　 相互作用示意图

表 5.6　元素的原子半径

金属	Cu	Zn	Al	Sn	Ni	Si	Be
原子半径/nm	0.1278	0.1332	0.1432	0.1509	0.1243	0.1176	0.1140
$\left\lvert\dfrac{r-r_{Cu}}{r_{Cu}}\right\rvert\big/\%$	—	4.2	12.0	18.1	2.7	8.0	10.8

5.4.2　应变强化

应变强化是韧性金属在塑性形变过程中其强度和硬度都得到加强的一种现象，也常称为加工硬化或冷加工硬化，因为这种形变通常发生在远低于金属熔点的温度下，大多数金属在室温下进行应变强化操作。

应变强化的现象在前面已经提及，如图 5.16 所示，试样屈服一次后再次屈服时的屈服强度要大于初始屈服强度，说明试样在经过屈服阶段之后增强了抵抗形变的能力，若再次屈服需要增加应力。

对于某低碳钢，预先冷加工，塑性形变后再次测得它的应力-应变曲线，如图 5.61 所示，图中用来表示塑性形变程度的参量是冷加工百分数(percent cold work，CW%)，它的定义如下：

$$CW\% = \left(\frac{A_0 - A_d}{A_0}\right) \times 100\% \tag{5.90}$$

式中，A_0 为试样塑性形变前横截面的初始面积；A_d 为试样形变后的横截面积。从图 5.61 可以发现，经历预先塑性形变的试样其屈服强度和拉伸强度均得到大幅提高，当然，这在一定程度上牺牲了材料的塑性。

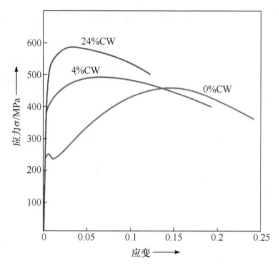

图 5.61　预先冷加工塑性形变对某低碳钢应力-应变行为的影响

与固溶强化类似，应变强化的现象同样可以归结到晶体中位错运动受阻的机制上。如前所述，形变能够导致晶体中位错增殖和新位错形成，金属试样中的位错密度会随着形变程度的增加而增加，导致位错之间因为平均距离的减少而相互作用更加强烈，对位错运动的阻碍也变得越来越显著。这样，金属形变需要施加的载荷也随着形变量的增加而增大。真应力-应变相关的数学表达式中，即 $\sigma_{T} = K\varepsilon_{T}^{n}$ [式(5.41)]，参数 n 称为应变强化指数，用来衡量金属试样应变强化的能力。n 数值越大，一定量的塑性形变对试样带来的应变强化的程度也越大。

固溶强化和应变强化可以兼容，可以将它们结合起来对金属试样进行强化。例如，一个已经通过固溶强化的合金仍能够通过应变进行强化。需要指出，细晶强化和应变强化的效果可以通过高温热处理来消除或减弱，这是因为高温能激活原本不可动的位错，但固溶强化则基本不受热处理的影响。

5.4.3　屈服点现象和应变时效

在前面金属的力学行为部分已经提到，有些钢等材料的应力-应变曲线上，弹性-塑性转变十分突然，有两个明显的屈服点，这里分析该现象背后的机制。图 5.62 为某低碳钢拉伸时的应力-应变曲线，可以看到，在上屈服点处低碳钢开始发生塑性形变，之后应力不是随形变量增加而继续升高，而是回落到一个值，称为下屈服点。在下屈服点试样发生连续形变但应力并不升高，而是维持一个有微小波动的平台，通常称为屈服平台。在应力达到上屈服点时，试样的形变先自夹头两端开始，这时试样表面能够观察到与纵轴约成 45°交角的形变痕迹，称为吕德斯带。与此同时，应力降至下屈服点，吕德斯带沿试样长度方向扩展开来，此即屈服延伸阶段，对应应力-应变曲线上的屈服平台。当屈服扩展到整个试样标距范围内，屈服延伸阶段即告结束，之后产生明显的加工硬化现象。

吕德斯带用以纪念名为 W. Lüders 的德国学者，他于 1860 年在低碳钢拉伸试样表面上观察到腐蚀程度与基体不同的条带，并正确解释了这些条带不是偏析而是由局部的不均匀切变引起的。吕德斯带和滑移带是什么关系呢？由前述已知试样发生塑性形变是位错线滑移至试样表面的结果，在这个意义上，试样开始塑性形变时观察到的吕德斯带自然也是滑移带。将这些条带命名为吕德斯带除了纪念发现人之外，似乎也因为这些条带与惯常的滑移带确有一

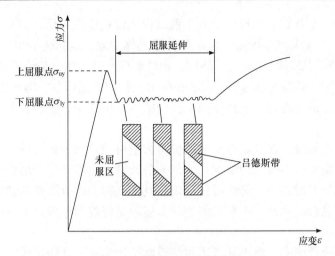

图 5.62　低碳钢的屈服点现象

些不同。这一点并不难理解，试样开始塑性形变时，应变在各处并非都是均匀的。在应力到达屈服点后，试样中应力最为集中的一些特定区域首先开始塑性形变，其他区域并不参与，仍维持初始状态。之后，由于形变协调、晶体转动等，应力分布发生变化，使更多的区域也开始参与塑性形变。待所有区域都开始塑性形变后，屈服阶段也就结束了，这便是"屈服扩展到整个试样标距范围内"。如此，在屈服阶段之前和结束之后观察试样表面的滑移带自然会有所差异，这大概就是吕德斯带和惯常所说的滑移带的差别。如果试样内部组织、成分或载荷施加方式等造成屈服阶段很短，观察不到吕德斯带也是很正常的。

　　金属试样拉伸时应力-应变曲线上的屈服点现象和前面所述的位错扎钉或柯垂耳气团有关，固溶在钢中的 C、N 等原子都以间隙式溶质存在，它们易于扩散分布到位错线周围，造成位错应变能下降，使位错不易运动。当被扎钉的位错要运动，就必须施加更大的应力，使它们能够先从气团中挣脱出来，这个应力即图 5.62 中的上屈服点；而一旦从气团中挣脱，位错之后的运动就变得比较容易，表观上应力会下降，出现下屈服点，之后的平台属于形变由应力集中的区域向试样其他区域扩展的过程。

　　柯垂耳用于解释屈服点现象的位错扎钉理论最初被人们广泛接受，但 20 世纪 60 年代后，有学者陆续发现在以共价键结合的晶体硅、锗和离子晶体氟化锂(LiF)，以及无位错的铜晶须中都有不连续的屈服现象。70 年代还发现，当应变速率为 2.5×10^{-4} s^{-1} 时，纯度很高的无碳纯铁在低温状态下也产生不连续的屈服，说明碳原子等杂质并不是金属试样出现不连续屈服的必要条件。对这些现象，人们用位错增殖理论进行解释，认为晶体开始塑性形变后，位错会通过各种机制大量增殖，如通过双交滑移模型的增殖方式，当位错大量增殖后，如果仅维持一定的应变速率，所需的应力就要降低，造成屈服点降落。但如果位错增殖超过一定限度，位错之间互相缠结干扰成为主要因素，就会出现加工硬化。在达到互相缠结的限度之前，位错增殖会持续一段时间，即应力-应变曲线上的屈服平台。

　　可以用式(5.53)($\gamma = b\rho\bar{x}$)对位错增殖理论进行深入分析，将式(5.53)两边除以一个时间因素，可以得到

$$\dot{v} = b\rho\bar{v} \tag{5.91}$$

式中，$\dot{v}$ 为平均应变速率；$\bar{v}$ 为可动位错的平均滑移速度。一般情况下，$\dot{v}$ 受拉伸机匀速运动

的夹头所控制，是一个常数。如果形变发生前试样中位错密度很低，则 $\bar{v}$ 必然很大，而 $\bar{v}$ 又取决于剪切应力 τ，$\bar{v}$ 很大就要提高 τ 的值(类似于晶体中原子运动速率和扩散驱动力的关系)，因此塑性形变开始时需要较高的应力。然而，塑性形变一旦开始，位错迅速增加，即式(5.91)中的 ρ 快速增加，则 $\bar{v}$ 必然突然降低，反映在应力上便有突然回落，即产生下屈服点。因此，材料具有明显屈服点的条件是：①形变前试样中的可动位错少；②随着塑性形变的发生，位错能快速增加。

从以上分析可以知道，屈服点现象的关键是大量可动位错突然出现。只要试样中有一部分晶粒内由于应力集中而出现这种情况，这部分晶粒就会因可动位错增多而呈现应力松弛，即屈服现象。继续形变时，应力集中转而出现在其他晶粒上，故同样的情况会不断重复直至这个过程遍及所有晶粒。因此，不难理解为什么屈服延伸过程中应力上下波动却能够维持在同一水平上。

在低碳钢的屈服理论中，柯垂耳气团和位错增殖理论并不互相排斥，反而需要借助它们相互补充才能将屈服点现象解释得更加充分。例如，单纯的位错增殖理论的前提是金属试样中初始的可动位错密度很低，这个时候晶体点阵结构完整，滑移需要很大的应力。而低碳钢中的原始位错密度可以达到 10^8 cm^{-2}，并不满足位错增殖理论的要求，但这些位错并不都是可动的，考虑到杂质原子形成气团，对位错强烈的扎钉，能够滑移的可动位错密度只有 10^3 cm^{-2}，这样就和位错增殖理论的解释达成相容。

如果先使低碳钢试样进行少量的塑性形变，这时应力-应变曲线上具有明显的上下屈服点，如图 5.63 中 a 所示。形变后卸去载荷，然后立即再加载进行拉伸，则拉伸曲线上不再出现屈服点，如图 5.63 中 b 所示。但如果将预先形变后的试样放置较长一段时间或在 200℃进行较短时间热处理后再行加载，则屈服点又重新出现，且屈服强度也有所提高，如图 5.63 中 c 所示。

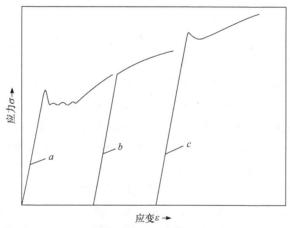

图 5.63　低碳钢拉伸试验时的应变时效示意图
a. 预先塑性形变；b. 卸载后立即再行加载；c. 卸载后放置一段时间或在 200℃加热后再加载

上述试样先行屈服后放置一段时间屈服点又重新出现的现象称为应变时效，位错扎钉理论也能对此做出较好的解释。已经屈服的金属试样，卸载后立即重新加载拉伸时，由于位错已经摆脱柯垂耳气团的扎钉，故不出现屈服点；但若卸载后放置较长时间，杂质原子又会重新扩散聚集在位错的周围，形成气团重新将其扎钉，因此屈服点现象又重新出现。此时由于已经经过一次塑性形变，试样中有更多位错可供碳原子扩散扎钉，因此再次加载时的屈服强度也会增加。热处理能促进杂质原子的扩散，故在较高温度时可快速在位错附近聚集，不需要放置太长时间也能在重新加载时出现屈服点。

理解低碳钢的屈服和应变时效现象在实际加工制造中有很重要的意义。例如，低碳钢薄板在冲压成型时，不连续屈服致使钢板表面出现粗糙不平或褶皱。为改善产品外观质量，可利用应变时效原理，在薄板冲压成型之前增加一道微量冷轧工序，等于预先形变消除了不连续屈服，最终获得表面平滑光洁的工件。另外，由于低碳钢的应变时效，在提升强度的同时常造成韧性降低，为此生产中常在钢中加入少量的 Ti 或 Al，质量分数约为 0.05%，它们能与钢中的 C 和 N 原子结合，阻止它们向位错处扩散聚集并形成气团，减小钢的应变时效倾向。

【例题 5.11】　退火低碳钢(α-Fe)呈体心立方点阵结构，试求退火低碳钢中形成饱和柯垂耳气团的碳原子浓度。

解　(1) 退火低碳钢中的位错密度为10^8 cm^{-2}，即在体积为 1 cm^3 的试样中有10^8 cm 长的位错线。

(2) α-Fe 呈体心立方点阵结构，点阵常数 $a = 0.286$ nm $= 2.86 \times 10^{-8}$ cm，每个晶胞中有 2 个铁原子，故 1 cm^3 体积中铁原子数目 n_0 为

$$n_0 = \frac{2 \times 1\ \text{cm}^3}{\left(2.86 \times 10^{-8}\ \text{cm}\right)^3} = 8.55 \times 10^{22}$$

(3) 假定位错线平行于晶胞棱向，则 1 cm 长的位错线上铁原子数目为

$$n_1 = \frac{1\ \text{cm}}{2.86 \times 10^{-8}\ \text{cm}} = 3.50 \times 10^7$$

因为位错线总长度为10^8 cm，故位错线上总的铁原子数目为

$$n_2 = n_1 \times 10^8 = 3.50 \times 10^7 \times 10^8 = 3.50 \times 10^{15}$$

(4) 碳原子较小，要扩散聚集在位错线的下方，形成柯垂耳气团来降低刃型位错的弹性畸变能。饱和的柯垂耳气团是在位错线下方不远处，每条位错线上的每个铁原子下方都有一个碳原子，实际上可看成每条位错线下面挂着一条碳原子线。因此，碳原子的总数应等于所有位错线上铁原子的数目，即

$$n_C = n_2 = 3.50 \times 10^{15}$$

因此，形成饱和柯垂耳气团时碳原子浓度即碳原子摩尔分数 x_C，为 $\dfrac{n_C}{n_C + n_0}$，即

$$x_C = \frac{3.50 \times 10^{15}}{3.50 \times 10^{15} + 8.55 \times 10^{22}} = 4.09 \times 10^{-6}\%$$

实际上，在 727℃时，碳在α-Fe 中溶解度为 0.0218%(质量分数)，这一数值虽然很低，但由上面的分析结果可见，也足以形成饱和柯垂耳气团。

在柯垂耳气团中，碳原子和位错的结合能很大，约为 0.5 eV，而室温下一个铁原子的平均热振动能约为 0.025 eV，仅为碳原子与位错结合能的二十分之一。因此，仅靠热激活很难使位错摆脱碳原子的扎钉，只有施加很大的外载荷才能使位错从气团中挣脱，这便是柯垂耳理论

中低碳钢有上屈服点的由来。

　　除了固溶强化和应变强化外，工业上还常用一种弥散强化的方式提升金属材料的屈服强度。这种强化方式中，第二相以细微颗粒的方式分散在基体相中，称为弥散。对于运动的位错存在两种情况：一是弥散的颗粒可以发生形变，这样位错通过时可以切割它们并沿滑移面通过；二是第二相粒子很硬，不能发生形变，位错便只能绕过它们。在位错章节的一个例题中已经作了分析，无论哪一种情况，第二相粒子都能提升金属的屈服强度，使材料得到强化。这里不再赘述，仅用一个例子强调基体金属获得最高强度时对第二相的要求。

　　【例题 5.12】　假定位错能够绕过弥散在基体中的第二相粒子，试分析基体金属强化和第二相粒子间距之间的关系。

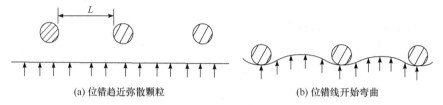

(a) 位错趋近弥散颗粒　　　　　　　　(b) 位错线开始弯曲

图 5.64　位错绕过第二相弥散颗粒示意图

　　解　如图 5.64 所示，位错在绕过第二相弥散颗粒时，位错线发生弯曲，要克服线张力，设为 T。作用在单位位错线上的力为 τb，设弥散颗粒的平均间距为 L，则当 $\tau b L$ 与线张力 $2T$ 达到平衡时，位错线达到弯曲的临界状态，此时

$$\tau b L = 2T$$

而 $T = \dfrac{1}{2} G b^2$，所以

$$\tau = \frac{Gb}{L}$$

再参考式(5.54)或式(5.55)，滑移面上切应力最大时(施密特因子为 $\dfrac{1}{2}$ 时)，$\sigma_s = 2\tau$，故

$$\sigma_s = \frac{2Gb}{L}$$

分析上式，显然当弥散颗粒间距 L 较小时，σ_s 较大，即第二相对金属试样的强化程度高。但间距过小可能导致位错不能绕过第二相，试样拉伸时太脆而直接断裂。

　　假定施加的拉伸应力为 400 MPa，$G = 26.1 \times 10^3$ MPa，试样为面心立方晶体，点阵常数 $a = 0.405$ nm，则

$$b = \frac{a}{2}[110] = \frac{\sqrt{2}}{2} a = 0.286 \text{ nm}$$

所以，此时弥散颗粒之间的间距为

$$L = \frac{2 \times 26.1 \times 10^3 \text{ MPa} \times 0.286 \text{ nm}}{400 \text{ MPa}} = 37.3 \text{ nm}$$

　　以上计算说明，一般要通过第二相弥散粒子强化金属，第二相粒子的间距在几十纳米，当间距超过 100 nm 时，强化效果就不明显了。

【例题 5.13】　假设 40 号钢(钢中碳的质量分数 $w_C = 0.004$)中的渗碳体全部呈半径为 $10\ \mu m$ 的球形粒子均匀地分布在 α-Fe 基体中。已知铁的剪切模量 $G_{Fe} = 7.9 \times 10^{10}\ Pa$，$\alpha$-Fe 的点阵常数 $a = 0.28\ nm$，且忽略 Fe 与 Fe₃C 的密度差异，试计算这种钢的剪切强度。

解　由例题 5.12 已知，第二相硬粒子引起的弥散强化效果取决于第二相粒子的平均间距，即 $\tau = \dfrac{Gb}{L}$。对于 40 号钢，设总质量为 1 g，则其中碳的百分数计算成 Fe₃C 的质量是

$$m_{Fe_3C} = \frac{0.004}{12} \times 3 \times 56 = 0.056 (g)$$

若忽略 Fe 与 Fe₃C 的密度差异，则 Fe₃C 相所占的体积分数为

$$\varphi_{Fe_3C} = \frac{0.056}{1 - 0.056} = 0.06$$

设单位体积内 Fe₃C 颗粒的数目为 n_{Fe_3C}，则

$$n_{Fe_3C} = \frac{\varphi_{Fe_3C}}{\dfrac{4}{3}\pi r^3} = \frac{0.06}{\dfrac{4}{3} \times 3.14 \times \left(10 \times 10^{-6}\right)^3} = 1.43 \times 10^{13}\ (m^{-3})$$

则弥散颗粒间的距离 L 为

$$L = \sqrt[3]{\frac{1}{n_{Fe_3C}}} = \left(1.43 \times 10^{13}\right)^{-\frac{1}{3}} = 4.12 \times 10^{-5}\ (m)$$

α-Fe 为体心立方结构，伯氏矢量 $\boldsymbol{b} = \dfrac{a}{2}[111]$，可得

$$b = \frac{\sqrt{3}}{2}a = \frac{\sqrt{3}}{2} \times 0.28\ nm = 0.24\ nm$$

所以

$$\tau = \frac{Gb}{L} = \frac{7.9 \times 10^{10}\ Pa \times 2.4 \times 10^{-10}\ m}{4.12 \times 10^{-5}\ m} = 4.60 \times 10^5\ Pa$$

还应注意，如果第二相粒子尺寸和基体尺寸相当，这类合金称为聚合型，当第二相较强时，也能起到强化基体金属的作用，称为沉淀强化。沉淀强化对基体的强化程度与两相的体积分数及第二相在基体中的形状和分布有密切关系，这里不再详细讨论，感兴趣的读者可以查阅相关资料。

5.5　金属的断裂

断裂是材料在外力作用下丧失连续性的过程，即通常所说的断裂是指一个物体在较低温度(相对于物体的熔点)和不变或缓慢变化的应力作用下分裂成为两个或更多碎片的现象。断裂在日常生活中非常普遍，却是工程构件的主要破坏形式之一，严重危及生命安全、经济建设、产品与服务质量。20 世纪 30~40 年代曾接二连三地发生因大型货轮、铁桥、大型油槽、气体输运管道和高压容器等构件断裂造成的严重事故。60 年代后，随着科学技术的进步，高强度材料已经广泛使用，如高强钢、高强钛合金和铝合金等，但仍然不能很好地防止断裂事

故的发生。这些事故驱动人们不间断地对断裂现象进行深入分析，逐渐发展形成了一门新的学科，即断裂力学。如今这门学科的内容已经非常深邃和广博，在很多大学里断裂即使不作为一门独立课程，也常在材料科学与工程的相关教材中作为一个独立章节出现。但如果将断裂现象视为一种材料极端形变的形式，将其包含在讨论形变的章节也无不妥，因此，这里仍然遵照国内材料科学基础教程的一般传统，在本节对断裂现象和断裂原理做基本介绍，想深入了解或应用断裂知识较多的读者可参阅一些断裂力学的专著，如《断裂理论基础》、《现代断裂理论》和《断裂力学》等。

5.5.1　断裂的晶体学和工程学分类

即使没有预防事故的要求，人类天生的好奇心也不会满足于对断裂现象停留在粗浅的认识层面，力图从更深的层次揭示这一现象的本质，其中之一是从晶体学的层次认识。

金属在某些条件下，当应力达到一定的数值时，能够以极快的速度沿一定的晶体学平面发生断裂，如图 5.65(a)和(b)所示，断裂面平滑而光亮，这种断裂称为解理断裂，发生断裂的晶体学平面称为解理面。同一种金属在不同的条件下可能沿不同的解理面断裂。解理断裂一般在没有显著塑性形变情况下发生，但也可以在发生相当大的塑性形变后出现。微观上，解理断裂通常是由垂直于解理面的正应力作用破坏了晶体原子间的结合力而引起。

金属在另外一些条件下，由于受剪应力的作用破坏了晶体原子间的结合力而引起断裂，称为滑移断裂，如图 5.65(c)所示。因为断裂之前晶体不同部分发生显著的相对滑移，断口是灰暗的，呈鹅毛状或纤维状形貌，断裂面与拉伸轴成一定的倾斜角。滑移断裂发生前，材料一般经历了显著的塑性形变。

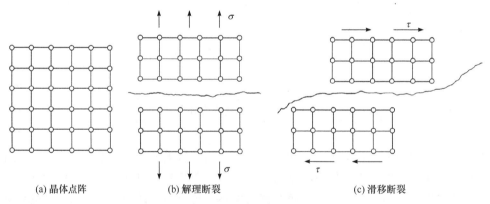

(a) 晶体点阵　　　　　　　(b) 解理断裂　　　　　　　(c) 滑移断裂

图 5.65　断裂的晶体学层次分析示意图

在工程学上，断裂力学以工程材料或结构材料为主要研究对象，它以光滑试样的拉伸试验为依据，根据材料发生塑性形变的能力将断裂分成两种模式，即韧性和脆性。韧性断裂前材料一般会发生大量的塑性形变，而脆性断裂则至断裂时几乎没有塑性形变发生。从断裂行为的描述上，脆性断裂和韧性断裂似乎与解理断裂和滑移断裂有某种联系，这是事实，但也不是简单意义上的对应关系。解理断裂是允许金属试样发生大量塑性形变的，例如，锌于低温 $-185℃$ 进行拉伸，在应变 $\varepsilon = 2$ 时发生的断裂仍属解理断裂，但在工程分类上属韧性断裂。因此，不可简单将脆性与解理或韧性与滑移对应起来，需要根据实际情况归属金属试样的断裂模式。

在这里将讨论的内容限制在工程学分类上，即主要针对韧性断裂和脆性断裂。对这两种方式，任何断裂过程都包括两步，即裂纹的萌生和扩展。在很大程度上，断裂模式取决于裂纹扩展的机制。韧性断裂的特征是裂纹扩展过程中在其周围产生大量的塑性形变，导致试样强度提高，因此裂纹长度增加的过程相对变得缓慢，这样的裂纹被认为是"稳定的"裂纹，即如果外加应力没有继续增加，这些裂纹可能抑制自身的进一步发展。而脆性断裂的裂纹则不同，它可以在极少塑性形变情况下迅速扩展，因此是"不稳定的"裂纹，而且扩展一旦开始，也会在不增加外应力的情况下自发性地发展下去。

以脆性断裂模式发生断裂的材料，在断裂之前毫无征兆可寻，往往由于裂纹发展的快速性和自发性而突然造成灾难，因此危害性更大，得到的研究最多。为了建立脆性断裂的微观理论，首先分析金属晶体的理论断裂强度，并通过与它们的实际断裂强度进行比较引出裂纹扩展理论，再介绍裂纹萌生及影响断裂现象的主要因素。

5.5.2　晶体的理论断裂强度

理论断裂强度是指理想晶体两个相邻原子面沿它们的法线方向克服原子间键力作用被完全拉开时所需的最小正应力。

设某一理想晶体中，相邻两个单位面积晶面间距为 b，如图 5.66(a)所示，它们在正应力 σ 的作用下会相互分离，但分离过程会伴随原子间结合能的变化而产生抗力。当作用力超过原子间的平衡位置 b 后，原子间以吸引力为主，先增后减，如图 5.66(b)所示(也可参考原子结构章节的相关内容)。若离开平衡位置距离 x 越大，需要克服的原子引力就越大，设应力和位移之间的关系可用正弦曲线描述，如图 5.66(c)所示，即

$$\sigma = \sigma_m \sin\frac{2\pi x}{\lambda} \tag{5.92}$$

可见，当位移达到 x_m 时，原子间的抗力(引力)最大，这也是分开两个晶面所需克服的最小应力 σ_m。位移超过此值，引力逐渐减小，当位移到正弦周期之半即 $\frac{\lambda}{2}$ 时，原子间的结合力为零，意味着原子间键力已经被完全破坏，这两个相邻晶面已经实现了完全分离。正弦曲线下方的面积代表分离时所需的能量 W，可用积分方法求得，即

$$W = \int_0^{\frac{\lambda}{2}} \sigma_m \sin\frac{2\pi x}{\lambda}\mathrm{d}x = \frac{\lambda\sigma_m}{\pi} \tag{5.93}$$

理想晶体试样断裂后产生两个新表面(断裂面)，设比表面能为 γ，则

$$W = \frac{\lambda\sigma_m}{\pi} = 2\gamma \tag{5.94}$$

式中，λ 为未知量，需要消去。当位移很小时，有 $\sin\frac{2\pi x}{\lambda} \approx \frac{2\pi x}{\lambda}$，故式(5.92)可以简化为

$$\sigma = \sigma_m \frac{2\pi x}{\lambda} \tag{5.95}$$

而当位移为 x，相邻晶面分离产生的应变为 $\varepsilon = \frac{x}{b}$，此时应力-应变应服从胡克定律，即

$$\sigma = E\varepsilon = E\frac{x}{b} \tag{5.96}$$

式中，E 为弹性模量。由式(5.95)和式(5.96)得出 λ ，并代入式(5.94)，最终整理可得

$$\sigma_{\mathrm{m}} = \left(\frac{\gamma E}{b}\right)^{\frac{1}{2}} \tag{5.97}$$

此即理论断裂强度表达式，对许多金属材料，$\gamma \approx 0.01Eb$ ，可以得出 $\sigma_{\mathrm{m}} \approx \frac{1}{10}E$ 。

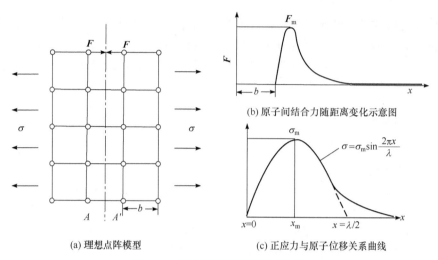

(a) 理想点阵模型　　　　(b) 原子间结合力随距离变化示意图　(c) 正应力与原子位移关系曲线

图 5.66　理论断裂强度估算示意图

5.5.3　晶体的实际断裂强度

对很多已经发生的断裂事故分析表明，金属的实际断裂强度远低于理论估值，至少低一个数量级。原因是材料内部存在微裂纹，实际断裂强度不是两相邻原子面分离的应力，而是已有微裂纹扩展要克服的应力。

脆性断裂的第一个定量的理论由英国力学家阿兰·阿诺德·格里菲斯(Alan Arnold Griffith，1893—1963)依据热力学中的能量守恒原理于 1920 年提出，他当时的研究对象是含裂纹的玻璃。在格里菲斯之前，1913 年英国的土木工程师查尔斯·爱德华·英格里斯(Charles Edward Inglis，1875—1952)给出了无限大平板中含有一个穿透板厚的椭圆孔的弹性力学精确分析解。英格里斯采用椭圆坐标进行计算，形式上比较复杂。当椭圆孔的短半轴 b 趋近于零时，它便退化成一个长度为 $2a$ 的穿透板厚的裂纹，这里的 a 即椭圆的长半轴。数年后，格里菲斯在研究玻璃与陶瓷这类脆性材料断裂时认为，裂纹的存在与传播是导致断裂的原因。他所指的裂纹即英格里斯解中当椭圆短半轴趋近于零时退化成的狭缝。

设有一单位厚度的无限宽平板，在垂直于板面(纸面)方向可以自由位移，故处于平面应力状态，板中有一个格里菲斯裂纹(短轴退化至趋于零的椭圆形裂缝)，如图 5.67(a)所示。在应力作用下，单位体积内储存的弹性应变能为 $\frac{1}{2}\sigma\varepsilon = \frac{\sigma^2}{2E}$ 。当裂纹形成时，一部分弹性应变能释放出来，根据英格里斯已经获得的结果，格里菲斯计算出裂纹存在导致释放的弹性能 U_{e} 为

$$U_{\mathrm{e}} = -\frac{\pi a^2 \sigma^2}{E} \tag{5.98}$$

格里菲斯处理裂纹问题时提出了一个大胆的创新思想，即裂纹的出现使平板材料出现了两个新

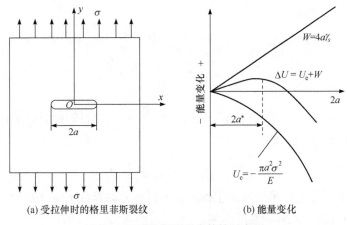

(a) 受拉伸时的格里菲斯裂纹　　　　　　(b) 能量变化

图 5.67　理论断裂强度估算示意图

表面，此表面同液体的表面一样，具有表面能。系统所释放的能量 U_e 中有一部分转化成了表面能。如果假设材料单位面积上的表面能为 γ，则表面能为

$$W = 4a\gamma \tag{5.99}$$

式(5.99)是因为裂纹有两个表面，每个表面的面积是 $A = 2a \cdot 1$。由于裂纹产生造成的总能量变化为

$$\Delta U = W + U_e = 4a\gamma - \frac{\pi a^2 \sigma^2}{E} \tag{5.100}$$

将 W、U_e 和 ΔU 对 $2a$ 作图，得到图 5.67(b)所示的能量变化曲线，则能量最高处对应的应力可通过下式求得：

$$\frac{\mathrm{d}(\Delta U)}{\mathrm{d}(2a)} = \frac{\mathrm{d}}{\mathrm{d}(2a)}\left(4a\gamma - \frac{\pi a^2 \sigma^2}{E}\right) = 0$$

因此，裂纹扩展的临界应力为

$$\sigma_f = \sigma = \left(\frac{2E\gamma}{\pi a}\right)^{\frac{1}{2}} \tag{5.101}$$

在图 5.67(b)中，与能量极值点对应的裂纹尺寸 $2a^*$ 称为临界裂纹尺寸，超过这个尺寸裂纹将失稳并向外扩展。

式(5.101)即为著名的格里菲斯公式，该式表明断裂应力与裂纹长度平方根成反比。显然，若一脆性材料在施加载荷前就已存在裂纹，将会大大降低断裂强度。与理论断裂强度公式相比较，$\sigma_m = \left(\frac{\gamma E}{b}\right)^{\frac{1}{2}}$，考虑到 $(\pi/2)^{\frac{1}{2}} \approx 1$，式(5.101)可以简化为 $\sigma_f = \left(\frac{E\gamma}{a}\right)^{\frac{1}{2}}$，两式中，$a$ 为裂纹尺寸之半，而 b 为晶面间距，显然 $a \gg b$，故 $\sigma_f \ll \sigma_m$。

应该指出，格里菲斯公式[式(5.101)]仅适用于完全脆性的固体，如陶瓷。而对于大量的金属材料，在裂纹尖端，当应力超过材料的屈服强度时就会发生塑性形变，使应力松弛掉一部分，并产生塑性区。裂纹在塑性区内扩展要耗费的塑性形变功 γ_p 约为 $10^3 \gamma$。于是，经埃贡·奥罗万和乔治·兰金·伊尔文(George Rankine Irwin, 1907—1998, 美国力学家)的修正，式(5.101)

变为

$$\sigma_f = \left[\frac{E(2\gamma + \gamma_p)}{\pi a}\right]^{\frac{1}{2}} \approx \left[\frac{E\gamma_p}{\pi a}\right]^{\frac{1}{2}} \tag{5.102}$$

注意式(5.101)和式(5.102)中，$(2\gamma E)^{\frac{1}{2}}$ 和 $\left[E(2\gamma + \gamma_p)\right]^{\frac{1}{2}}$ 均为材料的固有性能，材料的这一性能称为断裂韧性，以 G_{1c} 表示，即

$$G_{1c} = \sigma(\pi a)^{\frac{1}{2}} \tag{5.103}$$

G_{1c} 为可测量，测出它便可以求出给定工作应力下材料允许存在的最大裂纹尺寸，其意义在于综合考虑了应力和裂纹尺寸对断裂的影响。

5.5.4　裂纹的萌生

材料内部为什么会存在显微乃至观察尺度上的裂纹？裂纹萌生的机制是什么？这些问题到 20 世纪 50 年代才有了较为明确的答案，随不同材料而异，下面进行简要讨论。

1. 离子晶体中的裂纹

离子晶体如陶瓷，除了它们的单晶体外，在制备过程中不可避免地会出现大量裂纹。例如，陶瓷多晶体从粉末烧结成块时，内部裂纹总是存在的。又如，熔融陶瓷冷却形成非晶态玻璃时，由于热应力的作用，在玻璃内部会形成裂纹。

2. 金属晶体中的裂纹

关于在金属晶体中萌生裂纹的机制，经常被引用的有如下几种。

1) 史密斯(Smith)机制

史密斯机制认为，如果低碳钢晶界中存在第二相，如一片碳化物[如图 5.68(a)所示，其厚度为 C_0]，或一些微小的氧化物颗粒等，则铁素体内位错塞积群在塞积端的应力集中可使碳化物开裂，形成长度为 C_0 的裂纹。这个裂纹会在外加载荷的作用下向临近铁素体扩展，造成后者断裂。

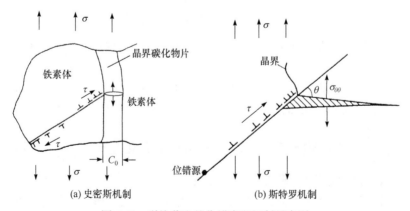

图 5.68　裂纹萌生的位错塞积机制示意图

2) 斯特罗(Stroh)机制

在基体中没有第二相存在时，微裂纹也能由图 5.68(b)所示的斯特罗机制形成。该机制中

位错塞积群顶端存在很高的应力集中，在 $\theta\theta$ 方向的正应力可在晶体中拉出一个缺口，并在外加载荷的作用下向基体中扩展。

3) 柯垂耳(Cottrell)机制

体心立方两滑移面的相交处，可通过位错反应萌生裂纹，这个机制在晶体缺陷章节已经做过介绍，是位错反应时生成不能滑移的固定位错塞积在晶体中引起的裂纹。

如图 5.69 所示，假设铁的 (011) 和 (0$\bar1$1) 面上的全位错可通过如下反应

$$\frac{a}{2}[1\,\bar1\,1]+\frac{a}{2}[\bar1 11]\longrightarrow a[001]$$

生成 $\boldsymbol{b}=a[001]$ 的刃型位错，其滑移面为 (100)，但 (100) 不是体心立方晶体的滑移面，故新位错是一个不能滑移的固定位错，是一个刃型全位错，相当于在晶体中插入了半个 (001) 面。如果连续发生上述位错反应，就会在 (100) 面上形成

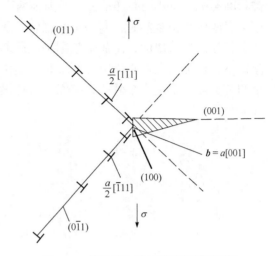

图 5.69　裂纹萌生的柯垂耳机制示意图

一列相继的刃型位错，相当于相继插入了若干个 (001) 半原子面，堆积的结果就可在 (100) 面上形成微裂纹。

除了上面的几种位错塞积机制外，人们还发现交叉孪晶带、交叉滑移带及晶界交汇处都可以产生格里菲斯裂纹。

5.5.5　断裂的形式

每种断裂在宏观和微观上都呈现出显著的特征，根据对这些特征的分析，将断裂形式主要分为韧性断裂、脆性断裂、穿晶断裂、沿晶断裂、解理断裂和剪切断裂等形式。需要注意，这些形式的划分并不严格，内容上也经常出现互相重叠的地方。

1) 韧性断裂

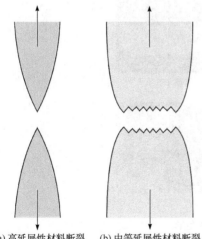

(a) 高延展性材料断裂　(b) 中等延展性材料断裂

图 5.70　两种典型韧性断裂的宏观外观

韧性断裂是金属最常见的断裂形式，两种典型韧性断裂的宏观外观如图 5.70 所示，其中图 5.70(a)所示的图形代表极软的金属，如室温下的纯金和纯铅，这些延展性很高材料的断裂面颈缩到一个点，断面收缩率达到100%。图 5.70(b)所示中等延展性材料断裂，试样发生些许颈缩。

韧性断裂前试样产生明显宏观塑性形变，是一种缓慢撕裂的过程，裂纹在扩展过程中不断地消耗能量。韧性断裂最常见的过程如图 5.71 所示，试样首先发生中等程度的颈缩[图 5.71(a)]，然后截面内部形成微小的空洞(裂纹)，称为微孔洞(微裂纹)，如图 5.71(b)所示。随着形变的增加，微孔洞变大、聚集，最终合并成一个椭圆形裂缝，其长轴垂直于应力方向。随着微孔洞合并过程的继续，该裂缝沿着平行于其长轴的方向生长[图 5.71(c)]。

最后，裂纹沿着颈部外围快速发展，造成断裂[图 5.71(d)]。韧性断裂的断裂面一般平行于最大剪切应力并与主应力成 45°，如图 5.71(e)所示。具有这种特征的断裂有时被称为杯-锥状断裂(cup-and-cone fracture)，因为两个吻合的断裂表面一边呈杯状，另一边呈锥状。用肉眼或放大镜观察时，断口呈纤维状，灰暗色。纤维状是塑性形变过程中微裂纹不断扩展和相互连接造成的，而灰暗色则是纤维断口表面对光反射能力很弱所致。在扫描电子显微镜下，还可以发现断口中心纤维状区是由许多小的球形凹坑组成，如图 5.71(f)所示。每个凹坑实际上都是半个微孔，它们来自还没有来得及合并的微孔，这些微孔在断裂过程中被分为两半。

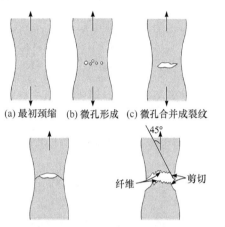
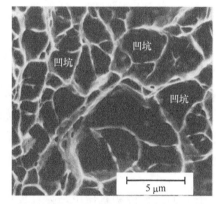

(a) 最初颈缩　(b) 微孔形成　(c) 微孔合并成裂纹

(d) 裂纹扩展　(e) 最终断裂(外缘与拉伸方向呈45°)　(f) 断口的扫描电子显微镜图形显示有很多球状凹坑

纤维　剪切

图 5.71　韧性断裂的几个阶段

2) 脆性断裂

脆性断裂是突然发生的断裂，断裂前基本上不发生塑性形变，没有任何征兆，因而危险性很大。脆性断裂的断裂面一般与正应力垂直，断口平齐而光亮，如图 5.72(a)所示意。

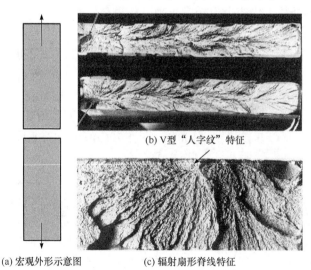

(b) V型"人字纹"特征

(a) 宏观外形示意图　(c) 辐射扇形脊线特征

图 5.72　脆性断裂示意图及显微图形

箭头均指示裂纹源

材料发生脆性断裂，不会发生大量塑性形变，其断口也存在明显特征。例如，有些钢材在断口中心附近形成一系列 V 型的"人字纹"，并指向裂纹起始位置[图 5.72(b)]。也有些脆性断口上存在由裂纹源辐射的扇形脊线，如图 5.72(c)所示。这些裂纹往往粗大到可以用肉眼进行辨识。

3) 穿晶断裂

多晶体金属断裂时，裂纹扩展的路径可能不同。穿晶断裂的裂纹穿过晶内，可以是韧性断裂(如韧脆转变温度以上的穿晶断裂)，也可以是脆性断裂(低温下的穿晶解理断裂)。

4) 沿晶断裂

沿晶断裂是裂纹沿晶界扩展，如图 5.73(a)所示，大多数是脆性断裂。图 5.73(b)是一张典型的沿晶断裂时断面的扫描电子显微镜图像，从图中可以看出断面的三维形貌。这种形式的断裂通常是因为晶界上一薄层连续或不连续的脆性第二相或杂质物破坏了晶界的连续性，也可能是由杂质元素向晶界偏聚引起。

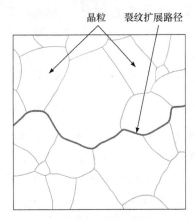

(a) 裂纹扩展路径示意图　　　　(b) 典型断面的扫描电子显微镜图像

图 5.73　沿晶断裂特征

5) 解理断裂

对多数脆性材料而言(如低温下的金属)，裂纹扩展相当于沿着特定晶面相继重复地破坏原子间结合键，这一过程称为解理。解理断裂即在正应力作用下产生的一种穿晶断裂，因为裂纹穿过了晶体的内部。解理断裂的断裂面沿一定的晶面，也称为解理面，常见于体心立方、密排六方结构的金属及合金，一般是低指数晶面或表面能最低的晶面。例如，体心立方晶体的主要解理面为 {001}，密排六方晶体的主要解理面为 (0001)。

解理断口的扫描电子显微镜图像如图 5.74(a)所示，图中常可见"河流花样"，每条"支流"对应不同高度、互相平行的解理面之间的台阶。解理裂纹扩展过程中，众多台阶相互汇合，河流花样的流向即裂纹的扩展方向，如图 5.74(b)所示。

6) 剪切断裂

金属材料在切应力作用下沿滑移面分离断裂，其中又分滑断(纯剪切断裂)和微孔聚集性断裂。纯金属尤其是单晶体金属常产生纯剪切断裂，其断口呈锋利的楔形(单晶体金属)或刀尖形(多晶体金属的完全韧性断裂)，这是纯粹由滑移所造成的断裂。微孔聚集性断裂则是通过微孔形核、长大聚合而导致材料分离的。

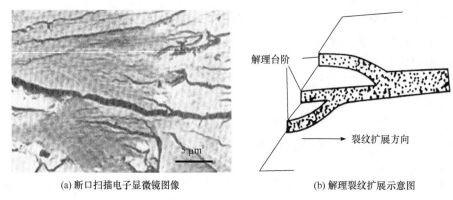

(a) 断口扫描电子显微镜图像　　　　　　　(b) 解理裂纹扩展示意图

图 5.74　解理断裂特征

5.5.6　影响断裂的主要因素

材料是否发生脆性断裂取决于形变和断裂哪一个处于优先地位。脆性断裂时，裂纹在保持尖锐条件下迅速扩展；韧性断裂时，裂纹前沿产生大量塑性形变使裂纹钝化，应力得以松弛。是脆性断裂还是韧性断裂除受材料本身性质影响之外，还与应力状态、加载温度、加载速率及环境介质等因素有关，下面对影响材料脆性断裂与韧性断裂的内因与外因作定性讨论。

1) 材料的微结构

材料的微结构是其一种内在的因素，微结构包括晶体结构层次或原子结构层次，对材料性质有决定意义，因而是影响脆性断裂与韧性断裂的一个重要因素。晶体结构方面，密排六方金属由于滑移系少，在多晶体状态难于形变，材料呈现明显的脆性，容易发生脆性断裂；体心立方结构的金属在低温时也容易脆性断裂，如解理断裂，而面心立方金属一般不发生解理。电子结构方面，离子晶体、难熔氧化物和共价晶体解理区域存在的范围较大，容易脆性断裂。另外，Cr 是一种体心立方结构的金属，呈脆性，有研究认为这种脆性与它的 3d 状态和 4s 状态的电子分布有关。

2) 晶粒尺寸

晶粒尺寸对材料的力学性能有重要影响，随着晶粒的细化，晶界增多，材料的强度与韧性两者都得到改善。晶粒细化提高材料韧性的原因是，在细晶粒材料中，缺陷(如裂纹)的尺寸较小，因而断裂所需的应力较高。

3) 化学成分

当晶界存在杂质的偏聚或析出脆性相时，将降低晶界对裂纹扩展的阻碍作用。例如，如果硬脆的第二相呈连续网状分布在塑性相的晶界上，因塑性相晶粒被脆性相分隔包围，其形变能力无法发挥，经少量形变后，即发生沿晶界脆性断裂。脆性相越多，网状越连续，合金的塑性便越差。

4) 应力状态

应力状态对材料的力学性能(包括脆性与韧性)具有重大影响，众多实验表明，与单向和双向拉伸不同，三向拉伸的应力状态能使材料变脆，韧性材料在三向拉伸时呈现脆性破坏。相反，脆性材料在三向压缩下却呈现屈服后断裂。

5) 温度

温度对材料断裂行为的影响是很显然的，较高的温度有利于晶体中位错的运动，因而有利于形变过程，温度的升高将使脆性材料变韧，增大其塑性，而温度降低将使材料变脆。大多数具有塑性的金属材料随温度下降会出现从韧性断裂向脆性断裂过渡。材料的屈服强度随温度下降而升高，而解理应力则变化不明显，如图 5.75 所示，所以存在两应力相等的温度 T_c。当 $T < T_c$ 时，屈服强度高于解理强度，室温下本来塑性很好的材料也会发生脆性断裂或解理断裂，T_c 因此称为脆性转变的温度。一般体心立方金属冷脆倾向大，T_c 比较高，面心立方金属则一般没有这种温度效应。脆性转变温度的高低还与材料成分、晶粒大小和组织状态等因素有关。

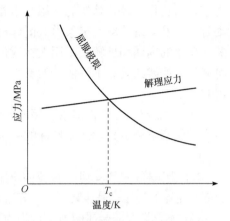

图 5.75　温度变化引起韧性-脆性转变示意图

6) 试样尺寸

试样尺寸对材料的脆性与韧性也有影响，厚的试样(通常处于平面应变状态)往往使材料变脆，薄的试样(通常处于平面应力状态)则趋向于使材料变韧，尺寸效应同应力状态效应有联系。

7) 加载速率

外力加载到试样上实际有一个过程，这一过程往往是复杂的。为了简单起见，通常用加载速率这一参量刻画过程的特点。通俗地讲，加载速率是外力对时间的变化率，它对材料的脆性与韧性的影响是显著而复杂的。当加载速率从零增大到某一定值时，材料的韧性单调下降到其最小值，表明材料变脆了。但是，当加载速率进一步上升时，韧性也会随之上升。

8) 机械处理和热处理

各种机械处理与热处理对材料的脆韧转变产生重大影响，如前面提到的预先塑性形变就是一种机械处理，它能够提升材料的屈服强度，但降低其韧性。对材料进行热处理一般有利于提升其韧性，因为热处理对位错运动有激活作用。

9) 环境

众所周知，工作环境能改变材料的强度与韧性。例如，当材料在水和其他具有腐蚀性的介质中时，作为应力腐蚀的结果，其强度与韧性将降低。再如，金属材料的表面从工作介质中吸收了氢，降低金属的强度从而加速它的断裂。

10) 宏观缺陷

除了上述的内因与外因外，宏观裂纹或类裂纹缺陷也能强烈地影响材料的力学性能。这种缺陷尺寸一般在 0.1 mm 到 1 cm 量级，但也可直至米的量级，比位错(10^{-8} cm 量级)大得多，所以是一种宏观缺陷。这类缺陷能使某些高强度韧性材料(如高强度钢)发生低应力脆性断裂。然而具有不同性质的材料对宏观缺陷的敏感性是不同的，脆性材料比韧性材料对裂纹敏感。

影响材料脆性与韧性及它们转变的因素，远远不止上面所列举的。对这些影响形变与断裂因素的深入探究具有重要的理论意义与实践价值，最终为断裂力学的建立与发展铺平了道路。

5.6　小　　结

塑性形变是本章的重点，但为了使读者的知识体系更为完整，本章对材料的弹性形变和力学行为也作了较长篇幅的介绍。本章的内容也比较繁杂，尤其使用映像规则判断滑移系启动时还涉及丰富的空间想象力。固体材料的形变和断裂与实际应用联系非常密切，学习时要关注概念的内涵和理解，不用太在意烦琐的数学过程，深刻地理解概念和现象背后的机制对将来的工程实践具有不可估量的意义。下面对本章重要的知识点进行系统整理，方便读者学习和掌握。

(1) 测定材料力学性能最常用的方法是静载荷法，即在温度、应力状态和加载速率都保持不变的状态下测定力学性能指标的一种方法。载荷的施加方式主要包括拉伸、压缩、剪切和扭转。

(2) 当试样形变量较小，被拉伸或压缩的状态处于弹性范围时，应力与应变呈线性关系，符合胡克定律的描述。晶体结构与点阵常数、位错、形变方式和温度都对试样弹性形变有影响。

(3) 本章涉及的金属的力学行为主要包括屈服和屈服强度、拉伸强度、延展性、回弹性和韧性等，需要熟悉它们的概念和描述方式。

(4) 单晶体的塑性形变主要有滑移和孪生两种方式，都是在剪应力作用下，晶体的一部分相对于另一部分沿着特定的晶面和晶向发生平移。在滑移的情况下，该特定晶面和晶向分别称为滑移面和滑移方向，一个滑移面和位于该面上的滑移方向便组成一个滑移系统(简称滑移系)，用 $\{hkl\}\langle uvw\rangle$ 表示。在孪生的情形下，该特定晶面和晶向分别称为孪生面和孪生方向，一个孪生面和位于该面上的一个孪生方向组成一个孪生系统(简称孪生系)，也用 $\{hkl\}\langle uvw\rangle$ 表示。

(5) 从微观上，塑性形变在外加剪应力作用下位错的运动，通过式(5.53)可以将位错的微观滑移与晶体塑性形变后的宏观应变联系起来。

(6) 面心立方晶体有 12 个滑移系，体心立方晶体有 48 个滑移系，密排六方晶体的滑移系一般只有 3 个。

(7) 滑移是在切应力作用下进行的，只有当作用在滑移面上沿滑移方向的分切应力达到一定临界值时，该滑移系方可开始滑移。分切应力的大小取决于外加应力和滑移面及滑移方向在滑移面上的取向，可用施密特定律计算[式(5.54)]。

(8) 映像规则是快速判断立方系晶体中哪个滑移系率先启动的有效方法，使用时需首先画出标准投影图，然后确定力轴在取向三角形中的位置，进而确定滑移面和滑移方向。

(9) 单晶体受限滑移时，因为夹头被固定，会伴随着转动现象。

(10) 单晶体具有单滑移、双滑移和多滑移现象，和力轴施加的位向有关。单晶体应力-应变曲线通常包含三个阶段，即易滑移阶段、线性硬化阶段和抛物线硬化阶段，均能联系到位错在晶体中的运动方式。

(11) 在滑移难以进行时，金属会以孪生的方式进行塑性形变，一些滑移系较少的密排六方结构金属如 Cd、Zn 和 Mg 等常发生孪生形变。孪生时，晶体的一部分沿一定的晶面(称为孪生面)和一定的晶向(称为孪生方向)相对于另一部分晶体做均匀切变。在切变区域内，与孪生面平行的每一层原子移动的距离不是原子间距的整数倍，其大小与离开孪生面的距离成正比，结果使相邻两部分晶体的取向不同，恰好以孪生面为对称面形成镜像对称。

(12) 孪生四要素是理解孪生形变的重要参量。

(13) 孪生和滑移既有相同点，也有不同点，文中已有很详细的总结，这里不再赘述。

(14) 多晶体塑性形变的基本方式也是滑移和孪生，但受晶界和晶粒位向差异的影响，晶粒之间需要形变协调，这种协调导致形成形变织构。

(15) 晶界对位错运动有阻碍作用，主要原因有两个：一是进入晶粒的位错需要改变运动方向；二是晶界上原子错排区导致一个晶粒到另一个晶粒的滑移面不连续。

(16) 具有细小晶粒的金属比晶粒粗大的金属具有更高的强度，称为细晶强化，原因是前者具有较大的晶界面积来阻碍位错的运动。对大多数金属，屈服强度随晶粒尺寸变化的关系遵循霍尔-佩奇公式，即式(5.89)。

(17) 除了细晶强化外，强化金属的方式还包括固溶强化、应变强化和弥散强化；柯垂耳气团理论和位错增殖理论相结合能够对屈服点和应变时效现象做出很好的解释。

(18) 工程学上，金属的断裂主要分为韧性断裂和脆性断裂两类，前者断裂前试样有较大的塑性形变，而后者几乎没有塑性形变，断裂毫无征兆地突然发生，危害较大。

(19) 格里菲斯公式定量地描述了断裂时的实际应力，断裂方式除了受材料本身性质影响之外，还与应力状态、加载温度、加载速率及环境介质等因素有关。

扩展阅读　金属硬化在原子水平上的见解

直到 1934 年，当位错的概念被建立起来并和晶体塑性产生关联时，人们才真正理解了金属硬化的根本原因。然而，尽管位错和晶体塑性之间的直接因果关系已经被牢固地建立起来，但还缺乏定量理论可以直接从晶格位错的潜在行为来预测金属硬化。这并不是因为缺乏尝试，已经有无数的理论和模型涌现出来解释由位错机制导致的金属硬化，但这些理论和模型往往是基于不同的甚至相反的观点。著名冶金学家艾伦·霍华德·柯垂耳(Alan Howard Cottrell)认为，硬化也许是经典物理学中现存最困难的问题，甚至比湍流还要糟糕，很可能在最后才能得到解决。要平息仍在进行的关于应变硬化机制的争论，最基本的困难在于人们始终无法原位观察到材料中位错在应变期间的行为。

位于美国劳伦斯伯克利国家实验室的一位科学家瓦斯里·布拉托夫(Vasily V. Bulatov)领导的科研小组依靠超级计算机通过模拟构成晶体的原子运动来研究金属三阶段硬化的起源。他们对 7 个铝单晶在适当温度和压力下受单轴拉伸进行动力学模拟，并从中提取应力-应变响应曲线，如图 5.76(a)所示。模拟的结果与单晶体铜拉伸试验时获得的结果在定性上非常相似[图 5.76(b)]。他们模拟了足够大量的原子，以便能够在统计水平上代表晶体宏观塑性。他们的结果表明，金属的阶段性硬化是单轴应变下晶体旋转的直接结果。与文献中广泛报道的观点所不同的是，他们观察到在金属硬化的所有阶段，位错行为的基本机制都是相同的(具体的研究可参见他们发表在《自然·材料》上的论文：Atomistic insights into metal hardening. *Nature Materials*, 2021, 20: 315-320)。

文献中有大量证据表明，单晶阶段硬化是一种普遍现象，不仅限于铝、面心立方金属或其他立方晶体，在金属、半导体和离子晶体中都能观察到。他们的模拟阐明了三级硬化不是材料的固有属性，而是标准单轴试验中试件共轴性约束的运动学结果。因此，在从一个硬化阶段到下一个硬化阶段的位错机制中寻求阶段硬化的解释是没有意义的。与此同时，他们的模拟揭示了金属塑性几个潜在的重要方面，这些方面需要更深入地研究位错运动的细节来解释。利用他们最近开发的硅计算显微镜方法，可以获得整个分子动力学轨迹，可以将应力-应变反应中的每个波动与原子和位错生命周期中的潜在事件联系起来。正如他们假设的，高速率分子动力学模拟和低速率实验探索具有相同的物理机制，这种模拟方法为探究晶体塑性的基本原理提供了手段。

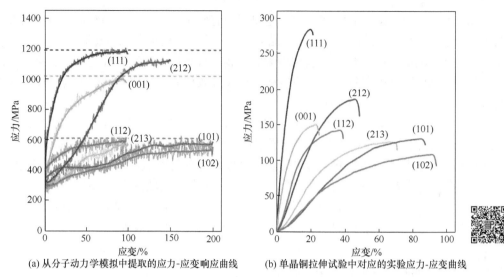

(a) 从分子动力学模拟中提取的应力-应变响应曲线　　　(b) 单晶铜拉伸试验中对应的实验应力-应变曲线

图 5.76　铝单晶体在沿 7 个不同初始方向拉伸时的应力-应变响应曲线

每一行都标有晶体初始轴方向的密勒指数, 细线是原始的应力-应变数据, 粗线是使用移动平均滤波器进行平滑处理的相同的数据, 水平虚线是当晶体接近其稳定的末端方向时渐近的流变应力

习　题

1. 给出滑移系的定义, 回答是不是所有的金属都有相同的滑移系并解释原因。

2. 体心立方晶体的一个滑移系是 {110}⟨111⟩, 画出体心立方结构的一个 {110} 面, 以圆圈表示原子位置, 并在这个平面上标出两个不同的 ⟨111⟩ 滑移方向。

3. 密排六方晶体的一个滑移系是 {0001}⟨11$\bar{2}$0⟩, 画出密排六方结构的一个 {0001} 面, 以圆圈表示原子位置, 并在这个平面上标出三个不同的 ⟨11$\bar{2}$0⟩ 滑移方向。

4. 单晶铝拉伸测试, 其滑移面法线向量和拉伸轴的夹角为 28.1°, 三个可能的滑移方向和拉伸轴的夹角分别为 62.4°、72.0°和 81.1°。

   (1) 这三个滑移方向中哪个最容易发生滑移?

   (2) 如果塑性形变发生在 1.95 MPa, 求其临界分切应力。

5. 某单晶金属具有体心立方结构, 其 [010] 方向平行于拉伸轴, 若施加应力大小为 2.75 MPa, 求:

   (1) 在 [110] 和 [101] 平面上的 [$\bar{1}$11] 方向的分切应力。

   (2) 从以上分切应力的值判断哪个滑移系最容易产生滑移。

6. 假设某单晶金属具有面心立方结构, 拉伸轴与其 [$\bar{1}$02] 方向一致, 如果滑移发生在 (111) 面的 [$\bar{1}$01] 方向, 且其临界分切应力为 3.42 MPa, 试计算金属的屈服应力。

7. 铁的临界分切应力为 27 MPa, 求此单晶铁进行拉伸试验时可能的最大屈服强度。

8. 列举滑移和孪生在形变机制、产生条件和最终结果方面的 4 个主要区别。

9. 证明体心立方金属产生孪生变形时, 孪晶面沿孪生方向的切应变为 0.707。

10. 锌单晶体试样的截面积 $A = 78.5\,\text{mm}^2$, 经拉伸试验测得有关数据如表 5.7 所示。试回答下列问题:

    (1) 根据表中每种拉伸条件的数据求出临界分切应力 τ_c, 分析有无规律。

    (2) 求各屈服载荷下的取向因子, 作取向因子和屈服应力的关系曲线, 说明取向因子对屈服应力的影响。

表 5.7　锌单晶体拉伸试验测得的数据

屈服载荷/N	620	252	184	148	174	273	525
ϕ/(°)	83	72.5	62	48.5	30.5	17.6	5
λ/(°)	25.5	26	3	46	63	74.8	82.5

11. 简要分析加工硬化、细晶强化、固溶强化及弥散强化在本质上有哪些异同。

12. 钨丝中气泡密度(单位面积内的气泡个数)由 100 个·cm^{-2} 增至 400 个·cm^{-2} 时，拉伸强度可以提高 1 倍左右，这是因为气泡可以阻碍位错运动。试分析气泡阻碍位错运动的机制和确定切应力的增值 $\Delta\tau$。

13. 试用位错理论解释低碳钢的屈服，并举例说明吕德斯带对工业生产的影响及预防策略。

14. 简述金属材料的断裂方式及特征。

15. 简述晶粒位向对多晶体塑性变形的影响。

16. 沿密排六方单晶体 [0001] 方向分别加拉伸力和压缩力，说明在这两种情况下形变的可能性及形变所采取的主要方式。

17. 什么是固溶强化？引起固溶强化的原因有哪些？

18. 确定下列情况下的工程应变 ε_e 和真实应变 ε_T，说明哪个更能反映真实的变形特征。
    (1) 由 L 伸长至 $1.1L$。
    (2) 由 h 压缩至 $0.9h$。
    (3) 由 L 拉伸至 $2L$。
    (4) 由 h 压缩成 $0.5h$。

19. 已知平均晶粒直径为 1 mm 和 0.0625 mm 的 α-Fe 的屈服强度分别为 112.7 MPa 和 196 MPa，平均晶粒直径为 0.0196 mm 的纯铁的屈服强度为多少？

20. 文中未讨论简单立方晶体，思考简单立方晶体的滑移系有几个并逐一列出。

21. 要消除低碳钢的屈服现象，工艺上应该采取怎样的措施？为什么？

22. 有一根长为 5 m、直径为 3 mm 的铝线，已知铝的弹性模量为 70 GPa，求在 200 N 的拉力作用下此线的总长度。

23. 有一镁合金的屈服强度为 180 MPa，E 为 45 GPa。
    (1) 不至于使一块 10 mm×2 mm 的镁板发生塑性形变的最大载荷为多少？
    (2) 在此载荷作用下，所给镁板每毫米的伸长量为多少？

24. 有一截面积为 10 mm×10 mm 的镍基合金试样，其长度为 40 mm，拉伸试验结果如表 5.8 所示，试计算其拉伸强度 σ_b、屈服强度 $\sigma_{0.2}$、弹性模量 E 及延展性 δ。

表 5.8　镍基合金试样拉伸试验结果

载荷/N	0	43100	86200	102000	104800	109600	113800	121300	126900	127600	113800 (破断)
标距长度/mm	40.0	40.1	40.2	40.4	40.8	41.6	42.4	44.0	46.0	48.0	50.2

25. MgO 为 NaCl 型晶体，其滑移面为 {110}，滑移方向为 ⟨110⟩，沿哪个方向拉伸(或压缩)能不引起滑移？

26. Zn 单晶在拉伸之前的滑移方向与拉伸轴的夹角为 45°，拉伸后滑移方向与拉伸轴的夹角为 30°，求拉伸后的延伸率。

27. Al 单晶在室温时的临界分切应力 $\tau_c = 7.9\times10^5$ Pa，在室温下对铝单晶试样做拉伸试验时，拉伸轴为 [123] 方向，试计算引起该试样屈服所需施加的应力。

28. 设运动位错被扎钉以后，其平均间距 $l = \rho^{-\frac{1}{2}}$（ρ 为位错密度），又设 Cu 单晶已经应变硬化到这种程度，作用在该晶体所产生的分切应力为 14 MPa。已知 $G = 40$ GPa，$b = 0.256$ nm，计算 Cu 单晶的位错密度。

29. 设合金中一段直位错线运动时受到间距为 λ 的第二相粒子的阻碍，试求证使位错按绕过机制继续运动所需的剪应力为
$$\tau = \frac{2T}{b\lambda} = \frac{Gb}{2\pi r}B\ln\left(\frac{\lambda}{2r_0}\right)$$
式中，T 为线张力；b 为伯氏矢量模；G 为剪切模量；r_0 为第二相粒子半径；B 为常数。

30. 已知工业纯铜的屈服强度 $\sigma_s = 70$ MPa，其晶粒大小 $N_A = 18$ 个·mm^{-2}，当 $N_A = 4025$ 个·mm^{-2} 时，

$\sigma_s = 95\ \text{MPa}$。试计算 $N_A = 260$ 个·mm^{-2} 时的 σ_s。

31. 面心立方(FCC)和体心立方(BCC)金属在塑性形变时，流变应力与位错密度 ρ 之间的关系为

$$\tau = \tau_0 + \alpha Gb\sqrt{\rho}$$

式中，τ_0 为没有干扰位错时，使位错运动所需的应力，即无加工硬化时所需的剪应力；G 为剪切模量；b 为位错的伯氏矢量模；α 为与材料有关的常数，0.3~0.5。实际上，此公式也是加工硬化方法强化效果的定量关系式。若 Cu 单晶体的 $\tau_0 = 700\ \text{kPa}$，初始位错密度 $\rho_0 = 10^5\ \text{cm}^{-2}$，则：

(1) 临界分切应力为多少？

(2) 已知 Cu 的 $G = 42 \times 10^3\ \text{MPa}$，$b = 0.256\ \text{nm}$，Cu 单晶拉伸轴为 [111] 时产生 1% 塑性形变所对应的 $\sigma = 40\ \text{MPa}$，求它产生 1% 塑性形变后的位错密度。

32. 有一体心立方晶体的 $(1\bar{1}0)[111]$ 滑移系的临界分切应力为 60 MPa，在 [001] 和 [010] 方向必须施加多大的应力才会产生滑移？

33. Al 单晶制成拉伸试棒(截面积为 9 mm²)进行室温拉伸，拉伸轴与 [001] 交成 36.7°，与 [011] 交成 19.1°，与 [111] 交成 22.2°，开始屈服时载荷为 20.4 N，试确定主滑移系的分切应力。

34. 如果沿铝单晶的 $[2\bar{1}3]$ 方向拉伸，确定：

(1) 初始滑移系。

(2) 转动的规律和转轴。

(3) 双滑移系。

(4) 双滑移开始时晶体的取向和切变量。

(5) 双滑移过程中晶体的转动规律和转轴。

(6) 晶体的最终取向(稳定取向)。

35. 将上题中的拉伸改为压缩，重新求解。

36. 用适当的原子投影图表示体心立方晶体孪生时原子的运动，并由此图计算孪生时的切应变，分析孪生引起的堆垛次序的变化和引起层错的最短滑移矢量。

37. 什么是形变织构？形成形变织构的根本原因是什么？

38. 证明取向因子的最大值为 0.5。

39. 拉伸试验达到抗拉强度，即工程应力-应变曲线的斜率为零时开始出现颈缩。求解下列问题：

(1) 证明这相当于 $\dfrac{\mathrm{d}\sigma_T}{\mathrm{d}\varepsilon_T} = \sigma_T$。

(2) 计算颈缩开始产生的真应变。

(3) 计算将试样拉伸至颈缩时的单位体积所做的功。

40. 如果用

$$\tau = \tau_{\max} \sin\left(\frac{2\pi x}{b}\right)$$

描述晶体切变时的应力变化，可以粗略地算出理论剪切强度的近似值。x 为一个原子面与相邻原子面的剪切位移，b 为剪切方向的原子间距。试求：

(1) 面心立方金属的一个密排面沿着密排方向与相邻的密排面发生切变，根据剪切模量 G 确定这时的理论剪切强度 $\tau_{\max}$。

(2) 运用(1)的结论，算出 Al、Cu、Ag 三种金属多晶体的理论剪切强度值($E_{Al} = 70300\ \text{MPa}$、$E_{Cu} = 129800\ \text{MPa}$、$E_{Ag} = 82700\ \text{MPa}$)。

参 考 文 献

白欢欢, 杨平. 2013. 晶体学家外斯与晶带定律. 金属世界, 1: 75-79.

陈继勤, 陈敏熊, 赵敬世. 1992. 晶体缺陷. 杭州: 浙江大学出版社.

陈永翀, 黎振华, 其鲁, 等. 2006. 固体中的扩散应力研究. 金属学报, 42(3): 225-233.

大连理工大学无机化学教研室. 2006. 无机化学. 5 版. 北京: 高等教育出版社.

董建新. 2014. 材料分析方法. 北京: 高等教育出版社.

伐因斯坦 Б К, 弗里特金 В М, 英丹博姆 В Л. 1992. 现代晶体学(第 2 卷). 吴自勤, 高琛, 译. 合肥: 中国科
    学技术大学出版社.

伐因斯坦 Б К. 2011. 现代晶体学(第 1 卷). 吴自勤, 孙霞, 译. 合肥: 中国科学技术大学出版社.

范群成, 田民波. 2005. 材料科学基础学习辅导. 北京: 机械工业出版社.

冯瑞, 冯少彤. 2003. 晶体的 X 射线衍射理论——劳厄与埃瓦尔德的遗产. 物理, 32(7): 434-440.

冯瑞, 师昌绪, 刘治国. 2002. 材料科学导论. 北京: 化学工业出版社.

冯瑞. 1979. 晶体缺陷研究的进展. 物理学报, 28(2): 141-151.

胡庚祥. 1980. 金属学. 上海: 上海科学技术出版社.

黄继华. 1996. 金属及合金中的扩散. 北京: 冶金工业出版社.

黄龙, 詹梅, 王宇成, 等. 2016. 碳纸负载高指数晶面铂纳米粒子的制备及其在直接甲酸燃料电池中的催化性
    能研究. 电化学, 22(2): 123-128.

林志忠. 2017. 准晶体发现者 Shechtman 给年轻科学家的忠告. 物理, 46(6): 396-398.

刘冰, 胡松青. 2003. 晶体线缺陷——位错的发现历程. 青岛大学学报, 16(1): 82-84.

刘丹叶, 陈东, 刘卉, 等. 2020. 贵金属在 Ag₂S 纳米颗粒中由内向外的迁移现象. 物理化学学报, 36(7): 1906069.

刘国勋. 1980. 金属学原理. 北京: 冶金工业出版社.

刘智恩. 2013. 材料科学基础. 4 版. 西安: 西北工业大学出版社.

卢光照. 1985. 金属学教程. 上海: 上海科学技术出版社.

陆明万, 罗学富. 2001. 弹性理论基础(上、下册). 2 版. 北京: 清华大学出版社.

马礼敦. 2014. X 射线晶体学的百年辉煌. 物理学进展, 34(2): 47-117.

马泗春. 1998. 材料科学基础. 西安: 陕西科学技术出版社.

麦振洪. 2012. 晶体 X 射线衍射的发现及其深远影响. 物理, 41(11): 721-726.

麦振洪. 2013. X 射线衍射的发现及其历史意义. 科学, 65(1): 52-55.

麦振洪. 2014. X 射线晶体学的创立与发展. 物理, 43(12): 787-800.

潘峰, 王英华, 陈超. 2016. X 射线衍射技术. 北京: 化学工业出版社.

潘金生, 仝健民, 田民波. 2011. 材料科学基础. 北京: 清华大学出版社.

钱临照. 1980. 晶体缺陷研究的历史回顾. 物理, 9(4): 289-296.

秦善. 2004. 晶体学基础. 北京: 北京大学出版社.

师昌绪. 1988. 新型材料与材料科学. 北京: 科学出版社.

施倪承, 李国武. 2008. 对称与晶体学. 自然杂志, 30(1): 44-49.

石德珂. 2015. 材料科学基础. 2 版. 北京: 机械工业出版社.

苏浩, 王鹏飞, 李晖. 2019. X 射线晶体学在高等教育中的通识性. 大学化学, 34(2): 30-36.

孙伟嬿, 赵景泰. 2014. 百年晶体学. 科学世界, 12: 58-61.

王光钦. 2009. 弹性力学——理论概要与典型例题. 重庆: 西南交通大学出版社.

吴建承. 2000. 金属材料学. 北京: 冶金工业出版社.

吴锵, 黄洁雯, 唐国栋. 2014. 材料物理基础. 北京: 国防工业出版社.

吴锵, 刘瑛, 丁锡锋. 2012. 材料科学基础. 北京: 国防工业出版社.

肖华星. 2003. 引人注目的新材料——准晶材料(一): 准晶材料介绍. 常州工学院学报, 16(4): 1-5.

谢超, 周波, 周灵, 等. 2020. 缺陷与催化. 化学进展, 32(8): 1172-1183.

杨顺华, 丁棣华. 1998. 晶体位错理论基础(第二卷). 北京: 科学出版社.

杨顺华. 1998. 晶体位错理论基础(第一卷). 北京: 科学出版社.

杨晓冬, 杨静. 2020. 面心和体心立方晶体中映像规则判断始滑移系的原理. 华侨大学学报(自然科学版), 41(4): 478-483.

尹庆. 1992. 密勒指数与晶面指数间的关系. 江汉大学学报, 9(1): 1-6.

尹晓冬, 周金蕊. 2013. 安德雷德的三位中国学生——江仁寿、钱临照、周如松成就研究. 大学物理, 32(5): 43-50.

约翰·格里宾(John Gribbin). 2009. 寻找薛定谔的猫(修订版): 量子物理和真实性. 张广才, 等译. 海口: 海南出版社.

曾燕伟. 2011. 无机材料科学基础. 2 版. 武汉: 武汉理工大学出版社.

赵品, 谢辅洲, 孙振国. 2009. 材料科学基础教程. 哈尔滨: 哈尔滨工业大学出版社.

朱张校, 姚可夫, 王昆林, 等. 2013. 工程材料. 北京: 清华大学出版社.

Brown I D. 2002. The Chemical Bond in Inorganic Chemistry: The Bond Valence Model. New York: Oxford University Press.

Callister W D, Jr Rethwisch D G. 2012. Fundamentals of Materials Science and Engineering. 4th ed. New York: John Wiley & Sons.

Cotton F A, Wilkinson G, Murillo C A, et al. 1999. Advanced Inorganic Chemistry. New York: John Wiley & Sons.

Cottrell A H. 1953. Dislocations and Plastic Flow in Crystals. Oxford: Clarendon Press.

Dalpian G M, Chelikowsky J R. 2006. Self-purification in semiconductor nanocrystals. Physical Review Letters, 96: 226802.

Darken L S. 1948. Diffusion, mobility and their interrelation through free energy in binary metallic systems. Transactions of the American Institute of Mining and Metallurgical Engineers, 175: 184-201.

Efros A L, Rosen M. 2000. The electronic structure of semiconductor nanocrystals. Annual Review of Materials Science, 30: 451-474.

Erwin S C, Zu L I, Haftel M I, et al. 2005. Doping semiconductor nanocrystals. Nature, 436(7047): 91-94.

Eshelby J D. 1949. Uniformly moving dislocations. Proceedings of the Physical Society, Section A, 62: 307-314.

Foreman A J, Jaswon M A, Wood J K. 1951. Factors controlling dislocation widths. Proceedings of the Physical Society, 64(2): 156-163.

Gao J H, Jiang S H, Zhang H R, et al. 2021. Facile route to bulk ultrafine-grain steels for high strength and ductility. Nature, 590: 262-267.

Griffith A A. 1921. The phenomena of rupture and flow in solids. Philosophical Transactions of the Royal Society A, 221(4): 163-198.

Han L, Liu H, Cui P, et al. 2014. Alloy Cu₃Pt nanoframes through the structure evolution in Cu-Pt nanoparticles with a core-shell construction. Scientific Reports, 4: 6414.

Hayden H W, Moffatt W G, Wulff J. 1965. The Structure and Properties of Materials. Vol. III, Mechanical Behavior. New York: John Wiley & Sons.

Henglein A, Holzwarth A, Mulvaney P. 1992. Fermi level equilibration between colloidal lead and silver particles in aqueous solution. The Journal of Physical Chemistry, 96(22): 8700-8702.

Irwin G R. 1956. Onset of fast crack propagation in high strength steel and aluminum alloys. Sagamore Research Conference Proceedings, 2: 289-305.

Koehler J S. 1941. On the dislocation theory of plastic deformation. Physical Review, 60: 397-410.

Kondo S, Nakamura M, Maki N, et al. 2009. Active sites for the oxygen reduction reaction on the low and high index planes of palladium. The Journal of Physical Chemistry C, 113(29): 12625-12628.

Li Y, Jiang Y, Chen M, et al. 2012. Electrochemically shape-controlled synthesis of trapezohedral platinum nanocrystals with high electrocatalytic activity. Chemical Communications, 48(76): 9531-9533.

Liu S, Shen Y, Zhang Y, et al. 2022. Extreme environmental thermal shock induced dislocation-rich Pt nanoparticles boosting hydrogen evolution reaction. Advanced Materials, 34(2): 2106973.

Moffatt W G, Pearsall G W, Wuff J. 1964. The Structure and Properties of Materials. Vol. I, Structure. New York: John Wiley & Sons.

Nabarro F R N, Basinski Z S, Holt D B. 1964. The plasticity of pure single crystals. Advances in Physics, 13(50): 193-323.

Nabarro F R N, Jackson P J. 1958. The climb of a dislocation in a twisted whisker. Philosophical Magazine, 3(34): 1105-1109.

Nabarro F R N, Wilsdorf D K. 1996. Nucleation of small-angle boundaries. Scripta Materialia, 35(11): 1331-1333.

Nabarro F R N. 1947. Dislocations in a simple cubic lattice. Proceedings of the Physical Society, 59: 256-272.

Nabarro F R N. 1952. The mathematical theory of stationary dislocations. Advances in Physics, 1(3): 269-394.

Nabarro F R N. 1961. The force on a moving dislocation. Philosophical Magazine, 6(70): 1261-1266.

Nabarro F R N. 1967. Theory of Crystal Dislocations. Oxford: Clarendon Press.

Nabarro F R N. 1970. The force between misfit dislocations. Philosophical Magazine, 22(178): 803-808.

Nabarro F R N. 1977. The theory of solution hardening. Philosophical Magazine, 35(3): 613-622.

Nabarro F R N. 1979. Dislocations in Solids. Amsterdam: North-Holland.

Nabarro F R N. 1980. Recollections of the early days of dislocation physics. Proceedings of the Royal Society A, 371: 131-135.

Nabarro F R N. 1985. Thermally activated dislocation glide in moderately concentrated solid solutions. Philosophical Magazine B, 52(3): 785-793.

Nabarro F R N. 1986. The force between two screw dislocations. Philosophical Magazine A, 54(4): 577-582.

Nabarro F R N. 1997. Fifty-year study of the Peierls-Nabarro stress. Materials Science and Engineering A, 234-236: 67-76.

Nabarro F R N. 2001. Sequences of dislocation patterns. Materials Science and Engineering A, 317: 12-16.

Nabarro F R N. 2005. Atomistic models of a grain boundary in a square lattice. Materials Science and Engineering A, 409: 120-124.

Nabarro F R N. 2005. Distribution of solute atoms round a moving dislocation. Materials Science and Engineering A, 400-401: 22-24.

Pang M L, Hu J Y, Zeng H C. 2010. Synthesis, morphological control, and antibacterial properties of hollow/solid Ag$_2$S/Ag heterodimers. Journal of the American Chemical Society, 132(31): 10771-10785.

Peach M, Koehler J S. 1950. The forces exerted on dislocations and the stress fields produced by them. Physical Review, 80(3): 436-439.

Peierls R. 1940. The size of a dislocation. Proceedings of the Physical Society, 52: 34-37.

Qu J, Liu H, Wei Y, et al. 2011. Coalescence of Ag$_2$S and Au nanocrystals at room temperature. Journal of Materials Chemistry, 21(32): 11750-11753.

Rosenfield A R, Hahn G T, Bement A L, et al. 1968. Dislocations Dynamics. New York: McGraw-Hill.

Rurigaki T, Hitotsuyanagi A, Nakamura M, et al. 2014. Structural effects on the oxygen reduction reaction on the high index planes of Pt$_3$Ni: n(111)-(111) and n(111)-(100) surfaces. Journal of Electroanalytical Chemistry, 716: 58-62.

Smith W F, Hashemi J. 2010. Foundations of Materials Science and Engineering. Singapore: McGraw-Hill Companies, Inc.

Stark W J, Mädler L, Maciejewski M, et al. 2003. Flame synthesis of nanocrystalline ceria-zirconia: effect of carrier liquid. Chemical Communications, (5): 588-589.

Tian N, Zhou Z Y, Sun S G, et al. 2007. Synthesis of tetrahexahedral platinum nanocrystals with high-index facets and high electro-oxidation activity. Science, 316(5825): 732-735.

Tian N, Zhou Z Y, Sun S G. 2008. Platinum metal catalysts of high-index surfaces: From single-crystal planes to electrochemically shape-controlled nanoparticles. The Journal of Physical Chemistry C, 112: 19801-19807.

Timoshenko S, Goodier J N. 1951. Theory of Elasticity. New York, Toronto, London: McGraw-Hill Book Company, Inc.

Turnbull D. 1950. Formation of crystal nuclei in liquid metals. Journal of Applied Physics, 21(10): 1022-1027.

Xu X L, Zhang X, Sun H, et al. 2014. Synthesis of Pt-Ni alloy nanocrystals with high-index facets and enhanced electrocatalytic properties. Angewandte Chemie International Edition, 53(46): 12522-12527.

Yang J, Ying J Y. 2010. Diffusion of gold from the inner core to the surface of Ag_2S nanocrystals. Journal of the American Chemical Society, 132(7): 2114-2115.

Yin Y D, Rioux R M, Erdonmez C K, et al. 2004. Formation of hollow nanocrystals through the nanoscale kirkendall effect. Science, 304(5671): 711-714.

Yu Y, Zhang Q, Liu B, et al. 2010. Synthesis of nanocrystals with variable high-index Pd facets through the controlled heteroepitaxial growth of trisoctahedral Au templates. Journal of the American Chemical Society, 132(51): 18258-18265.

Zepeda-Ruiz L A, Stukowski A, Oppelstrup T, et al. 2021. Atomistic insights into metal hardening. Nature Materials, 20: 315-320.

Zhou Z Y, Tian N, Li J T, et al. 2011. Nanomaterials of high surface energy with exceptional properties in catalysis and energy storage. Chemical Society Reviews, 40(7): 4167-4185.